Java 面向对象编程（第 2 版）

孙卫琴　编著

电子工业出版社
Publishing House of Electronics Industry
北京·BEIJING

内容简介

本书采用由浅入深、与实际应用紧密结合的方式,利用大量经典的实例,详细讲解 Java 面向对象的编程思想、编程语法和设计模式,介绍常见 Java 类库的用法,总结优化 Java 编程的各种宝贵经验,深入阐述 Java 虚拟机执行 Java 程序的原理。本书的实例均基于最新的 JDK8 版本。本书内容包括:面向对象开发方法概述、第一个 Java 应用、数据类型和变量、操作符、流程控制、继承、Java 语言中的修饰符、接口、异常处理、类的生命周期、对象的生命周期、内部类、多线程、数组、Java 集合、泛型、Lambda 表达式、输入与输出(I/O)、图形用户界面、常用 Swing 组件、Java 常用类和 Annotation 注解。本书的最大特色是以 6 条主线贯穿生书:面向对象编程思想、Java 语言的语法、Java 虚拟机执行 Java 程序的原理、在实际项目中的运用、设计模式和性能优化技巧。另外,本书还贯穿了 Oracle 公司的 OCJP(Oracle Certified Java Programmer)认证的考试要点。

书中实例源文件及思考题答案的下载网址为:www.javathinker.net/download.htm。

本书适用于所有 Java 编程人员,包括 Java 初学者及资深 Java 开发人员。本书还可作为高校的 Java 教材,以及企业 Java 培训教材,也可作为 Oracle 公司的 OCJP 认证的辅导教材。

未经许可,不得以任何方式复制或抄袭本书之部分或全部内容。

版权所有,侵权必究。

图书在版编目(CIP)数据

Java 面向对象编程 / 孙卫琴编著. -- 2 版. -- 北京:电子工业出版社,2017.1
ISBN 978-7-121-30314-2

Ⅰ. ①J… Ⅱ. ①孙… Ⅲ. ①JAVA 语言—程序设计Ⅳ. ①TP312.8

中国版本图书馆 CIP 数据核字(2016)第 270355 号

责任编辑:姜　伟
特约编辑:刘红涛
印　　刷:三河市华成印务有限公司
装　　订:三河市华成印务有限公司
出版发行:电子工业出版社
　　　　　北京海淀区万寿路 173 信箱　邮编:100036
开　　本:787×1092　1/16　印张:47.25　字数:1209.6 千字
版　　次:2017 年 1 月第 1 版
印　　次:2023 年 2 月第 15 次印刷
定　　价:89.00 元

参与本书编写的人员有:孙卫琴、张雷、许亮思、张宇客、孟祥、曹文伟、李红军、王坤、曹雅洁、李洪成。

凡所购买电子工业出版社图书有缺损问题,请向购买书店调换。若书店售缺,请与本社发行部联系,联系及邮购电话:(010)88254888,88258888。

质量投诉请发邮件至 zlts@phei.com.cn,盗版侵权举报请发邮件至 dbqq@phei.com.cn。

本书咨询联系方式:(010)88254161~88254167 转 1897。

前言

Java 自 1996 年正式发布以来，经历了初生、成长和壮大阶段，现在已经成为 IT 领域里的主流编程语言。Java 起源于 Sun 公司的一个名为"Green"的项目，目的是开发嵌入家用电器的分布式软件系统，使电器更加智能化。图 P-1 为参与 Green 项目的开发人员。Green 项目一开始准备采用 C++语言，但是考虑到 C++语言太复杂，而且安全性差，于是决定基于 C++语言开发一种新的 Oak 语言（即 Java 的前身）。

图 P-1 参与 Green 项目的开发人员

Oak 是一种适用于网络编程的精巧而安全的语言，它保留了许多 C++语言的语法，但去除了明确的资源引用、指针算法与操作符重载等潜在的危险特性。并且 Oak 语言具有与硬件无关的特性，制造商只需更改芯片，就可以将烤面包机上的程序代码移植到微波炉或其他电器上，而不必改变软件，这就大大降低了开发成本。

当 Oak 语言成熟时，Internet 也在全球迅速发展。Sun 公司的开发小组认识到 Oak 非常适合 Internet 编程。1994 年，他们完成了一个用 Oak 语言编写的早期的 Web 浏览器，称为 WebRunner，后改名为 HotJava，展示了 Oak 作为 Internet 开发工具的能力。

1995 年，Oak 语言更名为 Java 语言（以下简称为 Java）。Java 的取名有一个趣闻：据说有一天，几位 Java 成员组的会员正在讨论给这个新的语言取什么名字，当时他们正在咖啡馆喝着 Java（爪哇）咖啡。有一个人灵机一动，说就叫 Java，并得到了其他人的赞赏。于是，Java 这个名字就这样传开了。

1996 年，Sun 公司发布 JDK1.0，计算机产业的各大公司（包括 IBM、Apple、DEC、Adobe、Silicon Graphics、HP、Oracel、Toshiba 和 Microsoft 等）相继从 Sun 公司购买了 Java 技术许可证，开发相应的产品。

1998 年，Sun 公司发布了 JDK1.2（从这个版本开始的 Java 技术都称为 Java2）。Java2 不仅兼容于智能卡和小型消费类设备，还兼容于大型服务器系统，它使软件开发商、服务提供商和设备制造商更加容易抢占市场。这一开发工具极大地简化了编程人员编制企业级 Web 应用的工作，把"一次编程，到处使用"的诺言应用到服务器领域。

1999 年，Sun 公司把 Java2 技术分成 J2SE、J2EE 和 J2ME。其中 J2SE 就是指从 1.2 版本开始的 JDK，它为创建和运行 Java 程序提供了最基本的环境。J2EE 和 J2ME 建立在 J2SE 的基础上，J2EE 为分布式的企业应用提供开发和运行环境，J2ME 为嵌入式应用（比如运行在手机里的 Java 程序）提供开发和运行环境。

Java 的公用规范（Publicly Available Specification，PAS）在 1997 年被国际标准化组织（ISO）认定，这是 ISO 第一次破例接受一个具有商业色彩的公司作为公用规范 PAS 的提交者。

Foreword

2000 年和 2002 年，Sun 公司分别发布了 JDK1.3 和 JDK1.4，它们在原先版本的基础上做了一些改进，扩展了标准雷库，提高了系统性能，还修正了一些 Bug。

2004 年，Sun 公司发布了 JDK5.0，这一版本做了重大的改进，增加了泛型机制、自动装箱/拆箱和 foreach 语句等。这一版本原称为 JDK1.5，在 2004 年的 SunOne 会议后，更名为 JDK5.0。

2006 年，Sun 公司发布了 JDK6，该版本没有在语言方面进行大的改进，主要是改进了运行性能，并增强了类库功能。

随着以操纵海量数据为主的软件系统越来越依赖商业硬件，而不是专用服务器，以 Solaris 操作系统为主打产品的 Sun 公司变得越来越不景气，最终于 2009 年被 Oracle 公司收购。Java 的发展停滞了很长一段时间。直到 2011 年，Oracle 公司发布了 JDK7，做了一些简单的改进。

2014 年，Oracle 公司发布了 JDK8，这一版本也做出了重大的改进，其中比较显著的改进包括：

- 引入能够简化编程的 Lambda 表达式。
- 接口中允许包含提供了实现的默认方法和静态方法。
- 引入功能强大的 Stream API。
- 引入方便实用的处理日期和时间的新的 Date/Time API。
- 引入避免空指针异常的 Optional 类。

总之，面向对象的 Java 语言具备"一次编程，任何地方均可运行"的能力，使其成为服务提供商和系统集成商用以支持多种操作系统和硬件平台的首选解决方案。Java 作为软件开发的一种革命性的技术，其地位已被确定。如今，Java 技术已被列为当今世界信息技术的主流之一。表 P-1 对 Java 的发展历史做了总结。

表 P-1 Java 发展历史

年份	Java 发展历史
1995	Java 语言诞生
1996	JDK1.0 发布，10 个最主要的操作系统供应商申明将在其产品中支持 Java 技术
1997	JDK1.1 发布
1998	JDK1.1 下载量超过 200 万次，JDK1.2（称 Java2）发布，JFC/Swing 技术发布，JFC/Swing 被下载了 50 多万次
1999	Java 被分成 J2SE、J2EE 和 J2ME，JSP/Servlet 技术诞生
2000	JDK1.3 发布，JDK1.4 发布
2001	Nokia 公司宣布到 2003 年将出售 1 亿部支持 Java 的手机，J2EE1.3 发布
2002	JDK1.4 发布，自此 Java 的计算能力有了大幅度提升。J2EE SDK 的下载量达到 200 万次
2003	5.5 亿台桌面机上运行 Java 程序，75%的开发人员将 Java 作为首要开发工具
2004	JDK1.5 发布，这是 Java 语言发展史上的又一里程碑事件。为了表示这个版本的重要性，JDK1.5 更名为 JDK5.0
2005	JavaOne 大会召开，Java 的各种版本被更名，取消其中的数字"2"：J2EE 更名为 Java EE，J2SE 更名为 Java SE，J2ME 更名为 Java ME
2006	JDK6 发布
2009	Sun 公司被 Oracle 公司收购
2011	JDK7 发布
2014	JDK8 发布，对 Java 语言特性做了重大改进，增加了 Lambda 表达式

Foreword

Java 语言的特点

Java 应用如此广泛是因为 Java 具有多方面的优势。其特点如下：

（1）面向对象。Java 自诞生之时就被设计成面向对象的语言，而 C++语言是一种强制面向对象的语言。面向对象可以说是 Java 最重要的特性，它不支持类似 C 语言那样的面向过程的程序设计技术。Java 支持静态和动态风格的代码重用。

（2）跨平台。对于 Java 程序，不管是 Windows 平台还是 UNIX 平台或是其他平台，它都适用。Java 编辑器把 Java 源程序编译成与体系结构无关的字节码指令，只要安装了 Java 运行系统，Java 程序就可在任意的处理器上运行。这些字节码指令由 Java 虚拟机来执行，Java 虚拟机的解释器得到字节码后，对它进行转换，使之能够在不同的平台运行。

（3）直接支持分布式的网络应用。除了支持基本的语言功能，Java 核心类库还包括一个支持 HTTP、SMTP 和 FTP 等基于 TCP/IP 协议的类库。因此，Java 应用程序可凭借 URL 打开并访问网络上的对象，其访问方式与访问本地文件系统几乎完全相同。在 Java 出现以前，为分布式环境尤其是 Internet 提供动态的内容无疑是一项非常宏伟、难以想象的任务，但 Java 的语言特性却使我们很容易地达到了这个目标。

（4）安全性和健壮性。Java 致力于检查程序在编译和运行时的错误，类型检查帮助检查出许多开发早期出现的错误。Java 支持自动内存管理，这不但让程序员减轻了许多负担，也减少了程序员犯错的机会。Java 自己操纵内存减少了内存出错的可能性。Java 还能够检测数组边界，避免了覆盖数据的可能。在 Java 语言里，指针和释放内存等功能均被抛弃，从而避免了非法内存操作的危险。

以上特点，是 C++语言及其他语言无法比拟的（C++语言尽管也是面向对象的，但并不是严格意义上的面向对象的语言）。单从面向对象的特性来看，Java 类似于 SmallTalk，但其他特性，尤其是适用于分布式计算环境的特性远远超越了 SmallTalk。Java 发展到现在，已经不仅仅是一种语言，可以说是一种技术，这个技术涉及网络和编程等领域。另外，Java 是非常简单、高效的，有调查数据发现：用 C++和 Java 来做一个相同功能的项目，用 Java 写的程序要比用 C++写的程序节省 60%的代码和 66%的时间。可以说，用 Java 语言编程时间短、功能强，编程人员接手起来更容易、更简便。

本书的组织结构和主要内容

本书以 6 条主线贯穿全书：面向对象编程思想、Java 语言的语法、Java 虚拟机执行 Java 程序的原理、在实际项目中的运用、设计模式和性能优化技巧。书的每一章都会围绕若干条主线来展开内容，并且根据全书的布局，合理安排每一章内容的深度。本书主要内容包括：面向对象开发方法概述、第一个 Java 应用、数据类型和变量、操作符、流程控制、继承、Java 语言中的修饰符、接口、异常处理、类的生命周期、对

Foreword

象的生命周期、内部类、多线程、数组、Java 集合、泛型、Lambda 表达式、输入与输出（I/O）、图形用户界面、常用 Swing 组件、Java 常用类和 Annotation 注解。

这本书是否适合您

在如今的 Java 领域，各种新技术、新工具层出不穷，一方面，每一种技术都会不停地升级换代，另一方面，还会不断涌现出新的技术和工具。Java 世界就像小时候玩的万花筒，尽管实质上只是由几个普通的玻璃碎片组成的，但只要轻轻一摇，就会变化出千万种缤纷的图案。Java 世界如此变化多端，很容易让初学 Java 的人有无从下手的感觉。常常会有读者问我这样的问题：

我学了 Java 已经一年多了，现在就只能用 JSP 写点东西，其他的东西实在太多了，我整天学都学不完，很迷茫，不知道该如何有针对性地去学，以找到一份 Java 工作，现在是困死在 Java 里了。

撰写本书，目的之一是为了帮助读者看清 Java 万花筒的本质，从复杂的表象中寻找普遍的规律，深刻理解 Java 的核心思想，只有掌握了普遍的规律与核心思想，才能以不变应万变，轻轻松松地把握 Java 技术发展的新趋势，迅速地领略并且会熟练运用一门新的技术，而不成为被动的追随者，知其然而不知其所以然。

阅读本书，读者对 Java 的领悟将逐步达到以下境界：

- 熟悉 Java 语法，熟练地编译和调试程序。
- 按照面向对象的思想来快速理解 JDK 类库，以及其他第三方提供的类库，通过阅读 JavaDoc 和相关文档，知道如何正确地使用这些类库。
- 按照面向对象的思想来分析问题领域，设计对象模型。
- 在开发过程中会运用现有的一些优秀设计模式，提高开发效率。
- 当一个方法有多种实现方式时，能够从可维护、可重用及性能优化的角度选择最佳的实现方式。
- 理解 Java 虚拟机执行 Java 程序的原理，从而更深入地理解 Java 语言的各种特性和语法规则。

本书使用指南

这本书涵盖了 Java 从入门到精通的所有知识，既详细地介绍了基本的 Java 语法和创建程序的过程，又深入介绍了按照面向对象的思想来开发软件程序的高级技巧和设计模式。根据读者的不同技术背景，提供以下学习建议：

（1）针对没有任何编程经验的读者

建议先学习本书的配套视频的第 3、4、5 节课，按照视频的指导在本地计算机上安装 JDK，并且创建和运行第一个程序。在学习视频和实践的过程中，同时学习第 2

章的内容，对 Java 语言的基本语法获得更全面和深入的认识。

建议一直阅读完第 12 章，再回过头来学习第 1 章的内容。第 1 章的内容高屋建瓴，站在开发整个软件系统的角度，介绍了如何运用面向对象的开发思想来创建可扩展、可重用和可维护的软件系统。

始终把视频和书结合起来学习，这样会更加轻松省力。总的说来，视频讲授的深度要低于书的深度。通过观看视频，可以帮助你顺利地对特定知识点有概要和基础的了解，掌握其中的核心内容，同时阅读书中相关章节，对该知识点获得更深入和全面的认识。

由浅入深地循序来学习，要一次读懂本书不是很现实。可以多读几遍，先粗读，再精读，每次学习都会有新的收获。

（2）针对已经编写过简单程序的读者

你可以按照书的先后循序来阅读。对书中从第 2 章开始的一些基础内容，如果已经熟悉，那么可以跳过这些章节，去阅读自己感兴趣的内容。在阅读过程中，多留意书中对设计模式、Java 虚拟机执行 Java 程序的原理等高级技术的阐述，这样可以帮助您提升 Java 编程的能力，开发出更加健壮、具有良好性能和架构的 Java 应用。

（3）针对已经对 Java 编程比较熟练的读者

对于读者来说，这本书是一本内容非常全面的 Java 编程参考手册。本书对许多语法细节、运行原理和类库的用法都讲得很透彻。当你在开发程序的过程中，如果对特定语法细节不太清楚，或者在调试中遇到困难，或者不熟悉 JDK 类库中一些实用类和接口的用法，都可以参阅本书，从中会获得满意的答案。

（4）针对 Java 培训老师

本书是一本优秀的 Java 教材。在本书的技术支持网址中，提供了详细的教学大纲，以及全面的试题库和答案。此外，还可以安排学生反复观看本书的配套视频课程，使教学过程更加省力有效。

本书的技术支持网站

本书的技术支持网站为：www.javathinker.net。读者可以在该网站交流 Java 技术，提出本书的勘误信息，作者会在本网站为读者答疑。

本书中实例源文件、思考题答案、视频课程及 PPT 讲义和教学大纲等的下载网址为：www.javathinker.net/javabook.jsp。

Foreword

致谢

  本书在编写过程中得到了 Oracle 公司在技术上的大力支持,电子工业出版社少儿与艺术分社负责编辑审核。此外,复旦软件学院的戴开宇等老师为本书的编写提供了有益的帮助,JavaThinker.net 网站的网友们为本书的升级提供了许多宝贵建议,在此表示衷心的感谢！尽管我们尽了最大努力,但本书难免会有不妥之处,欢迎各界专家和读者朋友批评指正。

目 录

第 1 章 面向对象开发方法概述 1
- 1.1 结构化的软件开发方法简介 3
- 1.2 面向对象的软件开发方法简介 .. 6
  - 1.2.1 对象模型 6
  - 1.2.2 UML：可视化建模语言 7
  - 1.2.3 Rational Rose：可视化建模工具 7
- 1.3 面向对象开发中的核心思想和概念 8
  - 1.3.1 问题领域、对象、属性、状态、行为、方法、实现 8
  - 1.3.2 类、类型 10
  - 1.3.3 消息、服务 12
  - 1.3.4 接口 13
  - 1.3.5 封装、透明 14
  - 1.3.6 抽象 18
  - 1.3.7 继承、扩展、覆盖 20
  - 1.3.8 组合 21
  - 1.3.9 多态、动态绑定 24
- 1.4 UML 语言简介 26
  - 1.4.1 用例图 27
  - 1.4.2 类框图 28
  - 1.4.3 时序图 29
  - 1.4.4 协作图 30
  - 1.4.5 状态转换图 30
  - 1.4.6 组件图 31
  - 1.4.7 部署图 32
- 1.5 类之间的关系 32
  - 1.5.1 关联（Association） 33
  - 1.5.2 依赖（Dependency） 34
  - 1.5.3 聚集（Aggregation） 35
  - 1.5.4 泛化（Generalization） .. 36
  - 1.5.5 实现（Realization） 36
  - 1.5.6 区分依赖、关联和聚集关系 .. 36
- 1.6 实现 Panel 系统 39
  - 1.6.1 扩展 Panel 系统 42
  - 1.6.2 用配置文件进一步提高 Panel 系统的可维护性 43
  - 1.6.3 运行 Panel 系统 45
- 1.7 小结 45
- 1.8 思考题 46

第 2 章 第一个 Java 应用 47
- 2.1 创建 Java 源文件 47
  - 2.1.1 Java 源文件结构 49
  - 2.1.2 包声明语句 49
  - 2.1.3 包引入语句 51
  - 2.1.4 方法的声明 53
  - 2.1.5 程序入口 main()方法的声明 ... 54
  - 2.1.6 给 main()方法传递参数 55
  - 2.1.7 注释语句 55
  - 2.1.8 关键字 56
  - 2.1.9 标识符 56
  - 2.1.10 编程规范 57
- 2.2 用 JDK 管理 Java 应用 57
  - 2.2.1 JDK 简介以及安装方法 ... 58
  - 2.2.2 编译 Java 源文件 60
  - 2.2.3 运行 Java 程序 62
  - 2.2.4 给 Java 应用打包 65
- 2.3 使用和创建 JavaDoc 文档 66
  - 2.3.1 JavaDoc 标记 68
  - 2.3.2 javadoc 命令的用法 73
- 2.4 Java 虚拟机运行 Java 程序的基本原理 75
- 2.5 小结 77
- 2.6 思考题 78

第 3 章 数据类型和变量 81
- 3.1 基本数据类型 82

Contents

- 3.1.1 boolean 类型 82
- 3.1.2 byte、short、int 和 long 类型 83
- 3.1.3 char 类型与字符编码 85
- 3.1.4 float 和 double 类型 87
- 3.2 引用类型 91
  - 3.2.1 基本类型与引用类型的区别 92
  - 3.2.2 用 new 关键字创建对象 94
- 3.3 变量的作用域 95
  - 3.3.1 实例变量和静态变量的生命周期 97
  - 3.3.2 局部变量的生命周期 100
  - 3.3.3 成员变量和局部变量同名 101
  - 3.3.4 将局部变量的作用域最小化 102
- 3.4 对象的默认引用：this 103
- 3.5 参数传递 105
- 3.6 变量的初始化以及默认值 107
  - 3.6.1 成员变量的初始化 107
  - 3.6.2 局部变量的初始化 108
- 3.7 直接数 109
  - 3.7.1 直接数的类型 110
  - 3.7.2 直接数的赋值 111
- 3.8 小结 112
- 3.9 思考题 113

第 4 章 操作符 115
- 4.1 操作符简介 115
- 4.2 整型操作符 116
  - 4.2.1 一元整型操作符 117
  - 4.2.2 二元整型操作符 118
- 4.3 浮点型操作符 123
- 4.4 比较操作符和逻辑操作符 124
- 4.5 特殊操作符 "?:" 127
- 4.6 字符串连接操作符 "+" 127

- 4.7 操作符 "==" 与对象的 equals()方法 129
  - 4.7.1 操作符 "==" 129
  - 4.7.2 对象的 equals()方法 130
- 4.8 instanceof 操作符 133
- 4.9 变量的赋值和类型转换 135
  - 4.9.1 基本数据类型转换 136
  - 4.9.2 引用类型的类型转换 139
- 4.10 小结 139
- 4.11 思考题 142

第 5 章 流程控制 145
- 5.1 分支语句 146
  - 5.1.1 if else 语句 146
  - 5.1.2 switch 语句 150
- 5.2 循环语句 154
  - 5.2.1 while 语句 154
  - 5.2.2 do while 语句 156
  - 5.2.3 for 语句 158
  - 5.2.4 foreach 语句 161
  - 5.2.5 多重循环 162
- 5.3 流程跳转语句 162
- 5.4 综合例子：八皇后问题 165
- 5.5 小结 168
- 5.6 思考题 169

第 6 章 继承 173
- 6.1 继承的基本语法 173
- 6.2 方法重载（Overload） 175
- 6.3 方法覆盖（Override） 177
- 6.4 方法覆盖与方法重载的异同 183
- 6.5 super 关键字 183
- 6.6 多态 185
- 6.7 继承的利弊和使用原则 189
  - 6.7.1 继承树的层次不可太多 190

	6.7.2	继承树的上层为抽象层 190
	6.7.3	继承关系最大的弱点：
		打破封装 191
	6.7.4	精心设计专门用于被继承
		的类 193
	6.7.5	区分对象的属性与继承 195
6.8	比较组合与继承 197
	6.8.1	组合关系的分解过程对应
		继承关系的抽象过程 197
	6.8.2	组合关系的组合过程对应
		继承关系的扩展过程 200
6.9	小结 203
6.10	思考题 204

第 7 章　Java 语言中的修饰符 209
　7.1　访问控制修饰符 210
　7.2　abstract 修饰符 212
　7.3　final 修饰符 214
　　　7.3.1　final 类 215
　　　7.3.2　final 方法 215
　　　7.3.3　final 变量 216
　7.4　static 修饰符 220
　　　7.4.1　static 变量 220
　　　7.4.2　static 方法 223
　　　7.4.3　static 代码块 226
　　　7.4.4　用 static 进行静态导入 228
　7.5　小结 228
　7.6　思考题 230

第 8 章　接口 233
　8.1　接口的概念和基本特征 234
　8.2　比较抽象类与接口 237
　8.3　与接口相关的设计模式 241
　　　8.3.1　定制服务模式 241
　　　8.3.2　适配器模式 245
　　　8.3.3　默认适配器模式 250

　　　8.3.4　代理模式 251
　　　8.3.5　标识类型模式 256
　　　8.3.6　常量接口模式 257
　8.4　小结 258
　8.5　思考题 259

第 9 章　异常处理 261
　9.1　Java 异常处理机制概述 262
　　　9.1.1　Java 异常处理机制的优点 ... 262
　　　9.1.2　Java 虚拟机的方法调用栈 ... 264
　　　9.1.3　异常处理对性能的影响 267
　9.2　运用 Java 异常处理机制 267
　　　9.2.1　try-catch 语句：捕获异常 267
　　　9.2.2　finally 语句：任何情况下|
　　　　　 必须执行的代码 268
　　　9.2.3　throws 子句：声明可能会|
　　　　　 出现的异常 270
　　　9.2.4　throw 语句：抛出异常 271
　　　9.2.5　异常处理语句的语法规则 ... 271
　　　9.2.6　异常流程的运行过程 274
　　　9.2.7　跟踪丢失的异常 278
　9.3　Java 异常类 280
　　　9.3.1　运行时异常 282
　　　9.3.2　受检查异常|
　　　　　（Checked Exception） 282
　　　9.3.3　区分运行时异常和受|
　　　　　 检查异常 283
　9.4　用户定义异常 285
　　　9.4.1　异常转译和异常链 285
　　　9.4.2　处理多样化异常 288
　9.5　异常处理原则 289
　　　9.5.1　异常只能用于非正常情况 ... 290
　　　9.5.2　为异常提供说明文档 290
　　　9.5.3　尽可能地避免异常 291
　　　9.5.4　保持异常的原子性 292
　　　9.5.5　避免过于庞大的 try 代码块 .. 294

Contents

- 9.5.6 在 catch 子句中指定具体的异常类型 294
- 9.5.7 不要在 catch 代码块中忽略被捕获的异常 294
- 9.6 记录日志 295
  - 9.6.1 创建 Logger 对象及设置日志级别 296
  - 9.6.2 生成日志 297
  - 9.6.3 把日志输出到文件 297
  - 9.6.4 设置日志的输出格式 298
- 9.7 使用断言 299
- 9.8 小结 300
- 9.9 思考题 301

第 10 章 类的生命周期 305
- 10.1 Java 虚拟机及程序的生命周期 305
- 10.2 类的加载、连接和初始化 305
  - 10.2.1 类的加载 306
  - 10.2.2 类的验证 307
  - 10.2.3 类的准备 307
  - 10.2.4 类的解析 308
  - 10.2.5 类的初始化 308
  - 10.2.6 类的初始化的时机 310
- 10.3 类加载器 313
  - 10.3.1 类加载的父亲委托机制 315
  - 10.3.2 创建用户自定义的类加载器 317
  - 10.3.3 URLClassLoader 类 323
- 10.4 类的卸载 324
- 10.5 小结 325
- 10.6 思考题 326

第 11 章 对象的生命周期 327
- 11.1 创建对象的方式 327
- 11.2 构造方法 330
  - 11.2.1 重载构造方法 331
  - 11.2.2 默认构造方法 332
  - 11.2.3 子类调用父类的构造方法 333
  - 11.2.4 构造方法的作用域 337
  - 11.2.5 构造方法的访问级别 337
- 11.3 静态工厂方法 338
  - 11.3.1 单例类 340
  - 11.3.2 枚举类 342
  - 11.3.3 不可变（immutable）类与可变类 344
  - 11.3.4 具有实例缓存的不可变类 348
  - 11.3.5 松耦合的系统接口 350
- 11.4 垃圾回收 351
  - 11.4.1 对象的可触及性 352
  - 11.4.2 垃圾回收的时间 354
  - 11.4.3 对象的 finalize() 方法简介 ... 354
  - 11.4.4 对象的 finalize() 方法的特点 355
  - 11.4.5 比较 finalize() 方法和 finally 代码块 357
- 11.5 清除过期的对象引用 358
- 11.6 对象的强、软、弱和虚引用 360
- 11.7 小结 366
- 11.8 思考题 367

第 12 章 内部类 371
- 12.1 内部类的基本语法 371
  - 12.1.1 实例内部类 373
  - 12.1.2 静态内部类 376
  - 12.1.3 局部内部类 377
- 12.2 内部类的继承 379
- 12.3 子类与父类中的内部类同名 380
- 12.4 匿名类 381

12.5 内部接口以及接口中的内部类 384
12.6 内部类的用途 385
　12.6.1 封装类型 385
　12.6.2 直接访问外部类的成员 385
　12.6.3 回调 386
12.7 内部类的类文件 388
12.8 小结 389
12.9 思考题 389

第 13 章 多线程 393
13.1 Java 线程的运行机制 393
13.2 线程的创建和启动 395
　13.2.1 扩展 java.lang.Thread 类 395
　13.2.2 实现 Runnable 接口 400
13.3 线程的状态转换 402
　13.3.1 新建状态 402
　13.3.2 就绪状态 402
　13.3.3 运行状态 402
　13.3.4 阻塞状态 403
　13.3.5 死亡状态 404
13.4 线程调度 405
　13.4.1 调整各个线程的优先级 406
　13.4.2 线程睡眠：Thread.sleep() 方法 408
　13.4.3 线程让步：Thead.yield()方法 409
　13.4.4 等待其他线程结束：join . 410
13.5 获得当前线程对象的引用 411
13.6 后台线程 412
13.7 定时器 413
13.8 线程的同步 415
　13.8.1 同步代码块 418
　13.8.2 线程同步的特征 422
　13.8.3 同步与并发 425
　13.8.4 线程安全的类 426

　13.8.5 释放对象的锁 427
　13.8.6 死锁 429
13.9 线程通信 430
13.10 中断阻塞 435
13.11 线程控制 436
　13.11.1 被废弃的 suspend()和 resume()方法 437
　13.11.2 被废弃的 stop()方法 438
　13.11.3 以编程的方式控制线程 438
13.12 线程组 440
13.13 处理线程未捕获的异常 441
13.14 ThreadLocal 类 443
13.15 concurrent 并发包 445
　13.15.1 用于线程同步的 Lock 外部锁 446
　13.15.2 用于线程通信的 Condition 条件接口 447
　13.15.3 支持异步计算的 Callable 接口和 Future 接口 450
　13.15.4 通过线程池来高效管理 多个线程 452
　13.15.5 BlockingQueue 阻塞队列 .. 454
13.16 小结 457
13.17 思考题 458

第 14 章 数组 461
14.1 数组变量的声明 461
14.2 创建数组对象 462
14.3 访问数组的元素和长度 463
14.4 数组的初始化 465
14.5 多维数组以及不规则数组 465
14.6 调用数组对象的方法 467
14.7 把数组作为方法参数或返回值 467
14.8 数组排序 470
14.9 数组的二分查找算法 471

Contents

- 14.10 哈希表 472
- 14.11 数组实用类：Arrays 477
- 14.12 用符号"..."声明数目可变参数 480
- 14.13 小结 481
- 14.14 思考题 481

第 15 章 Java 集合 485
- 15.1 Collection 和 Iterator 接口 486
- 15.2 集合中直接加入基本类型数据 489
- 15.3 Set（集） 490
  - 15.3.1 Set 的一般用法 490
  - 15.3.2 HashSet 类 491
  - 15.3.3 TreeSet 类 493
- 15.4 List（列表） 497
  - 15.4.1 访问列表的元素 498
  - 15.4.2 为列表排序 498
  - 15.4.3 ListIterator 接口 499
  - 15.4.4 获得固定长度的 List 对象 500
  - 15.4.5 比较 Java 数组和各种 List 的性能 500
- 15.5 Queue（队列） 503
  - 15.5.1 Deque（双向队列） 504
  - 15.5.2 PriorityQueue（优先级队列） 505
- 15.6 Map（映射） 505
- 15.7 HashSet 和 HashMap 的负载因子 507
- 15.8 集合实用类：Collections 508
- 15.9 线程安全的集合 510
- 15.10 集合与数组的互换 511
- 15.11 集合的批量操作 512
- 15.12 历史集合类 513
- 15.13 枚举类型 517
  - 15.13.1 枚举类型的构造方法 519
  - 15.13.2 EnumSet 类和 EnumMap 类 520
- 15.14 小结 521
- 15.15 思考题 521

第 16 章 泛型 523
- 16.1 Java 集合的泛型 523
- 16.2 定义泛型类和泛型接口 524
- 16.3 用 extends 关键字限定类型参数 526
- 16.4 定义泛型数组 527
- 16.5 定义泛型方法 528
- 16.6 使用"？"通配符 529
- 16.7 使用泛型的注意事项 530
- 16.8 小结 531
- 16.9 思考题 531

第 17 章 Lambda 表达式 533
- 17.1 Lambda 表达式的基本用法 .. 533
- 17.2 用 Lambda 表达式代替内部类 534
- 17.3 Lambda 表达式和集合的 forEach()方法 535
- 17.4 用 Lambda 表达式对集合进行排序 536
- 17.5 Lambda 表达式与 Stream API 联合使用 537
- 17.6 Lambda 表达式可操纵的变量作用域 539
- 17.7 Lambda 表达式中的方法引用 540
- 17.8 函数式接口（FunctionalInterface） 541
- 17.9 总结 Java 语法糖 541
- 17.10 小结 542

17.11 思考题 542

第 18 章 输入与输出（I/O） 545
18.1 输入流和输出流概述 546
18.2 输入流 547
    18.2.1 字节数组输入流：
        ByteArrayInputStream 类 548
    18.2.2 文件输入流：
        FileInputStream 类 549
    18.2.3 管道输入流：
        PipedInputStream 551
    18.2.4 顺序输入流：
        SequenceInputStream 类 552
18.3 过滤输入流：
    FilterInputStream 552
    18.3.1 装饰器设计模式 553
    18.3.2 过滤输入流的种类 554
    18.3.3 DataInputStream 类 555
    18.3.4 BufferedInputStream 类 556
    18.3.5 PushbackInputStream 类 557
18.4 输出流 557
    18.4.1 字节数组输出流：
        ByteArrayOutputStream 类 .. 557
    18.4.2 文件输出流：
        FileOutputStream 558
18.5 过滤输出流：
    FilterOutputStream.................. 559
    18.5.1 DataOutputStream 559
    18.5.2 BufferedOutputStream 559
    18.5.3 PrintStream 类 561
18.6 Reader/Writer 概述 563
18.7 Reader 类 565
    18.7.1 字符数组输入流：
        CharArrayReader 类 566
    18.7.2 字符串输入流：
        StringReader 类 566
    18.7.3 InputStreamReader 类 567
    18.7.4 FileReader 类 568
    18.7.5 BufferedReader 类 568
18.8 Writer 类 568
    18.8.1 字符数组输出流：
        CharArrayWriter 类 569
    18.8.2 OutputStreamWriter 类 570
    18.8.3 FileWriter 类 572
    18.8.4 BufferedWriter 类 573
    18.8.5 PrintWriter 类 573
18.9 标准 I/O 574
    18.9.1 重新包装标准输入和输出 ... 574
    18.9.2 标准 I/O 重定向 575
18.10 随机访问文件类：
     RandomAccessFile 576
18.11 新 I/O 类库 577
    18.11.1 缓冲器 Buffer 概述 578
    18.11.2 通道 Channel 概述 579
    18.11.3 字符编码 Charset 类概述 ... 581
    18.11.4 用 FileChannel 读写文件 ... 581
    18.11.5 控制缓冲区 582
    18.11.6 字符编码转换 583
    18.11.7 缓冲区视图 584
    18.11.8 文件映射缓冲区：
        MappedByteBuffer 586
    18.11.9 文件加锁 587
18.12 对象的序列化与
     反序列化 589
18.13 自动释放资源 595
18.14 用 File 类来查看、创建和
     删除文件或目录 596
18.15 用 java.nio.file 类库来操作
     文件系统 599
    18.15.1 复制、移动文件以及遍历、
        过滤目录树 600

18.15.2	查看 ZIP 压缩文件	601
18.16	小结	602
18.17	思考题	603

第 19 章 图形用户界面 ... 605

19.1	AWT 组件和 Swing 组件	605
19.2	创建图形用户界面的基本步骤	608
19.3	布局管理器	610
	19.3.1 FlowLayout（流式布局管理器）	611
	19.3.2 BorderLayout（边界布局管理器）	613
	19.3.3 GridLayout（网格布局管理器）	616
	19.3.4 CardLayout（卡片布局管理器）	619
	19.3.5 GridBagLayout（网格包布局管理器）	620
19.4	事件处理	626
	19.4.1 事件处理的软件实现	626
	19.4.2 事件源、事件和监听器的类层次和关系	632
19.5	AWT 绘图	637
	19.5.1 Graphics 类	639
	19.5.2 Graphics2D 类	644
19.6	AWT 线程（事件分派线程）	647
19.7	小结	649
19.8	思考题	650

第 20 章 常用 Swing 组件 ... 653

20.1	边框（Border）	653
20.2	按钮组件（AbstractButton）及子类	654
20.3	文本框（JTextField）	657
20.4	文本区域（JTextArea）与滚动面板（JScrollPane）	660
20.5	复选框（JCheckBox）与单选按钮（JRadioButton）	661
20.6	下拉列表（JComboBox）	664
20.7	列表框（JList）	665
20.8	页签面板（JTabbedPane）	667
20.9	菜单（JMenu）	669
20.10	对话框（JDialog）	674
20.11	文件对话框（JFileChoose）	676
20.12	消息框	679
20.13	制作动画	681
20.14	播放音频文件	683
20.15	BoxLayout 布局管理器	686
20.16	设置 Swing 界面的外观和感觉	689
20.17	小结	691
20.18	思考题	692

第 21 章 Java 常用类 ... 693

21.1	Object 类	693
21.2	String 类和 StringBuffer 类	694
	21.2.1 String 类	694
	21.2.2 "hello"与 new String("hello")的区别	697
	21.2.3 StringBuffer 类	698
	21.2.4 比较 String 类与 StringBuffer 类	699
	21.2.5 正则表达式	701
	21.2.6 格式化字符串	703
21.3	包装类	707
	21.3.1 包装类的构造方法	707
	21.3.2 包装类的常用方法	708
	21.3.3 包装类的自动装箱和拆箱	709
21.4	Math 类	710

21.5 Random 类 712
21.6 传统的处理日期/时间的类 ... 712
    21.6.1 Date 类 713
    21.6.2 DateFormat 类 713
    21.6.3 Calendar 类 715
21.7 新的处理日期/时间的类 716
    21.7.1 LocalDate 类 717
    21.7.2 LocalTime 类 718
    21.7.3 LocalDateTime 类 718
21.8 BigInteger 类 719
21.9 BigDecimal 类 720
21.10 用 Optional 类避免空指针异常 722

21.11 小结 724
21.12 思考题 725

第 22 章 Annotation 注解 727

22.1 自定义 Annotation 注解类型 727
22.2 在类的源代码中引用注解类型 730
22.3 在程序中运用反射机制读取类的注解信息 732
22.4 基本内置注解 735
22.5 小结 736
22.6 思考题 736

第1章　面向对象开发方法概述

一般说来，软件开发都会经历以下生命周期：
- 软件分析：分析问题领域，了解用户的需求。
- 软件设计：确定软件的总体架构，把整个软件系统划分成大大小小的多个子系统，设计每个子系统的具体结构。
- 软件编码：用选定的编程语言来编写程序代码，实现在设计阶段勾画出的软件蓝图。
- 软件测试：测试软件是否能实现特定的功能，以及测试软件的运行性能。
- 软件部署：为用户安装软件系统，帮助用户正确地使用软件。
- 软件维护：修复软件中存在的 Bug，当用户需求发生变化时（增加新的功能，或者修改已有功能的实现方式），修改相应的软件。

为了提高软件开发效率，降低软件开发成本，一个优良的软件系统应该具备以下特点：
- 可重用性：减少软件中的重复代码，避免重复编程。
- 可扩展性：当软件必须增加新的功能时，能够在现有系统结构的基础上，方便地创建新的子系统，不需要改变软件系统现有的结构，也不会影响已经存在的子系统。
- 可维护性：当用户需求发生变化时，只需要修改局部的子系统的少量程序代码，不会牵一发而动全身，修改软件系统中多个子系统的程序代码。

> **Tips**
> 本章多次使用了系统结构的说法，这里的系统结构是指系统由多个子系统组成，以及子系统由多个更小的子系统组成的结构。

如何才能使软件系统具备以上特点呢？假如能把软件分解成多个小的子系统，每个子系统相对独立，把这些子系统像搭积木一样灵活地组装起来就构成了整个软件系统，这样的软件系统便能获得以上优良特性。软件中的子系统具有以下特点：
- 结构稳定性：软件在设计阶段，在把一个系统划分成更小的子系统时，设计合理，使得系统的结构比较健壮，能够适应用户变化的需求。
- 可扩展性：当软件必须增加新的功能时，可在现有子系统的基础上创建出新的子系统，该子系统继承了原有子系统的一些特性，并且还具有一些新的特性，从而提高软件的可重用性和可扩展性。
- 内聚性：每个子系统只完成特定的功能，不同子系统之间不会有功能的重叠。为了避免子系统之间功能的重叠，每个子系统的粒度在保持功能完整性的前提下都尽可能小，按这种方式构成的系统结构被称为精粒度系统结构。子系统的内聚性会提高软件的可重用性和可维护性。

- 可组合性:若干精粒度的子系统经过组合,就变成了大系统。子系统的可组合性会提高软件的可重用性和可维护性,并且能够简化软件的开发过程。
- 松耦合:子系统之间通过设计良好的接口进行通信,但是尽量保持相互独立,修改一个子系统,不会影响到其他的子系统。当用户需求发生变化时,只需要修改特定子系统的实现方式,从而提高软件的可维护性。

> **Tips**
>
> 在精粒度系统结构中,大系统可以分解为多个松耦合的精粒度子系统。与此相反,在粗粒度系统结构中,粗粒度的大系统无法进一步分解,或者只能被分解为有限的几个粗粒度子系统。

图 1-1 显示了一个用积木搭建起来的建筑物系统,有凯旋门,还有小狗狗的家。这些系统中的最小子系统是各种形状的积木(精粒度的子系统),这些积木能够在多个子系统中重用,多个积木能组合成复杂的子系统。当大的系统被拆散或摧毁时,它所包含的小子系统依然有用。

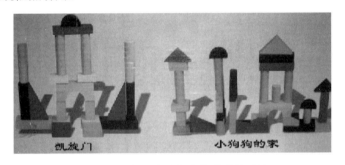

图 1-1 用积木搭建起来的建筑物系统

目前在软件开发领域有两种主流的开发方法:结构化开发和面向对象开发。结构化开发是一种比较传统的开发方法,早期的高级编程语言,如 Basic、C、Fortran 和 Pascal 等,都是支持结构化开发的编程语言。随着软件开发技术的逐步发展,为了近一步提高软件的可重用性、可扩展性和可维护性,面向对象的编程语言及面向对象设计理论应运而生,Java 语言就是一种纯面向对象的编程语言。

本章首先简要介绍结构化的软件开发过程,然后介绍了面向对象的软件开发过程,对面向对象的一些核心思想和概念进行了阐述。本章列举了不少形象的例子,来帮助读者理解面向对象的开发思想,并且以一个画板(Panel)软件系统的例子贯穿整个章节,这个例子分别按照结构化开发方式和面向对象开发方式实现,从而鲜明地对比这两种开发方式对软件的可维护性、可扩展性和可重用性的影响。

本章的思想性和理论性比较强,如果读者已经有一定的面向对象的开发经验,阅读本章时会很顺利。如果读者没有面向对象的开发经验,初次阅读时会感觉比较抽象,在这种情况下,初次阅读时只需了解一些基本概念与核心思想即可,等到阅读完全书后,再来回顾和领悟本章内容。

本章在介绍范例时,展示了部分 Java 程序代码,如果读者对 Java 编程没有任何基础，那么在初次阅读本章时不必深入探究这些 Java 程序代码，可在阅读完本书后再回顾它们。

1.1 结构化的软件开发方法简介

1978 年，E.Yourdon 和 L.L.Constan-tine 提出了结构化开发方法，即 SASD 方法。1979 年，Tom DeMarco 对此方法做了进一步的完善。SASD 方法是 20 世纪 80 年代使用最广泛的软件开发方法。它首先用结构化分析（SA，Structure Analysis）对软件进行需求分析，然后用结构化设计（Structure Design，SD）方法进行总体设计，最后是结构化编程（Structure Programming，SP）。这种开发方法使得开发步骤明确，SA、SD 和 SP 相辅相成，一气呵成。

结构化开发方法主要是按照功能来划分软件结构的，它把软件系统的功能看作是根据给定的输入数据，进行相应的运算，然后输出结果，如图 1-2 所示。

图 1-2 结构化开发中的软件功能

进行结构化设计时，首先考虑整个软件系统的功能，然后按照模块划分的一些基本原则（比如内聚性和松耦合）等，对功能进行分解，把整个软件系统划分成多个模块，每个模块实现特定的子功能。为了提高软件的内聚性，在模块中还会把功能分解到更小的子模块中。在完成所有的模块设计后，把这些模块拼装起来，就构成了整个软件系统。软件系统可看作是多个子系统的集合，每个子系统都是具有输入/输出功能的模块，如图 1-3 所示。

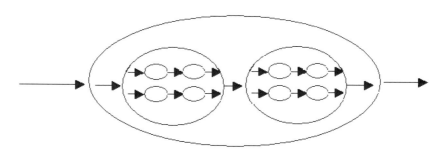

图 1-3 按照功能划分成多个子系统的软件系统结构

结构化设计属于自顶向下的设计，在设计阶段就不得不考虑如何实现系统的功能，因为分解功能的过程其实就是实现功能的过程。结构化设计的局限性在于不能灵活地适应用户不断变化的需求。当用户需求发生变化，比如要求修改现有软件功能的实现方式或者要求追加新的功能时，就需要自顶向下地修改模块的结构，有时候甚至整个软件系统的设计被完全推翻。

在进行结构化编程时,程序的主体是方法,方法是最小的功能模块,每个方法都是具有输入/输出功能的子系统,方法的输入数据来自于方法参数、全局变量和常量,方法的输出数据包括方法返回值,以及指针类型的方法参数。一组相关的方法组合成大的功能模块。

> **Tips**
>
> 结构化编程刚出现的时候,主要通过编写实现各种功能的函数(也称作过程)来实现,故也称为"面向过程编程(Procedure Oriented Programming)"。这与本章 1.2 节中介绍的面向对象编程的说法比较对应。

下面举例说明结构化开发的过程。如图 1-4 所示显示了一个按照功能划分的画板(Panel)系统的结构。

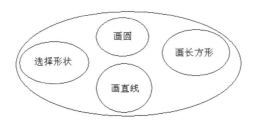

图 1-4　按照功能划分的 Panel 系统的结构

从图 1-4 可以看出,Panel 系统包括 4 个功能模块:选择形状模块、画长方形模块、画圆模块和画直线模块。如图 1-5 所示为选择形状模块的数据流图(Data Flow Diagram,DFD)。

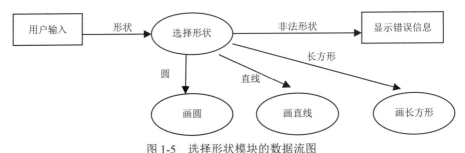

图 1-5　选择形状模块的数据流图

以上数据流图中包括 3 种形状的符号:
- 椭圆:表示处理过程,即功能。输入数据在此进行处理产生输出数据。
- 矩形:数据输入的源点或数据输出的终点。
- 带箭头的直线:数据流的方向。

从图 1-5 看出,用户输入特定形状类性,选择形状模块对此进行判断,如果用户输入的是圆,那么调用画圆模块,以此类推。如果用户输入的不是圆、长方形和直线,就显示错误信息。例程 1-1 是用 C 语言编写的 Panel 系统的结构化源程序,程序中的各个方法(除 main()方法以外)分别实现 4 个功能模块。此外还定义了一些常量,表示形状名称，这些常量位于系统的全局范围内。

例程 1-1　panel.c

```c
#include <stdio.h>

/** 定义常量 */
#define CIRCLE 1
#define RECTANGLE 2
#define LINE 3

/** 画圆模块 */
void drawCircle (){...}        //省略显示实现细节

/** 画长方形模块 */
void drawRectangle (){...}     //省略显示实现细节

/** 画直线模块 */
void drawLine (){...}          //省略显示实现细节

/** 选择形状模块 */
void selectShape(){
   int shape;
   scanf("%d ",&shape);        //接收用户输入的形状
   switch(shape){
     case CIRCLE :
        drawShape();
        break;
     case RECTANGLE :
        drawRectangle();
        break;
     case LINE :
        drawLine();
        break;
     default :
        printf("输入的形状不存在");
        break;
   }
}

/** 程序入口方法 */
void main(){
   selectShape();
}
```

假定需求发生变化，要求增加一个画三角形功能，那么需要对系统做多处改动：
（1）在整个系统范围内，增加一个常量：

```
#define TRIANGLE 4
```

（2）在整个系统范围内增加一个新的画三角形模块，即增加以下方法：

```
drawTriangle(){...};
```

（3）在选择形状模块 selectShape()内增加以下逻辑：

```
case TRIANGLE :
  drawTriangle();
  break;
```

由此可见，结构化开发方法制约了软件的可维护和可扩展性，模块之间的松耦合性不高，修改或增加一个模块，会影响到其他的模块。导致这种缺陷的根本原因在于：

- 自顶向下地按照功能来划分软件模块，而软件的功能不是一成不变的，会随着用户需求的变化而改变，这使得软件在设计阶段就难以设计出稳定的系统结构。
- 软件系统中最小的子系统是方法。方法和一部分与之相关的数据分离，全局变量数据和常量数据分散在系统的各个角落，这削弱了各个系统之间的相对独立性，从而影响了软件的可维护性。

1.2 面向对象的软件开发方法简介

面向对象的开发方法把软件系统看成是各种对象的集合，对象就是最小的子系统，一组相关的对象能够组合成更复杂的子系统。面向对象的开发方法具有以下优点：

- 把软件系统看成是各种对象的集合，这更接近人类认识世界的自然思维方式。
- 软件需求的变动往往是功能的变动，而功能的执行者——对象一般不会有大的变化。这使得按照对象设计出来的系统结构比较稳定。
- 对象包括属性（数据）和行为（方法），对象把数据及方法的具体实现方式一起封装起来，这使得方法和与之相关的数据不再分离，提高了每个子系统的相对独立性，从而提高了软件的可维护性。
- 支持封装、抽象、继承和多态等各种特征，提高了软件的可重用性、可维护性和可扩展性。这些特征将在后面的章节中详述。

Tips
广义地讲，面向对象编程是结构化编程的一种改进实现方式。传统的面向过程的结构化编程的最小子系统是功能模块，而面向对象编程的最小子系统是对象。

1.2.1 对象模型

在面向对象的分析和设计阶段，致力于建立模拟问题领域的对象模型。建立对象模型既包括自底向上的抽象过程，也包括自顶向下的分解过程。

（1）自底向上的抽象。

建立对象模型的第一步是从问题领域的陈述入手。分析需求的过程与对象模型的形成过程一致，开发人员与用户的交谈是从用户熟悉的问题领域中的事物（具体实例）开始的，这就使用户与开发人员之间有了共同语言，使得开发人员能彻底搞清用户需求，然后再建立正确的对象模型。开发人员需要进行以下自底向上的抽象思维：

- 把问题领域中的事物抽象为具有特定属性和行为的对象。比如一个模拟动物园的程序中，存在各种小动物对象，比如各种小猫、小狗等。
- 把具有相同属性和行为的对象抽象为类。比如尽管各种小猫、小狗等对象各自不同，但是它们具有相同的属性和行为，所以可以将各种小猫对象抽象为小猫类，而各种小狗对象抽象为小狗类。
- 当多个类之间存在一些共性（具有相同属性和行为）时，把这些共性抽象到父类中。比如在前面的例子中，小猫类和小狗类又可以进一步归于哺乳动物类。

在自底向上的抽象过程中，为使子类能更合理地继承父类的属性和行为，可能需要自顶向下的修改，从而使整个类体系更加合理。由于这种类体系的构造是从具体到抽象，再从抽象到具体的，符合人类的思维规律，因此能更快、更方便地完成任务。这与自顶向下的结构化开发方法构成鲜明的对照。在结构化开发方法中，构造系统模型是最困难的一步，因为自顶向下的"顶"（即系统功能）是一个空中楼阁，缺乏坚实稳定的基础，而且功能分解有相当大的任意性，因此需要开发人员有丰富的软件开发经验。而在面向对象建模中，这一工作可由一般开发人员较快地完成。

（2）自顶向下的分解。

在建立对象模型的过程中，也包括自顶向下的分解。例如对于计算机系统，首先识别出主机对象、显示器对象、键盘对象和打印机对象等。接着对这些对象再进一步分解，例如主机对象由处理器对象、内存对象、硬盘对象和主板对象等组成。系统的进一步分解因有具体的对象为依据，所以分解过程比较明确，而且也相对容易。所以面向对象建模也具有自顶向下开发方法的优点，既能有效地控制系统的复杂性，又同时避免了结构化开发方法中功能分解的困难和不确定性。

1.2.2 UML：可视化建模语言

面向对象的分析与设计方法，在20世纪80年代末至90年代中发展到一个高潮。但是，诸多流派在思想和术语上有很多不同的提法，对术语和概念的运用也各不相同，统一是继续发展的必然趋势。需要用一种统一的符号来描述在软件分析和设计阶段勾画出来的对象模型，统一建模语言（Unified Modeling Language，UML）应运而生。UML是一种定义良好、易于表达、功能强大且普遍适用的可视化建模语言。它吸取了诸多流派的优点，而且有进一步的发展，最终成为大众所共同接受的标准建模语言。

1.2.3 Rational Rose：可视化建模工具

Rational Rose是Rational公司开发的一种可视化建模工具，之后归属于IBM公司。它采用UML语言来构建对象模型，是分析和设计面向对象软件系统的强有力的工具。如图1-6所示为Rational Rose的界面。本书的许多UML图都是用Rational Rose来绘制的。但本书并没有介绍Rational Rose工具本身的用法，读者可以参考其他相关的书籍来进一步了解它的用法。

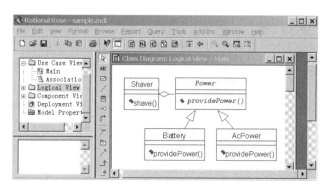

图 1-6 Rational Rose 的界面

Tips

目前流行的 UML 绘制软件还有 Visio、RSA 和 StarUML 等，一些开发的 IDE（集成开发环境）工具（如 Eclipse 等），也具有绘制 UML 图的功能模块插件。由于 UML 是一种标准的面向对象分析和设计的图形符号化标准，各个软件的绘制效果大同小异，本书依然采用 Rose 软件工具。

1.3 面向对象开发中的核心思想和概念

在面向对象的软件开发过程中，开发者的主要任务就是先建立模拟问题领域的对象模型，然后通过程序代码来实现对象模型。到底如何建立对象模型，如何用程序代码实现对象模型，并且能保证软件系统的可重用、可扩展和可维护性呢？这不是两三句话就能回答的问题，事实上，本书所有内容都是围绕这一问题展开的。本节主要阐述了面向对象开发中的核心思想和概念，这些核心思想为从事面向对象的软件开发实践提供了理论武器。

为了便于帮助读者理解这些思想和概念，本节使用了一些 UML 图，还演示了一些 Java 程序代码。如果读者对 UML 图不熟悉，可以结合本章 1.4 节（UML 语言简介）的内容来阅读本节。

1.3.1 问题领域、对象、属性、状态、行为、方法、实现

问题领域是指软件系统所模拟的真实世界中的系统。随着计算机技术的发展和普及，软件系统渗透到社会的各个方面，几乎可用来模拟任意一种问题领域，如学校、医院、商场、银行、电影摄制组和太阳系等。

对象是对问题领域中事物的抽象。对象具有以下特性：

（1）万物皆为对象。问题领域中的实体和概念都可以抽象为对象。例如在学校领域，对象包括学生、成绩单、教师、课程和教室等；在银行领域，对象包括银行账户、

出纳员、支票、汇率、现金和验钞机等;在商场领域,对象包括客户、商品、订单、发票、仓库和营业员等;在电影摄制组领域,对象包括演员、导演、电影、道具和化妆师等;在太阳系领域,对象包括太阳、月亮、地球、火星和木星等;在用 Java 语言创建的图形用户界面中,窗口、滚动面板、按钮、列表、菜单和文本框等也都是对象。

(2)每个对象都是唯一的。对象的唯一性来自于真实世界中事物的唯一性。世界上不存在两片一模一样的叶子,因此在软件系统中用来模拟每片叶子的对象也具有唯一性。例如学校领域的学生小张、学生小王、小张的成绩单和小王的成绩单,这些都是唯一的对象。在 Java 虚拟机提供的运行时环境中,保证每个对象的唯一性的手段是为它在内存中分配唯一的地址。

Tips
Java 虚拟机是 Java 程序的解析器和执行器,它为 Java 程序提供运行时环境,并且执行程序代码。本书后面章节还会详细介绍 Java 虚拟机和运行时环境的概念。

(3)对象具有属性和行为。例如小张,性别女,年龄 15,身高 1.6 米,体重 40kg,能够学习、唱歌和打羽毛球。小张的属性包括:姓名、性别、年龄、身高和体重。小张的行为包括:学习、唱歌和打羽毛球。例如一部手机:品牌名称是诺基亚,价格是 2000 元,银白色,能够拍照、打电话和收发短信等。这只手机的属性包括:品牌类型 type、价格 price 和颜色 color,行为包括拍照 takePhoto()、打电话 call()、收短信 sendMessage()和发短信 receiveMessage()。

对象的行为包括具有的功能及具体的实现。在建立对象模型阶段,仅仅关注对象有什么样的功能,但是不考虑如何实现这些功能。对象的属性用成员变量来表示,对象的行为用成员方法来表示,如图 1-7 所示是手机的 UML 类图。

图 1-7 手机的 UML 类图

到了编写程序代码阶段,必须为所有的非抽象方法提供具体的实现,"实现"在程序代码中体现为方法后面带有的方法主体。例如以下程序代码中的粗体字部分为方法主体,它代表方法的实现:

```
public void takePhoto(){
    //实现拍照功能
    …
}
```

(4)对象具有状态。状态是指某个瞬间对象的各个属性的取值。对象的某些行为往往会改变对象自身的状态,即属性的取值。例如小王本来体重 80kg,经过减肥后,结果体重减到45kg，如图1-8所示。

图1-8 小王的减肥行为导致体重的下降

再比如电灯泡的灯丝，本来它的温度和室温一样，为20℃，把它点亮后，它的温度慢慢上升到200℃；例如银行账户Account对象有一个余额属性balance，它的存款方法save()能够改变余额属性：

```
/** 代表账户的存款余额 */
private double balance;

/** 存款 */
public void save(double amount){
   this.balance=this.balance+amount;   //修改余额属性
}
```

（5）对象都属于某个类，每个对象都是某个类的实例。例如，演员小红、小白和小黄，他们都属于演员类；中国和美国都属于国家类，中文和英文都属于语言类；地球、木星和火星都属于太阳的卫星类。类是具有相同属性和行为的对象的集合。

同一个类的所有实例具有相同属性，表明它们的属性的含义相同，但是它们的状态不一定相同，也就是属性取值不一定相同。例如演员小红、小白和小黄，都有姓名、性别、年龄、身高和体重这些属性，但是他们的属性取值不同。

同一个类的所有实例包括类本身的所有实例，以及其子类的所有实例。类的所有实例具有相同行为，意味着它们具有一些相同的功能。类本身的所有实例按同样的方式实现相同的功能，而子类与父类之间，以及子类之间的实例则可能采用不同的方式来实现相同的功能。

1.3.2 类、类型

类是一组具有相同属性和行为的对象的抽象。类及类的关系构成了对象模型的主要内容。如图1-9所示，对象模型用来模拟问题领域，Java程序实现对象模型，Java程序运行在Java虚拟机提供的运行时环境中，Java虚拟机运行在计算机机器上。

计算机受其存储单元的限制，只能表示和操作一些基本的数据类型，比如整数、字符和浮点数。对象模型中的类可以看作是开发人员自定义的数据类型，Java虚拟机的运行时环境封装了把自定义的数据类型映射到计算机的内置数据类型的过程，使得开发人员不必受到计算机的内置数据类型的限制，对任意一种问题领域，都可以方便地根据识别对象、再进行分类（创建任意的数据类型）的思路来建立对象模型。

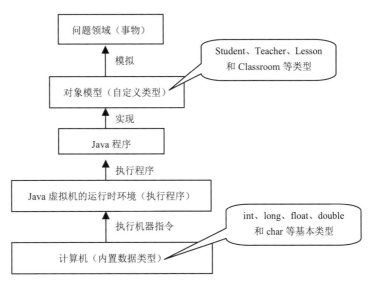

图 1-9 从对象模型中的类型到计算机的内置数据类型的映射

面向对象编程的主要任务就是定义对象模型中的各个类。例如以下是手机类的定义：

```java
public class CellPhone {
    private String type;
    private String color;
    private double price;

    /** 构造方法 */
    public CellPhone(String type,String color,double price){
        this.type=type;
        this.color=color;
        this.price=price;
    }

    public void takePhoto(){ … }
    public void call(){ … }
    public void sendMessage(){ … }
    public void receiveMessage(){ … }
}
```

如何创建出手机对象呢？Java 语言采用 new 语句来创建对象，new 语句会调用对象的构造方法。以下程序代码创建了两个手机对象，一个是诺基亚牌，银白色，价格 2000 元；一个是摩托罗拉牌，蓝色，价格 1999 元：

```java
CellPhone phone1=new CellPhone("诺基亚牌","silvery",2000);
CellPhone phone2=new CellPhone("摩托罗拉","blue",1999);
```

在运行时环境中，Java 虚拟机首先把 CellPhone 类的代码加载到内存中，然后依据这个模板来创建两个 CellPhone 对象：phone1 和 phone2。所以说，对象是类的实例，类是对象的模板。

1.3.3 消息、服务

软件系统的复杂功能是由各种对象协同工作来共同完成的。如图 1-10 所示,电视机和遥控器之间就存在这种协作关系。当用户按下遥控器的"开机"按钮,遥控器对象向电视机对象发送一个"开机"消息。电视机对象接受到这个"开机"消息,就执行相应的开机操作。此外,遥控器还能向电视机发送其他消息,例如选择频道、调节音量、播放 VCD 和关机等。

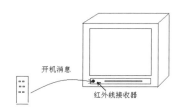

图 1-10 遥控器向电视机发送开机消息

每个对象都具有特定的功能,相对于其他对象而言,它的功能就是为其他对象提供的服务。例如电视机具有的功能包括:开机、关机、选择频道、调节音量和播放 VCD 等。遥控器为了获得电视机的服务,需要向电视机提出获得特定服务的请求,提出请求的过程称为发送消息。

对象提供的服务是由对象的方法来实现的,因此发送消息实际上也就是调用一个对象的方法。例如遥控器向电视机发送"开机"消息,意味着遥控器对象调用电视机对象的开机方法:

```
television.open();  //遥控器对象调用电视机对象的开机方法
```

从使用者的角度出发,整个软件系统就是一个服务提供者。操作软件系统的用户是系统的边界,在 UML 语言中,系统边界称为角色(Actor)。在系统内部,每个子系统(对象或对象的组合)也都是服务提供者,它们为其他子系统提供服务,子系统之间通过发送消息来互相获得服务。一个孤立的不对外提供任何服务的系统是没有任何意义的。

对于电视机系统,看电视的观众就是它的系统边界。电视机系统是观众的服务提供者,电视机系统内的电视机对象是遥控器对象的服务提供者。如图 1-11 显示了观众打开电视机的 UML 时序图。

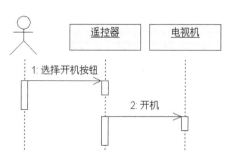

图 1-11 观众打开电视机的 UML 时序图

1.3.4 接口

既然每个对象是服务提供者，那么如何对外提供服务呢？对象通过接口对外提供服务。例如电视机的红外线接收器就是为遥控器提供的接口。再比如在日常生活中经常接触的电源插口，如果把整个供电系统看作一个对象，那么它提供的主要服务就是供电。如何提供这一服务呢？很简单，只要在住宅里布置好线路，提供一些电源插口，各种电器就能从电源插口中获得电源了。电源插口就是供电系统为各种电器提供的接口。此外，鼠标上的按钮、键盘上的按钮、洗衣机上的按钮、电灯的开关都是为用户提供的接口。

在现实世界中，接口也是实体，比如电源插口、洗衣机上的按钮和电灯的开关。而在面向对象的范畴中，接口是一个抽象的概念，是指系统对外提供的所有服务。系统的接口描述系统能够提供哪些服务，但是不包含服务的实现细节。这里的系统既可以指整个软件系统，也可以指一个子系统。对象是最小的子系统，每个对象都是服务提供者，因此每个对象都有接口。

站在使用者的角度，对象中所有向使用者公开的方法的声明构成了对象的接口。使用者调用对象的公开方法来获得服务，使用者在获得服务时，不必关心对象到底是如何实现服务的。

在设计对象模型阶段，系统的接口就确定下来了，例如在手机 CellPhone 类的 UML 类图中，它的方法声明就是手机的接口，如图 1-12 所示。

图 1-12　手机的接口

> **Tips**
>
> 本章多次提到了使用者这一说法，如果系统 A 访问系统 B 的服务，那么系统 A 就是使用者，系统 B 就是服务提供者。在本书有些场合，也会把系统 A 称为系统 B 的客户程序。

接口是提高系统之间松耦合的有力手段。例如电视机向遥控器公开了红外线接收器接口，使得电视机和遥控器之间相互独立，当电视机的内部实现发生变化时，比如由电子显示器改为液晶显示器，只要它的红外线接收器接口不变，就不会影响遥控器的实现。

计算机系统也是个充分利用接口来提高子系统之间松耦合性的例子。计算机的各种外围设备，比如移动硬盘、打印机、移动光区和扫描仪等都通过接口和主机通信。主机和它的外围设备都是独立的子系统，即使某个子系统内部的实现方式发生变化，只要接口不变，就不会影响到其他子系统。例如把激光打印机改为喷墨打印机，只要打印机的接口不变，就不会影响到主机子系统。

接口还提高了系统的可扩展性。如图 1-13 所示，台式计算机的主板上预留了许多供扩展的插槽（接口），只要在主板上插上声卡，计算机就会增加播放声音的功能，只要插上网卡，计算机就会增加联网的功能。

图 1-13 带有许多插槽的计算机的主板

在 Java 语言中，接口有两种意思：

- 一是指以上介绍的概念性的接口，即指系统对外提供的所有服务，在对象中表现为 public 类型的方法的声明。
- 二是指用 interface 关键字定义的实实在在的接口，也称为接口类型，它用于明确地描述系统对外提供的所有服务，它能够更加清晰地把系统的实现细节与接口分离。本书第 8 章（接口）对此做了详细介绍。

1.3.5 封装、透明

封装是指隐藏对象的属性和实现细节，仅仅对外公开接口。封装能为软件系统带来以下优点：

（1）便于使用者正确、方便地理解和使用系统，防止使用者错误修改系统的属性。还是以供电系统为例，过去房屋墙壁的上方都是电线，现在的房屋里电线都"不见"了，在墙壁上只露出了一些电源插口。为什么要把电线藏起来呢？理由很简单，暴露在外面的电线不安全、也不美观。

再比如电视机系统，尽管它本身的实现很复杂，但用户使用起来却非常简单，只要通过遥控器上的几个按钮就能享受电视机提供的服务。电视机的实现细节被藏在它的大壳子里，没有必要向用户公开。

（2）有助于建立各个系统之间的松耦合关系，提高系统的独立性。当某一个系统的实现发生变化，只要它的接口不变，就不会影响到其他的系统。

（3）提高软件的可重用性，每个系统都是一个相对独立的整体，可以在多种环境中得到重用。例如干电池就是一个可重用的独立系统，在相机、手电筒、电动剃须刀和玩具赛车中都能发挥作用。

（4）降低了构建大型系统的风险，即使整个系统不成功，个别的独立子系统有可能依然是有价值的。例如相机损坏了，它的干电池依然有用，可以安装到手电筒中。

一个设计良好的系统会封装所有的实现细节，把它的接口与实现清晰地隔离开来，系统之间只通过接口进行通信。面向对象的编程语言主要是通过访问控制机制来进行封装的，这种机制能控制对象的属性和方法的可访问性。在 Java 语言中提供了 4 种访问控制级别：

- public：对外公开，访问级别最高。
- protected：只对同一个包中的类或者子类公开。
- 默认：只对同一个包中的类公开。
- private：不对外公开，只能在对象内部访问，访问级别最低。

灵活运用这 4 种访问级别就能有效地控制对象的封装程度，本书第 7 章的 7.1 节（访问控制修饰符）对此做了详细的介绍。

到底对象的哪些属性和方法应该公开，哪些应该隐藏呢？这必须具体问题具体分析。这里只提供封装的两个大致原则。

1. 把尽可能多的东西藏起来，对外提供简洁的接口

系统的封装程度越高，那么它的相对独立性就越高，而且使用起来也更方便。例如半自动洗衣机 HalfAutoWasher 和全自动洗衣机 AutoWasher 就是一个明显的例子。如图 1-14 所示是它们的类图。

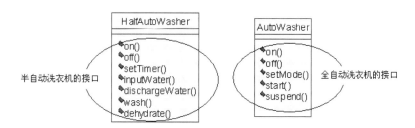

图 1-14　半自动洗衣机和全自动洗衣机的类图

以下程序演示用半自动洗衣机洗衣服的过程：

```
HalfAutoWasher    washer=new HafAutoWasher();

//开始洗衣服
washer.on();                    //开机

//洗涤
washer.inputWater();            //放水
washer.setTimer(5);             //定时 5 分钟
washer.wash();                  //洗涤
washer.dischargeWater();        //排水

//第一次清洗
washer.inputWater();            //放水
washer.setTimer(5);             //定时 5 分钟
washer.wash();                  //洗涤
washer.dischargeWater();        //排水

//第二次清洗
```

```
washer.inputWater();        //放水
washer.setTimer(5);         //定时 5 分钟
washer.wash();              //洗涤
washer.dischargeWater();    //排水

//为衣服脱水
washer.setTimer(8);         //定时 8 分钟
washer.dehydrate();         //脱水

washer.off();               //关机
```

以下程序演示用自动洗衣机洗衣服：

```
AutoWasher  washer=new AutoWasher();

//开始洗衣服
washer.on();                         //开机
washer.setMode("标准模式");           //设置洗衣机模式
washer.start();                      //开始洗衣服，洗衣结束后，30 分钟内洗衣机会自动关机
```

对比以上程序代码，可以看出自动洗衣机封装了进水、排水和定时等洗衣服的细节，为使用者提供了更加简单易用的接口，所以用自动洗衣机洗衣服更方便。

2．把所有的属性藏起来

假如某种属性允许外界访问，那么提供访问该属性的公开方法。例如电视机有一个音量属性 volume，这是允许使用者访问的，使用者通过 setVolume()和 getVolume()方法来访问这个属性：

```java
private int volume;

/** 设置音量 */
public void setVolume(int volume){
    this.volume=volume;
}

/** 查看当前音量 */
public int getVolume(){
    return volume;
}
```

为什么不把 volume 属性定义为 public 类型，让使用者直接访问呢？这样做有以下原因：

（1）更符合真实世界中外因通过内因起作用的客观规律。一个对象的属性发生变化应该是外因和内因共同作用的结果。外因就是使用者向电视机对象发送消息，请求电视机对象把音量调节到某个高度，即调用电视机对象的 setVolume()方法；内因就是电视机对象本身的音量控制装置调节音量，即执行 setVolume()方法。

（2）能够灵活地控制属性的读和修改的访问级别。对象的有些属性只允许使用者读，但不允许使用者修改，而只有对象内部才能修改，例如电表上显示的用电数 electricalPowerMeter 就是这样的属性，此时可以公开读方法，封装写方法：

```java
private double electricalPowerMeter;
private void setElectricalPowerMeter (double electricalPowerMeter){...} //封装写方法
```

```
public double getElectricalPowerMeter (){...} //公开读方法
```

（3）防止使用者错误地修改属性。例如银行账户 Account 对象有一个口令属性 password，当用户设置口令时，要求口令必须是 6 位数，在 Account 对象的 setPassword() 方法中很容易就能实现这段逻辑：

```
public void setPassword(String password){
    if(password==null || password.length()!=6)
        throw new IllegalArgumentException("口令不合法");
    else
        this.password=password;
}
```

（4）有助于对象封装实现细节。有时候，当对象的一个属性发生改变时，在它的内部会发生一系列的连锁反应，但这些反应对使用者是透明的。例如计算器有一个属性 scale 表示数学进制。如果用户选择二进制，计算器就会把当前数字转换为二进制；如果选择十六进制，计算器就会把当前数字转换为十六进制。以下程序代码模拟了这一过程：

```
/** 代表计算器的当前数据 */
private int data;

/** 代表计算器的当前数学进制 */
private int scale;

/** 设置数学进制，这是向使用者公开的接口 */
public void setScale(int scale){
    int oldScale=this.scale;
    this.scale=scale;
    transfer(oldScale,scale);    //调用私有方法，进行数据转换
}

/** 对计算器的当前数据进行数学进制转换，不对外公开 */
private void transfer(int oldScale, int scale){
    …
}
```

从以上程序看出，使用者访问的是计算器设置的 scale 属性的接口，即调用 setScale() 方法，在计算器内部还执行了 transfer()方法进行数据转换。这个转换过程对使用者是透明的。

与封装具有相同含义的一个概念就是透明。对象封装实现细节，也就意味着对象的实现细节对使用者是透明的。透明在这里应该理解为"看不见"。

透明的东西怎么会看不见呢？如图 1-15 所示，窗玻璃是透明的，能看到窗外的风景，因此透明的东西是能看得见的。这种理解是似是而非的。透明的东西本身是看不见的，例如商店的玻璃太透明，有行人没有看见，也没有意识到玻璃的存在，结果直到撞到玻璃上，才意识到玻璃的存在。有人固执地认为自己能看到玻璃，这是两个原因造成的：①玻璃有杂色，透明度不高；②明明在商店外，却能看到商店里所有的商品，由此意识到玻璃的存在。

图 1-15　看到的不是透明的窗玻璃，而是窗玻璃外的风景

1.3.6 抽象

抽象是指从特定角度出发，从已经存在的一些事物中抽取我们所关注的特性，形成一个新的事物的思维过程。抽象思维在艺术和科学领域都得到了广泛的运用。例如图 1-16 显示了一张描述干旱的土地上忽然下起大雨的抽象画。它对真实世界中下雨的场景进行了抽象，着力表现大自然突然下雨，饱受干旱折磨的人们欢呼雀跃的场面，反映了人类对大自然的依赖的主题。这幅画没有展示人物的相貌、年龄、性别和服装，因为这些信息和主题无关。

图 1-16　一幅描述干旱的土地上忽然下起大雨的抽象画

抽象是一种由具体到抽象、由复杂到简洁的思维方式。如图 1-17 所示，在面向对象的开发过程中，抽象体现在以下方面：

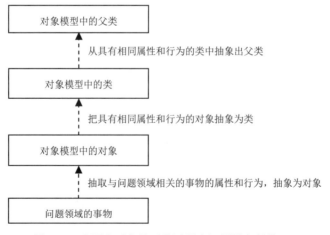

图 1-17　在面向对象的开发过程中运用抽象思维

1. 从问题领域的事物到软件模型中对象的抽象

在建立对象模形时，分析问题领域中的实体，把它抽象为对象。真实世界中的事物往往有多种多样的属性，应该根据事物所处的问题领域来抽象出具有特定属性的对象。比如一只小白兔，如果问题领域是菜市场，那么会关注它的体重和价格；如果问题领域是动物研究所，那么会关注它的年龄、性别、健康状况，以及它的五脏六腑的构造；如果问题领域是宠物市场，那么会关注它的颜色、脾气、生活习性和价格等。

从问题领域的事物到对象的抽象还意味着分析事物所具有的功能，在对象中定义这些功能的名称，但不必考虑如何实现它们。例如手机，它具有打电话、收发短信和拍照片的功能。至于这些功能是如何实现的，这不是设计阶段的任务。这种抽象过程使得设计阶段创建的对象模型仅仅用来描述系统应该做什么，但不必关心如何去做，从而清晰地划清软件设计与软件编码的界限。

2. 从对象到类的抽象

在建立对象模型时，把具有相同属性和功能的对象抽象为类。比如某学校里有1000个学生，包括张三、李四和王五等，他们都属于学生类。

3. 从子类到父类的抽象

当一些类之间具有相同的属性和功能时，则把这部分属性和功能抽象到一个父类中。从子类到父类的抽象有两种情况：

- 不同子类之间具有相同的功能，并且功能的实现方式也完全一样。例如自行车和三轮车的父类为非机动车类。自行车和三轮车都有刹车功能，并且实现方式也一样。在这种情况下，把这个功能放在父类非机动车类中实现，子类不必重复实现这个功能，这可以提供程序代码的可重用性和可维护性。
- 不同子类之间具有相同的功能，但功能的实现方式不一样。例如日光灯和电灯都能照明，但是实现方式不一样。在这种情况下，父类照明设施类中仅仅声明这种功能，但不提供具体的实现。这种抽象方式与面向对象的多态特性相结合，有助于提高子系统之间的松耦合性，参见本章第1.3.9节（多态、动态绑定）。

在 Java 语言中，抽象有两种意思：

- 当抽象作为动词时，就是指上述抽象思维过程。
- 当抽象作为形容词时，可以用来修饰类和方法。当一个方法被 abstract 修饰时，表明这个方法没有具体的实现；当一个类被 abstract 修饰时，表明这个类不能被实例化。例如，把日光灯类和电灯类都抽象为父类——照明设施类 Lighting，Lighting 类是一个抽象类，它的 light()方法是一个抽象方法，仅仅描述了 Lighting 类具有的功能，但没有被实现，只有它的子类的 light()方法才能被实现：

```
public abstract class Lighting{
  /** 照明功能 */
  public abstract void light(); //这是一个抽象方法，没有实现体
}
```

1.3.7 继承、扩展、覆盖

在父类和子类之间同时存在着继承和扩展关系。子类继承了父类的属性和方法，同时，子类中还可以扩展出新的属性和方法，并且还可以覆盖父类中方法的实现方式。覆盖也是专用术语，是指在子类中重新实现父类中的方法。

> **Tips**
> 确切地说，子类只能继承父类的部分属性和方法，父类中用 private 修饰的属性和方法对子类是透明的。本书第 6 章的 6.1 节（继承的基本语法）对此做了详细讨论。

从每个对象都是服务提供者的角度来理解，子类会提供和父类相同的服务，此外子类还可以提供父类所没有的服务，或者覆盖父类中服务的实现方式。例如手机，早期生产的手机具有打电话的功能，但不具有拍照功能，现在的一些新款手机继承了打电话的功能，而且增加了拍照功能。

继承与扩展同时提高了系统的可重用性和可扩展性。例如，手机和计算机之所以能迅猛地更新换代，具备越来越多的功能，就是因为当厂商在生产新型号的手机和计算机时，他们不必从头生产，而是在原有手机和计算机的基础上进行升级。

继承与扩展导致面向对象的软件开发领域中架构类软件系统的发展。从头构建一个复杂软件系统的工作量巨大，为了提高开发效率，有一些组织开发了一些通用的软件架构。有了这些软件架构，新的软件系统就不必从头开发，只需要在这些通用软件架构的基础上进行扩展。

如何在这些通用软件架构的基础上进行扩展呢？这些通用软件架构中都提供了一些扩展点。更具体地说，这些扩展点就是专门让用户继承和扩展的类。这些类已经具备了一些功能，并且能和软件架构中其他的类紧密协作。用户只需创建这些类的子类，在子类中增加新功能或重新实现某些功能。用户自定义的子类能够和谐地融入到软件架构中，顺利地与软件架构中的其他类协作。

如何保证现有的软件架构顺利地与用户自定义的类协作呢？这还涉及接口和多态的概念。关于接口和多态的概念，分别参见本章 1.3.4 节（接口）和 1.3.9 节（多态、动态绑定）。

目前在 Java 领域比较流行的架构软件包括：

- JavaEE：Oracle 公司制定的分布式分层的企业应用的软件架构，它把企业应用分为客户层、JavaWeb 层、应用服务层和数据库层。在 JavaWeb 层的扩展点主要是 Servlet 类和 JSP，应用服务层的扩展点主要是 EJB 组件。
- Struts：Apache 开放源代码组织为 JavaWeb 应用创建的通用框架，采用模型—视图—控制器（Model-View-Controller，MVC）设计模式，它的最主要的扩展点是控制器层的 Action 类。
- JSF：Oracle 公司为 JavaWeb 应用的界面创建的通用框架。
- Spring：Spring 开放源代码组织为企业应用的服务层创建的通用框架。

以 JavaEE 架构为例，它在 JavaWeb 层规划了基于 Servlet 容器的架构。Servlet 是供用户扩展的组件，能够运行在 Servlet 容器中。Servlet 容器负责接收 Web 客户的 HTTP 请求并且向 Web 客户发送 HTTP 响应。对于一个特定的 JavaWeb 应用，比如购物网站应用，Web 客户会发出各种请求，比如登入请求、注册请求、选购商品的请求、发出订单的请求和查询订单的请求等。Servlet 负责向 Web 客户提供所请求的特定服务。

在开发 JavaWeb 应用时，不需要从头创建 Servlet 容器，只需要选择第三方提供的 Servlet 容器，比如 Tomcat，它是一个开放源代码的 Servlet 容器。开发人员的主要任务是扩展 javax.servlet.http.HttpServlet 接口，创建能提供特定服务的 Servlet 子类。把开发人员自定义的 Servlet 类发布到 Servlet 容器中，Servlet 容器就能与这些 Servlet 协作，Servlet 容器根据 Web 客户的请求，调用相关 Servlet 对象的方法来响应请求，如图 1-18 所示。

由此可见，Servlet 是 JavaEE 架构在 JavaWeb 层的扩展点，通过这个扩展点，开发人员能方便地在 JavaWeb 层添加与特定问题领域相关的服务。因此，也有人把 Servlet 称为服务插件。

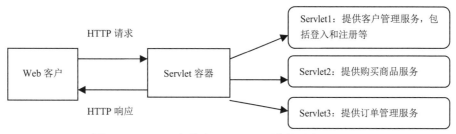

图 1-18　JavaEE 架构在 JavaWeb 层的扩展点：Servlet

1.3.8　组合

组合是一种用多个简单子系统来组装出复杂系统的有效手段。如图 1-19 所示，个人计算机系统就是一个典型的组合系统，它由主机（MainFrame）、键盘（Keyboard）、鼠标（Mouse）、显示器（Monitor）和外围设备打印机（Printer）等组成。而主机（MainFrame）由处理器（CPU）、内存（RAM）、一个或多个硬盘（HardDisk）、显示卡（GraphicsCard）、网卡（NetCard）和声卡（SoundCard）等组成。

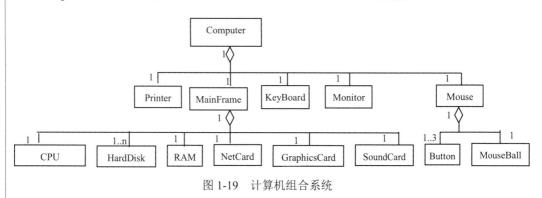

图 1-19　计算机组合系统

> **Tips**
> 对于一个组合系统，如果用 UML 语言来描述，那么组合系统与它的子系统之间为聚集关系，子系统之间则存在关联关系或依赖关系。

面向对象范畴中的组合具有以下优点：

（1）在软件分析和设计阶段，简化为复杂系统建立对象模型的过程。在建立对象模型时，通常是先识别问题领域的粗粒度对象，比如计算机，然后再对其分解，比如分解为主机、键盘和显示器等，这符合人类的由宏观到微观来认识世界的思维规律。

（2）在软件编程阶段，简化创建复杂系统的过程，只需要分别创建独立的子系统，然后将它们组合起来，就构成了一个复杂系统。而且允许第三方参与系统的建设，提高了构建复杂系统的效率。例如生产计算机的厂商不需要从头生产每个部件，而是购买现成的其他厂商生产的 CPU 和硬盘等，然后将它们组装起来。

（3）向使用者隐藏系统的复杂性。尽管计算机内部的结构很复杂，但内部结构对用户是透明的。计算机向用户公开了简单的接口，比如键盘上的按钮和鼠标上的按钮，用户只需通过这些接口来获得计算机提供的服务，不必关心计算机内部的复杂结构。

（4）提高程序代码的可重用性，一个独立的子系统可以被组合到多个复杂系统中。

下面以台灯 ReadingLamp 为例，介绍如何实现组合系统。如图 1-20 所示，台灯由灯泡 Bulb 和电源线路 Circuit 组成。

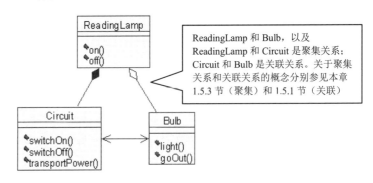

图 1-20　台灯 ReadingLamp 的组合系统

如图 1-21 显示了使用者开灯的 UML 时序图。

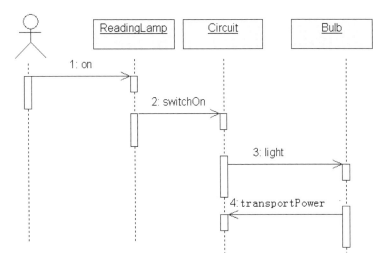

图 1-21 使用者开灯的 UML 时序图

从图 1-21 可以看出，使用者开灯包含以下过程：

（1）使用者打开台灯，即调用 ReadingLamp 对象的 on() 方法。
（2）台灯接通电源线路，即 ReadingLamp 对象调用 Circuit 对象的 switchOn() 方法。
（3）电流通过灯泡，灯泡发光，即 Circuit 对象调用 Bulb 对象的 light() 方法。
（4）灯泡从电源线路中获得电能，即 Bulb 对象调用 Circuit 对象的 transportPower() 方法。

例程 1-2、例程 1-3 和例程 1-4 分别是 ReadingLamp、Bulb 和 Circuit 类的源程序。在 ReadingLamp 类中有两个成员变量 bulb 和 circuit，分别是 Bulb 和 Circuit 类型，由此看出简单的类型可以组合成复杂的类型。使用者调用 ReadingLamp 类的 public 类型的 on() 和 off() 方法来开灯或关灯。台灯的灯泡是允许使用者更换的，所以 ReadingLamp 类还提供了 public 类型的 setBulb() 方法，而台灯的电源线路不允许使用者改动，所以没有提供更改电源线路的 setCircuit() 方法。

例程 1-2   ReadingLamp.java

```java
public class ReadingLamp{
  /** 灯泡 */
  private Bulb bulb;

  /** 电源线路 */
  private Circuit circuit;

  /** 构造方法 */
  public ReadingLamp(Bulb bulb, Circuit circuit){
    this.bulb=bulb;
    this.circuit=circuit;
    //建立灯泡和线路的关联关系
    bulb.setCircuit(circuit);
    circuit.setBulb(bulb);
  }
```

```java
/** 更换台灯的灯泡 */
public void setBulb(Bulb bulb){
   this.bulb=bulb;
   //建立灯泡和线路的关联关系
   bulb.setCircuit(circuit);
   circuit.setBulb(bulb);
}

public void on(){circuit.switchOn();}
public void off(){circuit.switchOff();}

public static void main(String args[]){
   Bulb bulb=new Bulb();
   Circuit circuit=new Circuit();
   ReadingLamp lamp=new ReadingLamp(bulb,circuit);
   lamp.on();    //开灯
   lamp.off();   //关灯
}
}
```

例程 1-3   Circuit.java

```java
public class Circuit{
   private Bulb bulb;
   public void setBulb(Bulb bulb){
      this.bulb=bulb;
   }
   public void switchOn(){
      bulb.light();
   }

   public void switchOff(){
      bulb.goOut();
   }

   public void transportPower(){System.out.println("transport power ");}
}
```

例程 1-4   Bulb.java

```java
public class Bulb{
   private Circuit circuit;
   public void setCircuit(Circuit circuit){
      this.circuit=circuit;
   }
   public void light(){
      circuit.transportPower();
      System.out.println("shining");
   }
   public void goOut(){System.out.println("go out");}
}
```

1.3.9 多态、动态绑定

多态是指当系统 A 访问系统 B 的服务时，系统 B 可以通过多种实现方式来提供服务,而这一切对系统 A 是透明的。例如某些电动剃须刀 Shaver 既允许使用干电池,也允许直接使用交流电源。干电池 Battery 和交流电源 AcPower 都有具有供电的功能,不妨抽象出父类——电源类 Power。

如图 1-22 所示,电动剃须刀是一个包含电源子系统的组合系统。电源类 Power 是一个抽象类,它有一个抽象方法 providePower(),它是电源子系统对外提供的接口。

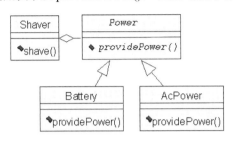

图 1-22　电动剃须刀的组合系统

Tips

在本例中,也可以把 Power 类定义为接口类型:
```
public interface Power{…}
```
由于接口类型的概念在第 8 章(接口)才会介绍,所以这里把 Power 类定义为抽象类。

例程 1-5 是 Shaver 类的源程序。

例程 1-5　Shaver.java

```
public class Shaver{
  private Power power;

  pubic Shaver (){}

  pubic Shaver (Power power){
    this.power=power;
  }

  public void setPower(Power power){
    this.power=power;
  }
  public void shave(){
    power.providePower();
    System.out.println("Shaving...");
  }
}
```

在电动剃须刀的 shave()方法中,调用电源的 providePower ()方法:
```
power.providePower();
```
此处的电源既有可能是 Battery 对象,也有可能是 AcPower 对象。例如在以下程序

代码中,电动剃须刀将使用交流电源工作:

```
Shaver shaver=new Shaver();
shaver.setPower(new AcPower());
shaver.shave();
```

在以下程序代码中,电动剃须刀将使用干电池工作:

```
Shaver shaver=new Shaver();
shaver.setPower(new Battery());
shaver.shave();
```

在运行时环境中,如果 Shaver 对象中的 power 变量引用 AcPower 对象,那么 Java 虚拟机就会调用 AcPower 对象的 providePower()方法;否则,如果 Shaver 对象中的 power 变量引用 Battery 对象,那么 Java 虚拟机就会调用 Battery 对象的 providePower()方法。Java 虚拟机的这种运作机制被称为动态绑定。

抽象机制和动态绑定机制能共同提高系统之间的松耦合性。在 Shaver 类的程序代码中,访问的始终是 Power 类,而没有涉及到 Power 类的具体子类,也就是说,电动剃须刀访问的是电源的接口,而具体的供电细节对电动剃须刀是透明的。

Tips
> 有必要提醒一点,抽象机制是开发人员在开发过程使用的机制,而动态绑定机制是 Java 虚拟机运行时提供的机制。

1.4 UML 语言简介

1997 年,对象管理组织(Object Management Group,OMG)发布了统一建模语言(Unified Modeling Language,UML)。UML 的目标之一就是为开发团队提供标准、通用的面向对象设计语言。UML 提供了一套 IT 专业人员期待多年的统一的标准建模符号。通过使用 UML,这些人员能够阅读和交流系统架构图和设计规划图,就像建筑工人多年来使用建筑设计图一样。

UML 采用一些标准图形元素来直观地表示对象模型,所以它是一种可视化的面向对象的建模语言。本节主要介绍常见的几种 UML 框图的用法,在本书的后面章节,会经常使用这些框图来表示对象模型。UML 主要包含以下一些框图:

- 用例图(Use Case Diagram):从用户角度描述系统功能。
- 类框图(Class Diagram):描述对象模型中类及类之间的关系。
- 状态转换图(State Transition Diagram):描述对象所有可能的状态,以及导致状态转换的转移条件。只需要为个别具有复杂的状态转换过程的类提供状态转换图。
- 时序图(Sequence Diagram)和协作图(Cooperation Diagram):描述对象之间的交互关系。其中时序图显示对象之间的动态协作关系,它强调对象之间消息发送的时间顺序,同时显示对象之间的交互;协作图能直观地显示对象之间的协作关系。这两种图合称为交互图。
- 组件图（Component Diagram）：描述系统中各个软件组件之间的依赖关系，还可以描述软件组件的源代码的组织结构。
- 部署图（Deployment Diagram）：定义系统中软硬件的物理体系结构。它可以显示实际的计算机和设备（用节点表示），以及它们之间的连接关系，在节点中，还可以显示软件组件在硬件环境中的布局。

在以上框图中，其中用例图、类框图、组件图和部署图等 4 个图形，构成了系统的静态模型；而状态转换图、时序图和协作图则构成了系统的动态模型。因此，UML 的主要框图也可以归纳为静态模型和动态模型两大类。

1.4.1 用例图

用例图描述了系统提供的功能。用例图的主要目的是帮助开发团队以一种可视化的方式来理解系统的功能需求。用例图中包含以下内容：
- 角色：角色是系统的边界，使用系统特定功能的用户，用人形符号表示。
- 用例：表示系统的某个功能，用椭圆符号表示。
- 角色和用例的关系：角色和用例之间是使用关系，用带实线的箭头符号来表示。
- 用例之间的关系：用例之间可存在包含关系和扩展关系。包含关系是指一个用例包含了另一个用例的功能，扩展关系是指一个用例继承了另一个用例的功能。

本章介绍的 Panel 系统的功能是绘制用户指定的形状，如图 1-23 显示了 Panel 系统的用例图。

图 1-23　Panel 系统的用例图

在软件分析和设计阶段，还要分析用例的细节和处理流程，以文档的形式来描述用例。用例文档中应包含以下内容：
- 前置条件：开始使用这个用例之前必须满足的条件。
- 主事件流：用例的正常流程。
- 其他事件流：用例的非正常流程，如错误流。
- 后置条件：用例完毕之后必须为真的条件，并不是每个用例都有后置条件。

以下是 Panel 系统中绘制形状用例的细节：
- 前置条件：无。
- 主事件流：用户输入形状类型（1:圆；2:长方形；3:直线），然后绘制该形状。
- 其他事件流：如果用户输入非法的形状类型，则显示错误提示信息：输入的形状类型不存在。

- 后置条件：无。

1.4.2 类框图

类框图显示了系统的静态结构，它包括以下内容：
- 类：类是类框图中的主要元素，用矩形表示，矩形的上层表示类名，中层表示属性，下层表示行为（方法）。抽象类的类名用斜体字表示，抽象方法也用斜体字表示。
- 类之间的关系：包括关联、依赖、聚集、泛化和实现这 5 种关系，本章 1.5 节（类之间的关系）对它们做了详细介绍。

如图 1-24 所示是 Panel 系统的类框图。

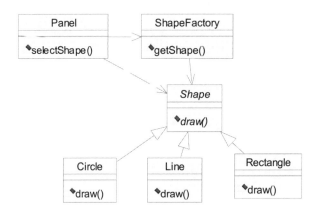

图 1-24　Panel 系统的类框图

在这个 Panel 系统中定义了 6 个类：
- Panel 类：画出用户指定的形状，它的 selectShape()方法实现这一功能。
- ShapeFactory 类：根据指定的形状类型，创建相应的 Shape 形状对象，它的 getShape()方法实现这一功能。
- Shape 类：绘制自身的形状，它是一个抽象类，draw()方法是抽象方法，并没有实现绘画功能。
- Circle 类：Shape 类的子类，可以画一个圆，它的 draw()方法实现这一功能。
- Line 类：Shape 类的子类，可以画一条直线，它的 draw()方法实现这一功能。
- Rectangle 类：Shape 类的子类，可以画一个长方形，它的 draw()方法实现这一功能。

以上 5 个类存在以下关系：
- Panel 类和 ShapeFactory 类之间是依赖关系，因为 Panel 类会调用 ShapeFactory 类的 getShape(String shapeName)方法。
- Panel 类和 Shape 类之间也是依赖关系，因为 Panel 类会调用 Shape 类的 draw()方法。
- ShapeFactory 类和 Shape 类之间是依赖关系，因为 ShapeFactory 类负责构造

Shape 对象。
- Circle 类与 Shape 类、Line 类与 Shape 类，以及 Rectangle 类与 Shape 类之间是泛化关系。Shape 类是 Circle、Line 和 Rectangle 类的父类。

1.4.3 时序图

时序图显示用例（或者是用例的一部分）的详细流程。时序图有两个维度：
- 水平维度：显示对象之间发送消息的过程。
- 垂直维度：显示发送消息的时间顺序。

如图 1-25 所示是 Panel 系统中绘制形状用例的时序图。

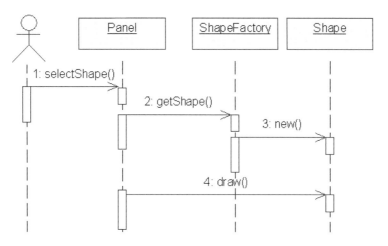

图 1-25　Panel 系统中绘制形状用例的时序图

从图 1-25 可以看出，绘制形状用例包括以下步骤：
（1）用户选择特定的形状类型。
（2）画板从形状工厂中获取形状对象。
（3）形状工厂创建一个形状对象。
（4）画板调用形状对象的绘画方法，绘制形状。

时序图能够直观地反映系统工作的流程，再以大家熟悉的日常生活设施抽水马桶为例，它的冲水装置主要包括：放水旋钮、进水塞、出水塞、浮球、连接放水旋钮与出水塞的杠杆，以及连接浮球与进水塞的杠杆。抽水马桶放水的过程如下：

用户扳动放水旋钮，放水旋钮通过杠杆将出水塞抬起，这样水箱的水就会放出。水被放出后，出水塞落下，堵住出水口。此时，浮球也因水位下降，处在水箱底部。而浮球的下落，带动杠杆将进水塞拉起，使水进入水箱内。随着水位的上升，浮球也会因浮力逐渐升高，直至通过杠杆将进水塞压下，堵住进水口，这样水箱内又盛满水。如图 1-26 所示是抽水马桶放水的时序图。

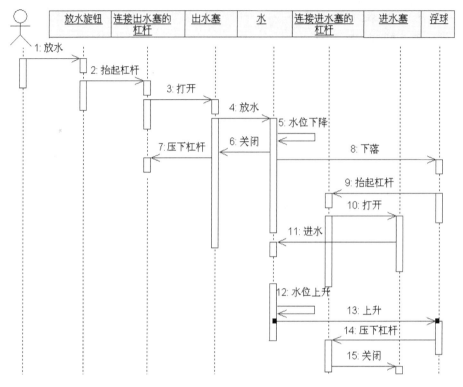

图 1-26 抽水马桶放水的时序图

1.4.4 协作图

协作图与时序图包含的信息相同，Rational Rose 工具能够根据时序图自动生成协作图，反之亦然。两者的区别在于，时序图演示的是对象与角色随着时间的变化进行的交互，而协作图则不参照时间，直接显示对象与角色之间的交互过程。协作图能更加直观地显示对象之间的协作过程，设计师可以根据协作图来分析和调节对象之间的功能分布。如图 1-27 所示是 Panel 系统的绘制形状用例的协作图，这个图直观地反映了 Panel、ShapeFactory 和 Shape 对象之间的协作过程。

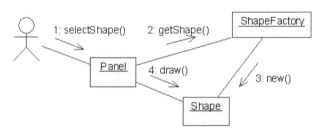

图 1-27 绘制形状用例的协作图

1.4.5 状态转换图

状态转换图表示对象在它的生命周期中所处的不同状态，以及状态之间的转换过程。没有必要为每个类建立状态转换图。通常是对于那些状态转换比较复杂的对象，有必要用状态转换图来直观地描述它的状态转换过程。状态转换图包括以下基本元素：
- 初始点：用实心圆来表示。
- 状态之间的转换：用箭头来表示。
- 状态：用圆角矩形来表示。
- 终止点：用内部包含实心圆的圆来表示。

假定信用卡账户的状态有 3 种：打开状态、透支状态和关闭状态。初始状态为打开状态，当用户从账户中取款导致余额小于零时，就转入透支状态；如果在 30 天以内余额始终小于零，就转入关闭状态；当在透支状态时，如果用户向账户中存款使得余额大于零，就恢复到打开状态。此外，用户也可以主动请求关闭账户。在打开状态，用户可以取款和存款；在透支状态，用户只允许存款；在关闭状态，用户不允许取款和存款。如图 1-28 显示了信用卡账户的状态转换图。

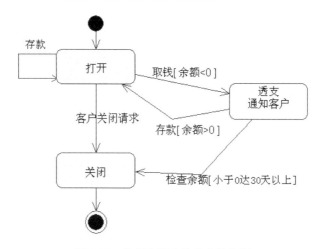

图 1-28 信用卡账户的状态转换图

1.4.6 组件图

组件图的主要用途是显示软件系统中组件之间的依赖关系，以及和其他第三方组件（例如类库）的依赖关系。此外，它还能显示包含软件的源程序代码的文件的物理组织结构。组件图既可以在一个非常高的层次上仅显示粗粒度的组件，也可以在较低的层次上展示某个组件的组成结构。

这里的组件也就是指软件系统中的子系统，它由一组协作完成特定服务的类组成。每个组件都封装实现细节，对外公开接口。组件之间具有较高的独立性，它们只存在依赖关系，即一个组件会访问另一个组件的服务。

如图 1-29 所示是一个企业 Java 应用的高层次的组件图，这个 Java 应用分为客户端组件和服务器端组件两部分，客户端组件负责创建客户端界面，服务器端组件负责实现各种业务逻辑，此外，服务器端组件通过 JDBC 驱动程序类库组件访问数据库，通过 JavaMail 类库组件来收发电子邮件。

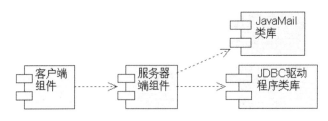

图 1-29 一个企业 Java 应用的高层次的组件图

再比如对于本章的 Panel 系统，其中 Panel 类是一个相对独立的 Panel 子系统，而 ShapeFactory 类、Shape 类及它的 3 个子类构成了一个相对独立的 Shape 子系统。如图 1-30 显示了 Panel 系统的组件图。

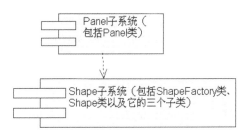

图 1-30 Panel 系统的组件图

1.4.7 部署图

部署图表示软件系统如何部署到硬件环境中，能够展示系统中的组件在硬件环境中的物理布局。部署图中最主要的元素是节点，一个节点可以代表一台物理机器，或代表一个虚拟机器节点，节点用三维立方体表示，在每个节点下方可以表明在此节点上运行的可执行程序。

如图 1-31 显示了一个按照客户端组件和服务器端组件来划分的企业 Java 应用的部署图。客户端组件运行在客户机上，服务器端组件运行在应用服务器上。

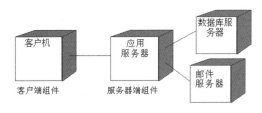

图 1-31 一个企业 Java 应用的部署图

1.5 类之间的关系

UML 把类之间分为以下 5 种关系：
- 关联：类 A 与类 B 的实例之间存在特定的对应关系。

- 依赖：类 A 访问类 B 提供的服务。
- 聚集：类 A 为整体类，类 B 为局部类，类 A 的对象由类 B 的对象组合而成。
- 泛化：类 A 继承类 B。
- 实现：类 A 实现了 B 接口。

1.5.1 关联（Association）

关联指的是类之间的特定对应关系，在 UML 中用带实线的箭头表示。按照类之间的数量对比，关联可分为以下 3 种：

- 一对一关联：例如假定一个家庭教师只教一个学生，一个学生只有一个家庭教师，那么家庭教师和学生之间是一对一关联。
- 一对多关联：例如假定一个足球队员只能加入一个球队，一个球队可以包含多个队员，那么球队和队员之间是一对多关联。
- 多对多关联：例如假定一个足球队员可以加入多个球队，一个球队可以包含多个队员，那么球队和队员之间是多对多关联。

例如，客户 Customer 与订单 Order 之间也存在一对多的关联关系，一个客户有多个订单，而一个订单只能属于一个客户，如图 1-32 显示了它们的类框图。如果类 A 与类 B 关联，那么类 A 中会包含类 B 类型的属性。例如，在 Order 类中定义了 Customer 类型的属性：

```java
public class Order {
    …
    /** 与 Order 对象关联的 Customer 对象 */
    private Customer customer;

    public Customer getCustomer() {
        return this.customer;
    }

    public void setCustomer(Customer customer) {
        this.customer = customer;
    }
}
```

Tips

类之间的关系也就是类的对象之间的关系，例如 Customer 类与 Order 类之间是关联关系，就是指某个特定的 Customer 对象会和一些特定的 Order 对象关联。因此本书在介绍类之间的关系时，有时会用类作为主语，有时会用对象作为主语。

以上代码建立了从 Order 类到 Customer 类的关联。同样，也可以建立从 Customer 类到 Order 类的关联，由于一个 Customer 对象会对应多个 Order 对象，因此应该在 Customer 类中定义一个 orders 集合，来存放客户发出的所有订单。Customer 类的定义如下：

```
public class Customer {
    ...
    /** 所有与 Customer 对象关联的 Order 对象 */
    private Set<Order> orders=new HashSet<Order>();
    public Set getOrders() {
       return this.orders;
    }

    public void setOrders(Set orders) {
       this.orders = orders;
    }
}
```

关联还可以分为单向关联和双向关联：
- 单向关联：仅仅建立从 Order 到 Customer 的多对一关联，即仅仅在 Order 类中定义 customer 属性，如图 1-32 所示；或者仅仅建立从 Customer 到 Order 的一对多关联，即仅仅在 Customer 类中定义 orders 集合属性，如图 1-33 所示。

图 1-32 从 Order 到 Customer 的多对一单向关联

图 1-33 从 Customer 到 Order 的一对多单向关联

- 双向关联：既建立从 Order 到 Customer 的多对一关联，又建立从 Customer 到 Order 的一对多关联，参见图 1-34。

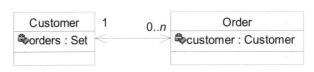

图 1-34 从 Customer 到 Order 的一对多双向关联

1.5.2 依赖（Dependency）

依赖指的是类之间的调用关系，在 UML 中用带虚线的箭头表示。如果类 A 访问类 B 的属性或方法，或者类 A 负责实例化类 B，那么可以说类 A 依赖类 B。和关联关系不同，无须在类 A 中定义类 B 类型的属性。例如 Panel 与 Shape 类之间存在依赖关系，因为 Panel 类会调用 Shape 类的 draw()方法。如图 1-35 显示了 Panel 类与 Shape 类之间的依赖关系。

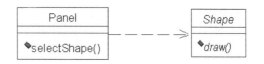

图 1-35　Panel 类依赖 Shape 类

1.5.3　聚集（Aggregation）

聚集指的是整体与部分之间的关系，在 UML 中用带实线的菱形箭头表示。例如，台灯和灯泡之间就是聚集关系，如图 1-36 所示。

图 1-36　台灯类与灯泡类之间的聚集关系

当 ReadingLamp 类由 Bulb 类和 Circuit 类聚集而成时，在 ReadingLamp 类中应该包含 Bulb 和 Circuit 类型的成员变量：

```
public class ReadingLamp{
    private Bulb bulb;
    private Circuit circuit;
    …
}
```

聚集关系还可以分为两种类型：

（1）被聚集的子系统允许被拆卸和替换，这是普通聚集关系。例如，台灯和灯泡就是这种关系；此外，台式计算机上的大部分组件，如鼠标、打印机、声卡和网卡等，也是允许拆卸和替换的。

（2）被聚集的子系统不允许被拆卸和替换，这种聚集关系也称为强聚集关系，或者叫组成关系。例如，台灯和它的电源线路就是这种关系；此外，有些计算机把显示卡、声卡和网卡集成到主板上，不允许拆卸，在这种情况下，计算机与显示卡、声卡和网卡之间就是强聚集关系。

普通聚集与强聚集在程序代码中会有所区别，前面 1.3.8 一节的例程 1-2（ReadingLamp.java）其实已经显示了这一点。台灯和灯泡之间是普通聚集关系，因此在台灯类中提供了 setBulb(Bulb bulb)方法，通过此方法来更换台灯的灯泡。台灯和电源线路之间是强聚集关系，因此在台灯类中没有提供 setCircuit(Circuit circuit)方法。强聚集关系在类框图中可用带实线的实心菱形箭头表示，参见 1.3.8 节的图 1-20。

以下程序演示了创建台灯、为台灯换灯泡及拆除灯泡的过程：

```
Bulb bulb1=new Bulb();        //创建第一个灯泡
Bulb bulb2=new Bulb();        //创建第二个灯泡

Circuit circuit=new Circuit();   //创建电源线路
ReadingLamp lamp=new ReadingLamp(bulb1,circuit);   //创建台灯，使用第一个灯泡
```

```
lamp.setBulb(bulb2);   //给台灯换上第二个灯泡
lamp.setBulb(null);    //摘掉台灯上的灯泡
```

1.5.4 泛化（Generalization）

泛化指的是类之间的继承关系，在 UML 中用带实线的三角形箭头表示。例如长方形 Rectangle、圆型 Circle 和直线 Line 都继承 Shape 类，如图 1-37 所示为它们的类框图。

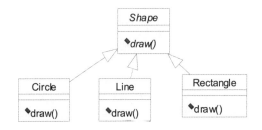

图 1-37　Circle 类、Line 类和 Rectangle 类与 Shape 类之间的继承关系

1.5.5 实现（Realization）

实现指的是类与接口之间的关系，在 UML 中用带虚线的三角形箭头表示，这里的接口指的是接口类型，接口名字用斜体字表示，接口中的方法都是抽象方法，也采用斜体字表示。例如以图 1-38 所示的玻璃 Glass 类实现了 Transparency 接口。

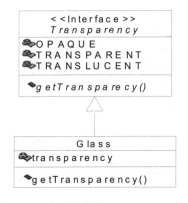

图 1-38　Glass 类实现 Transparency 接口

1.5.6 区分依赖、关联和聚集关系

在建立对象模型时，很容易把依赖、关联和聚集关系混淆。当对象 A 和对象 B 之间存在依赖、关联或聚集关系时，对象 A 都有可能调用对象 B 的方法，这是三种关系之间的相同之处，除此之外，它们有着不同的特征。

1. 依赖关系的特征

对于两个相对独立的系统，当一个系统负责构造另一个系统的实例，或者依赖另一个系统的服务时，这两个系统之间主要体现为依赖关系。例如，生产零件的机器和零件，机器负责构造零件对象；充电电池和充电器，充电电池通过充电器来充电；自行车 Bicycle 和打气筒 Pump，自行车通过打气筒来充气。如图 1-39 所示为 Bicycle 类与 Pump 类的类框图。

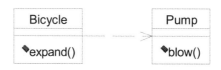

图 1-39　Bicycle 类与 Pump 类的依赖关系

Bicycle 类和 Pump 类之间是依赖关系，在 Bicycle 类中无须定义 Pump 类型的变量。Bicycle 类的定义如下：

```
public class Bicycle{
  /** 给轮胎充气   */
  public void expand(Pump pump){
     pump.blow();
  }
}
```

在现实生活中，通常不会为某一辆自行车配备专门的打气筒，而是在需要充气的时候，从附近某个修车棚里借个打气筒打气。在程序代码中，表现为 Bicycle 类的 expand() 方法有个 Pump 类型的参数。以下程序代码表示某辆自行车先后到两个修车棚里充气：

```
myBicycle.expand(pumpFromRepairShed1);   //到第一个修车棚里充气
myBicycle.expand(pumpFromRepairShed2);   //若干天后，到第二个修车棚里充气
```

2．关联关系的特征

对于两个相对独立的系统，当一个系统的实例与另一个系统的一些特定实例存在固定的对应关系时，这两个系统之间为关联关系。例如，客户和订单，每个订单对应特定的客户，每个客户对应一些特定的订单；公司和员工，每个公司对应一些特定的员工，每个员工对应一个特定的公司；自行车和主人，每辆自行车属于特定的主人，每个主人有特定的自行车，如图 1-40 显示了主人和自行车的关联关系。而充电电池和充电器之间就不存在固定的对应关系，同样自行车和打气筒之间也不存在固定的对应关系。

图 1-40　主人和自行车的关联关系

Person 类与 Bicycle 类之间存在关联关系，这意味着在 Person 类中需要定义一个 Bicycle 类型的成员变量。以下是 Person 类的定义：

```
public class Person{
  private Bicycle bicycle;   //主人的自行车
```

```java
    public Bicycle getBicycle(){
       return bicycle;
    }
    public void setBicycle(Bicycle bicycle){
       this.bicycle=bicycle;
    }
    /** 骑自行车去上班   */
    public void goToWork(){
       bicycle.run();
    }
}
```

在现实生活中，当你骑自行车去上班时，只要从家里推出自己的自行车就能上路了，不像给自行车打气那样，在需要打气时，还要四处去找修车棚。因此，在 Person 类的 goToWork()方法中，调用自身的 bicycle 对象的 run()方法。假如 goToWork()方法采用以下定义方式：

```java
/** 骑自行车去上班   */
public void goToWork(Bicycle bicycle){
    bicycle.run();
}
```

那就好比去上班前，还要先四处去借一辆自行车，然后才能去上班。

3．聚集关系的特征

当系统 A 被加入到系统 B 中，成为系统 B 的组成部分时，系统 B 和系统 A 之间为聚集关系。例如，自行车和它的响铃、龙头、轮胎、钢圈及刹车装置就是聚集关系，因为响铃是自行车的组成部分。而人和自行车不是聚集关系，因为人不是由自行车组成的，如果一定要研究人的组成，那么他应该由头、躯干和四肢等组成。再例如书包和书，以及文具是关联关系，而书包和书包上的拉链及带子等是聚集关系。由此可见，可以根据语义来区分关联关系和聚集关系。

聚集关系和关联关系的区别还表现在以下方面：

- 对于具有关联关系的两个对象，多数情况下，两者有独立的生命周期。比如自行车和他的主人，自行车不存在了以后，它的主人依然存在；反之亦然。但在个别情况下，一方会制约另一方的生命周期。比如客户和订单，当客户不存在时，它的订单也就失去了存在的意义。
- 对于具有聚集关系（尤其是强聚集关系）的两个对象，整体对象会制约它的组成对象的生命周期。部分类的对象不能单独存在，它的生命周期依赖于整体类的对象的生命周期，当整体消失时，部分也就随之消失。比如小王的自行车被偷了，那么自行车的所有组件也不存在了，除非小王事先碰巧把一些可拆卸的组件（比如车铃和坐垫）拆了下来。

不过，在用程序代码来表示关联关系和聚集关系时，两者比较相似。如图 1-41 所示为自行车 Bicycle 与响铃 Bell 的聚集关系。

图 1-41 自行车和响铃的聚集关系

例程 1-6 是 Bicycle 类的源程序。

例程 1-6   Bicycle.java

```java
public class Bicycle{
  private Bell bell;

  public Bell getBell(){
    return bell;
  }

  public void setBell(Bell bell){
    this.bell=bell;
  }

  /** 发出铃声 */
  public void alert(){
    bell.ring();
  }
}
```

在 Bicycle 类中定义了 Bell 类型的成员变量，Bicycle 类利用自身的 bell 成员变量来发出铃声，这和在 Person 类中定义了 Bicycle 类型的成员变量，Person 类利用自身的 bicycle 成员变量去上班很相似。

1.6 实现 Panel 系统

上一节已经采用 UML 语言建立了 Panel 系统的对象模型，它包括以下内容：
- 1.4.1 节的图 1-23：Panel 系统的用例图。
- 1.4.2 节的图 1-24：Panel 系统的类框图。
- 1.4.3 节的图 1-25：Panel 系统的时序图。
- 1.4.4 节的图 1-27：Panel 系统的协作图。
- 1.4.6 节的图 1-30：Panel 系统的组件图。

软件编码阶段的主要任务就是用程序来实现对象模型中的类。对于复杂的软件项目，会采取分组并行开发的方式，来提高开发效率，例如一部分人负责开发客户端组件，一部分人负责开发服务器端组件。本章的 Panel 系统规模比较小，可从被依赖的组件开始编码。Panel 子系统依赖 Shape 子系统，因此先实现 Shape 子系统。在 Shape 子系统中，ShapeFactory 类依赖 Shape 类，因此先实现 Shape 类和它的 3 个子类。例程 1-7、例程 1-8、例程 1-9 和例程 1-10 分别是 Shape 类、Circle 类、Line 类和 Rectangle

类的源程序。

例程 1-7　Shape.java

```java
abstract public class Shape {   //抽象类
    abstract void draw();   //抽象方法
}
```

例程 1-8　Circle.java

```java
public class Circle extends Shape{    //继承 Shape 类
    public void draw(){
        System.out.println("draw a circle");    //模拟画圆的行为
    }
}
```

例程 1-9　Line.java

```java
public class Line extends Shape{    //继承 Shape 类
    public void draw(){
        System.out.println("draw a line");    //模拟画直线的行为
    }
}
```

例程 1-10　Rectangle.java

```java
public class Rectangle extends Shape{    //继承 Shape 类
    public void draw(){
        System.out.println("draw a rectangle");    //模拟画长方形的行为
    }
}
```

ShapeFactory 类（参见例程 1-11）负责构造 Shape 类的子类的具体实例。ShapeFactory 类是一个专门制造 Shape 对象的工厂，它封装了制造 Shape 对象的复杂细节，向 Panel 子系统提供了一个简单的接口：getShape(int type)。对于作为使用者的 Panel 子系统，只要给定用整数表示的形状类型，例如 1，那么 ShapeFactory 就创建一个 Circle 对象，如果为 2，那么就创建一个 Rectangle 对象。ShapeFactory 的作用在于进一步削弱 Panel 子系统和 Shape 子系统之间的耦合关系，提高两者的相对独立性。系统 A 通过系统 B 的工厂类来获得系统 B 中某个类的实例，这种设计方式也称为工厂设计模式。

例程 1-11　ShapeFactory.java

```java
import java.util.HashMap;
import java.util.Map;

public class ShapeFactory {
    /** 定义形状类型常量 */
    public static final int SHAPE_TYPE_CIRCLE=1;
    public static final int SHAPE_TYPE_RECTANGLE=2;
    public static final int SHAPE_TYPE_LINE=3;

    private static Map<Integer,String> shapes=new HashMap<Integer,String>();

    static{   //静态代码块,当 Java 虚拟机加载 ShapeFactory 类的代码时,就会执行这段代码
```

```java
        // 建立形状类型和形状类名的对应关系
        shapes.put(new Integer(SHAPE_TYPE_CIRCLE),"Circle");
        shapes.put(new Integer(SHAPE_TYPE_RECTANGLE),"Rectangle");
        shapes.put(new Integer(SHAPE_TYPE_LINE),"Line");
    }
    /** 构造具体的 Shape 对象，这是一个静态方法 */
    public static Shape getShape(int type){
        try{
            //获得与形状类型匹配的形状类名
            String className=shapes.get(new Integer(type));
            //运用 Java 反射机制构造形状对象
            return (Shape)Class.forName(className).newInstance();
        }catch(Exception e){return null;}
    }
}
```

软件编码的最后一步是创建 Panel 子系统，它仅包含一个类：Panel 类，参见例程 1-12。

例程 1-12　Panel.java

```java
import java.io.*;
public class Panel {

    public void selectShape()throws Exception{
        System.out.println("请输入形状类型：");

        //从控制台读取用户输入形状类型
        BufferedReader input = new BufferedReader(new InputStreamReader(System.in));
        int shapeType=Integer.parseInt(input.readLine());

        //获得形状实例
        Shape shape=ShapeFactory.getShape(shapeType);

        if(shape==null)
            System.out.println("输入的形状类型不存在");
        else
            shape.draw(); //画形状
    }

    /** 这是整个软件程序的入口方法 */
    public static void main(String[] args)throws Exception {
        new Panel().selectShape();
    }
}
```

从以上程序代码可以看出，Panel 类对 Shape 子系统中 ShapeFactory 类和 Shape 类的依赖关系。Panel 类调用 ShapeFactory 类的 getShape()方法获得 Shape 对象，Panel 类还调用 Shape 对象的 draw()方法来绘制圆。在 Panel 类中，始终没有访问 Shape 类的 3 个子类 Circle、Line 和 Rectangle 类。在执行 shape.draw()方法时，Java 虚拟机的动态绑定机制会保证执行 Shape 类的特定子类实例的 draw()方法。

1.6.1 扩展 Panel 系统

假定 Panel 系统需要增加一个功能：画三角形。这需要对 Panel 系统做如下修改：
（1）在 Shape 子系统中增加一个三角形类 Triangle，参见例程 1-13。

例程 1-13　Triangle.java

```java
public class Triangle extends Shape{    //继承 Shape 类
  public void draw(){
    System.out.println("draw a Triangle");   //模拟画三角形的行为
  }
}
```

（2）在 ShapeFactory 类中增加一个 SHAPE_TYPE_TRIANGLE 常量，并且修改静态代码块。以下程序代码中粗体字为增加部分：

```java
public class ShapeFactory {
  /** 定义形状类型常量 */
  public static final int SHAPE_TYPE_CIRCLE=1;
  public static final int SHAPE_TYPE_RECTANGLE=2;
  public static final int SHAPE_TYPE_LINE=3;
  public static final int SHAPE_TYPE_TRIANGLE=4;

  private static Map<Integer,String> shapes=new HashMap<Integer,String>();

  static{   //静态代码块，当 Java 虚拟机加载 ShapeFactory 类的代码时，就会执行这段代码
    // 建立形状类型和形状类名的对应关系
    shapes.put(new Integer(SHAPE_TYPE_CIRCLE),"Circle");
    shapes.put(new Integer(SHAPE_TYPE_RECTANGLE),"Rectangle");
    shapes.put(new Integer(SHAPE_TYPE_LINE),"Line");
    shapes.put(new Integer(SHAPE_TYPE_TRIANGLE),"Triangle");
  }
  …
}
```

由此可见，当 Panel 系统增加画三角形功能时，仅仅修改了 Shape 子系统，对 Panel 子系统没有任何影响。此外，Shape 子系统具有良好的可扩展性，当 Shape 子系统需要增加新的绘画功能时，无须修改 Shape 子系统的系统结构，只需要创建继承 Shape 类的子类 Triangle。

假如不采用工厂设计模式，直接由 Panel 对象负责构造 Shape 对象，那么 Panel 类的 selectShape()方法将按以下方式实现：

```java
public void selectShape()throws Exception{
  System.out.println("请输入形状类型：");

  //从控制台读取用户输入形状类型
  BufferedReader input = new BufferedReader(new InputStreamReader(System.in));
  int shapeType=Integer.parseInt(input.readLine());

  Shape shape=null;
  switch(shapeType){  //创建形状实例
    case 1:   shape=new Circle(); break;
```

```
        case 2:    shape=new Line(); break;
        case 3:    shape=new Rectangle(); break;
        //增加画三角形功能时，需要增加以下一行代码
        //case 4:    shape=new Triangle(); break;
    }
    if(shape==null)
        System.out.println("输入的形状类型不存在");
    else
        shape.draw(); //画形状
}
```

此时当 Panel 系统增加画三角形功能时，需要在 Panel 类的 selectShape()方法中增加创建 Triangle 对象的代码，由此可见，ShapeFactory 类能够提高 Panel 子系统与 Shape 子系统的松耦合性。

对比本章 1.1 节（结构化的软件开发方法简介）用结构化开发方式实现的 Panel 系统，可以看出用面向对象开发方式实现的 Panel 系统具有更好的结构稳定性、可扩展性和可维护性。不过，在首次进行软件分析、设计和编码时，面向对象开发并不会比结构化开发明显地减轻开发工作量，但在软件的维护、扩展或重构阶段，面向对象开发将体现出巨大的优势。

1.6.2 用配置文件进一步提高 Panel 系统的可维护性

假定 Panel 系统是由 ABC 公司开发的，DEF 公司向 ABC 公司购买了 Panel 系统软件。出于技术保密的缘故，ABC 公司仅仅向 DEF 公司提供了 Panel 系统的 Java 类文件（.class 文件），没有提供 Java 源文件（.java 文件），而且 Panel 系统只支持画圆、直线和长方形，但不支持画三角形。

尽管 DEF 公司中也有懂 Java 的开发人员，但是由于没有 Panel 系统的源程序代码，因此如果 DEF 公司出现新的需求，需要增加画三角形的功能，那么修改工作只能由 ABC 公司来承担。ABC 公司必须按照 1.6.1 节（扩展 Panel 系统）所介绍的扩展步骤，修改 ShapeFactory 类，再创建一个新的 Triangle 类，对它们进行编译，然后把编译后生成的新的类版本交给 DEF 公司。

为了进一步提高 Panel 系统的可维护性，可以采取一些技术手段，把系统中容易随用户需求变化而变化的那一部分信息放到配置文件中。当用户需求发生变化时，只需让用户自己修改配置文件，而无须劳驾软件开发人员修改已有的源程序代码。例程 1-14 的 panel.properties 文件是 Panel 系统的配置文件。

例程 1-14 panel.properties

```
1=Circle
2=Rectangle
3=Line
```

在以上配置文件中，指定了用户输入的形状类别与实际的 Shape 子类的对应关系。ShapeFactory 类在初始化阶段把以上配置文件包含的信息加载到 java.util.Properties 类型的对象中，参见例程 1-15。

例程 1-15　ShapeFactory.java

```java
import java.util.*;
import java.io.*;

public class ShapeFactory {

  private static Properties shapes=new Properties();

  static{
    try{
      InputStream in=ShapeFactory.class.getResourceAsStream("panel.properties");
      shapes.load(in); //把配置信息加载到 shapes 对象中
    }catch(IOException e){throw new RuntimeException(e);}
  }

  public static Shape getShape(int type){
    try{
      //获得与形状类型匹配的形状类名
      String className=(String)shapes.get(String.valueOf(type));
      //运用 Java 反射机制构造形状对象
      return (Shape)Class.forName(className).newInstance();
    }catch(Exception e){return null;}
  }
}
```

当 ABC 公司把以上版本的 ShapeFactory 类的.class 文件、panel.properties 文件及 Shape 类的接口信息交给 DEF 公司后，就会一劳永逸。Shape 类的接口信息位于 Shape 类的 JavaDoc 文档中，DEF 公司通过阅读 JavaDoc 文档，了解 Shape 类有什么方法，提供哪些服务。DEF 公司无须获得 Panel 系统的任何源程序代码，就能自行扩展 Panel 系统的功能。DEF 公司如果想增加一个画三角形的功能，只要在 panel.properties 文件中增加一行：

```
4=Triangle
```

然后再创建一个继承 Shape 类的 Triangle 子类。DEF 公司无须对 ShapeFactory 类做任何修改。

1.6 节开头的例程 1-11 的 ShapeFactory 类把软件系统中的可变信息写在程序代码中：

```java
shapes.put(new Integer(SHAPE_TYPE_CIRCLE),"Circle");
shapes.put(new Integer(SHAPE_TYPE_RECTANGLE),"Rectangle");
shapes.put(new Integer(SHAPE_TYPE_LINE),"Line");
```

这种方式称为硬编码。当信息发生变化，就不得不修改程序代码，这影响了软件的可维护性。如果把可变信息放到配置文件中，这可以大大提高软件的可维护性和满足各种不同需求的灵活性。在开发企业 Java 应用时，配置文件常常是软件系统中不可缺少的一部分。

1.6.3 运行 Panel 系统

运行本章程序前先要在本地机器上安装 JDK，JDK 的安装方式参见第 2 章的 2.2.1 节（JDK 简介以及安装方法）。接下来把 chapter01 目录复制到本地机器上，假定复制到 C:\chapter01 目录下，按如下步骤就能运行本节的例子。

步骤

（1）在 DOS 控制台下转到 C:\chapter01 目录，输入命令 build.bat，在 chapter01 目录下提供了一批处理文件，它负责设置 classpath 环境变量，以及编译 Java 源文件。

（2）接着输入命令 java Panel，该命令就会从 Panel 类的 main()方法开始运行 Panel 程序，Panel 程序首先会提示用户输入形状类型，如果用户输入 1，Panel 程序就会输出 "draw a circle"；如果用户输入 5，Panel 程序就会输出 "输入的形状类型不存在"，如图 1-42 所示。

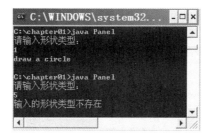

图 1-42　在 DOS 中运行 Panel 系统

1.7 小结

本章结合实际例子，探讨了如何运用面向对象思维来构建可维护、可重用和可扩展的软件系统。面向对象的核心思想和概念包括：抽象、封装、接口、多态和继承，灵活运用这些理论武器，就会使得软件系统像用积木搭起来的系统一样，可以方便地进行组装、拆卸和重用。

尽管本书主要是介绍面向对象的软件开发，在本章开头还对结构化开发做了简要介绍。通过对两种开发方式的比较，能够帮助读者更深刻地理解面向对象开发方法所具有的魅力。表 1-1 从多个方面归纳了这两种开发方式的区别。

表 1-1　比较结构化开发和面向对象开发方法

（续）

比较方面	结构化开发	面向对象开发
划分系统的方式	在软件设计阶段按照功能划分模块，分解功能的行为其实就是实现功能的行为，因此在软件设计阶段就参与了软件的实现	按照对象分解。在软件设计阶段识别问题领域的实体，抽象出对象、类、类之间的关系，由此建立对象模型，对象模型仅仅描述系统能够提供哪些服务，但不关心如何去实现

比较方面	结构化开发	面向对象开发
子系统	具有输入/输出的功能模块	提供特定服务的组件。组件对外提供服务接口，封装实现细节。组件由一组对象组合而成，它们相互协作完成特定功能
最小的子系统	方法。方法和与之相关的数据分离，削弱了子系统的独立性	精粒度的对象。它封装数据和实现细节，对外仅公开提供服务的接口，提高了子系统的独立性
结构稳定性	系统结构建立在功能分解的基础上，当功能发生变化时，系统结构就会相应变化	系统结构建立在对象模型的基础上，当功能的实现发生变化时，只需修改个别类的功能的实现方式，不会影响对象模型
可扩展性	不支持继承，系统的可扩展性较差	支持继承，可在现有子系统的基础上创建出新的子系统，该子系统继承了原有子系统的一些功能，并且还具有一些新的功能，从而提高软件的可重用性和可扩展性
内聚性	如果设计合理，每个功能模块也会具有一定的内聚性	允许对象的粒度尽可能的小
可组合性	允许功能模块之间的组合	允许对象的粒度尽可能的小，然后通过组合手段，创建出复杂的对象或系统
松耦合	如果设计合理，功能模块之间具有一定的松耦合性。但是功能模块无法封装与之相关的数据，影响了功能模块之间的松耦合	通过抽象和封装等手段，使得每个子系统对外只公开接口，封装实现，提高了子系统之间的松耦合。子系统之间相互独立，修改一个子系统，不会影响到其他的子系统。当用户需求发生变化时，只需要修改特定子系统的实现方式，从而提高了软件的可维护性

1.8 思考题

1. 面向对象的软件开发有哪些优点？
2. 在软件系统中，为什么说一个孤立的不对外提供任何服务的对象是没有意义的？
3. 列举一些现实生活中的例子，来说明什么是依赖关系、什么是聚集关系，以及什么是关联关系。
4. 列举一些现实生活中的例子，来说明什么是封装，什么是接口。
5. 抽象最主要的特征是什么？
6. 在建立对象模型时，要经历哪些抽象思维过程？
7. 类就是程序员自定义的类型，这句话对吗？
8. 小王本来体重 70kg，经过减肥，体重降到 45kg，试从这个问题领域中识别对象、类、属性、行为、状态和状态变化。
9. 在 UML 框图中，哪些框图描述了系统的动态结构，哪些框图描述了系统的静态结构？

第 2 章 第一个 Java 应用

任何一个软件应用都是对某种现实系统的模拟，在现实系统中会包含一个或多个实体，这些实体具有特定的属性和行为。本章介绍的 Java 应用所模拟的现实系统中包含 5 个实体：福娃贝贝、晶晶、欢欢、迎迎和妮妮，它们是中国首次举办的奥运会的吉祥物，如图 2-1 所示。这些娃娃都有名字属性，此外还能说话，说出自己的名字。

图 2-1 会说话的福娃

本章范例名为 dollapp 应用，它包括一个 Doll 类和 AppMain 类，其中 Doll 类代表福娃，Doll 类有个 speak()方法，它模拟福娃的说话行为。AppMain 类是 dollapp 应用的主程序类，它提供了一个程序入口方法 main()，Java 虚拟机从这个 main()方法开始运行 dollapp 应用。

2.1 创建 Java 源文件

Java 应用由一个或多个扩展名为 ".java" 的文件构成，这些文件被称为 Java 源文件，从编译的角度，则被称为编译单元（Compilation Unit）。本章的例子包含两个 Java 源文件：Doll.java 和 AppMain.java，例程 2-1 和例程 2-2 分别是它们的程序代码。

例程 2-1 Doll.java

```java
public class Doll{
    /** 福娃的名字 */
    private String name;

    /** 构造方法 */
    public Doll(String name){
        this.name=name;            //设置福娃的名字
    }

    /** 说话 */
    public void speak(){
        System.out.println(name);  //打印名字
```

        }
    }

例程 2-2　AppMain.java

```
public class AppMain{
    public static void main(String args[]){
        Doll beibei=new Doll("贝贝");      //创建福娃贝贝
        Doll jingjing=new Doll("晶晶");    //创建福娃晶晶
        Doll huanhuan=new Doll("欢欢");    //创建福娃欢欢
        Doll yingying=new Doll("迎迎");    //创建福娃迎迎
        Doll nini=new Doll("妮妮");        //创建福娃妮妮

        beibei.speak();                    //福娃贝贝说话
        jingjing.speak();                  //福娃晶晶说话
        huanhuan.speak();                  //福娃欢欢说话
        yingying.speak();                  //福娃迎迎说话
        nini.speak();                      //福娃妮妮说话
    }
}
```

在 Doll.java 文件中定义了一个 Doll 类，它有一个 name 属性和一个 speak()方法。Doll.java 文件由以下内容构成：

（1）类的声明语句：

```
public class Doll{...}
```

以上代码指明类的名字为"Doll"，public 修饰符意味着这个类可以被公开访问。

（2）类的属性（也称为成员变量）的声明语句：

```
private String name;
```

以上代码表明 Doll 类有一个 name 属性，字符串类型，private 修饰符意味着这个属性不能被公开访问。

（3）方法的声明语句和方法主体：

```
public void speak(){
    System.out.println(name);    //打印名字
}
```

以上代码表明 Doll 类有一个 speak()方法，不带参数，返回类型为 void，void 表示没有返回值，public 修饰符意味着这个方法可以被公开访问。speak()后面紧跟的大括号为方法主体，代表 speak()方法的具体实现。在本例中，speak()方法打印福娃本身的名字，用于模拟福娃的说话行为。

在 AppMain.java 文件中定义了一个 main()方法，这是 Java 应用程序的入口方法，当运行 dollapp 应用时，Java 虚拟机将从 AppMain 类的 main()方法中的程序代码开始运行。在本例中，main()方法先用 new 语句创建 5 个 Doll 对象，接着依次调用它们的 speak()方法。

2.1.1 Java 源文件结构

一个 Java 应用包含一个或多个 Java 源文件，每个 Java 源文件只能包含下列内容（空格和注释除外）：

- 零个或一个包声明语句（Package Statement）。
- 零个或多个包引入语句（Import Statement）。
- 零个或多个类的声明（Class Declaration）。
- 零个或多个接口声明（Interface Declaration）。

每个 Java 源文件可包含多个类或接口的定义，但是至多只有一个类或者接口是 public 的，而且 Java 源文件必须以其中 public 类型的类的名字命名。例如，在以下例程 2-3 的 AppMain.java 中同时声明了 AppMain 类和 Doll 类，只有 AppMain 类被 public 修饰，并且该文件以 AppMain 类的名字命名，如果把 AppMain.java 文件改名为 Doll.java，那么编译时会出现错误。

例程 2-3　AppMain.java

```
public class AppMain{…}
class Doll{…}
```

2.1.2 包声明语句

包声明语句用于把 Java 类放到特定的包中，例如在例程 2-4 的 AppMain.java 中，AppMain 类和 Doll 类都位于 com.abc.dollapp 包中。

例程 2-4　AppMain.java

```
package com.abc.dollapp;
public class AppMain{…}
class Doll{…}
```

在一个 Java 源文件中，最多只能有一个 package 语句，但 package 语句不是必需的。如果没有提供 package 语句，就表明 Java 类位于默认包中，默认包没有名字。

package 语句必须位于 Java 源文件的第一行（忽略注释行）。以下 3 段代码分别表示 AppMain.java 的源代码，其中第一段和第二段是合法的，而第三段会导致编译错误。

第一段代码：

```
/** 注释行 */
package com.abc.dollapp;
public class AppMain{…}
class Doll{…}
```

第二段代码：

```
package com.abc.dollapp;
public class AppMain{…}
class Doll{…}
```

第三段代码：

```
public class AppMain{…}
class Doll{…}
package com.abc.dollapp;
```

> **Tips**
> 在一个 Java 源文件中只允许有一个 package 语句，因此，在同一个 Java 源文件中定义的多个 Java 类或接口都位于同一个包中。

1．包的作用

把类放到特定的包中，有三大作用：

（1）能够区分名字相同的类。例如有两个类的名字均为 Book，其中一个表示书店的书，一个表示旅馆的订单，如何区分这两个类呢？只要把它们放到不同的包中，就相当于为它们指定了不同的名字空间。比如把代表书的 Book 类放到 com.abc.bookstore 包中，把代表订单的 Book 类放到 com.abc.hotel 包中，这样，com.abc.bookstore.Book 和 com.abc.hotel.Book 分别代表不同的 Book 类。

> **Tips**
> 在本书中，如果类名中包括类所在的包的信息，这种类名称为完整类名，或者称为完整限定名，例如 com.abc.bookstore.Book 就是完整限定名。如果类位于默认包中，那么它的完整限定名就是类名。

（2）有助于实施访问权限控制。当位于不同包之间的类相互访问时，会受到访问权限的约束，参见本书第 7 章的 7.1 节（访问控制修饰符）。

（3）有助于划分和组织 Java 应用中的各个类。假定 ABC 公司开发了一个购物网站系统，名为 netstore 应用，在这个应用中，共有 300 个类，其中有一部分类位于客户端，用于构建客户端界面，有一部分类位于服务器端，用于处理业务逻辑，还有一些是公共类，提供了各种实用方法。可以把 netstore 应用分为 3 个顶层包：

- com.abc.netstore.client：这个包中的类用于构建客户端界面。
- com.abc.netstore.server：这个包中的类用于处理业务逻辑。
- com.abc.netstore.common：这个包中的类提供了各种实用方法。

对于位于服务器端的类，有一部分类负责管理订单信息，有一部分类负责管理库存信息，有一部分类负责管理客户信息，因此把 com.abc.netstore.server 包又分为 3 个子包：

- com.abc.netstore.server.order：这个包中的类负责管理订单信息。
- com.abc.netstore.server.store：这个包中的类负责管理库存信息。
- com.abc.netstore.server.customer：这个包中的类负责管理客户信息。

对于实际项目，到底如何划分包的结构，并没有统一的模式，开发者可根据实际情况来灵活地划分包的结构。

2．包的命名规范

包的名字通常采用小写，包名中包含以下信息：

- 类的创建者或拥有者的信息。
- 类所属的软件项目的信息。

- 类在具体软件项目中所处的位置。

例如，假定有一个 SysContent 类的完整类名为 com.abc.netstore.common.SysContent 类，从这个完整类名中可以看出，SysContent 类由 ABC 公司开发，属于 netstore 项目，位于 netstore 项目的 common 包中。

包的命名规范实际上采用了 Internet 网上 URL 命名规范的反转形式。例如在 Internet 网上网址的常见形式为：http://netstore.abc.com，而 Java 包名的形式则为：com.abc.netstore。

值得注意的是，Java 语法规则并不强迫包名必须符合以上规范。不过，以上命名规范能帮助应用程序确立良好的编程风格。

3．JDK 提供的 Java 基本包

JDK 提供了一些 Java 基本包，主要包括：

- java.lang 包：包含线程类（Thread）、异常类（Exception）、系统类（System）、整数类（Integer）和字符串类（String）等，这些类是编写 Java 程序经常用到的。这个包是 Java 虚拟机自动引入的，也就是说，即使程序中没用提供"import java.lang.*"语句，这个包也会被自动引入。
- java.awt：抽象窗口工具箱包，AWT 是"Abstract Window Toolkit"的缩写，这个包中包含用于构建 GUI 界面的类及绘图类。
- java.io 包：输入/输出包，包含各种输入流类和输出流类，如文件输入流类（FileInputStream 类），以及文件输出流类（FileOutputStream）等。
- java.util 包：提供一些实用类，如日期类（Date）和集合类（Collection）等。
- java.net 包：支持 TCP/IP 网络协议，包含 Socket 类，以及和 URL 相关的类，这些类都用于网络编程。

除了上面提到的基本包，JDK 中还有很多其他的包，比如用于数据库编程的 java.sql 包，用于编写网络程序的 java.rmi 包（RMI 是"Remote Method Invocation"的缩写）。另外，javax.*包是对基本包的扩展，包括用于编写 GUI 程序的 javax.swing 包，以及用于编写声音程序的 javax.sound 包等。

JDK 的所有包中的类构成了 Java 类库，或者叫作 JavaSE API。用户创建的 Java 应用程序都依赖于 JavaSE API。例如，在 dollapp 应用中，Doll 类用到了 java.lang.System 类和 java.lang.String 类。由于 java.lang 包是被自动引入的，所以在 Doll 类中没有提供"import java.lang.*"语句。

2.1.3 包引入语句

如果一个类访问了来自另一个包（java.lang 包除外）中的类，那么前者必须通过 import 语句把这个类引入。例如，假定 AppMain 类和 Doll 类分别位于不同的包中，其中 Doll 类位于 com.abc.dollapp.doll 包中，参见例程 2-5，而 AppMain 类位于 com.abc.dollapp.main 包中，参见例程 2-6。由于 AppMain 类的 main()方法会访问 Doll 类，因此，AppMain 类通过 import 语句引入 Doll 类：

```
import com.abc.dollapp.doll.Doll;
```

以上代码指明引入 com.abc.dollapp.doll 包中的 Doll 类。以下代码则表明引入 com.abc.dollapp.doll 包中所有的类：

```
import com.abc.dollapp.doll.*;
```

假如程序仅需要访问 com.abc.dollapp.doll 包中的 Doll 类，那么以上两条 import 语句都能完成相同的功能，但是第一条 import 语句的性能更优，因为假使程序中有多个 import 语句，如果采用以下方式：

```
import com.abc.dollapp.main.*;
import com.abc.dollapp.doll.*;
```

Java 编译器必须搜索所有的包，来判断程序中的 Doll 类到底位于哪个包中，而如果采用以下方式：

```
import com.abc.dollapp.main.*;
import com.abc.dollapp.doll.Doll;
```

Java 编译器能够明确地知道 Doll 类位于 com.abc.dollapp.doll 包中。

Tips
import 语句不会导致类的初始化。例如"import java.util.*"语句并不意味着 Java 虚拟机会把"java.util"包中的所有类加载到内存中并对它们初始化。类的初始化的概念参见本书第 10 章（类的生命周期）。

例程 2-5　Doll.java

```
package com.abc.dollapp.doll;
public class Doll{...}
```

例程 2-6　AppMain.java

```
package com.abc.dollapp.main;
import com.abc.dollapp.doll.Doll;
public class AppMain{
  public static void main(String args[]){
    Doll doll=new Doll();
    doll.speak();
  }
}
```

例程 2-6 的 AppMain 类的 main() 方法访问了 Doll 类，Doll 类的完整类名为 com.abc.dollapp.doll.Doll。关于包的引入，有以下值得注意的问题：

（1）如果一个类同时引用了两个来自于不同包的同名类，在程序中必须通过类的完整类名来区分这两个类。例如在下面例程 2-7 的 AppMain 类中，同时引用了 com.abc.bookstore.Book 类和 com.abc.hotel.Book 类。

例程 2-7　AppMain.java

```
package com.abc.dollapp.main;
import com.abc.bookstore.Book;
import com.abc.hotel.Book;
```

```
public class AppMain{
  public static void main(String args[]){
    com.abc.bookstore.Book book1=new com.abc.bookstore.Book ();
    com.abc.hotel.Book book2=new com.abc.hotel.Book ();
  }
}
```

（2）尽管包名中的符号"."能够体现各个包之间的层次结构，但是每个包都是独立的，顶层包不会包含子包中的类。例如以下 import 语句引入 com.abc 包中的所有类：

```
import com.abc.*;
```

以上 import 语句会不会把 com.abc.dollapp 包及 com.abc.dollapp.main 包中所有的类都引入呢？答案是否定的。如果希望同时引入这 3 个包中的类，必须采用以下方式：

```
import com.abc.*;
import com.abc.dollapp.*;
import com.abc.dollapp.main.*;
```

（3）package 和 import 语句的顺序是固定的，在 Java 源文件中，package 语句必须位于第一行（忽略注释行），其次是 import 语句，接着是类或接口的声明，以下程序代码是合法的：

```
package com.abc.dollapp.doll.*;
import com.abc.*;
import com.abc.dollapp.*;
import com.abc.dollapp.main.*;
public class Doll{…}
```

或者：

```
//这是一行注释
package com.abc.dollapp.doll.*;
import com.abc.*;
import com.abc.dollapp.*;
import com.abc.dollapp.main.*;
public class Doll{…}
```

2.1.4 方法的声明

在 Java 语言中，每个方法都属于特定的类，方法的声明必须位于类的声明之中，这是与 C 语言的不同之处。声明方法的格式为：

```
返回值类型 方法名（参数列表）{
    方法主体
}
```

方法名是任意合法的标识符。返回值类型是方法的返回数据的类型，如果返回值类型为 void，表示没有返回值。参数列表可包含零个或多个参数，参数之间以逗号","分开。以下是合法的方法声明：

```
void speak(){              //参数列表为空；没有返回值
    System.out.println(name);
```

```
        }
        void speak(String word1, String word2){   //参数列表中包含两个参数;没有返回值
          if(word1==null && word2==null)
             return;           //结束本方法的执行
          if(word1!=null)
             System.out.println(word1);
          if(word2!=null)
             System.out.println(word2);
        }
        String getName(){      //返回值为 String 类型
          return name;         //返回特定数据
        }
```

如果方法的返回类型是 void,那么方法主体中可以没有 return 语句,如果有 return 语句,那么该 return 语句不允许返回数据;如果方法的返回类型不是 void,那么方法主体中必须包含 return 语句,而且 return 语句必须返回相应类型的数据。return 语句有两个作用:

(1) 结束执行本方法。例如对于 speak(String word1,String word2)方法,如果方法调用者传递的参数 word1 和 word2 都是 null,就立即结束本方法的执行:

```
        if(word1==null && word2==null)
          return; //结束本方法的执行
```

(2) 向本方法的调用者返回数据。

2.1.5 程序入口 main()方法的声明

main()方法是 Java 应用程序的入口点,每个 Java 应用程序都是从 main()方法开始运行的。作为程序入口的 main()方法必须同时符合以下 4 个条件:

- 访问限制:public。
- 静态方法:static。
- 参数限制:main(String[] args)。
- 返回类型:void。

Tips
在本书中,把类中包含程序入口 main()方法,并且从这个类的 main()方法开始运行的类称为主程序类。例如,在 dollapp 应用中,AppMain 类就是主程序类。

以下 main()方法都能作为程序入口方法,采取哪种声明方式取决于个人编程的习惯:

```
        public static void main(String[] args)
        public static void main(String args[])
        static public void main(String[] args)
```

args 是 main()方法的参数,它是一个 String 类型的数组,把这个参数叫作其他的名字也是可以的。关于数组的概念和用法可参见本书的第 14 章(数组)。

此外，由于 static 修饰的方法默认都是 final 类型（不能被子类覆盖）的，所以在 main()方法前加上 final 修饰符也是可以的：

final public static void main(String args[])

在类中可以通过重载的方式提供多个不作为应用程序入口的 main()方法。关于方法重载的概念参见本书第 6 章的 6.2 节（方法重载）。例如在例程 2-8 的 AppMain 类中声明了多个 main()方法。

例程 2-8　AppMain.java

```
package com.abc.dollapp.main;

public class AppMain{
  /** 程序入口 main 方法 */
  public static void main(String args[]){......}

  /** 非程序入口 main 方法 */
  public static void main(String arg) {......}
  private int main(int arg) {......}
}
```

例程 2-8 的 AppMain 类中包含 3 个 main()方法，第一个方法是作为程序入口的方法，其他两个方法尽管不能作为程序入口，但也是合法的，能通过编译。

2.1.6　给 main()方法传递参数

当用 java 命令运行 Java 应用程序时，可以在命令行向 main()方法传递参数，格式如下：

  java classname [args…]

以下程序运行 MainApp 类，但是没有向 main()方法传递参数：

  java com.abc.dollapp.main.MainApp

此时 main(String args[])方法的参数 args 是一个长度为 0 的数组。如果执行如下命令：

  java com.abc.dollapp.main.MainApp parameter0 parameter1

此时 main(String args[])方法的参数 args 是一个长度为 2 的数组。args[0]的值是"parameter0"，args[1]的值是"parameter1"。

2.1.7　注释语句

在 Java 源文件的任意位置，都可以加入注释语句，Java 编译器会忽略程序中的注释语句。Java 语言提供了以下 3 种形式的注释：

- //text：从"//"到本行结束的所有字符均作为注释而被编译器忽略。
- /* text */：从"/*"到"*/"间的所有字符会被编译器忽略。
- /** text */：从"/**"到"*/"间的所有字符会被编译器忽略。当这类注释出现在任何声明（如类的声明、类的成员变量的声明或者类的成员方法的声明）之前时，会作为 JavaDoc 文档的内容，参见本章 2.3 节（使用和创建 JavaDoc 文档）。

2.1.8 关键字

Java 语言的关键字是程序代码中的特殊字符，例如在 2.1.3 节的例程 2-7 的 AppMain.java 中，package、import、public、class、static 和 void 都是关键字。Java 语言的关键字包括：

- 用于类和接口的声明：class、extends、implements、interface、enum。
- 包引入和包声明：import、package。
- 数据类型：boolean、byte、char、double、float、int、long、short。
- 某些数据类型的可选值：false、true、null。
- 流程控制：break、case、continue、default、do、else、for、if、return、switch、while。
- 异常处理：catch、finally、throw、throws、try、assert。
- 修饰符：abstract、final、native、private、protected、public、static、synchronized、transient、volatile。
- 操作符：instanceof。
- 创建对象：new。
- 引用：this、super。
- 方法返回类型：void。

以上每个关键字都有特殊的作用，例如 package 关键字用于包的声明，import 关键字用于引入包，class 关键字用于类的声明，void 关键字表示方法没有返回值。在本书的后面章节还会陆续介绍其他关键字的作用。

Java 语言的保留字是指预留的关键字，虽然它们现在没有作为关键字，但在以后的升级版本中有可能作为关键字。Java 语言的保留字包括 const 和 goto。

使用 Java 语言的关键字时，有以下值得注意的地方：

- 所有的关键字都是小写。
- friendly、sizeof 不是 Java 语言的关键字，这是有别于 C++语言的地方。
- 程序中的标识符不能以关键字命名。关于标识符的概念参见本章 2.1.9 节（标识符）。

2.1.9 标识符

标识符是指程序中包、类、接口、变量或方法的名字。Java 语言要求标识符必须符合以下命名规则：

- 标识符的首字符必须是字母、下画线（_）、符号$或者符号¥。
- 标识符由数字（0~9）、从 A~Z 的大写字母、a~z 的小写字母、下画线（_），以及美元符$等组成。

- 不能把关键字和保留字作为标识符。
- 标识符没有长度的限制。
- 标识符是大小写敏感的，这意味着，hello、Hello 和 HELLO 是 3 个不同的标识符。

表 2-1 是一个正误对照表，列举了一些合法标识符和非法标识符。如果程序代码中包含非法标识符，会导致编译错误。

表 2-1 标识符正误对照表

合法标识符	非法标识符	说明
Try	Try#	标识符中不能包含"#"
GROUP_7	7GROUP	标识符不能以数字符号开头
openDoor	open-door	标识符中不能包含"-"
boolean1	boolean	boolean 是关键字，不能用关键字做标识符

2.1.10 编程规范

在 Oracle 的技术网站上公布了 Java 编程规范，网址如下：
http://www.oracle.com/technetwork/java/javase/documentation/codeconvtoc-136057.html。
编程规范的主要内容如下：

- 类名和接口名：首字母大写。如果类名由几个单词构成，那么每个单词的首字母大写，其余字母小写，例如：SmartDoll。
- 方法名和变量名：首字母小写。如果方法名或变量名由几个单词构成，那么除了第一个单词外，其余每个单词的首字母大写，其余字母小写，例如：colorOfDoll。如果变量名指代的实体的数量大于 1，那么采用复数形式，例如：bothEyesOfDoll、allChildren。
- 包名：采用小写形式，例如：com.abc.dollapp。
- 常量名：采用大写形式，如果常量名由几个单词构成，单词之间以下画线"_"隔开，利用下画线可以清晰地分开每个大写的单词。例如：

final String **DEFAULT_COLOR_OF_DOLL** = "yellow";

Tips
标识符的命名规则是必须遵守的，否则会导致编译错误。而编程规范是推荐遵守的编程习俗，即使不遵守以上编程规范，也不会导致编译错误。

2.2 用 JDK 管理 Java 应用

管理 Java 应用是指创建 Java 应用的目录结构、编译、运行，以及发布 Java 应用的操作。表 2-2 显示了 Java 应用的一种常用开发目录结构。

表 2-2 Java 应用的常用目录结构

目录	描述
src 子目录	存放 Java 源文件
classes 子目录	存放编译生成的 Java 类文件
lib 子目录	存放第三方 Java 软件的 JAR 文件
doc 子目录	存放各种帮助文档
doc\api 子目录	存放 JavaDoc 文档
deploy 子目录	存放 Java 应用的打包文件：JAR 文件

对于本章的 dollapp 应用，假定其根目录为\dollapp，在 src 子目录下存放 Java 源文件。值得注意的是。Java 源文件的存放路径必须和包名匹配。如果 Doll 类和 AppMain 类都位于默认包中，那么 Doll.java（参见 2.1 节的例程 2-1）和 AppMain.java（参见 2.1 节的例程 2-2）直接放在 src 根目录下。而对于 com.abc.dollapp.doll.Doll 类（参见 2.1.3 节的例程 2-5），它的源文件 Doll.java 文件应该位于 dollapp\src\com\abc\dollapp\doll 目录下，对于 com.abc.dollapp.main.AppMain 类（参见 2.1.3 节的例程 2-6），它的源文件应该位于 dollapp\src\com\abc\dollapp\main 目录下。图 2-2 为 dollapp 应用的目录结构，其中 classes 目录下的 Doll.class 和 AppMain.class 文件是用 javac 命令编译生成的，deploy 目录下的 dollapp.jar 文件是用 jar 命令打包生成的。

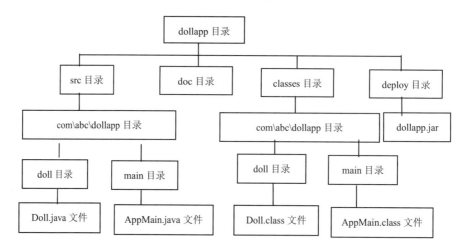

图 2-2 dollapp 应用的目录结构

本节介绍用 JDK 来编译和运行 Java 程序，以及生成 JavaDoc 文档的方法。在实际开发中，一般会使用诸如 Eclipse 等建立在 JDK 基础上的图形化的开发工具软件。本书之所以直接选用 JDK 来编译和运行 Java 程序，一方面是因为它比较便捷，另一方面是因为借助它可以清晰地展示 JDK 编译和运行 Java 程序的基本原理。

2.2.1　JDK 简介以及安装方法

JDK 是 Java Development Kit（Java 开发工具包）的缩写。它为 Java 应用程序提供了基本的开发和运行环境，JDK 也称为 Java 标准开发环境（Java Standard Edition，

JavaSE）。

目前 JDK 的最成熟的版本为 JDK8。如图 2-3 显示了 JDK8 的结构。

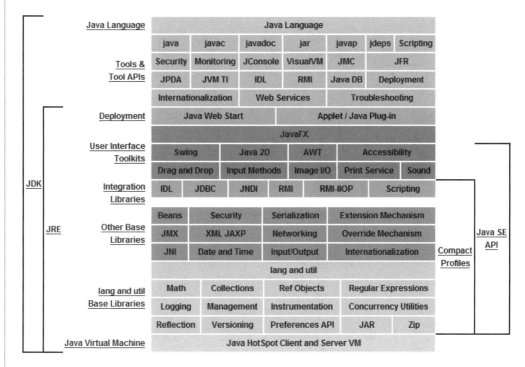

图 2-3　JDK8 的结构

从图 2-3 可以看出，JDK 主要包括以下内容：
- Java 虚拟机（Java Virtual Machine）：负责解析和执行 Java 程序。Java 虚拟机可以运行在各种操作系统平台上。
- JDK 类库（JavaSE API）：提供了基础的 Java 类及各种实用类。java.lang、java.io、java.util、java.awt、javax.swing 和 java.sql 包中的类都位于 JDK 类库中。
- 开发工具：这些开发工具都是可执行程序，主要包括：javac.exe（编译工具）、java.exe（运行工具）、javadoc.exe（生成 JavaDoc 文档的工具）和 jar.exe（打包工具）等。

JDK 的官方下载地址为：http://www.oracle.com/technetwork/java/javase/downloads/index.html。

为了便于读者下载到与本书配套的 JDK8 软件，在本书的技术支持网站 JavaThinker.net 上也提供了该软件的下载：http://www.javathinker.net/software/jdk8.exe。

Tips
　　在 JavaSE API 的官方文档中，把 JDK8 也称作 JDK1.8，JDK5 也称作 JDK1.5，以此类推。

假定 JDK 安装到本地后的根目录为<JAVA_HOME>，在<JAVA_HOME>\bin 目录下提供了以下工具：

- javac.exe：Java 编译器，把 Java 源文件编译成 Java 类文件。
- jar.exe：Java 应用的打包工具。
- java.exe：运行 Java 程序。
- javadoc.exe：JavaDoc 文档生成器。

在以下网址对这些工具的用法做了详细介绍：http://docs.oracle.com/javase/8/docs/technotes/tools/windows/index.html。

为了便于在 DOS 命令行下直接运行这些工具，可以把<JAVA_HOME>\bin 目录添加到操作系统的系统环境变量 Path 变量中。假定<JAVA_HOME>代表"C:\jdk8"目录，在 Windows 操作系统中选择【控制面板】→【系统】→【高级】→【环境变量】→【系统变量】命令，然后编辑其中的 Path 系统变量即可，如图 2-4 所示。

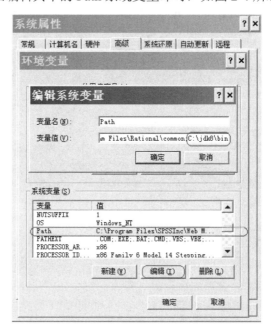

图 2-4 在 Path 系统变量中加入 JDK 的 bin 路径

此外，也可以在 DOS 命令行设置当前的 Path 环境变量。在 Windows 操作系统中选择【开始】→【运行】命令，然后输入"cmd"命令，就会打开一个 DOS 控制台，然后输入以下命令即可：

```
set path=C:\jdk8\bin;%path%
```

2.2.2 编译 Java 源文件

javac 命令用于编译 Java 源文件，javac 命令的使用语法如下：

```
javac [ options ] [ sourcefiles ]
```

javac 命令后面跟多个命令选项，以便控制 javac 命令的编译方式。表 2-3 列出了主要命令选项的用法。

表 2-3 javac 命令的选项

命令选项	说明
-nowarn	不输出警告信息。非默认选项。警告信息是编译器针对程序中能编译通过但存在潜在错误的部分提出的信息
-verbose	输出编译器运行中的详细工作信息。非默认选项
-deprecation	输出源程序中使用了不鼓励使用(Deprecated)的 API 的具体位置。非默认选项
-classpath <路径>	覆盖 classpath 环境变量，重新设定用户的 classpath。如果既没有设定 classpath 环境变量，也没有设定-classpath 选项，那么用户的 classpath 为当前路径
-sourcepath <路径>	指定 Java 源文件的路径
-d <目录>	指定编译生成的类文件的存放目录。值得注意的是，javac 命令并不会自动创建 -d 选项指定的目录，因此必须确保该目录已经存在。如果没有设定此项，编译生成的类文件存放在 Java 源文件所在的目录下
-help	显示各个命令选项的用法

从表 2-3 可以看出，javac 命令的选项有两种形式：一种没有参数，如-nowarn、-verbose 和-deprecation；一种带有参数，如-classpath、-sourcepath 和-d 选项。

在 DOS 命令行下，运行以下命令，就会编译 AppMain.java：

```
C:\dollapp> javac  -sourcepath  C:\dollapp\src
                   -classpath   C:\dollapp\classes
                   -d   C:\dollapp\classes
                   C:\dollapp\src\com\abc\dollapp\main\AppMain.java
```

在以上命令中，-sourcepath 选项指定 Java 源文件的根目录，-classpath 选项指定用户的 classpath，-d 选项指定编译生成的 Java 类文件的存放路径。执行以上命令后，将在 C:\dollapp\classes\com\abc\dollapp\main 目录下生成 AppMain.class 文件。

如果在 javac 命令中再加上-verbose 选项，javac 命令在编译时会输出详细的工作信息：

```
C:\dollapp> javac  -verbose
                   -sourcepath  C:\dollapp\src
                   -classpath C:\dollapp\classes
                   -d   C:\dollapp\classes
                   C:\dollapp\src\com\abc\dollapp\main\AppMain.java
```

在 AppMain 类中引入了 com.abc.dollapp.doll.Doll 类，因此 Java 编译器在编译 AppMain 类时，必须先获得 Doll.class。Java 编译器的处理流程如下：

（1）由于在 AppMain 类的 import 语句中声明 Doll 类位于 com.abc.dollapp.doll 包中，因此 Java 编译器先到 classpath 根路径下的 com\abc\dollapp\doll 目录下寻找 Doll.class 文件，然后到-sourcepath 选项指定的 src 根目录下的 com\abc\dollapp\doll 目录下寻找 Doll.java 文件。

（2）如果同时找到了 Doll.class 文件和 Doll.java 文件，Java 编译器根据 Doll.java

文件的更新日期来判断 Doll.class 有没有过期，如果过期，就重新编译 Doll.java，否则就直接使用 Doll.class。

（3）如果只找到了 Doll.class 文件，Java 编译器就直接使用这个 Doll.class。如果只找到了 Doll.java 文件，Java 编译器就编译这个 Doll.java。

（4）如果既没有找到 Doll.java 文件，也没有找到 Doll.class 文件，就会抛出编译错误，提示无法解析 AppMain 类中的"Doll"符号。

在 javac 命令中可以指定编译多个 Java 源文件，这些文件之间以空格隔开，例如：

```
C:\dollapp> javac  -sourcepath   C:\dollapp\src
                   -classpath C:\dollapp\classes
                   -d   C:\dollapp\classes
C:\dollapp\src\com\abc\dollapp\main\*.java
C:\dollapp\src\com\abc\dollapp\doll\Doll.java
```

以上命令指定编译 C:\dollapp\src\com\abc\dollapp\main 目录下的所有 Java 文件，以及 C:\dollapp\src\com\abc\dollapp\doll 目录下的 Doll.java 文件。

> **Tips**
> 在本书提供的配套源代码中，在每一章中都有一个包含了 Java 编译命令的 build.bat 批处理文件。直接运行这个文件，就能编译这一章的 Java 源代码。

2.2.3 运行 Java 程序

java 命令用于运行 Java 程序，它会启动 Java 虚拟机，Java 虚拟机加载相关的类，然后调用主程序类的 main() 方法。表 2-4 列出了 java 命令的主要命令选项的用法。

表 2-4 java 命令的用法

命令选项	说 明
-classpath <路径>	覆盖 classpath 环境变量，重新设定用户的 classpath。如果既没有设定 classpath 环境变量，也没有设定 -classpath 选项，那么用户的 classpath 为当前路径
-verbose	输出运行中的详细工作信息。非默认选项
-D<属性名=属性值>	设置系统属性，例如： 　　java -Duser="Tom"　SampleClass 其中"user"为属性名，"Tom"为属性值，SampleClass 为类名。在 SampleClass 中调用 System.getProperty("user") 方法就会返回"Tom"属性值
-jar	指定运行某个 JAR 文件中的特定 Java 类
-help	显示各个命令选项的用法

1. 设置 classpath

在运行 Java 程序时，很重要的一个环节是设置 classpath，classpath 代表 Java 类的根路径。java 命令会从 classpath 中寻找所需 Java 类。此外，Java 编译器编译 Java 类时，也会从 classpath 中寻找所需的 Java 类。classpath 的默认值为当前路径，此外，有 3 种显式设置 classpath 的方式：

(1)在操作系统中定义系统环境变量 classpath。例如在 Windows 中选择【控制面板】→【系统】→【高级系统设置】→【高级】→【环境变量】→【新建】命令，就可以创建系统环境变量 classpath，如图 2-5 所示。

图 2-5　设置系统环境变量 classpath

(2)在一个 DOS 命令窗口中定义当前环境变量 classpath，例如：

　　C:\> set classpath=C:\classes2

(3)在 java 命令或 javac 命令中通过 -classpath 选项来设置 classpath，例如：

　　C:\>java –classpath　C:\classes3; C:\lib\mytools.jar　　SomeClass

Java 虚拟机或 Java 编译器确定 classpath 的流程如下：

(1)如果在 java 命令或 javac 命令中设置了 -classpath 选项，就使用这个 classpath。

(2)如果在当前 DOS 命令窗口中定义了当前环境变量 classpath，就使用这个 classpath。

(3)如果在操作系统中定义了系统环境变量 classpath，就使用这个 classpath。

(4)就把当前路径作为 classpath。

由此可见，当前环境变量 classpath 会覆盖系统环境变量 classpath，java 命令或 javac 命令中的 -classpath 选项会覆盖环境变量 classpath，如果希望把当前目录、系统环境变量 classpath，以及当前环境变量 classpath 都添加到 classpath 中，可采用如下方式：

　　C:\>set classpath=%classpath%;C:\classes2
　　C:\>java　-classpath　　.; %classpath%; C:\classes3; C:\lib\mytools.jar　　SomeClass

第一行命令在设置当前环境变量 classpath 时，先添加了系统环境变量 classpath。在第二行命令中，-classpath 选项中包含多个路径，路径之间以分号隔开，其中第一个

"."符号代表当前路径,第二个路径%classpath%代表环境变量classpath,第三个路径"C:\classes3"为Java类文件所在的路径,第四个路径为某个JAR文件所在的路径。

在设定classpath时,对于Java类,只需指定它的根目录,例如,对于C:\dollapp\classes\com\abc\dollapp\doll\Doll.class,它的classpath为C:\dollapp\classes;对于JAR文件,必须指定它的完整路径,例如mytools.jar文件的路径为C:\lib\mytools.jar。

Tips

JDK提供了灵活地设置classpath的方式,系统环境变量classpath是全局性的classpath,DOS窗口中定义的环境变量classpath只在当前DOS窗口中有效,在javac或java命令中用-classpath选项设置的classpath则只对当前javac或java命令有效。

2. 运行AppMain类

在DOS命令行下,输入以下命令,就会执行AppMain类的main()方法:

C:\dollapp> java -classpath C:\dollapp\classes **com.abc.dollapp.main.AppMain**

以上命令指定classpath为C:\dollapp\classes。以上命令的运行结果如图2-6所示。

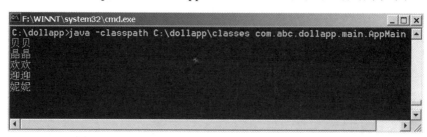

图2-6 运行AppMain类

使用java命令时,有以下值得注意的地方:

(1)必须指定主程序类的完整的名字,比如com.abc.dollapp.main.AppMain,这样,Java虚拟机会到C:\dollapp\classes\com\abc\dollapp\main目录下寻找AppMain.class文件。如果运行以下命令:

C:\dollapp> java -classpath C:\dollapp\classes AppMain

Java虚拟机会认为需要运行的AppMain类位于默认包中,因此直接在classpath的根路径下寻找AppMain.class文件,如果找不到,就会抛出错误。

(2)在classpath中,类文件的存放位置必须和包名匹配,不能随意改变它们的存放位置。如果把com.abc.dollapp.main.AppMain类的AppMain.class类文件移动到C:\dollapp\classes根目录下,然后运行命令:

C:\dollapp> java -classpath C:\dollapp\classes AppMain

Java虚拟机会认为需要运行的AppMain类位于默认包中,因此直接在classpath的根路径下寻找AppMain.class文件,尽管找到了这个文件,但是在解析和验证这个文件时,发现其中的package语句声明AppMain类位于com.abc.dollapp.main包中,而不在默认包中，因此还是会抛出错误。

（3）在 java 命令中指定的 Java 类必须具有作为程序入口的 main()方法。

2.2.4 给 Java 应用打包

JDK 的 jar 命令能够把 Java 应用打包成一个文件，这个文件的扩展名为.jar。这种打包文件被称为 JAR（Java Archive）文件，它独立于任何操作系统平台，而且支持压缩格式。给 Java 应用打包的好处在于：便于发布 Java 应用，提高在网络上传输 Java 应用的速度。在 DOS 命令行转到 C:\dollapp\classes 目录下，然后运行如下命令：

C:\dollapp\classes> jar -cvf   C:\dollapp\deploy\dollapp.jar   *

以上 jar 命令会把 C:\dollapp\classes 目录下（包括其子目录下）的所有类文件打包为 dollapp.jar 文件，把它存放在 C:\dollapp\deploy 目录下。

java 命令和 javac 命令会读取 JAR 文件中的 Java 类。例如以下命令把 dollapp.jar 添加到 classpath 中，然后运行其中的 AppMain 类：

C:\dollapp> java   -classpath   C:\dollapp\deploy\dollapp.jar
com.abc.dollapp.main.AppMain

jar 命令还具有展开 JAR 文件的功能，如果运行如下命令：

C:\dollapp\classes> jar -xvf C:\dollapp\deploy\dollapp.jar

以上命令会重新展开 dollapp.jar 文件中的内容，在展开内容中有一个 MANIFEST.MF 文件，它包含了描述 JAR 文件的信息。

本章 2.2.3 节的表 2-4 提到 java 命令的-jar 选项直接指定运行某个 JAR 文件中的特定 Java 类，在这种情况下，在这个 JAR 文件的 MANIFEST.MF 文件中必须包含主程序类的名字，以下是制作 JAR 文件并运行这个 JAR 文件的步骤：

（1）在 classes 目录下创建一个 Manifest.txt 文件，文件中包含如下内容：

Main-Class: com.abc.dollapp.main.AppMain

以上内容表明 JAR 文件的主程序类为 com.abc.dollapp.main.AppMain 类。为了使 jar 命令能正确解析 Manifest.txt 文件，以上内容必须以换行结束。

（2）在 C:\dollapp\classes 目录下，运行如下 jar 命令：

C:\dollapp\classes> jar -cvfm   C:\dollapp\deploy\dollapp.jar **Manifest.txt**   *

以上 jar 命令会把 Manifest.txt 文件中的内容添加到 MANIFEST.MF 文件中，并且在 C:\dollapp\deploy 目录下生成 dollapp.jar 文件。

（3）在 C:\dollapp 目录下，运行如下命令：

C:\dollapp> java   –jar   C:\dollapp\deploy\dollapp.jar

以上 java 命令根据 dollapp.jar 文件中的 MANIFEST.MF 文件的信息，确定主程序类为 AppMain 类，因此执行这个类的 main()方法。

2.3 使用和创建 JavaDoc 文档

　　Java 类通过 JavaDoc 文档来对外公布自身的用法，JavaDoc 文档是基于 HTML 格式的帮助文档。例如，图 2-7 为 JDK 的 Java 基本包中的 Object 类的 JavaDoc 文档，这一文档描述了 Object 类，以及它的各个方法的功能、用法及注意事项。JDK8 的 JavaDoc 文档的地址为：http://docs.oracle.com/javase/8/docs/api/index.html。

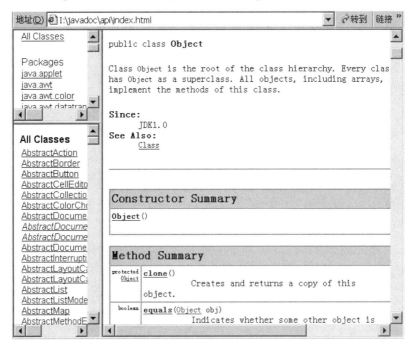

图 2-7　Object 类的 JavaDoc 文档

Tips
　　JavaDoc 文档是供 Java 开发人员阅读的，他们通过 JavaDoc 文档来了解其他人员开发的类的用法。Java 开发人员应该养成经常查阅 JavaDoc 文档的良好习惯。

　　对于用户创建的 Java 类，如何编写这种 HTML 格式的 JavaDoc 文档呢？手工编写 JavaDoc 文档显然是很费力的事。幸运的是，JDK 中提供了一个 javadoc.exe 程序，它能够识别 Java 源文件中符合特定规范的注释语句，根据这些注释语句自动生成 JavaDoc 文档。
　　在 Java 源文件中，只有满足特定规范的注释，才会构成 JavaDoc 文档。这些规范包括：
　　（1）注释以 "/**" 开始，并以 "*/" 结束，里面可以包含普通文本、HTML 标记和 JavaDoc 标记。例如以下注释将被 javadoc 命令解析为 JavaDoc 文档：

```
/**
 * <p><strong>SmartDoll</strong></p>代表智能福娃,它能够发出用户指定的声音。</p>
 * @author 孙卫琴
 * @version 3.0
 * @since 1.0
 * @see com.abc.dollapp.doll.Doll
 */
public class SmartDoll extends Doll{……}
```

以上注释用于描述 SmartDoll 类的作用,其中<p>和<strong>为 HTML 标记,@author、@version、@since 和@see 为 JavaDoc 标记。javadoc 命令能够解析以上注释,最后生成的 JavaDoc 文档如图 2-8 所示。

图 2-8　描述 SmartDoll 类的 JavaDoc 文档

（2）javadoc 命令只处理 Java 源文件中在类声明、接口声明、成员方法声明、成员变量声明,以及构造方法声明之前的注释,忽略位于其他地方的注释。例如,在以下程序代码中,只有粗体字部分标识的注释语句会构成 JavaDoc 文档。变量 var1 在 method()方法中定义,是局部变量,因此在它之前的注释语句会被 javadoc 命令忽略。

```
/** 类的注释语句 */
public class JavaDocSample{
  /** 成员变量的注释语句 */
  public int var;

  /** 构造方法的注释语句 */
  public JavaDocSample(){  }

  /** 成员方法的注释语句 */
  public void method(){
    /** 局部变量的注释语句 */
    int var1=0;
  }
}
```

2.3.1 JavaDoc 标记

在构成 JavaDoc 文档的注释语句中，可以使用 JavaDoc 标记来描述作者、版本、方法参数和方法返回值等信息。表 2-5 列出了常见的 JavaDoc 标记的作用。

表 2-5 JavaDoc 标记

JavaDoc 标记	描述
@version	指定版本信息
@since	指定最早出现在哪个版本
@author	指定作者
@see	生成参考其他 JavaDoc 文档的链接
@link	生成参考其他 JavaDoc 文档的链接，它和@see 标记的区别在于，@link 标记能够嵌入到注释语句中，为注释语句中的特定词汇生成链接
@deprecated	用来标明被注释的类、变量或方法已经不提倡使用，在将来的版本中有可能被废弃
@param	描述方法的参数
@return	描述方法的返回值
@throws	描述方法抛出的异常，指明抛出异常的条件

下面通过一个 SmartDoll 类的例子来介绍常用的 JavaDoc 标记的用法。SmartDoll 继承了 Doll 类，SmartDoll 位于 com.abc.dollapp.doll.extend 包中。假定伴随着 dollapp 应用的升级换代，SmartDoll 类也先后由 1.0 版本、2.0 版本最后升级到 3.0 版本。SmartDoll 类的 JavaDoc 文档是供其他开发人员阅读的，在 JavaDoc 文档中应该包含描述 SmartDoll 类的具体用法的信息，以及版本升级的信息。这样，如果其他开发人员原先使用的是 SmartDoll 类的 1.0 版本，通过阅读 3.0 版的 JavaDoc 文档，就会知道如何对自己的程序做相应的升级，改为使用 SmartDoll 类的 3.0 版本。例程 2-9 是 SmartDoll 类的源程序。

例程 2-9 SmartDoll.java

```
/*
 * 版权 2005-2025 www.javathinker.net
 * 本程序采用 GPL 协议，你可以从以下网址获得该协议的内容:
 * http://www.gnu.org/copyleft/gpl.html
 */
package com.abc.dollapp.doll.extend;
import com.abc.dollapp.doll.Doll;

/**
 * <p><strong>SmartDoll</strong> 代表智能福娃，它能够发出用户指定的声音。</p>
 * @author 孙卫琴
 * @version 3.0
 * @since 1.0
 * @see com.abc.dollapp.doll.Doll
 */
public class SmartDoll extends Doll{
```

```java
/**
 * 代表智能福娃默认情况下所说的话
 */
protected String word;

/**
 * 构造一个智能福娃，未设定默认情况下所说的话
 */
public SmartDoll(String name){
    super(name);
};

/**
 * 构造智能福娃的同时，指定默认情况下所说的话
 * @param word  默认情况下所说的话
 */
public SmartDoll(String name,String word){
    super(name);
    this.word=word;
};

/**
 * 获得默认情况下所说的话
 * @return  返回默认情况下所说的话
 * @see #setWord
 * @deprecated  该方法已经被废弃
 */
public String getWord(){
    return this.word;
}

/**
 * 设置默认情况下所说的话
 * @param word  默认情况下所说的话
 * @see #getWord
 * @since 2.0
 */
public void setWord(String word){
    this.word=word;
}

/**
 * <ul>
 * <li>如果{@link #word word 成员变量}不为 null,
 *      就调用{@link #speak(String) speak(String)方法}</li>
 * <li>如果{@link #word word 成员变量}为 null,
 *      就调用{@link com.abc.dollapp.doll.Doll#speak() super.speak()方法}</li>
 * </ul>
 */
public void speak(){
    if(this.word!=null){
        try{
            speak(word);
        }catch(Exception e){}
    }else
```

```java
        super.speak();
    }
    */
    public void speak(){
        if(this.word!=null){
          try{
             speak(word);
          }catch(Exception e){}
        }
        else
          super.speak();
    }

    /**
     * @param word  指定智能福娃该说的话
     * @return  智能福娃已说的话
     * @exception Exception  如果 word 参数为 null，就抛出该异常
     */
    public String speak(String word) throws Exception{
       if(word==null)
          throw new Exception("不知道该说啥");
       System.out.println(word);
       return word;
    }
}
```

在 SmartDoll 的源程序中，位于 package 语句前的注释会被 javadoc 命令忽略，其余的注释均会构成 JavaDoc 文档。下面依次介绍各个 JavaDoc 标记的用法。

（1）@version 指明该程序的版本，@since 指明程序代码最早出现在哪个版本中。例如：

```java
/**
 * <p><strong>SmartDoll</strong>代表智能福娃，它能够发出用户指定的声音。</p>
 * @author 孙卫琴
 * @version 3.0
 * @since 1.0
 * @see com.abc.dollapp.doll.Doll
 */
public class SmartDoll extends Doll{…}
```

以上注释表明 SmartDoll 类的最早版本为 1.0，当前版本为 3.0。对于 SmartDoll 类中的成员变量和成员方法，如何标明它们是在哪个版本中出现的呢？一种惯例做法是，默认情况下，假定它们在类的最早版本中就出现了，否则，就用@since 标记明确地标明它们最早出现的版本。例如在以下注释中没有使用@since 标记，表明 word 变量在 SmartDoll 类的 1.0 版本中就已经存在了：

```java
/**
 * 代表智能福娃默认情况下所说的话
 */
protected String word;
```

再例如以下注释采用@since 标记显式指明：setWord()方法是在 SmartDoll 类的 2.0 版本中才添加进去的。

```
/**
 * 设置默认情况下所说的话
 * @param word 默认情况下所说的话
 * @return 无返回值
 * @see #getWord
 * @since 2.0
 */
public void setWord(String word){…}
```

（2）@deprecated 标记用来标明被注释的类、变量或方法已经不提倡使用。例如以下注释中的@deprecated 标记表明 getWord()方法已经被废弃：

```
/**
 * 获得默认情况下所说的话
 * @return 返回默认情况下所说的话
 * @see #setWord
 * @deprecated 该方法已经被废弃
 */
public String getWord(){
    return this.word;
}
```

以上注释对应的 JavaDoc 文档如图 2-9 所示。

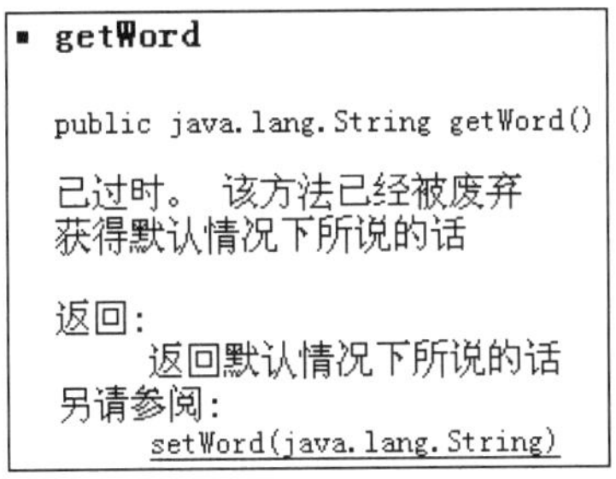

```
■ getWord

  public java.lang.String getWord()

  已过时。 该方法已经被废弃
  获得默认情况下所说的话

  返回：
      返回默认情况下所说的话
  另请参阅：
      setWord(java.lang.String)
```

图 2-9　getWord()方法的 JavaDoc 文档

如果类 A 访问了类 B 中被标记为 Deprecated 的方法，那么在编译类 A 时，Java 编译器会生成一些警告信息，建议开发人员最好不要使用这些被废弃（Deprecated）的方法。javac 命令中的-deprecation 选项用于显示类 A 中访问类 B 的废弃方法的详细位置。

（3）@see 标记用于生成参考其他 JavaDoc 文档的链接，例如 "@see #setWord" 标记将生成参考 setWord()方法的链接，参见图 2-9 所示。@see 标记有 3 种用法：

①链接其他类的 JavaDoc 文档，必须给出类的完整类名，例如：

```
@see com.abc.dollapp.doll.Doll
```

②链接当前类的方法或变量的 JavaDoc 文档，例如：

```
@see #setWord
@see #word
```

③链接其他类的方法或变量的 JavaDoc 文档，例如：

```
@see com.abc.dollapp.doll.Doll#speak
```

（4）@link 标记和@see 标记一样，也能生成参考其他 JavaDoc 文档的链接。两者的区别在于，@link 标记能够嵌入到注释语句中，为注释语句中的特定词汇生成链接。例如：

```
/**
 * <ul>
 * <li>如果{@link #word word 成员变量}不为 null,
 *     就调用{@link #speak(String) speak(String)方法}</li>
 * <li>如果{@link #word word 成员变量} 为 null,
 *     就调用{@link com.abc.dollapp.doll.Doll#speak() super.speak()方法}</li>
 * </ul>
 */
public void speak(){...}
```

以上注释对应的 JavaDoc 文档如图 2-10 所示。其中第一个@link 标记所在的注释行对应的 JavaDoc 文档的源代码为：

```
<li>
    如果
    <A HREF="../../../../../com/abc/dollapp/doll/extend/SmartDoll.html#word">
        <CODE>word 成员变量</CODE>
    </A>
    不为 null，就调用
    <A HREF="../../../../../com/abc/dollapp/doll/extend/SmartDoll.html#speak(java.lang.String)">
        <CODE>speak(String)方法</CODE>
    </A>
</li>
```

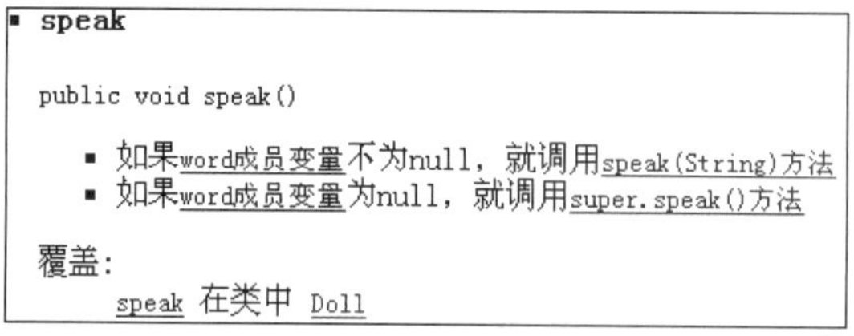

■ speak

public void speak()

- 如果word成员变量不为null，就调用speak(String)方法
- 如果word成员变量为null，就调用super.speak()方法

覆盖：
　　speak 在类中 Doll

图 2-10　speak()方法的 JavaDoc 文档

Tips

图 2-10 中的覆盖项是 javadoc 命令自动生成的，而非由特定的 JavaDoc 标记指定。它表明 SmartDoll 类的 speak()方法覆盖了 Doll 类的 speak()方法。

（5）@param、@return 和@throws 标记分别用来描述方法的参数、返回值及抛出异常的条件。例如：

```
/**
 * @param word  指定智能福娃该说的话
 * @return  智能福娃已说的话
 * @exception Exception  如果 word 参数为 null，就抛出该异常
 */
public String speak(String word) throws Exception{...}
```

以上注释对应的 JavaDoc 文档如图 2-11 所示。

```
■ speak
public java.lang.String speak(java.lang.String word)
                throws java.lang.Exception
参数：
    word - 指定智能福娃该说的话
返回：
    智能富娃已说的话
抛出：
    java.lang.Exception - 如果word参数为null，就抛出该异常
```

图 2-11　speak(String word)方法的 JavaDoc 文档

2.3.2　javadoc 命令的用法

javadoc 命令和 javac 命令一样，也包含了许多命令选项，表 2-6 列举了常用命令选项的用法。

表 2-6　javadoc 命令的选项

命令选项	作用	是否为默认选项/选项参数的默认值
-public	仅为 public 访问级别的类及类的成员生成 JavaDoc 文档	非默认选项
-protected	仅为 public 和 protected 访问级别的类及类的成员生成 JavaDoc 文档	默认选项
-package	仅为 public、protected，以及默认访问级别的类及类的成员生成 JavaDoc 文档	非默认选项
-private	为 public、protected、默认，以及 private 访问级别的类和类的成员生成 JavaDoc 文档	非默认选项
-version	解析@version 标记	非默认选项
-author	解析@author 标记	非默认选项
-splitindex	把索引文件划分为每个字母对应一个索引文件	非默认选项
-sourcepath <pathlist>	指定 Java 源文件的路径	参数的默认值为当前目录
-classpath <pathlist>	指定 classpath	参数的默认值为当前目录
-d <directory>	指定 JavaDoc 文档的输出目录	参数的默认值为当前目录

Tips

确切地说，顶层类（相对于内部类，参见第 12 章（内部类））的访问级别只能是 public 和默认级别，而类的成员（包括构造方法、成员变量和成员方法）的访问级别可以是 public、protected、默认和 private 级别。表 2-6 中对-public、-protected、-package 和-private 等选项做了粗略的描述。

javadoc 命令的使用格式如下：

　　javadoc [options] [packagenames] [sourcefiles]

javadoc 命令既可以处理包，也可以处理 Java 源文件。例如在本章的例子中，共有

3个类:
- com.abc.dollapp.doll.Doll 类。
- com.abc.dollapp.doll.extend.SmartDoll 类。
- com.abc.dollapp.main.AppMain 类。

以下 javadoc 命令设定了 3 个包:

```
C:\dollapp> javadoc  -author  -version
         -sourcepath src
         -doc \api
         com.abc.dollapp.doll
         com.abc.dollapp.doll.extend
         com.abc.dollapp.main
```

javadoc 命令会依次处理每个包的所有 Java 类,值得注意的是,com.abc.dollapp.doll 和 com.abc.dollapp.doll.extend 是不同的包,当 javadoc 命令处理 com.abc.dollapp.doll 包中的类时,不会自动处理它的 com.abc.dollapp.doll.extend 子级包中的类,因此必须在命令行再单独指定它。以上 javadoc 命令会在 doc\api 目录下生成 JavaDoc 文档,它的首页为 index.html 文件,如图 2-12 所示。

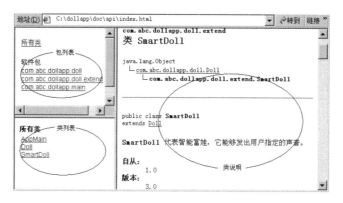

图 2-12 dollapp 应用的 JavaDoc 文档

图 2-12 的 JavaDoc 文档分成 3 部分: 包列表、类列表和类说明。在包列表中选择了某个包之后,类列表中就会列出该包中的所有类;在类列表中选择了某个类之后,类说明部分就会显示出该类的详细文档。

以下 javadoc 命令设定了 3 个 Java 类:

```
C:\dollapp> javadoc  -author  -version
         –sourcepath src
         –d doc\api
         src\com\abc\dollapp\doll\Doll.java
         src\com\abc\dollapp\doll\extend\SmartDoll.java
         src\com\abc\dollapp\main\AppMain.java
```

以上 javadoc 命令只会为指定的 3 个 Java 类生成 JavaDoc 文档,如果指定的 Java 类所在包中还包含其他类,javadoc 命令不会自动处理它们。如果要为 doll 子目录下的所有 Java 类生成 JavaDoc 文档,那么可以指定路径 "src\com\abc\dollapp\doll*.java"。

下面再介绍 javadoc 命令的几个选项的用法。

（1）-public、-protected、-package 和-private 这 4 个选项用于指定输出哪些访问级别的类和成员的 JavaDoc 文档，其中-protected 选项为默认选项，也就是说，默认情况下，javadoc 命令只会输出访问级别为 public 和 protected 的类和成员的 JavaDoc 文档，如果希望输出所有访问级别的类和成员的 JavaDoc 文档，必须显式设定-private 选项：

```
C:\dollapp>javadoc -private -version -author …
```

（2）-version 和-author 选项指定在 JavaDoc 文档中包含由@version 和@author 标记指示的内容。这两个选项不是默认选项，也就是说，默认情况下，javadoc 命令会忽略注释中的@version 和@author 标记，因此生成的 JavaDoc 文档中不包含版本和作者信息。

（3）-splitindex 选项将索引分为每个字母对应一个索引文件。这个选项不是默认选项，也就是说，默认情况下，索引文件只有一个，该文件中包含所有索引内容。例如在 dollapp 应用的 doc\api 目录下有一个 index-all.html 文件，它就是索引文件，如图 2-13 所示。当 JavaDoc 文档内容不多的时候，不一定要使用-splitindex 选项。但是，如果文档内容非常多，这个 index-all.html 索引文件将变得非常庞大，此时使用-splitindex 选项，会使得 javadoc 命令按照字母来为索引内容分类，每个字母对应一个索引文件，这些索引文件放在 doc\api\index-files 目录下。

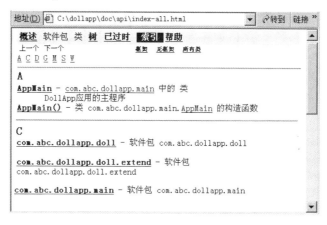

图 2-13　index-all.html 索引文件

2.4　Java 虚拟机运行 Java 程序的基本原理

Java 虚拟机（Java Virtual Machine，JVM）是由 JDK 提供的一个软件程序。虚拟机的任务是执行 Java 程序，如图 2-14 所示。

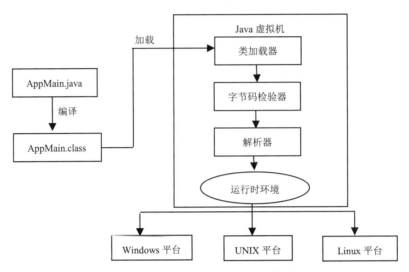

图 2-14 Java 虚拟机执行 Java 程序的过程

从图 2-14 可以看出，由 Java 源文件编译出来的类文件可以在任意一种平台上运行，Java 语言之所以有这种跨平台的特点，要归功于 Java 虚拟机。Java 虚拟机封装了底层操作系统的差异，不管是在哪种平台上，都按以下同样的步骤来运行程序：

步骤

（1）把 .class 文件中的二进制数据加载到内存中。
（2）对类的二进制数据进行验证。
（3）解析并执行指令。

Java 虚拟机提供了程序的运行时环境，运行时环境中最重要的一个资源是运行时数据区。运行时数据区是操作系统为 Java 虚拟机进程分配的内存区域，Java 虚拟机管辖着这块区域，它把该区域又进一步划分为多个子区域，主要包括堆区、方法区和 Java 栈区等。在堆区中存放对象，方法区中存放类的类型信息，类型信息包括静态变量和方法信息等，方法信息中包含类的所有方法的字节码。

当运行"java AppMain"命令时，就启动了一个 Java 虚拟机进程，该进程首先从 classpath 中找到 AppMain.class 文件，读取这个文件中的二进制数据，把 AppMain 类的类型信息存放到运行时数据区的方法区中。这一过程称为 AppMain 类的加载过程。

Java 虚拟机加载了 AppMain 类后，还会对 AppMain 类进行验证及初始化，第 10 章的 10.2 节（类的加载、连接和初始化）详细介绍了这一过程。Java 虚拟机接着定位到方法区中 AppMain 类的 main() 方法的字节码，执行它的指令。main() 方法的第一条语句为：

```
Doll beibei=new Doll("贝贝");
```

以上语句创建一个 Doll 实例，并且使引用变量 beibei 引用这个实例。Java 虚拟机执行这条语句的步骤如下：

第 2 章 第一个 Java 应用

（1）搜索方法区，查找 Doll 类的类型信息，由于此时不存在该信息，因此 Java 虚拟机先加载 Doll 类，把 Doll 类的类型信息存放在方法区。

（2）在堆区中为一个新的 Doll 实例分配内存，这个 Doll 实例持有指向方法区的 Doll 类的类型信息的指针。这里的指针实际上指的是 Doll 类的类型信息在方法区中的内存地址，在 Doll 实例的数据区存放了这一地址。

（3）beibei 变量在 main()方法中定义，它是局部变量，它被添加到执行 main()方法的主线程的 Java 方法调用栈中。关于线程的概念参见本书第 13 章（多线程与并发）。这个 beibei 变量引用堆中的 Doll 实例，也就是说，它持有指向 Doll 实例的指针。如图 2-15 显示了此时 Java 虚拟机的运行时数据区的内存分配。

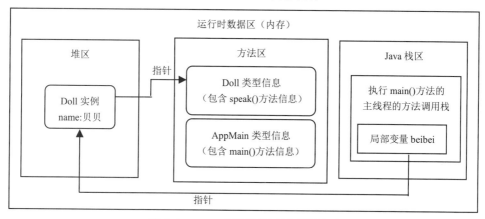

图 2-15 Java 虚拟机的运行时数据区

接下来 Java 虚拟机在堆区创建其他 4 个 Doll 实例，然后依次执行它们的 speak() 方法。当 Java 虚拟机执行 beibei.speak()方法时，Java 虚拟机根据局部变量 beibei 持有的指针，定位到堆区中的 Doll 实例，再根据 Doll 实例持有的指针，定位到方法区中 Doll 类的类型信息，从而获得 speak()方法的字节码，接着执行 speak()方法包含的指令。

2.5 小结

本章通过简单的 dollapp 应用例子，介绍了创建、编译、运行和发布 Java 应用的过程，此外还介绍了生成 JavaDoc 文档的步骤。读者应该掌握以下内容：
- Java 源文件的结构。在一个 Java 源文件中可以包含一个 package 语句、多个 import 语句，以及多个类和接口的声明，只能有一个类或接口为 public 类型。
- Java 应用的开发目录结构。目录结构中包含 Java 源文件根目录（src）、Java 类文件根目录（classes）和帮助文档根目录（doc）等。其中 Java 源文件的存放位置应该和它的 package 语句声明的包名一致。
- JDK 中的常用工具的用法。javac、java、jar 命令分别用于编译、运行和打包

Java 应用，javadoc 命令能够解析 Java 源文件中的特定注释行，生成 JavaDoc 文档。在使用 javac 和 java 命令时，一个重要的环节是设置 classpath。在 javac 和 java 命令中的-classpath 选项的优先级别最高，其次是在当前 DOS 窗口中设置的环境变量 classpath，其次是操作系统的系统环境变量 classpath。在设置 Java 类的 classpath 时，只需指定根路径，例如 com.abc.dollapp.doll.Doll 类的类文件的路径为：C:\dollapp\classes\com\abc\dollapp\doll\Doll.classes。

那么 Doll 类的 classpath 为 C:\dollapp\classes。

在设置 JAR 文件的 classpath 时，需要指定完整路径，例如 dollapp.jar 文件的路径为：C:\dollapp\deploy\dollapp.jar。

那么 dollapp.jar 文件的 classpath 为 C:\dollapp\deploy\dollapp.jar。javac 或 java 命令能够读取 dollapp.jar 文件中的所有 Java 类。

2.6 思考题

1．把一个类放在包里有什么作用？
2．JavaDoc 文档是不是为软件的终端用户提供的使用指南？
3．对于 com.abc.dollapp.AppMain 类，使用以下命令进行编译，

> java -d C:\classes -sourcepath C:\dollapp\src   C:\dollapp\src\com\abc\dollapp\AppMain.java

编译出来的.class 文件位于什么目录下？

4．对于以上编译出来的 AppMain 类，以下哪个 java 命令能正确地运行它？
a) java C:\classes\com\abc\dollapp\AppMain.class
b) java –classpath C:\classes AppMain
c) java –classpath C:\classes\com\abc\dollapp   AppMain
d) java –classpath C:\classes   com.abc.dollapp.AppMain

5．以下哪个 main()方法的声明能够作为程序的入口方法？
a) public static void main()
b) public static void main(String[] string)
c) public static void main(String args)
d) static public int main(String[] args)
e) static void main(String[] args)

6．假定以下程序代码都分别放在 MyClass.java 文件中，哪些程序代码能够编译通过？

a)
```
import java.awt.*;
package myPackage;
class MyClass {}
```

b)
```
package myPackage;
```

```
    import java.awt.*;
    class MyClass{}
```
c)
```
    /*This is a comment */
    package myPackage;
    import java.awt.*;
    public class MyClass{}
```
d)
```
    /*This is a comment */
    package myPackage;
    import java.awt.*;
    public class OtherClass{}
```

7．对于以下 Myprog 类，运行命令"java Myprog good morning"，将会出现什么情况？

```
public class Myprog{
    public static void main(String argv[]){
        System.out.println(argv[2]);
    }
}
```

8．下面哪些是 Java 的关键字？

a) default   b) NULL   c) String   d) throws   e) long   f) true

9．当 AppMain 类的 main()方法创建了 5 个 Doll 对象时，运行时数据区的数据是如何分布的？参照 2.4 节的图 2-15，画出此时运行时数据据区的状态图。

10．下面哪些是合法的 Java 标识符？

a) #_pound   b) _underscore   c) 5Interstate   d) Interstate5   e) _5_   f) class

读书笔记

第 3 章　数据类型和变量

程序的基本功能就是处理数据，以下程序代码定义了一个方法 add()，这个方法对两个整型数据求和：

```
public int add(int a, int b){
    int result=a+b;
    return result;
}
```

程序用变量来表示数据，以上代码中的 a、b 和 result 都是变量。在程序中，必须先定义变量，才能使用它。定义变量是指设定变量的数据类型和变量的名字，定义变量的基本语法为：

数据类型名　变量名；

以下代码定义了一个变量，名字为 result，它是 int 整数类型：

int result;

再例如以下代码定义了一个变量，名为 result，它是 int 整数类型，并且它的初始值为 1：

int result=1;

以上代码中的"="为赋值运算符，它用于把右边表达式的值赋给左边的变量。Java 语言允许同时定义多个变量，例如：

```
int a,b,c;
int d=1,e=2,f=3;
```

Java 语言把数据类型分为基本类型和引用类型，如图 3-1 显示了数据类型的详细分类。

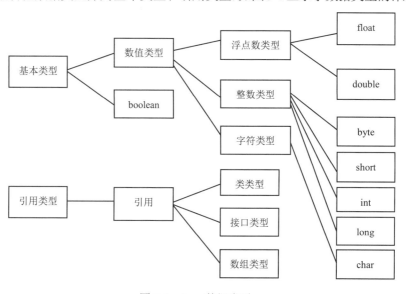

图 3-1　Java 数据类型

本章内容将围绕以下问题展开：
- 各种基本数据类型有什么样的取值范围？占用多少内存空间？为什么要了解基本数据类型的取值范围和占用的内存空间？
- 定义一个变量时，如何给它确定合理的数据类型？例如代表月份的变量 month，到底是定义为 byte 类型，还是 short 类型、int 类型或 long 类型？
- 既然在内存中只能存放二进制的数据，那么不同类型的数据在内存中到底以怎样的二进制序列存放？
- 引用类型变量和基本数据类型变量有哪些区别？Java 虚拟机将如何分别对待它们？
- 如何给各种数据类型的变量赋予合法的取值？
- 当程序运行时，会在不同的阶段创建不同的变量。变量存在于内存中的这段时间称为变量的生命周期。如何决定变量的生命周期？

3.1 基本数据类型

共有 8 种基本数据类型，表 3-1 列举了它们的取值范围、占用的内存大小，以及默认值。

表 3-1 基本数据类型的取值范围

数据类型	关键字	在内存中占用的字节数	取 值 范 围	默 认 值
布尔型	boolean	1 个字节（8 位）	true，false	false
字节型	byte	1 个字节（8 位）	$-128 \sim 127$	0
字符型	char	2 个字节（16 位）	$0 \sim 2^{16}-1$	'\u0000'
短整型	short	2 个字节（16 位）	$-2^{15} \sim 2^{15}-1$	0
整型	int	4 个字节（32 位）	$-2^{31} \sim 2^{31}-1$	0
长整型	long	8 个字节（64 位）	$-2^{63} \sim 2^{63}-1$	0
单精度浮点型	float	4 个字节（32 位）	$1.4013\text{E-}45 \sim 3.4028\text{E+}38$	0.0F
双精度浮点型	double	8 个字节（64 位）	$4.9\text{E-}324 \sim 1.7977\text{E+}308$	0.0D

本章在介绍一些基本类型数据时，还会介绍它们在内存中存放的二进制形式。阅读本章内容时，读者需要具备一些基础知识：在内存中只能存放二进制形式的数据，例如 0001 1001，这个二进制流（或者称二进制序列）共有 8 位，每一位称作一个比特（bit），每 8 位称作一个字节（byte）。

3.1.1 boolean 类型

boolean 类型的变量的取值只能是 true 或 false，例如以下代码定义了一个 boolean 类型的变量 isMarried，它被赋初始值为 false，表示未婚：

```
boolean isMarried=false;
```

Java 虚拟机对 boolean 类型的处理比较特别。当 Java 编译器把 Java 源代码编译为字节码时，会用 int 或 byte 来表示 boolean。在 Java 虚拟机中，用整数零来表示 false，用任意一个非零整数来表示 true。当然，Java 虚拟机这种底层处理方式对 Java 源程序是透明的。在 Java 源程序中，不允许把整数或 null 赋值给 boolean 类型的变量，这是有别于其他高级语言（如 C 语言）的地方。因此以下代码是不合法的：

```
boolean isMarried=0;        //编译出错，提示类型不匹配。
boolean isFemale=null;      //编译出错，提示类型不匹配。
```

3.1.2 byte、short、int 和 long 类型

byte、short、int 和 long 都是整数类型，并且都是有符号整数。与有符号整数对应的是无符号整数，两者的区别在于把二进制数转换为十进制整数的方式不一样：

- 有符号整数把二进制数的首位作为符号位，当首位是 0 时，对应十进制的正整数，当首位是 1 时，对应十进制的负整数。对于一个字节的二进制数（byte 类型），它对应的十进制整数的取值范围是-128～127。
- 无符号整数把二进制数的所有位转换为正整数。对于一个字节的二进制数，它对应的十进制整数的取值范围是 0～255。

表 3-2 列举了一个字节的二进制数对应的八进制数、十六进制数、无符号十进制整数和有符号十进制整数。在 Java 语言中，为了区分不同进制的数据，八进制数以 0 开头，十六进制以"0x"开头。

表 3-2 二进制数、八进制数、十六进制数和十进制整数之间的转换

1 个字节的二进制数	八进制数	十六进制数	有符号十进制整数（byte 类型）	无符号十进制整数
0000 0000	0000	0x00	0	0
0111 1111	0177	0x7F	127	127
1000 0000	0200	0x80	-128	128
1111 1111	0377	0xFF	-1	255

1．选择合适的整数类型

在定义一个变量时，到底选用哪种数据类型，要同时考虑实际需求和程序的性能。例如月份的取值是 1～12 的整数，因此把代表月份的 month 变量定义为 byte 类型：

```
byte month;
```

当 month 变量为 byte 类型时，Java 虚拟机只需为 month 变量分配 1 个字节的内存。如果把 month 变量定义为 long 类型，尽管是可行的，但是会占用更多的内存，影响程序的性能。不过，在内存资源充足的情况下，对于整数变量，通常都把它定义为 int 类型，这样可以简化数学运算时强制类型转换操作。而在内存资源紧缺的情况下，就必须慎重地在简化编程和节省内存之间进行权衡。

在 Java 语言中，如果数学表达式中都是整数，那么表达式的返回值只可能是 int 类型或 long 类型，如果把返回值赋给 byte 类型的变量，就必须进行强制类型的转换，

例如：

```
byte month=1;
month=month+2;    //编译错误，month+2 的结果为 int 类型
month=(byte)(month+2);    //合法
```

如果把 month 变量定义为 int 类型，由于表达式的返回类型与 month 变量的类型匹配，因此无须进行类型转换：

```
int month=1;
month=month+2;    //合法
```

关于基本类型的转换规则，本书第 4 章的 4.9.1 节（基本数据类型转换）做了详细介绍。

2. 给整数类型变量赋值

如果一个整数值在某种整数类型的取值范围内，就可以把它直接赋值给这种类型的变量，否则必须进行强制类型的转换。例如整数 13 在 byte 类型的取值范围（-128~127）内，因此可以把它直接赋值给 byte 类型变量：

```
byte b=13;
```

再例如 129 不在 byte 类型的取值范围（-128~127）内，则必须进行强制类型的转换，例如：

```
byte b=(byte)129;    //变量 b 的取值为-127
```

以上代码中的"(byte)"表示把 129 强制转换为 byte 类型。byte 类型的数据在内存中只占一个字节（8 位），而 129 的二进制形式为：0000 0000 0000 0000 0000 0000 1000 0001。"(byte)"运算符对 129 进行强制类型转换，它截取后 8 位，把它赋值给变量 b，因此变量 b 的二进制取值为 10000001，它是一个负数，对应的十进制取值为-127。

如果在一个整数后面加上后缀：大写"L"或小写"l"，就表示它是一个 long 型整数，以下两种赋值方式是等价的：

```
long var=100L;    //整数 100 后面加上大写的后缀"L"，表示 long 型整数
long var=100l;    //整数 100 后面加上小写的后缀"l"，表示 long 型整数
```

Java 语言允许把二进制（以"0b"开头）、八进制（以"0"开头）、十六进制（以"0x"开头）和十进制数赋值给整数类型变量，例如：

```
int a0=0b110;             //0b110 为二进制数，变量 a0 的十进制取值为 6
int a1=012;               //012 为八进制数，变量 a1 的十进制取值为 10
int a2=0x12;              //0x12 为十六进制数，变量 a2 的十进制取值为 18
int a3=12;                //12 为十进制数，变量 a3 的十进制取值为 12

int a4=0xF1;              //0xF1 为十六进制数，变量 a4 的十进制取值为 241
byte b=(byte)0xF1;        //0xF1 为十六进制数，变量 b 的十进制取值为-15
```

3. 用符号"_"分割数字，提高可读性

以下代码定义了一个值为 1000 万的 int 类型的变量 *a*：

```
int a=10000000;
```

为了提高程序代码中超大数字的可读性，可以在数字中用符号"_"来分割，因此上面的代码可以改进为：

```
int a=10_000_000;
```

这两段代码的作用完全相同，区别在于第二段代码具有更好的可读性，可以很清晰地看出数字的长度。

3.1.3 char 类型与字符编码

char 是字符类型，Java 语言对字符采用 Unicode 字符编码。由于计算机的内存只能存储二进制数据，因此必须为各个字符进行编码。所谓字符编码，是指用一串二进制数据来表示特定的字符。常见的字符编码包括：

（1）ASCII 编码。

它是 American Standard Code for Information Interchange 的简称，表示美国信息互换标准代码，是为罗马字母编制的一套编码。它主要用于表达现代英语和其他西欧语言中的字符。它是现今最通用的单字节编码系统。ASCII 编码实际上只用了一个字节的 7 位，一共能表示 128（2^7）个字符。例如字符'a'的编码为 0110 0001，相当于十进制整数 97。再例如字符'A'的编码为 0100 0001，相当于十进制整数 65。

（2）ISO-8859-1 编码。

又称为 Latin-1，是国际标准化组织（ISO）为西欧语言中的字符制定的编码，它用一个字节（8 位）来为字符编码，与 ASCII 编码兼容。所谓兼容，是指对于相同的字符，它的 ASCII 和 ISO-8859-1 编码相同。

（3）GB2312 编码。

它包括对简体中文字符的编码，一共收录了 7 445 个字符，包括 6 763 个汉字和 682 个其他符号。它与 ASCII 编码兼容。

（4）GBK 编码。

它是对 GB2312 的扩展，收录了 21 886 个字符，它分为汉字区和图形符号区。汉字区包括 21 003 个字符。GBK 与 GB2312 编码兼容。

（5）Unicode 编码。

由国际 Unicode 协会编制，收录了全世界所有语言文字中的字符，是一种跨平台的字符编码。UCS（Universal Character Set）是指采用 Unicode 编码的通用字符集。Unicode 具有两种编码方案：

- 用两个字节（16 位）编码，采用这个编码方案的字符集称为 UCS-2。Java 语言采用的就是两个字节的编码方案。
- 用 4 个字节（32 位）编码（实际上只用了 31 位，最高位必须为 0），采用这个编码方案的字符集被称为 UCS-4。

关于 Unicode 的详细信息可参考 Unicode 协会的网址：www.unicode.org。

（6）UTF 编码。

有些操作系统不完全支持 16 位或 32 位的 Unicode 编码，UTF（UCS Transformation Format）编码能够把 Unicode 编码转换为操作系统支持的编码，常见的 UTF 编码包括

UTF-8、UTF-7 和 UTF-16。

UTF-8 就是以一个字节（8 位）为单元对 UCS 进行编码。表 3-3 列出了从 UCS-2 到 UTF-8 的编码转换方式。

表 3-3 从 UCS-2 到 UTF-8 的编码转换方式

UCS-2 编码（十六进制）	UTF-8 字节流（二进制）
0000 ～ 007F	0xxxxxxx
0080 ～ 07FF	110xxxxx 10xxxxxx
0800 ～ FFFF	1110xxxx 10xxxxxx 10xxxxxx

例如中文字符"汉"的 Unicode 编码的十六进制形式为 0x6C49。0x6C49 在 0x0800 ～ 0xFFFF 范围内，所以要用表格 3-1 中 3 字节模板：1110xxxx 10xxxxxx 10xxxxxx。将 0x6C49 写成二进制是：0110 110001 001001， 用这个二进行制流中的比特（bit）依次代替模板中的 x，得到：11100110 10110001 10001001，即 E6 B1 89。因此"汉"的 UTF-8 编码为 0xE6B189。图 3-2 演示了把"汉"字的 Unicode 编码转换为 UTF-8 编码的过程。

```
"汉"字的Unicode编码的二进制形式：   0110      110001      001001
        （套用3个字节的模板）    1110xxxx   10xxxxxx    10xxxxxx
"汉"字的UTF-8编码的二进制形式：  11100110   10110001    10001001
```

图 3-2 把"汉"字的 Unicode 编码转换为 UTF-8 编码的过程

Java 语言采用 UCS-2 编码，字符占两个字节。字符'a'的 Unicode 编码的二进制形式为 0000 0000 0110 0001，十六进制形式为 0x0061，十进制形式为 97。以下四种赋值方式是等价的：

```
char c='a';
char c='\u0061';      //设定'a'的十六进制的 Unicode 字符编码
char c=0x0061;        //设定'a'的十六进制的 Unicode 字符编码
char c=97;            //设定'a'的十进制的 Unicode 字符编码
```

Java 语言把字符同时作为无符号整数对待，取值范围是 0 ～ $2^{16}-1$。例如字符'老'的 Unicode 编码的二进制形式为 1000 0000 0000 0001，十六进制形式为 0x8001，十进制形式为 32769。以下 4 种赋值方式是等价的：

```
char c='老';
char c='\u8001';      //设定'老'的十六进制的 Unicode 字符编码
char c=0x8001;        //设定'老'的十六进制的 Unicode 字符编码
char c=32769;         //设定'老'的十进制的 Unicode 字符编码
```

以下代码把十六进制的 0x8001 赋值给 short 类型的变量：

```
short a=(short)0x8001;
System.out.println(a);   //打印结果为-32767
```

由于 short 类型是有符号整数，因此变量 *a* 的实际取值为-32767。

Java 编程人员在给字符变量赋值时，通常直接从键盘输入特定的字符，一般不会使用 Unicode 字符编码，因为很难记住各种字符的 Unicode 编码。但对于有些特殊字符，比如单引号，假如不知道它的 Unicode 编码，直接从键盘输入该字符会导致编译错误：

```
char c=''';    //编译出错
```

Java 编译器会认为以上'''表达式不符合语法。为了解决这一问题，Java 语言采用转义字符来表示单引号和其他特殊字符：

```
char c1='\'';
System.out.println(c1);    //打印一个单引号
char c2='\\';
System.out.println(c2);    //打印一个反斜杠
char c3='\"';
System.out.println(c3);    //打印一个双引号
```

转义字符以反斜杠开头，表3-4 列出了一些常用的转义字符。

表 3-4 转义字符

转义字符	描述
\n	换行符，将光标定位在下一行的开头
\t	垂直制表符，将光标移到下一个制表符的位置
\r	回车，将光标定位在当前行的开头；不会跳到下一行
\\	代表反斜杠字符
\'	代表单引号字符
\"	代表双引号字符

3.1.4 float 和 double 类型

Java 语言支持两种浮点类型的小数：
- float：占 4 个字节，共 32 位，称为单精度浮点数。
- double：占 8 个字节，共 64 位，称为双精度浮点数。

float 和 double 类型都遵循 IEEE 754 标准，该标准分别为 32 位和 64 位浮点数规定了二进制表示形式。IEEE754 采用二进制的科学计数法来表示浮点数。对于 float 浮点数，用 1 位表示数字的符号，用 8 位来表示指数（底数为 2），用 23 位来表示尾数，如图 3-3 所示。对于 double 浮点数，用 1 位表示数字的符号，用 11 位表示指数（底数为 2），52 位表示尾数。

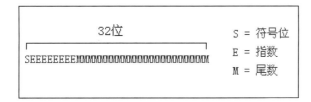

图 3-3 float 类型的二进制形式

表 3-5 以 float 类型为例，介绍了它的二进制存储规则。

表 3-5　float 类型的二进制存储规则

S（1 位）	E（8 位）	M（23 位）	N（32 位）
符号位	0	0	0.0
符号位	0	不等于 0	$(-1)^S * 2^{-126} * (0.M)$
符号位	1～254	不等于 0	$(-1)^S * 2^{E-127} * (1.M)$
符号位	255	不等于 0	表示特殊数字

1. 指数 E 在 1～254

在 IEEE754 标准中，约定小数点左边有一位隐含位。在表 3-5 中，"0.M" 和 "1.M" 中的 "0" 和 "1" 就是隐含位。当指数取值在 1～254 时，这个隐含位是 1，这样实际上尾数的有效位数为 24 位，即尾数为：

1.MMMMMMMMMMMMMMMMMMMMMMM

为了便于表达，把以上形式的尾数简写为 1.M。指数也被称为阶码，为了表示指数的正负，阶码部分采用移码表示，移码值为 127。假定阶码本来的取值为 E，那么经过移码后，取值为 E-127。float 类型的实际取值可用以下的二进制表达式来表示：

$(-1)^S * 2^{E-127} * (1.M)$

下面举例说明一些 float 类型的数字的二进制形式。

（1）float 类型的数字 5.0 的二进制形式。

对于以下 32 位的二进制流：

0 10000001 01000000000000000000000

符号位 S 是 0，指数部分 E 为 10000001，对应无符号整数 129，尾数部分的隐含位是 1，因此实际的尾数是 1.01000000000000000000000。以上二进制流对应的二进制表达式为：

$(-1)^0 * 2^{129-127} * 1.01000000000000000000000$
即：$2^2 * 1.01000000000000000000000$

在计算以上二进制表达式时，只需把 1.01000000000000000000000 的小数点右移两位，变成 101.00000000000000000000000，这个二进制数对应的十进制数字为 5.0，所以以上 32 位的二进制流对应的数字是 5.0。

对于任意一个 float 类型的浮点数，如何知道它的二进制流呢？float 类型的包装类 Float 提供了一个静态方法 floatToIntBits(float f)，它能够把参数 f 对应的 32 位二进制流转换为 int 类型数据，然后返回这个 int 类型的数据。例如数字 5.0 以 float 类型存放在内存中时，32 位的二进制形式为：0 10000001 01000000000000000000000，如果把这串二进制流转换为 int 类型的数据，则取值为 1084227584，因此以下程序代码会输出 1084227584：

```
float f=5.0F;
System.out.println(Float.floatToIntBits(f));    //打印 1084227584
```

> **Tips**
> 本章的许多例子会进行二进制、十六进制和十进制数据之间的转换，如果读者对此不熟悉，可借助计算器来进行转换。在 Windows 操作系统的"附件"中就提供了计算器。

（2）float 类型的数字-5.0 的二进制形式。

float 类型的数字 5.0 存放在内存中时，二进制形式为：

```
0 10000001 01000000000000000000000
```

对于数字-5.0，只需把首位符号位改为 1，即：

```
1 10000001 01000000000000000000000
```

如果把这串二进制流转换为 int 类型的数据，则取值为-1063256064，因此以下程序代码会输出-1063256064：

```
float f=-5.0F;
System.out.println(Float.floatToIntBits(f));  //打印-1063256064
```

（3）float 类型的数字 0.1 的二进制形式。

根据以下程序代码可以推算出 float 类型的数字 0.1 的二进制形式：

```
float f=0.1F;
System.out.println(Float.floatToIntBits(f)); //打印 1036831949
```

以上程序输出 int 类型的数据 1036831949，它对应的 32 位二进制形式为：

```
0 01111011 10011001100110011001101
```

符号位 S 是 0，指数部分 E 为 01111011，对应无符号整数 123，尾数部分的隐含位是 1，因此实际的尾数是 1.10011001100110011001101。以上二进制流对应的二进制数学运算表达式为：

$$(-1)^0 * 2^{123-127} * 1.10011001100110011001101$$
$$即：2^{-4} * 1.10011001100110011001101$$
$$即：2^{23} * 1.10011001100110011001101 * 2^{-27}$$
$$即：11001100110011001101 * 2^{-27}$$

11001100110011001101 对应的无符号整数为 13421773，因此以上二进制表达式对应的十进制表达式为：

$$13421773 * 2^{-27}$$

以上表达式的值为：0.10000000149011611938476562。

由此可见，在内存中，32 位的二进制科学计数法不能精确地表示 0.1，它与实际 0.1 的误差为：0.00000000149011611938476562。

由于以上原因，在用浮点数进行数学运算时，会导致一些误差，例如以下程序代码把 26 个 float 类型的 0.1 相加，计算结果为 2.5999997，它与实际结果值的误差为 0.0000003：

```
float s=0;
for (int i=0; i<26; i++)
  s +=0.1F;
System.out.println(s);       // 打印 2.5999997
```

double 类型采用 64 位来表示浮点数，精确度比 float 类型要高，例如以下程序代码把 26 个 double 类型的 0.1 相加，计算结果为 2.600000000000001，它与实际结果值的误差为 0.000000000000001：

```
double s=0;
for (int i=0; i<26; i++)
    s += 0.1;
System.out.println(s);         //打印 2.600000000000001
```

当将浮点数强制转换成整数时，产生的舍入误差会更加严重，因为强制转换成整数类型时会舍弃非整数部分。例如：

```
double d = 29.0 * 0.01;
System.out.println(d);                  //打印 0.29
System.out.println((int) (d * 100));    //将浮点数强制转换成整数，打印 28
```

Tips

采用二进制的科学计数法无法精确地描述所有十进制数。例如它可以精确地表示数字 5，但是不能精确地表示数字 0.1。二进制的科学计数法使用的二进制位数越多，精确度就越高，例如 64 位的 double 类型就比 32 位的 float 类型有更高的精确度。如果在某些场合（比如金融领域）需要比 double 类型更高的精确度，该怎么办呢？可以使用 Java 类库中的 java.math.BigDecimal 类，它能够表示任意精确度的数据，参见第 21 章的 21.9 节（BigDecimal 类）。

2．指数 E 为 0

从表 3-5 可以看出，当符号位、指数位及尾数部分都是 0 时，就表示十进制数字 0.0。如果指数位是 0，但是尾数部分不为 0，那么尾数部分的隐含位是 0，这样实际上尾数的有效位数为 24 位，即尾数为：

0.MMMMMMMMMMMMMMMMMMMMMMMM

为了便于表达，把以上形式的尾数简写为 0.M。float 类型的实际取值为：

$(-1)^S \cdot 2^{-126} \cdot (0.M)$

这个范围内的浮点数的绝对值都很小，可以表示接近于 0 的小数。

3．指数 E 为 255

从表 3-5 可以看出，当指数 E 的十进制取值为 255 时，用来表示一些特殊数字，表 3-6 列出了这些特殊数字。

表 3-6 float 类型中的特殊数字

特殊数字	二进制形式	十六进制形式	描述
Float.NaN	0111 1111 1100 0000 0000 0000 0000 0000	7FC00000	非数字
Float.POSITIVE_INFINITY	0111 1111 1000 0000 0000 0000 0000 0000	7F800000	无穷大
Float.NEGATIVE_INFINITY	1111 1111 1000 0000 0000 0000 0000 0000	FF800000	负无穷大

在表 3-6 中，用包装类 Float 的一些静态常量来表示这些特殊数字。以下程序演示了在数学运算中会得到这些特殊数字的情况：

```
float f1=(float)(0.0 / 0.0);      //f1 的取值为 Float.NaN
float f2=(float)(1.0 / 0.0);      //f2 的取值为 Float.POSITIVE_INFINITY
float f3=(float)(-1.0 / 0.0);     //f3 的取值为 Float.NEGATIVE_INFINITY
System.out.println(f1);           //打印 NaN
System.out.println(f2);           //打印 Infinity
System.out.println(f3);           //打印 -Infinity
```

Java 语言之所以提供以上特殊数字，是为了提高 Java 程序的健壮性，并且简化编程。当数学运算出错时（譬如运算结果超出数据类型的取值范围，或者给负数开平方根，或者除以 0 等），可以用浮点数取值范围内的特殊数字来表示所产生的结果。否则，如果 Java 程序在进行数学运算遇到错误时就抛出异常，会影响程序的健壮性，而且程序中必须提供捕获数学运算异常的代码块，增加了编程工作量。

接下来介绍如何在 Java 程序中为浮点类型变量赋值。默认情况下，小数以及采用十进制科学计数法表示的数字都是 double 类型，可以把它直接赋值给 double 类型变量，例如：

```
double d1=1000.1;
double d2=1.0001E+3;    //采用十进制科学计数法表示的数字，d2 实际取值为 1000.1
double d3=0.0011;
double d4=0.11E-2;      //采用十进制科学计数法表示的数字，d4 实际取值为 0.0011
```

以上科学计数法表示的小数以 10 作为底数，1.0001E+3 等价于 $1.0001*10^3$，0.11E-2 等价于 $0.11*10^{-2}$。

Tips

为什么在 Java 程序中，用十进制科学计数法来表示小数，而在内存中，却以二进制科学计数法表示小数呢？这是因为 Java 程序是由人类使用的高级语言，人类更熟悉十进制形式的数据和十进制形式的数学运算；而计算机内部只能识别二进制数据，以及进行二进制形式的数学运算。

如果把 double 类型的数据直接赋值给 float 类型变量，有可能会造成精度的丢失，因此必须进行强制类型的转换，否则会导致编译错误，例如：

```
float f1=1.0;              //编译出错，必须进行强制类型转换
float f2=1;                //合法，把整数 1 赋值给 f2，f2 的取值为 1.0
float f3=(float)1.0;       //合法，f3 的取值为 1.0
float f4=(float)1.5E+55;   //合法，1.5E+55 超出了 float 类型的取值范围，f4 的取值为正无穷大
System.out.println(f3);    //打印 1.0
System.out.println(f4);    //打印 Infinity
```

3.2 引用类型

引用类型可分为类引用类型、接口引用类型和数组引用类型。以下代码定义了 3 个引用变量：doll、myThread 和 intArray：

```
Doll    doll;
java.lang.Runnable   myThread;
int[]   intArray;
```

其中 doll 变量为类引用类型，myThread 变量为接口引用类型，而 intArray 变量为数组引用类型。myThread 变量之所以是接口引用类型，是因为 java.lang.Runnable 是接口，而不是类。关于接口的概念参见第 8 章（接口）。

类引用类型的变量引用这个类或者其子类的实例，接口引用类型的变量引用实现了这个接口的类的实例，数组引用类型的变量引用这个数组类型的实例。在 Java 语言中，数组也被看作对象，第 14 章（数组）详细介绍了数组的用法。由此可见，不管是何种引用类型的变量，它们引用的都是对象。

如果一个引用类型变量不引用任何对象，那么可以把它赋值为 null。在初始化一个引用类型变量时，常常给它赋初值为 null：

```
Doll doll=null;
```

本书对类类型和类引用类型做了细致的区分。对于以下程序代码：

```
Doll beibei=new Doll("beibei ");
```

变量 beibei 是"Doll 类引用类型"的变量，而用 new 语句创建的 Doll 对象属于"Doll 类型"。在有些情况下，为了叙述方便，也会直接采用"beibei 对象"的说法，来指代 beibei 引用变量所引用的 Doll 对象。

3.2.1 基本类型与引用类型的区别

基本类型与引用类型有以下区别：

（1）基本类型代表简单的数据类型，比如整数和字符，引用类型所引用的实例能表示任意一种复杂的数据结构。例如以下代码定义了一个 Person 类，它包含 long、short 和 char 这些基本类型的成员变量，还包含 Person 引用类型的成员变量：

```
public class Person{
    long id;          //身份证号码
    String name;      //姓名
    short age;        //年龄
    char sex;         //性别，取值为'f'代表女性，'m'代表男性
    Person mother;    //母亲
}
```

Tips

本书第一章介绍封装时，曾建议尽可能地把所有属性封装起来。但在本书部分章节的例子中，会把对象的属性定义为默认访问级别或者 public 访问级别，这主要是为了节省书的篇幅，省去为属性提供相应的 getXXX()和 setXXX()方法。

以下程序代码创建了两个 Person 对象：Tom 和 Mary，Mary 是 Tom 的母亲，Mary 的母亲未知。

```
Person mary=new Person();
mary.name="Mary";
Person tom=new Person();
tom.name="Tom";
tom.mother=mary;
```

引用变量 tom 和 mary 分别引用两个 Person 对象。通过"."运算符，就能访问引

用变量所引用的实例的属性和方法,例如"tom.name"表示访问 tom 变量所引用的 Person 对象的 name 属性。"tom.mother.name"表示先定位到 tom 变量所引用的 Person 对象的 mother 属性,由于 mother 属性是 Person 引用类型变量,因此再访问 mother 变量所引用的 Person 对象的 name 属性,如图 3-4 所示。

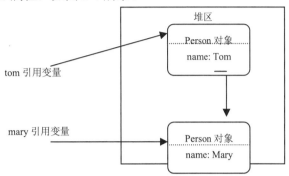

图 3-4　tom 和 mary 引用变量

（2）基本类型仅表示数据类型,而引用类型所引用的实例除了表示复杂数据类型,还能包括操纵这种数据类型的行为。以表示字符串的 String 类为例,它包含了各种操纵字符串的方法,如 substring()方法能够截取子字符串,以下代码把"HelloWorld"字符串的前 5 位子字符串赋值给变量 s2:

```
String s1="HelloWorld";
String s2=s1.substring(0,5);        //s2 的取值为"Hello"
```

通过"."运算符,就能访问引用变量所引用的实例的方法,例如"s1.substring(0,5)"表示调用 s1 变量所引用的 String 对象的 substring()方法。

（3）Java 虚拟机处理引用类型变量和基本类型变量的方式是不一样的:对于基本类型的变量,Java 虚拟机会为其分配数据类型实际占用的内存大小,而对于引用类型变量,它仅仅是一个指向堆区中某个实例的指针。以下 Counter 类有一个成员变量 count,它是基本类型的变量:

```
public class Counter{
   int count=13;
}
```

以下代码定义了一个 counter 引用变量,它引用一个 Counter 实例:

```
Counter counter=new Counter();
```

图 3-5 显示了 Java 虚拟机为变量 count 和变量 counter 分配的内存:

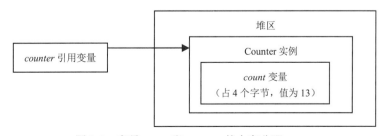

图 3-5　变量 count 和 counter 的内存分配

counter 引用变量的取值为 Counter 实例的内存地址。*counter* 引用变量本身也占一定的内存，到底占用多少内存，取决于 Java 虚拟机的实现，这对 Java 程序是透明的。

Tips
> *counter* 引用变量到底位于 Java 虚拟机的运行时数据区的哪个区呢？这取决于 *counter* 变量的作用域，如果是局部变量，则位于 Java 栈区；如果是某个类的静态成员变量，则位于方法区；如果是某个类的实例成员变量，则位于堆区。关于作用域的概念参见本章 3.3 节（变量的作用域）。

3.2.2 用 new 关键字创建对象

当一个引用类型的变量被声明后，如果没有初始化，那么它不指向任何对象。Java 语言用 new 关键字创建对象，它有以下作用：

- 为对象分配内存空间，将对象的实例变量自动初始化为其变量类型的默认值。
- 如果实例变量在声明时被显式初始化，那就把初始化值赋给实例变量。
- 调用构造方法。
- 返回对象的引用。

以下是一个 Sample 类的源程序：

```java
public class Sample{
    int memberV1;
    int memberV2=1;
    int memberV3;
    public Sample(){ memberV3=3;}     //构造方法

    public static void main(String args[]){
        Sample obj=new Sample();
    }
}
```

Java 虚拟机执行语句 Sample obj=new Sample() 的步骤如下：

（1）为一个新的 Sample 对象分配内存空间，它所有的成员变量都被分配了内存，并自动初始化为其变量类型的默认值，如图 3-6 所示。

（2）显式初始化 *memberV2* 变量，把它的值设为 1，如图 3-7 所示。

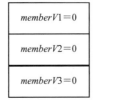

图 3-6 Sample 对象被分配内存空间　　　　图 3-7 *memberV2* 变量被显式初始化

（3）调用构造方法，显式初始化成员变量 *memberV*3，如图 3-8 所示。
（4）将对象的引用赋值给变量 obj，如图 3-9 所示。

图 3-8　在构造方法中显式初始化 *memberV*3 变量　　图 3-9　将对象的引用赋值给变量 s

一个对象可以被多个引用变量引用，例如：

```
Doll doll1=new Doll("贝贝");
Doll doll2=new Doll("晶晶");
Doll doll3=doll1;
Doll doll4=null;
```

以上代码共创建了两个 Doll 实例，以及 4 个 Doll 类型的引用变量，它们的关系如图 3-10 所示。

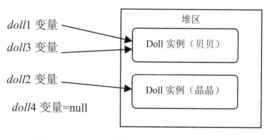

图 3-10　Doll 实例与引用变量的关系

3.3　变量的作用域

变量的作用域是指它的存在范围，只有在这个范围内，程序代码才能访问它。其次，作用域决定了变量的生命周期，变量的生命周期是指从一个变量被创建并分配内存开始，到这个变量被销毁并清除内存的过程。当一个变量被定义时，它的作用域就被确定了。按照作用域的不同，变量可分为以下类型：

- 成员变量：在类中声明，它的作用域是整个类。
- 局部变量：在一个方法的内部或方法的一个代码块的内部声明。如果在一个方法内部声明，它的作用域是整个方法；如果在一个方法的某个代码块的内部声明，那么它的作用域是这个代码块。代码块是指位于一对大括号{}以内的代码。
- 方法参数：方法或者构造方法的参数，它的作用域是整个方法或者构造方法。
- 异常处理参数：异常处理参数和方法参数很相似，差别在于前者传递参数给异常处理代码块，而后者传递参数给方法或者构造方法。异常处理参数是指

catch(Exception e)语句中的异常参数"e"，它的作用域是紧跟着 catch(Exception e)语句后的代码块。

在例程 3-1 的 Sample 类中定义了 4 个变量 *var*1、*var*2、*var*3 和 *var*4，它们分别代表成员变量、方法参数、局部变量及代码块中定义的局部变量。

例程 3-1　Sample.java

```
public class Sample{
  int var1=0;              //成员变量

  void method1(int var2){  //参数
    int var3=0;            //局部变量
    if(var3==0){           //代码块
      int var4=0;          //在代码块中定义的局部变量
      var1++;
      var2++;
      var3++;
      var4++;
    }

    var1++;
    var2++;
    var3++;
    var4++;                //编译出错
  }

  void method2(){
    var1++;
    var2++;                //编译出错
    var3++;                //编译出错
    var4++;                //编译出错
  }
}
```

变量 *var*4 只能在它所在的代码块中被引用。变量 *var*2 和 *var*3 只能在 method1() 方法中被引用，变量 *var*1 能够在整个类中被引用。在 method2() 方法中，只能引用 *var*1 变量，而不能引用 *var*2、*var*3 和 *var*4 变量。

成员变量可以在类中方法以外的任何地方定义。而局部变量必须先定义后使用。例如在以下程序中，先定义 method() 方法，再定义 *var*1 成员变量，在 method() 方法中会访问 *var*1 变量，这是合法的。在 method() 方法中，先访问 *var*2 局部变量，再定义这个变量，这是非法的：

```
public class Sample{
  void method(){
    var1=1;        //合法
    var2=1;        //编译出错
    int var2;      //定义局部变量
  }
  int var1;        //定义成员变量
}
```

3.3.1 实例变量和静态变量的生命周期

类的成员变量有两种：一种是被 static 关键字修饰的变量，叫类变量，或静态变量；一种是没有被 static 关键字修饰的变量，叫实例变量。

静态变量和实例变量的区别在于：

- 类的静态变量在内存中只有一个，Java 虚拟机在加载类的过程中为静态变量分配内存，静态变量位于方法区，被类的所有实例共享。静态变量可以直接通过类名被访问。静态变量的生命周期取决于类的生命周期，当加载类的时候，静态变量被创建并分配内存，当卸载类的时候，静态变量被销毁并撤销内存。
- 类的每个实例都有相应的实例变量。每创建一个类的实例，Java 虚拟机就会为实例变量分配一次内存，实例变量位于堆区中。实例变量的生命周期取决于实例的生命周期，当创建实例的时候，实例变量被创建并分配内存，当销毁实例的时候，实例变量被销毁并撤销内存。

Tips

假如成员变量（包括静态变量和实例变量）是引用变量，那么当该成员变量结束生命周期时，并不意味着它所引用的对象也一定结束生命周期。关于对象的生命周期参见第 11 章（对象的生命周期）。变量的生命周期和对象的生命周期是两个不同的概念，要加以区分。

以下 Counter 类有两个成员变量，其中 *count*1 变量为实例变量，而 *count*2 变量为静态变量：

```
public class Counter{
    public int count1=0;
    public static int count2=0;
}
```

以下代码创建了两个 Counter 实例，然后分别修改它们的 *count*1 和 *count*2 变量：

```
Counter counterA=new Counter();
Counter counterB=new Counter();
counterA.count1++;
counterA.count2++;
counterB.count1++;
counterB.count2++;
```

执行以上代码后，Java 虚拟机的运行时数据区如图 3-11 所示。

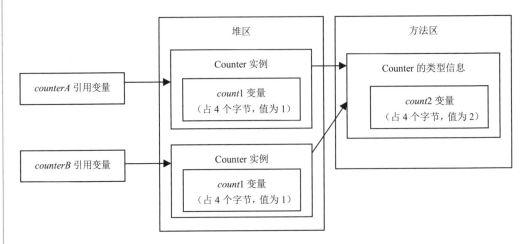

图 3-11　Java 虚拟机的运行时数据区

在图 3-11 中，*counterA* 变量和 *counterB* 变量分别引用不同的 Counter 实例，每个 Counter 实例都有单独的 *count*1 变量，而 *count*2 变量在内存中只有一个，位于方法区中，被两个 Counter 实例共享。当 Java 虚拟机执行 counterA.count1++时，操纵的是 *counterA* 变量引用的 Counter 实例的 *count*1 变量；当 Java 虚拟机执行 counterB.count1++时，操纵的是 *counterB* 变量引用的 Counter 实例的 *count*1 变量；当 Java 虚拟机执行 counterA.count2++，或者 counterB.count2++时，操纵的都是 Counter 类的同一个静态变量 *count*2。

对于 *count*2 静态变量，既可以通过引用变量来访问，也可以通过类名来访问：

```
counterA.count2++;   //通过 counterA 引用变量来访问 count2 变量
或者
Counter.count2++;    //通过 Counter 类名来访问 count2 变量
```

对于 *count*1 实例变量，能否通过类名来访问呢？比如：

```
Counter.count1++;
```

以上代码是非法的。因为从图 3-11 可以看出，实例变量总是属于特定的实例，假如允许通过类名来访问实例变量，那么 Java 虚拟机无法知道到底是访问哪个 Counter 实例的 *count*1 变量。

静态变量可以作为所有实例的共享数据，它不依赖于特定的实例；而实例变量属于特定的实例。静态变量和实例变量有不同的运用场合。假定 Doll 类有两个属性，一个属性用于统计内存中创建的所有 Doll 实例的个数，这个属性用成员变量 *number* 表示，还有一个属性代表每个 Doll 实例的 ID，这个属性用成员变量 *id* 表示。显然，变量 *number* 应该是静态变量，而变量 *id* 应该是实例变量。例程 3-2 是 Doll 类的源程序。

例程 3-2　Doll.java

```
public class Doll{
    private static int number=0;      //静态变量
    private int id=0;                 //实例变量
    private String name;              //实例变量
```

```
        public Doll(String name){           //构造方法
          this.name=name;
          number++;
          id=number;
        }
        public void speak(String word){   //word 是方法参数
          //showNumber 和 showId 是局部变量
          String showNumber="目前共有"+number+"个娃娃!";
          String showId="我的 ID 是"+id;

          System.out.println(name+":"+showNumber);
          System.out.println(name+":"+showId);
          System.out.println(name+":"+word);
        }
        public static void main(String args[]){
          Doll doll1=new Doll("贝贝");
          Doll doll2=new Doll("晶晶");

          doll1.speak("大家好!");
          doll2.speak("大家好!");
        }
      }
```

以上 Doll 类的 main()方法创建了两个 Doll 实例。在创建 Doll 实例时,Java 虚拟机会调用 Doll 类的构造方法。在创建第一个 Doll 实例时,把 Doll 类的 number 静态变量的值增加到 1,然后给当前的 Doll 实例的 *id* 变量赋值 1;在创建第二个 Doll 实例时,把 Doll 类的 *number* 静态变量的值增加到 2,然后给当前的 Doll 实例的 *id* 变量赋值 2。如图 3-12 显示了两个 *id* 实例变量和一个 *number* 静态变量的内存分配。

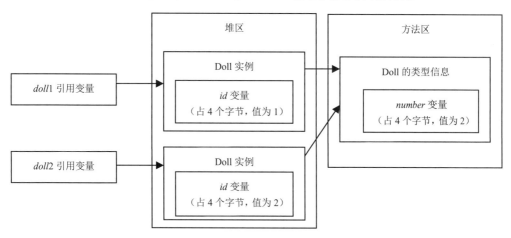

图 3-12 *id* 实例变量和 *number* 静态变量的内存分配

在 DOS 命令行下通过命令"java Doll"执行以上程序,打印结果如下:

```
贝贝:目前共有 2 个娃娃!
贝贝:我的 ID 是 1
贝贝:大家好!
晶晶:目前共有 2 个娃娃!
```

晶晶:我的 ID 是 2
晶晶:大家好!

3.3.2 局部变量的生命周期

在上一节介绍了静态变量和实例变量的生命周期,静态变量的生命周期取决于类何时被加载及卸载,实例变量的生命周期取决于实例何时被创建及销毁。本节介绍局部变量的生命周期,它取决于所属的方法何时被调用及结束调用:

- 当 Java 虚拟机(更确切地说,是 Java 虚拟机中的某个线程)调用一个方法时,会为这个方法中的局部变量分配内存。
- 当 Java 虚拟机(更确切地说,是 Java 虚拟机中的某个线程)结束调用一个方法时,会结束这个方法中局部变量的生命周期。

以下 Sample 类中定义了 4 个变量:*var*1、*var*2、*var*3 和 *var*4:

```
public class Sample{
  int var1=1;              //var1 是实例变量
  static int var2=2;       //var2 是静态变量

  public int add(){
    int var3=var1+var2;    //var3 是局部变量
    return var3;
  }

  public int delete(){
    int var4=var1-var2;    //var4 是局部变量
    return var4;
  }

  public static void main(String args[]){
    new Sample().add();
  }
}
```

当执行"java Sample"命令时,Java 虚拟机执行以下流程:

(1)加载 Sample 类,开始静态变量 *var*2 的生命周期,*var*2 位于方法区。

(2)创建 Sample 实例,开始实例变量 *var*1 的生命周期,*var*1 位于堆区。

(3)调用 Sample 实例的 add()方法,开始局部变量 *var*3 的生命周期,*var*3 位于 Java 栈区。

(4)执行完毕 Sample 实例的 add()方法,结束局部变量 *var*3 的生命周期,退回到 main()方法。

(5)执行完毕 Sample 类的 main()方法,结束 Sample 实例及它的实例变量 *var*1 的生命周期,卸载 Sample 类,结束静态变量 *var*2 的生命周期,Java 虚拟机运行结束。

由于 main()方法没有调用 Sample 实例的 delete()方法,因此 *var*4 变量在 Java 虚拟机的运行过程中从没有被创建过。

以下代码两次调用 Sample 实例的 add()方法:

```
Sample s=new Sample();
s.add();
s.add();
```

Java 虚拟机每次调用 add()方法，都会创建一个 *var3* 变量，也就是说，Java 栈区曾经先后两次出现过 *var3* 变量，但是它们没有共存过。

由于局部变量和成员变量有着完全不同的生命周期，在使用局部变量时，受到以下限制：

- 局部变量不能被 static、private、protected 和 public 等修饰符修饰。
- 不能通过类名或引用变量名来访问局部变量，以下程序代码是非法的：

```
Sample.var3=1;          //编译出错
Sample s=new Sample();
s.var3=1;               //编译出错
```

3.3.3 成员变量和局部变量同名

在同一个作用域内不允许定义同名的多个变量，例如不允许定义两个同名的成员变量，也不允许在一个方法内定义两个同名的局部变量：

```
void method1(){
   int x=0;
   long x=0;          //编译出错，在方法内不允许定义同名的变量
}

void method2(){
   if(true){
      int x=0;
      long x=0;       //编译出错，在同一个代码块内不允许定义同名的变量
   }
}

void method3(int p){
   if(p==1){
      int x=0;
   }else{
      long x=0;       //合法，因为 long 型的变量 x 与 int 型的变量 x 分别位于不同的代码块内
   }
}
```

在以上 method3()方法中，尽管定义了两个 x 变量，由于它们位于不同的代码块，有着不同的作用域，所以这是合法的。

在一个方法内，可以定义和成员变量同名的局部变量或参数，此时成员变量被屏蔽。此时如果要访问实例变量，可以通过 this 关键字来访问，this 为当前实例的引用。如果要访问类变量，可以通过类名来访问。

在例程 3-3 的 Scope 类中就存在成员变量与局部变量同名的情况。

例程 3-3 成员变量与局部变量同名的 Scope 类

```
public class Scope{
   int x;              //x 为实例变量
   int y;              //y 为实例变量
```

```java
        static int z;                    //z 为静态变量

        void method(int x){              //x 为方法参数
          int y=1;                       //y 为局部变量
          int z=1;                       //z 为局部变量
          this.x=x+1;                    //this.x 代表实例变量 x；单独的 x 代表局部变量 x
          this.y=y+1;                    //this.y 代表实例变量 y；单独的 y 代表局部变量 y
          Scope.z=z+1;                   //Scope.z 代表静态变量 z；单独的 z 代表局部变量 z

          System.out.println("x="+x);           //打印局部变量 x
          System.out.println("y="+y);           //打印局部变量 y
          System.out.println("z="+z);           //打印局部变量 z
          System.out.println("this.x="+this.x); //打印实例变量 x
          System.out.println("this.y="+this.y); //打印实例变量 y
          System.out.println("Scope.z="+Scope.z); //打印静态变量 z
        }
        public static void main(String args[]){
          Scope obj=new Scope();
          obj.method(1);
        }
}
```

以上 Scope 类的 main()方法创建一个 Scope 实例，然后调用它的 method()方法。以上程序的打印结果如下：

```
x=1
y=1
z=1
this.x=2
this.y=2
Scope.z=2
```

3.3.4 将局部变量的作用域最小化

将局部变量的作用域最小化，可增加代码的可读性和可维护性，并且降低出错的可能性。假定在以下 method()方法中有一个局部变量 *var*，尽管仅仅在一个 if 代码块中才用到它，但是这个变量在 method()方法的开头就已经被定义：

```java
void method(){
  int var=0;
  …
  …
  …
  if(…){
    //使用 var 变量
  }
}
```

如果 method()方法的代码很冗长，过早地定义 *var* 变量，会造成以下负面影响：
- 程序的可读性和可维护性差：分散阅读程序的开发人员的注意力，当 *var* 变量被使用的时候，有可能开发人员已经忘记了 *var* 变量在哪儿定义的了。
- 增加出错的可能性：*var* 变量有可能在 if 代码块以外被错误地使用。

为了将局部变量的作用域最小化，应该遵守以下规则：
- 在需要使用某局部变量的时候，才定义它。对于以上例子，只需在 if 代码块中定义 *var* 变量。
- 使方法小而集中。如果一个方法包含多种操作，尽可能把这个方法分解为多个小方法，每个方法负责一项操作。这些小方法在 Java 源文件中可集中放在一起。方法变小了，局部变量的作用域也就自然变小了。

3.4 对象的默认引用：this

当一个对象创建好后，Java 虚拟机就会给它分配一个引用自身的指针：this。所有对象默认的引用名均为 this。这似乎听起来不可思议，Java 虚拟机如何区分这些同名的 this 呢？下面举例说明。假定主人与狗之间为一对一双向关联关系，一个主人只能有一只狗，并且一只狗只有一个主人。例程 3-4 是 Owner 类与 Dog 类的源程序。

例程 3-4　Dog.java

```
class Owner{
  private Dog dog;
  public Dog getDog(){return dog;}

  public void setDog(Dog dog){
    this.dog=dog;
  }
}

public class Dog{
  private Owner owner;
  public Owner getOwner(){return owner;}

  public void setOwner(Owner owner){
    if(this.owner!=null)              //如果原先就有主人
      this.owner.setDog(null);        //那么取消与原先主人的关联关系
    this.owner=owner;                 //建立狗和新主人的关联关系
    owner.setDog(this);               //建立新主人和狗的关联关系
  }

  public static void main(String args[]){
    Owner owner1=new Owner();
    Owner owner2=new Owner();
    Dog dog1=new Dog();

    dog1.setOwner(owner1);            //建立 dog1 和 owner1 的关联关系
    dog1.setOwner(owner2);            //建立了 dog1 和 owner2 的关联关系
  }
}
```

在 Owner 类和 Dog 类中都出现了 this 引用，Java 虚拟机判断 this 到底引用哪个对象的原理其实非常简单。当 Java 虚拟机在执行 Dog 对象的 setOwner()方法时，它肯定明确地知道到底执行哪个 Dog 对象的 setOwner()方法,例如以下程序表明执行 dog1 引用变量所引用的 Dog 对象的 setOwner()方法,因此在 setOwner()方法中的 this 就引用当前 Dog 对象:

> **dog1**.setOwner(owner1);

同样,当 Java 虚拟机在执行 Owner 对象的 setDog()方法时,它肯定明确地知道到底执行哪个 Owner 对象的 setDog()方法,因此,在 setDog()方法中的 this 就引用当前 Owner 对象。

以上程序的 main()方法创建了两个 Owner 对象和一个 Dog 对象,接着先建立了 dog1 和 owner1 的关联关系,然后改为建立 dog1 和 owner2 的关联关系。

执行完 dog1.setOwner(owner1)方法后,内存中的对象和引用变量的关系如图 3-13 所示。

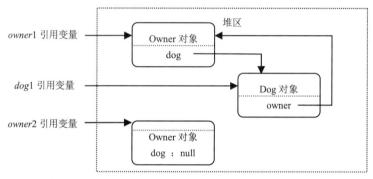

图 3-13　owner1 和 dog1 关联

执行完 dog1.setOwner(owner2)方法后,内存中的对象和引用变量的关系如图 3-14 所示。

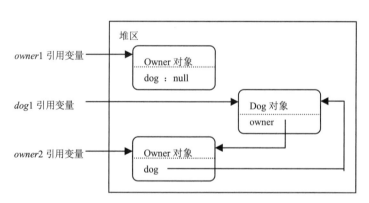

图 3-14　owner2 和 dog1 关联

在程序中,在以下情况会使用 this 关键字:

(1)在类的构造方法中,通过 this 语句调用这个类的另一个构造方法,参见第 11 章的 11.2.1 节(重载构造方法)。

(2)在一个实例方法内,局部变量或参数和实例变量同名,实例变量被屏蔽,因此采用 this.owner 的方式来指代实例变量。

（3）在一个实例方法内，访问当前实例的引用，例如在 Dog 类的 setOwner()方法中有以下代码：

```
owner.setDog(this)    //this 代表当前的 Dog 对象
```

值得注意的是，只能在构造方法或实例方法内使用 this 关键字，而在静态方法和静态代码块内不能使用 this 关键字，第 7 章的 7.4.2 节（static 方法）对此做了解释。

3.5 参数传递

如果方法 A 调用方法 B，那么称方法 A 是方法 B 的调用者。如果方法 B 的参数是基本数据类型，那么方法 A 向方法 B 传递参数的值。如果方法 B 的参数是对象或数组，那么方法 A 向方法 B 传递对象或数组的引用。下面举例说明这一规则。在例程 3-5 的 ParamTester 类中，main()方法调用 changeParameter()方法。changeParameter()方法有 4 个参数：param1 是基本数据类型，param2 和 param3 是 ParamTester 引用类型，param4 是数组类型。与 changeParameter()方法的 4 个参数对应，在 main()方法中定义了 *param*1、*param*2、*param*3 和 *param*4 这 4 个局部变量。

例程 3-5　ParamTester.java

```java
public class ParamTester{
    public int memberVariable=0;      //成员变量

    public static void main(String args[]){

        //声明并初始化 4 个局部变量
        int param1=0;           // param1 是基本数据类型
        ParamTester param2=new ParamTester();    //param2 是对象引用类型
        ParamTester param3=new ParamTester();    //param3 是对象引用类型
        int[] param4={0};       //param4 是数组引用类型

        //将 4 个局部变量作为参数传递给 changeParameter()方法
        changeParameter(param1, param2, param3, param4);

        //打印 4 个局部变量
        System.out.println("param1=" +param1);
        System.out.println("param2.memberVariable="+param2.memberVariable);
        System.out.println("param3.memberVariable=" +param3.memberVariable);
        System.out.println("param4[0]="+param4[0]);
    }
    public static void changeParameter(int param1, ParamTester param2, ParamTester
                            param3, int[] param4){
        param1=1;                    //改变基本数据类型参数的值
        param2.memberVariable=1;     //改变对象类型参数的实例变量
        param3=new ParamTester();    //改变对象类型参数的引用，使它引用一个新的对象
        param3.memberVariable=1;     //改变新的对象的实例变量
        param4[0]=1;                 //改变数组类型参数的元素
    }
}
```

}

每当用 java 命令启动一个 Java 虚拟机进程，Java 虚拟机就会创建一个主线程，该线程从程序入口 main()方法开始执行。主线程在 Java 栈区内有一个方法调用栈，每执行一个方法，就会向方法调用栈中压入一个包含该方法的局部变量及参数的栈桢。关于 Java 线程及方法调用栈的概念参见本书第 13 章（多线程与并发）。

主线程首先把 main()方法的栈桢压入方法调用栈，在这个栈桢中包含 4 个 *param* 局部变量，当主线程开始执行 changeParameter()方法时，会把该方法的栈桢也压入方法调用栈。在这个栈桢中包含 4 个 param 参数，它们的初始值由 main()方法的 4 个 *param* 局部变量传递。如图 3-15 显示了主线程开始准备执行 changeParameter()方法时方法调用栈的状态。

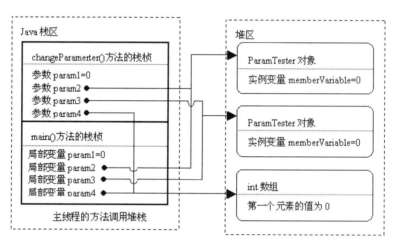

图 3-15　主线程开始准备执行 changeParameter()方法时方法调用栈的状态

从图 3-15 可以看出，main()方法把 *param*1 局部变量的值传给 changeParameter()方法的 param1 参数，此外，main()方法把 *param*2、*param*3 和 *param*4 局部变量的引用分别传给 changeParameter()方法的 *param*2、*param*3 和 *param*4 参数。

接下来主线程执行 changeParameter()方法的代码，先把 param1 参数的值改为 1；再把 param2 参数所引用的 ParamTester 对象的 *memberVariable* 实例变量的值改为 1；接着使 param3 参数引用一个新建的 ParamTester 对象，并且把这个 ParamTester 对象的 *memberVariable* 实例变量的值改为 1，最后把 param4 参数所引用的 int 数组对象的第一个元素的值改为 1。

当主线程执行 changeParameter()方法完毕，即将退出该方法时，它的方法调用栈的状态如图 3-16 所示。

从图 3-16 可以看出，main()方法的 *param*3 局部变量与 changeParameter()方法的 param3 参数不再引用同一个 ParamTester 对象。

主线程执行 changeParameter()方法完毕，在退回到 main()方法之前，会把方法调用栈中 changeParameter()方法的栈桢弹出，该栈桢中包含的 4 个 param 参数都结束生命周期。主线程继续执行 main()方法，最后的打印结果如下：

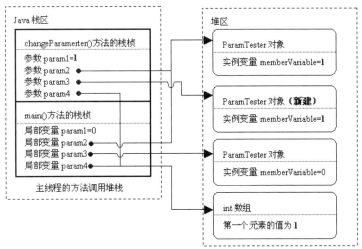

图 3-16　主线程执行 changeParameter()方法完毕,即将退出该方法时方法调用栈的状态

3.6　变量的初始化以及默认值

程序中的变量用于表示现实系统中的某种数据。在一个现实系统开始运转前,往往需要为一些数据赋予合理的初始值。例如在使用体重测量机测量体重之前,应该先把计数调整为 0;当秒表开始倒计时前,应该先根据实际需要给它设定一个初始值;空调开始工作前,需要先设定温度和工作方式等。

Java 语言要求变量遵循先定义、再初始化、再使用的规则。变量的初始化是指自从定义变量以后,首次给它赋初始值的过程。

以下程序代码包括定义、初始化和使用局部变量 *a* 和 *b* 的过程:

```
int a;        //定义变量 a
a=1;          //初始化变量 a
a++;          //使用变量 a
int b=a;      //定义变量 b,初始化变量 b,使用变量 a
b++;          //使用变量 b
```

当 Java 虚拟机执行定义变量 *a* 的代码时,为它分配 4 个字节的内存,在执行初始化变量 *a* 的代码时,为它赋初始值为 1。

3.6.1　成员变量的初始化

对于类的成员变量,不管程序有没有显式地进行初始化,Java 虚拟机会先自动给它初始化为默认值。初始化为默认值的规则为:

- 整数型（byte、short、int 和 long）的基本类型变量的默认值为 0。
- 单精度浮点型（float）的基本类型变量的默认值为 0.0f。
- 双精度浮点型（double）的基本类型变量的默认值为 0.0d。
- 字符型（char）的基本类型变量的默认值为"\u0000"。
- 布尔型的基本类型变量的默认值为 false。
- 引用类型的变量的默认值为 null。
- 数组引用类型的变量的默认值为 null。创建了数组变量的实例后，如果没有显式地为每个元素赋值，那么 Java 把该数组的所有元素初始化为其相应类型的默认值。

在以下 Sample 类中，变量 *booleanVar* 是 boolean 类型的静态成员变量，它的默认值为 false；变量 *stringVar* 是 String 引用类型的静态成员变量，它的默认值为 null；变量 *dollVar* 是 Doll 引用类型的实例成员变量，它的默认值为 null；变量 *intVar* 是 int 类型的实例成员变量，它的默认值为 0；变量 *charVar* 是 char 类型的实例成员变量，它的默认值为'\u0000'，不过在本程序中已经为变量 *charVar* 显式赋值为"*"：

```java
public class Sample{
    static boolean booleanVar;
    static String stringVar;
    Doll dollVar;
    int intVar;
    char charVar='*';

    public static void main(String args[]){
        Sample obj=new Sample();
        System.out.println(booleanVar);       //打印 false
        System.out.println(stringVar);        //打印 null

        System.out.println(obj.dollVar);      //打印 null
        System.out.println(obj.intVar);       //打印 0
        System.out.println(obj.charVar);      //打印*
    }
}
```

3.6.2 局部变量的初始化

局部变量声明之后，Java 虚拟机不会自动给它初始化为默认值。因此对于局部变量，必须先显式初始化，才能使用它。如果编译器确认一个局部变量在使用之前可能没有被初始化，编译器将报错。例如以下方法定义了变量 *a* 后，没有显式初始化它，就直接使用它，这是非法的：

```java
public void method(){
    int a;
    a++;           //编译出错，变量 a 必须先初始化
    System.out.println(a);
}
```

再例如以下方法中，当变量 *x* 的值小于或等于 50 时，变量 *y* 没有被初始化就被使

用，因此编译出错：

```
public void method(){
    int x = (int)(Math.random() * 100);
    int y;
    int z;
    if(x > 50) {
        y = 9;
    }
    z = y + x;     // 编译出错，变量 y 可能没有被初始化
}
```

如果局部变量没有被初始化，并且在方法中一直没有被使用，编译和运行都会通过。例如，以下代码中的变量 y 未被初始化，也一直没有被使用，是合法的。当然，在程序中定义这样的变量是无意义的：

```
public void method() {
    int x = 1;
    int y;
    int z = 2;
}
```

再例如以下代码定义了引用类型的局部变量 s1 和 s2，s1 没有初始化就被使用，这是非法的，而 s2 被初始化为 null，然后再使用它，这是合法的：

```
public void method(){
    String s1;
    String s2=null;
    System.out.println(s1);     //编译出错：变量 s1 必须先初始化
    System.out.println(s2);     //合法，运行的时候打印 null
}
```

为什么 Java 虚拟机会自动初始化类的成员变量，却要求局部变量必须被显式初始化呢？这是因为对于局部变量，很有可能是程序员疏忽，忘记了初始化局部变量，Java 编译器在编译阶段强制要求程序员给局部变量赋初始值，可避免潜在的错误。

而对于成员变量，Java 语言提供了多种初始化的途径，即可在声明时初始化，也可在构造方法中初始化（适用于实例变量），还可在静态代码块中初始化（适用于静态变量），假如成员变量的初始值与该数据类型的默认值不符，程序员一般总会在构造方法中显式给它初始化，忘记初始化成员变量的错误不多见。假如程序员没有显式初始化成员变量，Java 语言则认为这些变量的初始值刚好和该数据类型的默认值相同，因此提供自动初始化的功能，以简化编程。

3.7 直接数

变量声明之后，在使用前一般会显式地进行赋值，例如：

```
String name="Tom";
int age=15;
```

直接数是指直接赋给变量的具体数值，以上代码中的 "Tom" 和 15 都是直接数。

3.7.1 直接数的类型

共有 7 种类型的直接数：

- int 型直接数：比如 123、-123、0x41（十六进制数据，相当于十进制的 65）、017（八进制数据，相当于十进制的 15）、0b110（二进制数据，相当于十进制的 6）。
- long 型直接数：比如 234L、456l、0x41L、017L、2147483648（在 int 类型的取值范围内的整数值是 int 型直接数；不在 int 类型的取值范围内，但在 long 类型的取值范围内的整数值是 long 型直接数）。
- float 型直接数：比如 7.8F、-0.98f。
- double 型直接数：比如 87.904、-89.56D、98d、6.6E+7、6.6E-7。
- boolean 型直接数：比如 true 和 false。
- char 型直接数：比如 'a'、'\r'（回车）、'\u0041'。
- String 型直接数：比如 "Hello World"。

Java 的直接数有以下特点：

- 对于基本类型的数据，除了 byte 和 short 类型之外，都有相应的直接数。
- 对于整数，如 123 和 2147483648，如果在 int 类型的取值范围内，就是 int 型直接数；否则，如果在 long 类型的取值范围内，就是 long 型直接数。
- 对于 long、float 和 double 型直接数，可以分别加上后缀：L 或 l、F 或 f，以及 D 或 d。
- 在整数后面加上"L"表示 long 型直接数，但不能以此类推：在整数后面加上"S"表示 short 型直接数，在整数后面加上"C"表示 char 型直接数。因此 3S 或者 3C 都是非法的直接数。
- 如果一个小数没有任何后缀，那么它是 double 型直接数，例如 1.0 就是一个 double 类型的直接数。用十进制科学计数法表示的数字都是 double 型直接数，例如 10E1 和 5E23 都是 double 型直接数。
- 对于引用类型，只有 String 引用类型有直接数。
- String 类型直接数和 char 类型的直接数的区别在于，前者表示字符串，位于双引号内，如 "Hello"，后者表示单个字符，位于单引号内，如 'H'。

Java 支持十进制形式、二进制形式（以 0b 开头）、八进制形式（以 0 开头）和十六进制形式（以 0x 开头）的整数。在以下代码中，分别用各种进制为变量赋值：

```
public class Sample{
    static int a=0x11;    //十六进制
    static int b=0b11;    //二进制
    static int c=011;     //八进制
    static int d=11;      //十进制
    public static void main(String args[]){
        System.out.println("a="+a+" b="+b+" c="+c+" d="+d);
    }
}
```

以上程序的打印结果为：

        a=17 b=3 c=9 d=11

3.7.2 直接数的赋值

直接数都属于特定的数据类型，可以把它直接赋值给类型一致的变量，例如以下都是合法的赋值方式：

```
char c='c';              //把 char 类型直接数'c'赋值给 char 类型变量 c
int i=1;                 //把 int 类型直接数 1 赋值给 int 类型变量 i
long l=123L;             //把 long 类型直接数 123L 赋值给 long 类型变量 l
float f=123.12f;         //把 floar 类型直接数 123.12f 赋值给 long 类型变量 f
double d1=123.12d;       //把 double 类型直接数 123.12d 赋值给 double 类型变量 d1
double d2=123.12;        //把 double 类型直接数 123.12 赋值给 double 类型变量 d2
String s="Hello";        //把 String 类型直接数"Hello"赋值给 String 类型变量 s
```

如果要把直接数赋值给类型不一致的变量，例如把 double 型直接数赋值给 float 型变量，就会受到多种限制。表 3-7 归纳了直接数赋值给各种变量类型的规律。水平方向标题表示直接数类型，垂直方向标题表示变量类型，表格中间的内容显示了当特定类型的直接数赋值给特定类型的变量时，必须遵守的约束：

- "√"表示可以直接赋值。
- "×"表示不允许赋值。
- "cast"表示必须通过强制类型的转换。
- "部分 cast"表示一部分直接数可以直接赋值，但是一部分直接数必须经过强制类型的转换。

表 3-7　直接数赋值给各种变量类型的规律

直接数 变量	int	long	char	boolean	float	double	String
byte	部分 cast	cast	cast	×	cast	cast	×
short	部分 cast	cast	cast	×	cast	cast	×
int	√	cast	√	×	cast	cast	×
long	√	√	√	×	cast	cast	×
char	部分 cast	cast	√	×	cast	cast	×
boolean	×	×	×	√	×	×	×
float	√	√	√	×	√	cast	×
double	√	√	√	×	√	√	×
String	×	×	×	×	×	×	√

从表 3-7 可以看出直接数的赋值有以下特点：

（1）基本类型直接数不允许赋值给 String 类型变量，同样，String 类型的直接数也不允许赋值给基本类型变量，以下赋值是非法的：

```
String s= 'a';     //把 char 类型直接数'a'赋值给 String 类型变量 s，编译出错
char c="a";        //把 String 类型直接数"a"赋值给 char 类型变量 c，编译出错
```

（2）boolean 类型的直接数只能赋值给 boolean 类型的变量，boolean 类型的变量只接受 boolean 类型的直接数。

（3）把 int 类型的直接数赋值给 byte、short 或 char 类型的变量时，如果直接数位于该变量类型的取值范围内，就允许直接赋值，否则必须进行强制类型的转换。例如：

```
byte b1=1;                      //合法
byte b2=129;                    //编译出错
byte b3=(byte)129;              //合法
char c1=1;                      //合法
char c2=(char)-1;               //合法
short s1=-1;                    //合法
short s2=(short)451431643;      //合法
```

（4）把 float 型和 double 型直接数赋值给整型变量时，必须经过强制类型的转换，而把整数型直接数赋值给 float 型和 double 型变量时，允许直接赋值。例如：

```
int i=(int)11.2;                //合法
float f=13L;                    //合法
float f=0x0022;                 //合法
```

（5）把 double 型直接数赋值给 float 类型的变量时，必须经过强制类型的转换，而把 float 类型直接数赋值给 double 类型的变量时允许直接赋值。例如：

```
float f1=11.2;                  //编译出错
float f2=(float)11.2;           //合法
double d=11.2f;                 //合法
```

本书第 4 章的 4.9 节（变量的赋值和类型转换）还会详细介绍不同数据类型之间的赋值规律。基本类型数据赋值的总的原则是，取值范围小的数据类型允许直接赋值给取值范围大的数据类型，例如 int 类型可以直接赋值给 long 类型，反之，则必须进行强制类型的转换。

3.8 小结

本章介绍了 Java 数据类型的分类、取值范围，以及变量的生命周期等内容。当 Java 虚拟机开始运行一个 Java 程序时，它管辖的那块内存空间就是各种变量登台演出的大舞台。在这个舞台上，各种变量匆匆来，又匆匆去。局部变量最短命，如昙花一现；实例变量附属于实例，与实例本身共存亡；静态变量寿命最长，只要所属的类没有被卸载，就会长居内存中，只到程序运行结束。内存是宝贵的有限资源，合理、有效地利用内存是提高程序运行性能的一个关键因素。每个变量占用多少内存空间、在内存中存在多久，这决定变量命运的大权掌握在 Java 开发人员手中，而 Java 虚拟机只是一个按部就班的执行者。因此，在编写程序时，Java 开发人员要为变量确定合理的数据类型和生命周期，总的原则是在保证该变量能正常行事使命的前提下，使它在内存中占用尽可能少的空间和时间。

在内存中只能存放二进制数据，因此各种基本类型的数据在内存中都表示为二进制序列。对于内存中的以下一串 16 位的二进制序列：

```
1000 0000 0000 0001
```

假如以上二进制序列代表一个 short 类型的数据，那么它相应的十进制取值为 -32767；假如以上二进制序列代表一个 char 类型的数据，那么它相应的 Unicode 编码为 32769，对应的字符为"老"。

对于内存中以下一串 32 位的二进制序列：

0 10000001 01000000000000000000000

假如以上二进制序列代表一个 int 类型的数据，那么它相应的十进制取值为 1084227584。假如以上二进制序列代表一个 float 类型的数据，那么它相应的十进制取值为 5.0。

作为 Java 编程人员，在操纵各种类型的数据时，多数情况下不必关心这些数据在内存中到底如何存储。但了解这些细节，有助于更好地理解和处理以下问题：
- 不同数据类型之间进行强制类型转换时导致的精度丢失问题。
- 浮点数运算造成的不精确问题。
- 字符编码的转换问题，参见第 18 章的 18.6 节（Reader/Writer 概述）。

3.9 思考题

1. 对于以下程序，运行"java Abs"，将得到什么打印结果？

```
public class Abs{
    static int a=0x11;
    static int b=0011;
    static int c='\u0011';
    static int d=011;

    public static void main(String args[]){
        System.out.println(a);
        System.out.println(b);
        System.out.println(c);
        System.out.println(d);
    }
}
```

2. 以下哪些程序能正确编译通过？
a)　char a='a';
　　char b=1;
　　char c=08;
b)　int a='a';　c)　long a='\u00FF ';　d)　char a='\u0FF ';　e)　char d="d";

3. 下面哪段代码能编译通过？

a) short myshort = 99S;　　b) String name = 'Excellent tutorial Mr Green';
c) char c = 17c;　　　　　d) int z = 015;

4. 字符"A"的 Unicode 编码为 65。下面哪些代码正确定义了一个代表字符"A"的变量？

a) char ch = 65;   b) char ch = '\65';   c) char ch = '\u0041';
d) char ch = 'A';   e) char ch = "A";

5．以下代码共创建了几个对象？

```
String s1=new String("hello");
String s2=new String("hello");
String s3=s1;
String s4=s2;
```

6．以下代码能否编译通过？假如能编译通过，运行时得到什么打印结果？

```
public class Test {
    static int myArg = 1;
    public static void main(String[] args) {
        int myArg;
        System.out.println(myArg);
    }
}
```

7．对于以下程序，运行"java Mystery Mighty Mouse"，得到什么打印结果？

```
public class Mystery {
    public static void main(String[] args) {
        Changer c = new Changer();
        c.method(args);
        System.out.println(args[0] + " " + args[1]);
    }

    static class Changer {
        void method(String[] s) {
            String temp = s[0];
            s[0] = s[1];
            s[1] = temp;
        }
    }
}
```

8．对于以下程序，运行"java Pass"，得到什么打印结果？

```
public class Pass{
    static int j=20;
    public static void main(String argv[]){
        int i=10;
        Pass p = new Pass();
        p.amethod(i);
        System.out.println(i);
        System.out.println(j);
    }

    public void amethod(int x){
        x=x*2;
        j=j*2;
    }
}
```

视频课程

第 4 章 操 作 符

程序的基本功能就是处理数据，以下程序代码定义了一个方法 add()，这个方法对两个整型数据求和：

```
public int add(int a, int b){
    int result=a+b;
    return result;
}
```

程序用变量来表示数据，上一章已对此做了详细介绍。本章介绍操纵数据的操作符，例如以上程序中的"+"就是操作符，它能够执行数学加法运算。在由操作符与所操纵的数据构成的表达式中，被操纵的数据也称为操作元。例如在表达式"a+b"中，变量 a 和变量 b 是"+"操作符的操作元。

4.1 操作符简介

任何编程语言都有自己的操作符，Java 语言也不例外，如"+"、"-"、"*"和"/"等都是操作符，操作符能与相应类型的数据组成表达式，来完成相应的运算，例如：

```
int x=1,y=1,z=1;
boolean a=x+y+2*z-2/2>3-1;    //变量 a 的值为 true
```

Java 虚拟机会根据操作符的优先级来计算表达式"x+y+2*z-2/2>3-1"。作为数学运算符，"*"和"/"操作符的优先级大于"+"和"-"操作符，而"+"和"-"操作符的优先级又大于">"和"<"等比较操作符。表 4-1 列出了一些常用操作符的优先级顺序。

表 4-1 常用操作符的优先级顺序

优先级	操作符分类	操作符
↓	一元操作符	! ++ -- - ~
	数学运算操作符，移位操作符	* / % + - >> << >>>
	比较操作符号	> < >= <= != ==
	逻辑操作符	&& || & | ^
	三元条件操作符	A>B ? X : Y
	赋值操作符	= *= -= += /= %=

一般情况下，不用去刻意记住操作符的优先级，当不能确定操作符的执行顺序时，可以使用圆括号来显式地指定运算顺序。本节开头的程序代码等价于：

```
int x=1,y=1,z=1;
boolean a=(x+y+(2*z)-(2/2))>(3-1);    //变量 a 的值为 true
```

对于不同的数据类型，有着不同的操作符。多数操作符只能操作基本类型的数据，例外的是"="、"=="和"!="操作符，它们不仅能操作各种基本类型，还能操作各种引用类型。此外，"+"操作符不仅能操作除 boolean 类型以外的基本类型，还能操作 java.lang.String 类型。

多数操作符的结合性为从左到右，例如对于表达式"8-2-3>2"，会从左到右开始计算，先计算表达式"8-2"→6，再计算表达式"6-3"→3，最后计算表达式"3>2"→true；再例如对于表达式"8/2/3"，会从左到右开始计算，先计算表达式"8/2"→4，再计算表达式"4/3"→1：

```
System.out.println(8-2-3>2);   //打印 true
System.out.println(8/2/3);     //打印 1
```

只有赋值操作符"="，以及复合赋值操作符（如"+="、"-="和"*="等）的结合性是从右到左的，例如在以下赋值运算中，先计算"="右边的表达式"8/2/3"，再把它的值赋给左边的变量 a：

```
int a=8/2/3;   //变量 a 的取值为 1
```

再例如在以下表达式中，先计算表达式"a=8/2/3"→1，再计算表达式"1+1"→2，最后计算表达式"b=2"：

```
int a,b;
b=(a=8/2/3)+1;   //变量 b 的取值为 2
```

4.2 整型操作符

整型操作符的操作元类型可以是 byte、short、char、int 和 long。按操作元的多少可分为一元操作符和二元操作符，一元操作符只对一个操作元进行操作，二元操作符对两个操作元进行操作。在计算表达式时，如果有一个操作元是 long 型，那么结果也是 long 型；否则不管操作元是 byte、short 或 char 型，运算结果都是 int 型。例如以下表达式"a+b"的运算结果应该是 int 型，把它赋值给 byte 类型的变量 c，会导致编译错误：

```
byte a=1,b=1;
byte c=a+b;   //编译出错
```

正确的做法是把变量 c 定义为 int 类型，或者对表达式"a+b"进行强制类型转换：

```
byte a=1,b=1;
int c=a+b;   //合法
```

或者：

```
byte a=1,b=1;
byte c=(byte)(a+b);   //合法
```

在以下表达式"a*b+c"中，变量 c 是 long 型，因此运算结果也是 long 型：

```
int a=1,b=1;
```

```
long c=1;
long d=a*b+c;
```

4.2.1 一元整型操作符

一元整型操作符如表 4-2 所示。

表 4-2 一元整型操作符表

操作符	实 际 操 作	例 子
-	改变整数的符号,取反	-x //相当于: -1*x
~	逐位取反,属于位运算	~x
++	加 1	x++
--	减 1	x--

"++"和"--"操作符会改变所作用的变量本身的值,而"-"和"~"操作符并不改变变量本身的值。例如:

```
int i=10,j=10,k=10,l=10,m=10,n=10;
System.out.println("i   "+"j  "+"k   "+"l   "+"m   "+"n   ");
System.out.println(i+" "+j+" "+k+" "+l+" "+m+" "+n);
j++;        //变量 j 加 1
i--;        //变量 i 减 1
m=~k;       //把对变量 k 逐位取反的结果(-11)赋值给变量 m
n= -l;      //把对变量 l 取反的结果(-10)赋值给变量 n
System.out.println(i+" "+j+" "+k+" "+l+" "+m+" "+n);
```

以上程序的打印结果为:

```
i   j   k   l   m   n
10  10  10  10  10  10
9   11  10  10  -11 -10
```

变量 j 和 i 的值被改变,而 k 和 l 仍然为原来的数值。操作符"~"对变量 k 逐位取反的过程如图 4-1 所示。

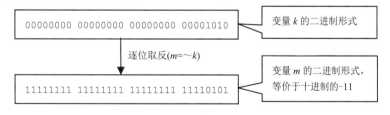

图 4-1 操作符"~"对变量 k 逐位取反的过程

"++"和"--"既可作为前置操作符,也可作为后置操作符,也就是说,它们既可以放在操作元前面(++x),也可以放在后面(x++),例如:

```
int x=0,i=1,j=1;
i=x++;   // "++"作为后置操作符,i 的值变为 0,x 的值变为 1
j=++x;   // "++"作为前置操作符,x 的值变为 2,j 的值变为 2
```

在表达式"i=x++"中,先把 x 赋给 i,再把 x 加 1;而在表达式"j=++x"中,先

把 x 加 1，再把 x 赋给 j。再例如：

```
for(int i=0;i<3;System.out.println("Loop: "+i++))
    System.out.println(i);
```

以上程序的打印结果如下：

```
0
Loop: 0
1
Loop: 1
2
Loop: 2
```

如果把以上程序改为：

```
for(int i=0;i<3;System.out.println("Loop: "+(++i)))
    System.out.println(i);
```

那么将会打印如下结果：

```
0
Loop: 1
1
Loop: 2
2
Loop: 3
```

4.2.2 二元整型操作符

整型操作符的第二种类型是二元操作符，这类操作符并不改变操作元的值，而是返回可以赋给其他变量的值，表 4-3 列出了常见的二元整形操作符。除了表 4-3 中的操作符，还有一类复合赋值操作符，例如：

```
j-=i;
```

表 4-3　二元整型操作符表

操作符		实际操作	例　子
数学运算操作符	+	加运算	$a+b$
	-	减运算	$a-b$
	*	乘运算	$a*b$
	/	除运算	a/b
	%	取模运算	$a\%b$
位运算操作符	&	与运算	$a\&b$
	|	或运算	$a\|b$
	^	异或运算	$a\^b$
	<<	左移	$a<<b$
	>>	算术右移	$a>>b$
	>>>	逻辑右移	$a>>>b$

这里的"–="由操作符"–"和"="复合而成，它等价于 *j=j–i*，这种复合方式适用于所有的二元操作符，复合操作符能使程序变得更加简洁：

```
a+=b;   等价于：  a=a+b;
a*=b;   等价于：  a=a*b;
a/=b;   等价于：  a=a/b;
a%=b;   等价于：  a=a%b;
```

1．整数除法操作符"/"

当操作元都是整数时，"/"除法操作符的运算结果为商的整数部分。例如：

```
int a1=12/5;   //a1 变量的取值为 2
int a2=13/5;   //a2 变量的取值为 2
int a3=-12/5;  //a3 变量的取值为-2
int a4=-13/5;  //a4 变量的取值为-2
```

2．取模操作符"%"

当操作元都是整数时，"%" 取模操作符的运算结果为整数除法运算的余数部分。例如：

```
int a1=12%5;   //a1 变量的取值为 2
int a2=13%5;   //a2 变量的取值为 3
int a3=-12%5;  //a3 变量的取值为-2
int a4=-13%5;  //a4 变量的取值为-3
```

如果把一个整数除以 0 或者对 0 取模，程序就会在运行时抛出 ArithmeticException 运行时异常。例如：

```
int a1=-12%0;  //运行时抛出 java.lang.ArithmeticException
int a2=12/0;   //运行时抛出 java.lang.ArithmeticException
```

3．位操作符

Java 语言支持整数类型数据的位运算，位运算操作符包括：

- "&"：与运算，二元操作符，对两个操作元的每个二进制位进行"与"运算，运算规则为：1&1→1，1&0→0，0&1→0，0&0→0。
- "^"：异或运算，二元操作符，对两个操作元的每个二进制位进行"异或"运算，运算规则为：1^1→0，1^0→1，0^1→1，0^0→0。
- "｜"：或运算，二元操作符，对两个操作元的每个二进制位进行"或"运算，运算规则为：1^1→1，1^0→1，0^1→1，0^0→0。
- "~"：取反运算，一元操作符，对操作元的每个二进制位进行"取反"运算，运算规则为：~1→0，~0→1。
- ">>"：算术右移位运算，二元操作符。
- ">>>"：逻辑右移位运算，二元操作符。
- "<<"：左移位运算，二元操作符。

以下程序显示了"&"、"^"、"|"和"~"操作符的用法，如图 4-2、图 4-3、图 4-4 和图 4-5 分别演示了这些操作符的运算过程。

```
int a1= 12 & 5;   //a1 变量的取值为 4
int a2=12 ^ 5;    //a1 变量的取值为 9
int a3= 12 | 5;   //a1 变量的取值为 13
```

```
int a4=~12;            //a1 变量的取值为-13
```

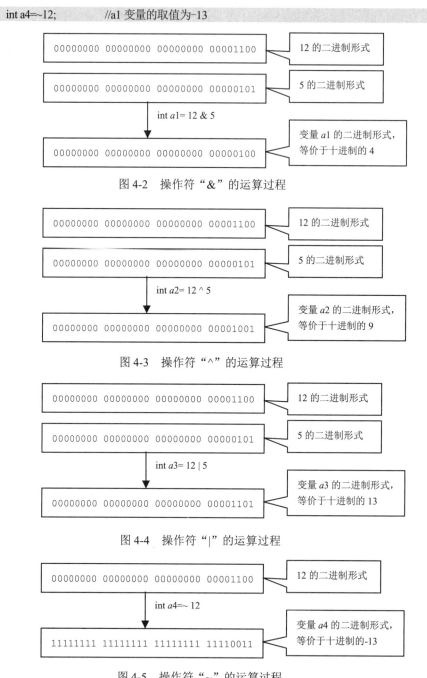

图 4-2　操作符"&"的运算过程

图 4-3　操作符"^"的运算过程

图 4-4　操作符"|"的运算过程

图 4-5　操作符"~"的运算过程

（1）算术右移位操作符">>"。

操作符">>"进行算术右移位运算，也称作带符号右移位运算。例如：

```
int a1= 12 >>1;        //变量 a1 的取值为 6
int a2=-12 >> 2;       //变量 a2 的取值为-3
int a3= 128 >> 2;      //变量 a3 的取值为 32
int a4= 129 >> 2;      //变量 a4 的取值为 32
```

对 12 右移一位的过程为：舍弃二进制的最后一位，在二进制的开头增加一位符号位，由于 12 是正整数，因此增加的符号位为 0，如图 4-6 所示。

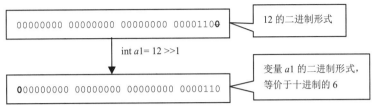

图 4-6　表达式"12>>1"的运算过程

对-12 右移两位的过程为：舍弃二进制的最后两位，在二进制的开头增加两位符号位，由于-12 是负整数，因此增加的两位符号位为 11，如图 4-7 所示。

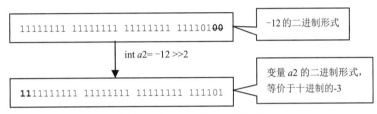

图 4-7　表达式"-12>>2"的运算过程

表达式"$a >> b$"等价于：$a/2^{b\%32}$，这里的"/"为整数除法操作符，"%"为整数取模操作符。例如：

```
12>>1      等价于：  12/2¹→6
12>>33     等价于：  12/2³³%³²→12/2¹→6
-12>>2     等价于：  -12/2²→-3
-12>>66    等价于：  -12/2⁶⁶%³²→-12/2²→-3
128>>2     等价于：  128/2²→32
129>>2     等价于：  129/2²→32
```

（2）逻辑右移位操作符">>>"。

操作符">>>"是逻辑右移位操作符，也称为不带符号右移位操作符，在移位的过程中，二进制的开头增加的位都是 0。例如：

```
int a1= 12 >>>1;    //变量 a1 的取值为 6
int a2=-12 >>>2;    //变量 a2 的取值为 1073741821
```

对 12 进行不带符号右移一位的过程为：舍弃二进制的最后一位，在二进制的开头增加一位 0，如图 4-8 所示。

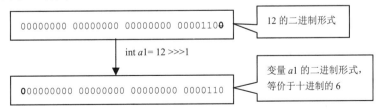

图 4-8　表达式"12>>>1"的运算过程

对-12 右移两位的过程为：舍弃二进制的最后两位，在二进制的开头增加两位 00，如图 4-9 所示。

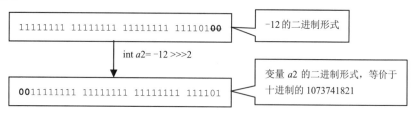

图 4-9 表达式 "-12>>>2" 的运算过程

（3）左移位操作符 "<<"。

操作符 "<<" 执行左移位运算。例如：

```
int a1= 12 << 1;    //变量 a1 的取值为 24
int a2=-12 << 2;    //变量 a2 的取值为-48
int a3= 128 << 2;   //变量 a3 的取值为 512
int a4= 129 << 2;   //变量 a4 的取值为 516
```

对 12 左移一位的过程为：舍弃二进制的开头一位，在二进制的尾部增加一位 0，如图 4-10 所示。

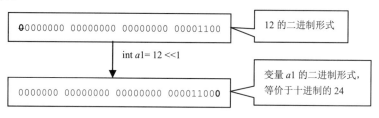

图 4-10 表达式 "12<<1" 的运算过程

对-12 左移两位的过程为：舍弃二进制的开头两位，在二进制的尾部增加两位 00，参见图 4-11。

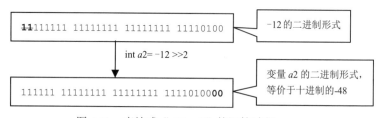

图 4-11 表达式 "-12>>2" 的运算过程

4．位操作符用法举例

例程 4-1 的 BitMover 类的 swap(byte b)方法把一个字节的高 4 位与低 4 位交换，例如 10 的二进制形式为：00001010，swap()方法把它转变为 10100000，这个二进制序列对应的十进制 byte 数据为-96。位操作符与其他整形操作符一样，其返回类型为 int 类型，因此在 swap()方法的最后采用了强制类型的转换。

例程 4-1 BitMover.java

```
public class BitMover{
    /** 交换高 4 位与第 4 位的位置 */
```

```
    public static byte swap(byte b){
        int lowBits=b & 0xF;    //获得低 4 位
        int highBits=b & 0xF0;  //获得高 4 位

        //把低 4 位左移 4 位，变成高 4 位
        //把高 4 位无符号右移 4 位，变成低 4 位
        //再把两者进行位或
        int result= lowBits<<4 | highBits>>>4;

        return (byte)result;    //强制类型转换，截取 int 数据的后 8 位
    }
    public static void main(String args[]){
        System.out.println(swap((byte)10));   //打印-96
        System.out.println(swap((byte)1));    //打印 16
        System.out.println(swap((byte)-1));   //打印-1
    }
}
```

4.3 浮点型操作符

多数整型操作符也可作为浮点型操作符，如"++"、"--"、"+"、"-"、"*"、"/"和"%"等。同整型操作符相似，运算结果的类型和操作元中取值范围最大的类型一致。如果操作元中最大长度类型是 float 型，那么结果为 float 型。如果操作元中有一个或几个是 double 型，那么结果就是 double 型。例如：

```
int int1=1,int2=1;
long long1=1,long2=1;
float float1=1.0F,float2=1.0F;
double double1=1.0,double2=1.0;

int result1=int1*int2;                              //运算结果为 int 类型
long result2=int1*int2+long1;                       //运算结果为 long 类型
float result3= int1*int2+long1+float1/float2;       //运算结果为 float 类型
double result4= int1*int2+long1+float1/float2+double1;   //运算结果为 double 类型
```

浮点运算不支持位运算，这是和整数运算不同的。例如以下代码是不合法的：

```
double d=12 >> 1.0;    //编译出错，">>"的操作元必须是整数类型
```

Java 浮点类型数据有两个特殊的值：负无穷大（-Infinity）和正无穷大（Infinity），参见第 3 章的 3.1.4 节（float 和 double 类型）。它们可用来表示无效的浮点运算的结果。正数除以 0 得正无穷大，负数除以 0 得负无穷大。对于以下代码：

```
System.out.println(1.0/0.0);
System.out.println(-1.0/0.0);
```

打印如下结果：

```
Infinity
-Infinity
```

4.4 比较操作符和逻辑操作符

表 4-4 列出了 Java 语言的比较操作符和逻辑操作符,这些操作符的运算结果都是 boolean 类型。除了"!"是一元操作符,其他都是两元操作符。

表 4-4 比较操作符和逻辑操作符表

操作符		实 际 操 作
比较操作符	<	小于
	>	大于
	<=	小于等于
	>=	大于等于
	==	等于
	!=	不等于
逻辑操作符	&&	短路与
	&	非短路与
	||	短路或
	|	非短路或
	!	非

"<"">""<="和">="操作符的操作元只能是整数类型和浮点数类型,例如:

```
int a=1,b=1;
double d=1.0;
boolean result1=a>b;      //result1 的值为 false
boolean result2=a<b;      //result2 的值为 false
boolean result3=a>=d;     //result3 的值为 true
boolean result4=a<=d;     //result4 的值为 true
```

"=="和"!="操作符的操作元既可以是基本类型,也可以是引用类型,本章第 4.7.1 一节介绍了"=="操作符的用法。

"&&"和"&"均为与操作符,操作元只能是布尔表达式,布尔表达式是指运算结果为 boolean 类型的表达式。例如以下"&"操作符的两个操作元分别为布尔表达式"*a==b*"和"*a>1*":

```
int a=2,b=2;
boolean result=(a==b) & (a>1);   //result 的值为 true
```

表 4-5 为"&"操作符的运算规则。

表 4-5 "&" 操作符的运算规则

左边的布尔表达式	右边的布尔表达式	运算结果
true	true	true
false	false	false
true	false	false
false	true	false

"||"和"|"均为或操作符，操作元也只能是布尔表达式，表 4-6 为"|"操作符的运算规则。

表 4-6 "|" 操作符的运算规则

左边的布尔表达式	右边的布尔表达式	运算结果
true	true	true
false	false	false
true	false	true
false	true	true

"&&"和"||"是短路（short circuit）操作符，"&"和"|"是非短路操作符，它们的区别是：对于短路操作符，如果能根据操作符左边的布尔表达式就能推算出整个表达式的布尔值，将不执行操作符右边的布尔表达式。对于非短路操作符，始终会执行操作符两边的布尔表达式。

对于"&&"操作符，当左边的布尔表达式的值为 false 时，整个表达式的值肯定为 false，此时会忽略执行右边的布尔表达式，例如：

```
int output=10;
boolean b1 = false;
if((b1==true) && ((output+=10)==20)){
    System.out.println("We are equal! "+output);
}else{
    System.out.println("Not equal! "+output);
}
```

以上程序的输出结果为"Not equal! 10"。"&&"是短路逻辑操作符，布尔表达式"*b1*==true"的值为 false，因此整个 if 表达式的值为 false，程序运行时 Java 虚拟机不会执行"(output+=10)==20"这个表达式。再例如：

```
int output=10;
boolean b1 = false;
if((b1=true) && ((output+=10)==20)){
    System.out.println("We are equal! "+output);
}else{
    System.out.println("Not equal! "+output);
}
```

这段程序和上一段程序看起来相似，区别是将表达式"*b1*==true"改为"*b1*=true"。表达式"*b1*=true"的值为 true，因此程序将执行"(output+=10)==20"这个表达式。这段程序的打印结果为"We are equal! 20"。再例如：

```
int output=10;
boolean b1 = false;
if((b1==true) & ((output+=10)==20)){
   System.out.println("We are equal "+output);
}else{
   System.out.println("Not equal! "+output);
}
```

这段程序采用非短路操作符"&",因此在任何情况下都会执行"b1==true"和"(output+=10)==20"这两个表达式,程序的打印结果为"Not equal! 20"。

对于"||"操作符,当左边的布尔表达式的值为 true 时,整个表达式的值肯定为 true,此时会忽略执行右边的布尔表达式。例如:

```
int output=10;
boolean b1 = true;
if((b1==true) || ((output+=10)==20)){
   System.out.println("We are equal! "+output);
}else{
   System.out.println("Not equal! "+output);
}
```

以上程序的输出结果为"We are equal! 10"。"||"是短路逻辑操作符,布尔表达式"b1==true"的值为 true,因此整个表达式的值为 true,程序运行时 Java 虚拟机不会执行"(output+=10)==20"这个表达式。再例如:

```
int output=10;
boolean b1 = true;
if((b1==true) | ((output+=10)==20)){
   System.out.println("We are equal! "+output);
}else{
   System.out.println("Not equal! "+output);
}
```

这段程序采用非短路操作符"|",因此在任何情况下都会执行"b1==true"和"(output+=10)==20"这两个表达式,程序的打印结果为"We are equal! 20"。

在某些情况下,短路操作符有助于提高程序代码的安全性。例如以下 sayHello() 方法中首先采用了"&"操作符:

```
public void sayHello(Person person){
   if(person!=null & person.name!=null ){
      System.out.println("Hello: "+person.name);
   }
}
```

假如传给 sayHello()方法的 person 参数为 null,那么执行 if 表达式中的 person.name 就会抛出 NullPointerException 异常。如果把非短路操作符"&"改为短路操作符"&&",就能避免这一问题:

```
public void sayHello(Person person){
   if(person!=null && person.name!=null ){
      System.out.println("Hello: "+person.name);
   }
}
```

假如传给 sayHello() 方法的 person 参数为 null，那么 "person!=null" 表达式的值为 false，整个 if 表达式的值为 false，此时 "person.name!=null" 表达式不会被执行，因此避免了 NullPointerException 异常。

"!" 是一元操作符，操作元也必须是布尔表达式，当布尔表达式的值为 true 时，则运算结果为 false；当布尔表达式的值为 false 时，则运算结果为 true，例如：

```
int a=1;
boolean b=!(a>1);   //b 的值为 true
```

4.5 特殊操作符 "?:"

Java 语言中有一个特殊的三元操作符 "?:"，它的语法形式为：

```
布尔表达式 ? 表达式1 : 表达式2
```

操作符 "?:" 的运算过程为：如果布尔表达式的值为 true，就返回表达式 1 的值，否则返回表达式 2 的值。例如：

```
int score=61;
String result=score>=60 ? "及格" : "不及格";
```

以上操作符 "?:" 等价于以下的 if...else 语句：

```
String result=null;
if(score>=60)
    result="及格";
else
    result="不及格";
```

操作符 "?:" 与 if...else 语句相比，前者使程序代码更加简洁。

操作符 "?:" 也是短路操作符，要么执行表达式 1，要么执行表达式 2，例如：

```
int a=1,b=1;
int c=a>b ? ++a : ++b;   //布尔表达式 a>b 的值为 false，因此执行++b。
System.out.println("a="+a+" b="+b+" c="+c);   //打印 a=1 b=2 c=2
```

4.6 字符串连接操作符 "+"

操作符 "+" 能够连接字符串，并生成新的字符串。例如：

```
String str1 = "How ";
String str2 = "are ";
String str3 = "you.";
String str4=str1+str2+str3;   //str4 的内容为 How are you.
```

如果 "+" 操作符中有一个操作元为 String 类型，则另一个操作元可以是任意类型（包括基本类型和引用类型），另一个操作元将被转换成字符串，如果另一个操作元为引用类型，就调用所引用对象的 toString() 方法来获得字符串。例如：

```
String s1="Age: "+1+2;    //s1 的内容为 Age: 12
String s2="Age: "+'5';    //s2 的内容为 Age: 5
String s3="Age: "+new Integer(18);   //s3 的内容为 Age: 18，调用 Integer 对象的 toString() 方法
String s4="Answer: " +true;    //s4 的内容为 Answer: true

//s5 的内容为 Answer: false，调用 Boolean 对象的 toString() 方法
String s5="Answer: " +new Boolean("false");
Object obj=null;
String s6="Answer:" +obj;    // s6 的内容为 Answer: null
```

Tips
在 java.lang.Object 类中定义了 toString() 方法，因此所有的 Java 类都有这一方法。

如果"+"操作符的两个操作元都不是 String 类型，那么"+"操作符的两个操作元必须都是除 boolean 以外的基本数据类型，此时"+"作为数学加法操作符处理。例如：

```
int a1=1+'a';    //合法，数学加法运算，a1 的值为 98
double a2=22.0D+'\u0001';   //合法，数学加法运算，a2 的值为 23.0
double a3=1+2.1;    //合法，数学加法运算，a3 的值为 3.1
String str1=1+2.1;   //编译错误，表达式 1+2.1 的值为 double 型，不能把它赋值给 String 类型
String str2=new Date()+new Integer(2);   //编译错误，"+"的操作元的类型不正确
```

对于包含多个"+"操作符的表达式，Java 根据"+"的左结合性特点，从左边开始计算表达式。根据操作元的类型来决定"+"是字符串连接操作符，还是数学加法操作符。例如：

```
System.out.println(5+1+"1"+new Integer(1)+ 2 +4+ new Long(11));   //打印 6112411
```

以下表达式的执行步骤如下：

```
（1）5+1 →6                              //数学加法操作符
（2）6+"1" →"61"                         //字符串连接操作符
（3）"61"+new Integer(1) →"611"          //字符串连接操作符
（4）"611"+2 →"6112"                     //字符串连接操作符
（5）"6112"+4 →"61124"                   //字符串连接操作符
（6）"61124"+new Long(11) →"6112411"     //字符串连接操作符
```

再例如：

```
System.out.println(5+new Boolean(true)+ "2"+'4'+ new Long(11));   //编译错误
```

以上表达式是非法的，因为 5 和 Boolean 对象之间既不能进行数学加法运算，也不能进行字符串连接运算，所以编译出错。

Tips
对于 JDK5 以上的版本，允许数字基本类型与数字包装类型进行混合数学运算，例如表达式"1+new Integer(2)+2"是合法的，第 21 章的 21.3.3 一节（包装类的自动装箱和拆箱）对此做了解释。

值得注意的是，除了"+"能用于字符串的连接，其他操作符（如"-""&"和"&&"等）都不支持 String 类型的操作元，例如：

```
String s1=new String("Hello");
String s2=new String("there");
String s3;

s3=s1 + s2;         //合法
s3=s1-s2;           //编译错误，"-"操作符不支持 String 类型的操作元
s3=s1 & s2;         //编译错误，"&"操作符不支持 String 类型的操作元
s3=s1 && s2;        //编译错误，"&&"操作符不支持 String 类型的操作元
```

4.7 操作符"=="与对象的 equals()方法

操作符"=="比较两个操作元是否相等，这两个操作元既可以是基本类型，也可以是引用类型，例如：

```
int a1=1,a2=3;
boolean b1=a1==a2;    // "=="的操作元为基本类型，b1 变量的值为 false
String str1="Hello",str2="World";
boolean b2=str1==str2;  // "=="的操作元为引用类型，b2 变量的值为 false
```

在 java.lang.Object 类中定义了 equals()方法，用来比较两个对象是否相等。本节介绍了操作符"=="的比较规则，以及 equals()方法的比较规则，并对它们做了比较。

4.7.1 操作符"=="

当操作符"=="两边都是引用类型变量时，这两个引用变量必须都引用同一个对象，结果才为 true。例如：

```
Integer int1=new Integer(1);
Integer int2=new Integer(1);
Integer int3=int1;      //int3 和 int1 引用同一个对象

int[] array1=new int[1];
int[] array2=new int[1];
int[] array3=array1;    //array3 和 array1 引用同一个数组

System.out.println("int1==int2 is "+( int1==int2));
System.out.println("int1==int3 is "+( int1==int3));
System.out.println("array1==array2 is "+(array1==array2));
System.out.println("array1==array3 is "+(array1==array3));
```

运行上面的程序，打印结果如下：

```
int1==int2 is false
int1==int3 is true
array1==array2 is false
array1==array3 is true
```

1. 操作符"=="与多态性

对于引用类型变量,Java 编译器根据变量被显式声明的类型去编译(参见第 6 章的 6.6 一节(多态))。"=="用于比较引用类型变量时,"=="两边的变量被显式声明的类型必须是同种类型或有继承关系,即位于继承树的同一个继承分支上,否则编译报错。而在运行时,Java 虚拟机将根据两边的引用变量实际引用的对象进行比较。

假设有 4 个类 Creature、Animal、Dog 和 Cat 类,它们的继承关系如图 4-12 所示。

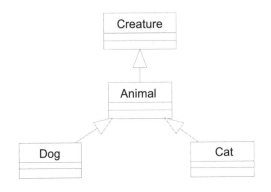

图 4-12 Creature、Animal、Dog 和 Cat 类的继承关系

以下代码中变量 *dog* 被声明为 Dog 类型,变量 *animal* 被声明为 Animal 类型,它们之间有继承关系,尽管这两个变量实际上引用的 Dog 对象和 Cat 对象之间没有继承关系,仍然可以用"=="表达式比较:

```
Dog dog=new Dog();                    //dog 变量被声明为 Dog 类型
Creature creature=dog;                //变量 creature 和 dog 引用同一个 Dog 对象
Animal animal=new Cat();              //animal 变量被声明为 Animal 类型
System.out.println(dog==animal);      //合法,打印 false
System.out.println(dog==creature);    //合法,打印 true
```

以下代码中变量 *dog* 被声明为 Dog 类型,变量 *cat* 被声明为 Cat 类型,Dog 类和 Cat 类之间没有继承关系,因此这两个引用变量不能用"=="比较:

```
Dog dog=new Dog();
Cat cat=new Cat();
System.out.println(dog==cat);         //编译出错
```

2. 操作符"=="用于数组类型

数组类型也是引用类型,也可以用"=="进行比较,例如:

```
boolean b1= new int[4] == new long[5];    //编译出错,两边类型不一致
boolean b2= new int[4] == new int[4];     //合法,b2 的值为 false
int[] array1= new int[4];
int[] array2=array1;
boolean b3=array1==array2;                //合法,b3 的值为 true
```

4.7.2 对象的 equals()方法

equals()方法是在 Object 类中定义的方法,它的声明格式如下:

```
public boolean equals(Object obj)
```

Object 类的 equals()方法的比较规则为：当参数 obj 引用的对象与当前对象为同一个对象时，就返回 true，否则返回 false：

```
public boolean equals(Object obj){
    if(this==obj)return true;
    else return false;
}
```

例如以下 *animal*1 和 *animal*2 变量引用不同的对象，因此用"=="或 equals()方法比较的结果都为 false；而 *animal*1 和 *animal*3 变量都引用同一个 Dog 对象，因此用"=="或 equals()方法比较的结果都为 true：

```
Animal animal1=new Dog();
Animal animal2=new Cat();
Animal animal3=animal1;

System.out.println(animal1 == animal2);      //打印 false
System.out.println(animal1.equals(animal2)); //打印 false

System.out.println(animal1 == animal3);      //打印 true
System.out.println(animal1.equals(animal3)); //打印 true
```

在 JDK 中有一些类覆盖了 Object 类的 equals()方法，它们的比较规则为：如果两个对象的类型一致，并且内容一致，则返回 true。这些类包括：java.io.File、java.util.Date、java.lang.String、包装类（如 java.lang.Integer 和 java.lang.Double 类，参见第 21 章的 21.3 节（包装类）。

例如以下 *int*1 和 *int*2 变量引用不同的 Integer 对象，但是它们的内容都是 1，因此用"=="比较的结果为 false，而用 equals()方法比较的结果为 true；同样，以下 *str*1 和 *str*2 变量引用不同的 String 对象，但是它们的内容都是"Hello"，因此用"=="比较的结果为 false，而用 equals()方法比较的结果为 true：

```
Integer int1=new Integer(1);
Integer int2=new Integer(1);

String str1=new String("Hello");
String str2=new String("Hello");

System.out.println(int1==int2);        //打印 false
System.out.println(int1.equals(int2)); //打印 true

System.out.println(str1==str2);        //打印 false
System.out.println(str1.equals(str2)); //打印 true
```

在实际运用中，比较字符串是否相等时，通常都是按照内容来比较才会有意义，因此应该调用 String 类的 equals()方法，而不是采用"=="操作符。编程人员由于粗心大意，有时会误用"=="操作符，结果无法得到预期的运行结果，例如以下程序应该把"=="改为 equals()方法，才会得到具有实际意义的运行结果：

```
String name=new String("Tom");
```

```java
//比较结果为 false,应该把"=="改为 name.equals("Tom"),比较结果才为 true
if(name=="Tom"){
   System.out.println("Hello,Tom");
}else{
   System.out.println("Sorry,I don't know you.");
}
```

再例如 Boolean 类是包装类,只要两个 Boolean 对象的布尔值内容一样,equals()方法的比较结果为 true,以下程序打印 c:

```java
Boolean b1 = new Boolean(true);
Boolean b2 = new Boolean(true);
if(b1 == b2)
   if(b1.equals(b2))
      System.out.println("a");
   else
      System.out.println("b");
else
   if(b1.equals(b2))
      System.out.println("c");   //执行这段代码
   else
      System.out.println("d");
```

再例如以下变量 *b*1 和 *obj*1 被声明为不同的类型,但它们实际引用的是同一个 Boolean 对象,所以"=="操作符和 equals()方法这两种比较方式的结果都是 true,以下程序打印 a:

```java
Boolean b1 = new Boolean(true);
Object obj1 = (Object)b1;
if(obj1 == b1)
   if(obj1.equals(b1))
      System.out.println("a");
   else
      System.out.println("b");
else
   if(obj1.equals(b1))
      System.out.println("c");
   else
      System.out.println("d");
```

再例如 Float 和 Double 类型是包装类型,只要两个 Float 对象或两个 Double 对象的内容一样,equals()方法的比较结果为 true:

```java
Float f1 = new Float("10F");
Float f2 = new Float("10F");
Double d1 = new Double("10D");
System.out.println(f1 == f2);   //打印 false
System.out.println(f1.equals(f2));   //打印 true
System.out.println(f2.equals(d1));   //打印 false,因为 f2 和 d1 不是相同类型
System.out.println(f2.equals(new Float("10")));   //打印 true
```

再例如以下变量 *a* 和 *b* 引用不同的 String 对象,但它们包含的内容都是"hello",而变量 *c* 是字符串数组类型,因此 a.equals(c)的结果为 false:

```
String a = "hello";
String b = new String(a);
char[] c = { 'h', 'e', 'l', 'l', 'o' };

System.out.println(a == "hello");    //打印 true
System.out.println(a==b);            //打印 false
System.out.println(a.equals(b));     //打印 true
System.out.println(a.equals(c));     //打印 false
```

在用户自定义的类中也可以覆盖 Object 类的 equals()方法，重新定义比较规则，例如以下 Person 类的 equals()方法的比较规则为：只要两个对象都是 Person 对象，并且它们的 name 属性相同，那么比较结果为 true，否则返回 false：

```
public class Person{
  private String name;
  public Person(String name){this.name=name;}

  public boolean equals(Object o){
    if(this==o)return true;
    if(!(o instanceof Person)) return false;
    final Person other=(Person)o;
    if(this.name .equals(other.name))
      return true;
    else
      return false;
  }
}
```

以下代码中的 person1 和 person2 引用不同的 Person 对象，但它们的 name 属性相同，因此用 equals()方法比较的结果为 true：

```
Person person1=new Person("Tom");
Person person2=new Person("Tom");
System.out.println(person1==person2);        //打印 false
System.out.println(person1.equals(person2)); //打印 true
```

4.8　instanceof 操作符

instanceof 操作符用于判断一个引用类型所引用的对象是否是一个类的实例。instanceof 操作符左边的操作元是一个引用类型，右边的操作元是一个类名或接口名。形式如下：

```
obj  instanceof  ClassName 或者 obj  instanceof  InterfaceName
```

例如：

```
Dog dog=new Dog();
System.out.println(dog instanceof XXX);   //XXX 表示一个类名或接口名
```

一个类的实例包括类本身的实例，以及所有直接或间接的子类的实例，因此当"XXX"是以下值时，instanceof 表达式的值为 true：

- Dog 类。
- Dog 类的直接或间接父类。
- Dog 类实现的接口，以及所有父类实现的接口。

由于 Animal 类是 Dog 的直接父类，Creature 和 Object 类是 Dog 的间接父类，以下 instanceof 表达式的值为 true：

```
Dog dog=new Dog();
System.out.println(dog instanceof Dog);       //打印 true
System.out.println(dog instanceof Animal);    //打印 true
System.out.println(dog instanceof Creature);  //打印 true
System.out.println(dog instanceof Object);    //打印 true
```

instanceof 右边的操作元也可以是接口名，例如：

```
interface InterfaceEx{}
class A implements InterfaceEx {}
class B extends A{}
```

对于以下代码，将打印 true：

```
B b=new B();
System.out.println(b instanceof InterfaceEx);  //打印 true
```

1. instanceof 与多态性

对于引用类型变量，Java 编译器只根据变量被显式声明的类去编译（参见第 6 章的 6.6 节（多态））。instanceof 左边操作元被显式声明的类型和右边操作元必须是同种类或有继承关系，即位于继承树的同一个继承分支上，否则编译出错。以下代码中的 instanceof 表达式编译不成功，因为 Dog 类与 Cat 类之间没有直接或间接继承关系：

```
Dog dog=new Dog();
System.out.println(dog instanceof Cat);    //编译出错

Cat cat=new Cat();
System.out.println(cat instanceof Dog);    //编译出错
```

在运行时，将根据左边操作元实际引用的对象来判断，例如：

```
Animal animal＝new Dog();   //animal 变量被声明为 Animal 类型，引用 Dog 对象
System.out.println(animal instanceof Animal);  //合法，打印 true
System.out.println(animal instanceof Dog);     //合法，打印 true
System.out.println(animal instanceof Cat);     //合法，打印 false
```

假定 Animal 类是非抽象类，允许实例化，以下 isInstanceOfAnimal()方法的判断规则为：只有当参数 obj 引用 Animal 类本身的实例，而不是它的子类 Dog 或 Cat 的实例时，才返回 true：

```
public boolean isInstanceOfAnimal(Object obj){
  return obj instanceof Animal && ! (obj instanceof Dog) && !(obj instanceof Cat);
}
```

如果 obj instanceof Animal 为 true，那么 obj 有可能引用 Animal 类本身、Dog 类本身或 Cat 类本身的实例；如果 obj instanceof Dog 和 obj instanceof Cat 均为 false，那么

obj 不会引用 Dog 类本身或 Cat 类本身的实例。如果同时满足这几个条件，就可以得出 obj 引用 Animal 类本身的实例的结论。

2．instanceof 用于数组类型

数组类型也可以用 instanceof 进行比较，例如：

```
boolean b1= new int[4] instanceof long[];   //编译出错，instanceof两边操作元的类型不一致
boolean b2= new int[4] instanceof int[];    //合法，b2 的值为 true
```

4.9　变量的赋值和类型转换

"="操作符是使用最频繁的两元操作符，它能够把右边操作元的值赋给左边操作元，并且以右边操作元的值作为运算结果，例如以下程序打印"a:false"：

```
boolean a,b,c;
a=b=1>2;   //变量 a 和 b 的值为 false
if(c=2>3){  //表达式 c=2>3 的值为 false
  System.out.println("c:"+c);
}else{
  System.out.println("a:"+a);   //执行这行代码
}
```

在计算"a=b=1>2"表达式时，首先计算表达式"1>2"→false，再计算表达式"b=false"，这个表达式把 false 赋值给变量 b，并且整个表达式的值为 false，最后计算表达式"a=false"，这个表达式把 false 赋值给变量 a，并且整个表达式的值为 false。

同种类型的变量之间可以直接赋值，一个直接数可以直接赋值给和它同类型的变量，例如：

```
int a=124;    //int 型的直接数 124 赋值给 int 型变量 a
long b=124L;  //long 型的直接数 124L 赋值给 long 型变量 b
int c=a;      //int 型的变量 a 赋值给另一个 int 型变量 c
```

同种类型的变量之间赋值时，不需要进行类型的转换。当不同类型的变量之间赋值时，或者将一个直接数赋值给和它不同类型的变量时，需要类型转换。类型转换可分为自动类型转换和强制类型转换两种。自动转换是指运行时，Java 虚拟机自动把一种类型转换成另一种类型，例如以下赋值会自动进行类型转换：

```
char c='a';
int i=c;    //把 char 类型变量 c 赋值给 int 类型变量 i
int j='a';  //把 char 类型直接数'a'赋值给 int 类型变量 j
```

强制类型转换是指在程序中显式地进行类型转换，例如：

```
int a=129;
byte b=(byte)a;    //把 int 类型变量 a 强制转换为 byte 类型，变量 b 的值为-127
byte c=(byte)129;  //把 int 类型直接数 129 强制转换为 byte 类型，变量 c 的值为-127
```

值得注意的是，在进行自动或强制类型转换时，被转换的变量本身没有任何变化，例如以上代码把 int 类型变量 *a* 强制转换成 byte 类型，变量 *a* 本身的值 129 保持不变，

Java 虚拟机把 129 转换成 byte 类型的临时数据-127,再把这个临时数据赋值给变量 b。

4.9.1 基本数据类型转换

整型、浮点型、字符型数据可以进行混合运算。当类型不一致时,需要进行类型转换,从低位类型到高位类型会进行自动转换,而从高位类型到低位类型需要进行强制类型的转换。

值得注意的是 boolean 类型不能与其他的基本类型进行类型转换,例如:

```
int a=1;                    //合法
boolean b=a>1;              //合法,变量 b 的取值为 false
boolean c=(boolean)a;       //编译出错,不能把 int 类型转换为 boolean 类型
short d=(boolean)b;         //编译出错,不能把 boolean 类型转换为 short 类型
```

1. 自动类型转换

表达式中不同类型的数据先自动转换为同一类型,然后进行运算,自动转换总是从低位类型到高位类型。这里的低位类型是指取值范围小的类型,高位类型是指取值范围大的类型。例如 int 相对于 byte 类型是高位类型,而 int 相对于 long 类型是低位类型。表达式中操作元自动转换的规则如下:

- (byte、char、short、int、long 或 float) op double→double。
- (byte、char、short、int 或 long) op float→float。
- (byte、char、short 或 int) op long→long。
- (byte、char 或 short) op int→int。
- (byte、char 或 short) op (byte、char 或 short)→int。

箭头左边表示参与运算的数据类型,op 为操作符(如加"+"、减"-"、乘"*"和除"/"等),箭头右边表示自动转换成的数据类型。以上转换规则表明:

- 当表达式中存在 double 类型的操作元时,那么把所有操作元自动转换为 double 类型,表达式的值为 double 类型。
- 否则,当表达式中存在 float 类型的操作元时,那么把所有操作元自动转换为 float 类型,表达式的值为 float 类型。
- 否则,当表达式中存在 long 类型的操作元时,那么把所有操作元自动转换为 long 类型,表达式的值为 long 类型。
- 否则,把所有操作元自动转换为 int 类型,表达式的值为 int 类型。

例如以下表达式"a+b*c+d"包括 int、long 和 double 类型的数据,因此变量 a、b 和 c 会自动转换为 double 类型的临时数据,然后参与运算,表达式的值为 double 类型:

```
int a=0,b=0;
long c=3;
double d=1.1;
double result=a+b*c+d;
```

Tips

byte、short 和 char 类型的数据在如 x++这样的一元运算中不自动转换类型。

再例如以下表达式"*a+b*"包括 short 类型，因此变量 *a* 和 *b* 会自动转换为 int 类型，然后参与运算，表达式的值为 int 类型，把它赋值给 short 类型的变量 *c* 会导致编译错误：

```
short   a=1,b=1;
short c= a+b;   //编译出错，a+b 表达式的值为 int 类型
```

正确的做法是把变量 *c* 声明为 int 类型，或按如下方式进行强制类型转换：

```
short c = (short)(a+b);
```

再例如以下"(*x* > *d*) ? 99.9 : 9"表达式中有 double 类型的操作元 99.9 和 int 类型的操作元 9。int 类型的数据 9 将被自动转换为 double 类型的 9.0，所以表达式的值是 double 类型的 9.0，而不是 int 类型的 9：

```
int x = 6;
double d = 7.7;
System.out.println((x > d) ? 99.9 : 9);   //打印 9.0
```

在进行赋值运算时，也会进行低位到高位的自动类型转换，赋值运算的自动类型转换规则如下：

```
byte→ short→ int→long→float→ double
byte→char→ int→long→float→ double
```

以上规则表明 byte 类型可以自动转换为 char、short、int、long、float 和 double 类型，short 类型可以自动转换为 int、long、float 和 double 类型，以此类推。例如：

```
short a=11,b=11;
float f=a;   //short 类型的变量 a 自动转换为 float 类型
float f=a+b;   //a+b 的值为 int 类型，把 int 类型再自动转换为 float 类型
```

在给方法传递参数时，也会出现类型自动转换的情况，转换规则与赋值运算的自动转换规则相同。例如以下 method()方法的参数为 long 型：

```
void method(long param){…}
```

以下程序调用 method()方法，传递的参数为 int 类型：

```
int a=1;
method(a);   //参数 a 为 int 类型，被自动转换为 long 类型
```

从低位到高位的自动转换一般说来是安全的，不会出现数据溢出或精度下降的情况，因为低位类型的取值范围在高位类型的取值范围之内。在个别情况下，自动转换会导致数据溢出现象，例如：

```
int a= Integer.MAX_VALUE;
int b=a+20;   //数据溢出，变量 b 的取值为−2147483629
```

此时，编程人员应该事先预计这种可能性，然后选用合适的高位数据类型：

```
int a= Integer.MAX_VALUE;
long b=a+20L;   //20L 是 long 型直接数，这使得加法表达式按 long 型运算；
```

2．强制类型转换

如果把高位类型赋值给低位类型，必须进行强制类型转换，否则，编译会出错。例如：

```
float f=3.14;      //编译错误，不能把 double 类型的直接数直接赋值给 float 类型变量
int i=(int)3.14;   //合法，把 double 类型的直接数强制转换为 int 类型
long j=5;          //合法
int i2=(int)j;     //合法，把 long 类型的变量强制转换为 int 类型
```

short 和 char 类型的二进制位数都是 16，但 short 类型的范围是：$-2^{15} \sim 2^{15}-1$，char 类型的范围是：$0 \sim 2^{16}-1$，由于两者的取值范围不一致，在 short 变量和 char 变量之间的赋值总需要强制类型转换。如果把 char 类型直接数赋值给 short 类型变量，或者把 int 类型直接数赋值给 char 类型变量，那么只要直接数在变量所属类型的取值范围之内，就允许自动类型转换，否则需要强制类型转换，例如：

```
char c=-1;         //编译出错，-1 超出了 char 类型的取值范围，需要强制类型转换
char cc=(char)-1;  //合法，把 int 类型的直接数-1 强制转换为 char 类型

short s1='a';      //合法，char 类型直接数'a'在 short 类型的取值范围内，变量 s1 的值为 97
char c1=97;        //合法，int 类型直接数 97 在 char 类型的取值范围内，变量 c1 的值为'a'

short s2=c1;       //编译出错，把 char 类型变量赋值给 short 类型，需要强制类型转换
char c2=s1;        //编译出错，把 short 类型变量赋值给 char 类型，需要强制类型转换

short s3=(short)c1;  //合法
char c3=(char)s1;    //合法
```

在给方法传递参数时，如果把高位类型传给低位类型，也需要强制类型转换。例如以下 method()方法的参数为 byte 型：

```
void method(byte param){...}
```

以下程序调用 method()方法，传递的参数为 int 类型：

```
int a=1;
method(1);         //编译出错，1 为 int 类型的直接数，必须强制转换为 byte 类型
method(a);         //编译出错，变量 a 为 int 类型，必须强制转换为 byte 类型
method((byte)1);   //合法，1 为 int 类型的直接数，被强制转换为 byte 类型
method((byte)a);   //合法，变量 a 为 int 类型，被强制转换为 byte 类型
```

强制类型转换有可能会导致数据溢出或精度的下降，应该尽量避免使用强制类型转换。例如以下代码把 int 类型强制转换为 byte 类型，会导致数据溢出：

```
int a=256;
byte b=(byte)a;    //数据溢出，变量 b 的值为 0
```

在以上程序中，int 类型的变量 *a* 的取值为 256，超出了 byte 类型的取值范围（-128~127），通过强制类型转换，把 256 赋值给 byte 类型的变量 *b*，256 的二进制的前 24 位被舍弃，变量 *b* 的取值为 0，如图 4-13 所示。

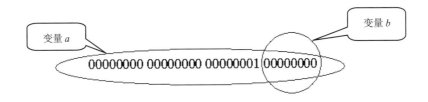

图 4-13 把 int 类型的变量 *a* 强制转换为 byte 类型的变量 *b*

再例如以下代码把 double 类型的直接数 3.5101 赋值给 long 型变量，小数部分被舍弃，*a* 的取值为 3，导致精度丢失：

```
long a = (long)3.5101;   //精度丢失，a 的取值为 3
```

4.9.2 引用类型的类型转换

引用类型的变量之间赋值时，子类赋值给直接或间接父类，会自动进行类型转换。父类赋值给直接或间接子类，需要进行强制类型转换。例如：

```
Animal animal=new Dog();   //合法，animal 变量被声明为 Animal 类型，引用 Dog 对象
Dog dog =new Dog();        //合法，Dog 变量被声明为 Dog 类型，引用 Dog 对象
animal=dog;                //合法，把 Dog 类型赋值给 Animal 父类型，会自动进行类型转换
Object obj=dog;            //合法，把 Dog 类型赋值给 Object 父类型，会自动进行类型转换
dog=animal;                //编译出错，把 Animal 类型赋值给 Dog 子类型，需要强制类型转换
dog=(Dog)animal;           //合法，把 Animal 类型强制转换为 Dog 子类型
```

对于引用类型变量，Java 编译器只根据变量被显式声明的类型去编译。引用类型变量之间赋值时，"="操作符两边的变量被显式声明的类型必须是同种类型或有继承关系，即位于继承树的同一个继承分支上，否则编译报错。例如以下代码编译不成功，因为 Cat 类与 Dog 类之间没有直接或间接的继承关系，因此不能进行类型转换：

```
Cat cat=new Cat();        //cat 变量被声明为 Cat 类型
Dog dog=(Dog)cat;         //编译出错，Cat 类型不能强制转换为 Dog 类型
```

在运行时，Java 虚拟机将根据引用变量实际引用的对象进行类型转换。以下代码编译成功，因为变量 *cat* 声明为 Animal 类型，变量 *dog* 声明为 Dog 类型，Dog 类与 Animal 类之间有继承关系。但在运行时将出错，抛出 ClassCastException 运行时异常，因为 *cat* 变量实际上引用的是 Cat 对象，Java 虚拟机无法将 Cat 对象转换为 Dog 类型：

```
Animal cat=new Cat();    //cat 变量被声明为 Cat 类型
Dog dog=(Dog)cat;        //编译成功，但运行时抛出 ClassCastException
```

本章对引用类型的赋值及类型转换仅仅做了简要的介绍，在第 6 章的 6.6 节（多态）还会对此做更详细的阐述。

4.10 小结

本章介绍了 Java 语言中各种操作符的用法，表 4-7 总结了这些操作符的作用。

表 4-7　Java 语言的各种操作符的作用

操作符分类	操 作 符	描　　述
算术操作符	+	（加法）将两个数相加
	++	（自增）将表示数值的变量加一
	-	（求相反数或者减法）作为一元操作符时，返回操作元的相反数。作为两元操作符时，将两个数相减
	--	（自减）将表示数值的变量减一
	*	（乘法）将两个数相乘
	/	（除法）将两个数相除
	%	（求余）获得两个数相除的余数
字符串操作符	+	（字符串加法）连接两个字符串
	+=	连接两个字符串，并将结果赋给第一个字符串变量
位操作符	&	（按位与）如果两个操作元对应位都是 1，则在该位返回 1
	^	（按位异或）如果两个操作元对应位只有一个 1，则在该位返回 1
	|	（按位或）如果两个操作元对应位都是 0，则在该位返回 0
	~	（求反）反转操作元的每一位
	<<	（左移）将第一个操作元的二进制形式的每一位向左移位，所移位的数目由第二个操作元指定。右面的空位补零
	>>	（算术右移）将第一个操作元的二进制形式的每一位向右移位，所移位的数目由第二个操作元指定。忽略被移出的位，左面的空位补符号位
	>>>	（逻辑右移）将第一个操作元的二进制形式的每一位向右移位，所移位的数目由第二个操作元指定。忽略被移出的位，左面的空位补零
逻辑操作符	&&	（短路逻辑与）如果两个操作元都是 true，则返回 true，否则返回 false
	||	（短路逻辑或）如果两个操作元都是 false，则返回 false，否则返回 true
	&	（非短路逻辑与）如果两个操作元都是 true，则返回 true，否则返回 false
	|	（非短路逻辑或）如果两个操作元都是 false，则返回 false，否则返回 true
	!	（逻辑非）如果操作元为 true，则返回 false，否则返回 true
比较操	==	如果操作元相等，则返回 true
	!=	如果操作元不相等，则返回 true
	>	如果左操作元大于右操作元，则返回 true

（续）

操作符分类	操作符	描 述
作符	>=	如果左操作元大于等于右操作元则返回 true
	<	如果左操作元小于右操作元则返回 true
	<=	如果左操作元小于等于右操作元则返回 true
赋值操作符	=	将第二个操作元的值赋给第一个操作元
	+=	将两个数相加，并将和赋给第一个操作元
	-=	将两个数相减，并将差赋给第一个操作元
	*=	将两个数相乘，并将积赋给第一个操作元
	/=	将两个数相除，并将商赋给第一个操作元
	%=	计算两个数相除的余数，并将余数赋给第一个操作元
	&=	执行按位与，并将结果赋给第一个操作元
	^=	执行按位异或，并将结果赋给第一个操作元
	|=	执行按位或，并将结果赋给第一个操作元
	<<=	执行左移，并将结果赋给第一个操作元
	>>=	执行算术右移，并将结果赋给第一个操作元
	>>>=	执行逻辑右移，并将结果赋给第一个操作元
特殊操作符	?:	等价于一个简单的 "if..else" 语句
	.	访问类的属性或方法的操作符，例如 dog.name，表示访问 dog 变量引用的 Dog 对象的 name 属性，如果 dog 变量为 null，会导致 NullPointerException
	new	创建一个对象并返回这个对象的引用
	instanceof	如果一个对象是一个类或接口的实例，则返回 true，否则返回 false

要掌握各种操作符的用法，需要了解以下内容：
- 操作符的优先级。
- 操作符的结合性。
- 运算过程。
- 操作元的类型。
- 返回类型。
- 类型的自动转换和强制转换。

大部分操作符只能操作基本类型，个别操作符（如 instanceof、"="、"=="和"!="）能操作引用类型。有些操作符具有多种用途，例如"+"，既能作为数学加法操作符，也能作为字符串连接操作符，对于不同的操作元，"+"有着不同的用途，例如：

```
char c='c';
```

```
int i = 10;
String s = "Hello";

c=c+i;    //编译错误，"+"为加法操作符，返回类型为int，不能直接赋值给char型变量
i=c+i;    //合法，"+"为加法操作符
s=s+i;    //合法，"+"为字符串连接操作符
i=s+i;    //编译错误，"+"为字符串连接操作符，不能赋值给int型变量
c=s+c;    //编译错误，"+"为字符串连接操作符，不能赋值给char型变量
```

应该根据操作符的优先级，来创建包含多个操作符的复杂表达式，例如以下表达式是非法的：

```
if(5 & 7 > 0 && 5 | 2)    //编译错误
    System.out.println(true);
```

"&"和"|"既可以作为逻辑与操作符，也可以作为位操作符。操作符">"的优先级比"&"的优先级别高。以上表达式相当于：5 & (7 > 0) && 5 | 2。"&"两边的操作元分别是 int 类型和布尔类型，"&"既不能作为逻辑与操作符，也不能作为位操作符，因此导致编译错误。以下是合法的表达式：

```
boolean a=(5 & 7)> 0 && (5|2)>1;    //合法，"&"和"|"是位操作符，变量a的值为true
boolean b= 5>1 & 7>0 && 5<3 | 2<1 ;//合法，"&"和"|"是逻辑与操作符，变量b的值为false
```

4.11 思考题

1．以下哪些程序代码能够编译通过？

a)
```
int i=0;
if(i) {
    System.out.println("Hello");
}
```

b)
```
boolean b1=true;
boolean b2=true;
if(b1==b2) {
    System.out.println("So true");
}
```

c)
```
int i=1;
int j=2;
if(i==1|| j==i)
    System.out.println("OK");
```

d)
```
int i=1;
int j=2;
if(i==1 &| j==2)
    System.out.println("OK");
```

2．运行以下程序，得到什么打印结果？

```
System.out.println( 1 >>> 1);
System.out.println( -1 >> 31);
System.out.println( 2 >> 1);
System.out.println( 1 << 1);
```

3. 以下 temp 变量的最终取值是什么?

```
long temp = (int)3.9;
temp %= 2;
```

4. 以下代码能否编译通过？假如能编译通过，运行时得到什么打印结果？

```
if (5 & 7 > 0 && 5 | 2) System.out.println("true");
```

5. 以下代码能否编译通过？假如能编译通过，运行时得到什么打印结果？

```
int output=10;
boolean b1 = false;
if((b1==true) && ((output+=10)==20)){
    System.out.println("We are equal "+output);
}else{
    System.out.println("Not equal! "+output);
}
```

6. 以下代码能否编译通过？假如能编译通过，运行时得到什么打印结果？

```
int output=10;
boolean b1 = false;
if((b1=true) && ((output+=10)==20)){
    System.out.println("We are equal "+output);
}else{
    System.out.println("Not equal! "+output);
}
```

7. 对于以下声明:

```
String s1=new String("Hello");
String s2=new String("there");
String s3=new String();
```

下面哪个是合法的操作？

a) s3=s1 + s2;

b) s3=s1-s2;

c) s3=s1 & s2;

d) s3=s1 && s2;

8. 以下代码能否编译通过？假如能编译通过，运行时得到什么打印结果？

```
public class Conv{
  public static void main(String argv[]){
    Conv c=new Conv();
    String s=new String("ello");
    c.amethod(s);
  }

  public void amethod(String s){
    char c='H';
```

```
        c+=s;
        System.out.println(c);
    }
}
```

9. 运行以下代码,得到什么打印结果?

```
System.out.println(6+6+ "x");
System.out.println("x"+6+6);
```

第 5 章　流　程　控　制

在一个有序的社会环境中，不管是日常事务，还是生产工序，都会按照特定的流程有条不紊地运转。例如图 5-1 和图 5-2 所示分别为 ATM 机的登入流程及自助取款流程。

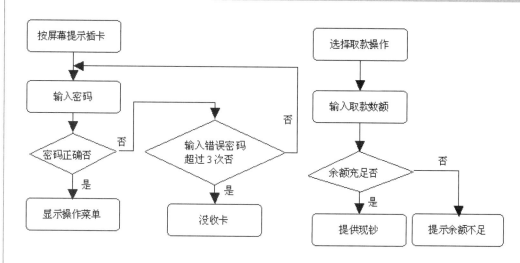

图 5-1　ATM 机的登入流程　　　　　　图 5-2　ATM 机的自助取款流程

在 ATM 机的登入流程和取款流程中，都包括一些流程分支，根据不同的条件执行不同的流程分支。例如，在取款流程中，如果账户的余额大于取款数额，ATM 机就提供相应的现钞，否则提示余额不足。在 Java 语言中，用 if else 语句来控制流程的分支，例如：

```
if(账户的余额充足){
    提供相应的现钞;
}else{
    提示余额不足;
}
```

自动洗衣机在每一次运转时，它的波轮能重复转动，假设共转动 30 次，如图 5-3 所示为波轮的重复转动流程。

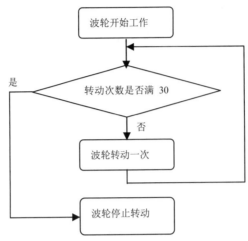

图 5-3　自动洗衣机的波轮的循环工作流程

从图 5-3 可以看出，波轮的运转属于循环工作流程，在 Java 语言中，用 while、do while 和 for 语句来控制循环流程，例如：

```
int times=0;   //波轮转动次数
while(times<30){
    波轮转动一次;
    times++;
}
```

5.1　分支语句

分支语句使部分程序代码在满足特定条件的情况下才会被执行。Java 语言支持两种分支语句：if-else 语句和 switch 语句。

5.1.1　if else 语句

if-else 语句为两路分支语句，它的基本语法为：

```
if(布尔表达式){
   程序代码块;   //如果布尔表达式为 true，就执行这段代码
}else{
   程序代码块;   //如果布尔表达式为 false，就执行这段代码
}
```

在使用 if else 语句时，有以下注意事项：

（1）if 后面的表达式必须是布尔表达式，而不能为数字类型，这一点与 C/C++ 语言不同。例如下面的"if(x)"是非法的：

```
int x=0;
if(x){   //编译出错
    System.out.println("x 不等于 0");
}else{
```

```
        System.out.println("x 等于 0");
    }
```

正确的做法是把"if(x)"改为"if(x!=0)":

```
int x=0;
if(x!=0){    //合法
    System.out.println("x 不等于 0");
}else{
    System.out.println("x 等于 0");
}
```

（2）if 语句后面的 else 语句并不是必需的，例如以下 if 语句后面没有 else 语句：

```
public void amethod(int x){
    if(x>0){
        System.out.println("大于 0");
        return;
    }
    if(x==0){
        System.out.println("等于 0");
        return;
    }
    if(x<0){
        System.out.println("小于 0");
        return;
    }
}
```

（3）假如 if 语句或 else 语句的程序代码块中包括多条语句，则必须放在大括号{}内；如果程序代码块只有一条语句，可以不用大括号{}。流程控制语句（如 if else 语句、for 语句、while 语句和 switch 语句等）可作为一条语句看待。例如以上 amethod(int x)方法也可以采用如下方式实现：

```
public void amethod(int x){
    if(x>0)
        System.out.println("大于 0");
    else
        if(x==0)
            System.out.println("等于 0");
        else
            if(x<0)
                System.out.println("小于 0");
}
```

以上代码等价于图 5-4 中带大括号的代码。

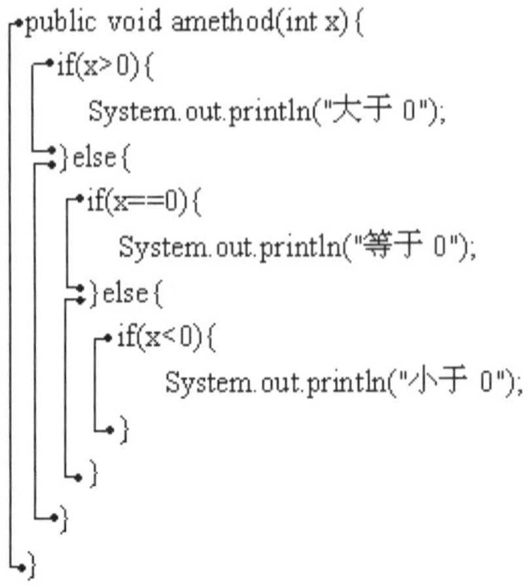

```
public void amethod(int x){
    if(x>0){
        System.out.println("大于 0");
    }else{
        if(x==0){
            System.out.println("等于 0");
        }else{
            if(x<0){
                System.out.println("小于 0");
            }
        }
    }
}
```

图 5-4　用大扩号显式标识的 if else 语句

在编写或阅读程序时，应该注意 if 表达式后面是否有大括号，例如 if(a>b)后面没有大括号，因此仅仅 "a++" 操作属于分支语句：

```
int a=1,b=1;
if(a>b)
    a++;
b--;
System.out.println("a="+a+" b="+b);   //打印 a=1 b=0
```

（4）if else 语句的一种特殊的串联编程风格为：

```
if(expression1){
    statement1
}else if(expression2){
    statement2
}else if(expressionM){
    statementM
}else{
    statementN
}
```

例如 amethod(int x)方法采用以上编程风格可改写为：

```
public void amethod(int x){
    if(x>0){
        System.out.println("大于 0");
    }else if(x==0){
        System.out.println("等于 0");
    }else if(x<0){
        System.out.println("小于 0");
    }
}
```

以上编程风格能使程序更加简洁，并且具有更好的可读性。下面再以判断某一年是否为闰年为例，来演示 if else 语句的用法。对于特定的年份，只要满足以下两个条件之一，就是闰年：

- 能被 4 整除，但不能被 100 整除。
- 或者既能被 4 整除，又能被 100 整除。

isLeapYear(int year)方法用来判断某一年是否为闰年，下面给出了 3 种实现方式：

```java
/** 实现方式一 */
public boolean isLeapYear(int year){
   if( (year%4==0 && year%100!=0) || (year%400==0) )
      return true;
   else
      return false;
}

/** 实现方式二 */
public boolean isLeapYear(int year){
   boolean leap;
   if( year%4!=0 )
      leap=false;
   else if( year%100!=0 )
      leap=true;
   else if( year%400!=0 )
      leap=false;
   else
      leap=true;

   return leap;
}

/** 实现方式三 */
public boolean isLeapYear(int year){
   boolean leap;
   if( year%4==0){
      if( year%100==0 ){
         if( year%400==0)
            leap=true;
         else
            leap=false;
      }else
         leap=true;
   }else
      leap=false;

   return leap;
}
```

第一种方式用一个复杂布尔表达式来包含所有的判断条件，这种方式的优点是使得程序代码比较简洁，缺点是运行效率比较低，因为在任何情况下，不管传入的参数 year 的取值如何，都必须执行这个复杂的布尔表达式。

第二种方式采用了 if else 语句的串联编程风格，程序代码的结构比较清晰，并且运行效率也比较高，如果传入的参数不能被 4 整除，那么仅仅执行"year%4!=0"布尔表达式；如果传入的参数能被 4 整除，但不能被 100 整除，那么仅仅执行"year%4!=0"和"year%100!=0"布尔表达式。由此可见，这种方式可以避免每次都计算所有的布尔表达式，从而提高程序的运行效率。如果希望进一步优化程序，可以把出现概率最大的条件放在最前面，把出现概率较小的条件放在后面，这可以进一步提高程序的运行效率。

第三种方式是使用大括号{}来对 if else 语句进行匹配。这种方式的缺点是程序代码的结构比较复杂，可读性差。优点则和第二种方式一样，如果合理地安排各个 if 语句的布尔表达式，可以提高程序的运行效率。

由此可见，每一种实现方式都有利有弊，应该根据实际情况，在程序代码的结构清晰性与运行效率之间进行权衡，合理设计 if else 语句的流程。

5.1.2 switch 语句

switch 语句是多路分支语句，它的基本语法为：

```
switch (expr){
  case value1:
    statements;
    break;
  …
  case valueN:
    statements;
    break;

  default:
    statements;
    break;
}
```

以下 switch 语句为根据考试成绩的等级打印出相应的百分制分数段：

```
public void convertGrade(char grade){
  switch( grade ){
    case 'A' :
      System.out.println(grade+" is 85～100");
      break;
    case 'B' :
      System.out.println(grade+" is 70～84");
      break;
    case 'C' :
      System.out.println(grade+" is 60～69");
      break;
    case 'D' :
      System.out.println(grade+" is  <60");
      break;
    default : System.out.println("Invalid Grade!");
  }
}
```

在使用 switch 语句时，有以下注意事项：

（1）在 switch (expr)语句中，expr 表达式的类型包括以下几种：
- 与 int 类型兼容的基本类型，所谓与 int 类型兼容，就是指能自动转换为 int

类型。因此 expr 表达式的合法类型包括：byte、short、char 和 int 类型。long 和浮点类型不能自动转换为 int 类型，因此不能作为 expr 表达式的类型，以下 switch(d) 是非法的：

```
double d=11.2;
switch(d){   //编译出错，类型不匹配
   …
}
```

- 字符串类型。例如以下 switch 语句中的 *colour* 变量为字符串类型。以下程序的打印结果为"红色"：

```
String colour="red";
switch(colour){
  case "blue":
    System.out.println("蓝色");
    break;

  case "red":
    System.out.println("红色");
    break;

  default:
    System.out.println("其他颜色");
}
```

- 枚举类型。关于枚举类型的更多知识参见本书第 15 章的 15.13 节（枚举类型）。例如在例程 5-1 的 SwitchTest 类中定义了一个枚举类型的 Colour 枚举类，变量 *c* 为 Colour 枚举类型。运行以下程序，打印结果为"蓝色"：

例程 5-1　SwitchTest.java

```
public class SwitchTest{
   enum Colour{red,blue,yellow}   //定义 Colour 枚举类

   public static void main(String args[]){
     Colour c=Colour.blue;
     switch(c) {
       case red:
       System.out.println("红色");
       break;

       case blue:
       System.out.println("蓝色");
       break;

       case yellow:
       System.out.println("黄色");
       break;

       default:
```

```
            System.out.println("其他颜色");
        }
    }
}
```

（2）在"case valueN"子句中，valueN 表达式必须满足以下条件：
- valueN 的类型必须是与 int 类型兼容的基本类型，包括：byte、short、char 和 int 类型。或者是字符串类型和枚举类型。
- valueN 必须是常量。
- 各个 case 子句的 valueN 表达式的值不同

Tips

为了便于叙述，下文中有时把 switch(expr) 中的 expr 表达式称为 switch 表达式；把"case valueN"中的 valueN 表达式称为 case 表达式。

例如：

```
int x=4,y=3;
final byte z=4;
switch(x){
  case 1:     //合法
    System.out.println("1");break;
  case 4/3+1: //合法，4/3+1 为 int 类型的常量表达式
    System.out.println("2");break;
  case 1:     //编译出错，不允许出现重复的 case 表达式
    System.out.println("repeat1");break;
  case y:     //编译出错，y 不是常量
    System.out.println("3");break;
  case z:     //合法，z 是与 int 类型兼容的常量
    System.out.println("4");break;
  case 5,6,7: //编译出错，case 表达式的语法不正确
    System.out.println("5,6,7");
}
```

（3）在 switch 语句中最多只能有一个 default 子句。default 子句是可选的。当 switch 表达式的值不与任何 case 子句匹配时，程序执行 default 子句，假如没有 default 子句，则程序直接退出 switch 语句。default 子句可以位于 switch 语句中的任何位置，通常都将 default 子句放在所有 case 子句的后面。以下两段程序是等价的：

```
int x=3;
switch(x){
  case 1:
    System.out.println("1");break;
  default :
    System.out.println("default");break;   //执行这行代码
  case 2:
    System.out.println("2");
}
```

等价于：

```
int x=3;
switch(x){
```

```
        case 1:
            System.out.println("1");break;
        case 2:
            System.out.println("2");break;
        default :
            System.out.println("default");    //执行这行代码
    }
```

（4）如果 switch 表达式与某个 case 表达式匹配，或者与 default 情况匹配，就从这个 case 子句或 default 子句开始执行，假如遇到 break 语句，就退出整个 switch 语句，否则依次执行 switch 语句中后续的 case 子句，不再检查 case 表达式的值。例如：

```
int x=5;
switch(x){
    default: System.out.println("default");   //x 与 default 情况匹配，因此从这行开始执行
    case 1: System.out.println("case1");
    case 2: System.out.println("case2");
    case 3: System.out.println("case3");break;
    case 4: System.out.println("case4");
}
```

以上代码的打印结果为：

```
default
case1
case2
case3
```

一般情况下,应该在每个 case 子句的末尾提供 break 语句,以便及时退出整个 switch 语句。在某些情况下，假如若干 case 表达式都对应相同的流程分支，则不必使用 break 语句，例如：

```
public void convertGrade(char grade){
    switch( grade ){
        case 'A' :
            System.out.println(grade+" is 85～100");
            break;
        case 'B' :
        case 'C' :
        case 'D' :    //当 grade 的值为 B、C 或 D，都执行这行代码
            System.out.println(grade+" is ＜85");
            break;
        default : System.out.println("Invalid Grade!");
    }
}
```

（5）switch 语句的功能也可以用 if else 语句来实现。例如以上 convertGrade()方法也可以改写成如下形式：

```
public void convertGrade(char grade){
    if(grade=='A'){
        System.out.println(grade+" is 85～100");
    }else if(grade=='B' || grade=='C' || grade=='D'){
        System.out.println(grade+" is ＜85");
    }else{
```

```
            System.out.println("Invalid Grade!");
        }
    }
```

在某些情况下，假如决定流程分支的条件表达式的类型都是 int 兼容类型、字符串类型或者是枚举类型，使用 switch 语句会使程序更加简洁，可读性更强。而 if else 语句的功能比 switch 语句更强大，它能够灵活地控制各种复杂的流程分支。

5.2 循环语句

循环语句的作用是反复执行一段代码，直到不满足循环条件为止。循环语句一般应包括 4 部分内容：

- 初始化部分：用来设置循环的一些初始条件，比如设置循环控制变量的初始值。
- 循环条件：这是一个布尔表达式。每一次循环都要对该表达式求值，以判断到底是继续循环还是终止循环。这个布尔表达式中通常会包含循环控制变量。
- 循环体：这是循环操作的主体内容，可以是一条语句，也可以是多条语句。
- 迭代部分：通常属于循环体的一部分，用来改变循环控制变量的值，从而改变循环条件表达式的布尔值。

Java 语言提供 3 种循环语句：for 语句、while 语句和 do while 语句。for 和 while 语句在执行循环体之前测试循环条件，而 do while 语句在执行完循环体之后测试循环条件。这意味着 for 和 while 语句有可能连一次循环体都未执行，而 do while 循环至少执行一次循环体。

5.2.1 while 语句

while 语句是 Java 语言中最基本的循环语句。它的基本格式如下，其中初始化部分是可选的：

```
[初始化部分]
while (循环条件){
    循环体，包括迭代部分
}
```

当代表循环条件的布尔表达式的值为 true，就重复执行循环，否则终止循环，如图 5-5 所示。

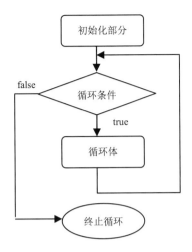

图 5-5 while 语句的循环流程

例如以下 max(int[] array)方法能返回整数数组中的最大值,它利用 while 循环遍历数组中的所有元素,然后挑选出数值最大的元素:

```
public static int max(int[] array){
  if(array==null || array.length==0)
    throw new IllegalArgumentException("无效的数组");

  int index=1,location=0;    //初始化部分
  while(index<array.length){  //循环条件,index 为循环控制变量
    //以下是循环体
    if(array[location]<array[index]) location=index;
    index++;   //迭代部分,改变循环控制变量 index 的值
  }
  return array[location];
}
```

在使用 while 语句时,有以下注意事项:

(1)如果循环体包含多条语句,必须放在大括号内,如果循环体只有一条语句,可以不用大括号。例如以下程序的流程为:如果 opt 变量为"递增",就重复打印 count 变量,并对 count 变量执行递增操作,直到 count 变量变为 20;如果 opt 变量为"递减",就重复打印 count 变量,并对 count 变量执行递减操作,直到 count 变量变为 0:

```
String opt="递减";
int count=10;
if(opt.equals("递增"))
  while(count<20)
    System.out.println(count++);   //循环体中只有一条语句,无需大括号
else if(opt.equals("递减"))
  while(count>0){   //循环体中有多条语句,需要大括号
    System.out.println(count);
    count--;
  }
```

(2)while 语句在循环一开始就计算循环条件表达式,若表达式的值为 false,则

循环体一次也不会执行。例如以下循环体一次也不会执行：

```
int a = 10, b = 20;
while(a > b++)
    System.out.println(a+">"+b);
```

（3）while 语句（或者 for 语句和 do while 语句）的循环体可以为空，这是因为一个空语句（仅由一个分号组成的语句）在语法上是合法的。例如：

```
int i=100, j=200;
while(++i < --j) ;
System.out.println("Midpoint is " + i);
```

以上程序找出变量 *i* 和变量 *j* 的中间点。它的打印结果为：Midpoint is 150。该程序中的 while 语句没有循环体，在循环条件中包括需要重复的操作。在专业化的 Java 程序代码中，一些可以由循环条件表达式本身完成重复操作的短循环通常都没有循环体。

（4）对于 while 语句（或者 for 语句和 do while 语句），都应该确保提供终止循环的条件，避免死循环（即永远不会终止的循环，或者称为无限循环）。例如以下 while 语句会导致死循环：

```
int a=1,b=2;
while(a<b) b++;
```

以下两种修改方式都能避免死循环：

```
int a=1,b=2;
while(a<b) {b++; a+=2;}
```

或者：

```
int a=1,b=2;
while(a<b){
    b++;
    if(b>a*2)break;   //中断循环
}
```

5.2.2 do while 语句

do while 语句首先执行循环体，然后再判断循环条件。它的基本格式如下，其中初始化部分是可选的：

```
[初始化部分]
do {
    循环体，包括迭代部分
}while(循环条件);
```

在任何情况下，do while 语句都会至少执行一次循环体，然后再判断循环条件。当代表循环条件的布尔表达式的值为 true，就继续执行循环体，否则终止循环，如图 5-6 所示。

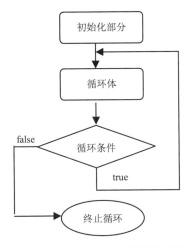

图 5-6 do while 语句的循环流程

以下 max(int[] array)方法能返回整数数组中的最大值,它利用 do while 循环遍历数组中的所有元素,然后挑选出数值最大的元素:

```
public static int max(int[] array){
    if(array==null || array.length==0)
        throw new IllegalArgumentException("无效的数组");

    int index=1,location=0;   //初始化部分
    do{
        //以下是循环体
        if(array[location]<array[index]) location=index;
        index++;   //迭代部分
    } while(index<array.length); //循环条件

    return array[location];
}
```

do while 语句在第一次执行循环体时不判断循环条件,以上程序存在潜在的错误。当参数 array 数组的长度为 1,第一次执行循环体时,index 的值为 1,访问 array[index] 会抛出 ArrayIndexOutOfBoundsException 数组下标越界异常。正确的做法是把 *index* 变量的初始值设为 0:

```
public static int max(int[] array){
    if(array==null || array.length==0)
        throw new IllegalArgumentException("无效的数组");

    int index=0,location=0;   //初始化部分
    do{
        …
    } while(index<array.length); //循环条件

    return array[location];
}
```

在以下 do while 语句中,在循环条件中包含迭代部分:

```
int i=1;
do{
   System.out.println(i);
}while(i++<3);
```

当变量 i 为 2 时，表达式 "i++<3" 的值为 true，还会再执行一次循环体，以上程序的打印结果为：1 2 3。

在以下程序中，当变量 i 为 2 时，表达式 "++i<3" 的值为 false，不会再执行循环体，程序的打印结果为 1 和 2：

```
int i=1;
do{
   System.out.println(i);
}while(++i<3);
```

5.2.3 for 语句

for 语句和 while 语句一样，也是先判断循环条件，再执行循环体，它的基本格式如下：

```
for(初始化部分;循环条件;迭代部分){
   循环体
}
```

在执行 for 语句时，先执行初始化部分，这部分只会被执行一次，接下来计算作为循环条件的布尔表达式，如果为 true，就执行循环体，接着执行迭代部分，然后再计算作为循环条件的布尔表达式，如此反复。以下 for 语句的初始化部分为 "int i=3"，循环条件为 "i>0"：

```
for(int i=3; i>0; System.out.println("迭代部分打印:i="+(--i))){
   System.out.println("循环体打印:i="+i);
}
```

以上程序的打印结果为：

```
循环体打印:i=3
迭代部分打印:i=2
循环体打印:i=2
迭代部分打印:i=1
循环体打印:i=1
迭代部分打印:i=0
```

在使用 for 语句时，有以下注意事项：

（1）如果 for 语句的循环体只有一条语句，可以不用大括号。

（2）控制 for 循环的变量常常只用于本循环，而不用在程序的其他地方。在这种情况下，可以在循环的初始化部分声明变量。例如以下变量 n 为循环控制变量：

```
for(int n=1; n<=10; n++)
   System.out.println("tick " + n);
```

在 for 语句内声明的变量的作用域为当前 for 语句，不能在 for 语句以外的地方使用它，例如在以下代码中，试图在 for 语句以外的地方访问变量 n：

```
for(int n=1; n<=10; n++)
    System.out.println("tick " + n);
int a=n; //编译出错,变量 n 没有定义
```

Tips

在第 3 章的 3.3.4 节(将局部变量的作用域最小化)曾经提到应该尽可能地缩小局部变量的作用域,在 for 语句的初始化部分定义的变量的作用域为当前 for 语句,因此符合这一规则。

正确的做法是扩大变量 *n* 的作用域,或者重新定义变量 n:

```
int n;  //扩大变量 n 的作用域
for(n=1; n<=10; n++)
    System.out.println("tick " + n);
int a=n;
```

或者:

```
for(int n=1; n<=10; n++)
    System.out.println("tick " + n);
int n=0;  //重新定义变量 n
int a=n;
```

(3)在初始化部分和迭代部分可以使用逗号语句。逗号语句是用逗号分隔的语句序列。以下 inverse()方法用于颠倒数组中元素的顺序。在 for 语句的初始化部分定义了两个变量 *i* 和 *j*,这两个变量的作用域都是当前 for 语句:

```
public static int[] inverse(int[] oldArray){
    if(oldArray==null || oldArray.length==0)
        throw new IllegalArgumentException("无效的数组");

    int[] newArray=new int[oldArray.length];

    for(int i=0,j=oldArray.length-1;i<oldArray.length;i++,j--)
        newArray[j]=oldArray[i];

    return newArray;
}
```

尽管 for 语句的使用方式比较灵活,但还是受到一些语法限制。在以下 4 段程序代码中,仅有选项 C 是正确的,选项 A 不正确,因为"*i*=5,int *j*=10"不是合法的初始化语句。选项 B 不正确,因为"*i*<10, *j*>0"不是合法的布尔表达式。选项 D 不正确,因为"*i*=0;*j*=10"不是合法的初始化语句,应改为"*i*=0,*j*=10":

```
A) int i;
     for (i=5,int j=10; i<10;j--) { }
B) int i,j;
     for (i=0,j=10;i<10, j>0;i++,j--) { }
C) int i,k;
     for (i=0,k=9;(i<10 && k>0);i++,k--) { }
D) int i,j;
     for (i=0;j=10;i<10;i++,j--) { }
```

（4）for 语句的初始化部分、循环条件或者迭代部分都可以为空，例如下面 for 语句的初始化部分和迭代部分都为空：

```
int n=1;
boolean done = false;   //初始化部分
for( ; !done; ) {
   System.out.println("tick" + n);
   if(n == 10) done = true;   //迭代部分
   n++;
}
```

在以上代码中，初始化部分被移到 for 语句以外，迭代部分被移到 for 循环体内。在这个简单的例子中，这种编程风格不值得推荐，因为它使程序的结构变得臃肿复杂。但在某些情况下，当初始化部分包括复杂的流程，并且循环控制变量的改变由循环体内的复杂行为来决定时，可以使用这种编程风格，例如：

```
String opt="递增";

//初始化部分
int n= opt.equals("递增") ? 1 : 10;

boolean done = false;
for( ; !done; ) {
   System.out.println("tick" + n);
   //迭代部分
   if(opt.equals("递增")){
      n++;
      if(n == 20) done = true;
   }else{
      n--;
      if(n == 0) done = true;
   }
}
```

下面的 for 语句的初始化部分、循环条件和迭代部分全为空，表示一个无限循环：

```
for( ; ; ) {...}
```

以上循环将始终运行，因为没有使它终止的条件。它等价于以下 while 语句：

```
while(true){ ...}
```

尽管有一些程序，例如操作系统程序和服务器程序，需要无限循环，但大多数"无限循环"实际上都是有特殊终止条件的。例如：

```
for( ; ; ) {
   ...
   if(command.equals("exit"))break;   //如果用户的命令为"exit"，就退出循环
}
```

（5）作为一种编程惯例，for 语句一般用在循环次数事先可确定的情况，而 while 和 do while 用在循环次数事先不可确定的情况。

5.2.4 foreach 语句

foreach 语句是 for 语句的特殊简化版本,它可以简化遍历数组和集合的程序代码。foreach 语句的语法格式如下:

```
for(元素类型 元素变量 x : 待遍历的集合或数组){
    引用了变量 x 的 java 语句;
}
```

foreach 并不是一个关键字,习惯上将符合以上语法格式的 for 语句称为"foreach"语句。foreach 语句并不能完全取代 for 语句,然而,任何 foreach 语句都可以改写为 for 语句。下面通过例程 5-2 的 ForEachTest 类来了解 foreach 语句的用法。

例程 5-2 ForEachTest.java

```java
import java.util.List;
import java.util.ArrayList;

public class ForEachTest {
    public static void main(String args[]) {
        ForEachTest test = new ForEachTest();
        test.testArray1();
        test.testArray2();
        test.testList();
    }

    public void testArray1() {
        int array[] = {8, 9, 1};

        for(int i=0;i<array.length;i++)          //利用 for 语句遍历数组元素
            System.out.println(array[i]);
    }

    public void testArray2() {
        int array[] = {8, 9, 1};

        for(int x : array)                       //利用 foreach 语句遍历数组元素
            System.out.println(x);
    }

    public void testList() {
        List<String> list = new ArrayList<String>();
        list.add("8");
        list.add("9");
        list.add("1");

        for(String x : list)                     //利用 foreach 语句遍历集合元素
            System.out.println(x);
    }
}
```

在以上代码中,testArray1()和 testArray2()方法实现的功能是一样的,都是遍历数组中的元素,但是两者分别用传统的 for 语句和 foreach 语句实现,通过比较,不难发现第二种实现的代码更加简洁。testList()方法通过 foreach 语句来遍历一个 List 类型的集合中的元素。关于 List 类型的概念，可参见本书第 15 章的 15.4 节（List（列表））。

5.2.5 多重循环

各种循环语句可以相互嵌套，组成多重循环。例如以下两个 for 语句相互嵌套：

```
for(int i=5;i>0;i--){
    for(int j=1;j<=i;j++)
        System.out.print("*");
    System.out.println();     //打印一个换行符
}
```

以上程序的打印结果为：

```
*****
****
***
**
*
```

5.3 流程跳转语句

break、continue 和 return 语句用来控制流程的跳转。

（1）break：从 switch 语句、循环语句或标号标识的代码块中退出。以下 while 循环用于把 1 加到 100：

```
int a=1,result=0;
while(true){
    result+=a++;
    if(a==101)break;          //终止循环
}
System.out.println(result);   //打印 5050
```

（2）continue：跳过本次循环，执行下一次循环，或执行标号标识的循环体。以下 for 循环用于对 1～100 的奇数求和：

```
int result=0;
for(int a=1;a<=100;a++){
    if(a%2==0)continue;       //如果 a 是偶数，就跳出本次循环，继续执行下次循环
    else result+=a;
}
System.out.println(result);   //打印 2500
```

（3）return：退出本方法，跳到上层调用方法；如果本方法的返回类型不是 void，需要提供相应的返回值。在以下 amethod()方法中，有 3 个 return 语句，一旦流程执行到某个 return 语句，就会立即退出本方法，不再执行后续的代码：

```
public void method(){
    System.out.println(amethod(5));   //打印 1
```

```
    }
    public int amethod(int x){
        if(x>0) return 1;
        if(x==0) return 0;
        System.out.println("default:x<0");
        return -1;
    }
```

以下程序代码会导致编译错误，因为"return –1;"语句永远不会被执行：

```
    public int amethod(int x){
        if(x>0) return 1;
        else return 0;

        return -1;    //编译错误，这段代码永远不会被执行
    }
```

break 语句和 continue 语句可以与标号联合使用。标号用来标识程序中的语句，标号的名字可以是任意的合法标识符。例如在以下代码中，"loop1"和"loop2"为标号，分别标识 for 语句和 switch 语句：

```
loop1: for(int i = 0; i < 5; i++){
    loop2: switch(i){
        case 0:
            System.out.println("0");
            break; //退出 switch 语句
        case 1:
            System.out.println("1");
            break loop2; //退出 switch 语句
        case 3:
            System.out.println("3");
            break loop1; //退出 for 循环
        default:
            System.out.println("default");
            continue loop1; //结束本次 for 循环，执行下次 for 循环
    }
    System.out.println("i="+i);
}
```

以上程序的打印结果为：

```
0
i=0
1
i=1
default
3
```

再例如在下面的多重循环中，标号"labelOne"和"labelTwo"分别用来标识两个 for 循环：

```
labelOne: for(int i=0;i<4;i++){
    labelTwo: for(int j=0;j<4;j++){
        if(i==2)continue labelOne;
        if(i==3)break labelOne;
```

```
            if(j==2)continue labelTwo;
            if(j==3)break;    //等价于 break labelTwo;
            System.out.println("i="+i+" j="+j);
        }
        System.out.println("i="+i);
    }
```

以上程序的打印结果为:

```
i=0 j=0
i=0 j=1
i=0
i=1 j=0
i=1 j=1
i=1
```

在使用标号时,有以下注意事项:

(1)在语法上,标号可用来标识除变量声明语句之外的任何有效语句。在以下代码中,在"int j=0;"之前定义的标号 label2 是非法的:

```
int counter = 0;
label1: for(int i=10; i<0; i--){
    label2: int j = 0;    //编译出错,不能在变量声明语句前定义标号
    while (j < 10){
        if(j > i) break label2;    /编译出错
        if(i == j){
            counter++;
            continue label1;
        }
    }
    label3: counter--;
}
System.out.println(counter);
```

为了简化程序的结构,目前的 Java 语言不支持 goto 语句,在其他编程语言中,goto 语句用于直接跳转到标号所在的语句。例如在 C 语言中,"goto label3"表示跳转到 label3 标识的语句"counter--;"。但由于 Java 语言不支持 goto 语句,因此 label3 标号没有任何意义。目前只有在 while、do while 和 for 循环语句或 switch 语句前面的标号才有实际意义。

> **Tips**
> Java 语言把 goto 和 const 作为保留字,意味着目前还未用到它们,在将来的版本中也许会用到它们。

(2)continue 语句中的标号必须定义在 while、do while 和 for 循环语句前面。例如以下 continue 语句中的标号用于标识 switch 语句,这是非法的:

```
char mychar = 'c';
one: switch (mychar) {
    default:
    case 'a':
        System.out.println("a");
        continue one;    //编译错误
    case 'b':
        System.out.println("b");
```

```
        break one;    //合法
    }
```

（3）break 语句中的标号必须定义在 while、do while 和 for 循环语句或 switch 语句前面。

5.4 综合例子：八皇后问题

八皇后问题是一个古老而著名的问题，该问题由 19 世纪著名的数学家高斯提出：在 8×8 格的国际象棋上摆放 8 个皇后，使其不能互相攻击，即任意两个皇后都不能处于同一行、同一列或同一对角线上，问：有多少种摆法？图 5-7 给出了一种摆放方式。

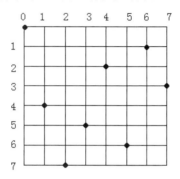

图 5-7 八皇后的一种摆放方式

为了使解决方案具有更大的通用性，本例中用变量 *size* 来表示皇后的数目和棋盘大小，下面的算法适用于摆放任意数目的皇后。如图 5-8 所示，假定在第 *i* 行第 *j* 列摆放了一个皇后，那么它所在的第 *i* 行、第 *j* 列，以及两个对角线都不能再放其他的皇后。在程序中用以下整数数组来表示皇后的位置及所占据的列和对角线：

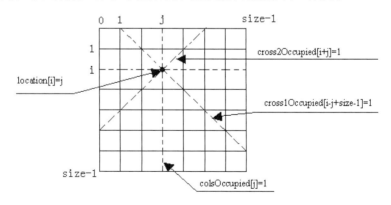

图 5-8 用数组来表示皇后的位置及所占据的列和对角线

- location 数组：皇后在棋盘的每行上的列的位置，数组长度为 *size*，location[*i*]=*j* 表示在第 *i* 行第 *j* 列摆放了一个皇后。
- colsOccupied 数组：皇后在棋盘上占据的列，数组长度为 *size*，colsOccupied[*j*]=1

表示皇后占据了第 j 列。
- cross1Occupied 数组：皇后在棋盘上占据的正对角线，数组长度为 2*size，cross1Occupied[i-j+size-1]=1 表示皇后占据了某一条正对角线。
- cross2Occupied 数组：皇后在棋盘上占据的反对角线，数组长度为 2*size，cross1Occupied[i+j]=1 表示皇后占据了某一条反对角线。

从第 i 行开始摆放皇后的流程为：循环测试从第 0 列到第 size-1 列能否摆放皇后。在每一次循环中，先测试当前位置（i,j）是否被占领，即所在列和对角线上是否有其他皇后。如果当前位置（i,j）没有被占领，就宣布占领该位置。如果 i 等于 size-1，表示已经摆好所有的皇后，于是打印摆放结果，否则递归测试第 i+1 行的皇后的位置。接下来在当前循环中取消占领当前位置（i,j），为下一次循环作准备。在下一次循环中，将测试能否在（i,j+1）位置摆放皇后。图 5-9 为从第 i 行开始摆放皇后的流程。

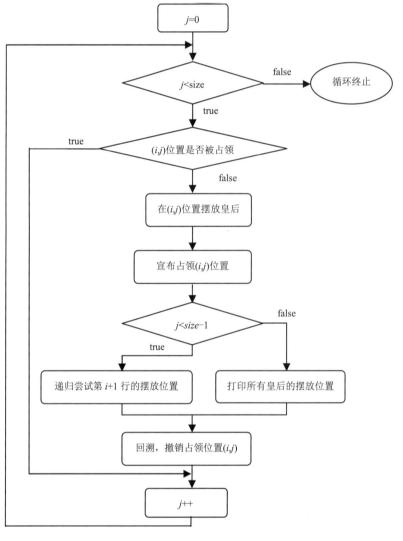

图 5-9 从第 i 行开始摆放皇后的流程

例程 5-3 为 Queen 类的源程序，它的 place()方法负责从第 *i* 行开始摆放皇后。

例程 5-3　Queen.java

```java
public class Queen {
  private final int size;           //棋盘的大小，也表示皇后的数目
  private int[] location;           //皇后在棋盘的每行上的列的位置
  private int[] colsOccupied;       //皇后在棋盘上占据的列
  private int[] cross1Occupied;     //皇后在棋盘上占据的正对角线
  private int[] cross2Occupied;     //皇后在棋盘上占据的反对角线
  private static int count;         //解决方案的个数

  private static final int STATUS_OCCUPIED=1;  //占领状态
  private static final int STATUS_OCCUPY_CANCELED=0;  //未占领状态

  public Queen(int size){
    //初始化
    this.size=size;
    location=new int[size];
    colsOccupied=new int[size];
    cross1Occupied=new int[2*size];
    cross2Occupied=new int[2*size];
  }

  public void printLocation(){
    System.out.println("以下是皇后在棋盘上的第"+count+"种摆放位置");
    for(int i=0;i<size;i++)
      System.out.println("行:"+i+"   列:"+location[i]);
  }

  /** 判断位置(i,j)是否被占领 */
  private boolean isOccupied(int i,int j){
    return (colsOccupied[j]== STATUS_OCCUPIED)
        || (cross1Occupied[i-j+size-1]== STATUS_OCCUPIED)
        || (cross2Occupied[i+j]== STATUS_OCCUPIED);
  }

  /** 如果参数 flag 为 1，表示占领位置(i,j);
   *  如果参数 flag 为 0，表示取消占领位置(i,j)
   */
  private void setStatus(int i,int j,int flag){
    colsOccupied[j]=flag;    //宣布占领或取消占领第 j 列
    cross1Occupied[i-j+size-1]=flag;   //宣布占领或取消占领正对角线
    cross2Occupied[i+j]=flag;  //宣布占领或取消占领反对角线
  }

  /** 从第 i 行开始摆放皇后 */
  public void place(int i){
    for(int j=0;j<size;j++)   //在第 i 行，分别尝试把皇后放在每一列上
      if(!isOccupied(i,j)){   //判断该位置是否被占据
        location[i]=j;   //摆放皇后，在第 i 行把皇后放在第 j 列
        setStatus(i,j,STATUS_OCCUPIED);   //宣布占领(i,j)位置
        if( i<size-1)
          place(i+1);  //如果所有皇后没有摆完，递归摆放下一行的皇后
        else{
```

```
                    count++;        //统计解决方案的个数
                    printLocation();  //完成任务,打印所有皇后的位置
                }
                //回溯,撤销占领位置(i,j)
                setStatus(i,j,STATUS_OCCUPY_CANCELED);
            }
        }
    }

    public void start(){
        place(0);   //从第 0 行开始放置皇后
    }

    public static void main(String args[]){
        new Queen(8).start();
    }
}
```

运行以上程序,会得到 92 种摆放 8 个皇后的方案,以下是部分打印结果:

```
以下是皇后在棋盘上的第 1 种摆放位置
行:0  列:0
行:1  列:4
行:2  列:7
行:3  列:5
行:4  列:2
行:5  列:6
行:6  列:1
行:7  列:3
以下是皇后在棋盘上的第 2 种摆放位置
行:0  列:0
行:1  列:5
行:2  列:7
行:3  列:2
行:4  列:6
行:5  列:3
行:6  列:1
行:7  列:4
```

5.5 小结

本章介绍了 Java 语言中各种流程控制语句的用法:
- if else 语句:最常用的分支语句。
- switch 语句:多路分支语句。
- while 语句:最常用的循环语句,先检查循环条件,再执行循环体。
- do while 语句:先执行循环体,再检查循环条件,循环体至少会执行一次。
- for 语句:先检查循环条件,再执行循环体,通常用于事先确定循环次数的场合。

if else、while、do while 和 for 语句的条件表达式都必须是布尔表达式,不能为数字类型。switch 表达式和 case 表达式必须是与 int 类型兼容的基本类型(byte、short、 char 或 int 类型）、字符串类型或枚举类型，而且 case 表达式必须为常量。

5.6 思考题

1. 运行以下代码，得到什么打印结果？

   ```java
   int i = 3;
   int j = 0;
   double k = 3.2;
   if (i < k)
     if (i == j)
       System.out.println(i);
     else
       System.out.println(j);
   else
     System.out.println(k);
   ```

2. 以下代码能否编译通过？假如能编译通过，运行时得到什么打印结果？

   ```java
   int i = 4;
   switch (i) {
     default:
       System.out.println("default");
     case 0:
       System.out.println("zero");
       break;
     case 1:
       System.out.println("one");
     case 2:
       System.out.println("two");
   }
   ```

3. 以下哪段代码是合法的？

   a)
   ```java
   int i;
   for (i=5,int j=10; i<10;j--) { }
   ```
   b)
   ```java
   int i,j;
   for (i=0,j=10;i<10, j>0;i++,j--) { }
   ```
   c)
   ```java
   int i,k;
   for (i=0,k=9;(i<10 && k>0);i++,k--) { }
   ```
   d)
   ```java
   int i,j;
   for (i=0;j=10;i<10;i++,j--) { }
   ```

4. 运行以下代码，得到什么打印结果？

   ```java
   int i = 1;
   switch (i) {
   ```

```
        default:
            System.out.println("default");
        case 0:
            System.out.println("zero");
            break;
        case 1:
            System.out.println("one");
        case 2:
            System.out.println("two");
    }
```

5. 以下哪些代码是合法的?

a)
```
float x = 1;
switch(x) {
  case 1: System.out.println("ok");
}
```

b)
```
String s ="ok";
switch(s) {
  case "ok":
      System.out.println("ok");
      break;
}
```

c)
```
byte x =1;
switch(x) {
  case 1/1:System.out.println("ok");
}
```

d)
```
int x=1;
int c =1;
switch(c) {
  case x:
      System.out.println("ok");
      break;
}
```

e)
```
short x=1;
switch(x) {
  case 3.2 /3:
      System.out.println("ok");
      break;
}
```

f)
```
short x=1;
switch(x) {
  case 1,2,3:
      System.out.println("ok");
      break;
}
```

6. 以下代码能否编译通过？假如能编译通过，运行时得到什么打印结果？

```java
public class MySwitch{
    public static void main(String argv[]){
        MySwitch ms= new MySwitch();
        ms.amethod();
    }
    public void amethod(){
        for(int a=0,b=0;a<2; b=++a,System.out.println("b="+b))
            System.out.println("a="+a);
    }
}
```

7. 以下代码能否编译通过？假如能编译通过，运行时得到什么打印结果？

```java
int x = 0;
one:
while (x < 10) {
  two:
  System.out.println(++x);
  if (x > 3)
    break two;
}
```

8. 以下代码能否编译通过？假如能编译通过，运行时得到什么打印结果？

```java
public class Hope{
    public static void main(String argv[]){
        Hope h = new Hope();
    }
    protected Hope(){
        int i=1;
        do{
            System.out.println(i);
        }while(++i<3);
    }
}
```

读书笔记

第 6 章 继 承

继承是复用程序代码的有力手段,当多个类(Sub1,Sub2,…Sub100)之间存在相同的属性和方法时,可从这些类中抽象出父类 Base,在父类 Base 中定义这些相同的属性和方法,所有的 Sub 类无须重新定义这些属性和方法,只需通过 extends 语句来声明继承 Base 类:

```
public class Sub extends Base{…}
```

Sub 类就会自动拥有在 Base 类中定义的属性和方法。

本章首先介绍继承的基本语法,然后介绍了两个重要的概念:方法重载和方法覆盖,随后介绍多态的各种特征,最后介绍正确使用继承关系的原则,以及和组合关系的区别。

6.1 继承的基本语法

在 Java 语言中,用 extends 关键字来表示一个类继承了另一个类,例如:

```
public class Sub extends Base{
    …
}
```

以上代码表明 Sub 类继承了 Base 类。那么 Sub 类到底继承了 Base 类的哪些东西呢?这需要分为两种情况:

- 当 Sub 类和 Base 类位于同一个包中时:Sub 类继承 Base 类中 public、protected 和默认访问级别的成员变量和成员方法。
- 当 Sub 类和 Base 类位于不同的包中时:Sub 类继承 Base 类中 public 和 protected 访问级别的成员变量和成员方法。

> **Tips**
> 在本章及其他章节,为了叙述方便,有时会采用"子类继承父类的属性和方法"这样笼统的说法。

假设 Sub 和 Base 类位于同一个包中,以下程序演示在 Sub 类中可继承 Base 类的那些成员变量和方法:

```java
public class Base{
    public int publicVarOfBase=1;        //public 访问级别
    private int privateVarOfBase=1;      //private 访问级别
    int defaultVarOfBase=1;              //默认访问级别
    protected void methodOfBase(){}      //protected 访问级别
}
```

```
public class Sub extends Base{
    public void methodOfSub(){
        publicVarOfBase=2;         //合法，可以访问 Base 类的 public 类型的变量
        defaultVarOfBase=2;        //合法，可以访问 Base 类的默认访问级别的变量
        privateVarOfBase=2;        //非法，不能访问 Base 类的 private 类型的变量

        methodOfBase();            //合法，可以访问 Base 类的 protected 类型的方法
    }
    public static void main(String args[]){
        Sub sub=new Sub();
        sub.publicVarOfBase=3;     //合法，Sub 类继承了 Base 类的 public 类型的变量
        sub.privateVarOfBase=3;    //非法，Sub 类不能继承 Base 类的 private 类型的变量
        sub.defaultVarOfBase=3;    //合法，Sub 类继承了 Base 类的默认访问级别的变量

        sub.methodOfBase();        //合法，Sub 类继承了 Base 类的 protected 类型的方法
        sub.methodOfSub();         //合法，这是 Sub 类本身的实例方法
    }
}
```

Java 语言不支持多继承，即一个类只能直接继承一个类。例如以下代码会导致编译错误：

```
class Sub extends Base1,Base2,Base3{...}
```

尽管一个类只能有一个直接的父类，但是它可以有多个间接的父类，例如以下代码表明 Base1 类继承 Base2 类，Sub 类继承 Base1 类，Base2 类是 Sub 类的间接父类：

```
class Base1 extends Base2{...}
class Sub extends Base1{...}
```

所有的 Java 类都直接或间接地继承了 java.lang.Object 类，Object 类是所有 Java 类的祖先，在这个类中定义了所有的 Java 对象都具有的相同行为，本书第 21 章的 21.1 节（Object 类）归纳了在 Object 类中定义的方法。在 Java 类框图中，具有继承关系的类形成了一棵继承树。图 6-1 显示了一棵由生物 Creature、动物 Animal、植物 Vegetation 和狗 Dog 等组成的继承树。

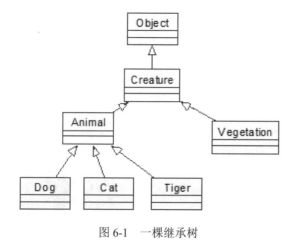

图 6-1 一棵继承树

在以上继承树中，Dog 类的直接父类为 Animal 类，它的间接父类包括 Creature 和 Object 类。Object、Creature、Animal 和 Dog 类形成了一个继承树分支，在这个分支上，位于下层的子类会继承上层所有直接或间接父类的属性和方法。如果两个类不在同一个继承树分支上，就不会存在继承关系。例如 Dog 类和 Vegetation 类，它们不在一个继承树分支上，因此不存在继承关系。

假如在定义一个类时，没有使用 extends 关键字，那么这个类直接继承 Object 类。例如以下 Sample 类的直接父类为 Object 类：

```
public class Sample{…}
```

6.2 方法重载（Overload）

有时候，类的同一种功能有多种实现方式，到底采用哪种实现方式，取决于调用者给定的参数。例如，杂技师能训练动物，对于不同的动物有不同的训练方式：

```
public void train(Dog dog){
   //训练小狗站立、排队、做算术
   …
}
public void train(Monkey monkey){
   //训练小猴敬礼、翻筋斗、骑自行车
   …
}
```

再例如，某个类的一个功能是比较两个城市是否相同，一种比较方式是按两个城市的名字进行比较，一种方式是按两个城市的名字，以及城市所在国家的名字进行比较：

```
public boolean  isSameCity (String city1,String city2){
   return city1.equals(city2);
}

public boolean  isSameCity(String city1,String city2,String country1,String country2){
   return   isSameCity(city1, city2) && country1.equals(country2);
}
```

再例如，java.lang.Math 类的 max()方法能够从两个数字中取出最大值，它有多种实现方式：

```
public static int max(int a,int b)
public static int max(long a,long b)
public static int max(float a,float b)
public static int max(double a,double b)
```

以下程序多次调用 Math 类的 max()方法，运行时，Java 虚拟机先判断给定参数的类型，然后决定到底执行哪个 max()方法：

```
//参数均为 int 类型，因此执行 max(int a,int b)方法
Math.max(1,2);
```

```
//参数均为 float 类型,因此执行 max(float a,float b)方法
Math.max(1.0F, 2.0F);

//参数中有一个是 double 类型,自动把另一个参数 2 转换为 double 类型,
//执行 max(double a,double b)方法
Math.max(1.0,2);
```

对于类的方法（包括从父类中继承的方法），如果有两个方法的方法名相同，但参数不一致，那么可以说，一个方法是另一个方法的重载方法。

重载方法必须满足以下条件：
- 方法名相同。
- 方法的参数类型、个数、顺序至少有一项不相同。
- 方法的返回类型可以不相同。
- 方法的修饰符可以不相同。

在一个类中不允许定义两个方法名相同，并且参数签名也完全相同的方法。因为假如存在这样的两个方法，Java 虚拟机在运行时无法决定到底执行哪个方法。参数签名就是指参数的类型、个数和顺序。

例如以下 Sample 类中已经定义了一个 amethod()方法：

```
public class Sample{
    public void amethod(int i, String s){}
    //加入其他方法
}
```

下面哪些方法可以加入到 Sample 类中，并且保证编译正确？

```
A) public void amethod(String s, int i){}      //可以
B) public int amethod(int i, String s){return 0;}   //不可以
C) private void amethod(int i, String mystring){}   //不可以
D) public void Amethod(int i, String s) {}    //可以
E) abstract void amethod(int i);   //不可以
```

选项 A 的 amethod()方法的参数顺序和已有的不一样，所以能作为重载方法，加入到 Sample 类中。

选项 B 和选项 C 的 amethod()方法的参数签名和已有的一样，所以不能加入到 Sample 类中。对于选项 C，尽管 String 类型的参数的名字和已有的不一样，但比较参数签名无须考虑参数的具体名字。

选项 D 的方法名为 Amethod，与已有的不一样，所以能加入到 Sample 类中。

选项 E 的方法的参数的数目和已有的不一样，因此是一种重载方法。但由于此处的 Sample 类不是抽象类，所以不能包含这个抽象方法。假如把 Sample 类改为抽象类，就能把这个方法加入到 Sample 类中。

再例如，以下 Sample 类中已经定义了一个作为程序入口的 main()方法：

```
abstract public class Sample{
    public static void main( String[] s){}
    //加入其他方法
}
```

下面哪些方法可以加入到 Sample 类中，并且保证编译正确？

```
A) abstract public void main(String s, int i);    //可以
B) public final static int main( String[] s){}    //不可以
C) private void main(int i, String mystring){}    //可以
D) public void main( String s) throws Exception{} //可以
```

作为程序入口的 main()方法也可以被重载。以上选项 A、C 和 D 都可以被加入到 Sample 类中。选项 B 与已有的 main()方法有相同的方法签名，因此不允许再加入到 Sample 类中。

6.3 方法覆盖（Override）

假如有 100 个类，分别为 Sub1，Sub2，…，Sub100，它们的一个共同行为是写字，除了 Sub1 类用脚写字外，其余的类都用手写字。可以抽象出一个父类 Base 类，它有一个表示写字的方法 write()，那么这个方法到底如何实现呢？从尽可能提高代码可重用性的角度，write()方法应该采用适用于大多数子类的实现方式，这样就可以避免在大多数子类中重复定义 write()方法。因此 Base 类的 write()方法的定义如下：

```
public void write(){    //Base 类的 write()方法
    //用手写字
    …
}
```

由于 Sub1 类的写字的实现方式与 Base 类不一样，因此在 Sub1 类中必须重新定义 write()方法：

```
public void write(){    //Sub1 类的 write()方法
    //用脚写字
    …
}
```

如果在子类中定义的一个方法，其名称、返回类型及参数签名正好与父类中某个方法的名称、返回类型及参数签名相匹配，那么可以说，子类的方法覆盖了父类的方法。

覆盖方法必须满足多种约束，下面分别介绍。

（1）子类方法的名称、参数签名和返回类型必须与父类方法的名称、参数签名和返回类型一致。例如以下代码将导致编译错误：

```
public class Base {
    public void method() {…}
}
public class Sub extends Base{
    public int
    method() {    //编译错误，返回类型不一致
        return 0;
    }
}
```

Java 编译器首先判断 Sub 类的 method()方法与 Base 类的 method()方法的参数签名，由于两者一致，因此 Java 编译器认为 Sub 类的 method()方法试图覆盖父类的方法，既然如此，Sub 类的 method()方法就必须和被覆盖的方法具有相同的返回类型。

以下代码中子类覆盖了父类的一个方法，然后又定义了一个重载方法，这是合法的：

```
public class Base {
   public void method() {…}
}
public class Sub extends Base {
   public void method(){…}    //覆盖 Base 类的 method()方法

   public int method(int a) {   //重载 method()方法
      return 0;
   }
}
```

（2）子类方法不能缩小父类方法的访问权限。例如，以下代码中子类的 method()方法是私有的，父类的 method()方法是公共的，子类缩小了父类方法的访问权限，这是无效的方法覆盖，将导致编译错误：

```
public class Base {
   public void method() {…}
}
public class Sub extends Base {
   private void method() {…} //编译错误，子类方法缩小了父类方法的访问权限
}
```

为什么子类方法不允许缩小父类方法的访问权限呢？这是因为假如没有这个限制，将会与 Java 语言的多态机制发生冲突。例如对于以下代码：

```
Base base=new Sub();   //base 变量被定义为 Base 类型，但引用 Sub 类的实例
base.method();
```

Java 编译器认为以上是合法的代码。但在运行时，根据动态绑定规则，Java 虚拟机会调用 base 变量所引用的 Sub 实例的 method()方法，如果这个方法为 private 类型，Java 虚拟机就无法访问它。所以为了避免这样的矛盾，Java 语言不允许子类方法缩小父类中被覆盖方法的访问权限。本章第 6.6 节（多态）对多态做了进一步的阐述。

（3）子类方法不能抛出比父类方法更多的异常，关于异常的概念参见第 9 章（异常处理）。子类方法抛出的异常必须和父类方法抛出的异常相同，或者子类方法抛出的异常类是父类方法抛出的异常类的子类。

例如，假设异常类 ExceptionSub1 和 ExceptionSub2 是 ExceptionBase 类的子类。以下代码是合法的：

```
public class Base {
   void method()throws ExceptionBase{}
}
public class Sub1 extends Base {
   void method()throws ExceptionSub1{}
}
public class Sub2 extends Base {
   void method()throws ExceptionSub1,ExceptionSub2{}
```

```
public class Sub3 extends Base {
  void method()throws ExceptionBase{}
}
```

以下代码不合法：

```
public class Base {
  void method() throws ExceptionSub1{ }
}
public class Sub1 extends Base {
  void method()throws ExceptionBase {}    //编译出错
}
public class Sub2 extends Base {
  void method()throws ExceptionSub1,ExceptionSub2 {}    //编译出错
}
```

为什么子类方法不允许抛出比父类方法更多的异常呢？这是因为假如没有这个限制，将会与 Java 语言的多态机制发生冲突。例如，对于以下代码：

```
Base base=new Sub2();   //base 变量被定义为 Base 类型，但引用 Sub2 类的实例
try{
   base.method();
}catch(ExceptionSub1 e){...}   //仅仅捕获 ExceptionSub1 异常
```

Java 编译器认为以上是合法的代码。但在运行时，根据动态绑定规则，Java 虚拟机会调用 base 变量所引用的 Sub2 实例的 method()方法，假如 Sub2 实例的 method()方法抛出 ExceptionSub2 异常，由于该异常没有被捕获，将导致程序异常终止。

（4）方法覆盖只存在于子类和父类（包括直接父类和间接父类）之间。在同一个类中方法只能被重载，不能被覆盖。

（5）父类的静态方法不能被子类覆盖为非静态方法。例如，以下代码将导致编译错误：

```
public class Base {
  public static void method() { }
}
public class Sub extends Base {
  public void method() { }//编译出错
}
```

（6）子类可以定义同父类的静态方法同名的静态方法，以便在子类中隐藏父类的静态方法。在编译时，子类定义的静态方法也必须满足和方法覆盖类似的约束：方法的参数签名一致，返回类型一致，不能缩小父类方法的访问权限，不能抛出更多的异常。例如以下代码是合法的：

```
public class Base {
  static int method(int a) throws BaseException{ return 0; }
}
public class Sub extends Base{
  public static int method(int a) throws SubException { return 0; }
}
```

子类隐藏父类的静态方法和子类覆盖父类的实例方法，这两者的区别在于：运行

时，Java 虚拟机把静态方法和所属的类绑定，而把实例方法和所属的实例绑定。下面举例来解释这一区别。在例程 6-1 中，Base 类和它的子类 Sub 类中都定义了实例方法 method()和静态方法 staticMethod()。

例程 6-1 Sub.java

```
package hidestatic;
class Base{
  void method(){    //实例方法
    System.out.println("method of Base");
  }
  static void staticMethod(){   //静态方法
    System.out.println("static method of Base");
  }
}
public class Sub extends Base{
  void method(){  //覆盖父类的实例方法 method()
    System.out.println("method of Sub");
  }
  static void staticMethod(){   //隐藏父类的静态方法 staticMethod()
    System.out.println("static method of Sub");
  }
  public static void main(String args[]){
    Base sub1=new Sub();   //sub1 变量被声明为 Base 类型，引用 Sub 实例
    sub1.method();   //打印 method of Sub
    sub1.staticMethod();   //打印 static method of Base

    Sub sub2=new Sub();   //sub2 变量被声明为 Sub 类型，引用 Sub 实例
    sub2.method();   //打印 method of Sub
    sub2.staticMethod();   //打印 static method of Sub
  }
}
```

运行 Sub 类的 main()方法，程序将输出：

```
method of Sub
static method of Base
method of Sub
static method of Sub
```

引用变量 *sub*1 和 *sub*2 都引用 Sub 类的实例，Java 虚拟机在执行 sub1.method()和 sub2.method()时，都调用 Sub 实例的 method()方法，此时父类 Base 的实例方法 method()被子类覆盖。

引用变量 *sub*1 被声明为 Base 类型，Java 虚拟机在执行 sub1.staticMethod()时，调用 Base 类的 staticMethod()方法，可见父类 Base 的静态方法 staticMehtod()不能被子类覆盖。

引用变量 *sub*2 被声明为 Sub 类型，Java 虚拟机在执行 sub2.staticMethod()时，调用 Sub 类的 staticMethod()方法，Base 类的 staticMehtod()方法被 Sub 类的 staticMehtod()方法隐藏。

（7）父类的非静态方法不能被子类覆盖为静态方法。例如，以下代码是不合法的：

```java
public class Base {
    void method() {  }
}
public class Sub extends Base {
    static void method() {  }   //编译出错
}
```

（8）父类的私有方法不能被子类覆盖。例如，在例程 6-2 中，Sub 子类中定义了一个和 Base 父类中的方法同名，参数签名和返回类型一致，但访问权限不一致的方法 showMe()，父类中 showMe()的访问权限为 private，而子类中 showMe()的访问权限为 public。尽管这在形式上和覆盖很相似，但 Java 虚拟机对此有不同的处理机制。子类方法覆盖父类方法的前提是，子类必须能继承父类的特定方法，由于 Base 类的 private 类型的 showMe()方法不能被 Sub 类继承，因此 Base 类的 showMe()方法和 Sub 类的 showMe()方法之间并没有覆盖关系。

例程 6-2　Sub.java

```java
package privatetest;
class Base {
    private String showMe() {
        return "Base";
    }
    public void print(){
        System.out.println(showMe());    //到底是调用 Base 类的 showMe()还是 Sub 类的 showMe()
    }
}
public class Sub extends Base {
    public String showMe(){
        return "Sub";
    }
    public static void main(String args[]){
        Sub sub=new Sub();
        sub.print();
    }
}
```

执行以上 Sub 类的 main()方法，会打印出结果"Base"，这是因为 print()方法在 Base 类中定义，因此 print()方法会调用 Base 类中定义的 private 类型的 showMe()方法。

如果把 Base 类的 showMe()方法改为 public 类型，其他代码不变：

```java
public class Base {
    public String showMe() {
        return "Base";
    }
    …
}
```

再执行以上 Sub 类的 main()方法的代码，会打印出结果"Sub"，这是因为此时 Sub 类的 showMe()方法覆盖了 Base 类的 showMe()方法，因此尽管 print()方法在 Base 类中定义，但是 Java 虚拟机会调用当前 Sub 实例的 showMe()方法。

（9）父类的抽象方法可以被子类通过两种途径覆盖：一是子类实现父类的抽象方

法；二是子类重新声明父类的抽象方法。例如以下代码合法：

```
public abstract class Base {
    abstract void method1();
    abstract void method2();
}
public abstract class Sub extends Base {
    public void method1(){...}   //实现 method1()方法，并且扩大访问权限
    public abstract void method2();   //重新声明 method2()方法，仅仅扩大访问权限，但不实现
}
```

Tips
狭义地理解，覆盖仅指子类覆盖父类的具体方法，即非抽象方法，在父类中提供了方法的默认实现方式，而子类采用不同的实现方式。在本书中，为了叙述方便，把子类实现父类的抽象方法也看作方法覆盖。

例如以下代码不合法：

```
public abstract class Base {
    abstract void method1();
    abstract void method2();
}
public abstract class Sub extends Base {
    private void method1(){...}   //编译出错，不能缩小访问权限
    private abstract void method2();   //编译出错，不能缩小访问权限
}
```

（10）父类的非抽象方法可以被覆盖为抽象方法。例如以下代码合法：

```
public class Base {
    void method(){ }
}
public abstract class Sub extends Base {
    public abstract void method();   //合法
}
```

在本书提供的 UML 类框图中，在子类中只会显示子类特有的方法，以及覆盖父类的方法，不会显示直接从父类中继承的方法。例如，图 6-2 表明 Base 类是抽象类（Base 名字用斜体字表示），method1()为抽象方法（method1 名字用斜体字表示），method2() 和 method3()为具体方法。Sub 类是 Base 类的子类，Sub 类实现了 Base 类的 method1() 方法，覆盖了 Base 类的 method2()方法，直接继承 Base 类的 method3()方法，此外 Sub 类还有自己的 method4()方法。

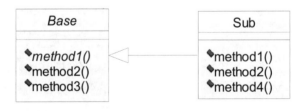

图 6-2　Sub 类继承 Base 类

6.4 方法覆盖与方法重载的异同

方法覆盖和方法重载具有以下相同点：
- 都要求方法同名。
- 都可以用于抽象方法和非抽象方法之间。

方法覆盖和方法重载具有以下不同点：
- 方法覆盖要求参数签名必须一致，而方法重载要求参数签名必须不一致。
- 方法覆盖要求返回类型必须一致，而方法重载对此不作限制。
- 方法覆盖只能用于子类覆盖父类的方法，方法重载用于同一个类的所有方法（包括从父类中继承而来的方法）。
- 方法覆盖对方法的访问权限和抛出的异常有特殊的要求，而方法重载在这方面没有任何限制。
- 父类的一个方法只能被子类覆盖一次，而一个方法在所在的类中可以被重载多次。

以下 Sub 子类覆盖了父类 Base 的 method(int v)方法，并且提供了多种重载方法：

```
public class Base{
    protected void method(int v){}
    private void method(String s){}          //重载
}

public abstract class Sub extends Base {
    public void method(int v){}              //覆盖
    public int method(int v1,int v2){return 0;}         //重载
    protected void method(String s) throws Exception{}   //重载
    abstract void method();                  //重载
}
```

6.5 super 关键字

super 和 this 关键字都可以用来覆盖 Java 语言的默认作用域，使被屏蔽的方法或变量变为可见。在以下场合会出现方法或变量被屏蔽的现象：
- 场合一：在一个方法内，当局部变量和类的成员变量同名，或者局部变量和父类的成员变量同名时，按照变量的作用域规则，只有局部变量在方法内可见。
- 场合二：当子类的某个方法覆盖了父类的一个方法时，在子类的范围内，父类的方法不可见。
- 场合三：当子类中定义了和父类同名的成员变量时，在子类的范围内，父类的成员变量不可见。

在例程 6-3 中，在 Base 父类和 Sub 子类中都定义了成员变量 var 以及成员方法 method()，在 Sub 类中，可通过 super.var 和 super.method()来访问 Base 类的成员变量 var，以及成员方法 method()：

例程 6-3　Sub.java

```
package usesuper;
class Base{
   String var="Base's Variable";
   void method(){System.out.println("call Base's method"); }
}
public class Sub extends Base{
   String var="Sub's variable";    //隐藏父类的 var 变量
   void method(){System.out.println("call Sub's method");}    //覆盖父类的 method()方法

   void test(){
      String var="Local variable";   //局部变量

      System.out.println("var is "+var);   //打印 method()方法的局部变量
      System.out.println("this.var is "+ this.var);   //打印 Sub 实例的实例变量
      System.out.println("super.var is "+ super.var);//打印在 Base 类中定义的实例变量

      method();    //调用 Sub 实例的 method()方法
      this.method();    //调用 Sub 实例的 method()方法
      super.method();   //调用在 Base 类中定义的 method()方法
   }
   public static void main(String args[]){
      Sub sub=new Sub();
      sub.test();
   }
}
```

上面程序的打印结果如下：

```
var is Local variable
this.var is Sub's variable
super.var is Base's Variable
call Sub's method
call Sub's method
call Base's method
```

值得注意的是，如果父类中的成员变量和方法被定义为 private 类型，那么子类永远无法访问它们，如果试图采用 super.var 的形式去访问父类的 private 类型的 *var* 变量，会导致编译错误。

在程序中，在以下情况会使用 super 关键字：

（1）在类的构造方法中，通过 super 语句调用这个类的父类的构造方法，参见第 11 章的 11.2.3 节（子类调用父类的构造方法）。

（2）在子类中访问父类的被屏蔽的方法和属性。

还有需注意的是，只能在构造方法或实例方法内使用 super 关键字，而在静态方法和静态代码块内不能使用 super 关键字，第 7 章的 7.4.2 节（static 方法）对此做了解释。

6.6 多态

第 1 章的 1.3.9 节（多态、动态绑定）已经解释了多态的实质，它是指当系统 A 访问系统 B 的服务时，系统 B 可以通过多种实现方式来提供服务，而这一切对系统 A 是透明的。例如，动物园的饲养员能够给各种各样的动物喂食。如图 6-3 显示了饲养员 Feeder、食物 Food 和动物 Animal，以及它的子类的类框图。

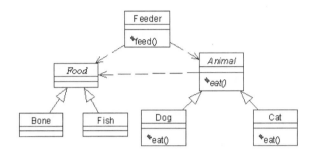

图 6-3　饲养员 Feeder、食物 Food 和动物 Animal 及它的子类的类框图

可以把 Feeder、Animal 和 Food 都看成独立的子系统。Feeder 类的定义如下：

```
public class Feeder{
  public void feed(Animal animal,Food food){
     animal.eat(food);
  }
}
```

以下程序演示一个饲养员分别给一只狗喂肉骨头、给一只猫喂鱼：

```
Feeder feeder=new Feeder();
Animal animal=new Dog();
Food food=new Bone();
feeder.feed(animal,food);    //给狗喂肉骨头

animal=new Cat();
food=new Fish();
feeder.feed(animal,food);    //给猫喂鱼
```

以上 *animal* 变量被定义为 Animal 类型，但实际上有可能引用 Dog 或 Cat 的实例。在 Feeder 类的 feed() 方法中调用 animal.eat() 方法，Java 虚拟机会执行 *animal* 变量所引用的实例的 eat() 方法。可见 *animal* 变量有多种状态，一会儿变成猫，一会儿变成狗，这是多态的字面含义。

Java 语言允许某个类型的引用变量引用子类的实例，而且可以对这个引用变量进行类型转换：

```
Animal animal=new Dog();
Dog dog=(Dog)animal;         //向下转型，把 Animal 类型转换为 Dog 类型
```

```
Creature creature=animal;          //向上转型，把 Animal 类型转换为 Creature 类型
```

如图 6-4 所示，如果把引用变量转换为子类类型，称为向下转型，如果把引用变量转换为父类类型，称为向上转型。在进行引用变量的类型转换时，会受到各种限制。而且在通过引用变量访问它所引用的实例的静态属性、静态方法、实例属性、实例方法，以及从父类中继承的方法和属性时，Java 虚拟机会采用不同的绑定机制。

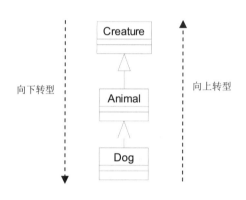

图 6-4　类型转换

下面通过具体的例子来演示多态的各种特性。在例程 6-4 中，Base 父类和 Sub 子类中都定义了实例变量 *var*、实例方法 method()、静态变量 *staticVar* 和静态方法 staticMethod()，此外，在 Sub 类中还定义了实例变量 *subVar* 和实例方法 subMethod()。

例程 6-4　Sub.java

```java
package poly;
class Base{
    String var="BaseVar";   //实例变量
    static String staticVar="StaticBaseVar";  //静态变量

    void method(){   //实例方法
        System.out.println("Base method");
    }
    static void staticMethod(){   //静态方法
        System.out.println("Static Base method");
    }
}

public class Sub extends Base{
    String var="SubVar";   //实例变量
    static String staticVar="StaticSubVar";   //静态变量

    void method(){   //覆盖父类的 method()方法
        System.out.println("Sub method");
    }
    static void staticMethod(){   //隐藏父类的 staticMethod()方法
        System.out.println("Static Sub method");
    }

    String subVar="Var only belonging to Sub";
```

```java
    void subMethod(){
      System.out.println("Method only belonging to Sub");
    }
    public static void main(String args[]){
      Base who=new Sub();   //who 被声明为 Base 类型，引用 Sub 实例
      System.out.println("who.var="+who.var);  //打印 Base 类的 var 变量
      System.out.println("who.staticVar="+who.staticVar); //打印 Base 类的 staticVar 变量
      who.method();    //打印 Sub 实例的 method()方法
      who.staticMethod();   //打印 Base 类的 staticMethod()方法
    }
  }
```

（1）对于一个引用类型的变量，Java 编译器按照它声明的类型来处理。例如在以下代码中，编译器认为 who 是 Base 类型的引用变量，不存在 *subVar* 成员变量和 subMethod()方法，所以编译出错：

```java
Base who=new Sub();   //who 是 Base 类型
who.subVar="123";   //编译出错，提示在 Base 类中没有 subVar 属性
who.subMethod();   //编译出错，提示在 Base 类中没有 subMethod()方法
```

如果要访问 Sub 类的成员，必须通过强制类型的转换：

```java
Base who=new Sub();   //who 是 Base 类型
((Sub)who).subVar="123";   //编译成功，把 Base 引用类型强制转换为 Sub 引用类型
((Sub)who).subMethod();   //编译成功，把 Base 引用类型强制转换为 Sub 引用类型
```

Java 编译器允许具有直接或间接继承关系的类之间进行类型转换，对于向上转型，不必使用强制类型转换，因为子类的对象肯定也可看作父类的对象。例如一个 Dog 对象是一个 Animal 对象，也是一个 Creature 对象，还是一个 Object 对象：

```java
Dog dog=new Dog();
Creature creature=dog;   //编译成功，把 Dog 引用类型直接转换为 Creature 引用类型
Object object=dog;   //编译成功，把 Dog 引用类型直接转换为 Object 引用类型
```

对于向下转型，必须进行强制类型转换：

```java
Creature creature=new Cat();
Animal animal=(Animal)creature;   //编译成功，把 Creature 引用类型强制转换为 Animal 引用类型
Cat cat=(Cat)creature;    //编译成功，把 Creature 引用类型强制转换为 Cat 引用类型
Dog dog=(Dog)creature;   //编译成功，把 Creature 引用类型强制转换为 Dog 引用类型
```

假如两种类型之间没有继承关系，即不在继承树的同一个继承分支上，那么 Java 编译器不允许进行类型转换，例如：

```java
Dog dog=new Dog();
Cat cat=(Cat)dog;   //编译出错，不允许把 Dog 引用类型转换为 Cat 引用类型
```

（2）对于一个引用类型的变量，运行时 Java 虚拟机按照它实际引用的对象来处理。例如以下代码虽然编译可以通过，但运行时会抛出 ClassCastException 运行时异常：

```java
Base who=new Base();   //who 引用 Base 类的实例
Sub s=(Sub)who; //运行时抛出 ClassCastException
```

在运行时，子类的对象可以转换为父类类型，而父类的对象实际上无法转换为子

类类型。因为通俗地讲，父类拥有的成员子类肯定也有，而子类拥有的成员父类不一定有。假设 Java 虚拟机能够把子类对象转换为父类类型，那么以下代码中的 sub.subMethod()方法无法执行：

```
Base who=new Base();     //who 引用 Base 类的实例
Sub sub=(Sub)who;        //假定运行时未出错
sub.subMethod();         //sub 引用变量实际上引用 Base 实例，而 Base 实例没有 subMethod()方法
```

sub 引用变量实际上引用的是 Base 类的实例，而 Base 实例没有 subMethod()方法。由此可见，在运行时，Java 虚拟机无法把子类对象转变为父类类型。以下代码尽管能够编译成功，但在运行时，*creature* 变量引用的 Cat 对象无法转变为 Dog 类型，因此会抛出 ClassCastException：

```
Creature creature=new Cat();
Animal animal=(Animal)creature;   //运行正常，Cat 对象可转换为 Animal 类型
Cat cat=(Cat)creature;            //运行正常，Cat 对象可以被 Cat 类型的引用变量引用
Dog dog=(Dog)creature;            //运行时抛出 ClassCastException，Cat 对象不可转换为 Dog 类型
```

（3）在运行时环境中，通过引用类型变量来访问所引用对象的方法和属性时，Java 虚拟机采用以下绑定规则：

- 实例方法与引用变量实际引用的对象的方法绑定，这种绑定属于动态绑定，因为是在运行时由 Java 虚拟机动态决定的。
- 静态方法与引用变量所声明的类型的方法绑定，这种绑定属于静态绑定，因为实际上在编译阶段就已经做了绑定。
- 成员变量（包括静态变量和实例变量）与引用变量所声明的类型的成员变量绑定，这种绑定属于静态绑定，因为实际上在编译阶段就已经做了绑定。

例如，对于以下这段代码：

```
Base who=new Sub();    //who 被声明为 Base 类型，引用 Sub 实例
System.out.println("who.var="+who.var);            //打印 Base 类的 var 变量
System.out.println("who.staticVar="+who.staticVar); //打印 Base 类的 staticVar 变量
who.method();          //打印 Sub 实例的 method()方法
who.staticMethod();    //打印 Base 类的 staticMethod()方法
```

运行时将会输出如下结果：

```
who.var=BaseVar
who.staticVar=StaticBaseVar
Sub method
Static Base method
```

再看一个例子：

```
public abstract class A{
  abstract void method();
  void test(){
    method();    //到底调用哪个类的 mehtod()方法
  }
}

public class B extends A{
```

```
            void method(){    //覆盖父类的method()方法
              System.out.println("Sub");
            }
            public static void main(String args[]){
              new B().test();
            }
          }
```

运行类 B 的 main()方法将打印 "Sub"。方法 test()在父类 A 中定义，它调用了方法 method()。虽然方法 method()在类 A 中被定义为是抽象的，它仍然可以被调用，因为在运行时环境中，Java 虚拟机会执行类 B 的实例的 method()方法。一个实例所属的类肯定实现了父类中所有的抽象方法（否则这个类不能被实例化）。

再看一个例子：

```
          public class A{
            void method(){System.out.println("Base");}
            void test(){method();}
          }
          public class B extends A{
            void method(){System.out.println("Sub");}

            public static void main(String args[]){
              new A().test(); //调用类 A 的 method()方法
              new B().test(); //调用类 B 的 method()方法
            }
          }
```

运行这段代码将打印：

```
          Base
          Sub
```

test()方法在父类 A 中定义，它调用了 method()方法，和上面一个例子的区别是父类 A 的 method()方法不是抽象的。但是通过 new B().test()调用 method()方法，执行的仍然是子类 B 的 method()方法。由此可以更深入地体会动态绑定的思想：在运行环境中，当通过 B 类的实例去调用一系列的实例方法（包括一个方法调用的另一个方法）时，将优先和 B 类本身包含的实例方法动态绑定，如果 B 类没有定义这个实例方法，才会和从父类 A 中继承来的实例方法动态绑定。

6.7 继承的利弊和使用原则

继承是一种提高程序代码的可重用性，以及提高系统的可扩展性的有效手段。在第 1 章的 1.3.7 节（继承、扩展、覆盖）曾经以 Servlet 为例，演示了继承在创建框架类软件中的运用。但是，如果继承树非常复杂，或者随便扩展本来不是专门为继承而设计的类，反而会削弱系统的可扩展性和可维护性。

6.7.1 继承树的层次不可太多

继承树（不考虑最顶层的 Object 类）的层次应该尽量保持在 2~3 层。图 6-5 和图 6-6 分别显示了设计合理的继承树和设计不合理的继承树。如果继承树的层次很多，会导致以下弊端：

（1）对象模型的结构太复杂，难以理解，增加了设计和开发的难度。在继承树最底层的子类会继承上层所有直接父类或间接父类的方法和属性，假如子类和父类之间还有频繁的方法覆盖和属性被屏蔽的现象，那么会增加运用多态机制的难度，难以预计在运行时方法和属性到底和哪个类绑定。

（2）影响系统的可扩展性。继承树的层次越多，在继承树上增加一个新的继承分支需要创建的类越多。

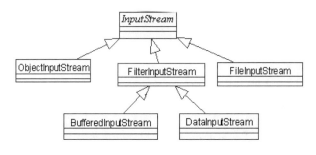

图 6-5　设计合理的三层继承树

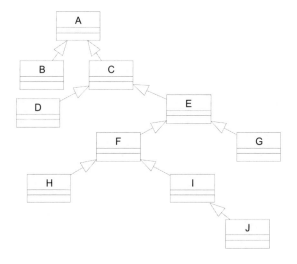

图 6-6　设计不合理的六层继承树

6.7.2 继承树的上层为抽象层

当一个系统使用一棵继承树上的类时，应该尽可能地把引用变量声明为继承树的上层类型，这可以提高两个系统之间的松耦合。例如动物饲养员 Feeder 的 feed()方法，它的参数为 Animal 和 Food 类型：

feed(Animal animal,Food food)

> **Tips**
> 如果继承树上有接口类型,那么应该尽可能地把引用变量声明为继承树上层的接口类型,参见第 8 章(接口)。

位于继承树上层的类具有以下作用:
- 定义了下层子类都拥有的相同属性和方法,并且尽可能地为多数方法提供默认的实现,从而提高程序代码的可重用性。
- 代表系统的接口,描述系统所能提供的服务。

在设计继承树时,首先进行自下而上的抽象,即识别子类之间所拥有的共同属性和功能,然后抽象出共同的父类,位于继承树最上层的父类描述系统对外提供哪些服务。如果某种服务的实现方式适用于所有子类或者大多数子类,那么在父类中就实现这种服务。如果某种服务的实现方式取决于各个子类的特定属性和实现细节,那么在父类中无法实现这种服务,只能把代表这种服务的方法定义为抽象方法,并且把父类定义为抽象类。

例如,热水器父类可分为电热水器和燃气热水器这两个子类,电热水器和燃气热水器采用不同的方式烧水,在热水器父类中无法提供烧水的具体实现,因此必须把热水器父类定义为抽象类:

```
public abstract class WaterHeating{
    /** 烧水 */
    public abstract void heating();
    /** 调节水温 */
    public abstract void adjust(int level);
}
```

由于继承树上层的父类描述系统对外提供的服务,但不一定实现这种服务,因此把继承树的上层称为抽象层。在进行对象模型设计时,应该充分地预计系统现在必须具备的功能,以及将来需要新增的功能,然后在抽象层中声明它们。抽象层应该比较稳定,这可以提高与其他系统的松耦合,以及系统本身的可维护性。

6.7.3 继承关系最大的弱点:打破封装

继承关系最大的弱点就是打破了封装。在第 1 章的 1.3.5 节(封装、透明)介绍封装时,曾经提到每个类都应该封装它的属性及实现细节,这样,当这个类的实现细节发生变化时,不会对其他依赖它的类造成影响。而在继承关系中,子类能够访问父类的属性和方法,也就是说,子类会访问父类的实现细节,子类与父类之间是紧密耦合关系,当父类的实现发生变化时,子类的实现也不得不随之变化,这削弱了子类的独立性。

由于继承关系会打破封装,这增加了维护软件的工作量。尤其是在一个 Java 软件系统还使用了一个第三方提供的 Java 类库的场合。例如在基于 Web 的 Java 应用中,目前都流行使用 Apache 开源软件组织提供的 Struts 框架,这个框架的一个扩展点为

Action 类,在 Struts 的低版本中,Action 类有以下两个方法 perform()和 saveErrors():

```
public ActionForward perform(
        ActionMapping mapping,
        ActionForm form,
        ServletRequest request,
        ServletResponse response)throws Exception

protected void saveErrors(HttpServletRequest request, ActionErrors errors)
```

在 Java 应用中,可以创建继承 Action 类的子类,例如 LoginAction,然后在 LoginAction 类中覆盖 Action 类的 perform()方法,在 perform()方法中则会调用 saveErrors()方法:

```
public class LoginAction extends Action{
  public ActionForward perform(…){      //覆盖 Action 类的 perform 方法
    ActionErrors errors=new ActionErrors();
    …
    saveErrors(request ,errors);          //调用 Action 类的 saveErrors()方法
  }
}
```

而在 Struts 的升级版本中,Action 类的 perform()方法改名为 execute()方法,并且 saveErrors(HttpServletRequest request, ActionErrors errors)改为:

```
saveErrors(HttpServletRequest request, ActionMessages errors)
```

假如现有的 Java 应用希望改为使用 Struts 的升级版本,就必须对自定义的所有 Action 子类进行修改:

```
public class LoginAction extends Action{
  public ActionForward execute(…){      //把 perform()方法改为 execute()方法
    ActionMessages errors=new ActionMessages();   //把 ActionErrors 改为 ActionMessages
    …
    saveErrors(request ,errors);
  }
}
```

从以上例子可以看出,当由第三方提供的 Struts 框架的 Action 类做了修改时,软件系统中所有 Action 的子类也要做相应的修改。

由于继承关系会打破封装,还会导致父类的实现细节被子类恶意篡改的危险。例如以下 Account 类的 withdraw()方法和 save()方法分别用于取款和存款:

```
public class Account{
  protected double balance;    //余额
  protected boolean isEnough(double money){
    return balance>=money;
  }
  public void withdraw(double money)throws Exception{    //取款
    if(isEnough(money)) balance-= money;
    else throw new Exception("余额不足!");
  }

  public void save(double money)throws Exception{      //存款
```

```
            balance+=money;
        }
    }
```

它的子类 SubAccount 覆盖了 Account 类的 isEnough()方法和 save()方法的实现，使得该账户允许无限制地取款，并且按照实际存款数额的 10 倍来存款：

```
public class SubAccount extends Account{
    protected boolean isEnough(double money){   //覆盖父类的 isEnough()方法
        return true;
    }

    public void save(double money)throws Exception{   //覆盖父类的 save()方法
        balance+=money*10;
    }
}
```

以下程序定义了 Account 类型的引用变量 *account*，实际引用 SubAccount 实例，根据 Java 虚拟机的动态绑定规则，account.save()和 account.withdraw()方法会和 SubAccount 实例的相应方法绑定：

```
Account account=new SubAccount();
account.withdraw(2000);   //调用 SubAccount 实例的 withdraw()方法
account.save(100);   //调用 SubAccount 实例的 save()方法
```

6.7.4 精心设计专门用于被继承的类

由于继承关系会打破封装，因此随意继承对象模型中的任意一个类是不安全的做法。在建立对象模型时，应该先充分考虑软件系统中哪些地方需要扩展，为这些地方提供扩展点，也就是提供一些专门用于被继承的类。对这种专门用于被继承的类必须精心设计，下面给出一些建议：

（1）对这些类必须提供良好的文档说明，使得创建该类子类的开发人员知道如何正确安全地扩展它。对于那些允许子类覆盖的方法，应该详细地描述该方法的自用性，以及子类覆盖此方法可能带来的影响。所谓方法的自用性，是指在这个类中，有其他的方法会调用这个方法。例如 Account 类的 isEnough()方法，会被 save()方法调用，因此子类覆盖 isEnough()方法，还会影响到 save()方法。

（2）尽可能地封装父类的实现细节，也就是把代表实现细节的属性和方法定义为 private 类型。如果某些实现细节必须被子类访问，可以在父类中把包含这种实现细节的方法定义为 protected 类型。当子类仅调用父类的 protected 类型的方法，而不覆盖它时，可把这种 protected 类型的方法看作是父类仅向子类但不对外部公开的接口。例如手机的存储容量，用户可以查看存储容量，但不能修改它，手机的子类可以查看存储容量，也可以修改它。因此在手机 CellPhone 父类中定义了如下存储容量 storage 属性及相应的访问方法：

```
public class CellPhone{
    private double storage;
    public double getStorage(){return storage;}   //对手机使用者及手机子类公开
    protected void setStorage(double storage){this.storage=storage;}   //只对手机子类公开
```

```
       …
    }
```

（3）把不允许子类覆盖的方法定义为 final 类型。关于 final 修饰符的用法参见第 7 章的 7.3 节（final 修饰符）。对于 Account 类，可以把它的 isEnough()、withdraw() 和 save() 方法都定义为 final 类型：

```
public class Account{
    private double balance;    //余额
    protected final boolean isEnough(double money){
        return balance>=money;
    }
    public final void withdraw(double money)throws Exception{    //取款
        if(isEnough(money)) balance-= money;
        else throw new Exception("余额不足！");
    }
    public final void save(double money)throws Exception{    //存款
        balance+=money;
    }
}
```

（4）父类的构造方法不允许调用可被子类覆盖的方法，因为如果这样做，可能会导致程序运行时出现未预料的错误。例如，以下 Base 类的构造方法调用自身的 method() 方法：

```
public class Base{
    public Base(){ method();}
    public void method(){}
}

public class Sub extends Base{
    private String str=null;
    public Sub(){str="1234";}
    public void method(){System.out.println(str.length());}    //覆盖 Base 类的 method() 方法
    public static void main(String args[]){
        Sub sub=new Sub();    //抛出 NullPointerException
        sub.method();
    }
}
```

运行 Sub 类的 main() 方法时，先构造 Sub 类的实例。由于在创建子类的实例时，Java 虚拟机先调用父类的构造方法（参见第 11 章的 11.2.3 节（子类调用父类的构造方法）），因此 Java 虚拟机先执行 Base 类的构造方法 Base()，在这个方法中调用 method() 方法，根据动态绑定规则，Java 虚拟机调用 Sub 实例的 method() 方法，由于此时 Sub 实例的成员变量 *str* 为 null，因此在执行 str.length() 方法时会抛出 NullPointerException 运行时异常。

（5）如果某些类不是专门为了继承而设计的，那么随意继承它是不安全的。因此可以采取以下两种措施来禁止继承：

● 把类声明为 final 类型，关于 final 修饰符的用法参见第 7 章的 7.3 节（final 修饰符）。
- 把这个类的所有构造方法声明为 private 类型，然后通过一些静态方法来负责构造自身的实例，第 11 章的 11.2.5 节（构造方法的访问级别）对此做了进一步解释。

6.7.5 区分对象的属性与继承

对于进行面向对象设计的新手，比较容易犯的错误是滥用继承关系，根据对象的属性值来分类。例如，根据手机的颜色进行分类，分为红手机、蓝手机和银白手机，如图 6-7 所示。

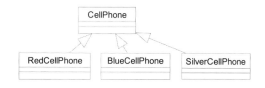

图 6-7　按颜色分类的手机的类框图

以上对象模型是错误的，颜色仅仅是手机的一个属性，不应该根据它的属性值来进行分类。对于一棵设计合理的继承树，子类之间会具有不同的属性和行为，子类继承父类的属性和行为，并且子类可以比父类拥有更多的属性和行为。对于红手机、蓝手机、银白手机和手机，除了类的名字不同，它们的属性和行为都相同，因此这样的设计是不合理的。

再看图 6-8 对书店里书的分类，尽管在现实世界中，这样的分类是合理的。但在对象模型中，这样的设计是错误的。书的类别仅仅是 Book 类的一个属性，可以在 Book 类中定义一个 String 类型的 type 属性，来表示书的类别，如图 6-9 所示。

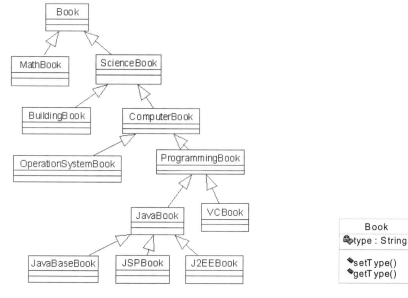

图 6-8　按书的类别分类的 Book 类的类框图　　图 6-9　用 String 类型的 type 属性来表示书的类别

以下程序代码创建了一个 Java 类别的 Book 对象：

```
Book book=new Book();
book.setType("Java");
```

但 String 类型的 type 属性无法表达书的类别之间的包含关系，例如科学类别包括数学类别和计算机类别等。为了能表达这种包含关系，可以定义一个 Category 类来表示书的类别,用 Category 类的自身关联关系来表示书的类别之间的包含关系,如图 6-10 所示。在 Category 类中，name 属性表示书的类别的名字，parentCategory 属性表示书的类别所属的父类别，childCategories 属性表示书的类别包含的所有子类别，childCategories 属性为 java.util.Set 类型，第 15 章的 15.3 节（Set 集）介绍了 Set 集合的用法。

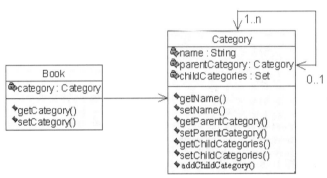

图 6-10 用 Category 类来表示书的类别

在例程 6-5 的 CategoryTester 类中，create()方法创建了 Science 类别、Math 类别和 Computer 类别的 Category 对象，然后建立了它们的关联关系，最后创建了一个 Math 类别的 Book 对象。main()方法打印 Book 对象的类别名字。

例程 6-5 CategoryTester.java

```
public class CategoryTester{
  public Book create(){
    Category categoryScience=new Category();        //创建 Science 类型的 Category 对象
    categoryScience.setName("Science");

    Category categoryMath=new Category();           //创建 Math 类型的 Category 对象
    categoryMath.setName("Math");

    Category categoryComputer=new Category();       //创建 Computer 类型的 Category 对象
    categoryComputer.setName("Computer");

    //建立 Science 类型与 Math 类型的关联
    categoryScience.addChildCategory(categoryMath);
    categoryMath.setParentCategory(categoryScience);

    //建立 Science 类型与 Computer 类型的关联
    categoryScience.addChildCategory(categoryComputer);
    categoryComputer.setParentCategory(categoryScience);

    //创建 Math 类型的 Book 对象
```

```
            Book mathBook=new Book();
            mathBook.setCategory(categoryMath);

            return mathBook;
        }

        public static void main(String args[]){
            Book mathBook=new CategoryTester().create();
            System.out.println(mathBook.getCategory().getName());   //打印书的类别
        }
    }
```

6.8 比较组合与继承

在本书中，把 UML 中的关联关系和聚集关系统称为组合关系。组合与继承都是提高代码可重用性的手段。在设计对象模型时，可以按照语义来识别类之间的组合关系和继承关系。在有些情况下，采用组合关系或者继承关系能完成同样的任务，组合和继承存在着对应关系：组合中的整体类和继承中的子类对应，组合中的局部类和继承中的父类对应，参见表 6-1。本章 6.9 节（小结）的表 6-2 总结了组合与继承的优缺点。

表 6-1　组合与继承的对应关系

组合关系	继承关系
局部类	父类
整体类	子类
从整体类到局部类的分解过程	从子类到父类的抽象过程
从局部类到整体类的组合过程	从父类到子类的扩展过程

值得注意的是，本章所说的整体类和局部类比 UML 的聚集关系中的整体类和局部类具有更广泛的含义。在本章中，如果在类 A 中包含类 C 类型的属性，那么就把类 A 称为整体类或者包装类，把类 C 称为局部类或者被包装类。

6.8.1 组合关系的分解过程对应继承关系的抽象过程

下面的例子未涉及具体的业务领域，该例子分别用组合关系与继承关系来建立一个对象模型。如图 6-11 所示，类 A 和类 B 有相同方法 method1()、method2()和 method3()，此外类 A 和类 B 还分别拥有 methodA()和 methodB()方法。在 method3()方法中访问 method1()方法，在 mehodA()和 methodB()方法中都会访问 method2()方法。以下是类 A 和类 B 的源程序：

```
public class A{
    private void method1(){System.out.println("method1");}
    private void method2(){System.out.println("method2");}
    public void method3(){method1();System.out.println("method3");}
    public void methodA(){method2();System.out.println("methodA");}
}
```

```
public class B{
    private void method1(){System.out.println("method1");}
    private void method2(){System.out.println("method2");}
    public void method3(){method1();System.out.println("method3");}
    public void methodB(){method2();System.out.println("methodB");}
}
```

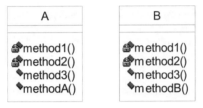

图 6-11 具有相同行为的类 A 和类 B

1．使用继承关系

在图 6-12 中，从类 A 和类 B 中抽象出父类 C，它包含 method1()、method2()和 method3()方法。由于在类 A 和类 B 中都会访问 method2()方法，因此把 method2()方法声明为 protected 类型：

```
public class C{
    private void method1(){System.out.println("method1");}
    protected void method2(){System.out.println("method2");}
    public void method3(){method1();System.out.println("method3");}
}
public class A extends C{
    public void methodA(){method2(); System.out.println("methodA");}
}
public class B extends C{
    public void methodB(){method2(); System.out.println("methodB");}
}
```

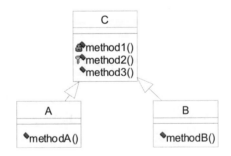

图 6-12 从类 A 和类 B 中抽象出父类 C

2．使用组合关系

在图 6-13 中，类 A 与类 C，以及类 B 与类 C 之间为组合关系。在类 A 中定义了 C 类型的引用变量 *c*，类 A 的 method3()方法直接调用类 C 的 method3()方法。类 A 对类 C 进行了封装，类 A 被称为包装类，同样，类 B 也是包装类。由于在类 A 和类 B

中都会访问 private 类型的 method2()方法,因此不能把 method2()方法放在类 C 中定义,因为如果这样做,就必须在类 C 中把本来封装起来的私有 method2()方法定义为 public 类型,而这彻底破坏了封装。以下是类 C、类 A 和类 B 的源程序:

```
public class C{
    private void method1(){System.out.println("method1");}
    public void method3(){method1();System.out.println("method3");}
}

public class A {
    private C c;
    public A(C c){this.c=c;}
    private void method2(){System.out.println("method2");}
    public void method3(){c.method3();}
    public void methodA(){method2(); System.out.println("methodA");}
}

public class B {
    private C c;
    public B(C c){this.c=c;}
    private void method2(){System.out.println("method2");}
    public void method3(){c.method3();}
    public void methodB(){method2(); System.out.println("methodB");}
}
```

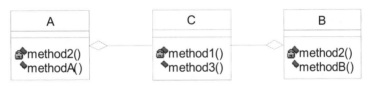

图 6-13 从类 A 与类 B 中分解出局部类 C

组合关系和继承关系相比,前者的最主要优势是不会破坏封装,当类 A 与类 C 之间为组合关系时,类 C 封装实现,仅向类 A 提供接口。而当类 A 与类 C 之间为继承关系时,类 C 会向类 A 暴露部分实现细节。在软件开发阶段,组合关系不能比继承关系编码量减少,但是到了软件维护阶段,由于组合关系使系统具有较好的松耦合性,因此使得系统更加容易维护。

组合关系的缺点是比继承关系要创建更多的对象。以下程序演示在两种关系下创建类 A 的实例并且调用其 methodA()方法:

```
//类 A 与类 C 为组合关系
C c=new C();
A a=new A(c);
a.methodA();

// 类 A 与类 C 为继承关系
A a=new A();
a.methodA();
```

从以上程序可以看出,对于组合关系,创建整体类的实例时,必须创建其所有局部类的实例;而对于继承关系,创建子类的实例时,无须创建父类的实例。

6.8.2 组合关系的组合过程对应继承关系的扩展过程

在软件设计和开发的早期阶段,常常会经历从整体类到局部类的分解,以及从子类到父类的抽象过程,但是到了软件开发的后期及软件维护阶段,局部类和父类已经存在了,此时为了扩展软件的功能,则需要进行从局部类到整体类的组合,以及从父类到子类的扩展。

本节以扩展集合类的功能为例,对组合关系的组合过程与继承关系的扩展过程进行了对比。在 JDK 的 java.util 包中,已经存在如图 6-14 所示的代表集合的继承树。

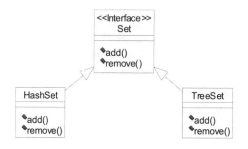

图 6-14 代表集合的继承树

在图 6-14 中,Set 是接口类型,在第 8 章(接口)会详细介绍 Java 接口类型的用法。如果读者对接口类型还不熟悉,可以先把它当作特殊的抽象类来理解。接口类型的特殊之处在于,一个类可以实现多个接口。Set 接口的 add(Object o)和 remove(Object o)方法分别用于向集合中加入及删除对象。Set 接口有两个实现类:HashSet 和 TreeSet,它们分别采用不同的实现方式来操纵集合中的对象。

Set 接口代表的集合中只能加入对象,下面按照两种方式来扩展集合的功能,使得集合中能加入 int 基本类型的数据。第一种方式是创建 HashSet 和 TreeSet 类的子类,第二种方式是创建 Set 的包装类。

1. 使用继承关系

在图 6-15 中,IntHashSet 类和 IntTreeSet 类分别继承 HashSet 和 TreeSet 类,此外,IntHashSet 和 IntTreeSet 还实现了 IntSet 接口。例程 6-6、例程 6-7 和例程 6-8 分别是 IntSet 接口、IntHashSet 类和 IntTreeSet 类的源程序。

例程 6-6 IntSet.java

```
public interface IntSet{
    public boolean add(int a);
    public boolean remove(int a);
}
```

例程 6-7 IntHashSet.java

```
import java.util.HashSet;
public class IntHashSet extends HashSet implements IntSet{
    public boolean add(int a){
        return add(new Integer(a));   //调用 HashSet 类的 add(Object o)方法
```

```
    }
    public boolean remove(int a){
        return remove(new Integer(a));   //调用 HashSet 类的 remove(Object o)方法
    }
}
```

例程 6-8 IntTreeSet.java

```
import java.util.TreeSet;
public class IntTreeSet extends TreeSet implements IntSet{
    public boolean add(int a){
        return add(new Integer(a));   //调用 TreeSet 类的 add(Object o)方法
    }
    public boolean remove(int a){
        return remove(new Integer(a));   //调用 TreeSet 类的 remove(Object o)方法
    }
}
```

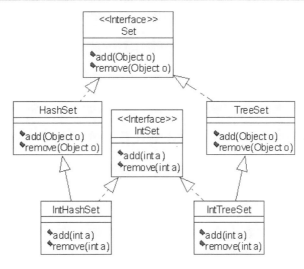

图 6-15 扩展 HashSet 和 TreeSet 类

2．使用组合关系

在图 6-16 中，IntSet 类与 Set 之间是组合关系，例程 6-9 是 IntSet 类的源程序。

例程 6-9 IntSet.java

```
package usecooper;
import java.util.Set;
public class IntSet {
    private Set<Integer> set;

    public IntSet(Set<Integer> set){
        this.set=set;
    }
    public boolean add(int a){
        return set.add(Integer.valueOf(a));   //调用 Set 的 add(Object o)方法
    }
    public boolean remove(int a){
        return set.remove(Integer.valueOf(a));   //调用 Set 的 remove(Object o)方法
```

        }
    }

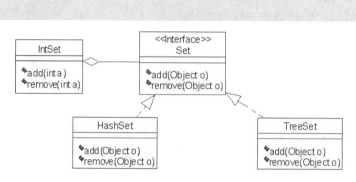

图 6-16 IntSet 类由 Set 组合而成

比较图 6-15 和图 6-16，可以看出组合关系具有以下优点：

（1）用组合关系来扩展集合的功能，只需要新建一个 IntSet 类；而用继承关系来扩展集合的功能，需要新建 IntSet 接口、IntHashSet 类和 IntTreeSet 类，使得系统结构更加复杂。由此可见，组合关系使系统具有更好的可扩展性。

（2）继承关系是静态的，在运行时，子类无法改变它的父类。例如一旦把 IntHashSet 类定义为 HashSet 类的子类，那么在运行时，无法把 IntHashSet 类改为 TreeSet 类的子类。而组合关系是允许动态变化的，这使得整体类在运行时可以灵活地改变实现方式。例如，对于 IntSet 类，既可以采用 HashSet 来操纵集合，也可以采用 TreeSet 来操纵集合：

```
//局部对象为 HashSet 类型
IntSet set=new IntSet(new HashSet());
set.add(1);

//局部对象为 TreeSet 类型
set=new IntSet(new TreeSet());
set.add(1);
```

（3）在组合关系中，整体类能够灵活地对局部类封装，改变局部类的接口。例如，在 Set 中有 add(Object o)和 remove(Object o)方法，而在 IntSet 类中取消了这两个方法。在继承关系中，子类只能继承父类的接口，不能取消父类的方法。例如，IntHashSet 子类继承了 HashSet 父类的 add(Object o)和 remove(Object o)方法，IntHashSet 子类无法取消这些方法。如果 IntHashSet 子类不希望用户调用它的 add(Object o)和 remove(Object o)方法，一种通用的办法是在这些方法中直接抛出 java.lang.UnsupportedOperationException 运行时异常，参见例程 6-10。

例程 6-10 IntHashSet.java

```
import java.util.HashSet;
public class IntHashSet extends HashSet implements IntSet{
    public boolean add(int a){
        return add(new Integer(a));   //调用 HashSet 类的 add(Object o)方法
    }
    public boolean remove(int a){
        return remove(new Integer(a));   //调用 HashSet 类的 remove(Object o)方法
```

```java
    }
    public boolean add(Object o){
        throw new UnsupportedOperationException();
    }
    public boolean remove(Object o){
        throw new UnsupportedOperationException();
    }
}
```

在继承关系中，子类能够自动继承父类的属性和方法。和继承关系相比，组合关系的一个缺点是，整体类不会自动获得局部类的接口。例如，对于 IntSet 类，如果希望它具备 add(Object o)和 remove(Object o)方法，则需要专门定义它们，参见例程 6-11。

例程 6-11　IntSet.java

```java
package usecooper;
import java.util.Set;
public class IntSet {
    private Set<Integer> set;
    public IntSet(Set<Integer> set){
        this.set=set;
    }
    public boolean add(int a){
        return set.add(Integer.valueOf(a));
    }
    public boolean remove(int a){
        return set.remove(Integer.valueOf(a));
    }
    public boolean add(Object o){
        return set.add(o);
    }
    public boolean remove(Object o){
        return set.remove(o);
    }
}
```

6.9　小结

本章从继承的基本语法开始入手，逐步深入地介绍了方法重载、方法覆盖、多态和使用继承关系的原则。下面对本章的重点进行了归纳：

（1）重载方法必须满足以下条件：
- 方法名必须相同。
- 方法的参数签名必须不相同。
- 方法的返回类型可以不相同。
- 方法的修饰符可以不相同。

（2）方法覆盖必须满足以下条件：
- 子类方法的名称及参数签名必须与所覆盖方法相同。

- 子类方法的返回类型必须与所覆盖方法相同。
- 子类方法不能缩小所覆盖方法的访问权限。
- 子类方法不能抛出比所覆盖方法更多的异常。

（3）多态。
- 对于一个引用类型的变量，编译器按照它声明的类型处理。
- 对于一个引用类型的变量，运行时 Java 虚拟机按照它实际引用的对象处理。
- 在运行时环境中，通过引用类型变量来访问所引用对象的方法和属性时，Java 虚拟机采用以下绑定规则：实例方法与引用变量实际引用的对象的方法绑定；静态方法与引用变量所声明的类型的方法绑定；成员变量（包括静态变量和实例变量）与引用变量所声明的类型的成员变量绑定。

（4）继承关系最大的弱点是打破了封装，子类能够访问父类的实现细节，子类与父类之间紧密耦合，子类缺乏独立性，从而影响了子类的可维护性。为了尽可能地克服继承的这一缺陷，应该遵循以下原则：
- 精心设计专门用于被继承的类，继承树的抽象层应该比较稳定。
- 对于父类中不允许覆盖的方法，采用 final 修饰符来禁止其被子类覆盖。
- 对于不是专门用于被继承的类，禁止其被继承。
- 优先考虑用组合关系来提高代码的可重用性。

本章对组合关系和继承关系进行了比较，表 6-2 对这两种关系的优缺点做了总结。

表 6-2 比较组合关系与继承关系

组合关系	继承关系
优点：不破坏封装，整体类与局部类之间松耦合，彼此相对独立	缺点：破坏封装，子类与父类之间紧密耦合，子类依赖于父类的实现，子类缺乏独立性
优点：具有较好的可扩展性	缺点：支持扩展，但是往往以增加系统结构的复杂度为代价
优点：支持动态组合，在运行时，整体对象可以选择不同类型的局部对象	缺点：不支持动态继承。在运行时，子类无法选择不同的父类
优点：整体类可以对局部类进行包装，封装局部类的接口，提供新的接口	缺点：子类不能改变父类的接口
缺点：整体类不能自动获得和局部类同样的接口	优点：子类能自动继承父类的接口
缺点：创建整体类的对象时，需要创建所有局部类的对象	优点：创建子类的对象时，无须创建父类的对象

6.10 思考题

1．继承有哪些优点和缺点？
2．继承与组合有哪些异同？
3．方法覆盖必须满足哪些规则？
4．以下哪些代码能够编译通过？

a)
```
class Fruit { }
public class Orange extends Fruit {
  public static void main(String[] args){
    Fruit f=new Fruit();
    Orange o=f;
  }
}
```

b)
```
class Fruit {}
public class Orange extends Fruit {
  public static void main(String[] args){
    Orange o=new Orange();
    Fruit f=o;
  }
}
```

c)
```
interface Fruit {}
public class Apple implements Fruit {
  public static void main(String[] args){
    Fruit f=new Fruit();
    Apple a=f;
  }
}
```

d)
```
interface Fruit {}
public class Apple implements Fruit {
  public static void main(String[] args){
    Apple a=new Apple();
    Fruit f=a;
  }
}
```

e)
```
interface Fruit {}
class Apple implements Fruit {}
class Orange implements Fruit {}
public class MyFruit {
  public static void main(String[] args){
    Orange o=new Orange();
    Fruit f=o;
    Apple a=f;
  }
}
```

5. 对于以下类：
```
interface IFace{}
class CFace implements IFace{}
class Base{}
public class ObRef extends Base{
  public static void main(String argv[]){
    ObRef ob = new ObRef();
    Base b = new Base();
```

```
        Object o1 = new Object();
        IFace o2 = new CFace();
    }
}
```

下面哪些代码能够编译通过？

a) o1=o2;   b) b=ob;   c) ob=b;   d) o1=b;

6．对于以下类：

```
class A {}
class B extends A {}
class C extends A {}
public class Q3ae4 {
    public static void main(String args[]) {
        A x = new A();
        B y = new B();
        C z = new C();
        // 此处插入一条语句
    }
}
```

下面哪些语句放到以上插入行，将导致运行时异常？

a) x = y;

b) z = x;

c) y = (B) x;

d) z = (C) y;

e) y = (A) y;

7．下面哪些是合法的语句？

a) Object o = new String("abcd");

b) Boolean b = true;

c) Panel p = new Frame();

d) Applet a = new Panel();

e) Panel p = new Applet();

8．以下代码能否编译通过？假如能编译通过，运行时得到什么打印结果？

```
Object o = new String("abcd");
String s = o;
System.out.println(s);
System.out.println(o);
```

9．以下代码能否编译通过？假如能编译通过，运行时得到什么打印结果？

```
class Base{
    abstract public void myfunc();
    public void another(){
        System.out.println("Another method");
    }
}

public class Abs extends Base{
    public static void main(String argv[]){
```

```
        Abs a = new Abs();
        a.amethod();
    }

    public void myfunc(){
        System.out.println("My func");
    }

    public void amethod(){
        myfunc();
    }
}
```

10. 以下哪些代码是合法的？

a) public abstract method();

b) public abstract void method();

c) public abstract void method(){}

d) public virtual void method();

e) public void method() implements abstract;

11. 以下代码能否编译通过？假如能编译通过，运行时得到什么打印结果？

```
abstract class Base{
    abstract public void myfunc();
    public void another(){
        System.out.println("Another method");
    }
}
public class Abs extends Base{
    public static void main(String argv[]){
        Abs a = new Abs();
        a.amethod();
    }
    public void myfunc(){
        System.out.println("My func");
    }
    public void amethod(){
        myfunc();
    }
}
```

12. 以下代码能否编译通过？假如能编译通过，运行时得到什么打印结果？

```
import java.io.FileNotFoundException;
class Base{
    public static void amethod()throws FileNotFoundException{}
}
public class ExcepDemo extends Base{
    public static void main(String argv[]){
        ExcepDemo e = new ExcepDemo();
    }
    public static void amethod(){}
    protected ExcepDemo(){
        System.out.println("Pausing");
```

```
        amethod();
        System.out.println("Continuing");
    }
}
```

13. 对于以下代码：

```
public class Tester {
    public long sum(long a, long b) { return a + b; }
    // 此处插入一行
}
```

下面哪些语句放到以上插入行，可以编译通过？

a) public int sum(int a, int b) { return a + b; }
b) public int sum(long a, long b) { return 0; }
c) abstract int sum();
d) private long sum(long a, long b) { return a + b; }
e) public long sum(long a, int b) { return a + b; }

视频课程

第 7 章　Java 语言中的修饰符

一流的小说家和三流的小说家都会写小书，两者的区别之一是，前者的语言流畅，善于运用贴切的修饰词汇来渲染主题，而后者的语言苍白无力，不能鲜明准确地反映主题。例如，从以下 3 段文字可以看出，是否使用修饰词会产生不同的效果：

> //没有修饰词语的描述
> 小东 10：00 钟起床，赶到学校，在教室门口被老师批评了一顿，小东走进教室。
>
> //采用修饰词来反映小东知错就改
> 小东 10：00 钟起床，**急急忙忙**赶到学校，在教室门口被老师**严厉地**批评了一顿，小东**惭愧地**走进教室。
>
> //采用修饰词来反映小东玩世不恭
> 小东 10：00 钟起床，**不紧不慢地**赶到学校，在教室门口被老师**严厉地**批评了一顿，小东**满不在乎地**走进教室。

同样，在 Java 语言中也提供了一些修饰符，这些修饰符可以修饰类、变量和方法。灵活、正确地运用这些修饰符，会使软件程序最贴切地模拟真实世界中的系统，并且有助于提高软件系统的可重用性、可维护性、可扩展性，以及系统的运行性能。表 7-1 列出了类、构造方法、成员方法、成员变量和局部变量可用的各种修饰符。其中"√"表示可以修饰。表中的类仅限于顶层类（Top Level Class），而不包括内部类。内部类是指定义在类或方法中的类，本书第 12 章（内部类）对此做了详细介绍。

表 7-1　类、方法、成员变量和局部变量的可用修饰符

修　饰　符	类	成员方法	构造方法	成员变量	局部变量
abstract（抽象的）	√	√	—	—	—
static（静态的）	—	√	—	√	—
public（公共的）	√	√	√	√	—
protected（受保护的）	—	√	√	√	—
private（私有的）	—	√	√	√	—
synchronized（同步的）	—	√	—	—	—
native（本地的）	—	√	—	—	—
transient（暂时的）	—	—	—	√	—
volatile（易失的）	—	—	—	√	—
final（不可改变的）	√	√	—	√	√

从表 7-1 可以看出，修饰顶层类的修饰符包括：abstract、public 和 final，而 static、protected 和 private 不能修饰顶层类。成员方法和成员变量可以有多种修饰符，而局部变量只能用 final 修饰。

7.1 访问控制修饰符

面向对象的基本思想之一是封装实现细节并且公开接口。Java 语言采用访问控制修饰符来控制类，以及类的方法和变量的访问权限，从而向使用者只暴露接口，但隐藏实现细节。访问控制分 4 种级别：
- 公开级别：用 public 修饰，对外公开。
- 受保护级别：用 protected 修饰，向子类及同一个包中的类公开。
- 默认级别：没有访问控制修饰符，向同一个包中的类公开。
- 私有级别：用 private 修饰，只有类本身可以访问，不对外公开。

表 7-2 总结了这 4 种访问级别所决定的可访问范围。

表 7-2　4 种访问级别的可访问范围

访问级别	访问控制修饰符	同类	同包	子类	不同的包
公开	pblic	√	√	√	√
受保护	potected	√	√	√	—
默认	没有访问控制修饰符	√	√	—	—
私有	pivate	√	—	—	—

成员变量、成员方法和构造方法可以处于 4 个访问级别中的一个：公开、受保护、默认或私有。顶层类只可以处于公开或默认访问级别，因此顶层类不能用 private 和 protected 来修饰，以下代码会导致编译错误：

private class Sample{…}　　//编译出错，Sample 类不能被 private 修饰

Tips
访问级别仅仅适用于类及类的成员，而不适用于局部变量。局部变量只能在方法内部被访问，不能用 public、protected 或 private 来修饰。

如图 7-1 所示，ClassA 和 ClassB 位于同一个包中，ClassC 和 ClassD 位于另一个包中，并且 ClassC 是 ClassA 的子类。ClassA 是 public 类型，在 ClassA 中定义了 4 个成员变量 *var*1、*var*2、*var*3 和 *var*4，它们分别处于 4 个访问级别。

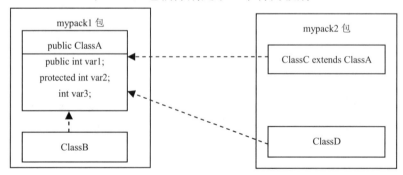

图 7-1　ClassB、ClassC 和 ClassD 访问 ClassA 以及 ClassA 的成员变量

在 ClassA 中，可以访问自身的 *var*1、*var*2、*var*3 和 *var*4 变量：

```
package mypack1;
public class ClassA{
    public int var1;
    protected int var2;
    int var3;
    private int var4;

    public void method(){
        var1=1;   //合法
        var2=1;   //合法
        var3=1;   //合法
        var4=1;   //合法

        ClassA a=new ClassA();
        a.var1=1;   //合法
        a.var2=1;   //合法
        a.var3=1;   //合法
        a.var4=1;   //合法
    }
}
```

在 ClassB 中，可以访问 ClassA 的 *var*1、*var*2 和 *var*3 变量：

```
package mypack1;
class ClassB{
    public void method(){
        ClassA a=new ClassA();
        a.var1=1;   //合法
        a.var2=1;   //合法
        a.var3=1;   //合法
        a.var4=1;   //编译出错，var4 为 private 类型，不能被访问
    }
}
```

在 ClassC 中，可以访问 ClassA 的 *var*1 和 *var*2 变量：

```
package mypack2;
import mypack1.ClassA;
class ClassC extends ClassA{   //ClassC 将继承 ClassA 的 var1 和 var2 变量
    public void method(){
        var1=1;   //合法，ClassC 继承了 ClassA 的 var1 变量
        var2=1;   //合法，ClassC 继承了 ClassA 的 var2 变量
        ClassA a=new ClassA();
        a.var1=1;   //合法
        a.var2=1;   //编译出错
        a.var3=1;   //编译出错，var3 为默认访问级别，不能被访问
        a.var4=1;   //编译出错，var4 为 private 类型，不能被访问
    }
}
```

在 ClassD 中，可以访问 ClassA 的 *var*1 变量：

```
package mypack2;
```

```
import mypack1.ClassA;
class ClassD{
  public void method(){
    ClassA a=new ClassA();
    a.var1=1;  //合法
    a.var2=1;  //编译出错,var2 为 protected 类型,不能被访问
    a.var3=1;  //编译出错,var3 为默认访问级别,不能被访问
    a.var4=1;  //编译出错,var4 为 private 类型,不能被访问
  }
}
```

ClassB 是默认访问级别,位于 mypack1 包中,只能被同一个包中的 ClassA 访问,但不能被 mypack2 包中的 ClassC 和 ClassD 访问:

```
package mypack2;
import mypack1.ClassB;  //编译出错,不能引入 ClassB
class ClassD{
  public void method(){
    ClassB b=new ClassB();  //编译出错,不能访问 ClassB
  }
}
```

在一个类中,可以访问类本身或内部类的实例的私有成员。例如以下代码是正确的:

```
class A{
  private int v;

  class B{    //类 A 的内部类 B
    private int v;
    class C{  //类 B 的内部类 C
      private int v;
    }
  }

  void test(){
    A a=new A();
    a.v=1;  //合法,访问类 A 的私有变量 v
    B b=new B();
    b.v=1;  //合法,访问类 B 的私有变量 v
    B.C c=new B().new C();
    c.v=1;  //合法,访问类 C 的私有变量 v
  }
}
```

7.2 abstract 修饰符

abstract 修饰符可用来修饰类和成员方法:
- 用 abstract 修饰的类表示抽象类,抽象类位于继承树的抽象层,抽象类不能被实例化,即不允许创建抽象类本身的实例。没有用 abstract 修饰的类称为具体

类，具体类可以被实例化。
- 用 abstract 修饰的方法表示抽象方法，抽象方法没有方法体。抽象方法用来描述系统具有什么功能，但不提供具体的实现。没有用 abstract 修饰的方法称为具体方法，具体方法具有方法体。

例如，以下 Base 类为抽象类，它包括一个抽象方法 method1()和一个具体方法 method2()：

```
public abstract class Base{          //Base 是抽象类
  abstract void method1();           //抽象方法
  void method2(){   //具体方法
    System.out.println("method2");
  }
}
```

Tips
抽象类与本书第8章（接口）介绍的接口都能包含抽象方法，但两者有很大的区别，第8章的8.2节（比较抽象类与接口）对此做了详细的介绍。

使用 abstract 修饰符需要遵守以下语法规则：

（1）抽象类中可以没有抽象方法，但包含了抽象方法的类必须被定义为抽象类。如果子类没有实现父类中所有的抽象方法，那么子类也必须定义为抽象类，否则编译出错。例如，以下代码中 Sub 类继承了 Base 类，但 Sub 类仅实现了 Base 类中的 method1()抽象方法，而没有实现 method2()抽象方法，因此 Sub 类必须声明为抽象类，否则编译出错：

```
abstract class Base{
  abstract void method1();
  abstract void method2();
}
class Sub extends Base{    //编译出错，Sub 类必须声明为抽象类
  void method1(){System.out.println("method1");}
}
```

（2）没有抽象静态方法，static 和 abstract 关键字是势不两立的冤家，不能在一起使用。例如以下代码编译出错：

```
abstract class Base{
  static abstract void method1();    //编译出错，static 和 abstract 修饰符不能连用
  static void method2(){...}         //合法，抽象类中可以有静态方法
}
```

（3）抽象类中可以有非抽象的构造方法，创建子类的实例时可能会调用这些构造方法，关于父类构造方法的调用规则参见本书第11章的11.2.3节（子类调用父类的构造方法）。抽象类不能被实例化，然而可以创建一个引用变量，其类型是一个抽象类，并让它引用非抽象的子类的一个实例。例如：

```
abstract class Base{}    //Base 类是抽象类
class Sub extends Base{   //Sub 类是具体类
  public static void main(String args[]){
```

```
Base base1=new Base();   //编译出错,不能创建抽象类 Base 的实例
Base base2=new Sub();    //合法,可以创建具体类 Sub 的实例
    }
}
```

（4）抽象类及抽象方法不能被 final 修饰符修饰。abstract 修饰符与 final 修饰符不能连用，因为抽象类只有允许创建其子类，它的抽象方法才能被实现，并且只有它的具体子类才能被实例化，而用 final 修饰的类不允许拥有子类，用 final 修饰的方法不允许被子类方法覆盖，两此把 abstract 修饰符与 final 修饰符连用，会导致自相矛盾。例如：

```
abstract final class Base1{}    //编译出错，abstract 修饰符与 final 修饰符不能连用
abstract class Base2{
    final abstract void method1();   //编译出错，abstract 修饰符与 final 修饰符不能连用
    final void method2(){...}   //合法，在抽象类中可以拥有 final 类型的具体方法
}
```

抽象类的一个重要特征是不允许实例化。这是为什么呢？因为在语义上，抽象类表示从一些具体类中抽象出来的类型。从具体类到抽象类，这是一种更高层次的抽象。例如苹果类、香蕉类和橘子类是具体类，而水果类则是抽象类，在自然界并不存在水果类本身的实例，而只存在它的具体子类的实例：

```
Fruit fruit=new Apple();   //创建一个苹果对象，把它看作是水果对象
```

在继承树上，总可以把子类的对象看作是父类的对象，例如苹果对象是水果对象，香蕉对象也是水果对象。当父类是具体类，父类的对象包括父类本身的对象，以及所有具体子类的对象；当父类是抽象类，父类的对象包括所有具体子类的对象。因此，所谓的抽象类不能被实例化，是指不能创建抽象类本身的实例，尽管如此，可以创建一个苹果对象，并把它看作是水果对象。

（5）抽象方法不能被 private 修饰符修饰。这是因为如果方法是抽象的，表示父类只声明具备某种功能，但没有提供实现。这种方法有待于某个子类去实现它。父类中的 abstract 方法必须让子类是可见的。否则，在父类中声明一个永远无法实现的方法是无意义的。假如 Java 允许把父类的方法同时用 abstract 和 private 修饰，那就意味着在父类中声明一个永远无法实现的方法，所以在 Java 中不允许出现这一情况。

7.3 final 修饰符

final 具有"不可改变的"的含义，它可以修饰非抽象类、非抽象成员方法和变量：
- 用 final 修饰的类不能被继承，没有子类。
- 用 final 修饰的方法不能被子类的方法覆盖。
- 用 final 修饰的变量表示常量，只能被赋一次值。

final 不能用来修饰构造方法，因为"方法覆盖"这一概念仅适用于类的成员方法，而不适用于类的构造方法，父类的构造方法和子类构造方法之间不存在覆盖关系，因

此用 final 修饰构造方法是无意义的。父类中用 private 修饰的方法不能被子类的方法覆盖，因此 private 类型的方法默认是 final 类型的。

7.3.1　final 类

在第 6 章的 6.7.3 节（继承关系的最大弱点：打破封装）曾经指出，继承关系的弱点是打破封装，子类能够访问父类的实现细节，而且能以方法覆盖的方式修改实现细节。在以下情况，可以考虑把类定义为 final 类型，使得这个类不能被继承：

- 不是专门为继承而设计的类，类本身的方法之间有复杂的调用关系。假如随意创建这些类的子类，子类有可能会错误地修改父类的实现细节。
- 出于安全的原因，类的实现细节不允许有任何改动。
- 在创建对象模型时，确信这个类不会再被扩展。

例如，JDK 中的 java.lang.String 类被定义为 final 类型：

```
public final class String{…}
```

以下 MyString 类试图继承 String 类，这会导致编译错误：

```
public class MyString extends String{…}   //编译出错，不允许创建 String 类的子类
```

7.3.2　final 方法

在某些情况下，出于安全的原因，父类不允许子类覆盖某个方法，此时可以把这个方法声明为 final 类型。例如，在 java.lang.Object 类中，getClass()方法为 final 类型，而 equals()方法不是 final 类型的：

```
public class Object{
  /** 返回包含类的类型信息的 Class 实例 
  public final Class getClass(){…}
  /** 比较参数指定的对象与当前对象是否相同 
  public boolean equals(Object o){…}
  …
}
```

所有 Object 的子类都可以覆盖 equals()方法，但不能覆盖 getClass()方法。以下 Cat 类试图覆盖 Object 类的 getClass()方法，这会导致编译错误：

```
public class Cat{
  private String name;
  public Cat(String name){this.name=name;}

  public Class getClass(){   //编译出错，不允许覆盖 Object 类的 getClass()方法
    return Class.forName("Dog");   //返回包含 Dog 类的类型信息的 Class 实例
  }

  public boolean equals(Object obj){   //合法，允许覆盖 Object 类的 equals()方法
    if(!(obj instanceof Cat)) return false;
    Cat other=(Cat)obj;
    if(name==null && other.name==null)return true;
    if(name==null && !(other.name==null))return false;
```

```
        //只要两只猫的名字相同,就认为它们是相同的
        return name.equals(other.name);
    }
}
```

7.3.3 final 变量

用 final 修饰的变量表示取值不会改变的常量。例如,在 java.lang.Integer 类中定义了两个常量:

```
public static final int MAX_VALUE= 2147483647;      //表示 int 类型的最大值
public static final int MIN_VALUE= -2147483648;     //表示 int 类型的最小值
```

final 变量具有以下特征:

(1) final 修饰符可以修饰静态变量、实例变量和局部变量,分别表示静态常量、实例常量和局部常量。例如,某个中学的学生都有出生日期、姓名和年龄这些属性,其中学生的出生日期永远不会改变,姓名有可能改变,年龄每年都会变化。此外,该中学在招收学生时,对学生的年龄做了限制,只会招收年龄在 10~23 岁的学生。以下是 Student 类的源程序,其中学生的最大年龄及最小年龄为静态常量,学生的出生日期为实例常量:

```
public class Student{
    public static final int MAX_AGE=23;   //静态常量
    public static final int MIN_AGE=10;   //静态常量
    private final Date birthday;          //实例常量
    private String name;
    private int age;

    public Student(Date birthday, String name, int age) {
        this.birthday=birthday;
        this.name=name;
        if(age>MAX_AGE || age<MIN_AGE)
            throw new IllegalArgumentException("年龄不符合入学要求");
        this.age=age;
    }
    public void setAge(int age){this.age=age;}
    …
}
```

以下程序创建了两个 Student 对象:

```
Calendar cal=Calendar.getInstance();
cal.set(1990,10,1);

Student tom=new Student(cal.getTime(),"Tom",16);   //Tom,1990/10/1 日出生,16 岁
tom.setAge(17);   //把 Tom 的年龄改为 17 岁

cal.set(1992,11,1);
Student mike=new Student(cal.getTime(),"Mike",14); //Mike,1992/11/1 日出生,14 岁
mike.setAge(15);  //把 Mike 的年龄改为 15 岁
```

> **Tips**
> 静态常量一般以大写字母命名，单词之间以"_"符号分开。

（2）第 3 章的 3.6.1 节（成员变量的初始化）曾经提到类的成员变量可以不必显式初始化，但是这不适用于 final 类型的成员变量。final 类型的变量都必须显式初始化，否则会导致编译错误：

```
public class Sample{
    final int var1;   //编译出错，var1 实例常量必须被显式初始化
    final static int var2;   //编译出错，var2 静态常量必须被显式初始化

    int var3;   //合法，var3 被初始化为默认值 0
    static int var4;   //合法，var4 被初始化为默认值 0
}
```

对于 final 类型的实例变量，可以在定义变量时，或者在构造方法中进行初始化；对于 final 类型的静态变量，可以在定义变量时进行初始化，或者在静态代码块中初始化。例如：

```
public class Sample{
    static final int a=1;   //合法
    static final int b;
    static{
        b=1; //合法
    }
}
```

Java 编译器和 Java 虚拟机对 final 类型的静态变量有特殊的处理方式，参见第 10 章的 10.2.6（类的初始化的时机）。

（3）final 变量只能赋一次值。例如，以下程序代码试图给 *var1* 实例常量和 *var2* 局部常量赋两次值，并且试图改变 final 类型的参数 param 的值，这会导致编译错误：

```
public class Sample{
    private final int var1=1;   //定义并初始化 var1 实例常量
    public Sample(){
        var1=2;   //编译出错，不允许改变 var1 实例常量的值
    }

    public void method(final int param){
        final int var2=1;   //定义并初始化 var2 局部常量
        var2++;   //编译出错，不允许改变 var2 局部常量的值
        param++;   //编译出错，不允许改变 final 类型参数的值
    }
}
```

以下 Sample 类的 *var1* 实例常量分别在 Sample()和 Sample(int x)这两个构造方法中初始化，这是合法的。因为在创建 Sample 对象时，只会执行一个构造方法，所以 *var1* 实例常量不会被初始化两次：

```
class Sample{
    final int var1;   //定义 var1 实例常量
    final int var2 = 0;   //定义并初始化 var2 实例常量

    Sample(){
```

```
        var1 = 1;   //初始化 var1 实例常量
    }

    Sample(int x){
        var1 = x;   //初始化 var1 实例常量
    }
}
```

以下 Sample 类的 Sample()构造方法中增加了一个 this(0)语句。如果通过不带参数的 Sample()构造方法创建 Sample 对象，那么会执行两个构造方法，导致 var1 实例常量被赋值两次。为了避免这种错误，在编译阶段，Java 编译器就会生成编译错误：

```
class Sample{
    final int var1;      //定义 var1 实例常量
    final int var2 = 0;  //定义并初始化 var2 实例常量

    Sample(){
        this(0);    //调用 Sample(int x)构造方法，初始化 var1 实例常量
        var1 = 1;   //编译出错，不允许改变 var1 常量的值
    }

    Sample(int x){
        var1 = x;   //初始化 var1 实例常量
    }
}
```

（4）如果将引用类型的变量用 final 修饰，那么该变量只能始终引用一个对象，但可以改变对象的内容，例如：

```
public class Sample{
    public int var;
    public Sample(int var){this.var=var;}

    public static void main(String args[]){
        final Sample s=new Sample(1);  //合法，定义并初始化 final 类型的引用变量 s
        s.var=2;   //合法，修改引用变量 s 所引用的 Sample 对象的 var 属性

        s=new Sample(2);  //编译出错，不能改变引用变量 s 所引用的 Sample 对象
    }
}
```

在程序中通过 final 修饰符来定义常量，具有以下作用：
（1）提高程序的安全性，禁止非法修改取值固定并且不允许改变的数据。
（2）提高程序代码的可维护性。例如，在以下 Cylinder 类中多次用到 3.14 这个数字：

```
public class Cylinder{   //圆柱体
    private double r; //半径
    private double h; //高

    public Cylinder(double r,double h){this.r=r;this.h=h;}

    public double getCircumference(){ //返回圆柱体底面的周长
        return 2*3.14*r;
```

```java
    }
    public double getBottomArea(){    //返回圆柱体底面的面积
        return 3.14*r*r;
    }

    public double getAllArea(){    //返回整个圆柱体的面积
        return 2*3.14*r*r+2*3.14*r*h;
    }
    public double getVolume(){    //返回整个圆柱体的体积
        return 3.14*r*r*h;
    }
}
```

假如需求发生变更，要求把 3.14 改为 3.1415，那么需要修改 Cylinder 类的多处代码。为了提高 Cylinder 类的可维护性，可以定义一个 final 类型的常量 PI 来表示π：

```java
public class Cylinder{    //圆柱体
    private double r;    //半径
    private double h;    //高
    public static final double PI=3.14;

    public Cylinder(double r,double h){this.r=r;this.h=h;}

    public double getCircumference(){    //返回圆柱体底面的周长
        return 2*PI*r;
    }
    public double getBottomArea(){    //返回圆柱体底面的面积
        return PI*r*r;
    }

    public double getAllArea(){    //返回整个圆柱体的面积
        return 2*PI*r*r+2*PI*r*h;
    }
    public double getVolume(){    //返回整个圆柱体的体积
        return PI*r*r*h;
    }
}
```

当 PI 常量的值由 3.14 变为 3.1415 时，只需要修改 Cylinder 类的一处程序代码：

```java
public static final double PI=3.1415;
```

（3）提高程序代码的可读性。在第 5 章的 5.4 节的例程 5-3 的 Queen 类中定义了两个静态常量：

```java
private static final int STATUS_OCCUPIED=1;    //占领状态
private static final int STATUS_OCCUPY_CANCELED=0;    //未占领状态
```

以下两行代码分别表示宣布占领和撤销占领(*i*,*j*)位置：

```java
setStatus(i,j,STATUS_OCCUPIED);    //宣布占领(i,j)位置
setStatus(i,j,STATUS_OCCUPY_CANCELED);    //撤销占领位置(i,j)
```

由于 STATUS_OCCUPIED 和 STATUS_OCCUPY_CANCELED 这两个常量的名字本身具有一目了然的逻辑含义，因此提高了程序代码的可读性，如果把以上两行代码

改为：

```
setStatus(i,j,1);    //宣布占领(i,j)位置
setStatus(i,j,0);    //撤销占领位置(i,j)
```

以上代码尽管也能完成相同的功能，但是显然会削弱程序代码的可读性。

7.4　static 修饰符

static 修饰符可以用来修饰类的成员变量、成员方法和代码块：
- 用 static 修饰的成员变量表示静态变量，可以直接通过类名来访问。
- 用 static 修饰的成员方法表示静态方法，可以直接通过类名来访问。
- 用 static 修饰的程序代码块表示静态代码块，当 Java 虚拟机加载类时，就会执行该代码块。

被 static 所修饰的成员变量和成员方法表明归某个类所有，它不依赖于类的特定实例，被类的所有实例共享。只要这个类被加载，Java 虚拟机就能根据类名在运行时数据区的方法区内定位到它们。

此外，static 还可以与 import 连用，用来静态导入类的成员变量和方法，这样做可以在某些场合简化程序代码，本章 7.4.4 节（用 static 进行静态导入）对此做了介绍。

7.4.1　static 变量

在本书第 3 章的 3.3.1 节（实例变量和静态变量的生命周期）已经介绍了静态变量的概念。本节再对此做进一步的介绍。类的成员变量有两种：一种是被 static 修饰的变量，叫类变量，或静态变量；一种是没有被 static 修饰的变量，叫实例变量。

静态变量和实例变量的区别如下：
- 静态变量在内存中只有一个备份，运行时 Java 虚拟机只为静态变量分配一次内存，在加载类的过程中完成静态变量的内存分配，可以直接通过类名访问静态变量。
- 对于实例变量，每创建一个实例，就会为实例变量分配一次内存，实例变量可以在内存中有多个备份，互不影响。

在类的内部，可以在任何方法内直接访问静态变量；在其他类中，可以通过某个类的类名来访问它的静态变量。例如：

```
public class Sample1 {
    public static int number;          //定义一个静态变量
    public void method() {
        int x = number;                //在类的内部直接访问 number 静态变量
    }
}
public class Sample2 [
    public void method() {
        int x = Sample1.number;        //通过 Sample1 类名来访问 number 静态变量
```

       }
     }

以下 Scope 类中定义了静态变量 a，在 main()方法中采用多种方式访问这个变量，它的最后取值为 4：

```
public class Scope{
  static int a;
  public static void main(String argv[]){
    a++;                    //直接访问静态变量 a
    Scope s1 = new Scope();
    s1.a++;                 //通过 s1 引用变量访问静态变量 a
    Scope s2=new Scope();
    s2.a++;                 //通过 s2 引用变量访问静态变量 a
    Scope.a++;              //通过 Scope 类名访问静态变量 a
    System.out.println(a);  //打印 4
  }
}
```

static 变量在某种程度上与其他语言（如 C 语言）中的全局变量相似。Java 语言不支持不属于任何类的全局变量，静态变量提供了这一功能，它有两个作用：

（1）能被类的所有实例共享，可作为实例之间进行交流的共享数据。

（2）如果类的所有实例都包含一个相同的常量属性，可把这个属性定义为静态常量类型，从而节省内存空间。例如某种类型的变压器 Transformer 类，它所接受的最小输入电压为 110V，最大输入电压为 220V，输出电压为 15V，这是对所有变压器 Transformer 对象适用的属性，可在 Transformer 类中按如下方式定义它们：

```
static final int MAX_INPUT_VOLTAGE=220;
static final int MIN_INPUT_VOLTAGE=110;
static final int OUTPUT_VOLTAGE=15;
```

下面再用具体例子说明静态变量的用法。假设有一群选民进行投票，每个选民只允许投一次票，并且当投票总数达到 100 时，就停止投票。从这个问题领域中抽象出 Voter 类，代表选民。所有的选民都会改变同一个数据：投票次数，因此把它定义为静态类型：

```
private static int count;   //投票数
```

此外，最大投票数 100 是一个适用于所有选民的常量，因此把它定义为静态常量类型：

```
private static final int MAX_COUNT=100;
```

另外，为了防止选民重复投票，必须保存已经参与投票的选民的信息，可采用一个集合来存放已经投票的选民对象：

```
private static Set<Voter> voters=new HashSet<Voter>();   //存放所有已经投票的选民对象
```

例程 7-1 是 Voter 类的源程序。

例程 7-1　Voter.java

```
import java.util.Set;
```

```java
import java.util.HashSet;

public class Voter{
  private static final int MAX_COUNT=100; //静态变量,最大投票数,到达此数就停止投票
  private static int count;    //静态变量,投票数
  private static Set<Voter> voters=new HashSet<Voter>(); //静态变量,存放所有已经投票的选名
  private String name;    //实例变量,投票人姓名

  public Voter(String name){this.name=name;}

  /** 投票 */
  public void voteFor(){
    if(count==MAX_COUNT){
      System.out.println("投票活动已经结束");
      return;
    }
    if(voters.contains(this))
      System.out.println(name+":你不允许重复投票! ");
    else{
      count++;
      voters.add(this);
      System.out.println(name+":感谢你投票! ");
    }
  }

  /** 打印投票结果 */
  public static void printVoteResult(){
    System.out.println("当前投票数为: "+count);

    System.out.println("参与投票的选民名单如下");
    for(Voter voter : voters){    //遍历 voters 集合
      System.out.println(voter.name);
    }
  }

  public static void main(String args[]){
    Voter tom=new Voter("Tom");
    Voter mike=new Voter("Mike");
    Voter jack=new Voter("Jack");

    tom.voteFor();
    tom.voteFor();
    mike.voteFor();
    jack.voteFor();

    Voter.printVoteResult();
  }
}
```

在 Voter 类的 main()方法中,先创建了 3 个选民,然后让他们依次投票,其中 Tom 还试图进行重复投票。该程序的运行结果如下:

```
Tom:感谢你投票!
Tom:你不允许重复投票!
Mike:感谢你投票!
```

```
Jack:感谢你投票!
当前投票数为: 3
参与投票的选民名单如下
Tom
Mike
Jack
```

7.4.2 static 方法

成员方法分为静态方法和实例方法。用 static 修饰的方法叫静态方法或类方法。静态方法也和静态变量一样,不需创建类的实例,可以直接通过类名来访问,例如:

```java
public class Sample1 {
    public static int add(int x, int y) {   //静态方法
        return x + y;
    }
}
public class Sample2 {
    public void method() {
        int result =Sample1.add(1,2);   //调用 Sample1 类的 add()静态方法
        System.out.println("result= " + result);
    }
}
```

1. 静态方法可访问的内容

因为静态方法不需通过它所属的类的任何实例就会被调用,因此在静态方法中不能使用 this 关键字,也不能直接访问所属类的实例变量和实例方法,但是可以直接访问所属类的静态变量和静态方法。例如,在 Voter 类中,*count* 变量是静态变量,表示所有选民的共同投票数,*name* 变量是实例变量,表示每个具体选民对象的名字。以下程序在 Voter 类的静态方法 printVoteResult()中直接访问 *count* 和 *name* 变量:

```java
public class Voter{
    private static final int MAX_COUNT=100; //静态变量,最大投票数,到达此数就停止投票
    private static int count;        //静态变量,投票数
    private static Set<Voter> voters=new HashSet<Voter>();//静态变量,存放所有已经投票的选民
    private String name;         //实例变量,投票人姓名

    /** 打印投票结果 */
    public static void printVoteResult(){
        System.out.println("当前投票数为: "+count);       //合法
        System.out.println("选民的姓名: "+name);          //编译错误
        System.out.println("选民的姓名: "+this.name);     //编译错误
        …
    }
}
```

不妨用反证法来证明在 printVoteResult()方法中不能直接访问 *name* 变量或者 *this.name* 变量。假设以上程序编译成功,那么当 Java 虚拟机在执行以下代码时会遇到问题:

```
Voter.printVoteResult();   //调用 Voter 类的静态方法 printVoteResult()
```

Java 虚拟机在执行静态方法 printVoteResult()时，它能顺利地从 Voter 类的方法区内找到 count 静态变量，而对于 *name* 变量或 *this.name* 变量，Java 虚拟机无从判断到底属于哪个 Voter 对象，Java 虚拟机只会在包含 Voter 类信息的方法区内寻找该量，而不会到存放所有 Voter 对象的堆区去寻找它，所以 Java 虚拟机无法找到 *name* 变量或 *this.name* 变量。

由此可见，在静态方法中不能直接访问所属类的实例变量或实例方法，因为 Java 虚拟机无法定位它们。如果程序中出现这样的操作，Java 编译器会生成以下编译错误：

在静态方法内不允许访问非静态变量。

那么假如 printVoteResult()方法需要访问某个特定 Voter 对象的 name 属性，该怎么办呢？必须通过 Voter 对象的引用来访问 name 属性。例如：

```
public static void printVoteResult(){
  System.out.println("当前投票数为："+count);
  System.out.println("参与投票的选民名单如下");

  for(Voter voter : voters){   //遍历 voters 集合，从 voters 集合中依次取出每个 Voter 对象
    System.out.println(voter.name);   //打印这个 Voter 对象的 name 属性
  }
}
```

以上程序从 voters 集合中依次取出每个 Voter 对象，然后打印它的 name 属性。程序以 voter.name 的形式来访问 *name* 变量，使 Java 虚拟机能明确地知道到底访问哪个 Voter 对象的 name 属性。

静态方法中也不能使用 super 关键字。例如以下程序是非法的：

```
public class Base{
  protected int var;   //var 是实例变量
  public void method1(){var++;}
}
public class Sub extends Base{
  public static void method2(){
    super.method1();   //编译出错
    …
  }
}
```

super 关键字用来访问当前 Sub 实例从 Base 父类中继承的方法和属性。本书第 6 章的 6.5 节（super 关键字）对 super 关键字已经做了介绍。既然 super 关键字与类的特定实例相关，那么和 this 关键字一样，在静态方法中也不能使用 super 关键字。

2．实例方法可访问的内容

如果一个方法没有用 static 修饰，那么它就是实例方法。在实例方法中可以直接访问所属类的静态变量、静态方法、实例变量和实例方法。例如 Voter 类的 voteFor()方法就是实例方法。在这个方法中会直接访问 *count* 静态变量、*voters* 静态变量和 *name* 实例变量：

```
public void voteFor(){
  if(count==MAX_COUNT)       //访问 count 静态变量
```

```
            System.out.println("投票活动已经结束");
            return;
         }
         if(voters.contains(this))
            System.out.println(name+":你不允许重复投票！ ");    //访问 name 实例变量
         else{
            count++;
            voters.add(this);      //访问 voters 静态变量
            System.out.println(name+":感谢你投票！ ");
         }
      }
```

在静态方法 main()中创建了一些 Voter 实例，然后通过实例的引用来访问 voteFor()方法：

```
Voter tom=new Voter("Tom");        //定义 tom 引用变量
Voter mike=new Voter("Mike");      //定义 mike 引用变量
Voter jack=new Voter("Jack");      //定义 jack 引用变量

tom.voteFor();      //访问 tom 引用变量所引用的 Voter 实例的 voteFor()方法
tom.voteFor();      //访问 tom 引用变量所引用的 Voter 实例的 voteFor()方法
mike.voteFor();     //访问 mike 引用变量所引用的 Voter 实例的 voteFor()方法
jack.voteFor();     //访问 jack 引用变量所引用的 Voter 实例的 voteFor()方法
```

在执行 tom.voteFor()或者 mike.voteFor()方法时，Java 虚拟机能明确地知道到底执行哪个 Voter 实例的 voteFor()方法，因此在方法内访问 *name* 变量时，它会顺利地从堆区内找到这个 Voter 实例的 *name* 变量。

3．静态方法必须被实现

静态方法用来表示某个类所特有的功能，这种功能的实现不依赖于类的具体实例，也不依赖于它的子类。既然如此，当前类必须为静态方法提供实现。换句话说，一个静态的方法不能被定义为抽象方法。以下方法的定义是非法的：

```
static abstract void method();    //编译出错, static 和 abstract 不能连用
```

static 和 abstract 修饰符是一对"冤家"，永远不能在一起使用。如果一个方法是静态的，它就必须自力更生，自己实现该方法；如果一个方法是抽象的，那么它就只表示类所具有的功能，但不会实现它，在子类中才会实现它。

4．作为程序入口的 main()方法是静态方法

本书第 2 章的 2.1.5 节（程序入口 main()方法的声明）在介绍作为程序入口的 main()方法时，曾强调 main()方法必须用 static 修饰，现在可以理解为什么如此了。因为把 main()方法定义为静态方法，可以使得 Java 虚拟机只要加载了 main()方法所属的类，就能执行 main()方法，而无须先创建这个类的实例。

在 main() 静态方法中不能直接访问实例变量和实例方法。在调试程序时会经常遇到类似下面的编译错误：

```
public class Sample {
   int x;
   void method(){}
   public static void main(String args[]) {
```

```
        x = 9;   // 编译错误
        this.x=9;   // 编译错误
        method();  // 编译错误
        this.method();  //编译错误
    }
}
```

正确的做法是通过 Sample 实例的引用来访问实例方法和实例变量：

```
public class Sample{
  int x;
  void method(){}
  public static void main(String args[]) {
    Sample s=new Sample();
    s.x = 9; // 合法
    s.method();// 合法
  }
}
```

5. 方法的字节码都位于方法区

不管是实例方法，还是静态方法，它们的字节码都位于方法区内。Java 编译器把 Java 方法的源程序代码编译成二进制的编码，称为字节码，Java 虚拟机的解析器能够解析这种字节码。如图 7-2 所示，当 Java 虚拟机的主线程执行 tom.voteFor()或者 mike.voteFor()方法时，都从方法区内获得 voteFor()方法的字节码。当主线程执行代表以下程序代码的字节码指令时：

```
System.out.println(name+":你不允许重复投票！ ");
```

主线程会根据方法调用栈的有关信息，在堆区找到相应的 *name* 变量。如果执行 tom.voteFor()方法，那就访问 *tom* 变量引用的 Voter 对象的 *name* 变量；如果执行 jack.voteFor()方法，那就访问 *jack* 变量引用的 Voter 对象的 *name* 变量。关于方法调用栈的概念，请参见本书第 13 章的 13.1 节（Java 线程的运行机制）。

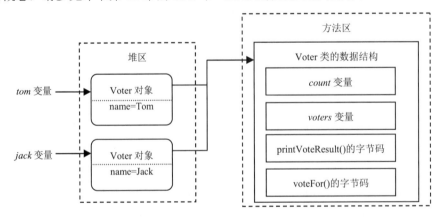

图 7-2　方法的字节码都位于方法区

7.4.3　static 代码块

类中可以包含静态代码块，它不存在于任何方法体中。Java 虚拟机加载类时，会执行这些静态代码块。如果类中包含多个静态块，那么 Java 虚拟机按它们在类中出现的顺序依次执行它们，每个静态代码块只会被执行一次。例如以下 Sample 类中包含两个静态代码块。运行 Sample 类的 main()方法时，Java 虚拟机首先加载 Sample 类，在加载的过程中依次执行两个静态代码块。Java 虚拟机机载 Sample 类后，再执行 main()方法：

```java
public class Sample{
    static int i = 5;
    static {    //第一个静态代码块
        System.out.println(" First Static code i= "+ i++ );
    }
    static {    //第二个静态代码块
        System.out.println(" Second Static code i= "+ i++ );
    }
    public static void main(String args[]) {
        Sample s1=new Sample();
        Sample s2=new Sample();
        System.out.println("At last, i= "+ i );
    }
}
```

运行这个程序，将输出如下结果：

```
First Static code i=5
Second Static code i=6
At last，i=7
```

类的构造方法用于初始化类的实例，而类的静态代码块则可用于初始化类，给类的静态变量赋初始值。例如本书第 1 章 1.6 节的例程 1-11 的 ShapeFactory 类的静态代码块用于初始化 shapes 静态常量：

```java
public class ShapeFactory {
    /** 定义形状类型常量 */
    public static final int SHAPE_TYPE_CIRCLE=1;
    public static final int SHAPE_TYPE_RECTANGLE=2;
    public static final int SHAPE_TYPE_LINE=3;

    private static Map<Integer,String> shapes=new HashMap<Integer,String>();

    static{  //静态代码块，当 Java 虚拟机加载 ShapeFactory 类的代码时，就会执行这段代码
        // 建立形状类型和形状类名的对应关系
        shapes.put(new Integer(SHAPE_TYPE_CIRCLE),"Circle");
        shapes.put(new Integer(SHAPE_TYPE_RECTANGLE),"Rectangle");
        shapes.put(new Integer(SHAPE_TYPE_LINE),"Line");
    }
    …
}
```

静态代码块与静态方法一样，也不能直接访问类的实例变量和实例方法，而必须通过实例的引用来访问它们，例如：

```java
public class Sample{
    private int i;    //实例变量
```

```
    static{
        i=1;       //编译出错
        method();  //编译出错
    }
    public void method(){i++;}   //实例方法
}
```

7.4.4　用 static 进行静态导入

从 JDK 5 开始引入了静态导入语法（import static），其目的是为了在需要经常访问同一个类的方法或成员变量的场合，简化程序代码。下面是一个未使用静态导入的例子：

```
class TestStatic {
    public static void main(String[] args) {
        System.out.println(Integer.MIN_VALUE);
        System.out.println(Integer.MAX_VALUE);
        System.out.println(Integer.parseInt("223"));
    }
}
```

以上代码需要频繁地访问 System 类的 *out* 成员变量，以及 Integer 类的一些静态成员。以下代码静态导入了 *System.out* 成员变量及 Integer 类的所有静态成员，程序代码明显得到了简化，在程序中可以直接访问被导入的内容：

```
import static java.lang.Integer.*;
import static java.lang.System.out;

public class TestStatic {
    public static void main(String[] args) {
        out.println(MIN_VALUE);
        out.println(MAX_VALUE);
        out.println(parseInt("223"));
    }
}
```

值得注意的是，如果静态导入的内容过多，容易引起各种方法名字及变量名字的冲突。如果明确地指定所导入的内容就可以减少这样的冲突。例如，对于以上程序代码，可以把静态导入"java.lang.Integer.*"的语句改写为：

```
import static java.lang.Integer.MIN_VALUE;
import static java.lang.Integer.MAX_VALUE;
import static java.lang.Integer.parseInt;
```

7.5　小结

本章主要介绍了 public、protected、private、abstract、final 和 static 修饰符的用法。下面总结了这些修饰符的主要特性。

1. 访问控制修饰符
- public 的访问级别最高，其次是 protected、默认和 private。
- 成员变量和成员方法可以处于 4 个访问级别中的一个：公开、受保护、默认或私有。
- 顶层类可以处于公开或默认级别，顶层类不能被 protected 和 private 修饰。
- 局部变量不能被访问控制修饰符修饰。

2. abstract 修饰符
- 抽象类不能被实例化。
- 抽象类中可以没有抽象方法，但包含了抽象方法的类必须被定义为抽象类。
- 如果子类没有实现父类中所有的抽象方法，那么子类也必须定义为抽象类。
- 抽象类不能被定义为 final 和 static 类型。
- 抽象方法不能被定义为 private、final 和 static 类型。
- 没有抽象构造方法。
- 抽象方法没有方法体。

3. final 修饰符
- 用 final 修饰的类不能被继承。
- 用 final 修饰的方法不能被子类的方法覆盖。
- private 类型的方法都默认为 final 方法，因而不能被子类的方法覆盖。
- final 类型的变量必须被显式初始化，并且只能被赋一次值。

4. static 修饰符
- 静态变量在内存中只有一个备份，在类的所有实例中共享。
- 在静态方法中不能直接访问实例方法和实例变量。
- 静态方法中不能使用 this 和 super 关键字。
- 静态方法不能被 abstract 修饰。
- 静态方法和静态变量都可以通过类名直接被访问。
- 当类被加载时，静态代码块只被执行一次。类中不同的静态代码块按它们在类中出现的顺序被依次执行。

许多修饰符可以连用，例如：

```
private static final int MAX_COUNT=1;
public static final void main(String args[]){…}
protected abstract void method();
```

当多个修饰符连用时，修饰符的顺序可以颠倒，例如以下 3 种定义方式都是合法的：

```
private static final int MAX_COUNT=1;
static private final int MAX_COUNT1=1;
final static private int MAX_COUNT2=1;
```

不过，作为普遍遵守的编程规范，通常把访问控制修饰符放在首位，其次是 static

或 abstract 修饰符，接着是其他修饰符。

以下修饰符连用是无意义的，会导致编译错误：
- abstract 与 private。
- abstract 与 final。
- abstract 与 static。

7.6 思考题

1．以下哪些是 Java 修饰符？

a) public　b) private　c) friendly　d) transient　e) vagrant

2．作为程序入口的 main()方法可以用哪些修饰符来修饰？

a) private　b) final　c) static　d) int　e) abstract

3．以下代码能否编译通过？假如能编译通过，运行时将得到什么打印结果？

```
private class Base{}
public class Vis{
    transient int iVal;
    public static void main(String elephant[]){ }
}
```

4．以下代码能否编译通过？假如能编译通过，运行时将得到什么打印结果？

```
class A{
    private int secret;
}
public class Test{
    public int method(A a){
        return a.secret++;
    }

    public static void main(String args[]){
        Test test=new Test();
        A a=new A();
        System.out.println(test.method(a));
    }
}
```

5．哪个访问控制符的访问级别最大？

a) private　b) public　c) protected　d) 默认

6．如果一个方法只能被当前类及同一个包中的类访问，那么这个方法采用什么访问级别？

7．以下代码能否编译通过？假如能编译通过，运行时将得到什么打印结果？

```
private class Base{
    Base(){
        int i = 100;
        System.out.println(i);
```

```
        }
    }
    public class Pri extends Base{
        static int i = 200;
        public static void main(String argv[]){
            Pri p = new Pri();
            System.out.println(i);
        }
    }
```

8. 以下代码能否编译通过？假如能编译通过，运行时将得到什么打印结果？

```
public class MyAr{
    public static void main(String argv[]) {
        MyAr m = new MyAr();
        m.amethod();
    }
    public void amethod(){
        static int i;
        System.out.println(i);
    }
}
```

9. 以下代码能否编译通过？假如能编译通过，运行时将得到什么打印结果？

```
class Test{
    int x = 5;
    static String s = "abcd";
    public static void method(){
        System.out.println(s + x);
    }
}
```

10. 对于以下程序，运行"java StaticTest"，将得到什么打印结果？

```
public class StaticTest {
    static {
        System.out.println("Hi there");
    }
    public void print() {
        System.out.println("Hello");
    }
    public static void main(String args []) {
        StaticTest st1 = new StaticTest();
        st1.print();
        StaticTest st2 = new StaticTest();
        st2.print();
    }
}
```

11. 以下代码能否编译通过？假如能编译通过，运行时将得到什么打印结果？

```
public class Test{
    final int x = 0;
    Test(){
        x = 1;
```

```
    }
    final int aMethod(){
        return x;
    }
}
```

12. 以下代码能否编译通过?

```
public class FinalTest{
    final int q;
    final int w = 0;

    FinalTest(){
        q = 1;
    }

    FinalTest(int x){
        q = x;
    }
}
```

13. 以下代码能否编译通过?

```
public class FinalTest{
    final int q;
    final int w = 0;
    FinalTest(){
        this(0);
        q = 1;
    }

    FinalTest(int x){
        q = x;
    }
}
```

第 8 章 接 口

本书第 6 章的 6.6 节（多态）曾经介绍一个动物饲养员 Feeder、动物 Animal 和食物 Food 的例子，如图 8-1 所示。

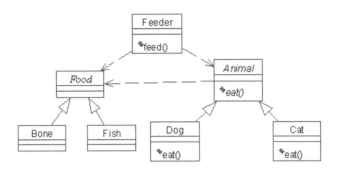

图 8-1 动物饲养员 Feeder、食物 Food 和动物 Animal 及它的子类的类框图

在图 8-1 中，Fish 类继承了 Food 类，表明鱼是一种食物。但实际上，鱼也是一种动物，而图 8-1 没有表示 Fish 类和 Animal 类的继承关系。由于 Java 语言不支持一个类有多个直接的父类，因此无法用继承关系来描述鱼既是一种食物，又是一种动物。

为了解决这一问题，Java 语言引入了接口类型，简称接口。一个类只能有一个直接的父类，但是可以实现多个接口，采用这种方式，Java 语言对多继承提供了有力的支持。只要把图 8-1 中的 Food 类改为 Food 接口，Fish 类就能同时继承 Animal 类，并且实现 Food 接口，如图 8-2 所示。

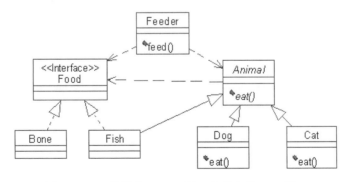

图 8-2 Fish 类继承 Animal 类，并且实现 Food 接口

本章首先介绍接口的概念，以及正确使用接口的语法，然后对接口与抽象类进行比较，最后介绍与接口相关的 5 种设计模式：

- 定制服务模式：设计精粒度的接口，每个接口代表相关的一组服务，通过继承来创建复合接口。
- 适配器模式：当两个系统之间接口不匹配时，用适配器来转换接口。

- 默认适配器模式：为接口提供简单的默认的实现。
- 代理模式：为接口的实现类创建代理类，使用者通过代理类来获得实现类的服务。
- 标识类型模式：用接口来标识一种没有任何行为的抽象类型。
- 常量接口模式：在接口中定义静态常量，在其他类中通过 import static 语句引入这些常量。

8.1 接口的概念和基本特征

在 Java 语言中，接口有两种意思：
- 一是指概念性的接口，即指系统对外提供的所有服务。类的所有能被外部使用者访问的方法构成了类的接口。
- 二是指用 interface 关键字定义的实实在在的接口，也称为接口类型。它用于明确地描述系统对外提供的所有服务，它能够更加清晰地把系统的实现细节与接口分离。

本章介绍的是接口类型，它与抽象类表面上有些相似，接口类型与抽象类都不能被实例化。在接口类型中声明了系统对外所能提供的服务，但是不包含具体的实现。例如，照相机和某些类型的手机都具有拍照的功能，以下程序代码定义了一个名为 Photographable 的接口：

```java
/** 表示所有能拍照的工具类型 */
public interface Photographable{
    /** 拍照 */
    public void takePhoto();
}
```

如图 8-3 表明 Camera 类实现了 Photographable 接口。

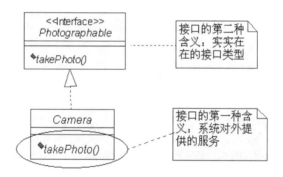

图 8-3　Camera 类实现 Photographable 接口

类实现接口的关键字为 implements。例如，以下代码通过 implements 关键字声明 Camera 类实现了 Photographable 接口。

```
public class Camera implements Photographable {
    public void takePhoto(){…};    //实现拍照功能
}
```

接口对其成员变量和方法做了许多限制，接口的特征归纳如下：

（1）接口中的成员变量默认都是 public、static、final 类型的，必须被显式初始化。并且接口中只能包含 public、static、final 类型的成员变量。例如以下接口 A 中变量 *var*1 和 *var*2 的定义是非法的：

```
public interface A{
    int var1;                //编译出错，var1 变量被看作静态常量，必须被显式初始化
    protected int   var2;    //编译出错，var1 变量必须是 public 类型的
    int var3=3;              //合法,var3 变量默认为 public、static、final 类型
}
```

（2）接口中的方法默认都是 public、abstract 类型的。例如以下接口 A 的定义是合法的：

```
public interface A{
    void method1();    //合法，method1()默认为 public、abstract 类型
    public abstract void method2();    //合法，method2()显式声明为 public、abstract 类型
}
```

（3）在 JDK8 以前的版本中，接口只能包含抽象方法。从 JDK8 开始，为了提高代码的可重用性，允许在接口中定义默认方法和静态方法。默认方法用 default 关键字来声明，拥有默认的实现。接口的实现类既可以直接访问默认方法，也可以覆盖它，重新实现该方法。

在以下 MyIFC 接口中分别定义了一个默认方法 method1()、静态方法 method2()和抽象方法 method3()：

```
public interface MyIFC {
    default void method1(){          //声明一个默认方法
        System.out.println("default method1");
    }

    static void method2(){           //声明一个静态方法
        System.out.println("static method2");
    }

    void method3();                  //声明一个抽象方法
}
```

以下 Tester 类实现了 MyIFC 接口。Tester 类作为非抽象类，必须实现 MyIFC 接口的抽象 method3()方法。Tester 的实例可以直接访问在接口中定义的 method1()默认方法：

```
public class Tester implements MyIFC{
    public void method3(){    //实现接口中的 method3()方法
        System.out.println("method3");
    }

    public static void main(String[] args) {
        Tester t=new Tester();
        t.method1();    //访问接口中的默认方法
```

```
        t.method2();       //编译出错，Tester 实例不能访问 MyIFC 接口的静态方法
        MyIFC.method2();   //合法，可以通过接口名字来访问它的静态方法
        t.method3();
    }
}
```

接口中的静态方法只能在接口内部被访问，或者其他程序通过接口的名字来访问它的静态方法，如果试图通过实现接口的类的实例来访问该静态方法，会导致编译错误。例如：

```
t.method2();       //编译出错，Tester 实例不能访问 MyIFC 接口的静态方法
MyIFC.method2();   //合法，可以通过接口名字来访问它的静态方法
```

另外，要注意的是，在接口中为方法提供默认实现虽然可以提高代码的可重用性，但还是要谨慎地使用这一特性。因为在层次关系比较复杂的软件系统中，这一特性会使程序代码容易导致歧义和混淆。

Tips
> 接口的默认方法有助于在扩展软件系统功能的同时，不对现有的继承关系及类库造成很大影响。例如，在 JDK8 中，Java 集合框架的 Collection 接口增加了 stream() 等默认方法。这些默认方法既增强了集合的功能，又能保证对 JDK 低版本的向下兼容。如果在接口中增加一个抽象方法，那么必须对所有实现接口的类进行修改，要么实现该抽象方法，要么声明为抽象类。

（4）接口没有构造方法，不能被实例化。在接口中定义构造方法是非法的，例如：

```
public interface A{
    public A(){...}   //编译出错，接口中不允许定义构造方法
    void method();
}
```

（5）一个接口不能实现另一个接口，但它可以继承多个其他接口。例如，以下接口 C 继承接口 A 和 B，因此接口 C 会继承接口 A 的 methodA() 方法，以及接口 B 的 methodB() 方法。接口 C 被称为复合接口：

```
public interface A{
    void methodA();
}
public interface B{
    void methodB();
}
public interface C extends A,B{   //接口 C 是复合接口
    void methodC();
}
```

（6）与子类继承抽象父类相似，当类实现了某个接口时，它必须实现接口中所有的抽象方法，否则这个类必须被定义为抽象类。

（7）不允许创建接口的实例，但允许定义接口类型的引用变量，该变量引用实现了这个接口的类的实例，例如：

```
//引用变量 t 被定义为 Photographable 接口类型，它引用 Camera 实例
```

```
Photographable t=new Camera();
```

（8）一个类只能继承一个直接的父类，但能实现多个接口。例如，以下 MyApplet 类的直接父类为 JApplet，它还同时实现了 Runnable 和 MouseListener 接口：

```
public class MyApplet extends JApplet implements Runnable, MouseListener{ …}
```

8.2 比较抽象类与接口

抽象类与接口都位于继承树的上层，它们具有以下相同点：
- 代表系统的抽象层，在第 6 章的 6.7.2 节（继承树的上层为抽象层）曾经提到当一个系统使用一棵继承树上的类时，应该尽可能地把引用变量声明为继承树的上层抽象类型，这可以提高两个系统之间的松耦合。
- 都不能被实例化。
- 都能包含抽象方法，这些抽象方法用于描述系统能提供哪些服务，但不必提供具体的实现。
- 从 JDK8 版本开始，不仅抽象类能为部分方法提供默认的实现，接口也具有这一特性。该特性可以避免在子类或者实现类中重复实现方法，这能提高代码的可重用性。

抽象类与接口主要有两大区别：

（1）接口中的成员变量只能是 public、static 和 final 类型的，而在抽象类中可以定义各种类型的实例变量和静态变量，这是抽象类的优势所在，它可以包含所有子类的共同成员变量，避免在子类中重复定义。

（2）一个类只能继承一个直接的父类，这个父类有可能是抽象类；但一个类可以实现多个接口，这是接口的优势所在。

对于已经存在的继承树，可以方便地从多个类中抽象出新的接口，但是从多个类中抽象出新的抽象类却不那么容易，因此接口更有利于软件系统的维护与重构。如图 8-4 所示，假定在系统中已经存在两棵继承树，分别表示手机和照相机。

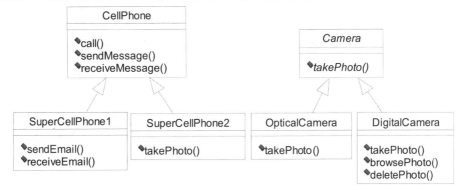

图 8-4　表示手机和照相机的继承树

在图 8-4 中，SuperCellPhone2 类表示一种新款的多功能手机，它除了能打电话，还能拍照。这种手机与照相机具有相同的拍照功能，为了提高当前系统（包括两棵继承树）与其他系统的松耦合，可以把这种功能抽象到一个共同的抽象父类 Photographable 中，使得 SuperCellPhone2 类与 Camera 类都属于这个父类型。但是由于 SuperCellPhone2 类已经继承了 CellPhone 类，无法使它再继承其他的类。一种比较牵强的做法是迫使 CellPhone 类继承 Photographable 类，如图 8-5 所示，这样，它的 SuperCellPhone2 子类也会继承 takePhoto()方法，这导致 CellPhone 类及它的所有子类都必须实现 takePhoto()方法，否则就只能声明为抽象类，这显然是不合理的。

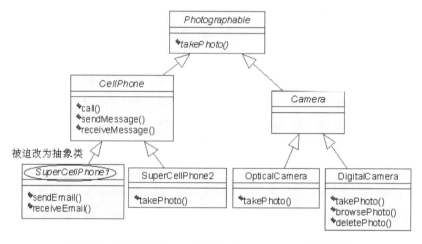

图 8-5　迫使 CellPhone 类继承 Photographable 抽象父类

如果把 Phtographable 定义为接口，那么 SuperCellPhone2 类和 Camera 类可以方便地实现该接口，并且不会对现有继承树上的其他类造成任何影响，如图 8-6 所示。

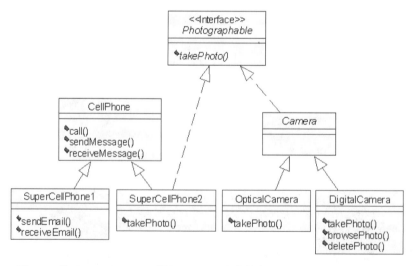

图 8-6　从 SuperCellPhone2 类与 Camera 类中抽象出 Photographable 接口

由此可见，借助接口，可以方便地对已经存在的系统进行自下而上的抽象。对于任意两个类，不管它们是否属于同一个父类，只要它们存在着相同的功能，就能从中抽象出一个接口类型。接口中定义了系统对外提供的一组相关的服务，接口并不强迫它的实现类在语义上是同一种类型。例如在图 8-6 中，多功能手机 SuperCellPhone2 类与照相机 Camera 类在语义上显然不是同一个类型，由于它们都能提供拍照功能，因此都能实现 Photographable 接口。再例如，本章图 8-2 所示的鱼 Fish 类和骨头 Bone 类，在语义上也不是同一个类型，由于它们都能充当其他动物的食物，因此都能实现 Food 接口。

再例如，Photographable 接口的 takePhoto() 方法表示拍照的功能，这个方法应该有个参数，表示被拍摄的目标 Target，它可以是任意一种具有实实在在的外观的实物，比如桌子、计算机、人、花、河、牛和马。这些不相关的实物都能实现同一个接口 Target，在 Target 接口中声明了这些实物作为可拍摄目标时具有的相同特征，即可以获得其外观：

```
public interface Target{
    public Outlook getOutlook();
}
```

Photographable 接口与 Target 接口之间为依赖关系，Photographable 接口的 takePhoto() 方法以 Target 接口类型作为参数：

```
public interface Photographable{
    public void takePhoto(Target target);
}
```

对于两个不同的系统，通过接口交互比通过抽象类来交互能够获得更好的松耦合。例如，以下程序表示由摄影师 Photographer 构成的一个系统访问图 8-6 所示系统的拍照功能：

```
public class Photographer{
    public void photograph(Camera tool,Target target){
        tool.takePhoto(target);
    }
}
```

以上 photograph() 方法的 tool 参数为 Camera 类型，这意味着摄影师只能用照相机拍照。如果把 tool 参数改为 Photographable 接口类型，那么摄影师选用照相设备时有更多的选择余地，可以选择照相机、具有拍照功能的手机，或者具有拍照功能的录像机：

```
public class Photographer{
    public void photograph(Photographable tool,Target target){
        tool.takePhoto(target);
    }
}
```

综上所述，接口和抽象类各有优缺点，开发人员应该扬长避短，发挥接口和抽象类各自的长处。使用接口和抽象类的总的原则如下：

（1）用接口作为系统与外界交互的窗口，站在外界使用者（另一个系统）的角度，接口向使用者承诺系统能提供哪些服务；站在系统本身的角度，接口指定系统必须实现哪些服务。接口是系统中最高层次的抽象类型。这里的系统既可以指整个大系统，也可以指完成特定功能的相对独立的局部系统。例如，计算机是一个系统，计算机的主机、鼠标和键盘等是局部系统，和计算机连接的移动硬盘也是系统。无论是大系统之间，还是小系统之间，都通过接口进行交互，这可以提高系统之间的松耦合。

> **Tips**
> 系统之间通过接口交互，是指系统 A 访问系统 B 时，把引用变量声明为系统 B 中的接口类型，该引用变量引用系统 B 中接口的实现类的实例。

（2）由于外界使用者依赖系统的接口，并且系统内部会实现接口，因此接口本身必须十分稳定，接口一旦指定，就不允许随意修改，否则会对外界使用者及系统内部都造成影响。

（3）用抽象类来定制系统中的扩展点。可以把抽象类看作是介于"抽象"和"实现"之间的半成品，抽象类力所能及地完成了部分实现，但还有一些功能有待于它的子类去实现。

如图 8-7 所示，系统 A 由接口、抽象类 1、抽象类 2 及它们的子类组成。系统 B 由外界类 1、外界类 2、外界类 3 和外界类 4 组成。系统 B 充当系统 A 的外界使用者（也可以称为客户程序）。系统 B 中的类通过与系统 A 中接口建立依赖关系和组合关系（包括 UML 的关联关系和聚集关系），来获得系统 A 的服务。此外，系统 B 中的类还会通过与系统 A 中的抽象类 2 建立继承关系，来扩展系统 A 的功能。

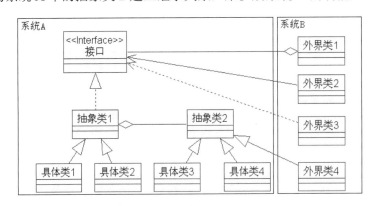

图 8-7　系统中接口与抽象类的作用

由此可见，当系统 B 需要访问系统 A 的服务时，只会与系统 A 的接口打交道。当系统 B 需要扩展系统 A 的功能时，会以系统 A 中的抽象类 2 作为扩展点。

> **Tips**
> 在有些情况下，系统 B 也可以从头实现系统 A 中的接口，但是这比扩展系统 A 中已经提供部分实现的抽象类显然要困难一些。当一个软件系统对外发布时，会在文档中明确地说明哪些接口允许使用者实现，以及哪些类允许继承。

在系统 A 中，抽象类 1 实现了一个接口，而抽象类 2 没有实现任何接口。由于抽象类 1 的服务会被系统 B 访问，因此从抽象类 1 中抽象出了接口，使得系统 B 只通过接口访问特定服务。系统 A 的抽象类 2 的服务仅供系统 A 内部访问，抽象类 1 建立了与抽象类 2 的组合关系，从而获得抽象类 2 的服务。如果满足以下条件，那么系统 A

没有必要从抽象类 2 中再抽象出接口：
(1) 抽象类 2 的服务不会被另一个系统 B 访问。
(2) 系统 A 内部的抽象类 1 与抽象类 2 之间不需要较高的松耦合。

8.3 与接口相关的设计模式

上一节通过比较接口与抽象类，得出了把接口作为系统与外界交互的窗口的结论。接下来要考虑以下问题：
- 如何设计接口？定制服务模式提出了设计精粒度的接口的原则。
- 当两个系统之间接口不匹配时，如何处理？适配器模式提供了接口转换方案。
- 当系统 A 无法便捷地引用系统 B 的接口的实现类实例时，如何处理？代理模式提供了为系统 B 的接口的实现类提供代理类的解决方案。

本节主要介绍与接口相关的设计模式，包括：定制服务模式、适配器模式、代理模式和标识类型模式。

8.3.1 定制服务模式

在如今的商业领域，很流行定制服务。例如，电信公司会制定各种各样的服务套餐，满足各种客户的需求。如表 8-1 是一电信公司为个人用户定制的两款宽带服务套餐。定制服务让客户与电信公司都能收益，对客户而言，能选择所需要的服务，不必浪费钱购买多余的服务；对电信公司而言，针对特定类型的客户只提供特定的服务，不必提供多余的服务，可以减少维护服务的成本。

表 8-1 电信公司为个人用户定制的两款宽带服务套餐

极速精英套餐	金融专网套餐
宽带上网服务（限速 2MB）	电信金融专网服务（限速 1MB）
在线杀毒服务	在线杀毒服务
50MB 邮箱服务	28MB 网络硬盘服务
	5MB 邮箱服务
付费：2999 元无限包年；或者 140 元无限包月	付费：3000 元无限包年；或者 150 元无限包月

定制服务的模式也可用到面向对象的软件开发领域。当一个系统能对外提供多种类型的服务时，一种方式是设计粗粒度的接口，把所有的服务放在一个接口中声明，这个接口臃肿庞大，所有的使用者都访问同一个接口；还有一种方式是设计精粒度的接口，对服务精心分类，把相关的一组服务放在一个接口中，通过对接口的继承，可以派生出新的接口，针对使用者的需求提供特定的接口。

第二种方式使得系统更加容易维护，向使用者提供的接口是一种承诺，接口一旦提供，就很难撤回，作为软件提供商，没有人愿意做出过多的承诺，尤其是不必要的承诺，过多的承诺会给系统的维护造成不必要的负担。精粒度的接口可以减轻软件提供商的软件维护成本。假如某个精粒度的接口不得不发生变更，那么也只会影响到一小部分访问该接口的使用者。此外，精粒度的接口更有利于接口的重用，通过对接口的继承，可以方便地生成针对特定使用者的复合接口。

从表 8-1 描述的问题领域中，可以抽象出 5 个精粒度的接口，代表 5 种服务，如图 8-8 所示。这 5 种服务是：宽带上网服务 BroadbandService、网络硬盘服务 NetworkDiskService、在线杀毒服务 VirusKillingService、邮箱服务 MailboxService 和金融专网服务 FinancialNetworkService。

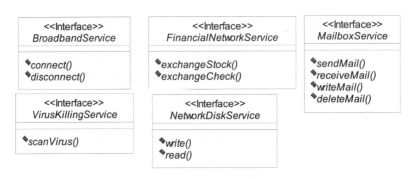

图 8-8　宽带套餐服务中的 5 个精粒度接口

表 8-1 中的极速精英套餐 SuperSpeedCombo 和金融专网套餐 FinanceCombo 属于两种定制的服务接口，它们通过继承以上 5 个精粒度的接口而成，如图 8-9 所示。这样的接口也称为复合接口。SuperSpeedCombo 和 FinanceCombo 接口的定义如下：

```
public interface SuperSpeedCombo
        extends BroadbandService,
        VirusKillingService,MailboxService{...}

public interface FinanceCombo
        extends FinancialNetworkService,
        VirusKillingService,
        MailboxService,NetworkDiskService{...}
```

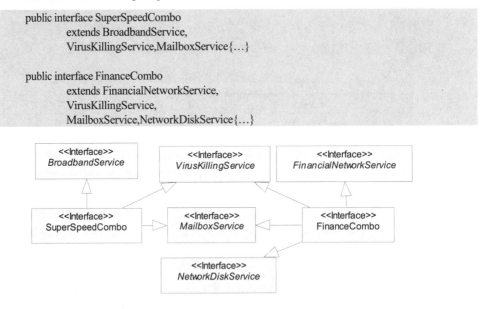

图 8-9　通过继承派生出 SuperSpeedCombo 和 FinanceCombo 复合接口

服务接口定制好以后，接下来的问题是如何实现这些接口。为了提高代码的可重用性，类的粒度也应该尽可能的小，所以首先为精粒度的接口提供实现类，如图 8-10 所示。

第8章 接口

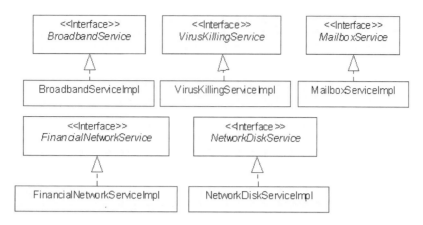

图8-10 5个精粒度接口的实现类

以下是 BroadbandServiceImpl 类的源程序:

```
public class BroadbandServiceImpl implements BroadbandService{
  private int speed; //网速

  public BroadbandServiceImpl(int speed){
     this.speed=speed;
  }
  public void connect(String username,String password){…}   //连接网络
  public void disconnect(){…}   //断开网络
}
```

对于 SuperSpeedCombo 和 FinanceCombo 复合接口,如何实现它们呢?以 SuperSpeedCombo 接口的实现类 SuperSpeedComboImpl 为例,可以采用组合手段,复用 BroadbandService 接口、VirusKillingService 接口和 MailboxService 接口的实现类的程序代码,图 8-11 显示了这些类之间的组合关系。SuperSpeedComboImpl 实际上并没有实现任何服务,它的作用是调用其他接口的实现类的方法,把 3 个精粒度的接口转变为一个复合接口,SuperSpeedComboImpl 可以看作是转换接口的适配器,这种设计模式被称为适配器模式,下面一节还会对此做进一步介绍。

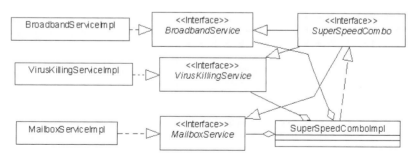

图8-11 SuperSpeedComboImpl 类复用其他接口的实现类的程序代码

此外,对于极速精英套餐和经融专网套餐,都有付费方式和价格这些属性,可以把这些属性放到同一个类 Payment 中,这符合构建精粒度的对象模型的原则,如图8-12所示。

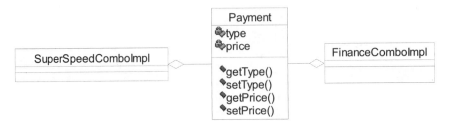

图 8-12 从 SuperSpeedComboImpl 与 FinanceComboImpl 类中分解出 Payment 类

以下是 Payment 类的源程序:

```
public class Payment{
    public static final  String   TYPE_PER_YEAR="按年付费";
    public static final  String   TYPE_PER_MONTH="按月付费";

    private String type;   //付费方式,可选值包括:按年和按月
    private double price;  //价格
    public Payment(String type, double price){
      this.type=type;
      this.price=price;
    }
    //此处省略显示 type 属性和 price 属性的 get 和 set 方法
    …
}
```

SuperSpeedComboImpl 类的源程序如下:

```
public class SuperSpeedComboImpl implements SuperSpeedCombo{
    private BroadbandService broadbandService;
    private VirusKillingService virusKillingService;
    private MailboxService mailboxService;
    private Payment payment;   //付费信息

    public SuperSpeedComboImpl(BroadbandService broadbandService,
                    VirusKillingService virusKillingService,
                    MailboxService mailboxService,
                    Payment payment){
      this.broadbandService= broadbandService;
      this. virusKillingService= virusKillingService;
      this.mailboxService=mailboxService;
      this.payment=payment;
    }

    public void connect(String username,String password){
      broadbandService.connect(username,password);
    }

    public void disconnect(){
      broadbandService.disconnect();
    }

    public void scanVirus(){
      virusKillingService.scanVirus();
    }
```

```
    public void sendMail(){
        maiboxService.sendMail();
    }

    public void receiveMail(){
        maiboxService.receiveMail();
    }

    public void deleteMail(){
        maiboxService.deleteMail();
    }

    public Payment getPayment(){
        return payment;
    }
}
```

以下程序创建了表 8-1 所示的极速精英套餐服务的一个实例:

```
//创建付费信息,按年付费,价格 2999 元
Payment payment=new Payment(Payment.TYPE_PER_YEAR, 2999);

//创建宽带上网服务,网速 2MB
BroadbandService broadbandService=new BroadbandServiceImpl(2);

//创建邮箱服务,50MB 容量
MailboxService mailboxService=new MailboxServiceImpl(50);

//创建在线杀毒服务
VirusKillingService virusKillingService=new VirusKillingServiceImpl();

    //创建极速精英套餐服务
    SuperSpeedCombo superSpeedCombo=new SuperSpeedComboImpl(
        broadbandService,mailboxService,virusKillingService,payment);
```

8.3.2 适配器模式

在日常生活中,会经常遇到一些适配器,例如笔记本电脑的变压器,就是典型的电源适配器。如图 8-13 所示,笔记本电脑只接受 15V 的电压,因此不能直接和 220V 的电源插座连接,电源适配器能够把 220V 的电压转换为 15V,它是连接笔记本电脑和普通电源的桥梁。

图 8-13 连接笔记本电脑和普通电源的电源适配器

再例如,用于电话拨号上网的调制解调器(Modem)也是一种适配器。如图 8-14

所示，计算机只接受数字信号，而电话线上传输的是模拟信号，Modem 能够把模拟信号转换为数字信号，它是连接计算机和电话网络的桥梁。

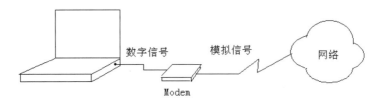

图 8-14　连接计算机和电话网络的 Modem

松耦合的系统之间通过接口来交互，当两个系统之间的接口不匹配时，就需要用适配器来把一个系统的接口转换为与另一个系统匹配的接口。可见，适配器的作用是进行接口转换。

在面向对象领域，也采用适配器模式来进行接口的转换，适配器模式有两种实现方式：

（1）继承实现方式。在图 8-15 中，SourceIFC 和 TargetIFC 分别代表源接口和目标接口，在 SourceIFC 接口中只有 add(int a,int b)方法，而在目标接口中有 add(int a,int b) 和 addOne(int a)方法，addOne(int a)方法返回 $a+1$ 的值。TargetImpl 为适配器，实现了 TargetIFC 接口，并且继承 SourceImpl 类，从而能重用 SourceImpl 类的 add()方法。以下是 SourceImpl 类和 TargetImpl 类的源程序：

```
public class SourceImpl implements SourceIFC{
    public int add(int a,int b){return a+b;}
}
public class TargetImpl extends SourceImpl implements TargetIFC{
    public int addOne(int a){
        return add(a,1);   //调用 SourceImpl 父类的 add(int a,int b)方法
    }
}
```

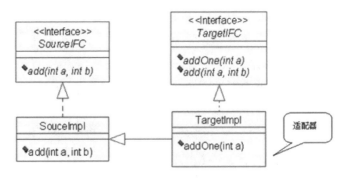

图 8-15　继承实现方式

（2）组合实现方式。在图 8-16 中，TargetImpl 为适配器，实现了 TargetIFC 接口，并且包装了 SourceIFC 的实现类，从而能重用 SourceImpl 类的 add()方法。TargetImpl 类对 SourceImpl 类进行了包装，从而生成新的接口。采用这种实现方式的适配器模式也称为包装类模式。以下是 TargetImpl 的源程序：

```java
public class TargetImpl implements TargetIFC{
  private SourceIFC source;
  public TargetImpl(SourceIFC source){
     this.source=source;
  }
  public int add (int a,int b){return source.add(a,b);}
  public int addOne(int a){return source.add(a,1);}
}
```

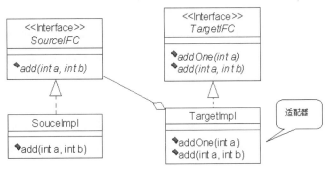

图 8-16　组合实现方式

第 6 章的 6.9 节的表 6-2 比较了组合关系与继承关系的优劣，总的说来，组合关系比继承关系更有利于系统的维护和扩展，而且组合关系能够将多个源接口转换为一个目标接口，本章 8.3.1 节的 SuperSpeedComboImpl 适配器就是一个例子，而继承关系只能把一个源接口转换为一个目标接口，因此应该优先考虑用组合关系来实现适配器。

下面以 Hibernate 使用的数据库连接池为例，介绍如何把适配器模式运用到实际项目中的。Hibernate 是一个连接数据库和 Java 应用的开源软件。Hibernate 通过数据库连接池 ConnectionPool 来连接数据库。如图 8-17 所示，Java 应用、Hibernate、ConnectionPool 均为相对独立的 Java 软件系统。Java 应用通过 Hibernate API 访问 Hibernate 的服务，Hibernate 通过 ConnectionPool API 来访问 ConnectionPool 的服务。

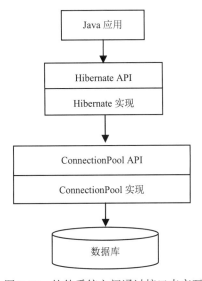

图 8-17　软件系统之间通过接口来交互

> **Tips**
> 　　API 是 Application Interface 的简称，是指一个软件系统对外提供的所有接口。例如 Hibernate API，就是指 Hibernate 对外提供的所有接口。这里的接口应该理解为系统对外提供的所有服务。

　　数据库连接池 ConnectionPool 的主要功能是提供数据库连接。本章关注的并不是 Hibernate 和 ConnectionPool 的功能及实现方式，而是介绍 Hibernate 和 ConnectionPool 这两个系统之间如何交互。Hibernate 对连接池进行了抽象，用 ConnectionProvider 接口作为连接池的接口：

```java
public interface ConnectionProvider {
  /** 初始化数据库连接池 */
  public void configure(Properties props) throws HibernateException;

  /** 从连接池中取出一个数据库连接 */
  public Connection getConnection() throws SQLException;

  /** 关闭参数指定的数据库连接 */
  public void closeConnection(Connection conn) throws SQLException;

  /** 关闭数据库连接池 */
  public void close() throws HibernateException;
}
```

　　Hibernate 提供了连接池的实现类 DriverManagerConnectionProvider，这是 Hibernate 默认的数据库连接池。此外，Hibernate 还可以选用由第三方提供的专业的数据库连接池产品，如 C3P0 连接池软件和 DBCP 连接池软件。但是这些第三方生产的连接池软件都有各自的 API，它们并没有实现 Hibernate 制定的 ConnectionProvider 接口。例如 DBCP 连接池的 API 包括：

- org.apache.commons.pool.KeyedObjectPoolFactory 接口。
- org.apache.commons.pool.ObjectPool 接口。

C3P0 连接池的 API 包括：

- com.mchange.v2.c3p0.PoolConfig。
- com.mchange.v2.c3p0.DataSources。

　　Hibernate 为 DBCP 和 C3P0 连接池创建了相应的适配器，使得 Hibernate 能够使用这些连接池，如图 8-18 所示。

第 8 章 接口

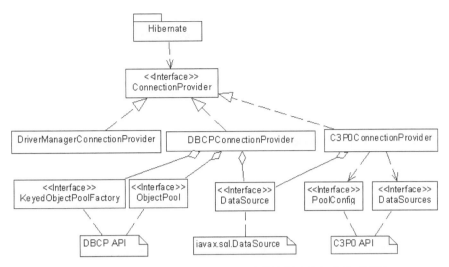

图 8-18 Hibernate 为 DBCP 和 C3P0 连接池创建的相应的适配器

在图 8-18 中，Hibernate 只会访问 ConnectionProvider 接口，这个接口有 3 个实现类，其中 DBCPConnectionProvider 和 C3P0ConnectionProvider 类是适配器，它们分别负责把 DBCP 和 C3P0 连接池的接口转换为 ConnectionProvider 接口，这两个适配器都采用组合实现方式。DBCPConnectionProvider 类的部分代码如下：

```java
public class DBCPConnectionProvider implements ConnectionProvider {
    private Integer isolation;
    private DataSource ds;    //包装 DataSource 对象
    private KeyedObjectPoolFactory statementPool;   //包装 KeyedObjectPoolFactory 对象
    private ObjectPool connectionPool;   //包装 ObjectPool 对象

    public Connection getConnection() throws SQLException {
        final Connection c = ds.getConnection();
        if(isolation!=null) c.setTransactionIsolation( isolation.intValue() );
        if( c.getAutoCommit() ) c.setAutoCommit(false);
        return c;
    }

    public void closeConnection(Connection conn) throws SQLException {
        conn.close();
    }

    public void close() throws HibernateException {
        try{
            connectionPool.close();    //转发消息
        }catch (Exception e) {
            throw new HibernateException("could not close DBCP pool", e);
        }
    }
    ...
}
```

8.3.3 默认适配器模式

在 java.awt.event 包中定义了许多事件监听接口，例如 WindowListener 和 MouseListener，它们分别用来响应用户发出的窗口事件和鼠标事件。第 19 章的 19.3 节（事件处理）详细介绍了这些监听接口的作用。MouseListener 接口的定义如下：

```java
public interface MouseListener{
  public void mouseClicked(MouseEvent e);
  public void mousePressed(MouseEvent e);
  public void mouseReleased(MouseEvent e);
  public void mouseEntered(MouseEvent e);
  public void mouseExited(MouseEvent e);
}
```

用户可以创建 MouseListener 接口的实现类，来响应各种鼠标事件。由于接口中的方法都是抽象的，因此实现类必须实现所有的方法，否则就必须声明为抽象类。但在有些情况下，用户有可能只想处理按下鼠标按钮的事件，忽略其他事件，此时 MouseListener 接口的实现类的定义如下：

```java
public class MyMouseListener implements MouseListener{
  public void mouseClicked(MouseEvent e){}
  public void mousePressed(MouseEvent e){
     //处理按下鼠标按钮的事件
     …
  }
  public void mouseReleased(MouseEvent e){}
  public void mouseEntered(MouseEvent e){}
  public void mouseExited(MouseEvent e){}
}
```

从以上程序可以看出，尽管 MyMouseListener 类实际上仅仅实现了 mousePressed() 方法，但是不得不为其他的方法提供空的方法体。

为了简化编程，JDK 为 MouseListener 提供了一个默认适配器 MouseAdapter，它实现了 MouseListener 接口，为所有的方法提供空的方法体：

```java
public class MouseAdapter  implements MouseListener{
  public void mouseClicked(MouseEvent e){}
  public void mousePressed(MouseEvent e){}
  public void mouseReleased(MouseEvent e){}
  public void mouseEntered(MouseEvent e){}
  public void mouseExited(MouseEvent e){}
}
```

用户自定义的 MyMouseListener 监听器可以继承 MouseAdapter 类，在 MyMouseListener 类中，只需覆盖特定的方法，而不必实现所有的方法：

```java
public class MyMouseListener extends MouseAdapter{
  public void mousePressed(MouseEvent e){
     //处理按下鼠标按钮的事件
     …
  }
}
```

当 MyMouseListener 类继承 MouseAdapter 适配器时，可以简化编程，这是默认适配器模式的优点所在。它的缺点是 MyMouseListener 类不能再继承其他的类，因为 Java 语言不允许一个类有多个直接的父类。

8.3.4 代理模式

在日常生活中，会遇到各种各样的中介机构，比如猎头公司、律师事务所、婚姻介绍所和房产公司等。在这些单位工作的人员均可称为代理人。代理人的共同特征是可以代替委托人去和第三方通信。例如在图 8-19 中，律师代替委托人去打官司，猎头代替委托人去物色人才，红娘代替委托人去寻找对象，房产经纪人代替委托人去出租房屋。

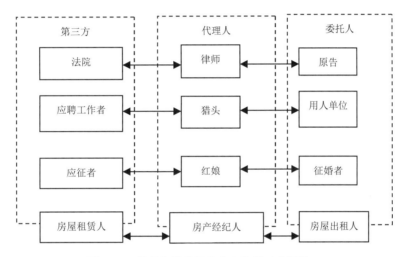

图 8-19　代理人代替委托人去和第三方通信

代理人可以在第三方和委托人之间转发或过滤消息，但是不能取代委托人的任务。例如房屋租赁人交纳租金，房产经纪人不会把它私吞到自己的腰包，而是让出租人领取租金；再例如，一个男应征者要求与一个女征婚者约会，红娘本身不会参与约会，只会通知双方约会。

代理模式也可以运用到面向对象的软件开发领域，它的特征是：代理类与委托类有同样的接口，如图 8-20 所示。代理类主要负责为委托类预处理消息、过滤消息及把消息转发给委托类等，代理类与委托类之间为组合关系。

下面以房屋出租人的代理为例，介绍代理模式的运用。在图 8-21 中，出租人 Renter 和代理 Deputy 都具有 RenterIFC 接口。Tenant 类代表租赁人，HouseMarket 类代表整个房产市场，它记录了所有房屋出租代理人的信息，出租人从房产市场上找到房屋出租代理人。

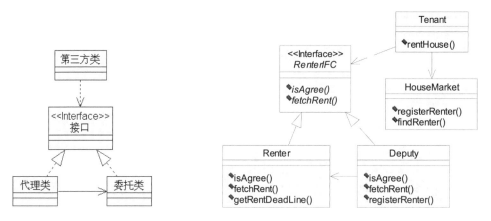

图 8-20　代理模式　　图 8-21　租赁人 Tenant、出租人 Renter 和代理 Deputy 的类框图

RenterIFC 接口的源程序如下，它定义了出租人的两个行为，即决定是否同意按租赁人提出的价格出租房屋，以及收房租：

```
public interface RenterIFC{
    /** 是否同意按租赁人提出的价格出租房屋 */
    public boolean isAgree(double expectedRent);

    /** 收房租 */
    public void fetchRent(double rent);
}
```

为了简化起见，假定一个代理人只会为一个出租人做代理，租赁人租房屋 rentHouse()的大致过程如下：

（1）从房产市场上找到一个房屋出租代理人，即调用 HouseMarket 对象的 findRenter()方法。

（2）报出期望的租金价格，征求代理人的意见，即调用 Deputy 对象的 isAgree() 方法。

（3）代理人的处理方式为：如果租赁人的报价低于出租人的租金价格底线，就立即做出拒绝答复。否则征求出租人的意见，即调用 Renter 对象的 isAgree()方法。

（4）出租人的处理方式为：如果租赁人的报价比租金价格底线大于 100 元，就同意出租。

（5）如果租赁人得到代理人同意租房的答复，就从存款中取出租金，通知代理人领取租金，即调用 Deputy 对象的 fetchRent()方法。

（6）代理人通知出租人领取租金，即调用 Renter 对象的 fetchRent()方法。

如图 8-22 显示了房屋租赁交易顺利执行的时序图。

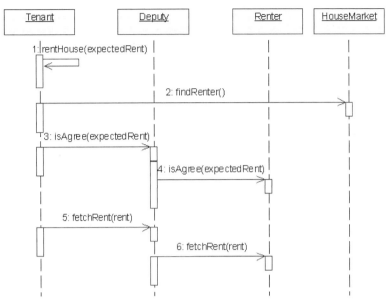

图 8-22 房屋租赁交易顺利执行的时序图

例程 8-1、例程 8-2、例程 8-3 和例程 8-4 分别是 Renter 类、Deputy 类、HouseMarket 类和 Tenant 类的源程序。

例程 8-1　Renter.java

```java
public class Renter implements RenterIFC{
    /** 房屋租金最低价格 */
    private double rentDeadLine;
    /** 存款 */
    private double money;

    public Renter(double rentDeadLine,double money){
        this.rentDeadLine=rentDeadLine;
        this.money=money;
    }
    public double getRentDeadLine(){
        return rentDeadLine;
    }
    public boolean isAgree(double expectedRent){
        //如果租赁者的期望价格比房屋租金最低价格多 100 元，则同意出租
        return expectedRent-this.rentDeadLine>100;
    }
    public void fetchRent(double rent){
        money+=rent;
    }
}
```

例程 8-2　Deputy.java

```java
public class Deputy implements RenterIFC{
    private Renter renter;
    public void registerRenter(Renter renter){
        this.renter=renter;
```

```java
    }
    public boolean isAgree(double expectedRent){
      //如果租赁者的期望价格小于房屋租金最低价格,则不同意出租
      if(expectedRent<renter.getRentDeadLine())return false;

      //否则请示租房者的意见
      return renter.isAgree(expectedRent);
    }
    public void fetchRent(double rent){
      renter.fetchRent(rent);
    }
}
```

例程 8-3 HouseMarket.java

```java
import java.util.Set;
import java.util.HashSet;

public class HouseMarket{
  private static Set<RenterIFC> renters=new HashSet<RenterIFC>();
  public static void registerRenter(RenterIFC renter){
    renters.add(renter);
  }

  public static RenterIFC findRenter(){
    return (RenterIFC)renters.iterator().next();
  }
}
```

例程 8-4 Tenant.java

```java
public class Tenant{
  private double money;

  public Tenant(double money){
    this.money=money;
  }

  public boolean rentHouse(double expectedRent){
    //从房产市场找到一个房屋出租代理
    RenterIFC renter=HouseMarket.findRenter();

    //如果代理不同意预期的租金价格,就拉倒,否则继续执行
    if(! renter.isAgree(expectedRent)) {
      System.out.println("租房失败");
      return false;
    }

    //从存款中取出预付租金
    money-=expectedRent;

    //把租金交给房屋代理
    renter.fetchRent(expectedRent);

    System.out.println("租房成功");
    return true;
```

            }
        }

从 Deputy 类的 isAgree()方法的实现可以看出,代理并没有最终的决定权和执行权,他代替出租人进行初步的判断,过滤那些出价太低的租赁人的消息,如果租赁人的出价还值得考虑,再把消息转发给出租人:

```
public boolean isAgree(double expectedRent){
    //预处理消息,过滤出价太低的租赁人的消息
    if(expectedRent<renter.getRentDeadLine())return false;

    //把消息转发给出租人
    return renter.isAgree(expectedRent);
}
```

事实上,如果没有代理,让租赁人和出租人直接沟通,也能进行租房交易。假如租赁人和出租人能很方便地联系,并且出租人有足够的时间去接待所有潜在的租赁人,那么不经过代理反而会提高办事效率。但是假如租赁人和出租人联系很不方便,例如出租人在北京工作,但是有一套在上海的房屋要出租,出租人工作繁忙,没有足够的时间去和所有潜在的租赁人谈判租金,那么代理会方便地为出租人和租赁人建立沟通的桥梁。

在软件系统中,假如 Tenant 对象和 Renter 对象分布在不同的机器上,即运行在不同的 Java 虚拟机进程中,那么 Tenant 对象和 Renter 对象进行频繁的远程通信的效率会比较低。在这种情况下,可以在 Tenant 对象所在的机器上安置 Renter 对象的代理 Deputy 对象,Tenant 对象只和 Deputy 对象通信,当 Tenant 对象提出的租金价格太低,Deputy 对象能立即给出拒绝答复,无须把消息转发到远程 Renter 对象,这可以减少远程通信的次数,如图 8-23 所示。

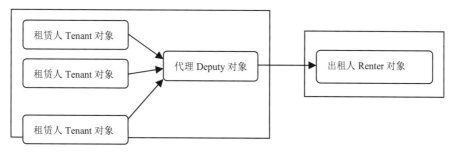

图 8-23 在 Tenant 对象所在的机器上安置 Renter 对象的代理 Deputy 对象

以下 AppMain 类的 main()方法演示了房屋租赁交易的运作过程。在 main()方法中,首先创建了房屋出租者 Renter 对象、代理人 Deputy 对象、房屋租赁者 Tenant 对象,建立了 Renter 对象和 Deputy 对象的委托关系,然后房屋租赁者开始租赁房屋,第一次按照 1800 元的期望价格租赁,遭到代理人的拒绝,第二次按照 2300 元的期望价格租赁,成功地租到了房屋:

```
public class AppMain {
    public static void main(String[] args)throws Exception {
        //创建一个房屋出租者,房屋租金最低价格 2000 元,存款 1 万元
```

```
        Renter renter=new Renter(2000,10000);
        //创建一个房产代理人
        Deputy deputy=new Deputy();
        //房产代理人到房产市场登记
        HouseMarket.registerRenter(deputy);
        //建立房屋出租者和代理人的委托关系
        deputy.registerRenter(renter);

        //创建一个房屋租赁者，存款为2万元
        Tenant tenant=new Tenant(20000);

        //房屋租赁者试图租赁期望租金为1800元的房屋，遭到代理人拒绝
        tenant.rentHouse(1800);
        //房屋租赁者试图租赁期望租金为2000元的房屋，租房成功
        tenant.rentHouse(2300);
    }
}
```

8.3.5 标识类型模式

动物饲养员给猫喂鱼、给狗喂骨头、给老虎喂鸡、给熊猫喂竹子、给马喂草并且给猴喂桃子，这里的鱼、骨头、鸡、竹子、草和桃子都可以作为动物的食物，因此从中抽象出 Food 接口：

```
public interface Food{}    //Food 接口中没有任何内容
```

Food 接口不包含任何方法，它仅仅表示一种抽象类型，所有实现该接口的类意味着可以作为食物，例如鱼类 Fish 实现了 Food 接口，因此它可以作为其他动物的食物：

```
public class Fish extends Animal implements Food{ ... }
```

动物饲养员 Feeder 类的 feed() 方法的定义如下：

```
public void feed(Animal animal, Food food){...}
```

feed()方法的 food 参数为 Food 类型，表示只能把可作为食物的对象来喂动物。以下程序表示试图给狗喂书，由于 Book 类没有实现 Food 接口，因此会导致编译错误：

```
Book book=new Book();
feeder.feed(dog, book);    //编译错误
```

如果把 feed()方法的 food 参数改为 Object 类型：

```
public void feed(Animal animal, Object food){...}
```

那么就无法借助 Java 编译器来对传给 feed()方法的 food 参数进行语义上的约束，例如，以下程序表示给狗喂一个字符串对象，Java 编译器会认为这是合法的，尽管这实际上是荒唐的：

```
Object anyObject =new String("hello");
feeder.feed(dog, anyObject);    //编译成功
```

Food 接口被称为标识类型接口，这种接口没有任何方法，仅代表一种抽象类型，在 JDK 中，有两个典型的标识类型接口：

- java.io.Serializable 接口：实现该接口的类的实例可以被序列化，参见第 18 章的 18.12 节（对象的序列化与反序列化）。
- java.io.Remote 接口：实现该接口的类的实例可以作为远程对象。

8.3.6 常量接口模式

在一个软件系统中会使用一些常量，一种流行的做法是把相关的常量放在一个专门的常量接口中定义，例如：

```java
package mypack;
public interface MyConstants{
    public static final double MATH_PI=3.1415926;
    public static final double MATH_E=2.71828;
}
```

以下 Circle 类需要访问以上 MATH_PI 常量，一种方式是采用"MyConstants.MATH_PI"的形式：

```java
import mypack.MyConstants;
public class Circle {
    private double r;   //半径
    public Circle(double r){this.r=r;}
    public double getCircumference(){return 2*r* MyConstants.MATH_PI;}
    public double getArea(){return r*r* MyConstants.MATH_PI;}
}
```

还有一种方式是让 Circle 类实现 MyConstants 接口：

```java
import mypack.MyConstants;
public class Circle implements MyConstants{
    private   double r;   //半径
    public Circle(double r){this.r=r;}
    public double getCircumference (){return 2*r* MATH_PI;}
    public double getArea(){return r*r* MATH_PI;}
}
```

第二种方式使得 Circle 类继承了 MyConstants 接口的常量，因此在程序中可以直接引用常量名，无须指定 MyConstants 接口名，这可以简化编程。但这种方式违背了面向对象的封装思想，MATH_PI 常量是 Circle 类的实现细节中的一部分，仅仅在计算圆周长和圆面积时会用到它，因此没有必要向外界公开 MATH_PI 常量。凡是实现 MyConstants 接口的类都会向外界公开 MATH_PI 常量，这其实是一种向外界泄露实现细节的行为，这会削弱系统的可维护性。假设 Circle 类被 100 个其他的类访问，那么这些类都会访问 Circle.MATH_PI 常量，例如：

```java
public class Sample{
    public void method(){
        Circle circle=new Circle(10);
        System.out.println(circle.getArea());
        System.out.println(Circle.MATH_PI);   //访问 Circle.MATH_PI 常量
    }
}
```

如果有一天取消了 MyConstants 接口，那么需要修改的不仅仅是 Circle 类，还必须修改其他访问 Circle.MATH_PI 常量的 100 个类。

为了避免以上常量模式的弊端，可以使用"import static"语句，本书第 7 章的 7.4.4 节（用 static 进行静态导入）已经对该语句的用法做了介绍。"import static"语句允许类 A 直接访问另一个接口 B 或类 B 中的静态常量，而不必指定接口 B 或类 B 的名字，而且类 A 无须实现接口 B 或者继承类 B。例如，以下 Circle 类通过"import static MyConstants.*"语句引入了 MyConstants 接口中的静态常量，它无须实现 MyConstants 接口，就能直接访问 MATH_PI 常量：

```
import static mypack.MyConstants.*;
public class Circle {
    private double r;   //半径
    public Circle(double r){this.r=r;}
    public double getCircumference (){return 2*r* MATH_PI;}
    public double getArea(){return r*r* MATH_PI;}
}
```

import static 语句既可以简化 Circle 类的编程，又能防止 Circle 类继承并公开 MyConstants 中的静态常量。

8.4 小结

接口是构建松耦合的软件系统的重要法宝。由于接口用于描述系统对外提供的所有服务，因此接口中的成员变量和方法都必须是 public 类型的，确保外部使用者能访问它们。接口仅仅描述系统能做什么，但不指明如何去做，所以接口中的方法都是抽象的。接口不涉及和任何具体实例相关的实现细节，因此接口没有构造方法，不能被实例化，没有实例变量。

接口与抽象类都位于系统的抽象层，但两者有着不同的特点和用处。抽象类的优势在于可以为部分方法提供默认的实现，避免子类重复实现它们，并且可以包含实例成员变量，从而提高代码的可重用性。但抽象类的这一优势会使得多继承变得错综复杂，为了简化 Java 虚拟机的绑定机制，Java 语言不支持多继承，即不允许一个类有多个直接的父类。

接口的优势在于一个类可以实现多个接口，使得一个类可以身兼数职，拥有多种功能，提供多种服务。并且在 JDK 的高版本中，还允许为接口的一些方法提供默认实现，从而提高代码的可重用性。

可以把接口作为系统中最高层次的抽象类型。站在外界使用者（另一个系统）的角度，接口向使用者承诺系统能提供哪些服务；站在系统本身的角度，接口指定系统必须实现哪些服务。系统之间通过接口进行交互，这可以提高系统之间的松耦合。

抽象类可用来定制系统中的扩展点，可以把抽象类看作是介于"抽象"和"实现"之间的半成品，抽象类力所能及地完成了部分实现，但还有一些功能有待于它的子类去实现。

8.5 思考题

1. 接口与抽象类有哪些异同点？
2. 接口与抽象类分别在什么场合使用？
3. 以下代码能否编译通过？假如能编译通过，运行时将得到什么打印结果？

```
import java.awt.event.*;
import java.awt.*;
public class MyWc extends Frame implements WindowListener{
    public static void main(String argv[]){
        MyWc mwc = new MyWc();
    }

    public void windowClosing(WindowEvent we){
        System.exit(0);
    }

    public void MyWc(){
        setSize(300,300);
        setVisible(true);
    }
}
```

4. 以下代码能否编译通过？

```
interface A{
    int x = 0;
    A(){
        x= 5;
    }
    A(int s){
        x = s;
    }
}
```

5. 接口中的抽象方法可以使用哪些修饰符？
a) static   b) private   c) synchronised   d) protected   e) public   f) abstract

6. 以下是接口 I 的定义：

```
interface I {
    void setValue(int val);
    int getValue();
}
```

以下哪些代码能编译通过？

a)
```
class A extends I {
    int value;
    void setValue(int val) { value = val; }
```

```
        int getValue() { return value; }
    }
```

b)
```
    interface B extends I {
        void increment();
    }
```

c)
```
    abstract class C implements I {
        int getValue() { return 0; }
        abstract void increment();
    }
```

d)
```
    interface D implements I {
        void increment();
    }
```

e)
```
    class E implements I {
        int value;
        public void setValue(int val) { value = val; }
    }
```

7. 以下代码能否编译通过？

```
    interface A{
        int x;
        static void method(String s){
            System.out.println(s);
        }
        default void method(){System.out.println("Hello");}
        int method(int a){return a*x;}
    }
```

视频课程

第 9 章 异常处理

尽管人人都希望所处理的事情能顺利执行，所操作的机器能正常运转，但在现实生活中总会遇到各种异常情况。例如职工小王开车去上班，在正常情况下，小王会准时到达单位。但是天有不测风云，在小王去上班时，可能会遇到一些异常情况：比如小王的车子出了故障，小王只能改为步行，结果上班迟到；或者遭遇车祸而丧命。

异常情况会改变正常的流程，导致恶劣的后果。为了减少损失，应该事先充分预计所有可能出现的异常，然后采取以下解决措施：

（1）首先考虑避免异常，彻底杜绝异常的发生；如果不能完全避免，则尽可能地减少异常发生的几率。例如，车祸是无法完全避免的，但是通过建立完善的交通规则，并且强化驾驶员的安全意识，可以减少发生车祸的几率。

（2）如果有些异常不可避免，那么应该预先准备好处理异常的措施，从而降低或弥补异常造成的损失，或者恢复正常的流程。例如，车子里备有安全带和安全气囊，当车子遭到猛烈撞击时，这些安全设备能够尽可能地保护当事人的安全；再例如，大楼里备有灭火器，当火灾发生时，可立刻用来灭火。

（3）对于某个系统遇到的异常，有些异常单靠系统本身就能处理，有些异常需要系统本身及其他系统共同来处理。例如，大楼里发生严重火灾，单靠大楼里的灭火器无法完全灭火，还需要消防队的参与才能灭火；还有些异常系统本身不能处理，完全依靠其他系统来处理。

（4）对于某个系统遇到的异常，系统本身应该尽可能地处理异常，实在没办法处理，才求助于其他系统来处理。因为一般来说，异常处理得越早，损失就越小。否则，如果异常传播到多个系统，会引起连锁反应，从而造成更大的损失。例如，船上撞了个洞，由于没有处理这个异常，结果海水渗入船内，最后船沉没了，船上所有的人都丧命，许多遇难者的家属因为悲痛过度而病倒，负责赔偿的一家小型保险公司宣布破产。

程序运行时也会遇到各种异常情况，异常处理的原则和现实生活中异常处理的原则相似，首先应该预计到所有可能出现的异常，然后考虑能否完全避免异常，如果不能完全避免，再考虑异常发生时的具体处理办法。

Java 语言提供了一套完善的异常处理机制。正确运用这套机制，有助于提高程序的健壮性。所谓程序的健壮性，就是指程序在多数情况下能够正常运行，返回预期的正确结果；如果偶而遇到异常情况，程序也能采取周到的解决措施。而不健壮的程序则没有事先充分预计到可能出现的异常，或者没有提供强有力的异常解决措施，导致程序在运行时，经常莫名其妙地终止，或者返回错误的运行结果，而且难以检测出现异常的原因。

9.1　Java异常处理机制概述

要在程序中处理异常，主要考虑两个问题：(1)如何表示异常情况？(2)如何控制处理异常的流程？本节首先把传统的异常处理方式与Java异常处理机制做了比较，分析了后者的优点；接着通过介绍Java虚拟机的方法调用栈，来剖析Java的异常处理的基本原理；最后分析了异常处理对程序运行性能的影响。

9.1.1　Java异常处理机制的优点

在一些传统的编程语言，如C语言中，并没有专门处理异常的机制，程序员通常用方法的特定返回值来表示异常情况，并且程序的正常流程和异常流程都采用同样的流程控制语句。

例程9-1（Car.java）和例程9-2（Worker.java）演示了传统的异常处理方式。为了简化起见，仅仅考虑了职工开车上班时车子出故障的异常情况。

例程9-1　Car.java

```java
public class Car{
    public static final int OK=1;          //正常情况
    public static final int WRONG=2;       //异常情况

    public int run(){
      if(车子没出故障)                      //正常流程
        return OK;
      else   //异常流程
        return WRONG;
    }
}
```

例程9-2　Worker.java

```java
public class Worker{
    private Car car;

    public static final int IN_TIME=1;     //正常情况，准时到达单位
    public static final int LATE=2;        //异常情况，上班迟到

    public Worker(Car car){this.car=car;}

    /** 开车去上班 */
    public int gotoWork(){
      if(car.run()==Car.OK)                //正常流程
        return IN_TIME;
      else{                                //异常流程
        walk();
        return LATE;
      }
    }
```

```
/** 步行去上班 */
public void walk(){}
}
```

以上传统的异常处理方式尽管是有效的,但存在以下缺点:
- 表示异常情况的能力有限,单靠方法的返回值难以表达异常情况包含的所有信息。例如,对于上班迟到这种异常,相关的信息包括:迟到的具体时间和迟到的原因等。
- 异常流程的代码和正常流程的代码混合在一起,影响程序的可读性,容易增加程序结构的复杂性。
- 随着系统规模的不断扩大,这种处理方式已经成为创建大型可维护应用程序的障碍。

Java 语言按照面向对象的思想来处理异常,使得程序具有更好的可维护性。Java 异常处理机制具有以下优点:
- 把各种不同类型的异常情况进行分类,用 Java 类来表示异常情况,这种类被称为异常类。把异常情况表示成异常类,可以充分发挥类的可扩展和可重用的优势。
- 异常流程的代码和正常流程的代码分离,提高了程序的可读性,简化了程序的结构。
- 可以灵活地处理异常,如果当前方法有能力处理异常,就捕获并处理它,否则只需抛出异常,由方法调用者来处理它。

例程 9-3(CarWrongException.java)、例程 9-4(LateException.java)、例程 9-5(Car.java)和例程 9-6(Worker.java)演示了 Java 异常处理机制。CarWrongException 和 LateException 类为异常类,分别表示车子出故障和上班迟到这两种异常情况。在 Car 类的 run()方法中有可能抛出 CarWrongException 异常,在 Worker 类的 gotoWork()方法中有可能抛出 LateException 异常。

例程 9-3 CarWrongException.java

```
/** 表示车子出故障的异常情况 */
public class CarWrongException extends Exception{
    public CarWrongException(){}
    public CarWrongException(String msg){super(msg);}
}
```

例程 9-4 LateException.java

```
import java.util.Date;

/** 表示上班迟到的异常情况 */
public class LateException extends Exception{
    private Date arriveTime;   //迟到的时间
    private String reason;     //迟到的原因

    public LateException(Date arriveTime,String reason){
        this.arriveTime=arriveTime;
```

```
        this.reason=reason;
    }
    public Date getArriveTime(){return arriveTime;}
    public String getReason(){return reason;}
}
```

例程 9-5 Car.java

```
public class Car{
    public void run()throws CarWrongException{
        //如果车子出故障，就创建一个 CarWrongException 对象，并将其抛出
        if(车子无法刹车)throw new CarWrongException("车子无法刹车");
        if(发动机无法启动)throw new CarWrongException("发动机无法启动");
    }
}
```

例程 9-6 Worker.java

```
public class Worker{
    private Car car;
    public Worker(Car car){this.car=car;}
    public void gotoWork()throws LateException{
        try{
            car.run();
        }catch(CarWrongException e){ //处理车子出故障的异常
            walk();
            Date date=new Date(System.currentTimeMillis());
            String reason=e.getMessage();
            throw new LateException(date,reason); //创建一个 LateException 对象，并将其抛出
        }
    }
    public void walk(){}
}
```

9.1.2 Java 虚拟机的方法调用栈

Java 虚拟机用方法调用栈（method invocation stack）来跟踪每个线程中一系列的方法调用过程，关于线程的知识参见第 13 章（多线程与并发）。该堆栈保存了每个调用方法的本地信息（比如方法的局部变量）。每个线程都有一个独立的方法调用栈。对于 Java 应用程序的主线程，堆栈底部是程序的入口方法 main()。当一个新方法被调用时，Java 虚拟机把描述该方法的栈结构置入栈顶，位于栈顶的方法为正在执行的方法。图 9-1 描述了方法调用栈的结构。在图 9-1 中，方法的调用顺序为：main()方法调用 methodB()方法，methodB()方法调用 methodA()方法。

第 9 章 异常处理

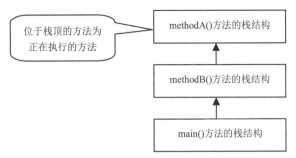

图 9-1 Java 虚拟机的方法调用栈

> **Tips**
> 当 methodB() 方法调用 methodA() 方法时，为了叙述方便，本书有时把 methodB() 称为 methodA() 的方法调用者。

如果方法中的代码块可能抛出异常，有两种处理办法：

（1）在当前方法中通过 try-catch 语句捕获并处理异常，例如：

```
public void methodA(int money){
   try{
       //以下代码可能会抛出 SpecialException
       if(--money<=0) throw new SpecialException("Out of money");
   }catch(SpecialException e){
       处理异常
   }
}
```

（2）在方法的声明处通过 throws 语句声明抛出异常，例如：

```
public void methodA(int money) throws SpecialException{
   //以下代码可能会抛出 SpecialException
   if(--money<=0) throw new SpecialException("Out of money");
}
```

当一个方法正常执行完毕后，Java 虚拟机会从调用栈中弹出该方法的栈结构，然后继续处理前一个方法。如果在执行方法的过程中抛出异常，Java 虚拟机必须找到能捕获该异常的 catch 代码块。它首先查看当前方法是否存在这样的 catch 代码块，如果存在，就执行该 catch 代码块；否则，Java 虚拟机会从调用栈中弹出该方法的栈结构，继续到前一个方法中查找合适的 catch 代码块。

例如，当 methodA() 方法抛出 SpecialException 时，如果在该方法中提供了捕获 SpecialException 的 catch 代码块，就执行这个异常处理代码块。如果 methodA() 方法未捕获该异常，而是采用第二种方式声明抛出 SpecialException，那么 Java 虚拟机的处理流程将退回到上层调用方法 methodB()，再查看 methodB() 方法有没有捕获 SpecialException。如果在 methodB() 方法中存在捕获该异常的 catch 代码块，就执行这个 catch 代码块，此时 methodB() 方法的定义如下：

```
public void methodB(int money) {
    try{
        methodA(money);
```

```
    }catch(SpecialException e){
      处理异常
    }
  }
```

由此可见,在回溯过程中,如果 Java 虚拟机在某个方法中找到了处理该异常的代码块,则该方法的栈结构将成为栈顶元素,程序流程将转到该方法的异常处理代码部分继续执行。

如果 methodB()方法也没有捕获 SpecialException,而是声明抛出该异常,Java 虚拟机的处理流程将退回到 main()方法,此时 methodB()方法的定义如下:

```
public void methodB(int money) throws SpecialException{
  methodA(money);
}
```

当 Java 虚拟机追溯到调用栈的最底部的方法时,如果仍然没有找到处理该异常的代码块,将按以下步骤处理:

(1)调用异常对象的 printStackTrace()方法,打印来自方法调用栈的异常信息。例如运行例程 9-7(Sample.java),将打印如下异常信息:

```
Exception in thread "main" SpecialException: Out of money
        at Sample.methodA(Sample.java:3)
        at Sample.methodB(Sample.java:7)
        at Sample.main(Sample.java:11)
```

(2)如果该线程不是主线程,那么终止这个线程,其他线程继续正常运行。如果该线程是主线程(即方法调用栈的最底部为 main()方法),那么整个应用程序被终止。

例程 9-7   Sample.java

```
public class Sample {
  public void methodA(int money)throws SpecialException{
    if(--money<=0) throw new SpecialException("Out of money");
    System.out.println("methodA");
  }
  public void methodB(int money) throws SpecialException{
    methodA(money);
    System.out.println("methodB");
  }
  public static void main(String args[])throws SpecialException{
    new Sample ().methodB(1);
  }
}
```

SpecialException 类表示某种异常,例程 9-8 是它的源程序。

例程 9-8   SpecialException.java

```
public class SpecialException extends Exception{
  public SpecialException(){}
  public SpecialException(String msg){super(msg);}
```

		}

9.1.3 异常处理对性能的影响

一般说来，在 Java 程序中使用 try-catch 语句不会对应用的性能造成很大的影响。仅当异常发生时，Java 虚拟机需要执行额外的操作，来定位处理异常的代码块，这时会对性能产生负面影响。如果抛出异常的代码块和捕获异常的代码块位于同一个方法中，那么这种影响就会小一些；如果 Java 虚拟机必须搜索方法调用栈来寻找异常处理代码块，对性能的影响就比较大了。尤其是当异常处理代码块位于调用栈的最底部时，Java 虚拟机定位异常处理代码块需要大量的工作。

所以不应该使用异常处理机制来控制程序的正常流程，而应该确保仅仅在程序中可能出现异常的地方使用 try-catch 语句。此外，应该使异常处理代码块位于适当的层次，如果当前方法具备处理某种异常的能力，就尽量自行处理，不要把自己可以处理的异常推给方法调用者去处理。

9.2　运用 Java 异常处理机制

上一节介绍了 Java 异常处理机制，本节介绍如何在应用程序中运用这种机制，来处理实际的异常情况。

9.2.1　try-catch 语句：捕获异常

在 Java 语言中，用 try-catch 语句来捕获异常。格式如下：

```
try {
    可能会出现异常情况的代码
} catch (SQLExcetion e) {
    处理操作数据库出现的异常
} catch (IOException e) {
    处理操作输入流和输出流出现的异常
}
```

在例程 9-9（MainCatcher.java）中，当 methodA()方法抛出 SpecialException 时，流程退回到 methodB()方法，由于 methodB()方法未捕获该异常，流程继续退回到 main()方法，main()方法提供了处理该异常的 catch 代码块，因此 main()方法的正常流程被中断，Java 虚拟机跳转到该 catch 代码块，执行处理异常的代码。

例程 9-9　MainCatcher.java

```
public class MainCatcher{
    public void methodA(int money)throws SpecialException{
        if(--money<=0) throw new SpecialException("Out of money");
        System.out.println("methodA");
    }
    public void methodB(int money) throws SpecialException{
```

```
        methodA(money);
        System.out.println("methodB");
    }
    public static void main(String args[]){
      try{
        new MainCatcher().methodB(1);
        System.out.println("main");
      }catch(SpecialException e){
        System.out.println("Wrong");
      }
    }
}
```

以上程序的打印结果为：Wrong。如果把 main()方法中的 methodB(1)改为 methodB(2)，就会按正常流程执行，程序的打印结果为：

```
methodA
methodB
main
```

9.2.2 finally 语句：任何情况下必须执行的代码

由于异常会强制中断正常流程，这会使得某些不管在任何情况下都必须执行的步骤被忽略，从而影响程序的健壮性。例如，小王开了一家小店，在店里上班的正常流程为：打开店门、工作 8 个小时、关门。异常流程为：小王在工作时突然犯病，因而提前下班。以下 work()方法表示小王的上班行为：

```
public void work()throws LeaveEarlyException {
  try{
    开门
    工作 8 个小时            //可能会抛出 DiseaseException 异常
    关门
  }catch(DiseaseException e){
    throw new LeaveEarlyException();
  }
}
```

假如，小王在工作时突然犯病，那么流程会跳转到 catch 代码块，这意味着关门的操作不会被执行，这样的流程显然是不安全的，必须确保关门的操作在任何情况下都会被执行。在程序中，应该确保占用的资源被释放，比如及时关闭数据库连接，关闭输入流，或者关闭输出流。finally 代码块能保证特定的操作总是会被执行，它的形式如下：

```
public void work()throws LeaveEarlyException {
  try{
    开门
    工作 8 个小时            //可能会抛出 DiseaseException 异常
  }catch(DiseaseException e){
    throw new LeaveEarlyException();
  }finally{
    关门
  }
```

        }

不管 try 代码块中是否出现异常，都会执行 finally 代码块。例程 9-10（WithFinally.java）的 main()方法的 try 代码块后面跟了 finally 代码块：

例程 9-10　WithFinally.java

```java
public class WithFinally {
  public void methodA(int money)throws SpecialException{
    if(--money<=0) throw new SpecialException("Out of money");
    System.out.println("methodA");
  }
  public static void main(String args[]){
    try{
        new WithFinally().methodA(1);    //抛出 SpecialException 异常
        System.out.println("main");
    }catch(SpecialException e){
        System.out.println("Wrong");
    }finally{
        System.out.println("Finally");
    }
  }
}
```

以上程序的打印结果为：

```
Wrong
Finally
```

如果把 main()方法中的"methodA(1)"改为"methodA(2)"，程序将正常运行，打印结果为：

```
methodA
main
Finally
```

在以下程序代码中，把打印"Finally"的操作放在 try-catch 语句的后面，这也能保证这个操作被执行：

```java
public static void main(String args[]){
    try{
        new WithFinally().methodA(1);    //抛出 SpecialException 异常
        System.out.println("main");
    }catch(SpecialException e){
        System.out.println("Wrong");
    }

    System.out.println("Finally");
}
```

以上处理方式尽管在某些情况下是可行的，但不值得推荐，因为它有两个缺点：
（1）把与 try 代码块相关的操作孤立开来，使程序结构松散，可读性差。
（2）影响程序的健壮性。假如 catch 代码块继续抛出异常，就不会执行打印"Finally"的操作，例如以下 catch 代码块继续抛出异常，这将导致 main()方法异常终止，程序的

打印结果为 "java.lang.Exception: Wrong"：

```
public static void main(String args[])throws Exception{
  try{
    new WithFinally().methodA(1);    //抛出 SpecialException 异常
    System.out.println("main");
  }catch(SpecialException e){
    throw new Exception("Wrong");
  }
  System.out.println("Finally");    //不会被执行
}
```

9.2.3　throws 子句：声明可能会出现的异常

如果一个方法可能会出现异常，但没有能力处理这种异常，可以在方法声明处用 throws 子句来声明抛出异常，例如，汽车在运行时可能会出现故障，汽车本身没办法处理这个故障，因此 Car 类的 run()方法声明抛出 CarWrongException：

```
public void run()throws CarWrongException{
  if(车子无法刹车)throw new CarWrongException("车子无法刹车");
  if(发动机无法启动)throw new CarWrongException("发动机无法启动");
}
```

Worker 类的 gotoWork()方法调用以上 run()方法，gotoWork()方法捕获并处理 CarWrongException 异常，在异常处理过程中，又生成了新的异常 LateException，gotoWork()方法本身不会再处理 LateExeption，而是声明抛出 LateExeption：

```
public void gotoWork()throws LateException{
  try{
    car.run();
  }catch(CarWrongException e){    //处理车子出故障的异常
    walk();
    Date date=new Date(System.currentTimeMillis());
    String reason=e.getMessage();
    throw new LateException(date,reason); //创建一个 LateException 对象，并将其抛出
  }
}
```

Tips

> 谁会来处理 Worker 类的 LateException 呢？显然是职工的老板，如果某职工上班迟到，老板就会批评他，甚至扣他的工资。

一个方法可能会出现多种异常，throws 子句允许声明抛出多个异常，例如：

```
public void method() throws SQLException,IOException{...}
```

异常声明是接口的一部分，在 JavaDoc 文档中应描述方法可能会抛出某种异常的条件。根据异常声明，方法调用者了解到被调用方法可能抛出的异常，从而采取相应的措施：捕获并处理异常，或者声明继续抛出异常。

9.2.4 throw 语句：抛出异常

throw 语句用于抛出异常，例如，以下代码表明汽车在运行时会出现故障：

```
public void run()throws CarWrongException{
   if(车子无法刹车)
      throw new CarWrongException("车子无法刹车");
   if(发动机无法启动)
      throw new CarWrongException("发动机无法启动");
}
```

再例如，游泳馆的救生人员负责保护游泳者的安全，如果出现有人溺水的异常，就先进行急救，比如人工呼吸，假如溺水者立刻恢复正常，那么异常处理完毕，否则只能继续抛出该异常，由医院来处理它：

```
try{
   巡察是否有人溺水
}catch(DrownException e){
   人工呼吸
   if(溺水者未恢复正常)
      throw e;  //继续抛出溺水异常
}
```

值得注意的是，由 throw 语句抛出的对象必须是 java.lang.Throwable 类或者其子类的实例。以下代码是不合法的：

```
throw new String("有人溺水啦，救命啊!");  //编译错误，String 类不是异常类型
```

Tips

throws 和 throw 关键字尽管只有一个字母之差，却有着不同的用途，注意不要将两者混淆。

9.2.5 异常处理语句的语法规则

异常处理语句主要涉及 try、catch、finally、throw 和 throws 关键字，要正确使用它们，就必须遵守必要的语法规则。

（1）try 代码块后面可以有零个或多个 catch 代码块，还可以有零个或至多一个 finally 代码块。如果 catch 代码块和 finally 代码块并存，finally 代码块必须在 catch 代码块后面。

（2）try 代码块后面可以只跟 finally 代码块，例如：

```
public static void main(String args[])throws SpecialException{
   try{
      new Sample().methodA(1);
      System.out.println("main");
   }finally{
      System.out.println("Finally");
   }
}
```

（3）在 try 代码块中定义的变量的作用域为 try 代码块，在 catch 代码块和 finally

代码块中不能访问该变量。例如：

```
try{
   int a=1;
   new Sample().methodA(a);
}catch(SpecialException e){
   a=0;    //编译错误
}finally{
   a++;    //编译错误
}
```

如果希望在 catch 代码块和 finally 代码块中访问变量 *a*，必须把变量 *a* 定义在 try 代码块的外面：

```
int a=1;
try{
   new Sample().methodA(a);
}catch(SpecialException e){
   a=0;    //合法
}finally{
   a++;    //合法
}
```

（4）当 try 代码块后面有多个 catch 代码块时，Java 虚拟机会把实际抛出的异常对象依次和各个 catch 代码块声明的异常类型匹配，如果异常对象为某个异常类型或其子类的实例，就执行这个 catch 代码块，不会再执行其他的 catch 代码块。在以下代码中，code1 语句抛出 FileNotFoundException 异常，FileNotFoundException 类是 IOException 类的子类，而 IOException 类是 Exception 的子类。Java 虚拟机先把 FileNotFoundException 对象与 IOException 类匹配，因此当出现 FileNotFoundException 时，程序的打印结果为"IOException"：

```
try{
   code1;    //可能抛出 FileNotFoundException
}catch(SQLException e){
   System.out.println("SQLException");
}catch(IOException e){
   System.out.println("IOException");
}catch(Exception e){
   System.out.println("Exception");
}
```

在以下程序中，如果出现 FileNotFoundException，打印结果为"Exception"，因为 FileNotFoundException 对象与 Exception 类匹配：

```
try{
   code1;    //可能抛出 FileNotFoundException
}catch(SQLException e){
   System.out.println("SQLException");
}catch(Exception e){
   System.out.println("Exception");
}
```

以下程序将导致编译错误，因为如果 code1 语句抛出 FileNotFoundException 异常，将执行 catch(Exception e)代码块。catch(IOException e)代码块永远不会被执行：

```
try{
    code1;  //可能抛出 FileNotFoundException
}catch(SQLException e){
    System.out.println("SQLException");
}catch(Exception e){
    System.out.println("Exception");
}catch(IOException e){   //编译错误，这个 catch 代码块永远不会被执行
    System.out.println("IOException");
}
```

（5）为了简化编程，从 JDK7 开始，允许在一个 catch 子句中同时捕获多个不同类型的异常，用符号"|"来分割，例如：

```
void method(){
    try{
        //do something...
    }catch(FileNotFoundException | InterruptedIOException ex2){
        //deal with Exception ....
    }
}
```

（6）如果一个方法可能出现受检查异常，要么用 try-catch 语句捕获，要么用 throws 子句声明将它抛出，否则会导致编译错误。关于受检查异常的概念参见本章第 9.3.2 节（受检查异常）。以下 method1()方法声明抛出 IOException，它是受检查异常，其他方法调用 method1()方法：

```
void method1() throws IOException{}   //合法

//编译错误，必须捕获或声明抛出 IOException
void method2(){
    method1();
}

//合法，声明抛出 IOException
void method3() throws IOException {
    method1();
}

//合法，声明抛出 Exception，IOException 是 Exception 的子类
void method4() throws Exception {
    method1();
}

//合法，捕获 IOException
void method5(){
    try{
        method1();
    }catch(IOException e){ System.out.println("IOException"}
}

//编译错误，必须捕获或声明抛出 Exception
void method6(){
```

```java
    try{
        method1();
    }catch(IOException e){throw new Exception();}
}

//合法,声明抛出 Exception
void method7()throws Exception{
    try{
        method1();
    }catch(IOException e){throw new Exception();}
}
```

判断一个方法可能会出现异常的依据如下:
- 方法中有 throw 语句。例如以上 method7()方法的 catch 代码块有 throw 语句。
- 调用了其他方法,其他方法用 throws 子句声明抛出某种异常。例如 method3() 方法调用了 method1()方法,method1()方法声明抛出 IOException,因此在 method3()方法中可能会出现 IOException。

(7) 针对前面一条语法规则,从 JDK7 开始,如果在 catch 子句中捕获的异常被声明为 final 类型,那么当 catch 代码块中继续抛出该异常时,可以不用在定义方法时用 throws 子句声明将它抛出。例如以下是合法的方法定义:

```java
void method(){                    //无须声明 cath 代码块中抛出的用 final 修饰的异常
    try{
        //do something...
    }catch(final Throwable ex){    //被捕获的异常用 final 修饰
        //deal with Exception ....
        throw ex; //继续抛出异常
    }
}
```

(8) throw 语句后面不允许紧跟其他语句,因为这些语句永远不会被执行,例如:

```java
public void method(int money) throws Exception{
    try{
        if(--money<=0){
            throw new SpecialException("Out of money");
            money=1; //编译错误
        }
    }catch(Exception e){
        throw e;
        money=0; //编译错误
    }finally{
        System.out.println("Finally");
    }
}
```

9.2.6 异常流程的运行过程

异常流程由 try-catch-finally 语句来控制。如果程序中还包含 return 和 System.exit() 语句,会使流程变得更加复杂。本节结合具体例子来说明异常流程的运行过程。

(1) finally 语句不被执行的唯一情况是先执行了用于终止程序的 System.exit()方

法。java.lang.System 类的静态方法 exit()用于终止当前的 Java 虚拟机进程，Java 虚拟机所执行的 Java 程序也随之终止。exit()方法的定义如下：

```
public static void exit(int status)
```

exit()方法的参数 status 表示程序终止时的状态码，按照编程惯例，零表示正常终止，非零数字表示异常终止。

Tips
　　如果在执行 try 代码块时，突然拔掉计算机的电源开关，所有进程都终止运行，当然也不会执行 finally 语句。

以下 try 代码块调用了 System 类的 exit()方法，因此 finally 代码块及 try-finally 语句后面的代码都不会被执行：

```
public static void main(String args[]){
  try{
    System.out.println("Begin");
    System.exit(0);
  }finally{
    System.out.println("Finally");
  }
  System.out.println("End");
}
```

以上程序的打印结果为：Begin。以下程序代码在执行"methodA(1)"语句时出现异常，流程跳转到 catch 代码块。catch 代码块打印"Wrong"后继续抛出异常，main()方法将会异常终止，但在终止之前仍然会执行 finally 代码块：

```
public static void main(String args[])throws Exception{
  try{
    System.out.println("Begin");
    new Sample().methodA(1);    //出现异常
    System.exit(0);
  }catch(Exception e){
    System.out.println("Wrong");
    throw e;          //如果把此行注释掉，将得到不同的运行结果
  }finally{
    System.out.println("Finally");
  }
  System.out.println("End");
}
```

以上程序的粗体字部分表示运行时会执行的代码，程序的打印结果为：

```
Begin
Wrong
Finally
java.lang.SpecialException
…
```

如果把 catch 代码块中的"throw e"语句注释掉，那么在执行完 finally 代码块后还会执行 try-catch-finally 语句后面的代码，程序的打印结果为：

```
Begin
Wrong
Finally
End
```

（2）return 语句用于退出本方法。在执行 try 或 catch 代码块中的 return 语句时，假如有 finally 代码块，会先执行 finally 代码块。例如例程 9-11（WithReturn.java）的 methodB()方法中，在 try 和 catch 代码块中都有 return 语句，其中粗体字部分表示运行时会执行的代码：

例程 9-11　WithReturn.java

```java
public class WithReturn{
    public int methodA(int money)throws SpecialException{
        if(--money<=0) throw new SpecialException("Out of money");
        return money;
    }
    public int methodB(int money){
        try{
            System.out.println("Begin");
            int result=methodA(money);    //可能抛出异常
            return result;
        }catch(SpecialException e){
            System.out.println(e.getMessage());
            return -100;
        }finally{
            System.out.println("Finally");
        }
    }
    public static void main(String args[]){
        System.out.println(new WithReturn().methodB(1));
    }
}
```

以上程序的打印结果为：

```
Begin
Out of money
Finally
-100
```

（3）finally 代码块虽然在 return 语句之前被执行，但 finally 代码块不能通过重新给变量赋值的方式来改变 return 语句的返回值。例如：

```java
public static int test(){
    int a=0;
    try{
        return a;
    }finally{
        a=1;
    }
}
```

```
    public static void main(String args[])throws Exception{
       System.out.println(test());
    }
}
```

以上程序在 finally 代码块中把变量 a 的值改为 1，但是 test()方法的返回值为 0，因此程序的打印结果为 0。

（4）建议不要在 finally 代码块中使用 return 语句，因为它会导致以下两种潜在的错误。第一种错误是覆盖 try 或 catch 代码块的 return 语句，例程 9-12（FinallyReturn.java）就会导致这种错误。

例程 9-12　FinallyReturn.java

```
public class FinallyReturn {
  public int methodA(int money)throws SpecialException{
    if(--money<=0) throw new SpecialException("Out of money");
    return money;
  }

  public int methodB(int money){
    try{
      return methodA(money);   //可能抛出异常
    }catch(SpecialException e){
      return -100;
    }finally{
      return 100;   //会覆盖 try 和 catch 代码块的 return 语句
    }
  }

  public static void main(String args[]){
    FinallyReturn s=new FinallyReturn ();
    System.out.println(s.methodB(1));   //打印 100
    System.out.println(s.methodB(2));   //打印 100
  }
}
```

s.methodB(1)和 s.methodB(2)的返回值都是 100，由此可见，finally 代码块的 return 语句把 try 和 catch 代码块的 return 语句覆盖了。

第二种错误是丢失异常，例程 9-13（ExLoss.java）就会导致这种错误。

例程 9-13　ExLoss.java

```
public class ExLoss{
  public int methodA(int money)throws SpecialException{
      if(--money<=0) throw new SpecialException("Out of money");
      return money;
  }

  public int methodB(int money)throws Exception{
    try{
      return methodA(money);   //可能抛出异常
    }catch(SpecialException e){
      throw new Exception("Wrong");
    }finally{
```

```java
            return 100;
        }
    }
    public static void main(String args[]){
        try{
            System.out.println(new ExLoss().methodB(1));   //打印 100
            System.out.println("No Exception");
        }catch(Exception e){
            System.out.println(e.getMessage());
        }
    }
}
```

methodB()方法的 catch 代码块继续抛出异常,按理说 main()方法的 catch 代码块应该捕获并处理该异常,但由于 methodB()方法的 finally 代码块有返回值,异常被丢失了,main()方法没有捕获到 methodB()方法的异常。以上程序的打印结果为:

```
100
No Exception
```

9.2.7 跟踪丢失的异常

9.2.6 节的例程 9-13 的 ExLoss 类演示了异常丢失的情况。此外,在 try-catch-finally 语句中,如果 try-catch 语句和 finally 语句都抛出异常,那么 try-catch 语句中抛出的异常就会丢失。例如,在下面的例程 9-14 的 ExTester1 类的 show()方法中,catch 代码块和 finally 代码块都抛出异常,那么 catch 代码块抛出的异常会丢失。

例程 9-14   ExTester1.java

```java
public class ExTester1 {

    public void show() throws Exception {
        try{
            Integer.parseInt("Hello");
        }catch (NumberFormatException e1) {
            throw new Exception("无效的数字",e1);   //chatc
        } finally {
            try{
                int result = 2 / 0;
            }catch (ArithmeticException e2) {
                throw new Exception("数学运算出错",e2);
            }
        }
    }

    public static void main(String[] args) throws Exception {
        ExTester1 t = new ExTester1();
        t.show();
    }
}
```

为了解决这一问题，在 JDK7 中，Throwable 接口中增加了两个已经提供默认实现的方法：

```
public final void addSuppressed(Throwable exception)
public final Throwable[] getSuppressed()
```

以上 addSuppressed()方法把差点丢失的异常保存了下来，getSuppressed()方法能返回所有保存下来的差点丢失的异常。在以下例程 9-15 的 ExTester2 类的 show()方法的 finally 代码块中，调用异常对象的 addSuppressed()方法，把 catch 代码块中抛出的差点丢失的异常保存下来。在 main()方法中，调用当前异常对象的 getSuppressed()方法，就能得到所有差点丢失的异常。

例程 9-15　ExTester2.java

```
public class ExTester2 {
  public void show() throws Exception {
    Exception myException=null;   //引用当前异常，并且能保存差点丢失的异常
    try{
      Integer.parseInt("Hello");
    }catch (NumberFormatException e1) {
      myException=e1;
    }finally {
      try{
        int result = 2 / 0;
      }catch (ArithmeticException e2) {
        if(myException==null)
          myException =e2;
        else
          myException.addSuppressed(e2);   //保存差点被丢失的异常
      }
      throw  myException;
    }
  }

  public static void main(String[] args){
    ExTester2 t = new ExTester2();
    try{
      t.show();
    }catch (Exception ex) {
      System.out.println("当前异常信息："+ex.getMessage());

      Throwable[] exs=ex.getSuppressed(); // 获得差点丢失的异常
      for(Throwable e:exs)
        System.out.println("差点丢失的异常信息："+e.getMessage());
    }
  }
}
```

以上程序的运行结果如下：

```
当前异常信息：For input string: "Hello"
差点丢失的异常信息：/ by zero
```

9.3 Java 异常类

在程序运行中,任何中断正常流程的因素都被认为是异常。按照面向对象的思想,Java 语言用 Java 类来描述异常。所有异常类的祖先类为 java.lang.Throwable 类,它的实例表示具体的异常对象,可以通过 throw 语句抛出。Throwable 类提供了访问异常信息的一些方法,常用的方法包括:

- getMessage():返回 String 类型的异常信息。
- printStackTrace():打印跟踪方法调用栈而获得的详细异常信息。在程序调试阶段,此方法可用于跟踪错误。

例程 9-16(ExTrace.java)演示了 getMessage()和 printStackTrace()方法的用法。

例程 9-16 ExTrace.java

```java
public class ExTrace{
  public void methodA(int money)throws SpecialException{
    if(--money<=0) throw new SpecialException("Out of money");
  }
  public void methodB(int money)throws Exception{
    try{
      methodA(1);
    }catch(SpecialException e){
      System.out.println("---Output of methodB()---");
      System.out.println(e.getMessage());
      throw new Exception("Wrong");
    }
  }
  public static void main(String args[]){
    try{
      new ExTrace().methodB(1);
    }catch(Exception e){
      System.out.println("---Output of main()---");
      e.printStackTrace();
    }
  }
}
```

以上程序的打印结果为:

```
---Output of methodB()---
Out of money
---Output of main()---
java.lang.Exception: Wrong
        at ExTrace.methodB(ExTrace.java:11)
        at ExTrace.main(ExTrace.java:16)
```

Throwable 类有两个直接子类:

(1) Error 类:表示单靠程序本身无法恢复的严重错误,比如内存空间不足,或者 Java 虚拟机的方法调用栈溢出。在大多数情况下,遇到这样的错误时,建议让程序终止。

（2）Exception 类：表示程序本身可以处理的异常，本章所有例子都针对这类异常。当程序运行时出现这类异常，应该尽可能地处理异常，并且使程序恢复运行，而不应该随意终止程序。

JDK 中预定义了一些具体的异常，如图 9-2 所示为常见异常类的类框图。

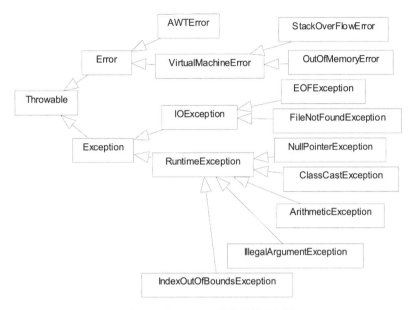

图 9-2　主要 Java 异常类的类框图

下面对一些常见的异常做简要的介绍。

（1）IOException：操作输入流和输出流时可能出现的异常。

（2）ArithmeticException：数学异常。如果把整数除以 0，就会出现这种异常，例如：

```
int a=12 / 0;   //抛出 ArithmeticException
```

（3）NullPointerException：空指针异常。当引用变量为 null 时，试图访问对象的属性或方法，就会出现这种异常，例如：

```
Date d= null;
System.out.println(d.toString());   //抛出 NullPointerException
```

（4）IndexOutOfBoundsException：下标越界异常，它的子类 ArrayIndexOutOfBoundsException 表示数组下标越界异常，以下代码会导致这种异常：

```
int[] array=new int[4];
array[0]=1;
array[7]=1;   //抛出 ArrayIndexOutOfBoundsException
```

（5）ClassCastException：类型转换异常，参见第 6 章的 6.6 节（多态）。

（6）IllegalArgumentException：非法参数异常，可用来检查方法的参数是否合法，例如：

```java
public void setName(String name){
    if(name==null)throw new IllegalArgumentException("姓名不能为空");
    this.name=name;
}
```

Exception 类还可分为两种：运行时异常和受检查异常，下面分别介绍。

9.3.1 运行时异常

RuntimeException 类及其子类都称为运行时异常，这种异常的特点是 Java 编译器不会检查它，也就是说，当程序中可能出现这类异常时，即使没有用 try-catch 语句捕获它，也没有用 throws 子句声明抛出它，也会编译通过。例如，当以下 divide()方法的参数 b 为 0，执行"a/b"操作时会出现 ArithmeticException 异常，它属于运行时异常，Java 编译器不会检查它：

```java
public int divide(int a,int b){
    return a/b;    //当参数 b 为 0，抛出 ArithmeticException
}
```

再例如，下面例程 9-17（WithRuntimeEx.java）中的 IllegalArgumentException 也是运行时异常，divide()方法既没有捕获它，也没有声明抛出它。

例程 9-17　WithRuntimeEx.java

```java
public class WithRuntimeEx {
    public int divide(int a,int b){
        if(b==0)throw new IllegalArgumentException("除数不能为 0");
        return a/b;
    }
    public static void main(String args[]){
        new WithRuntimeEx ().divide(1,0);
        System.out.println("End");
    }
}
```

由于程序代码不会处理运行时异常，因此当程序在运行时出现了这种异常时，就会导致程序异常终止，以上程序的打印结果为：

```
Exception in thread "main" java.lang.IllegalArgumentException: 除数不能为 0
    at WithRuntimeEx.divide(WithRuntimeEx.java:3)
    at WithRuntimeEx.main(WithRuntimeEx.java:7)
```

9.3.2 受检查异常（Checked Exception）

除了 RuntimeException 及其子类以外，其他的 Exception 类及其子类都属于受检查异常。这种异常的特点是 Java 编译器会检查它，也就是说，当程序中可能出现这类异常时，要么用 try-catch 语句捕获它，要么用 throws 子句声明抛出它，否则编译不会通过，参见本章 9.2.5 节（异常处理语句的语法规则）。

9.3.3 区分运行时异常和受检查异常

受检查异常表示程序可以处理的异常,如果抛出异常的方法本身不能处理它,那么方法调用者应该去处理它,从而使程序恢复运行,不至于终止程序。例如喷墨打印机在打印文件时,如果纸用完或者墨水用完,就会暂停打印,等待用户添加打印纸或更换墨盒,如果用户添加了打印纸或更换了墨盒,就能继续打印。可以用 OutOfPaperException 类和 OutOfInkException 类来表示纸张用完和墨水用完这两种异常情况,由于这些异常是可修复的,因此是受检查异常,可以把它们定义为 Exception 类的子类:

```java
public class OutOfPaperException extends Exception{…}
public class OutOfInkException extends Exception{…}
```

以下是打印机的 print()方法:

```java
public void print(){
    while(文件未打印完){
        try{
            打印一行
        }catch(OutOfInkException e){
            do{
                等待用户更换墨盒
            }while(用户没有更换墨盒)
        }catch(OutOfPaperException e){
            do{
                等待用户添加打印纸
            }while(用户没有添加打印纸)
        }
    }
}
```

运行时异常表示无法让程序恢复运行的异常,导致这种异常的原因通常是执行了错误操作。一旦出现了错误操作,建议终止程序,因此 Java 编译器不检查这种异常。

如果程序代码中有错误,就可能导致运行时异常,例如以下 for 语句的循环条件不正确,会导致 ArrayIndexOutOfBoundsException:

```java
public void method(int[] array){
    for(int i=0;i<=array.length;i++)
        array[i]=1;  //当 i 的取值为 array.length 时,将抛出 ArrayIndexOutOfBoundsException
}
```

只要对程序代码做适当修改,就能避免数组下标越界异常:

```java
public void method(int[] array){
    for(int i=0;i<array.length;i++)
        array[i]=1;  //不会抛出 ArrayIndexOutOfBoundsException
}
```

再例如,对于以下代码,如果 *person* 变量为 null,访问"person.name"会导致 NullPointerException 异常:

```java
if(person!=null & person.name.equals("Linda")){…}
```

只要对程序代码做适当修改,就能避免 NullPointerException 异常:

```
if(person!=null && person.name.equals("Linda")){…}
```

Tips
　　本书第 21 章的 21.10 节(用 Optional 类避免空指针异常)还介绍了用 Optional 类来避免 NullPointerException 异常的方法。

　　当系统 A 访问了系统 B 的接口时,如果运行时出现了运行时异常,有一种可能是系统 A 访问系统 B 的接口的方式错误。例如,在人(相当于系统 A)用微波炉(相当于系统 B)加热食物的问题领域中,人会调用微波炉的 heaten()方法:

```
public void heaten(Food food){
    //如果是罐装食物,会导致爆炸
    if(food instanceof CannedFood)
        throw new ExplosionException();    //ExplosionException 类是 RuntimeException 类的子类
    …
}
```

以下代码演示某人用微波炉来加热一盒罐装水果,结果引起爆炸:

```
Food fruit=new CannedFood();          //一盒罐装水果
microwaveOven.heaten(fruit);          //出现 ExplosionException
```

　　之所以出现以上异常,是因为传给 heaten()方法的参数是违规的。谁也不希望微波炉屡屡发生爆炸,正确的做法是避免把罐装食物放到微波炉里加热,这相当于在系统 A 的程序代码中,不要把 CannedFood 类型的参数传给 heaten()方法。

　　由此可见,运行时异常是应该尽量避免的,在程序调试阶段,遇到这种异常时,正确的做法是改进程序的设计和实现方式,修改程序中的错误,从而避免这种异常。捕获它并且使程序恢复运行并不是明智的办法,这主要有两方面的原因:

　　(1)一旦发生这种异常,损失严重,比如微波炉发生爆炸。

　　(2)即使程序恢复运行,也可能会导致程序的业务逻辑错乱,从而导致更严重的异常,或者得到错误的运行结果。

4.区分运行时异常和错误

　　Error 类及其子类表示程序本身无法修复的错误,它和运行时异常的相同之处是:Java 编译器都不会检查它们,当程序运行时出现它们,都会终止程序。

　　两者的不同之处在于:Error 类及其子类表示的错误通常是由 Java 虚拟机抛出的,在 JDK 中预定义了一些错误类,比如 OutOfMemoryError 和 StackOutofMemoryError。在应用程序中,一般不会扩展 Error 类,来创建用户自定义的错误类。而 RuntimeException 类表示程序代码中的错误,它是可以扩展的,用户可以根据特定的问题领域,来创建相关的运行时异常类。

9.4 用户定义异常

在特定的问题领域，可以通过扩展 Exception 类或 RuntimeException 类来创建自定义的异常，异常类包含和异常相关的信息，这有助于负责捕获异常的 catch 代码块正确地分析并处理异常。以下代码定义了一个服务器超时异常：

```
public class ServerTimedOutException extends Exception {
    private String reason;  //异常原因
    private int port;       //服务器端口
    public ServerTimedOutException (String reason,int port){
        this.reason = reason;
        this.port = port;
    }
    public String getReason() {
        return reason;
    }
    public int getPort() {
        return port;
    }
}
```

以下代码使用 throw 语句来抛出上述异常：

```
//不能连接 80 端口
throw new ServerTimedOutException("Could not connect", 80);
```

9.4.1 异常转译和异常链

在分层的软件结构中，会存在自上而下的依赖关系，也就是说上层的子系统会访问下层子系统的 API。如图 9-3 显示了一个典型的分层结构。

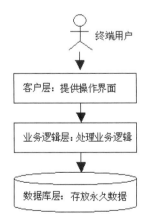

图 9-3 分层的软件系统

在图 9-3 中，客户层访问业务逻辑层，而业务逻辑层访问数据库层。数据库层把异常抛给业务逻辑层，业务逻辑层把异常抛给客户层，客户层则把异常抛给终端用户。

当位于最上层的子系统不需要关心来自底层的异常的细节时,常见的做法是捕获原始的异常,把它转换为一个新的不同类型的异常,再抛出新的异常,这种处理异常的办法称为异常转译。例如,假设终端用户通过客户界面把一个图像文件上传到数据库中,客户层调用业务逻辑层的 uploadImageFile()方法:

```
public void uploadImageFile( String imagePath ) throws UploadException{
  try{
    //上传图像文件
    …
  }catch(IOException e){
    //把原始异常信息记录到日志中,便于排错
    …
    throw new UploadException();
  }catch(SQLException){
    //把原始异常信息记录到日志中,便于排错
    …
    throw new UploadException();
  }
}
```

uploadImageFile()方法执行上传图像文件操作时,可能会捕获 IOException 或者 SQLException。但是用户没有必要关心异常的底层细节,他们仅需要知道上传图像失败,具体的调试和排错由系统管理员或者软件开发人员来处理。因此,uploadImageFile()方法捕获到原始的异常后,在 catch 代码块中先把原始的异常信息记入日志,然后向用户抛出 UploadException 异常。

从面向对象的角度来理解,异常转译使得异常类型与抛出异常的对象的类型位于相同的抽象层。例如,车子运行时能出现故障异常,而职工开车上班会出现迟到异常,车子的故障异常是导致职工迟到异常的原因。以下职工的 gotoWork()方法直接抛出车子故障异常:

```
public void gotoWork()throws CarWrongException{
  try{
    car.run();
  }catch(CarWrongException e){   //处理车子出故障的异常
    walk();
    throw e;
  }
}
```

以上代码意味着车子故障是在职工身上发生的,这显然是不合理的,正确的做法是把 CarWrongException 转译为 LateException,参见本章 9.1.1 节的例程 9-6(Worker.java)。

JDK1.4 以上版本中的 Throwable 类支持异常链机制。所谓异常链就是把原始异常包装为新的异常类,也就是说在新的异常类中封装了原始异常类,这有助于查找产生异常的根本原因。此外,如果使用 JDK1.4 以下的版本,可以由开发者自行设计支持异常链的异常类,例程 9-18(BaseException.java)提供了一种实现方案,JDK1.4 以上版本中的 Throwable 类的实现机制与它很相似。

例程 9-18　支持异常链的异常类 BaseException.java

```java
import java.io.*;
public class BaseException extends Exception {
    protected Throwable cause = null;

    public BaseException(){}

    public BaseException(String msg){super(msg);}

    public BaseException( Throwable cause ) {           //参数 cause 指定原始的异常
      this.cause =cause;
    }
    public BaseException(String msg,Throwable cause){   //参数 cause 指定原始的异常
      super(msg);
      this.cause = cause;
    }

    public Throwable initCause(Throwable cause) {
      this.cause =cause;
      return this;
    }

    public Throwable getCause() {
      return cause;
    }

    public void printStackTrace() {
      printStackTrace(System.err);
    }

    public void printStackTrace(PrintStream outStream) {
      printStackTrace(new PrintWriter(outStream));
    }

    public void printStackTrace(PrintWriter writer) {
      super.printStackTrace(writer);

      if ( getCause() != null ) {
         getCause().printStackTrace(writer);
      }
      writer.flush();
    }
}
```

在 BaseException 中定义了 Throwable 类型的 cause 变量,它用于保存原始的 Java 异常。假定 UploadException 类扩展了 BaseException 类:

```java
public class UploadException extends BaseException{
  public UploadException(Throwable cause){super(cause);}
  public UploadException(String msg){super(msg);}
}
```

以下是把 IOException 包装为 UploadException 的代码:

```
try{
```

```
        //上传图像文件
        …
        }catch(IOException e){
          //把原始异常信息记录到日志中,便于排错
          …
          //把原始异常包装为UploadException
          UploadException ue= new UploadException(e);
          throw ue;
        }
```

9.4.2 处理多样化异常

和异常链相近的一个概念是多样化异常。在实际应用中,有时需要一个方法同时抛出多个异常。例如,用户提交的 HTML 表单上有多个字段域,业务规则要求每个字段域的值都符合特定规则,如果不符合规则,就抛出相应的异常。

如果应用程序不支持在一个方法中同时抛出多个异常,用户每次只能看到针对一个字段域的验证错误。当改正了一个错误后,重新提交表单,又收到针对另一个字段域的验证错误,这会令用户很烦恼。

有效的做法是每次当用户提交表单后,都验证所有的字段域,然后向用户显示所有的验证错误信息。不幸的是,在 Java 方法中一次只能抛出一个异常对象。因此需要开发者自行设计支持多样化异常的异常类。例程 9-19 提供了一种实现方案。

例程 9-19 支持多样化异常的异常类 BaseException.java

```java
package multiex;
import java.util.List;
import java.util.ArrayList;
import java.io.PrintStream;
import java.io.PrintWriter;

public class BaseException extends Exception{

  protected Throwable cause = null;
  private List <Throwable> exceptions = new ArrayList<Throwable>();

     public BaseException(){}

  public BaseException(String msg){super(msg);}

  public BaseException( Throwable cause ) {
    this.cause = cause;
  }

  public BaseException(String msg,Throwable cause){
    super(msg);
    this.cause = cause;
  }

  public List getExceptions() {
    return exceptions;
  }
```

```java
public void addException( BaseException ex ){
  exceptions.add( ex );
}

public Throwable initCause(Throwable cause) {
  this.cause = cause;
  return this;
}

public Throwable getCause() {    //返回原始的异常
  return cause;
}

public void printStackTrace() {
  printStackTrace(System.err);
}

public void printStackTrace(PrintStream outStream) {
  printStackTrace(new PrintWriter(outStream));
}

public void printStackTrace(PrintWriter writer) {
  super.printStackTrace(writer);

  if ( getCause() != null ) {
    getCause().printStackTrace(writer);
  }
  writer.flush();
}
```

BaseException 类包含一个 List 类型的 exceptions 变量，用来存放其他的 Exception。以下代码显示了 BaseException 的用法：

```java
public void check() throws BaseException{
  BaseException be=new BaseException();
  try{
    checkField1();
  }catch(Field1Exception e){be.addException(e);}

  try{
    checkField2();
  }catch(Field2Exception e){be.addException(e);}

  if(be.getExceptions().size>0)throw be;
}
```

9.5 异常处理原则

本章从优化程序的角度出发，介绍了正确运用异常处理机制的原则。遵守这些原则，可以提高程序的健壮性，并且有利于排除程序代码中的错误。

9.5.1 异常只能用于非正常情况

异常只能用于非正常情况，不能用异常来控制程序的正常流程。以下程序代码用抛出异常的手段来结束正常的循环流程：

```java
public static void initArray(int[] array){
    try{
        int i=0;
        while(true){
            array[i++]=1;
        }
    }catch(ArrayIndexOutOfBoundsException e){}
}
```

这种处理方式有以下缺点：

（1）滥用异常流程会降低程序的性能。

（2）用异常类来表示正常情况，违背了异常处理机制的初衷。在遍历 array 数组时，当访问到最后一个元素时，应该正常结束循环，而不是抛出异常。

（3）模糊了程序代码的意图，影响可读性。如果把 initArray() 方法改为以下实现方式，就会使程序代码一目了然：

```java
public static void initArray(int[] array){
    for(int i=0;i<array.length;i++)
        array[i]=1;
}
```

（4）容易掩盖程序代码中的错误，增加调试的复杂性。例如，以下程序的本意是找出数组中的最大值，把它赋给最后一个元素。由于编程人员误以为 Java 数组的下标范围为：1 ~ array.length，因此把数组最后一个元素表示为 array[array.length]。当执行第一次循环时，就会抛出 ArrayIndexOutOfBoundsException 异常，从而结束循环。由于这个异常被捕获，程序在运行时不会异常终止，这使得编程人员难以发现程序代码中的错误。

```java
public static void changeArray(int[] array){
    try{
        int i=1;
        while(true){
            if(array[i]>array[array.length]){
                array[array.length]=array[i];
            }
            i++;
        }
    }catch(ArrayIndexOutOfBoundsException e){}
}
```

9.5.2 为异常提供说明文档

在 JavaDoc 文档中应该为方法可能抛出的所有异常提供说明文档。无论是受检查异常，还是运行时异常，都应该通过 JavaDoc 的@throws 标签来描述产生异常的条件。关于@throws 标签的用法参见第 2 章的 2.3.1 节（JavaDoc 标记）。如图 9-4 所示是 java.io.FileOutputStream 类的一个构造方法的部分 JavaDoc 文档。通过这份文档，使用者了解到这个方法可能会抛出 FileNotFoundException 和 SecurityException，前者是受检查异常，因此在构造方法中用 throws 子句声明抛出它，后者是运行时异常，无须用 throws 子句加以声明。

完整的异常文档可以帮助方法调用者正确地调用方法，提供合理的参数，尽可能地避免异常或者能方便地找到产生异常的原因。

```
FileOutputStream

public FileOutputStream(String name,
                        boolean append)
                 throws FileNotFoundException

Parameters:
    name - the system-dependent file name
    append - if true, then bytes will be written to the end of the file
             rather than the beginning
Throws:
    FileNotFoundException - if the file exists but is a directory rather
        than a regular file, does not exist but cannot be created, or cannot
        be opened for any other reason.
    SecurityException - if a security manager exists and its checkWrite
        method denies write access to the file.
```

图 9-4　FileOutputStream 类的部分 JavaDoc 文档

9.5.3　尽可能地避免异常

应该尽可能地避免异常，尤其是运行时异常。避免异常通常有两种办法：

（1）许多运行时异常是由于程序代码中的错误引起的，只要修改了程序代码的错误，或者改进了程序的实现方式，就能避免这种错误。

（2）提供状态测试方法。有些异常是由于当对象处于某种状态下，不适合某种操作造成的。例如，当高压锅内的水蒸气的压力很大时，突然打开锅盖，会导致爆炸。为了避免这类事故，高压锅应该提供状态测试功能，让使用者在打开锅盖前，能够判断锅内的高压蒸汽是否排放完。下面用 ExplosionException 类表示爆炸异常，它是一种后果严重的应该避免的异常，定义为 RuntimeException 类的子类。PressureTank 类表示高压锅，它的 isSafeForOpen()方法为状态测试方法，参见例程 9-20。

例程 9-20　PressureTank.java

```java
public class PressureTank {
    private int pressure;   //当前压力
    private static final int SAFE_PRESSURE=2;    //当锅内压力低于两个大气压,可打开锅盖
    private static final int CRITICAL_POINT=3;   //爆炸时的压力临界点为3个大气压

    public boolean isSafeForOpen(){
        return pressure<=SAFE_PRESSURE;
```

```java
    public void exhaust(){        //排气
      pressure=SAFE_PRESSURE;
    }

    public void open(){           //打开锅盖
      if(pressure>=CRITICAL_POINT)throw new ExplosionException();
    }

    public void cook(){
      pressure=CRITICAL_POINT;
    }
}
```

以下代码演示使用者用高压锅来安全地烧饭的过程：

```
pressureTank.cook();        //烧饭
pressureTank.exhaust();     //排气
if(pressureTank.isSafeForOpen())  //先进行状态测试，避免爆炸
  pressureTank.open();      //打开锅盖
```

Tips

高压锅有专门的排气阀门，打开阀门，蒸汽就能逐渐释放出去，如果不再有蒸汽排放出去，就表明压力恢复正常，此时可以安全地打开锅盖。

9.5.4 保持异常的原子性

应该尽力保持异常的原子性。异常的原子性是指当异常发生后，各个对象的状态能够恢复到异常发生前的初始状态，而不至于停留在某个不合理的中间状态。对象的状态是否合理，是由特定问题领域的业务逻辑决定的。例如，假设一开始张三和李四的银行账户上都有 1000 元钱，张三把 100 元钱转到李四的账户上。以下程序代码演示了转账过程：

```java
//转账操作
public void transfer(Account accountFrom,Account accountTo){
    //从转出账户中取出 100 元
    accountFrom.setBalance(accountFrom.getBalance()-100);
    //向转入账户中存入 100 元
    accountTo.setBalance(accountTo.getBalance()+100);
}
```

以下代码调用 transfer()方法来实现张三和李四之间的转账：

```
transfer(zhangsanAccount,lisiAccount);
```

假如以上操作成功，那么张三和李四的银行账户的余额分别为 900 和 1100 元，如图 9-5 所示。

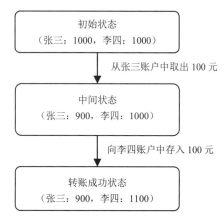

图 9-5　转账操作正常执行时的状态转换图

Account 类代表银行账户，它的 setBalance()方法可能会抛出 IllegalStateException 异常，该异常是运行时异常：

```
public setBalance(int balance){
    if(isClosed()) throw new IllegalStateException("账户已关闭");
    this.balance=balance;
}
```

假设在执行转账操作时，张三的账户为打开状态，而李四的账户为关闭状态，那么转账操作无法正常执行。从张三账户中取出 100 元的操作执行成功，而在执行向李四账户中存入 100 元的操作时，出现 IllegalStateException 异常，该异常使得各个对象的状态永久停留在不合理的中间状态，张三账户上少了 100 元，而李四账户上未增加 100 元，这显然是不合理的。

保持异常的原子性有以下办法：

（1）最常见的办法是先检查方法的参数是否有效，确保当异常发生时还没有改变对象的初始状态。对 transfer()方法可做如下修改：

```
public void transfer(Account accountFrom,Account accountTo){
    if(accountFrom.isClosed())
        throw new IllegalStateException("转出账户已关闭");
    if(accountTo.isClosed())
        throw new IllegalStateException("转入账户已关闭");

    //从转出账户中取出 100 元
    accountFrom.setBalance(accountFrom.getBalance()-100);
    //向转入账户中存入 100 元
    accountTo.setBalance(accountTo.getBalance()+100);
}
```

（2）编写一段恢复代码，由它来解释操作过程中发生的失败，并且使对象状态回滚到初始状态。这种办法不是很常用，主要用于永久性的数据结构，比如数据库系统的事务回滚机制就采取了这种办法。

（3）在对象的临时副本上进行操作，当操作成功后，把临时副本中的内容复制到原来的对象中。

9.5.5 避免过于庞大的 try 代码块

有些编程新手喜欢把大量代码放入单个 try 代码块，这看起来省事，实际上不是好的编程习惯。try 代码块越庞大，出现异常的地方就越多，要分析发生异常的原因就越困难。有效的做法是分割各个可能出现异常的程序段落，把它们分别放在单独的 try 代码块中，从而分别捕获异常。

9.5.6 在 catch 子句中指定具体的异常类型

有些编程新手喜欢用 catch(Exception ex)子句来捕获所有异常，例如，在以下打印机的 print() 方法中，用 catch(Exception ex) 子句来捕获所有的异常，包括 OutOfInkException 和 OutOfPaperException：

```
public void print(){
  while(文件未打印完){
    try{
       打印一行
    }catch(Exception e){…}
  }
}
```

以上代码看起来省事，但实际上不是好的编程习惯，理由如下：

（1）俗话说"对症下药"，对不同的异常通常有不同的处理方式。以上代码意味着对各种异常采用同样的处理方式，这往往是不现实的。

（2）会捕获本应该抛出的运行时异常，掩盖程序中的错误。

正确的做法是在 catch 子句中指定具体的异常类型：

```
public void print(){
  while(文件未打印完){
    try{
       打印一行
    }catch(OutOfInkException e){
      do{
         等待用户更换墨盒
      }while(用户没有更换墨盒)
    }catch(OutOfPaperException e){
      do{
         等待用户添加打印纸
      }while(用户没有添加打印纸)
    }
  }
}
```

9.5.7 不要在 catch 代码块中忽略被捕获的异常

只要异常发生，就意味着某些地方出了问题，catch 代码块既然捕获了这种异常，就应该提供处理异常的措施，比如：

● 处理异常。针对该异常采取一些行动，比如弥补异常造成的损失或者给出警告信息等。
- 重新抛出异常。catch 代码块在分析了异常之后,认为自己不能处理它,重新抛出异常。
- 进行异常转译,把原始异常包装为适合于当前抽象的另一种异常,再将其抛出,参见本章 9.4.1 节(异常转译和异常链)。
- 假如在 catch 代码块中不能采取任何措施,那么就不要捕获异常,而是用 throws 子句声明将异常抛出。

以下两种处理异常的方式是应该避免的:

```
try{
   …
}catch(SpecialException e){} //对异常不采取任何操作
```

或者

```
try{
   …
}catch(SpecialException e){e.printStackTrace();} //仅仅打印异常信息
```

在 catch 代码块中调用异常类的 printStackTrace()方法,对调试程序有帮助,但程序调试阶段结束之后,printStackTrace()方法就不应再在异常处理代码块中担负主要责任,因为光靠打印异常信息并不能解决实际存在的问题。

Tips
本章有些例子在 catch 代码块中仅仅打印异常信息,这是因为这些例子侧重于演示异常流程的运行过程。

9.6 记录日志

在程序中输出日志总的来说有 3 个作用:
- 监视代码中变量的变化情况,把数据周期性地记录到文件中供其他应用进行统计分析工作。
- 跟踪代码运行时轨迹,作为日后审计的依据。
- 承担集成开发环境中的调试器的作用,向文件或控制台打印代码的调试信息。

要在程序中输出日志,最普通的做法是在代码中嵌入许多打印语句,这些打印语句可以把日志输出到控制台或文件中。比较好的做法是构造一个日志操作类来封装此类操作,而不是让一系列的打印语句充斥代码的主体。

在强调可重用组件开发的今天,可以直接使用 Java 类库的 java.util.logging 日志操作包。这个包中主要有 4 个类:
- Logger 类:负责生成日志,并能够对日志信息进行分级别筛选,通俗地讲,就是决定什么级别的日志信息应该被输出,什么级别的日志信息应该被忽略。

- Handler 类：负责输出日志信息，它有两个子类：ConcoleHandler 类（把日志输出到 DOS 命令行控制台）和 FileHandler 类（把日志输出到文件中）。
- Formatter 类：指定日志信息的输出格式。它有两个子类：SimpleFormatter 类（表示常用的日志格式）和 XMLFormatter 类（表示基于 XML 的日志格式）。
- Level 类：表示日志的各种级别，它的静态常量如 Level.INFO、Level.WARNING 和 Level.CONFIG 等分别表示不同的日志级别。

如图 9-6 显示了这些类之间的关系。

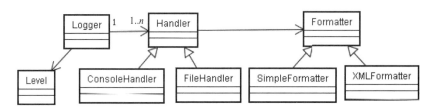

图 9-6　日志操作包中各个类的关系

上述类协同工作，使得开发者能够依据日志信息级别去记录信息，并能够在程序运行期间，控制日志信息的输出格式以及日志存放地点。

9.6.1　创建 Logger 对象及设置日志级别

要记录日志，首先通过 Logger 类的 getLogger(String name)方法获得一个 Logger 对象：

```
Logger myLogger=Logger.getLogger("mylogger");
```

对于以上代码，如果名为"mylogger"的 Logger 对象已经存在，就直接将其引用返回，否则就创建一个名为"mylogger"的 Logger 对象并返回它的引用。

在写程序的时候，为了调试程序，会在很多可能出错的地方输出大量的日志信息。当程序调试完毕后，不需要输出这些日志信息了，那么办呢？以前的做法是把每个程序中输出日志信息的代码删除。对于大的应用程序，这种做法既费力又费时，几乎是不现实的。Java 日志操作包采用日志级别机制，简化了控制日志输出的步骤。日志共分为 9 个级别，从低到高依次为：SEVERE、WARNING、INFO、CONFIG、FINE、CONFIG、FINE、FINER 和 FINEST。

在默认情况下，Logger 类只输出 SEVERE、WARNING、INFO 这前 3 个级别。可以通过 Logger 类的 setLevel()方法来设置日志级别，例如：

```
logger.setLevel("Level.FINE");   //把日志级别设为 FINE
logger.setLevel("Level.WARNING"); //把日志级别设为 WARNING
logger.setLevel("Level.ALL"); //开启所有日志级别
logger.setLevel("Level.OFF"); //关闭所有日志级别
```

如果把日志级别设为 WARNING，那么意味着只会输出 WARNING 级别及比它低级别的日志。

9.6.2 生成日志

与日志级别相对应，Logger 类的 severe()、warn()和 info()方法等分别生成各种级别的日志。例程 9-21 的 LoggerTester1 类的 main()方法负责生成并输出一些日志。

例程 9-21　LoggerTester1.java

```java
import java.util.logging.*;
class LoggerTester1{
  public  static void main(String[] args) {
    Logger myLogger = Logger.getLogger("mylogger");//得到一个日志记录器对象
    myLogger.setLevel(Level.WARNING);           //设置 WARNING 日志级别

    myLogger.info("这是一条普通提示信息");       //生成 INFO 级别的日志
    myLogger.warning("这是一条警告信息");        //生成 WARNING 级别的日志
    myLogger.severe("这是一条严重错误信息");     //生成 SEVERE 级别的日志
  }
}
```

以上代码将 myLogger 对象的日志级别设为 WARNING，因此，只有 warning()方法和 server()方法生成的日志会被输出。运行以上程序，将在 DOS 控制台输出以下内容：

```
警告: 这是一条警告信息
严重: 这是一条严重错误信息
```

9.6.3 把日志输出到文件

默认情况下，Logger 类把日志输出到 DOS 控制台，也就是说，Logger 对象与一个 ConcoleHandler 对象关联，例如本章 9.6.2 节的例程 9-21 的 LoggerTester1 类就把日志输出到控制台。如果要把日志输出到文件中，可以采用以下方式：

```java
FileHandler fileHandler = new FileHandler("C:\\test.log");
fileHandler.setLevel(Level.INFO); //设定向文件中写日志的级别
myLogger.addHandler(fileHandler); //把 FileHandler 与 Logger 对象关联
```

以上代码创建了一个 FileHandler 对象，它负责向指定的 "C:/test.log" 文件中写日志。Logger 类的 addHandler()方法会建立 Logger 对象与 FileHandler 对象的关联。例程 9-22 的 LoggerTester2 类是向文件中写日志的范例。

例程 9-22　LoggerTester2.java

```java
import java.util.logging.*;
import java.io.IOException;
public class LoggerTester2{
  public  static void main(String[] args) throws IOException {
    Logger myLogger = Logger.getLogger("mylogger"); //得到一个日志记录器对象

    //创建一个 FileHandler 对象，它向指定的文件中写日志
    FileHandler fileHandler = new FileHandler("C:\\ test.log");
    fileHandler.setLevel(Level.INFO);      //设定向文件中写日志的级别
    myLogger.addHandler(fileHandler);      //把 FileHandler 与 Logger 对象关联
```

```
        myLogger.info("这是一条普通提示信息");          //生成 INFO 级别的日志
        myLogger.warning("这是一条警告信息");           //生成 WARNING 级别的日志
        myLogger.severe("这是一条严重错误信息");        //生成 SEVERE 级别的日志
    }
}
```

运行以上程序,将在"C:\test.log"文件中记录以下 XML 格式的日志:

```
<?xml version="1.0" encoding="GBK" standalone="no"?>
<!DOCTYPE log SYSTEM "logger.dtd">
<log>
<record>
  ...
  <message>这是一条普通提示信息</message>
</record>
<record>
  ...
  <message>这是一条警告信息</message>
</record>
<record>
  ...
  <message>这是一条严重错误信息</message>
</record>
</log>
```

9.6.4 设置日志的输出格式

默认情况下,ConcoleHandler 类与 SimpleFormatter 类关联,也就是说,向控制台输出的日志采用普通的格式。默认情况下,FileHandler 类与 XMLFormatter 类关联,也就是说,向文件中输出的日志是基于 XML 格式的。

也可以自定义一个继承 Fomatter 类的子类,然后覆盖它的 format()方法,在该方法中指定客户化的日志输出格式。例如,在例程 9-23 的 LoggerTester3 类中,有一个 MyFormatter 内部类,它就是自定义的日志输出格式类。

例程 9-23 LoggerTester3.java

```
import java.util.logging.*;
import java.io.IOException;
public class LoggerTester3{

    static class MyFormatter extends Formatter {              //自定义的日志输出格式类
        public String format(LogRecord record) {              //覆盖 format()方法
            return "<"+record.getLevel() + ">:" + record.getMessage()+"\n";
        }
    }

    public    static void main(String[] args)throws IOException{
        Logger myLogger = Logger.getLogger("mylogger");       //得到一个日志记录器对象

        FileHandler fileHandler = new FileHandler("C:\\test.log");
        fileHandler.setFormatter(new MyFormatter());          //设置自定义的日志输出格式
```

```
        myLogger.addHandler(fileHandler); //把 FileHandler 与 Logger 对象关联

        myLogger.info("这是一条普通提示信息");     //生成 INFO 级别的日志
        myLogger.warning("这是一条警告信息");     //生成 WARNING 级别的日志
    }
}
```

运行以上程序, 在日志文件 "C:\test.log" 中将输出以下格式的日志:

```
<INFO>:这是一条普通提示信息
<WARNING>:这是一条警告信息
```

9.7 使用断言

在编写代码时, 有时会做出一些条件已经成立的假设, 例如, 以下方法假设其调用者传入的参数 b 不为零:

```
public int divide(int a,int b){
    return a/b;
}
```

但实际上, 有可能编写调用该方法的程序员由于粗心, 忘了对参数 b 进行检查, 结果把值为 0 的参数 b 传给 divide() 方法, divide() 方法在执行时就会抛出 ArithmeticException 异常。为了提高程序代码的健壮性, 使得程序员在开发调试阶段就能及时发现这样的漏洞, 从 JDK1.4 开始, 引入了断言机制。

可以把断言看作是异常处理的一种高级形式。使用断言的语法有两种形式为:

```
assert 条件表达式
assert 条件表达式 : 包含错误信息的表达式
```

以上 assert 为 Java 关键字。条件表达式的值是一个布尔值。当条件表达式的值为 false 时, 就会抛出一个 AssertionError, 这是一个错误, 而不是一个异常。在第二种形式中, 第二个表达式会被转换成作为错误消息的字符串。例如:

```
assert b!=0 : b;
```

例程 9-24 的 AssertTester 类的 divide() 方法就使用了断言。

例程 9-24 AssertTester.java

```
public class AssertTester {
    public int divide(int a,int b){
        assert b!=0 : "除数不允许为零";   //使用断言
        return a/b;
    }

    public static void main(String[] args) {
        AssertTester t=new AssertTester();
        System.out.println(t.divide(3,0));
    }
}
```

当程序运行时，断言在默认情况下是关闭的，这意味着程序中的断言语句不会被执行。在"java"命令中启用断言需要使用-ea 参数，禁用断言使用-da 参数。例如，用命令"java –ea AssertTester"来执行 AssertTester 类，将会输出以下错误信息：

```
Exception in thread "main" java.lang.AssertionError: 除数不允许为零
    at AssertTester.divide(AssertTester.java:4)
    at AssertTester.main(AssertTester.java:10)
```

以下命令表明在运行 AppMain 类时，启用 MyClass1 类的断言，并且禁用 MyClass2 类的断言：

```
java   –ea : MyClass1   –da : MyClass2   AppMain
```

9.8 小结

Java 的异常处理涉及 5 个关键字 try、catch、throw、throws 和 finally。异常处理流程由 try、catch 和 finally 等 3 个代码块组成。其中 try 代码块包含可能发生异常的程序代码；catch 代码块紧跟在 try 代码块后面，用来捕获并处理异常；finally 代码块用于释放被占用的相关资源。

Exception 类表示程序中出现的异常，可分为受检查异常和运行时异常。受检查异常表示只要通过处理，就可能使程序恢复运行的异常。对于方法中可能出现的受检查异常，要么用 try-catch 语句捕获并处理它，要么用 throws 语句声明抛出它，Java 编译器会对此做检查。运行时异常表示会导致程序终止的异常，Java 编译器不会对此做检查。运行时异常通常是由程序代码中的错误造成的，因此要尽量避免它。

本章最后还总结了一些异常处理的原则，包括：
- 异常只能用于非正常情况。
- 为异常提供说明文档。
- 尽可能地避免异常，尤其是运行时异常。
- 保持异常的原子性。
- 避免过于庞大的 try 代码块。
- 在 catch 子句中指定具体的异常类型。
- 不要在 catch 代码块中忽略被捕获的异常。

Java 日志操作包用于记录程序运行中产生的日志，有助于调试和检测程序的运行。Logger 类是日志记录器，负责生成各种级别的日志，Handler 类负责向控制台或文件输出日志，Formatter 类指定日志的输出格式，Level 类有一系列的静态常量，分别表示各种日志级别。

Java 断言主要在程序调试阶段使用，有利于及时发现程序中的一些缺陷，当程序运行时出现 AssertionError 错误时，程序员可以根据该错误提示来修改程序代码，确保断言中指定的假设条件真正成立。

9.9 思考题

1. throw 和 throws 关键字有什么区别？
2. 以下代码能否编译通过？假如能编译通过，运行时将得到什么打印结果？

```
import java.io.*;
class Base{
  public static void amethod()throws FileNotFoundException{}
}

public class ExcepDemo extends Base{
  public static void main(String argv[]){
    ExcepDemo e = new ExcepDemo();
  }
  public static void amethod(){}

  protected ExcepDemo() throws IOException{
    DataInputStream din = new DataInputStream(System.in);
    System.out.println("Pausing");
    din.readChar();
    System.out.println("Continuing");
    this.amethod();
  }
}
```

3. try 代码块后面可以只跟 finally 代码块，这句话对吗？
4. 对于以下程序，运行"java Rethrow"，将得到什么打印结果？

```
public class Rethrow {
  public static void g() throws Exception {
    System.out.println("Originates from g()");
    throw new Exception("thrown from g()");
  }
  public static void main(String []args) {
    try {
      g();
    }catch(Exception e) {
      System.out.println("Caught in main");
      e.printStackTrace();
      throw new NullPointerException("from main");
    }
  }
}
```

5. 假定方法 f()可能会抛出 Exception，以下哪些代码是合法的？

a)
```
public static void g(){
  try {
    f();
  }catch(Exception e) {
```

```
        System.out.println("Caught in g()");
        throw new Exception("thrown from g()");
      }
    }
```

b)
```
    public static void g(){
      try {
        f();
      }catch(Exception e) {
        System.out.println("Caught in g()");
        throw new NullPointerException("thrown from g()");
      }
    }
```

c)
```
    public static void g() throws Throwable{
      try {
        f();
      }catch(Exception e) {
        System.out.println("Inside g()");
        throw e.fillInStackTrace();
      }
    }
    public static void main(String []args) {
      try {
        g();
      }catch(Exception e) {
        System.out.println("Caught in main");
        e.printStackTrace();
      }
    }
```

6. 在 Java 中，Throwable 是所有异常类的祖先，这句话对吗？

7. 在执行 trythis()方法时，如果 problem()方法抛出 Exception，程序将打印什么结果？

```
    public void trythis() {
      try{
        System.out.println("1");
        problem();
      }catch (RuntimeException x) {
        System.out.println("2");
        return;
      }catch (Exception x) {
        System.out.println("3");
        return;
      }finally {
        System.out.println("4");
      }
      System.out.println("5");
    }
```

8. 以下代码能否编译通过？假如能编译通过，运行"java MyTest"时将得到什么打印结果？

```
class MyException extends Exception {}
```

```
public class MyTest {
  public void foo() {
    try{
       bar();
    }finally {
       baz();
    }catch (MyException e) {}
  }
  public void bar() throws MyException {
    throw new MyException();
  }
  public void baz() throws RuntimeException {
    throw new RuntimeException();
  }
}
```

9. 对于以下代码：

```
import java.io.*;
public class Th{
  public static void main(String argv[]){
    Th t = new Th();
    t.amethod();
  }
  public void amethod(){
    try{
       ioCall();
    }catch(IOException ioe){}
  }
}
```

以下哪些是合理的 ioCall() 方法的定义？

a)
```
public void ioCall () throws IOException{
  DataInputStream din = new DataInputStream(System.in);
  din.readChar();
}
```

b)
```
public void ioCall () throw IOException{
  DataInputStream din = new DataInputStream(System.in);
  din.readChar();
}
```

c)
```
public void ioCall (){
  DataInputStream din = new DataInputStream(System.in);
  din.readChar();
}
```

d)
```
public void ioCall throws IOException(){
  DataInputStream din = new DataInputStream(System.in);
  din.readChar();
}
```

读书笔记

第 10 章 类的生命周期

Java 虚拟机为 Java 程序提供运行时环境，其中一项重要的任务就是管理类和对象的生命周期。类的生命周期从类被加载、连接和初始化开始，到类被卸载结束。当类处于生命周期中时，它的二进制数据位于方法区内，在堆区内还会有一个相应的描述这个类的 Class 对象。只有当类处于生命周期中时，Java 程序才能使用它，比如，调用类的静态属性和方法，或者创建类的实例。

10.1 Java 虚拟机及程序的生命周期

当通过 java 命令运行一个 Java 程序时，就启动了一个 Java 虚拟机进程。Java 虚拟机进程从启动到终止的过程，称为 Java 虚拟机的生命周期。在以下情况，Java 虚拟机将结束生命周期：

- 程序正常执行结束。
- 程序在执行中因为出现异常或错误而异常终止。
- 执行了 System.exit() 方法。
- 由于操作系统出现错误而导致 Java 虚拟机进程终止。

当 Java 虚拟机处于生命周期中时，它的总任务就是运行 Java 程序，Java 程序从开始运行到终止的过程称为程序的生命周期，它和 Java 虚拟机的生命周期是一致的。

10.2 类的加载、连接和初始化

当 Java 程序需要使用某个类时，Java 虚拟机会确保这个类已经被加载、连接和初始化。其中连接过程又包括验证、准备和解析这 3 个子步骤，如图 10-1 所示。从图 10-1 可以看出，这些步骤必须严格地按以下顺序执行：

(1) 加载：查找并加载类的二进制数据。
(2) 连接：包括验证、准备和解析类的二进制数据。
　①验证：确保被加载类的正确性。
　②准备：为类的静态变量分配内存，并将其初始化为默认值。
　③解析：把类中的符号引用转换为直接引用。
(3) 初始化：给类的静态变量赋予正确的初始值。

在类或接口被加载和连接的时机上，Java 虚拟机规范给实现提供了一定的灵活性，但是它严格定义了初始化的时机，所有的 Java 虚拟机实现必须在每个类或接口被 Java 程序"首次主动使用"时才初始化它们。Java 程序对类的使用方式可分为两种：主动

使用和被动使用，本章第 10.2.6 节（类的初始化的时机）对此做了介绍。

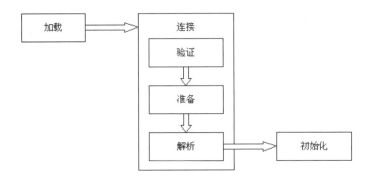

图 10-1　类的生命周期的开始

10.2.1　类的加载

类的加载是指把类的.class 文件中的二进制数据读入到内存中，把它存放在运行时数据区的方法区内，然后在堆区创建一个 java.lang.Class 对象，用来封装类在方法区内的数据结构。

Java 虚拟机能够从多种来源加载类的二进制数据，包括：
- 从本地文件系统中加载类的.class 文件，这是最常见的加载方式。
- 通过网络下载类的.class 文件。
- 从 ZIP、JAR 或其他类型的归档文件中提取.class 文件。
- 从一个专有数据库中提取.class 文件。
- 把一个 Java 源文件动态编译为.class 文件。

类的加载的最终产品是位于运行时数据区的堆区的 Class 对象，Class 对象封装了类在方法区内的数据结构，并且向 Java 程序提供了访问类在方法区内的数据结构的接口，如图 10-2 所示。

图 10-2　Class 对象是 Java 程序与类在方法区内的数据结构的接口

类的加载是由类加载器完成的。类加载器可分为两种：
- Java 虚拟机自带的加载器：包括启动类加载器、扩展类加载器和系统类加载器。
- 用户自定义的类加载器：是 java.lang.ClassLoader 类的子类的实例，用户可以通过它来定制类的加载方式。

类加载器并不需要等到某个类被"首次主动使用"时再加载它，Java 虚拟机规范允许类加载器在预料某个类将要被使用时就预先加载它,如果在预先加载过程中遇到.class 文件缺失或者存在错误,类加载器必须等到程序首次主动使用该类时才报告错误(抛出一个 LinkageError 实例)。如果这个类一直没有被程序主动使用,那么类加载器将不会报告错误。

10.2.2 类的验证

当类被加载后,就进入连接阶段。连接就是把已经读入到内存的类的二进制数据合并到虚拟机的运行时环境中去。连接的第一步是类的验证,保证被加载的类有正确的内部结构,并且与其他类协调一致。如果 Java 虚拟机检查到错误,就会抛出相应的 Error 对象。

也许你会问:由 Java 编译器生成的 Java 类的二进制数据肯定是正确的,为什么还要进行类的验证呢?这是因为 Java 虚拟机并不知道某个特定的.class 文件到底是如何被创建的,这个.class 文件有可能是由正常的 Java 编译器生成的,也有可能是由黑客特制的(黑客试图通过它来破坏虚拟机的运行时环境),类的验证能提高程序的健壮性,确保程序被安全地执行。

类的验证主要包括以下内容:
- 类文件的结构检查:确保类文件遵从 Java 类文件的固定格式。
- 语义检查:确保类本身符合 Java 语言的语法规定,比如验证 final 类型的类没有子类,以及 final 类型的方法没有被覆盖。
- 字节码验证:确保字节码流可以被 Java 虚拟机安全地执行。字节码流代表 Java 方法(包括静态方法和实例方法),它是由被称作操作码的单字节指令组成的序列,每一个操作码后都跟着一个或多个操作数。字节码验证步骤会检查每个操作码是否合法,即是否有着合法的操作数。
- 二进制兼容的验证:确保相互引用的类之间协调一致。例如,在 Worker 类的 gotoWork()方法中会调用 Car 类的 run()方法。Java 虚拟机在验证 Worker 类时,会检查在方法区内是否存在 Car 类的 run()方法,假如不存在(当 Worker 类和 Car 类的版本不兼容时,就会出现这种问题),就会抛出 NoSuchMethodError 错误。

10.2.3 类的准备

在准备阶段,Java 虚拟机为类的静态变量分配内存,并设置默认的初始值。例如对于以下 Sample 类,在准备阶段,将为 int 类型的静态变量 a 分配 4 个字节的内存空间,并且赋予默认值 0,为 long 类型的静态变量 b 分配 8 个字节的内存空间,并且赋予默认值 0:

```
public class Sample{
    private static int a=1;
    public static long b;

    static{
```

```
        b=2;
    }
    …
}
```

10.2.4 类的解析

在解析阶段，Java 虚拟机会把类的二进制数据中的符号引用替换为直接引用。例如，在 Worker 类的 gotoWork()方法中会引用 Car 类的 run()方法：

```
public void gotoWork(){
    car.run();    //这段代码在 Worker 类的二进制数据中表示为符号引用
}
```

在 Worker 类的二进制数据中，包含了一个对 Car 类的 run()方法的符号引用，它由 run()方法的全名和相关描述符组成。在解析阶段，Java 虚拟机会把这个符号引用替换为一个指针，该指针指向 Car 类的 run()方法在方法区内的内存位置，这个指针就是直接引用。

10.2.5 类的初始化

在初始化阶段，Java 虚拟机执行类的初始化语句，为类的静态变量赋予初始值。在程序中，静态变量的初始化有两种途径：（1）在静态变量的声明处进行初始化。（2）在静态代码块中进行初始化。例如，在以下代码中，静态变量 a 和 b 都被显式地初始化，而静态变量 c 没有被显式地初始化，它将保持默认值 0：

```
public class Sample{
    private static int a=1;    //在静态变量的声明处进行初始化
    public static long b;
    public static long c;

    static{
        b=2;    //在静态代码块中进行初始化
    }
    …
}
```

> **Tips**
> 在本章中，如果未加特别说明，类的静态变量都是指不能作为编译时常量的静态变量。Java 编译器和虚拟机对编译时常量有特殊的处理方式，参见本章第 10.2.6 节（类的初始化的时机）。

静态变量的声明语句，以及静态代码块都被看作类的初始化语句，Java 虚拟机会按照初始化语句在类文件中的先后顺序来依次执行它们。例如，当以下 Sample 类被初始化后，它的静态变量 a 的取值为 4：

```
public class Sample{
    static int a=1;
    static{ a=2; }
    static{ a=4; }
```

```
    public static void main(String args[]){
        System.out.println("a="+a);   //打印 a=4
    }
}
```

Java 虚拟机初始化一个类包含以下步骤:

步骤

（1）假如这个类还没有被加载和连接，那就先进行加载和连接。
（2）如果类存在直接的父类，并且这个父类还没有被初始化，那么就先初始化直接的父类。
（3）如果类中存在初始化语句，那么就依次执行这些初始化语句。

当初始化一个类的直接父类时，也需要重复以上步骤，这确保当程序主动使用一个类时，这个类及所有父类（包括直接父类和间接父类）都已经被初始化，程序中第一个被初始化的类是 Object 类。在例程 10-1（InitTester.java）中，Sub 类是 Base 类的子类，因此当初始化 Sub 类时，会先初始化 Base 类：

例程 10-1 InitTester.java

```
package init;
class Base{
  static int a=1;
    static{
        System.out.println("init Base");
    }
}

class Sub extends Base{
  static int b=1;
  static{
      System.out.println("init Sub");
  }
}

public class InitTester{
    static{System.out.println("init InitTester");}

    public static void main(String args[]){
        System.out.println("b="+Sub.b);   //执行这行代码时，先依次初始化 Base 类和 Sub 类
    }
}
```

运行"java init.InitTester"命令，Java 虚拟机首先初始化启动类 InitTester，然后执行它的 main()方法。当访问"Sub.b"时，先依次初始化 Base 类和 Sub 类。以上程序的打印结果为：

```
init InitTester
init Base
init Sub
b=1
```

如果把以上 InitTester 类的 main()方法进行如下修改：

```
public static void main(String args[]){
    Base base;    //不会初始化 Base 类
    System.out.println("After defining base");
    base=new Base();    //执行这行代码时，初始化 Base 类
    System.out.println("After creating an object of Base");
    System.out.println("a="+base.a);
    System.out.println("b="+Sub.b);    //执行这行代码时，仅仅初始化 Sub 类
}
```

当程序构造 Base 实例时，会初始化 Base 类，当程序访问"Sub.b"时，由于 Base 类已经被初始化，因此仅仅初始化它的 Sub 子类。以上程序的打印结果为：

```
init InitTester
After defining base
init Base
After creating an object of Base
a=1
init Sub
b=1
```

10.2.6 类的初始化的时机

在前面讲过，Java 虚拟机只有在程序首次主动使用一个类或接口时才会初始化它。只有 6 种活动被看作是程序对类或接口的主动使用：

（1）创建类的实例。创建类的实例的途径包括：用 new 语句创建实例，或者通过反射、克隆及反序列化手段来创建实例。第 11 章的 11.1 节（创建对象的方式）介绍了反射和克隆的过程，第 18 章的 18.12 节（对象的序列化与反序列化）介绍了反序列化的过程。

（2）调用类的静态方法。

（3）访问某个类或接口的静态变量，或者对该静态变量赋值。

（4）调用 Java API 中某些反射方法，比如调用 Class.forName("Worker")方法，假如 Worker 类还没有被初始化，那么 forName()方法就会初始化 Worker 类，然后返回代表这个 Worker 类的 Class 实例。forName()方法是 java.lang.Class 类的静态方法。

（5）初始化一个类的子类。例如对 Sub 类的初始化，可看作是对它父类 Base 类的主动使用，因此会先初始化 Base 类。

（6）Java 虚拟机启动时被标明为启动类的类。例如对于"java Sample"命令，Sample 类就是启动类，Java 虚拟机会先初始化它。

除了上述 6 种情形，其他使用 Java 类的方式都被看作是被动使用，都不会导致类的初始化。下面结合具体的例子来解释类的初始化的时机。

（1）对于 final 类型的静态变量，如果在编译时就能计算出变量的取值，那么这种变量被看作编译时常量。Java 程序中对类的编译时常量的使用，被看作是对类的被动使用，不会导致类的初始化。例如，以下 Tester 类的静态变量 a 就是编译时常量，Java 编译器在编译时就计算出 a 的取值为 6。当 Sample 类访问"Tester.a"时，并没有

导致 Tester 类的初始化：

```
class Tester{
  public static final int a=2*3;    //变量 a 是编译时常量
  //public static final int a=(int)(Math.random()*5);   //变量 a 不是编译时常量
  static{
     System.out.println("init Tester");
  }
}

public class Sample{
  public static void main(String args[]){
     System.out.println("a="+Tester.a);   //打印 a=6
  }
}
```

以上程序的打印结果为：a=6。

当 Java 编译器生成 Sample 类的.class 文件时，它不会在 main()方法的字节码流中保存一个表示"Tester.a"的符号引用，而是直接在字节码流中嵌入常量值 6。因此当程序访问"Tester.a"时，客观上无须初始化 Tester 类。

Tips
当 Java 虚拟机加载并连接 Tester 类时，不会在方法区内为它的编译时常量 a 分配内存。

（2）对于 final 类型的静态变量，如果在编译时不能计算出变量的取值，那么程序对类的这种变量的使用，被看作是对类的主动使用，会导致类的初始化。例如，把以上 Tester 类做如下修改：

```
class Tester{
  public static final int a= (int)(Math.random()*10)/10+1;   //变量a不是编译时常量
  static{
     System.out.println("init Tester");
  }
}
```

由于编译器不会计算出变量 a 的取值，因此变量 a 不是编译时常量。当 Sample 类访问"Tester.a"时，Java 虚拟机会初始化 Tester 类，使得变量 a 在方法区内拥有特定的内存和初始值。此时 Sample 类的 main()方法的打印结果为：

```
init Tester
a=1
```

（3）只有当程序访问的静态变量或静态方法的确在当前类或接口中定义时，才可以看作是对类或接口的主动使用。例如，在例程 10-2 的 Sample 类的 main()方法中访问"Sub.a"和"Sub.method()"，由于静态变量 a 和静态方法 method()在 Base 父类中定义，因此 Java 虚拟机仅仅初始化 Base 父类，而没有初始化 Sub 子类。

例程 10-2   Sample.java

```
package initbase;
```

```java
class Base{
    static int a=1;
    static{
        System.out.println("init Base");
    }
    static void method(){
        System.out.println("method of Base");
    }
}
class Sub extends Base{
    static{
        System.out.println("init Sub");
    }
}
public class Sample{
    public static void main(String args[]){
        System.out.println("a="+Sub.a);   //仅仅初始化 Base 类
        Sub.method();
    }
}
```

以上程序的打印结果为:

```
init Base
a=1
method of Base
```

（4）调用 ClassLoader 类的 loadClass()方法加载一个类，并不是对类的主动使用，不会导致类的初始化，例如，在例程 10-3（ClassB.java）中，先用系统类加载器加载 ClassA，尽管 ClassA 被加载，但是没有被初始化。当程序调用 Class 类的静态方法 forName("ClassA")方法显式地初始化 ClassA，这是对 ClassA 的主动使用，将导致 ClassA 被初始化，它的静态代码块被执行。

例程 10-3   ClassB.java

```java
class ClassA{
    static{ System.out.println("now init ClassA");}
}
public class ClassB {
    public static void main(String args[])throws Exception{
        ClassLoader loader=ClassLoader.getSystemClassLoader();   //获得系统类加载器
        Class objClass=loader.loadClass("ClassA");   //加载 ClassA
        System.out.println("after load ClassA");
        System.out.println("before init ClassA");
        objClass=Class.forName("ClassA");   //初始化 ClassA
    }
}
```

运行 ClassB 的 main()方法，以上程序的打印结果为:

```
after load ClassA
before init ClassA
now init ClassA
```

10.3 类加载器

类加载器用来把类加载到 Java 虚拟机中。从 JDK1.2 版本开始，类的加载过程采用父亲委托机制，这种机制能更好地保证 Java 平台的安全。在此委托机制中，除了 Java 虚拟机自带的根类加载器以外，其余的类加载器都有且只有一个父加载器。当 Java 程序请求加载器 loader1 加载 Sample 类时，loader1 首先委托自己的父加载器去加载 Sample 类，若父加载器能加载，则由父加载器完成加载任务，否则才由加载器 loader1 本身加载 Sample 类。

Java 虚拟机自带以下几种加载器：

- 根（Bootstrap）类加载器：该加载器没有父加载器。它负责加载虚拟机的核心类库，如 java.lang.*等。例如从下面的例程 10-4（Sample.java）可以看出，java.lang.Object 就是由根类加载器加载的。根类加载器从系统属性 sun.boot.class.path 所指定的目录中加载类库。根类加载器的实现依赖于底层操作系统，属于虚拟机实现的一部分，它并没有继承 java.lang.ClassLoader 类。
- 扩展（Extension）类加载器：它的父加载器为根类加载器。它从 java.ext.dirs 系统属性所指定的目录中加载类库，或者从 JDK 的安装目录的 jre\lib\ext 子目录（扩展目录）下加载类库，如果把用户创建的 JAR 文件放在这个目录下，也会自动由扩展类加载器加载。扩展类加载器是纯 Java 类，是 java.lang.ClassLoader 类的子类。
- 系统（System）类加载器：也称为应用类加载器，它的父加载器为扩展类加载器。它从 classpath 环境变量或者系统属性 java.class.path 所指定的目录中加载类，它是用户自定义的类加载器的默认父加载器。系统类加载器是纯 Java 类，是 java.lang.ClassLoader 类的子类。

Tips
> 以上内容提到了系统属性 sun.boot.class.path、java.ext.dirs 和 java.class.path。关于系统属性的概念，参见第 15 章的 15.12 节的例程 15-13（PropertiesTester.java）。

除了以上虚拟机自带的加载器，用户还可以定制自己的类加载器（User-defined Class Loader）。Java 提供了抽象类 java.lang.ClassLoader，所有用户自定义的类加载器应该继承 ClassLoader 类，本章第 10.3.2 节（创建用户自定义的类加载器）对此做了介绍。如图 10-3 显示了各个加载器之间的父子关系。

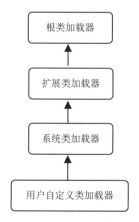

图 10-3　各个加载器之间的父子关系

例程 10-4（Sample.java）用来测试 java.lang.Object 类及 Sample 类的加载器。

例程 10-4　Sample.java

```java
package loadtester;

public class Sample {
  public static void main(String[] args) {
    Class c;
    ClassLoader cl,cl1;
    cl = ClassLoader.getSystemClassLoader();   //获得系统加载器
    System.out.println(cl);   //打印系统加载器
    while (cl != null) {        //打印父加载器
      cl1=cl;
      cl = cl.getParent();
      System.out.println(cl1+"'s parent is "+cl);
    }

    try {
      c = Class.forName("java.lang.Object");   //获得代表 Object 类的 Class 实例
      cl = c.getClassLoader();   //获得加载 Object 类的加载器
      System.out.println("java.lang.Object's loader is " + cl);

      c = Class.forName("loadtester.Sample");   //获得代表 Sample 类的 Class 实例
      cl = c.getClassLoader();   //获得加载 Sample 类的加载器
      System.out.println("Sample's loader is " + cl);
    }catch (Exception e) {
      e.printStackTrace();
    }
  }
}
```

以上程序的打印结果如下：

```
sun.misc.Launcher$AppClassLoader@1d6096
sun.misc.Launcher$AppClassLoader@1d6096's parent is sun.misc.Launcher$ExtClassLoader@3b6ab6
sun.misc.Launcher$ExtClassLoader@3b6ab6's parent is null
java.lang.Object's loader is null
Sample's loader is sun.misc.Launcher$AppClassLoader@1d6096
```

从以上打印结果可以看出：
- 第一行表明系统类加载器为 sun.misc.Launcher$AppClassLoader 类的实例。
- 第二行表明系统类加载器的父加载器为扩展类加载器，即 sun.misc.Launcher$ExtClassLoader 类的实例。
- 第三行表明扩展类加载器的父加载器为根类加载器。不过，Java 虚拟机并不会向 Java 程序提供根类加载器的引用，而是用"null"来表示根类加载器，这样做是为了保护 Java 虚拟机的安全，防止黑客利用根类加载器来加载非法的类，从而破坏 Java 虚拟机的核心代码。
- 第四行表明，java.lang.Object 是由根类加载器加载的。
- 第五行表明，用户类 Sample 是由系统类加载器加载的。

10.3.1 类加载的父亲委托机制

在父亲委托（Parent Delegation）机制中，各个加载器按照父子关系形成了树形结构，除了根类加载器以外，其余的类加载器都有且只有一个父加载器。如图 10-4 所示，loader2 的父亲为 loader1，loader1 的父亲为系统类加载器。假设 Java 程序要求 loader2 加载 Sample 类，代码如下：

```
Class sampleClass=loader2.loadClass("Sample");
```

loader2 首先从自己的命名空间中查找 Sample 类是否已经被加载，如果已经加载，就直接返回代表 Sample 类的 Class 对象的引用。

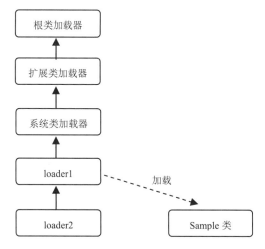

图 10-4 类加载器的父亲委托机制

如果 Sample 类还没有被加载，loader2 首先请求 loader1 代为加载，loader1 再请求系统类加载器代为加载，系统类加载器再请求扩展类加载器代为加载，扩展类加载器再请求根类加载器代为加载。若根类加载器和扩展类加载器都不能加载，则系统类加载器尝试加载，若能加载成功，则将 Sample 类所对应的 Class 对象的引用返回给 loader1，loader1 再将引用返回给 loader2，从而成功地将 Sample 类加载进虚拟机。若系统类加载器不能加载 Sample 类，则 loader1 尝试加载 Sample 类，若 loader1 也不能成功加载，则 loader2 尝试加载。若所有的父加载器及 loader2 本身都不能加载，则抛出 ClassNotFoundException 异常。

若有一个类加载器能成功加载 Sample 类，那么这个类加载器被称为定义类加载器，所有能成功返回 Class 对象的引用类加载器（包括定义类加载器）被称为初始类加载器。在图 10-4 中，假设 loader1 实际加载了 Sample 类，则 loader1 为 Sample 类的定义类加载器，loader2 和 loader1 为 Sample 类的初始类加载器。

需要指出的是，加载器之间的父子关系实际上指的是加载器对象之间的包装关系，而不是类之间的继承关系。一对父子加载器可能是同一个加载器类的两个实例，也可能不是。在子加载器对象中包装了一个父加载器对象。例如，以下 loader1 和 loader2 都是 MyClassLoader 类的实例，并且 loader2 包装了 loader1，loader1 是 loader2 的父加载器：

```
ClassLoader loader1 = new MyClassLoader();
//参数 loader1 将作为 loader2 的父加载器
ClassLoader loader2 = new MyClassLoader (loader1);
```

父亲委托机制的优点是能提供软件系统的安全性。因为在此机制下，用户自定义的类加载器不可能加载应该由父加载器加载的可靠类，从而防止不可靠甚至恶意的代码代替由父加载器加载的可靠代码。例如，java.lang.Object 类总是由根类加载器加载的，其他任何用户自定义的类加载器都不可能加载包含有恶意代码的 java.lang.Object 类。

1．命名空间

每个类加载器有自己的命名空间，命名空间由该加载器及所有父加载器所加载的类组成。在同一个命名空间中，不会出现类的完整名字（包括类的包名）相同的两个类。在不同的命名空间中，有可能会出现类的完整名字（包括类的包名）相同的两个类。本章第 10.3.2 节（创建用户自定义的类加载器）还会结合具体的例子，进一步介绍命名空间的特性。

Tips
在同一个命名空间中，允许出现类名相同，但包名不同的两个类，例如，允许 org.abc.Sample 类和 com.edf.Sample 类并存。

2．运行时包

由同一类加载器加载的属于相同包的类组成了运行时包，决定两个类是不是属于同一个运行时包，不仅要看它们的包名是否相同，还要看定义类加载器是否相同。只有属于同一运行时包的类才能互相访问包可见（即默认访问级别）的类和类成员。这样的限制能避免用户自定义的类冒充核心类库的类，去访问核心类库的包可见成员。假设用户自己定义了一个类 java.lang.Spy，并由用户自定义的类加载器加载，由于 java.lang.Spy 和核心类库 java.lang.*由不同的加载器加载，它们属于不同的运行时包，所以 java.lang.Spy 不能访问核心类库 java.lang 包中的包可见成员。

10.3.2 创建用户自定义的类加载器

要创建用户自己的类加载器，只需扩展 java.lang.ClassLoader 类，然后覆盖它的 findClass(String name)方法，该方法根据参数指定的类的名字，返回对应的 Class 对象的引用。

例程 10-5 是用户自定义的类加载器 MyClassLoader 类的源程序，它会从 path 属性指定的文件目录中加载.class 文件。它的私有方法 loadClassData(String name)能根据参数指定的类的名字，把相应的.class 文件中的二进制数据读入到内存中，并且以字节数组的形式返回。

例程 10-5　MyClassLoader.java

```java
import java.io.ByteArrayOutputStream;
import java.io.File;
import java.io.FileInputStream;
import java.io.IOException;

public class MyClassLoader extends ClassLoader{
  //给类加载器指定一个名字，在本例中是为了便于区分不同的加载器对象
  private String name;
  private String path = "d:\\";
  private final String fileType = ".class";

  public MyClassLoader(String name){
    super();
    this.name=name;
  }

  public MyClassLoader(ClassLoader parent,String name){
    super(parent);
    this.name=name;
  }

  public String toString(){return name;}

  public void setPath(String path){this.path=path;}
  public String getPath(){return path;}

  protected Class findClass(String name)throws ClassNotFoundException{
    byte[] data = loadClassData(name);
    return defineClass(name, data, 0, data.length);
  }

  /** 把类的二进制数据读入到内存中 */
  private byte[] loadClassData(String name)throws ClassNotFoundException{
    FileInputStream fis = null;
    byte[] data = null;
    ByteArrayOutputStream baos=null;
    try{
      //把 name 字符串中的"."替换为"\"，从而把类中的包名转变为路径名
      //例如，如果 name 原来为"com.abc.Sample"，那么将被转变为"com\abc\Sample"
      name=name.replaceAll("\\.","\\\\");
```

```java
            fis = new FileInputStream(new File(path + name + fileType));
            baos = new ByteArrayOutputStream();
            int ch = 0;
            while ((ch = fis.read()) != -1){
               baos.write(ch);
            }
            data = baos.toByteArray();

            fis.close();
            baos.close();
        }catch (IOException e){
            throw new ClassNotFoundException("Class is not found:"+name,e); //异常转译
        }
        return data;
    }

    public static void main(String[] args) throws Exception{
        MyClassLoader loader1 = new MyClassLoader("loader1");
        loader1.setPath("D:\\myapp\\serverlib\\");
        MyClassLoader loader2 = new MyClassLoader(loader1, "loader2");
        loader2.setPath("D:\\myapp\\clientlib\\");
        MyClassLoader loader3 = new MyClassLoader(null, "loader3");
        loader3.setPath("D:\\myapp\\otherlib\\");

        test(loader2);
        test(loader3);
    }

    public static void test(ClassLoader loader)throws Exception{
        Class objClass = loader.loadClass("Sample");
        Object obj=objClass.newInstance(); //创建一个 Sample 类的实例
    }
}
```

> **Tips**
> 以上 MyClassLoader 类仅仅是一种简单的类加载器的实现方式。在 JDK 的 java.net 包中,提供了一个功能比较强大的 URLClassLoader 类,它扩展了 ClassLoader 类,参见本章第 10.3.3 节(URLClassLoader 类)。

在 MyClassLoader 类的 main()方法中,loader1 加载器由 MyClassLoader 类的默认构造方法创建,它的父加载器为系统类加载器。在创建 loader2 加载器时,在构造方法中显式地指定父加载器为 loader1。在创建 loader3 加载器时,在构造方法中显式地指定父加载器为"null",即根类加载器。这些加载器之间的关系如图 10-5 所示。loader1、loader2 和 loader3 加载器分别从 D:\myapp\serverlib、D:\myapp\clientlib 和 D:\myapp\otherlib 目录下加载类。

第10章 类的生命周期

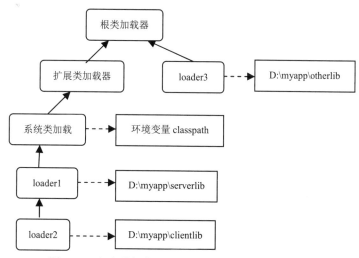

图 10-5 各个类加载器的父子关系及加载路径

MyClassLoader 类的 test() 方法用来测试类加载器的用法,它调用 ClassLoader 类的 loadClass() 方法加载 Sample 类:

```
Class objClass = loader.loadClass("Sample");   //加载 Sample 类
```

例程 10-6 是 Sample 类的源程序。

例程 10-6 Sample.java

```
public class Sample {
  public int v1=1;
  public Sample(){
    System.out.println("Sample is loaded by "+this.getClass().getClassLoader());
    new Dog();   //主动使用 Dog 类
  }
}
```

在 Sample 类中还会使用 Dog 类,例程 10-7 是它的源程序。

例程 10-7 Dog.java

```
public class Dog {
  public Dog(){
    System.out.println("Dog is loaded by "+this.getClass().getClassLoader());
  }
}
```

在运行 MyClassLoader 类的 main() 时,需要先在文件系统中创建如图 10-6 所示的目录结构。

把 MyClassLoader 类的 .class 文件复制到 D:\myapp\syslib 目录下,以它为 classpath,使得 MyClassLoader 类由系统类加载器加载。运行 MyClassLoader 类的命令为:

```
java -classpath D:\myapp\syslib   MyClassLoader
```

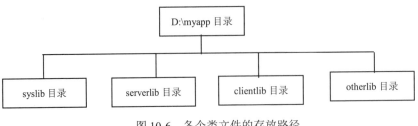

图 10-6 各个类文件的存放路径

接下来通过改变 Sample 类和 Dog 类的存放路径，或者修改源程序，来演示类加载器的种种特性。

（1）把 Sample.class 和 Dog.class 同时复制到 D:\myapp\serverlib 和 D:\myapp\otherlib 目录下。运行 MyClassLoader 类，打印结果为：

```
Sample is loaded by loader1
Dog is loaded by loader1
Sample is loaded by loader3
Dog is loaded by loader3
```

当执行 loader2.loadClass("Sample")时，先由它上层的所有父加载器尝试加载 Sample 类。loader1 从 D:\myapp\serverlib 目录下成功地加载了 Sample 类，因此 loader1 是 Sample 类的定义类加载器，loader1 和 loader2 是 Sample 类的初始类加载器。

当执行 loader3.loadClass("Sample")时，先由它上层的所有父加载器尝试加载 Sample 类。loader3 的父加载器为根类加载器，它无法加载 Sample 类，接着 loader3 从 D:\myapp\otherlib 目录下成功地加载了 Sample 类，因此 loader3 是 Sample 类的定义类加载器及初始类加载器。

从这个例子还可以看出，在 loader1 和 loader3 各自的命名空间中，都存在 Sample 类和 Dog 类。也就是说，在 Java 虚拟机的方法区内，有两个 Sample 类和两个 Dog 类的二进制数据结构，如图 10-7 所示。

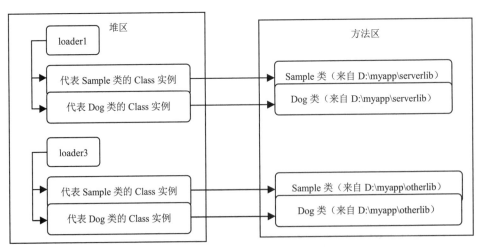

图 10-7 在 loader1 和 loader3 各自的命名空间中，都存在 Sample 类和 Dog 类

第 10 章 类的生命周期

> **Tips**
> 如果把 Sample.class 和 Dog.class 同时复制到 D:\myapp\serverlib 和 D:\myapp\clientlib 目录下，执行 loader2.loadClass("Sample")，Sample 类仍然由 loader1 加载。

（2）在 Sample 类中主动使用了 Dog 类，当执行 Sample 类的构造方法中的 new Dog() 语句时，Java 虚拟机需要先加载 Dog 类，到底用哪个类加载器加载呢？从步骤（1）的打印结果可以看出，加载 Sample 类的 loader1 还加载了 Dog 类，Java 虚拟机会用 Sample 类的定义类加载器去加载 Dog 类，加载过程也同样采用父亲委托机制。为了验证这一点，可以把 D:\myapp\serverlib 目录下的 Dog.class 文件删除，然后在 D:\myapp\syslib 目录下存放一个 Dog.class 文件，此时程序的打印结果为：

```
Sample is loaded by loader1
Dog is loaded by sun.misc.Launcher$AppClassLoader@1d6096
Sample is loaded by loader3
Dog is loaded by loader3
```

由此可见，当由 loader1 加载的 Sample 类首次主动使用 Dog 类时，Dog 类由系统类加载器加载。如果把 D:\myapp\serverlib 和 D:\myapp\syslib 目录下的 Dog.class 文件都删除，然后在 D:\myapp\clientlib 目录下存放一个 Dog.class 文件，此时的目录结构如图 10-8 所示。当由 loader1 加载的 Sample 类首次主动使用 Dog 类时，由于 loader1 以及它的父加载器都无法加载 Dog 类，因此 test(loader2) 方法会抛出 ClassNotFoundException。

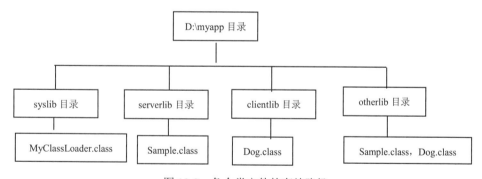

图 10-8　各个类文件的存放路径

（3）不同类加载器的命名空间存在以下关系：
- 同一个命名空间内的类是相互可见的。
- 子加载器的命名空间包含所有父加载器的命名空间。因此由子加载器加载的类能看见父加载器加载的类。例如，系统类加载器加载的类能看见根类加载器加载的类。
- 由父加载器加载的类不能看见子加载器加载的类。
- 如果两个加载器之间没有直接或间接的父子关系，那么它们各自加载的类相互不可见。

所谓类 A 能看见类 B，就是指在类 A 的程序代码中可以引用类 B 的名字，例如：

```
class A{
  B b=new B();
}
```

下面把 Sample.class 和 Dog.class 仅仅复制到 D:\myapp\serverlib 目录下，然后把 MyClassLoader 类的 main()方法替换为例程 10-8 的代码：

例程 10-8　MyClassLoader 类的 main()方法

```
public static void main(String args[])throws Exception{
    MyClassLoader loader1 = new MyClassLoader("loader1");
    loader1.setPath("D:\\myapp\\serverlib\\");

    Class objClass = loader1.loadClass("Sample");
    Object obj=objClass.newInstance();  //创建一个 Sample 类的实例
    Sample sample=(Sample)obj;    //抛出 NoClassDefFoundError 错误
    System.out.println(sample.v1);
}
```

运行以上 main()方法时会抛出异常，打印结果如下：

```
Sample is loaded by loader1
Dog is loaded by loader1
Exception in thread "main" java.lang.NoClassDefFoundError: Sample
```

MyClassLoader 类由系统类加载器加载，而 Sample 类由 loader1 类加载，因此 MyClassLoader 类看不见 Sample 类。在 MyClassLoader 类的 main()方法中使用 Sample 类，会导致 NoClassDefFoundError 错误。

当两个不同命名空间内的类相互不可见时，可采用 Java 反射机制来访问对方实例的属性和方法。把 MyClassLoader 类的 main()方法替换为如下代码：

```
public static void main(String[] args) throws Exception{
    MyClassLoader loader1 = new MyClassLoader("loader1");
    loader1.setPath("D:\\myapp\\serverlib\\");

    Class objClass = loader1.loadClass("Sample");
    Object obj=objClass.newInstance(); //创建一个 Sample 类的实例

    //提示：Field 类来自于 java.lang.reflect 包，
    //因此必须在 MyClassLoader 类中用 import 语句将这个包引入
    Field f = objClass.getField("v1");   //运用 Java 反射机制
    int v1 = f.getInt(obj);
    System.out.println("v1="+v1);
}
```

程序就会正常运行，打印结果为：

```
Sample is loaded by loader1
Dog is loaded by loader1
v1=1
```

如果把 D:\myapp\serverlib 目录下的 Sample.class 和 Dog.class 删除，再把这两个文

件复制到 D:\myapp\syslib 目录下,再运行例程 10-8 的 main()方法,也能正常运行。此时 MyClassLoader 类和 Sample 类都由系统类加载器加载,由于它们位于同一个命名空间内,因此相互可见。

10.3.3 URLClassLoader 类

在 JDK 的 java.net 包中,提供了一个功能比较强大的 URLClassLoader 类,它扩展了 ClassLoader 类。它不仅能从本地文件系统中加载类,还可以从网上下载类。Java 程序可直接用 URLClassLoader 类作为用户自定义的类加载器。URLClassLoader 类提供了以下形式的构造方法:

```
URLClassLoader(URL[] urls)           //父加载器为系统类加载器
URLClassLoader(URL[] urls, ClassLoader parent)   //parent 参数指定父加载器
```

以上构造方法中的参数 urls 用来存放所有的 URL 路径,URLClassLoader 将从这些路径中加载类。

例程 10-9(Tester.java)演示了 URLClassLoader 类的用法。在 www.javathinker.net 网站的以下 URL 路径中,已经存放了 Sample.class 和 Dog.class 类文件:

```
http://www.javathinker.net/book/classes/
```

例程 10-9 的 Tester.java 将从以上 URL 路径中加载 Sample 类和 Dog 类:

例程 10-9 Tester.java

```java
import java.net.URLClassLoader;
import java.net.URL;

public class Tester {
  public static void main(String[] args)throws Exception {
    URL url=new URL("http://www.javathinker.net/book/classes/");
    URLClassLoader loader=new URLClassLoader(new URL[]{url}); //父加载器为系统类加载器
    Class objClass = loader.loadClass("Sample");
    Object obj=objClass.newInstance();
  }
}
```

以上程序的打印结果如下:

```
Sample is loaded by java.net.URLClassLoader@5d87b2
Dog is loaded by java.net.URLClassLoader@5d87b2
```

运行以上程序,要确保 Tester 类文件所在的 classpath 目录下没有 Sample 类文件和 Dog 类文件,否则,将会由 URLClassLoader 类的父加载器——系统类加载器来加载 Sample 类和 Dog 类。

10.4 类的卸载

当 Sample 类被加载、连接和初始化后，它的生命周期就开始了。当代表 Sample 类的 Class 对象不再被引用，即不可触及时，那么 Class 对象就会结束生命周期，Sample 类在方法区内的数据也会被卸载，从而结束 Sample 类的生命周期。由此可见，一个类何时结束生命周期，取决于代表它的 Class 对象何时结束生命周期。如果读者不熟悉 Java 对象的生命周期的开始与结束过程，建议先阅读第 11 章（对象的生命周期）的内容后，再来回顾本节的内容。

由 Java 虚拟机自带的类加载器所加载的类，在虚拟机的生命周期中，始终不会被卸载。前面已经介绍过，Java 虚拟机自带的类加载器包括根类加载器、扩展类加载器和系统类加载器。Java 虚拟机本身会始终引用这些类加载器，而这些类加载器则会始终引用它们所加载的类的 Class 对象，因此这些 Class 对象始终是可触及的。

由用户自定义的类加载器所加载的类是可以被卸载的。下面还是以本章 10.3.2 节（创建用户自定义的类加载器）的 MyClassLoader 类为例，介绍 Sample 类被卸载的时机。

把 Sample.class 和 Dog.class 复制到 D:\myapp\serverlib 目录下，然后把 MyClassLoader 类的 main()方法替换为如下代码：

```
public static void main(String[] args) throws Exception{
    MyClassLoader loader1 = new MyClassLoader("loader1"); //①
    loader1.setPath("D:\\myapp\\serverlib\\");   //②

    Class objClass = loader1.loadClass("Sample");   //③
    System.out.println("objClass's hashCode is "+objClass.hashCode()); //④
    Object obj=objClass.newInstance();   //⑤

    loader1=null;  //⑥
    objClass=null;   //⑦
    obj=null;  //⑧

    loader1 = new MyClassLoader("loader1"); //⑨
    objClass = loader1.loadClass("Sample"); //⑩
    System.out.println("objClass's hashCode is "+objClass.hashCode());
}
```

运行以上程序时，Sample 类由 loader1 加载。在类加载器的内部实现中，用一个 Java 集合来存放所加载类的引用。另一方面，一个 Class 对象总是会引用它的类加载器，调用 Class 对象的 getClassLoader()方法，就能获得它的类加载器。由此可见，代表 Sample 类的 Class 实例与 loader1 之间为双向关联关系。

一个类的实例总是引用代表这个类的 Class 对象。在 Object 类中定义了 getClass() 方法，这个方法返回代表对象所属类的 Class 对象的引用。此外，所有的 Java 类都有一个静态属性 class，它引用代表这个类的 Class 对象，例如：

```
Class c1=Sample.class;     //c1 引用代表 Sample 类的 Class 对象
Class c2=new Sample().getClass();   // c2 引用代表 Sample 类的 Class 对象
Class c3=Class.forName("Sample");   // c3 引用代表 Sample 类的 Class 对象
System.out.println(c1==c2);  //打印 true
System.out.println(c1==c3);  //打印 true
```

当程序执行完第⑤步时，引用变量与对象之间的引用关系，如图 10-9 所示。

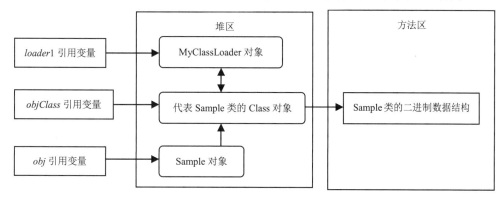

图 10-9　引用变量与对象之间的引用关系

从图 10-9 可以看出，*loader*1 变量和 *obj* 变量间接引用代表 Sample 类的 Class 对象，而 *objClass* 变量则直接引用它。

当程序执行完第⑧步，所有的引用变量都置为 null，此时 Sample 对象结束生命周期，MyClassLoader 对象结束生命周期，代表 Sample 类的 Class 对象也结束生命周期，Sample 类在方法区内的二进制数据被卸载。

当程序执行完第⑩步，Sample 类又重新被加载，在 Java 虚拟机的堆区会生成一个新的代表 Sample 类的 Class 实例。

以上程序的打印结果如下：

```
objClass's hashCode is 7434986
Sample is loaded by loader1
Dog is loaded by loader1
objClass's hashCode is 4923951
```

从以上打印结果可以看出，程序两次打印 *objClass* 变量引用的 Class 对象的哈希码，得到的数值不同，因此 *objClass* 变量两次引用不同的 Class 对象，可见在 Java 虚拟机的生命周期中，对 Sample 类先后加载了两次。

10.5　小结

类的生命周期从类被加载、连接和初始化开始，到被卸载结束。只有当类处于生命周期中时，程序才能使用这个类，比如访问它的静态成员，或者创建它的实例。

加载过程负责把类的二进制数据读入到 Java 虚拟机的方法区，并且在堆区内创建一个描述这个类的 Class 对象。连接过程负责验证类的二进制数据，为静态变量分配内存并且初始化为默认值,把字节码流中的符号引用替换为直接引用。初始化过程负责执行类的初始化语句,为静态变量赋予初始值。

只有当程序首次主动使用一个类时,Java 虚拟机才会对它初始化,假如类的父类还没有初始化,那么会先初始化父类。只有 6 种活动被看作是对类的主动使用:创建类的实例、调用类的静态方法、使用某个类或接口的的静态变量(不包括编译时常量)、调用 Java API 中某些反射方法、初始化一个类的子类,以及把一个类标明为启动类。

类的加载是由类加载器完成的。类的加载采用父亲委托机制,它能增强 Java 平台的安全,防止用户自定义的加载器加载非法类,去冒充本该由父加载器加载的合法类。每个类加载器都有各自的命名空间,Java 虚拟机对不同命名空间中的类的相互可见性做了限制,从而保证不同命名空间中的类即使出现完整名字相同的情况,也不会发生冲突。此外,为了禁止用户自定义的类访问核心类库中的包可见(即默认访问级别)的成员,Java 虚拟机还引入了运行时包的机制,通过它来增强对包可见成员的保护。

对于普通的应用程序,只需要由系统类加载器从 classpath 中加载用户的 Java 类,用户一般不需要定制自己的类加载器。对于那些允许用户动态发布应用的服务器程序(比如 Tomcat 服务器允许用户发布自己的 JavaWeb 应用),则往往需要创建多个类加载器,从而为服务器程序本身的类库及用户发布的应用的类库提供不同的命名空间,并且便于管理这些类库的.class 文件的存放路径。

10.6 思考题

1. 类的初始化有哪些时机?
2. 类的加载采用父亲委托机制,它有什么优点?
3. 类在什么情况下被卸载?
4. 什么叫运行时包?它有什么优点?
5. 对于以下代码,运行"java Sample",将得到什么打印结果?

```
public class Sample{
    static int a=1;
    static{ a=2; }
    static{ a=4; }
    public static void main(String args[]){
        a++;
        System.out.println("a="+a);
    }
}
```

第 11 章 对象的生命周期

在 Java 虚拟机管辖的运行时数据区,最活跃的就是位于堆区的对象。在 Java 虚拟机的生命周期中,一个个对象被陆陆续续地创建,又一个个被销毁。在对象生命周期的开始阶段,需要为对象分配内存,并且初始化它的实例变量。当程序不再使用某个对象时,那么它就会结束生命周期,它的内存可以被 Java 虚拟机的垃圾回收器回收。

11.1 创建对象的方式

在 Java 程序中,对象可以被显式地或者隐含地创建,创建一个对象就是指构造一个类的实例,前提条件是这个类已经被初始化,第 10 章(类的生命周期)已经对此做了详细介绍。

有 4 种显式地创建对象的方式:

(1)用 new 语句创建对象,这是最常用的创建对象的方式。

(2)运用反射手段,调用 java.lang.Class 或者 java.lang.reflect.Constructor 类的 newInstance()实例方法。

(3)调用对象的 clone()方法。

(4)运用反序列化手段,调用 java.io.ObjectInputStream 对象的 readObject()方法,参见第 18 章的 18.12 节(对象的序列化与反序列化)。

例程 11-1(Customer.java)演示了用前面 3 种方式创建对象的过程。

例程 11-1 Customer.java

```
public class Customer implements Cloneable{
  private String name;
  private int age;

  public Customer(){
    this("unknown",0);
    System.out.println("call default constructor");
  }

  public Customer(String name,int age){
    this.name=name;
    this.age=age;
    System.out.println("call second constructor");
  }

  public Object clone()throws CloneNotSupportedException{return super.clone();}

  public boolean equals(Object o){
    if(this==o)return true;
```

```java
    if(! (o instanceof Customer)) return false;
    final Customer other=(Customer)o;

    if(this.name.equals(other.name) && this.age==other.age)
       return true;
    else
       return false;
}

public String toString(){return "name="+name+",age="+age;}

public static void main(String args[])throws Exception{
    //运用反射手段创建 Customer 对象
    Class objClass=Class.forName("Customer");
    Customer c1=(Customer)objClass.newInstance();   //会调用 Customer 类的默认构造方法
    System.out.println("c1: "+c1);   //打印 name=unknown,age=0

    //用 new 语句创建 Customer 对象
    Customer c2=new Customer("Tom",20);
    System.out.println("c2: "+c2);   //打印 name=tom,age=20

    //运用克隆手段创建 Customer 对象
    Customer c3=(Customer)c2.clone();   //不会调用 Customer 类的构造方法
    System.out.println("c2==c3 : "+(c2==c3));   //打印 false
    System.out.println("c2.equals(c3) : "+c2.equals(c3));   //打印 true
    System.out.println("c3: "+c3);   //打印 name=tom,age=20
  }
}
```

以上程序的打印结果如下：

```
call second constructor
call default constructor
c1: name=unknown,age=0
call second constructor
c2: name=Tom,age=20
c2==c3 : false
c2.equals(c3) : true
c3: name=Tom,age=20
```

从以上打印结果看出，用 new 语句或 Class 对象的 newInstance()方法创建 Customer 对象时，都会执行 Customer 类的构造方法，而用对象的 clone()方法创建 Customer 对象时，不会执行 Customer 类的构造方法。在 Object 类中定义了 clone()方法，它的定义如下：

```
protected Object clone() throws CloneNotSupportedException{
    if (!(this instanceof Cloneable)) throw new CloneNotSupportedException();
    …
}
```

Object 类的 clone()方法具有以下特点：

（1）声明为 protected 类型，Object 的子类如果希望对外公开 clone()方法，必须扩大访问权限，例如，在以上 Customer 类中，把 clone()方法的访问级别改为 public。

（2）如果 Java 类没有实现 Cloneable 接口，那么 clone()方法会抛出

CloneNotSupportedException 异常。Object 的子类如果允许客户程序调用其 clone()方法，那么这个类必须实现 Cloneable 接口。

（3）Object 类在 clone()方法的实现中会创建一个复制的对象，这个对象与原来的对象具有不同的内存地址，不过它们的属性值相同。在本例中，c3 由 c2 克隆而成，它们的内存地址不一样，但属性值相同。

除了以上 4 种显式地创建对象的方式，在程序中还可以隐含地创建对象，包括以下几种情况：

（1）对于 java 命令中的每个命令行参数，Java 虚拟机会创建相应的 String 对象，并把它们组织到一个 String 数组中，再把它作为参数传给程序入口 main(String args[])方法。

（2）程序代码中的 String 类型的直接数对应一个 String 对象，例如：

```
String s1="Hello";
String s2="Hello";   //s2 和 s1 引用同一个 String 对象
String s3=new String("Hello");
System.out.println(s1==s2);   //打印 true
System.out.println(s1==s3);   //打印 false
```

执行完以上程序，内存中实际上只有两个 String 对象，一个是直接数，由 Java 虚拟机隐含地创建，还有一个通过 new 语句显式地创建。

（3）字符串操作符"+"的运算结果为一个新的 String 对象。例如：

```
String s1="H";
String s2="ello";
String s3=s1+s2;   //s3 引用一个新的 String 对象
System.out.println(s3=="Hello");   //打印 false
System.out.println(s3.equals("Hello"));   //打印 true
```

（4）当 Java 虚拟机加载一个类时，会隐含地创建描述这个类的 Class 实例，参见第 10 章的 10.2.1 节（类的加载）。

不管采取哪种方式创建对象，Java 虚拟机创建一个对象都包含以下步骤：

步骤

（1）给对象分配内存。
（2）将对象的实例变量自动初始化为其变量类型的默认值。
（3）初始化对象。在初始化过程中主要负责给实例变量赋予正确的初始值。

对于第（3）步，Java 虚拟机可采用 3 种方式来初始化对象，到底采用何种初始化方式取决于创建对象的方式：

- 如果对象是通过 clone()方法创建的，那么 Java 虚拟机把原来被克隆对象的实例变量的值复制到新对象中。
- 如果对象是通过 ObjectInputStream 类的 readObject()方法创建的，那么 Java 虚拟机通过从输入流中读入的序列化数据来初始化那些非暂时性（non-transient）的实例变量。
- 在其他情况下，如果实例变量在声明时被显式地初始化，那就把初始化值赋给实例变量，接着再执行构造方法。这是最常见的初始化对象的方式。

11.2 构造方法

从上一节可以看出，在多数情况下，初始化对象的最终步骤是去调用这个对象的构造方法。构造方法负责对象的初始化工作，为实例变量赋予合适的初始值。构造方法必须满足以下语法规则：
- 方法名必须与类名相同。
- 不要声明返回类型。
- 不能被 static、final、synchronized、abstract 和 native 修饰。构造方法不能被子类继承，所以用 final 和 abstract 修饰没有意义。构造方法用于初始化一个新建的对象，所以用 static 修饰没有意义。多个线程不会同时创建内存地址相同的同一个对象，因此没有必要用 synchronized 修饰。此外，Java 语言不支持 native 类型的构造方法。

在以下 Sample 类中，具有 int 返回类型的 Sample(int x)方法只是个普通的实例方法，不能作为构造方法：

```
public class Sample {
  private int x;
  public Sample() {        // 不带参数的构造方法
    this(1);
  }
  public Sample(int x) {    //带参数的构造方法
    this.x=x;
  }
  public int Sample(int x) {    //不是构造方法
    return x++;
  }
}
```

以上例子尽管能编译通过，但是实例方法和构造方法同名，不是好的编程习惯，容易引起混淆。例如，以下 Mystery 类的 Mystery()方法有 void 返回类型，因此是普通的实例方法：

```
public class Mystery {
  private String s;
  public void Mystery() {    //不是构造方法
    s = "constructor";
  }
  void go() {
    System.out.println(s);
  }
  public static void main(String[] args) {
    Mystery m = new Mystery();
    m.go();
  }
}
```

以上程序的打印结果为 null。因为用 new 语句创建 Mystery 实例时，调用的是 Mystery 类的默认构造方法，而不是以上有 void 返回类型的 Mystery()方法。关于默认构造方法的概念，参见本章第 11.2.2 节（默认构造方法）。

11.2.1 重载构造方法

当通过 new 语句创建一个对象时，在不同的条件下，对象可能会有不同的初始化行为。例如，对于公司新进来的一个雇员，在开始的时候，有可能他的姓名和年龄是未知的，也有可能仅仅他的姓名是已知的，也有可能姓名和年龄都是已知的。如果姓名是未知的，就暂且把姓名设为"无名氏"，如果年龄是未知的，就暂且把年龄设为-1。

可通过重载构造方法来表达对象的多种初始化行为。例程 11-2 的 Employee 类的构造方法有 3 种重载形式。在一个类的多个构造方法中，可能会出现一些重复操作。为了提高代码的可重用性，Java 语言允许在一个构造方法中，用 this 语句来调用另一个构造方法。

例程 11-2　Employee.java

```java
public class Employee {
    private String name;
    private int age;

    /** 当雇员的姓名和年龄都已知时，就调用此构造方法 */
    public Employee(String name, int age) {
        this.name = name;
        this.age=age;
    }

    /** 当雇员的姓名已知而年龄未知时，就调用此构造方法 */
    public Employee(String name) {
        this(name, -1);  //调用 Employee(String name, int age)构造方法
    }

    /** 当雇员的姓名和年龄都未知时，就调用此构造方法 */
    public Employee() {
        this( "无名氏" );   //调用 Employee(String name)构造方法
    }
    public void setName(String name){this.name=name; }
    public String getName(){return name; }
    public void setAge(int age){this.age=age;}
    public int getAge(){return age;}
}
```

以下程序分别通过 3 个构造方法创建了 3 个 Employee 对象：

```java
Employee zhangsan=new Employee("张三",25);
Employee lisi=new Employee("李四");
Employee someone=new Employee();
```

在 Employee(String name)构造方法中，this(name,-1)语句用于调用 Employee(String name,int age)构造方法。在 Employee()构造方法中，this("无名氏")语句用于调用

Employee(String name)构造方法。

用 this 语句来调用其他构造方法时,必须遵守以下语法规则:

(1) 假如在一个构造方法中使用了 this 语句,那么它必须作为构造方法的第一条语句(不考虑注释语句)。以下构造方法是非法的:

```
public Employee(){
    String name="无名氏";
    this(name);   //编译错误,this 语句必须作为第一条语句
}
```

(2) 只能在一个构造方法中用 this 语句来调用类的其他构造方法,而不能在实例方法中用 this 语句来调用类的其他构造方法。

(3) 只能用 this 语句来调用其他构造方法,而不能通过方法名来直接调用构造方法。以下对构造方法的调用方式是非法的:

```
public Employee() {
    String name= "无名氏";
    Employee(name);    //编译错误,不能通过方法名来直接调用构造方法
}
```

11.2.2 默认构造方法

默认构造方法是没有参数的构造方法,可分为两种:(1)隐含的默认构造方法。(2)程序显式定义的默认构造方法。

在 Java 语言中,每个类至少有一个构造方法。为了保证这一点,如果用户定义的类中没有提供任何构造方法,那么 Java 语言将自动提供一个隐含的默认构造方法。该构造方法没有参数,用 public 修饰,而且方法体为空,格式如下:

```
public ClassName(){}   //隐含的默认构造方法
```

在程序中也可以显式地定义默认构造方法,它可以是任意的访问级别。例如:

```
protected Employee() {   //程序显式定义的默认构造方法
    this("无名氏");
}
```

如果类中显式定义了一个或多个构造方法,并且所有的构造方法都带参数,那么这个类就失去了默认构造方法。在以下程序中,Sample1 类有一个隐含的默认构造方法,Sample2 类没有默认构造方法,Sample3 类有一个显式定义的默认构造方法:

```
public class Sample1{}        //有一个隐含的默认构造方法
public class Sample2{         //没有默认构造方法
    public Sample2(int a){System.out.println("My Constructor");}
}

public class Sample3{         //有一个显式定义的默认构造方法
    public Sample3(){System.out.println("My Default Constructor");}
}
```

可以调用 Sample1 类的默认构造方法来创建 Sample1 对象:

```
Sample1 s=new Sample1();    //合法
```
Sample2 类没有默认构造方法，因此以下语句会导致编译错误：
```
Sample2 s=new Sample2();    //编译出错
```
Sample3 类显式定义了默认构造方法，因此以下语句是合法的。
```
Sample3 s=new Sample3();
```

11.2.3 子类调用父类的构造方法

父类的构造方法不能被子类继承。以下 MyException 类继承了 java.lang.Exception 类：
```
public class MyException extends Exception{}    //MyException 类只有一个隐含的默认构造方法
```
尽管在 Exception 类中定义了如下形式的构造方法：
```
public Exception(String msg)
```
但 MyException 类不会继承以上 Exception 类的构造方法，因此以下代码是不合法的：
```
//编译出错，MyException 类不存在这样的构造方法
Exception e=new MyException("Something is error");
```
在子类的构造方法中，可以通过 super 语句调用父类的构造方法。例如：
```
public class MyException extends Exception{
  public MyException(){
    //调用 Exception 父类的 Exception(String msg)构造方法
    super("Something is error");
  }

  public MyException(String msg){
    //调用 Exception 父类的 Exception(String msg)构造方法
    super(msg);
  }
}
```
用 super 语句来调用父类的构造方法时，必须遵守以下语法规则：

（1）在子类的构造方法中，不能直接通过父类方法名调用父类的构造方法，而是要使用 super 语句，以下代码是非法的：
```
public MyException(String msg){
  Exception(msg);    //编译错误
}
```
（2）假如在子类的构造方法中有 super 语句，它必须作为构造方法的第一条语句，以下代码是非法的：
```
public MyException(){
  String msg= "Something wrong";
  super(msg);    //编译错误，super 语句必须作为构造方法的第一条语句
}
```

在创建子类的对象时，Java 虚拟机首先执行父类的构造方法，然后再执行子类的构造方法。在多级继承的情况下，将从继承树最上层的父类开始，依次执行各个类的构造方法，这可以保证子类对象从所有直接或间接父类中继承的实例变量都被正确地初始化。例如，以下 Base 父类和 Sub 子类分别有一个实例变量 a 和 b，当构造 Sub 实例时，这两个实例变量都会被初始化。

```java
public class Base{
    private int a;
    public Base(int a){ this.a=a;}    //初始化实例变量 a
    public int getA(){return a;}
}
public class Sub extends Base{
    private int b;
    //在 Base 类的构造方法中初始化实例变量 a, 在 Sub 子类的构造方法中初始化实例变量 b
    public Sub (int a,int b){super(a); this.b=b;}
    public int getB(){return b;}

    public static void main(String args[]){
        Sub sub=new Sub(1,2);
        System.out.println("a="+sub.getA()+" b="+sub.getB());   //打印 a=1 b=2
    }
}
```

在例程 11-3（Son.java）中，Son 类继承 Father 类，Father 类继承 Grandpa 类。这 3 个类都显式定义了默认的构造方法，此外还定义了一个带参数的构造方法。

例程 11-3   Son.java

```java
class Grandpa{
    protected Grandpa(){
        System.out.println("default Grandpa");
    }
    public Grandpa(String name){
        System.out.println(name);
    }
}

class Father extends Grandpa{
    protected Father(){
        System.out.println("default Father");
    }

    public Father(String grandpaName,String fatherName){
        super(grandpaName);
        System.out.println(fatherName);
    }
}

public class Son extends Father{
    public Son(){
        System.out.println("default Son");
    }
```

```
    public Son(String grandpaName,String fatherName,String sonName){
       super(grandpaName,fatherName);
       System.out.println(sonName);
    }

    public static void main(String args[]){
       Son s1= new Son("My Grandpa", "My Father", "My Son");   //①
       Son s2=new Son();   //②
    }
}
```

执行以上 main()方法的第①条语句，打印结果如下：

```
My Grandpa
My Father
My Son
```

此时构造方法的执行顺序如图 11-1 所示。

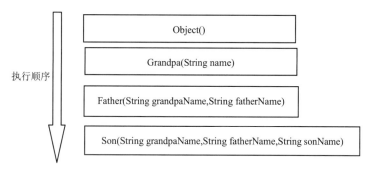

图 11-1　调用 Son 类的带参数的构造方法时所有构造方法的执行顺序

当子类的构造方法没有用 super 语句显式调用父类的构造方法时，那么通过这个构造方法创建子类对象时，Java 虚拟机会自动先调用父类的默认构造方法。

执行以上 Son 类的 main()方法的第②条语句，打印结果如下：

```
default Grandpa
default Father
default Son
```

此时构造方法的执行顺序如图 11-2 所示。

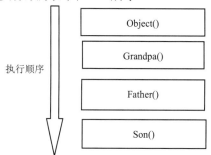

图 11-2　调用 Son 类的默认构造方法时所有构造方法的执行顺序

当子类的构造方法没有用 super 语句显式调用父类的构造方法时,而父类又没有提供默认构造方法时,将会出现编译错误。例如把例程 11-3 做适当修改,删除 Grandpa 类中显式定义的默认构造方法:

```
//  protected Grandpa(){
//    System.out.println("default GrandPa");
//  }
```

这样,Grandpa 类就失去了默认构造方法,这时,在编译 Father 类的默认构造方法时,因为找不到 Grandpa 类的默认构造方法而编译出错。如果把 Grandpa 类的默认构造方法的 protected 访问级别改为 private 访问级别,也会导致编译错误,因为 Father 类的默认构造方法无法访问 Grandpa 类的私有默认构造方法。

在以下例子中,子类 Sub 的默认构造方法没有通过 super 语句调用父类的构造方法,而是通过 this 语句调用了自身的另一个构造方法 Sub(int i),而在 Sub(int i)中通过 super 语句调用了父类 Base 的 Base(int i)构造方法。这样,无论是通过 Sub 类的哪个构造方法来创建 Sub 实例,都会先调用父类 Base 的 Base(int i)构造方法。

```
class Base{
  Base(int i){System.out.println("call Base(int i)");}
}
public class Sub extends Base{
  Sub(){this(0); System.out.println("call Sub()");}
  Sub(int i){super(i); System.out.println("call Sub(int i)");}

  public static void main(String args[]){
    Sub sub=new Sub();
  }
}
```

执行以上 Sub 类的 main()方法的 new Sub()语句,打印结果如下:

```
call Base(int i)
call Sub(int i)
call Sub()
```

此时构造方法的执行顺序如图 11-3 所示。

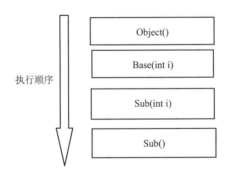

图 11-3 调用 Sub 类的默认构造方法时所有构造方法的执行顺序

在下面的例子中,Base 类中没有定义任何构造方法,它实际上有一个隐含的默认构造方法。Sub 类的 Sub(int i)构造方法没有用 super 语句显式调用父类的构造方法,因此当创建 Sub 实例时，会先调用 Base 父类的隐含默认构造方法。

```
class Base{}   //具有隐含默认构造方法 Base(){}
public class Sub extends Base{
  Sub(int i){System.out.println(i);}
  public static void main(String args[]){
    System.out.println(new Sub(1));   //打印 1
  }
}
```

11.2.4 构造方法的作用域

构造方法只能通过以下方式被调用：
- 当前类的其他构造方法通过 this 语句调用它。
- 当前类的子类的构造方法通过 super 语句调用它。
- 在程序中通过 new 语句调用它。

对于例程 11-4（Sub.java）的代码，请读者自己分析某些语句编译出错的原因。

例程 11-4 Sub.java

```
class Base{
  public Base(int i,int j){}
  public Base(int i){
    this(i,0);       //合法
    Base(i,0);       //编译出错，不能通过构造方法名来调用构造方法
  }
}

class Sub extends Base{
  public Sub(int i,int j){
    super(i,0);      //合法
  }

  void method1(int i,int j){
    this(i,j);       //编译出错，在实例方法中不能访问构造方法
    Sub(i,j);        //编译出错，在实例方法中不能访问构造方法
  }
  void method2(int i,int j){
    super(i,j);      //编译出错，在实例方法中不能访问父类的构造方法
  }
  void method3(int i,int j){
    Base s=new Base(0,0);   //合法
    s.Base(0,0);     //编译出错，不能访问实例的构造方法
  }
}
```

11.2.5 构造方法的访问级别

构造方法可以处于 public、protected、默认和 private 这 4 种访问级别之一。本节着重介绍构造方法处于 private 级别的意义。

当构造方法为 private 级别时，意味着只能在当前类中访问它：在当前类的其他构

造方法中可以通过 this 语句调用它，此外还可以在当前类的成员方法中通过 new 语句调用它。

在以下场合之一，可以把类的所有构造方法都声明为 private 类型。

（1）在这个类中仅仅包含一些供其他程序调用的静态方法，没有任何实例方法。其他程序无须创建该类的实例，就能访问类的静态方法。例如 java.lang.Math 类就符合这种情况，在 Math 类中提供了一系列用于数学运算的公共静态方法，为了禁止外部程序创建 Math 类的实例，Math 类的唯一的构造方法是 private 类型的：

```
private Math(){}
```

在第 7 章的 7.2 节（abstract 修饰符）提到过，abstract 类型的类也不允许实例化。也许你会问，把 Math 类定义为如下 abstract 类型，不是也能禁止 Math 类被实例化吗？

```
public abstract class Math{…}
```

如果一个类是抽象类，意味着它是专门用于被继承的类，可以拥有子类，而且可以创建具体子类的实例。而 JDK 并不希望用户创建 Math 类的子类，在这种情况下，把类的构造方法定义为 private 类型更合适。

（2）禁止这个类被继承。当一个类的所有构造方法都是 private 类型时，假如定义了它的子类，那么子类的构造方法无法调用父类的任何构造方法，因此会导致编译错误。在第 7 章的 7.3.1 节（final 类）提到过，把一个类声明为 final 类型，也能禁止这个类被继承。这两者的区别是：

- 如果一个类允许其他程序用 new 语句构造它的实例，但不允许拥有子类，那就把类声明为 final 类型。
- 如果一个类既不允许其他程序用 new 语句构造它的实例，又不允许拥有子类，那就把类的所有构造方法声明为 private 类型。

由于大多数类都允许其他程序用 new 语句构造它的实例，因此用 final 修饰符来禁止类被继承的做法更常见。

（3）这个类需要把构造自身实例的细节封装起来，不允许其他程序通过 new 语句创建这个类的实例，这个类向其他程序提供了获得自身实例的静态方法，这种方法称为静态工厂方法，本章第 11.3 节（静态工厂方法）对此做了进一步的介绍。

11.3　静态工厂方法

创建类的实例的最常见的方式是用 new 语句调用类的构造方法。在这种情况下，程序可以创建类的任意多个实例，每执行一条 new 语句，都会导致 Java 虚拟机的堆区中产生一个新的对象。假如类需要进一步封装创建自身实例的细节，并且控制自身实例的数目，那么可以提供静态工厂方法。

例如，Class 实例是 Java 虚拟机在加载一个类时自动创建的，程序无法用 new 语句创建 java.lang.Class 类的实例，因为 Class 类没有提供 public 类型的构造方法。为了使程序能获得代表某个类的 Class 实例，在 Class 类中提供了静态工厂方法 forName(String name)，它的使用方式如下：

```
Class c=Class.forName("Sample");   //返回代表 Sample 类的实例
```

静态工厂方法与用 new 语句调用的构造方法相比，有以下区别：

（1）构造方法的名字必须与类名相同，这一特性的优点是符合 Java 语言的规范，缺点是类的所有重载的构造方法的名字都相同，不能从名字上区分每个重载方法，容易引起混淆。

静态工厂方法的方法名可以是任意的，这一特性的优点是可以提高程序代码的可读性，在方法名中能体现与实例有关的信息。例如例程 11-5 的 Gender 类有两个静态工厂方法 getFemale()和 getMale()。

例程 11-5　Gender.java

```java
public class Gender{
  private String description;
  private static final Gender female=new Gender("女");
  private static final Gender male=new Gender("男");

  private Gender(String description){this.description=description;}

  public static Gender getFemale(){    //静态工厂方法
    return female;
  }

  public static Gender getMale(){    //静态工厂方法
    return male;
  }
  public String getDescription(){return description;}
}
```

这一特性的缺点是与其他的静态方法没有明显的区别，使用户难以识别类中到底哪些静态方法专门负责返回类的实例。为了减少这一缺点带来的负面影响，可以在为静态工厂方法命名时尽量遵守约定俗称的规范，当然这不是必须的。目前比较流行的规范是把静态工厂方法命名为 valueOf 或者 getInstance：

- valueOf：该方法返回的实例与它的参数具有同样的值。例如：

```
Integer a=Integer.valueOf(100);   //返回取值为 100 的 Integer 对象
```

从上面代码可以看出，valueOf()方法能执行类型转换操作，在本例中，把 int 类型的基本数据转换为 Integer 对象。

- getInstance：返回的实例与参数匹配，例如：

```
//返回符合中国标准的日历对象
Calendar cal=Calendar.getInstance(Locale.CHINA);
```

（2）每次执行 new 语句时，都会创建一个新的对象。而静态工厂方法每次被调用的时候，是否会创建一个新的对象完全取决于方法的实现。

（3）new 语句只能创建当前类的实例，而静态工厂方法可以返回当前类的子类的实例，这一特性可以在创建松耦合的系统接口时发挥作用，参见本章 11.3.5 节（松耦合的系统接口）。

静态工厂方法最主要的特点是：每次被调用的时候，不一定要创建一个新的对象。利用这一特点，静态工厂方法可用来创建以下类的实例：

- 单例（Singleton）类：只有唯一的实例的类。
- 枚举类：实例的数量有限的类。
- 具有实例缓存的类：能把已经创建的实例暂且存放在缓存中的类。
- 具有实例缓存的不可变类：不可变类的实例一旦创建，其属性值就不会被改变。

在下面几小节，将结合具体的例子，介绍静态工厂方法的用途。

11.3.1 单例类

单例（Singleton）类是指仅有一个实例的类。在系统中具有唯一性的组件可作为单例类，这种类的实例通常会占用较多的内存，或者实例的初始化过程比较冗长，因此随意创建这些类的实例会影响系统的性能。

> **Tips**
> 熟悉 Struts 和 Hibernate 软件的读者会发现，Struts 框架的 ActionServlet 类就是单例类，此外，Hibernate 的 SessionFactory 和 Configuration 类也是单例类。因为创建这些类的实例的开销很大，所以适宜作为单例类。

例程 11-6 的 GlobalConfig 类就是个单例类，它用来存放软件系统的配置信息。这些配置信息本来存放在配置文件中，在 GlobalConfig 类的构造方法中，会从配置文件中读取配置信息，把它存放在 properties 属性中。

例程 11-6 GlobalConfig.java

```
import java.io.InputStream;
import java.io.FileInputStream;
import java.io.IOException;
import java.util.Properties;

public class GlobalConfig {
  private static final GlobalConfig INSTANCE=new GlobalConfig();
  private Properties properties = new Properies();
  private GlobalConfig(){
    try{
      //加载配置信息
      InputStream in=getClass().getResourceAsStream("myapp.properties");
      properties.load(in);
      in.close();
    }catch(IOException e){throw new RuntimeException("加载配置信息失败");}
  }
  public static GlobalConfig getInstance(){   //静态工厂方法
    return INSTANCE;
  }
  public Properties getProperties() {
```

```
        return properties;
    }
}
```

实现单例类有两种方式：

（1）把构造方法定义为 private 类型，提供 public static final 类型的静态常量，该常量引用类的唯一的实例，例如：

```
public class GlobalConfig {
    public static final GlobalConfig INSTANCE =new GlobalConfig();
    private GlobalConfig() {…}
    …
}
```

这种方式的优点是实现起来比较简洁，而且根据类的成员的声明，能清楚地反映该类是单例类。

（2）把构造方法定义为 private 类型，提供 public static 类型的静态工厂方法，例如：

```
public class GlobalConfig {
    private static final GlobalConfig INSTANCE =new GlobalConfig();
    private GlobalConfig() {…}
    public static GlobalConfig getInstance(){return INSTANCE;}
    …
}
```

这种方式的优点是可以更灵活地决定如何创建类的实例，在不改变 GlobalConfig 类的接口的前提下，可以修改静态工厂方法 getInstance()的实现方式，比如把单例类改为针对每个线程分配一个实例，参见例程 11-7。

例程 11-7　GlobalConfig.java

```
package uselocal;
public class GlobalConfig {
    private static final ThreadLocal<GlobalConfig> threadConfig=
                                    new ThreadLocal<GlobalConfig>();
    private Properties properties = null;
    private GlobalConfig(){…}

    public static GlobalConfig getInstance(){
        GlobalConfig config=threadConfig.get();
        if(config==null){
            config=new GlobalConfig();
            threadConfig.set(config);
        }
        return config;
    }

    public Properties getProperties() {return properties; }
}
```

以上程序用到了 ThreadLocal 类，关于它的用法参见第 13 章的 13.14 节（ThreadLocal 类）。

11.3.2 枚举类

枚举类是指实例数目有限的类，比如，表示性别的 Gender 类，它只有两个实例：Gender.FEMALE 和 Gender.MALE，参见例程 11-8。在创建枚举类时，可以考虑采用以下设计模式：

- 把构造方法定义为 private 类型。
- 提供一些 public static final 类型的静态变量，每个静态变量引用类的一个实例。
- 如果需要的话，提供静态工厂方法，允许用户根据特定参数获得与之匹配的实例。

例程 11-8 是改进的 Gender 类的源程序，它采用了以上设计模式。

例程 11-8 Gender.java

```java
import java.io.Serializable;
import java.util.*;
public class Gender implements Serializable {
  private final Character sex;
  private final transient String description;

  public Character getSex() {
    return sex;
  }
  public String getDescription() {
    return description;
  }

  //实例缓存
  private static final Map<Character,Gender> instancesBySex =
              new HashMap<Character,Gender>();

  /**
   * 把构造方法声明为 private 类型，以便禁止外部程序创建 Gender 类的实例
   */
  private Gender(Character sex, String description) {
    this.sex = sex;
    this.description = description;
    instancesBySex.put(sex, this);
  }

  public static final Gender FEMALE =new Gender(new Character('F'), "Female");
  public static final Gender MALE =new Gender(new Character('M'), "Male");

  public static Collection getAllValues() {
    return Collections.unmodifiableCollection(instancesBySex.values());
  }

  /**
   * 按照参数指定的性别缩写查找 Gender 实例
   */
  public static Gender getInstance(Character sex) {
    Gender result = (Gender)instancesBySex.get(sex);
```

```java
      if(result == null) {
        throw new NoSuchElementException(sex.toString());
      }
      return result;
    }

    public String toString() {
      return description;
    }

    /**
     * 保证反序列化时直接返回 Gender 类包含的静态实例
     */
    private Object readResolve() {
      return getInstance(sex);
    }
  }
```

在例程 11-8 的 Gender 类中，定义了两个静态 Gender 类型的常量：FEMALE 和 MALE，它们被存放在 HashMap 中。Gender 类的 getInstance(Character sex)静态工厂方法根据参数返回匹配的 Gender 实例。在其他程序中，既可以通过 Gender.FEMALE 的形式访问 Gender 实例，也可以通过 Gender 类的 getInstance(Character sex)静态工厂方法来获得与参数匹配的 Gender 实例。

以下程序代码演示了 Gender 类的用法。

```java
public class Person{
  private String name;
  **private Gender gender;**
  public Person(String name,**Gender gender**){this.name=name;this.gender=gender;}

  //此处省略 name 和 gender 属性的相应的 public 类型的 get 和 set 方法
  …

  public static void main(String args[]){
    Person mary=new Person("Mary",**Gender.FEMALE**);
  }
}
```

也许你会问："用一个 int 类型的变量也能表示性别，比如用 0 表示女性，用 1 表示男性，这样不是会使程序更简洁吗？"在以下代码中，gender 变量被定义为 int 类型：

```java
public class Person{
  private String name;
  **private int gender;
  public static final int FEMALE=0;
  public static final int MALE=1;**

  public Person(String name,**int gender**){
    if(gender!=0 && gender!=1)throw new IllegalArgumentException("无效的性别");
    this.name=name;
    this.gender=gender;
  }
  //此处省略 name 和 gender 属性的相应的 public 类型的 get 和 set 方法
```

```
public static void main(String args[]){
    Person mary=new Person("Mary", FEMALE);
    Person tom=new Person("Tom",-1);   //运行时抛出 IllegalArgumentException
  }
}
```

在以上 Person 类的构造方法中，gender 参数为 int 类型，编程人员可以为 gender 参数传递任意整数值，如果传递的 gender 参数是无效的，那么 Java 编译器不会检查这种错误，只有到运行时才会抛出 IllegalArgumentException。

假如使用 Gender 枚举类，在 Person 类的构造方法中，gender 参数为 Gender 类型，编程人员只能把 Gender 类型的实例传给 gender 参数，否则就通不过 Java 编译器的类型检查。由此可见，枚举类能够提高程序的健壮性，减少程序代码出错的机会。

Tips
本书第 15 章的 15.13 节（枚举类型）还会介绍从 JDK5 开始引入的 java.lang.Enum 枚举类的用法。

假如枚举类支持序列化，那么必须提供 readResolve()方法，在该方法中调用静态工厂方法 getInstance(Character sex)来获得相应的实例，这可以避免在每次反序列化时，都创建一个新的实例。这条建议也同样适用于单例类。关于序列化和反序列化的概念参见第 18 章的 18.12 节（对象的序列化与反序列化）。

11.3.3 不可变（immutable）类与可变类

所谓不可变类，是指当创建了这个类的实例后，就不允许修改它的属性值。在 JDK 的基本类库中，所有基本类型的包装类，如 Integer 和 Long 类，都是不可变类，java.lang.String 也是不可变类。以下代码创建了一个 String 对象和 Integer 对象，它们的值分别为"Hello"和 10，在程序代码中无法再改变这两个对象的值，因为 Integer 和 String 类没有提供修改其属性值的方法：

```
String s=new String("Hello");
Integer i=new Integer(10);
```

用户在创建自己的不可变类时，可以考虑采用以下设计模式：
- 把属性定义为 private final 类型。
- 不对外公开用于修改属性的 setXXX()方法。
- 只对外公开用于读取属性的 getXXX()方法。
- 在构造方法中初始化所有属性。
- 覆盖 Object 类的 equals()和 hashCode()方法，在 equals()方法中根据对象的属性值来比较两个对象是否相等，并且保证用 equals()方法判断为相等的两个对象的 hashCode()方法的返回值也相等，这可以保证这些对象能正确地放到 HashMap 或 HashSet 集合中，第 15 章的 15.3.2 节（HashSet 类）对此做了进一步解释。

- 如果需要的话，提供实例缓存和静态工厂方法，允许用户根据特定参数获得与之匹配的实例，参见本章第 11.3.4 节（具有实例缓存的不可变类）。

例程 11-9 的 Name 类就是不可变类，它仅仅提供了读取 sex 和 description 属性的 getXXX()方法，但没有提供修改这些属性的 setXXX()方法。

例程 11-9　Name.java

```java
public class Name {
  private final String firstname;    //不允许修改这个属性
  private final String lastname;     //不允许修改这个属性

  public Name(String firstname, String lastname) {
    this.firstname = firstname;
    this.lastname = lastname;
  }

  public String getFirstname(){
    return firstname;
  }
  public String getLastname(){
    return lastname;
  }
  public boolean equals(Object o){
    if (this == o) return true;
    if (!(o instanceof Name)) return false;

    final Name name = (Name) o;
    if(!firstname.equals(name.firstname)) return false;
    if(!lastname.equals(name.lastname)) return false;
    return true;
  }

  public int hashCode(){
    int result;
    result= (firstname==null?0:firstname.hashCode());
    result = 29 * result + (lastname==null?0:lastname.hashCode());
    return result;
  }

  public String toString(){
    return lastname+" "+firstname;
  }
}
```

假定 Person 类的 name 属性定义为 Name 类型：

```java
public class Person{
  private Name name;
  private Gender gender;
  …
}
```

以下代码创建了两个 Person 对象，他们的姓名都是"王小红"，一个是女性，一个是男性。在最后一行代码中，把第一个 Person 对象的姓名改为"王小虹"：

```
Name name=new Name("小红","王");
Person person1=new Person(name,Gender.FEMALE);
Person person2=new Person(name,Gender.MALE);
name=new Name("小虹","王");
person1.setName(name);    //修改名字
```

与不可变类对应的是可变类，可变类的实例的属性是允许修改的。如果把以上例程 11-9 的 Name 类的 firstname 属性和 lastname 属性的 final 修饰符去除，并且增加相应的 public 类型的 setFirstname()和 setLastname()方法，Name 类就变成了可变类。以下程序代码本来的意图也是创建两个 Person 对象，他们的姓名都是"王小红"，接着把第一个 Person 对象的姓名改为"王小虹"：

```
//假定以下 Name 类是可变类
Name name=new Name("小红","王");
Person person1=new Person(name,Gender.FEMALE);
Person person2=new Person(name,Gender.MALE);
name.setFirstname("小虹");    //试图修改第一个 Person 对象的名字
```

以上最后一行代码存在错误，因为它会把两个 Person 对象的姓名都改为"王小虹"。由此可见，使用可变类更容易使程序代码出错。因为随意改变一个可变类对象的状态，有可能会导致与之关联的其他对象的状态被错误地改变。

不可变类的实例在整个生命周期中永远保持初始化的状态，它没有任何状态变化，简化了与其他对象之间的关系。不可变类具有以下优点：

- 不可变类能使程序更加安全，不容易出错。
- 不可变类线程是安全的，当多个线程访问不可变类的同一个实例时，无须进行线程的同步。关于线程安全的概念，参见本书第 13 章的 13.8.4 节（线程安全的类）。

由此可见，应该优先考虑把类设计为不可变类，假使必须使用可变类，也应该把可变类的尽可能多的属性设计为不可变的，即用 final 修饰符来修饰，并且不对外公开用于改变这些属性的方法。

在创建不可变类时，假如它的属性所属的类是可变类，在必要的情况下，必须提供保护性复制，否则，这个不可变类的实例的属性仍然有可能被错误地修改。这条建议同样适用于可变类中用 final 修饰的属性。

例如，例程 11-10 的 Schedule 类包含学校的开学时间和放假时间信息，它是不可变类，它的两个属性 start 和 end 都是 final 类型，表示不允许被改变，但是这两个属性都是 Date 类型，而 Date 类是可变类。

例程 11-10 Schedule.java

```
import java.util.Date;
public final class Schedule{
    private final Date start;      //开学时间，不允许被改变
    private final Date end;        //放假时间，不允许被改变

    public Schedule(Date start,Date end){
        //不允许放假日期在开学日期的前面
        if(start.compareTo(end)>0)
```

```
        throw new IllegalArgumentException(start +" after " +end);
     this.start=start;
     this.end=end;
  }
  public Date getStart(){return start;}
  public Date getEnd(){return end;}
}
```

尽管以上 Schedule 类的 start 和 end 属性是 final 类型的,由于它们引用 Date 对象,在程序中可以修改所引用 Date 对象的属性。以下程序代码创建了一个 Schedule 对象,接下来把开学时间和放假时间都改为当前系统时间:

```
Calendar c= Calendar.getInstance();
c.set(2006,9,1);
Date start=c.getTime();
c.set(2007,1,25);
Date end=c.getTime();

Schedule s=new Schedule(start,end);

end.setTime(System.currentTimeMillis());     //修改放假时间
start.setTime(System.currentTimeMillis());   //修改开学时间
```

为了保证 Schedule 对象的 start 属性和 end 属性值不会被修改,必须为这两个属性使用保护性复制,参见例程 11-11。

例程 11-11　采用了保护性复制的 Schedule.java

```
import java.util.Date;
public final class Schedule {
  private final Date start;
  private final Date end;
  public Schedule(Date start,Date end){
     //不允许放假日期在开学日期的前面
     if(start.compareTo(end)>0)throw new IllegalArgumentException(start +" after " +end);
     this.start=new Date(start.getTime());   //采用保护性复制
     this.end=new Date(end.getTime());       //采用保护性复制
  }
  public Date getStart(){return (Date)start.clone();}    //采用保护性复制
  public Date getEnd(){return (Date)end.clone();}        //采用保护性复制
}
```

通过采用保护性复制,其他程序无法获得与 Schedule 对象关联的两个 Date 对象的引用,仅仅获得了这两个对象的备份,因此就无法修改与 Schedule 对象关联的两个 Date 对象的属性值。

Tips

　　假如 Schedule 类中被 final 修饰的属性所属的类是不可变类,就无须提供保护性复制,因为该属性所引用的实例的值永远不会被改变,这进一步体现了不可变类的优点。

11.3.4 具有实例缓存的不可变类

不可变类的实例的状态不会变化，这样的实例可以安全地被其他与之关联的对象共享，还可以安全地被多个线程共享。为了节省内存空间，优化程序的性能，应该尽可能地重用不可变类的实例，避免重复创建具有相同属性值的不可变类的实例。

从 JDK5 开始，对一些不可变类，如 Integer 类做了优化，它具有一个实例缓存，用来存放程序中经常使用的 Integer 实例。Integer 类新增了一个参数为 int 类型的静态工厂方法 valueOf(int i)，它的处理流程如下：

```
if(在实例缓存中存在取值为 i 的实例)
    直接返回这个实例
else{
    用 new 语句创建一个取值为 i 的 Integer 实例
    把这个实例存放在实例缓存中
    返回这个实例
}
```

在以下程序代码中，分别用 new 语句和 Integer 类的 valueOf(int i)方法来获得 Integer 实例：

```
Integer a=new Integer(10);
Integer b=new Integer(10);
Integer c=Integer.valueOf(10);
Integer d= Integer.valueOf(10);
System.out.println(a==b);   //打印 false
System.out.println(a==c);   //打印 false
System.out.println(c==d);   //打印 true
```

以上代码共创建了 3 个 Integer 对象，如图 11-4 所示。每个 new 语句都会创建一个新的 Integer 对象。而 Integer.valueOf(10)方法仅仅在第一次被调用时，创建取值为 10 的 Integer 对象，第二次被调用时，直接从实例缓存中获得它。由此可见，在程序中用 valueOf()静态工厂方法获得 Integer 对象，可以提高 Integer 对象的可重用性。

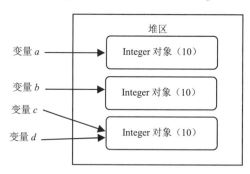

图 11-4 引用变量与 Integer 对象的引用关系

到底如何实现实例的缓存呢？缓存并没有固定的实现方式，完善的缓存实现不仅要考虑何时把实例加入缓存，还要考虑何时把不再使用的实例从缓存中及时清除，以保证有效合理地利用内存空间。一种简单的实现是直接用 Java 集合来作为实例缓存。本章 11.3.2 节的例程 11-8 的 Gender 类中的 Map 类型的 instancesBySex 属性就是一个实例缓存,它存放了 Gender.MALE 和 Gender.FEMALE 这两个实例的引用。Gender 类的 getInstance()方法从缓存中寻找 Gender 实例,由于 Gender 类既是不可变类,又是枚举类,因此它的 getInstance()方法不会创建新的 Gender 实例。

例程 11-12 为本章 11.3.3 节介绍的不可变类 Name 增加了一些代码,使它拥有了实例缓存和相应的静态工厂方法 valueOf()。Name 类的实例缓存中可能会加入大量 Name 对象,为了防止耗尽内存,在实例缓存中存放的是 Name 对象的软引用(SoftReference)。如果一个对象仅仅持有软引用,那么 Java 虚拟机会在内存不足的情况下回收它的内存,本章 11.6 节对此做了进一步介绍。

例程 11-12　Name.java

```java
import java.util.Set;
import java.util.HashSet;
import java.lang.ref.*;

public class Name {
  …
  //实例缓存,存放 Name 对象的软引用
  private static final Set<SoftReference<Name>> names=
                         new HashSet<SoftReference<Name>>();

  public static Name valueOf(String firstname, String lastname){    //静态工厂方法
    for(SoftReference<Name> ref :names){
      Name name=ref.get();    //获得软引用所引用的 Name 对象
      if(name!=null
            && name.firstname.equals(firstname)
            && name.lastname.equals(lastname))
         return name;
    }
    //如果在缓存中不存在 Name 对象,就创建该对象,并把它的软引用加入到实例缓存
    Name name=new Name(firstname,lastname);
    names.add(new SoftReference<Name>(name));
    return name;
  }

  public static void main(String args[]){
    Name n1=Name.valueOf("小红","王");
    Name n2=Name.valueOf("小红","王");
    Name n3=Name.valueOf("小东","张");
    System.out.println(n1);
    System.out.println(n2);
    System.out.println(n3);
    System.out.println(n1==n2);    //打印 true
  }
}
```

在程序中,既可以通过 new 语句创建 Name 实例,也可以通过 valueOf()方法创建 Name 实例。在程序的生命周期中,对于程序不需要经常访问的 Name 实例,应该使用 new 语句创建它,使它能及时结束生命周期;对于经常需要访问的 Name 实例,就用 valueOf()方法来获得它,因为该方法能把 Name 实例放到缓存中,使它可以被重用。

> **Tips**
> 从例程 11-12 的 Name 类也可以看出，在有些情况下，一个类可以同时提供 public 的构造方法和静态工厂方法。用户可以根据实际需要，灵活地决定到底以何种方式获得类的实例。

另外要注意的是，没有必要为所有的不可变类提供实例缓存。随意创建大量实例缓存，反而会浪费内存空间，降低程序的运行性能。通常，只有满足以下条件的不可变类才需要实例缓存：
- 不可变类的实例的数量有限。
- 在程序运行过程中，需要频繁访问不可变类的一些特定实例。这些实例拥有与程序本身同样长的生命周期。

11.3.5 松耦合的系统接口

一个类的静态工厂方法可以返回子类的实例，这一特性有助于创建松耦合的系统接口，即其他程序可以通过简单的接口访问该系统，无须深入涉及该系统内部的实现细节。如果系统规模比较简单，可以由类本身来提供自身或子类实例的静态工厂方法。此外，如果系统规模比较大，根据创建精粒度对象模型的原则，还可以把创建特定类的实例的功能专门由一个静态工厂类来负责。第 1 章的 1.6 节的例程 1-11 的 ShapeFactory 就是一个静态工厂类，它负责构造 Shape 类的实例。ShapeFacory 类有一个静态工厂方法：

```
public static Shape getShape(int type){…}
```

以上方法声明的返回类型是 Shape 类型，实际上返回的是 Shape 子类的实例。对于 Shape 类的使用者 Panel 类，只用访问 Shape 类，而不必访问它的子类：

```
//获得一个 Circle 实例
Shape shape=ShapeFactory.getInstance(ShapeFactory.SHAPE_TYPE_CIRCLE);
```

在分层的软件系统中，业务逻辑层向客户层提供服务，静态工厂类可以进一步削弱这两个层之间的耦合关系。例如在图 11-5 中，业务逻辑层向客户层提供 ServiceIFC 接口，在该接口中声明了所提供的各种服务，它有 3 个实现类 ServiceImpl1、ServiceImpl2 和 ServiceImpl3 类。ServiceFactory 静态工厂类负责构造 ServiceIFC 的实现类的实例，它的定义如下：

```
public ServiceFactory{
  private static final String serviceImpl;
  static{
    //读取配置信息，根据配置信息设置服务实现类的类型，假定为 ServiceImpl1
    serviceImpl="ServiceImpl1";
  }
  public static ServiceIFC getInstance(){
    Class.forName(serviceImpl).newInstance();
  }
}
```

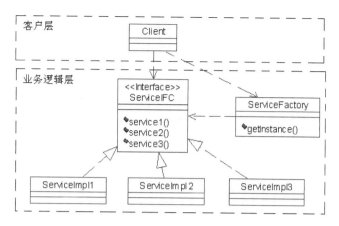

图 11-5 静态工厂模型

当客户层需要获得业务逻辑层的服务时,先从静态工厂类 ServiceFactory 中获得 ServiceIFC 接口的实现类的实例,然后通过接口访问服务:

```
ServiceIFC service=ServiceFactory.getInstance();
service.service1();
```

在客户层只会访问 ServiceIFC 接口,至于业务逻辑层到底采用哪个实现类的实例提供服务,这对客户层是透明的。

11.4 垃圾回收

当对象被创建后,就会在 Java 虚拟机的堆区中拥有一块内存,在 Java 虚拟机的生命周期中,Java 程序会陆陆续续地创建无数对象,假如所有对象都永久占有内存,那么内存有可能很快被消耗光,最后引发内存空间不足的错误。因此必须采取一种措施来及时回收那些无用对象的内存,以保证内存可以被重复利用。

在一些传统的编程语言,如 C 语言中,回收内存的任务是由程序本身负责的。程序可以显式地为自己的变量分配一块内存空间,当这些变量不再有用时,程序必须显式地释放变量所占用的内存。把直接操作内存的权利赋予程序,尽管给程序带来了很多灵活性,但是也会导致以下弊端:

- 程序员有可能因为粗心大意,忘记及时释放无用变量的内存,从而影响程序的健壮性。
- 程序员有可能错误地释放核心类库所占用的内存,导致系统崩溃。

在 Java 语言中,内存回收的任务由 Java 虚拟机来担当,而不是由 Java 程序来负责。在程序的运行时环境中,Java 虚拟机提供了一个系统级的垃圾回收器线程,它负责自动回收那些无用对象所占用的内存,这种内存回收的过程被称为垃圾回收(Garbage Collection)。

垃圾回收有以下优点:

- 把程序员从复杂的内存追踪、监测和释放等工作中解放出来,减轻程序员进行内存管理的负担。
- 防止系统内存被非法释放，从而使系统更加健壮和稳定。

垃圾回收具有以下特点：
- 只有当对象不再被程序中的任何引用变量引用时，它的内存才可能被回收。
- 程序无法迫使垃圾回收器立即执行垃圾回收操作。
- 当垃圾回收器将要回收无用对象的内存时，先调用该对象的 finalize()方法，该方法有可能使对象复活，导致垃圾回收器取消回收该对象的内存。

11.4.1 对象的可触及性

在 Java 虚拟机的垃圾回收器看来，堆区中的每个对象都可能处于以下 3 个状态之一：

- 可触及状态：当一个对象（假定为 Sample 对象）被创建后，只要程序中还有引用变量引用它，那么它就始终处于可触及状态。
- 可复活状态：当程序不再有任何引用变量引用 Sample 对象时，那么它就进入可复活状态。在这个状态中，垃圾回收器会准备释放它占用的内存，在释放之前，会调用它及其他处于可复活状态的对象的 finalize()方法，这些 finalize()方法有可能使 Sample 对象重新转到可触及状态。
- 不可触及状态：当 Java 虚拟机执行完所有可复活对象的 finalize()方法后，假如这些方法都没有使 Sample 对象转到可触及状态，那么 Sample 对象就进入不可触及状态。只有当对象处于不可触及状态时，垃圾回收器才会真正回收它的内存。

图 11-6 显示了对象的状态转换图。

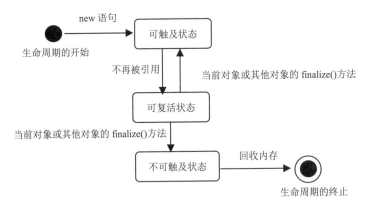

图 11-6 对象的状态转换图

Tips

在本书第 1 章的 1.3.1 节（问题领域、对象、属性等）曾经提到，对象的状态是指某一瞬间其所有属性的取值。本节谈到的对象的状态有不同的含义，按照是否可以被垃圾回收来划分对象的状态。

第 11 章 对象的生命周期

以下 method()方法先后创建了两个 Integer 对象:

```
public static void method(){
  Integer a1=new Integer(10); //①
  Integer a2=new Integer(20); //②
  a1=a2;  //③
}
public static void main(String args[]){
  method();
  System.out.println("End");
}
```

当程序执行完第③行时,取值为 10 的 Integer 对象不再被任何变量引用,因此转到可复活状态,取值为 20 的 Integer 对象处于可触及状态,它被变量 *a*1 和 *a*2 引用,如图 11-7 所示。

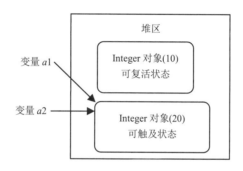

图 11-7　两个 Integer 对象的状态

当程序退出 method()方法并返回到 main()方法后,在 method()方法中定义的局部变量 *a*1 和 *a*2 都结束生命周期,堆区中取值为 20 的 Integer 对象也转到可复活状态。

如果从对象 A 到对象 B 存在关联关系,实际上就是指对象 A 的某个实例变量引用对象 B。第 6 章的 6.7.5 节(区分对象的属性与继承)介绍了 Book 类与 Category 类的单向关联,以及 Category 类的自身双向关联,参见 6.7.5 节的图 6-10 所示。在 6.7.5 节的例程 6-5 中,CategoryTester 类的 create()方法创建了 3 个 Category 对象和一个 Book 对象,当 create()方法执行完毕后,退回到 main()方法,Book 对象被 main()方法中的 mathBook 局部变量引用,如图 11-8 所示。

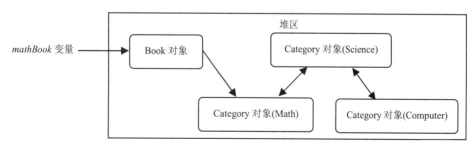

图 11-8　Book 对象、Category 对象及 *mathBook* 变量之间的关系

从图 11-8 可以看出,尽管在程序中仅仅持有 Book 对象的引用,但是其他 3 个 Category 对象也都是可触及的。以下程序代码演示如何从 Book 对象依次导航到其他 3

个 Category 对象：

```
//由 Book 对象导航到取值为"Math"的 Category 对象
Category categoryMath=mathBook.getCategory();
//由取值为"Math"的 Category 对象导航到取值为"Science"的 Category 对象
Category categoryScience=categoryMath.getParentCategory();
//由取值为"Science"的 Category 对象导航到取值为"Computer"的 Category 对象
Category categoryComputer=(Category)categoryScience.getChildCategories().iterator().next();
```

11.4.2 垃圾回收的时间

当一个对象处于可复活状态时，垃圾回收线程何时执行它的 finalize()方法、何时使它转到不可触及状态、何时回收它的内存，这对于程序来说都是透明的。程序只能决定一个对象何时不再被任何引用变量引用，使得它成为可以被回收的垃圾。这就像每个居民只要把无用的物品（相当于无用的对象）放在指定的地方，清洁工人就会来把它收拾走一样，但是，垃圾什么时候被收走，居民是不知道的，也无须对此了解。

站在程序的角度，如果一个对象不处于可触及状态，就可以称它为无用对象，程序不会持有无用对象的引用，不会再使用它，这样的对象可以被垃圾回收器回收。站在程序的角度，一个对象的生命周期从被创建开始，到不再被任何变量引用（即变为无用对象）结束。在本书其他章节提到对象的生命周期，如果未做特别说明，都沿用这个含义。

垃圾回收器作为低优先级线程独立运行。在任何时候，程序都无法迫使垃圾回收器立即执行垃圾回收操作。在程序中可以调用 System.gc()或者 Runtime.gc()方法提示垃圾回收器尽快执行垃圾回收操作，但是这也不能保证调用完该方法后，垃圾回收线程就立即执行回收操作，而且不能保证垃圾回收线程一定会执行这一操作。这就像当小区内的垃圾成堆时，居民无法立即把环保局的清洁工人招来，令其马上清除垃圾一样。居民所能做的是给环保局打电话，催促他们尽快来处理垃圾。这种做法仅仅提高了清洁工人尽快来处理垃圾的可能性，但仍然存在清洁工人过了很久才来或者永远不来清除垃圾的可能性。

11.4.3 对象的 finalize()方法简介

当垃圾回收器将要释放无用对象的内存时，会先调用该对象的 finalize()方法。如果在程序终止之前垃圾回收器始终没有执行垃圾回收操作，那么垃圾回收器将始终不会调用无用对象的 finalize()方法。在 Java 的 Object 祖先类中提供了 protected 类型的 finalize()方法，因此任何 Java 类都可以覆盖 finalize()方法，在这个方法中进行释放对象所占的相关资源的操作。

Java 虚拟机的垃圾回收操作对程序完全是透明的，因此程序无法预料某个无用对象的 finalize()方法何时被调用。另外，除非垃圾回收器认为程序需要额外的内存，否则它不会试图释放无用对象的内存。换句话说，以下情况是完全可能的：一个程序只占用了少量内存，没有造成严重的内存需求，于是垃圾回收器没有释放那些无用对象的内存，因此这些对象的 finalize()方法还没有被调用，程序就终止了。

程序即使显式调用 System.gc()或 Runtime.gc()方法，也不能保证垃圾回收操作一定执行，因此不能保证无用对象的 finalize()方法一定被调用。

11.4.4 对象的 finalize()方法的特点

对象的 finalize()方法具有以下特点：
- 垃圾回收器是否会执行该方法，以及何时执行该方法，都是不确定的。
- finalize()方法有可能使对象复活，使它恢复到可触及状态。
- 垃圾回收器在执行 finalize()方法时，如果出现异常，垃圾回收器不会报告异常，程序继续正常运行。

下面结合一个具体的例子来解释 finalize()方法的特点。例程 11-13 的 Ghost 类是一个带实例缓存的不可变类，它的 finalize()方法能够把当前实例重新加入到实例缓存 ghosts 中。

例程 11-13　Ghost.java

```java
import java.util.Map;
import java.util.HashMap;
public class Ghost {
  //实例缓存
  private static final Map<String,Ghost> ghosts=new HashMap<String,Ghost>();
  private final String name;

  public Ghost(String name) {
    this.name=name;
  }
  public String getName(){return name;}

   /**   如果实例缓存中存在与 name 参数匹配的 Ghost 对象，就将其返回，
         否则创建新的 Ghost 对象，将其返回。   */
  public static Ghost getInstance(String name){
    Ghost ghost =ghosts.get(name);
    if (ghost == null) {
      ghost=new Ghost(name);
      ghosts.put(name,ghost);
    }
    return ghost;
  }
  public static void removeInstance(String name){
    ghosts.remove(name); //从缓存中删除 name 参数指定的 Ghost 对象
  }
  protected void finalize()throws Throwable{
    ghosts.put(name,this);
    System.out.println("execute finalize");
    //throw new Exception("Just Test");
  }
  public static void main(String args[])throws Exception{
    Ghost ghost=Ghost.getInstance("IAmBack"); //①
    System.out.println(ghost); //②
    String name=ghost.getName(); //③
```

```
        ghost=null;  //④
        Ghost.removeInstance(name);  //⑤
        System.gc();   //⑥
        //把CPU让给垃圾回收线程
        Thread.sleep(3000);   //⑦
        ghost=Ghost.getInstance("IAmBack");   //⑧
        System.out.println(ghost);   //⑨
    }
}
```

运行以上 Ghost 类的 main()方法，一种可能的打印结果为：

```
Ghost@3179c3
execute finalize
Ghost@3179c3
```

以上程序创建了 3 个对象：一个 Ghost 对象、一个常量字符串 "IAmBack"，以及一个 HashMap 对象。当程序执行完 main()方法的第③行，内存中引用变量与对象之间的关系如图 11-9 所示。

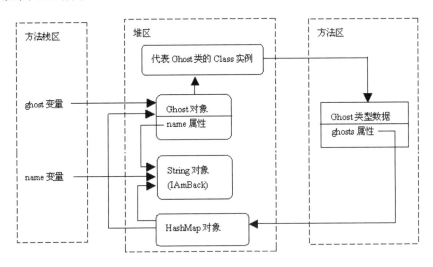

图 11-9 Ghost 对象与其他对象以及引用变量的关系

执行完第④行后，ghost 变量被置为 null，此时 Ghost 对象依然被 ghosts 属性间接引用，因此仍然处于可触及状态。执行完第⑤行后，Ghost 对象的引用从 HashMap 对象中删除，Ghost 对象不再被程序引用，此时进入可复活状态，即变为无用对象。

第⑥行调用 System.gc()方法，它能提高垃圾回收器尽快执行垃圾回收操作的可能性。假如垃圾回收器线程此刻获得了 CPU，它将调用 Ghost 对象的 finalize()方法，该方法把 Ghost 对象的引用又加入到 HashMap 对象中，Ghost 对象又回到可触及状态，垃圾回收器放弃回收它的内存。执行完第⑧行，ghost 变量又引用这个 Ghost 对象。

假如对 finalize()做一些修改，使它抛出一个异常：

```
protected void finalize()throws Throwable{
    ghosts.put(name,this);
    System.out.println("execute finalize");
    throw new Exception("Just Test");
```

```
        }
```

程序的打印结果不变，由此可见，当垃圾回收器执行 finalize()方法时，如果出现异常，垃圾回收器不会报告异常，也不会导致程序异常中断。

假如在程序运行中，垃圾回收器始终没有执行垃圾回收操作，那么 Ghost 对象的 finalize()方法就不会被调用。读者不妨把第⑥行的 System.gc()和第⑦行的 Thread.sleep(3000)方法注释掉，这样更可能导致 finalize()方法不会被调用，此时程序的一种可能的打印结果为：

```
    Ghost@3179c3
    Ghost@310d42
```

从以上打印结果可以看出，由于 Ghost 对象的 finalize()方法没有被执行，因此这个 Ghost 对象在程序运行期间始终没有被复活。当程序第二次调用 Ghost.getInstance("IAmBack")方法时，该方法创建了一个新的 Ghost 对象。

值得注意的是，以上例子仅仅用于演示 finalize()方法的特性，在实际应用中，不提倡用 finalize()方法来复活对象。可以把处于可触及状态的对象比作活在阳间的人，把不处于这个状态的对象（无用对象）比作到了阴间的人。程序所能看见和使用的是阳间的人，假如阎王爷经常悄悄地让几个阴间的人复活，使他们在程序毫不知情的情况下溜回阳间，这只会扰乱程序的正常执行流程。

11.4.5 比较 finalize()方法和 finally 代码块

在 Object 类中提供了 finalize()方法，它的初衷是用于在对象被垃圾回收之前，释放所占用的相关资源，这和 try-catch-finally 语句的 finally 代码块的用途比较相似。但由于垃圾回收器是否会执行 finalize()方法，以及何时执行该方法，都是不确定的，因此在程序中不能依赖 finalize()方法来完成同时具有以下两个特点的释放资源的操作：

- 必须执行。
- 必须在某个确定的时刻执行。

具有以上特点的操作更适合放在 finally 代码块中。此外，可以在类中专门提供一个用于释放资源的公共方法。假如有一个表示资源的 Resource 类，它的静态工厂方法 getInstance()方法返回一个 Resource 对象，close()实例方法表示释放资源。可以采用以下流程才操作 Resource 对象：

```
Resource rs;
try{
    rs= Resource.getInstance();
    …
}catch(Exception e){
    …
}finally{
    try{rs.close();}catch(Exception e){…}
}
```

在多数情况下，应该避免使用 finalize()方法，因为它会导致程序运行结果的不确定性。在某些情况下，finalize()方法可用来充当第二层安全保护网，当用户忘记显式释放相关资源,finalize()方法可以完成这一收尾工作,尽管 finalize()方法不一定会被执行,但是有可能会释放资源总比永远不会释放资源更安全。

可以用自动洗衣机的关机功能来解释 finalize() 方法的用途,自动洗衣机向用户提供了专门的关机按钮,这相当于 AutoWasher 类的 close()方法。假如用户忘记关机,相当于忘记调用 AutoWasher 对象的 close()方法,那么自动洗衣机会在洗衣机停止工作后的 1 个小时内自动关机,这相当于调用 finalize()方法。当然,这个例子不是太贴切,因为如果用户忘记关机,洗衣机的自动关机操作总是会被执行。

11.5 清除过期的对象引用

在程序中,如果不需要再用到一个对象,就应该及时清除对这个对象的引用,使得它变为无用对象,它的内存可以被回收。

程序通过控制引用变量的生命周期,从而间接地控制对象的生命周期。例如,把一个变量定义为 final 类型的静态变量:

```
private static final FEMALE=new Gender("女");
```

以上 Gender 对象的生命周期取决于 FEMALE 变量的生命周期,而 FEMALE 静态变量的生命周期取决于代表 Gender 类的 Class 对象的生命周期,在 Gender 类不会被卸载的情况下,它的 Class 对象会常驻内存,直到程序运行结束,因此 Gender 对象一旦被创建,也会常驻内存,直到程序运行结束。

再例如以下局部变量 sb 和 s 分别引用一个 StringBuffer 对象和一个 String 对象:

```
public void method(){
    StringBuffer sb=new StringBuffer("Hello");
    sb.append(" World");
    String s=sb.toString();
    System.out.println(s);
}
```

局部变量的生命周期很短暂,在方法执行完毕后,局部变量就结束生命周期。因此 method()方法执行完毕后,StringBuffer 对象和 String 对象就会结束生命周期。在多数情况下,把引用变量显式地赋值为 null 是没有必要的,属于多此一举的代码:

```
public void method(){
    StringBuffer sb=new StringBuffer("Hello");
    sb.append(" World");
    String s=sb.toString();
    System.out.println(s);
    sb=null;   //没有必要
    s=null;    //没有必要
}
```

不过,在某些情况下,当程序通过数组来使用内存时,必须十分小心地清除过期的对象引用,否则会导致潜在的内存泄露的错误。例如,例程 11-14(Stack.java)是堆栈的一种简单实现方式,它的对象数组 elements 用来存放对象,堆栈的容量可以自动增长。

例程 11-14　Stack.java

```java
import java.util.EmptyStackException;
public class Stack {
  private Object[] elements;         //存放对象
  private int size=0;
  private int capacityIncrement=10;   //堆栈的容量增长的步长

  public Stack(int initialCapacity,int capacityIncrement) {
    this(initialCapacity);
    this.capacityIncrement=capacityIncrement;
  }
  public Stack(int initialCapacity) { //参数 initialCapacity 为堆栈的初始容量
    elements=new Object[initialCapacity];
  }

  public void push(Object object){   //向堆栈中加入一个对象
   ensureCapacity();
   elements[size++]=object;
  }

  public Object pop(){                //从堆栈中取出一个对象
   if(size==0)
     throw new EmptyStackException();
   return elements[--size];
  }

  private void ensureCapacity(){     //增加堆栈的容量
   if(elements.length==size){
     Object[] oldElements=elements;
     elements=new Object[elements.length+capacityIncrement];
     //把原数组中内容复制到新数组中
     System.arraycopy(oldElements,0,elements,0,size);
   }
  }
}
```

以上程序看上去是可行的，可以正常地完成对象的入栈和出栈操作。下面的程序代码先向堆栈压入 1000 个 Integer 对象，然后又一一取出它们：

```java
Stack stack=new Stack(1000);
for(int a=0;a<1000;a++)
  stack.push(new Integer(a));
for(int a=0;a<1000;a++)
  System.out.println(stack.pop());
```

当一个 Integer 对象从堆栈中取出后，假如程序中不再有其他变量引用它，那么这个 Integer 对象应该变为无用对象，但是由于 Stack 类的 pop()方法没有及时清除对这个 Integer 对象的引用，导致这个 Integer 对象不能被垃圾回收。

为了避免出现这一问题，应该对 pop()方法做如下修改：

```java
public Object pop(){
```

```
        if(size==0)
           throw new EmptyStackException();
        Object object=elements[--size];
        elements[size]=null;    //清除数组中已经出栈的对象引用
        return object;
    }
```

11.6 对象的强、软、弱和虚引用

在 JDK1.2 以前的版本中，当一个对象不被任何变量引用时，那么程序就无法再使用这个对象。也就是说，只有对象处于可触及状态，程序才能使用它。这就像在日常生活中，从商店购买了某样物品后，如果有用，就一直保留它，否则就把它扔到垃圾箱，由清洁工人收走。一般说来，如果物品已经被扔到垃圾箱，想再把它捡回来使用就不可能了。

但有时候情况并不这么简单，你可能会遇到类似鸡肋一样的物品，食之无味，弃之可惜。这种物品现在已经无用了，保留它会占空间，但是立刻扔掉它也不划算，因为也许将来还会派上用场。对于这样的可有可无的物品，一种折衷的处理办法是：如果家里空间足够，就先把它保留在家里，如果家里空间不够，已经到了即使把家里所有的垃圾清除，还是无法容纳那些必不可少的生活用品的地步，那么再扔掉这些可有可无的物品。

从 JDK1.2 版本开始，把对象的引用分为 4 种级别，从而使程序能更加灵活地控制对象的生命周期。这 4 种级别由高到低依次为：强引用、软引用、弱引用和虚引用。

在 java.lang.ref 包中提供了一个表示引用的抽象父类 Reference，它有 3 个具体的子类：SoftReference 类、WeakReference 类和 PhantomReference 类，它们分别代表软引用、弱引用和虚引用。ReferenceQueue 类表示引用队列，它可以和这 3 种引用类联合使用，以便跟踪 Java 虚拟机回收所引用的对象的活动。

1．强引用

本章前文介绍的引用实际上都是强引用，这是使用最普遍的引用。如果一个对象具有强引用，那就类似于必不可少的生活用品，垃圾回收器绝不会回收它。当内存空间不足时，Java 虚拟机宁愿抛出 OutOfMemoryError 错误，使程序异常终止，也不会靠随意回收具有强引用的对象来解决内存不足问题。

2．软引用

如果一个对象只具有软引用（SoftReference），那就类似于可有可无的生活用品。如果内存空间足够，垃圾回收器就不会回收它，如果内存空间不足了，就会回收这些对象的内存。只要垃圾回收器没有回收它，该对象就可以被程序使用。软引用可用来实现内存敏感的高速缓存。

软引用可以和一个引用队列（ReferenceQueue）联合使用，如果软引用所引用的对象被垃圾回收，Java 虚拟机就会把这个软引用加入到与之关联的引用队列中。

3. 弱引用

如果一个对象只具有弱引用（WeakReference），那就类似于可有可无的生活用品。弱引用与软引用的区别在于：只具有弱引用的对象拥有更短暂的生命周期。在垃圾回收器线程扫描它所管辖的内存区域的过程中，一旦发现了只具有弱引用的对象，不管当前内存空间足够与否，都会回收它的内存。不过，由于垃圾回收器是一个优先级很低的线程，因此不一定会很快发现那些只具有弱引用的对象。

弱引用可以和一个引用队列（ReferenceQueue）联合使用，如果弱引用所引用的对象被垃圾回收器回收，Java 虚拟机就会把这个弱引用加入到与之关联的引用队列中。

4. 虚引用

顾名思义，虚引用（PhantomReference）就是形同虚设，与其他几种引用都不同，虚引用并不会决定对象的生命周期。如果一个对象仅持有虚引用，那么它就和没有任何引用一样，在任何时候都可能被垃圾回收。

虚引用主要用来跟踪对象被垃圾回收器回收的活动。虚引用与软引用和弱引用的一个区别在于：虚引用必须和引用队列（ReferenceQueue）联合使用。当垃圾回收器准备回收一个对象时，如果发现它还有虚引用，就会在回收对象的内存之前，把这个虚引用加入到与之关联的引用队列中。程序可以通过判断引用队列中是否已经加入了虚引用，来了解被引用的对象是否将要被垃圾回收器回收。Reference 类的 isEnqueued() 方法用来判断当前引用是否已经加入到引用队列中。程序如果发现某个虚引用已经被加入到引用队列，那么就可以在所引用的对象的内存被回收之前采取必要的行动。

> **Tips**
> 在本书中，"引用"既可以作为动词，也可以作为名词，读者应该根据上下文来区分"引用"的含义。

下面通过示范程序代码来解释 Reference 类及子类和 ReferenceQueue 类之间的合作关系。以下程序创建了一个 String 对象、ReferenceQueue 对象和 WeakReference 对象：

```
//创建一个强引用
String str = new String("hello");

//创建引用队列，<String>为泛型标记，表明队列中存放 String 类型对象的引用
ReferenceQueue<String> rq = new ReferenceQueue<String>();

//创建一个弱引用，它引用"hello"对象，并且与 rq 引用队列关联
//<String>为泛型标记，表明 WeakReference 会弱引用 String 类型对象
WeakReference<String> wf = new WeakReference<String>(str, rq);
```

以上程序代码执行完毕后，内存中引用与对象的关系如图 11-10 所示。

在图 11-10 中，带实线的箭头表示强引用，带虚线的箭头表示弱引用。从图中可以看出，此时"hello"对象被 *str* 变量强引用，并且被一个 WeakReference 对象弱引用，因此"hello"对象不会被垃圾回收器回收。

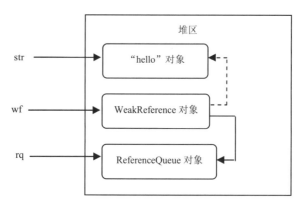

图 11-10 "hello"对象同时具有强引用和弱引用

（1）当一个对象仅持有弱引用时，如果没有被垃圾回收，那么该弱引用不会被加入到与之关联的引用队列中。

在以下程序代码中，把引用"hello"对象的 *str* 变量置为 null，然后再通过 WeakReference 弱引用的 get()方法获得它所引用的"hello"对象：

```
String str = new String("hello");   //①
ReferenceQueue<String> rq = new ReferenceQueue<String>();   //②
WeakReference<String> wf = new WeakReference<String>(str, rq);   //③

str=null;   //④取消"hello"对象的强引用，此时"hello"对象仅持有 wf 弱引用

String str1=wf.get();   //⑤假如"hello"对象没有被回收，那么 wf.get()方法返回"hello"

//由于"hello"对象没有被回收，rq.poll()返回 null
Reference<? extends String> ref=rq.poll();   //⑥
```

执行完以上第④行后，内存中引用与对象的关系如图 11-11 所示，此时"hello"对象仅仅具有弱引用，因此它有可能被垃圾回收。假定它还没有被垃圾回收器回收，那么接下来在第⑤行执行 wf.get()方法会返回"hello"对象，并且使得这个对象被 *str*1 变量强引用。接下来在第⑥行执行 rq.poll()方法会返回 null，因为此时引用队列中没有任何引用。ReferenceQueue 的 poll()方法用于返回队列头部的引用，并在队列中删除该引用，如果队列为空，则返回 null。

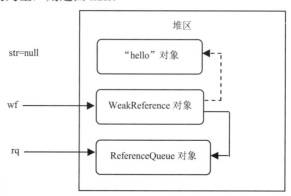

图 11-11 "hello"对象只具有弱引用

（2）当一个对象仅持有弱引用时，如果被垃圾回收器回收，那么该弱引用会被加入到与之关联的引用队列中。

在以下程序代码中，执行完第④行后，"hello"对象仅仅具有弱引用。接下来两次调用 System.gc()方法，催促垃圾回收器工作，从而提高"hello"对象被回收的可能性。假如"hello"对象被回收，那么 WeakReference 对象的引用被加入到 ReferenceQueue中。接下来程序中的 wf.get()方法返回 null，并且 rq.poll()方法返回 WeakReference 对象的引用。如图 11-12 显示了执行完第⑦行后内存中引用与对象的关系。

```
String str = new String("hello");   //①
ReferenceQueue<String> rq = new ReferenceQueue<String>();   //②
WeakReference<String> wf = new WeakReference<String>(str, rq);   //③
str=null;   //④取消"hello"对象的强引用，此时"hello"对象仅持有 wf 弱引用

//两次催促垃圾回收器工作，提高"hello"对象被回收的可能性
System.gc();   //⑤
System.gc();   //⑥
String str1=wf.get();   //⑦ 假如"hello"对象被回收，那么 wf.get()方法返回 null
Reference<? extends String> ref=rq.poll();   //⑧返回 WeakReference 对象的引用
```

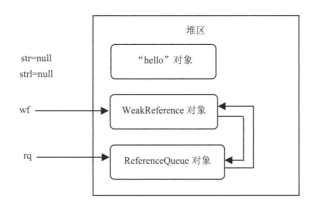

图 11-12 "hello"对象被垃圾回收器回收，弱引用被加入到引用队列

在例程 11-15 的 References 类中，依次创建了 10 个软引用、10 个弱引用和 10 个虚引用，它们各自引用一个 Grocery 对象。从程序运行时的打印结果可以看出，虚引用形同虚设，仅持有虚引用的对象随时可能被回收；仅持有弱引用的对象拥有稍微长的一些生命周期，当垃圾回收器执行回收操作时，会被回收；仅持有软引用的对象拥有较长的生命周期，但在 Java 虚拟机认为内存不足的情况下，也会被回收。此外，虚引用 PhantomReference 类的 get()方法总是返回 null，因此程序无法通过虚引用导航到它所引用的对象。

例程 11-15 References.java

```
import java.lang.ref.*;
import java.util.*;
class Grocery{
    private static final int SIZE = 10000;
    //属性 d 使得每个 Grocery 对象占用较多内存，有 80K 左右
    private double[] d = new double[SIZE];
```

```java
    private String id;
    public Grocery(String id) { this.id = id; }
    public String toString() { return id; }
    public void finalize() {
        System.out.println("Finalizing " + id);
    }
  }
}

public class References {
  private static ReferenceQueue<Grocery> rq = new ReferenceQueue<Grocery>();

  public static void checkQueue() {   //查看队列
    //从队列中取出一个引用，并将该引用从队列中删除
    Reference<? extends Grocery> inq = rq.poll();
    int i=0;
    if(inq==null)
      System.out.println("引用队列为空");
    else
      while(inq!=null && i++<30){
        System.out.println("引用队列中的第"+i+"个引用为: "
+inq+", 所引用的对象为: "+inq.get());
        inq=rq.poll();
      }
  }

  public static void main(String[] args) {
    final int size=10;

    //创建 10 个 Grocery 对象及 10 个软引用
    System.out.println("---------测试软引用----------");
    Set<SoftReference<Grocery>> sa = new HashSet<SoftReference<Grocery>>();
    for(int i = 0; i < size; i++) {
      SoftReference<Grocery> ref=
              new SoftReference<Grocery>(new Grocery("Grocery_Soft" + i), rq);
      System.out.println("创建: 软引用"+i+",所引用的对象为: " +ref.get());
      sa.add(ref);
    }
    System.gc();
    checkQueue();

    //创建 10 个 Grocery 对象及 10 个弱引用
    System.out.println("---------测试弱引用----------");
    Set<WeakReference<Grocery>> wa = new HashSet<WeakReference<Grocery>>();
    for(int i = 0; i < size; i++) {
      WeakReference<Grocery> ref=
           new WeakReference<Grocery>(new Grocery("Grocery_Weak" + i), rq);
      System.out.println("创建: 弱引用"+i+",所引用的对象为: " +ref.get());
      wa.add(ref);
    }
    System.gc();
    checkQueue();

    //创建 10 个 Grocery 对象及 10 个虚引用
    System.out.println("---------测试虚引用----------");
    Set<PhantomReference<Grocery>> pa = new HashSet<PhantomReference<Grocery>>();
```

```
            for(int i = 0; i < size; i++) {
                PhantomReference<Grocery>ref =
                    new PhantomReference<Grocery>(new Grocery("Grocery_Phantom" + i), rq);
                System.out.println("创建: 虚引用"+i+",所引用的对象为: " +ref.get());
                pa.add(ref);
            }
            System.gc();
            checkQueue();
        }
    }
```

在 Java 集合中有一种特殊的 Map 类型：弱散列映射 WeakHashMap，在这种 Map 中存放了键对象的弱引用，一个键对象被垃圾回收器回收后，那么相应的值对象的引用也会从 Map 中删除。WeakHashMap 能够节约存储空间，可用来缓存那些非必须存在的数据。关于 Map 接口的一般用法，可参见本书第 15 章的 15.6 节（Map 映射）。

例程 11-16 的 MapCache 类的 main()方法创建了一个 WeakHashMap 对象，它存放了一组 Key 对象的弱引用。此外，main()方法还创建了一个数组对象，它存放了部分 Key 对象的强引用。

例程 11-16 MapCache.java

```java
import java.util.*;
import java.lang.ref.*;

class Key {
    String id;
    public Key(String id) { this.id = id; }
    public String toString() { return id; }
    public int hashCode() {
        return id.hashCode();
    }
    public boolean equals(Object r) {
        return (r instanceof Key)
            && id.equals(((Key)r).id);
    }
    public void finalize() {
        System.out.println("Finalizing Key "+ id);
    }
}

class Value {
    String id;
    public Value(String id) { this.id = id; }
    public String toString() { return id; }
    public void finalize() {
        System.out.println("Finalizing Value "+id);
    }
}

public class MapCache {
    public static void main(String[] args) throws Exception{
        int size = 1000;
        // 或者从命令行获得 size 的大小
```

```java
            if(args.length > 0)size = Integer.parseInt(args[0]);

            Key[] keys = new Key[size];   //存放键对象的强引用
            WeakHashMap<Key,Value> whm = new WeakHashMap<Key,Value>();
            for(int i = 0; i < size; i++) {
               Key k = new Key(Integer.toString(i));
               Value v = new Value(Integer.toString(i));
               if(i % 3 == 0) keys[i] = k;  //使 Key 对象持有强引用
               whm.put(k, v);   //使 Key 对象持有弱引用
            }
            //催促垃圾回收器工作
            System.gc();

            //把 CPU 让给垃圾回收器线程
            Thread.sleep(8000);

            Set<Map.Entry<Key,Value>> set=whm.entrySet();
            //遍历访问 Map 中的 entry 条目
            for(Map.Entry entry : set)   //entry 条目表示 Map 中的一对键与值
               System.out.println("映射表中剩下的条目"+entry.getKey()+":"+entry.getValue());

            System.out.println("映射表中还剩下"+whm.size()+"个条目");
         }
      }
```

以上程序的部分打印结果如下：

```
Finalizing Key 998
Finalizing Key 997
Finalizing Key 995
Finalizing Key 994
…
映射表中剩下的条目 333:333
映射表中剩下的条目 945:945
映射表中剩下的条目 942:942
映射表中剩下的条目 339:339
映射表中还剩下 334 个条目
```

从打印结果可以看出，执行 System.gc()方法后，垃圾回收器只会回收那些仅仅持有弱引用的 Key 对象。当 Key 对象被回收后，映射表中相应的 Entry 条目（即一对键与值）就会从映射表中删除。id 可以被 3 整除的 Key 对象持有强引用，因此不会被回收。

11.7　小结

对象是程序所处理数据的最主要的载体，数据以实例变量的形式存放在对象中。每个对象在生命周期的开始阶段，Java 虚拟机都需要为它分配内存，然后对它的实例变量进行初始化。用 new 语句创建类的对象时，Java 虚拟机会从最上层的父类开始，依次执行各个父类，以及当前类的构造方法，从而保证来自于对象本身，以及从父类

中继承的实例变量都被正确地初始化。

当一个对象不被程序的任何引用变量引用时，对象就变成无用对象，它占用的内存就可以被垃圾回收器回收。每个对象都会占用一定的内存，而内存是有限的资源，为了合理地利用内存，在决定对象的生命周期时，应该遵循以下原则：

- 重用已经存在的对象，尤其是需要经常访问的不可变类的对象，在这种情况下，程序可通过类的静态工厂方法来获得已经存在的对象，而不是通过 new 语句来创建新的对象。
- 当程序不需要再使用一个对象时，应该及时清除对这个对象的引用，使它的内存可以被回收。

在垃圾回收器的眼里，对象的生命周期开始于在内存中拥有立足之地，结束于它的内存被回收。由于无用对象何时被垃圾回收器回收，这对程序来说是透明的，因此在 Java 程序的眼里，对象的生命周期开始于在内存中拥有立足之地，并且能通过引用变量引用它，结束于没有任何引用变量引用它。

从 JDK1.2 版本开始，对象的引用可分为 4 个级别：强引用、软引用、弱引用和虚引用。如果一个对象不允许被垃圾回收器回收，则应该持有强引用；如果一个对象可以被垃圾回收器回收，但是在没有被回收之前仍然可以使用，则应该持有软引用或弱引用。一个仅持有虚引用的对象在任何时候都可能被垃圾回收器回收，虚引用与引用队列联合使用，可用来跟踪垃圾回收的过程。

11.8 思考题

1. 以下类是否具有默认构造方法？

```
public class Counter {
    int current, step;
    public Counter(int startValue, int stepValue) {
        set(startValue);
        setStepValue(stepValue);
    }
    public int get() { return current; }
    public void set(int value) { current = value; }
    public void setStepValue(int stepValue) { step = stepValue; }
}
```

2. 构造方法可以被哪些修饰符修饰？
a) final   b) static   c) synchronized   d) native   e) private

3. 以下代码能否编译通过？假如能编译通过，运行时将得到什么打印结果？

```
public class Hope{
    public static void main(String argv[]){
        Hope h = new Hope();
    }
    protected Hope(){
```

```
        for(int i =0; i <10; i ++){
            System.out.println(i);
        }
    }
}
```

4. 以下代码能否编译通过？假如能编译通过，运行"java B"时将得到什么打印结果？

```
class A {
    int i;
    A(int i) {
        this.i = i * 2;
    }
}

public class B extends A {
    public static void main(String[] args) {
        B b = new B(2);
    }
    B(int i) {
        System.out.println(i);
    }
}
```

5. 以下代码能否编译通过？假如能编译通过，运行时将得到什么打印结果？

```
public class Mystery {
    String s;
    public static void main(String[] args) {
        Mystery m = new Mystery();
        m.go();
    }
    void Mystery() {
        s = "constructor";
    }
    void go() {
        System.out.println(s);
    }
}
```

6. 对于以下代码：

```
class Base{
    Base(int i){
        System.out.println("base constructor");
    }
    Base(){}
}

public class Sup extends Base{
    public static void main(String argv[]){
        Sup s= new Sup();
        //One
    }
```

```
    Sup(){
      //Two
    }

    public void derived(){
      //Three
    }
  }
```

以下哪些选项使得运行"java Sup"时打印"base constructor"？
a) 在"//One"的地方加入一行"Base(10);"
b) 在"//One"的地方加入一行"super(10);"
c) 在"//Two"的地方加入一行"super(10);"
d) 在"//Three"的地方加入一行"super(10);"

7. java.lang.Class 类没有 public 类型的构造方法，这句话对吗？
8. 以下代码能否编译通过？

```
class A {
  public A() {}
  public A(int i) { this(); }
}
class B extends A {
  public boolean B(String msg) { return false; }
}
class C extends B {
  private C() { super(); }
  public C(String msg) { this(); }
  public C(int i) {}
}
```

读书笔记

第 12 章 内部类

在一个类的内部定义的类称为内部类。内部类允许把一些逻辑相关的类组织在一起，并且控制内部类代码的可视性。对于初学者而言，内部类似乎有些多余，但是随着对内部类的逐步了解，就会发现它有独到的用途。学会使用内部类，是掌握 Java 高级编程的一部分，它能够让程序结构变得更优雅。

为了叙述方便，本章把最外层的类称为顶层类，把内部类所在的类称为外部类。例如在图 12-1 中，类 A 是顶层类，类 B 和类 C 都是内部类，并且类 A 是类 B 的外部类，类 A 和类 B 是类 C 的外部类。Tester 类会访问类 A 及它的内部类，因此把 Tester 类称为客户类。

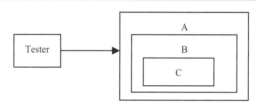

图 12-1　客户类、顶层类、外部类和内部类

12.1　内部类的基本语法

变量按照作用域可进行如图 12-2 所示的分类。

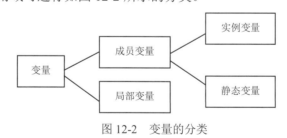

图 12-2　变量的分类

同样，内部类按照作用域可进行如图 12-3 所示的分类。

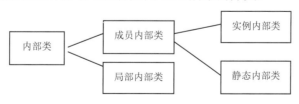

图 12-3　内部类的分类

顶层类只能处于 public 和默认访问级别，而成员内部类可以处于 public、protected、

默认和 private 这 4 种访问级别。在例程 12-1（Tester.java）中，在 Outer 类中定义了一个 public 的内部类 InnerTool。

例程 12-1　Tester.java

```java
package visitcontrol;

class Outer{
  public class InnerTool{    //内部类
    public int add(int a,int b){
      return a+b;
    }
  }

  private InnerTool tool=new InnerTool();

  public void add(int a,int b,int c){
    tool.add(tool.add(a,b),c);
  }
}

public class Tester{
  public static void main(String args[]){
    Outer o=new Outer();
    o.add(1,2,3);
    Outer.InnerTool tool=new Outer().new InnerTool();
  }
}
```

在 Outer 类中，可以直接使用 InnerTool 类，例如：

```
private InnerTool tool=new InnerTool();
```

InnerTool 类的完整类名为 Outer.InnerTool。Tester 类是 Outer 类及其内部类的客户类，如果要在 Tester 类中使用 InnerTool 类，必须引用它的完整类名：

```
Outer.InnerTool tool1;
Outer.InnerTool tool2;
```

如果不希望客户程序访问成员内部类，外部类可以把成员内部类定义为 private 类型，例如：

```java
class Outer{
  private class InnerTool{    //内部类
    public int add(int a,int b){
      return a+b;
    }
  }
  …
}
```

此时如果在 Tester 类中试图访问内部类 Outer.InnerTool，会导致编译错误。

成员内部类还可分为两种：实例内部类和静态内部类，后者用 static 修饰。不管是

第 12 章 内部类

何种类型的内部类，都应该保证内部类与外部类不重名，例如以下内部类的定义是不合法的：

```
class A{
    class A{ } //编译错误，不允许内部类与外部类重名
    public void method(){
        class A{}  //编译错误，不允许内部类与外部类重名
    }
}
```

12.1.1 实例内部类

实例内部类是成员内部类的一种，没有 static 修饰。例程 12-1 中的 InnerTool 类就是一个实例内部类。实例内部类具有以下特点：

（1）在创建实例内部类的实例时，外部类的实例必须已经存在。例如要创建 InnerTool 类的实例，必须先创建 Outer 外部类的实例：

```
Outer.InnerTool tool=new Outer().new InnerTool();
```

以上代码等价于：

```
Outer outer=new Outer();
Outer.InnerTool tool =outer.new InnerTool();
```

以下代码会导致编译错误：

```
Outer.InnerTool tool=new Outer.InnerTool();
```

（2）实例内部类的实例自动持有外部类的实例的引用。在内部类中，可以直接访问外部类的所有成员，包括成员变量和成员方法。例如，在例程 12-2（A.java）中，类 A 有一个实例内部类 B，在类 B 中可以访问类 A 的各个访问级别的成员。

例程 12-2　A.java

```
package outerref;

public class A{
    private int a1;
    public int a2;
    static int a3;
    public A(int a1,int a2){this.a1=a1;this.a2=a2;}

    protected int methodA(){return a1*a2;}

    class B{   //内部类
        int b1=a1;   //直接访问 private 的 a1
        int b2=a2;   //直接访问 public 的 a2
        int b3=a3;   //直接访问 static 的 a3
        int b4=new A(3,4).a1;   //访问一个新建的实例 A 的 a1
        int b5=methodA();   //访问 methodA()方法
    }

    public static void main(String args[]){
        A.B b=new A(1,2).new B();
```

```
        System.out.println("b.b1="+b.b1);   //打印 b.b1=1
        System.out.println("b.b2="+b.b2);   //打印 b.b2=2
        System.out.println("b.b3="+b.b3);   //打印 b.b3=0
        System.out.println("b.b4="+b.b4);   //打印 b.b4=3
        System.out.println("b.b5="+b.b5);   //打印 b.b5=2
    }
}
```

类 B 之所以能访问类 A 的成员，是因为当内部类 B 的实例存在时，外部类 A 的实例肯定已经存在，实例 B 自动持有当前实例 A 的引用。例如，在以下代码中，实例 B 会引用实例 A：

```
A.B b=new A(1,2).new B();
```

运行类 A 的 main()方法，打印结果如下：

```
b.b1=1
b.b2=2
b.b3=0
b.b4=3
b.b5=2
```

在多重嵌套中，内部类可以访问所有外部类的成员，例如以下内部类 C 可以访问外部类 A 和外部类 B 的私有成员：

```
class A{
    private void methodA(){}

    class B{   //类 A 的内部类 B
        private void methodB(){}

        class C{   //类 B 的内部类 C
            private void methodC(){
                methodA();
                methodB();
            }
        }
    }
}
```

（3）外部类实例与内部类实例之间是一对多的关系，一个内部类实例只会引用一个外部类实例，而一个外部类实例对应零个或多个内部类实例。在外部类中不能直接访问内部类的成员，必须通过内部类的实例去访问：

```
class A{
    class B{   //类 B 是类 A 的内部类
        private int b1=1;
        public int b2=2;
        class C{}   //类 C 是类 B 的内部类
    }

    public void test(){
        int v1=b1;   //编译错误，不能直接访问内部类 B 的成员变量 b1
        int v2=b2;   //编译错误，不能直接访问内部类 B 的成员变量 b2
        B.C c1=new C();   //编译错误，不能直接访问内部类 B 的内部类 C
```

```
        B b=new B();    //合法
        int v3=b.b1;    //合法，可以通过内部类 B 的实例去访问变量 b1
        int v4=b.b2;    //合法，可以通过内部类 B 的实例去访问变量 b2
        B.C c2= b.new C();    //合法，可以通过内部类 B 的实例去访问内部类 C
      B.C c3=new B().new C();//合法，可以通过内部类 B 的实例去访问内部类 C
    }
  }
```

在以上类 B 中还有一个内部类 C，在类 A 中不能直接访问类 C，而是应该通过类 B 的实例去访问：

```
    B.C c1=new C();    //编译错误
    B.C c2=b.new C();    //合法
    B.C c3=new B().new C();    //合法
```

Tips

在以上类 A 的 test()实例方法中可以直接创建类 B 的实例，new B()语句相当于 this.new B()语句，因此新建的实例 B 引用当前实例 A。

（4）在实例内部类中不能定义静态成员，实例内部类中只能定义实例成员。例如，在以下内部类 B 中定义静态变量 *b*1 和静态内部类 C 是非法的：

```
    class A{
      class B{
        static int b1;    //编译错误
        int b2;    //合法
        static class C{}//编译错误
        class D{} //合法
      }
    }
```

（5）如果实例内部类 B 与外部类 A 包含同名的成员（比如成员变量 *v*），那么在类 B 中，this.v 表示类 B 的成员，A.this.v 表示类 A 的成员，参见例程 12-3（A.java）。

例程 12-3 A.java

```
    package diffnames;

    public class A{
      int v=1;
      class B{
        int v=2;
        public void test(){
          System.out.println("v="+v);    //打印 v=2
          System.out.println("this.v="+this.v);    //打印 this.v=2
          System.out.println("A.this.v="+A.this.v);    //打印 A.this.v=1
        }
      }

      public static void main(String args[]){
        new A().new B().test();
      }
    }
```

12.1.2 静态内部类

静态内部类是成员内部类的一种，用 static 修饰。静态内部类具有以下特点：

（1）静态内部类的实例不会自动持有外部类的特定实例的引用，在创建内部类的实例时，不必创建外部类的实例。例如以下类 A 有一个静态内部类 B，客户类 Tester 创建类 B 的实例时不必创建类 A 的实例：

```
class A{
  public static class B{
    int v;
  }
}

class Tester{
  public void test(){
    A.B b=new A.B();
    b.v=1;
  }
}
```

（2）静态内部类可以直接访问外部类的静态成员，如果访问外部类的实例成员，必须通过外部类的实例去访问。例如，在以下静态内部类 B 中，可以直接访问外部类 A 的静态变量 *a2*，但是不能直接访问实例变量 *a1*：

```
class A{
  private int a1;   //实例变量 a1
  private static int a2;   //静态变量 a2

  public static class B{
    int b1=a1;   //编译错误，不能直接访问外部类 A 的实例变量 a1
    int b2=a2;   //合法，可以直接访问外部类 A 的静态变量 a2
    int b3=new A().a1;   //合法，可以通过类 A 的实例访问变量 a1
  }
}
```

（3）在静态内部类中可以定义静态成员和实例成员，例如：

```
class A{
  public static class B{
    int v1;   //实例变量
    static int v2;   //静态变量

    public static class C{   //静态内部类
      static int v3;
    }
  }
}
```

（4）客户类可以通过完整的类名直接访问静态内部类的静态成员，例如，在例程 12-4 的 Tester 类中，可通过 A.B.v2 的形式访问内部类 B 的静态变量 *v2*，但是不能用 A.B.v1 的形式访问内部类 B 的实例变量 *v1*。

例程 12-4　Tester.java

```
package visitstatic;

class A{
  public static class B{
    int v1;
    static int v2;

    public static class C{
      static int v3;
      int v4;
    }
  }
}

public class Tester{
  public void test(){
    A.B b=new A.B();
    A.B.C c=new A.B.C();
    b.v1=1;
    b.v2=1;
    A.B.v1=1;     //编译错误
    A.B.v2=1;     //合法
    A.B.C.v3=1;   //合法
  }
}
```

12.1.3　局部内部类

局部内部类是在一个方法中定义的内部类，它的可见范围是当前方法。和局部变量一样，局部内部类不能用访问控制修饰符（public、private 和 protected），以及 static 修饰符来修饰。局部内部类具有以下特点：

（1）局部内部类只能在当前方法中使用。例如以下类 A 的 method()方法中有一个局部内部类 B，在类 B 中有一个实例内部类 C，在 method()方法中可以访问类 B 和类 C，但在 method()方法以外就不能访问类 B 及它的成员：

```
class A{
  B b=new B();   //编译错误

  public void method(){
    class B{
      int v1;
      int v2;

      class C{
        int v3;
      }
    }

    B b=new B();         //合法
    B.C c=b.new C();     //合法
```

```
        }
    }
```

(2) 局部内部类和实例内部类一样，不能包含静态成员，在以下局部类 B 中定义了一些静态成员，会导致编译错误：

```
class A{
    public void method(){
        class B{
            static int v1;   //编译错误
            int v2;   //合法

            static class C{   //编译错误
                int v3;
            }
        }
    }
}
```

(3) 在局部内部类中定义的内部类也不能被 public、protected 和 private 这些访问控制修饰符修饰。

(4) 局部内部类和实例内部类一样，可以访问外部类的所有成员，此外，局部内部类还可以访问所在方法中的符合以下条件之一的参数和变量：

- 最终变量或参数：用 final 修饰。
- 实际上的最终变量或参数：虽然没有用 final 修饰，但是程序不会修改变量的值。

以下类 A 的 method()方法中，*localV*1 是实际上的最终变量，*localV*2 是最终变量，而 *localV*3 变量的值被修改过。

```
class A{
    int a;
    public void method(final int p1,int p2){
        int localV1=1;
        final int localV2=2;
        int localV3=0;
        localV3=1;           //修改局部变量
        class B{
            int b1=a;        //合法，访问外部类的实例变量
            int b2=p1;       //合法，访问 final 类型的参数
            int b3=p2;       //合法，访问实际上的最终参数 p2
            int b4=localV1;  //合法,访问实际上的最终变量
            int b5=localV2;  //合法，访问最终变量
            int b6=localV3;  //编译错误，localV3 不是最终变量或者实际上的最终变量
        }
    }
}
```

在内部类 B 中访问 *localV*3 局部变量是非法的，因为它的值被修改过，不是实际上的最终变量。

12.2 内部类的继承

在下面的例程 12-5（Sample.java）中，外部类 Sample 继承了另一个外部类 Outer 的内部类 Inner。每个 Sample 实例必须自动引用一个 Outer 实例，当调用一个 Sample 实例的 print() 方法时，print() 方法会访问当前 Outer 实例的成员变量 *a*。

例程 12-5 Sample.java

```
package inherit;

class Outer{
  private int a;
  public Outer(int a){this.a=a;}

  class Inner{
    public Inner(){}
    public void print(){System.out.println("a="+a);}   //访问外部类的实例变量 a
  }
}

public class Sample extends Outer.Inner{
  //public Sample(){} //编译错误

  public Sample(Outer o){
    o.super();
  }

  public static void main(String args[]){
    Outer outer1=new Outer(1);
    Outer outer2=new Outer(2);

    Outer.Inner in=outer1.new Inner();
    in.print();   //打印 a=1

    Sample s1=new Sample(outer1);
    Sample s2=new Sample(outer2);
    s1.print();   //打印 a=1
    s2.print();   //打印 a=2
  }
}
```

在直接构造实例内部类的实例的时候，Java 虚拟机会自动使内部类实例引用它的外部类实例，例如，在以下代码中，inner 变量引用的 Inner 实例会自动引用 outer1 变量引用的实例：

```
Outer outer1=new Outer();
Outer.Inner inner=outer1.new Inner();
```

但是如果通过以下形式构造 Sample 实例，Java 虚拟机无法决定让 Sample 实例引用哪个 Outer 实例：

```
Sample s=new Sample();
```

为了避免这种错误,在编译阶段,Java 编译器会要求 Sample 类的构造方法必须通过参数传递一个 Outer 实例的引用,然后在构造方法中调用 super 语句来建立 Sample 实例与 Outer 实例的关联关系:

```
public Sample(Outer o){
   o.super();
}
```

通过以上构造方法创建 Sample 实例时,Java 虚拟机会使它引用参数指定的 Outer 实例。例如,在以下代码中,s1 与 outer1 关联,s2 与 outer2 关联,执行 s1.print()方法时,会打印 outer1 实例的变量 *a*,执行 s2.print()方法时,会打印 outer2 实例的变量 *a*:

```
Sample s1=new Sample(outer1);
Sample s2=new Sample(outer2);
s1.print();
s2.print();
```

12.3 子类与父类中的内部类同名

内部类并不存在覆盖的概念,如果子类与父类中存在同名的内部类,那么这两个内部类分别在不同的命名空间中,不会发生冲突。

在例程 12-6(SubOuter.java)中,在 Outer 类和 SubOuter 子类中都有一个实例内部类 Inner,这两个内部类的完整名字分别为 Outer.Inner 和 SubOuter.Inner,它们是独立的两个类,不存在覆盖关系。Java 编译器不会检查子类中的 Inner 类是否缩小了父类中 Inner 类的访问权限。

例程 12-6 SubOuter.java

```java
package nooverride;

class Outer{
  Inner in;
  Outer(){in=new Inner();}   //构造 Outer.Inner 类的实例

  public class Inner{   //public 访问级别
    public Inner(){System.out.println("inner of Outer");}
  }
}

public class SubOuter extends Outer{
  class Inner{   //默认访问级别
    public Inner(){System.out.println("inner of SubOuter");}
  }

  public static void main(String args[]){
    SubOuter.Inner in1=new SubOuter().new Inner();
    Outer.Inner in2=new Outer().new Inner();
```

```
        }
    }
```

执行 new SubOuter()语句时，Java 虚拟机会调用 Outer 父类的构造方法，在执行该构造方法中的 new Inner()语句时，Java 虚拟机会构造 Outer.Inner 类的实例，而不是 SubOuter.Inner 类的实例。以上程序的打印结果如下：

```
inner of Outer
inner of SubOuter
inner of Outer
inner of Outer
```

12.4 匿名类

匿名类是一种特殊的内部类，这种类没有名字，在例程 12-7 的类 A 的 main()方法中就定义了一个匿名类。

例程 12-7　A.java

```
package noname;

public class A {
    A(int v){System.out.println("another constructor");}
    A(){System.out.println("default constructor");}

    void method(){System.out.println("from A");};

    public static void main(String args[]){
        new A().method();   //打印 from A

        A a=new A(){   //匿名类
            void method(){System.out.println("from anonymous");}
        };
        a.method();   //打印 from anonymous
    }
}
```

以上"new A(){...}"定义了一个继承类 A 的匿名类，大括号内是类 A 的类体，"new A(){...}"返回匿名类的一个实例的引用。此处的匿名类相当于在 main()方法内定义了一个局部内部类，并且创建了它的实例。"A a=new A(){...};"语句类似于以下代码（假定这个局部内部类名为 SubA）：

```
class SubA extends A{   //定义局部类
    void method(){System.out.println("from anonymous");}
}
A a=new SubA();   //创建局部类的实例
```

例程 12-7 的打印结果为：

```
default constructor
from A
```

```
default constructor
from anonymous
```

匿名类具有以下特点。

（1）匿名类本身没有构造方法，但是会调用父类的构造方法。例如，以下匿名类会调用父类 A 的 A(int v)构造方法：

```
public static void main(String args[]){
  int v=1;
  A a=new A(v){   //匿名类
    void method(){System.out.println("from anonymous");}
  };
  a.method();    //打印 from anonymous
}
```

以上代码的打印结果为：

```
another constructor
from anonymous
```

在以上"new A(v){…}"中，如果参数 v 是局部变量，并且在匿名类的类体中会使用它，那么 v 必须是满足以下条件之一，否则会导致编译错误：

- 最终变量：用 final 修饰。
- 实际上的最终变量：虽然没有用 final 修饰，但是程序不会修改变量的值。

例如，以下代码在 main()方法中定义了变量 v，并且修改了变量 v 的值：

```
public static void main(String args[]){
  int v=1;
  v=2;   //修改变量 v 的值
  A a=new A(v){   //匿名类
    void method(){System.out.println("from anonymous "+v);}   //编译出错，不能访问变量 v
  };
  a.method();   //打印 from anonymous
}
```

以上代码会导致编译错误，正确的做法是把变量 v 定义为 final 类型或者不修改变量 v 的值。

（2）匿名类尽管没有构造方法，但是可以在匿名类中提供一段实例初始化代码，Java 虚拟机会在调用了父类的构造方法后，执行这段代码：

```
public static void main(String args[]){
  int v=1;
  A a=new A(v){   //匿名类
    {System.out.println("initialize instance");}   //实例初始化代码
    void method(){System.out.println("from anonymous");}
  };
  a.method();   //打印 from anonymous
}
```

以上程序的打印结果如下：

```
another constructor
initialize instance
from anonymous
```

第 12 章 内部类

由此可见，实例初始化代码具有和构造方法同样的效果，不过，前者不允许被重载，匿名类的实例只能有一种初始化方式。

（3）除了可以在外部类的方法内定义匿名类，还可以在声明一个成员变量时定义匿名类，例如，以下类 A 有一个实例变量 *a*，它引用一个继承类 A 的匿名类的实例：

```
abstract class A{
  A a=new A(){
    void method(){System.out.println("inner");}
  };
  abstract void method();
}
```

（4）匿名类除了可以继承类，还可以实现接口，例如：

```
class Sample{
  public static void main(String args[]){
    Thread t=new Thread(new Runnable(){
      public void run(){
        for(int i=0;i<100;i++)
          System.out.println(i);
      }
    });
    t.start();
  }
}
```

以上匿名类实现了 java.lang.Runnable 接口，这个匿名类的实例的引用作为参数，传给 java.lang.Thread 类的构造方法。main()方法的第一条语句相当于以下代码：

```
Runnable r=new Runnable(){   //创建匿名类的实例
  public void run(){
    for(int i=0;i<100;i++)
      System.out.println(i);
  }
};
Thread t=new Thread(r);   //把匿名类的实例传给 Thread 类的构造方法
```

（5）匿名类和局部内部类一样，可以访问外部类的所有成员，如果匿名类位于一个方法中，还能访问所在方法的最终变量和参数，或者实际上的最终变量和参数。

（6）局部内部类的名字在方法外是不可见的，因此与匿名类一样，能够起到封装类型名字的作用。局部内部类与匿名类有以下区别：

- 匿名类的程序代码比较简短。
- 一个局部内部类可以有多个重载构造方法，并且客户类可以多次创建局部内部类的实例。而匿名类没有重载构造方法，并且只能创建一次实例。

因此，如果只需创建内部类的一个实例，那么可以用匿名类，它能使程序代码比较简洁，如果需要多次创建内部类的实例，那么用局部内部类。

12.5 内部接口以及接口中的内部类

在一个类中也可以定义内部接口，例如例程 12-8 的 Outer 类中有一个静态内部接口 Tool。Outer 类的一个匿名内部类实现了这一接口，此外，一个顶层类 MyTool 也实现了这个接口。

例程 12-8　Outer.java

```java
package innerinterface;
public class Outer{
    public static interface Tool{ public int add(int a,int b);}    //静态内部接口
    private Tool tool=new Tool(){public int add(int a,int b){return a+b;}};    //匿名类
    public void add(int a,int b,int c){
        tool.add(tool.add(a,b),c);
    }
    public void setTool(Tool tool){
        this.tool=tool;
    }
}
class MyTool implements Outer.Tool{
    public int add(int a,int b){
        int result=a+b;
        System.out.println(result);
        return result;
    }
}
```

在接口中可以定义静态内部类，此时静态内部类位于接口的命名空间中，例如，在以下接口 A 中定义了静态内部类 B，类 C 实现了接口 A，类 B 的名字对类 C 是可见的，但在类 D 中，必须通过 A.B 的形式使用类 B。

```java
public interface A{
    static class B{}
    public void method(B b);
}

class C implements A{
    B b=new B();
    public void method(B b){}
}

class D{
    A.B b1=new A.B();    //合法
    B b2=new B();    //编译出错
}
```

12.6 内部类的用途

内部类有以下用途：
- 封装类型。
- 直接访问外部类的成员。
- 回调外部类的方法。

12.6.1 封装类型

面向对象的核心思想之一是封装：把所有不希望对外公开的实现细节封装起来。顶层类只能处于 public 和默认访问级别，而成员内部类可以处于 public、protected、默认和 private 4 个访问级别。此外，如果一个内部类仅仅为特定的方法提供服务，那么可以把这个内部类定义在方法之内。可见，内部类是一种封装类型的有效手段。

以下 private 类型的 InnerTool 内部类实现了公共的 Tool 接口：

```java
public interface Tool{ public int add(int a,int b);}

public class Outer{
    private class InnerTool implements Tool{
        public int add(int a,int b){
            return a+b;
        }
    }

    public Tool getTool(){
        return new InnerTool();
    }
}
```

在客户类中不能访问 Outer.InnerTool 类，但是可以通过 Outer 类的 getTool()方法获得 InnerTool 的实例：

```java
Tool tool=new Outer().getTool();   //InnerTool 实例向上转型为 Tool 类型
```

由此可见，私有内部类可以用来封装类型。

12.6.2 直接访问外部类的成员

内部类的一个特点是能够访问外部类的各种访问级别的成员。假设有类 A 和类 B，类 B 的 reset()方法负责重新设置类 A 的实例变量 count 的值。一种实现方式是把类 A 和类 B 都定义为外部类：

```java
class A{
    private int count;
    public int add(){return ++count;}
```

```
    public int getCount(){return count;}
    public void setCount(int count){this.count=count;}
}

class B{
  A a;    //类 B 与类 A 关联

  B(A a){this.a=a;}

  public void reset(){
    if(a.getCount()>0)
      a.setCount(1);
    else
      a.setCount(-1);
  }
}
```

为了使类 B 能够访问类 A 的 count 属性，类 A 必须提供 getCount()和 setCount()方法。此外，还建立了类 B 到类 A 的关联关系。

假如应用需求要求类 A 的 count 属性不允许被除类 B 以外的其他类读取或设置，那么以上实现方式就不能满足这一需求。在这种情况下，把类 B 定义为内部类就可以解决这一问题，而且会使程序代码更加简洁：

```
class A{
  private int count;
  public int add(){return ++count;}

  class B{ //定义内部类 B
    public void reset(){
      if(count>0)
        count=1;
      else
        count=-1;
    }
  }
}
```

当类 B 作为类 A 的实例内部类时，可以直接访问类 A 的 count 属性。Java 虚拟机会保证类 B 的实例持有类 A 的实例的引用，因此无须显式地建立类 B 与类 A 的关联。

12.6.3 回调

在以下 Adjustable 接口和 Base 类中都定义了 adjust()方法，这两个方法的参数签名相同，但是有着不同的功能。

```
public interface Adjustable{
  /** 调节温度 */
  public void adjust(int temperature);
}
public class Base{
  private int speed;
  /** 调节速度 */
  public void adjust(int speed){
```

第 12 章 内部类

```
      this.speed=speed;
   }
}
```

如果有一个 Sub 类同时具有调节温度和调节速度的功能,那么 Sub 类需要继承 Base 类,并且实现 Adjustable 接口,但是以下代码并不能满足这一需求:

```
public class Sub extends Base implements Adjustable{
   private int temperature;
   public void adjust(int temperature){
      this.temperature=temperature;
   }
}
```

以上 Sub 类实现了 Adjustable 接口中的 adjust()方法,并且把 Base 类中的 adjust()方法覆盖了,这意味着 Sub 类仅仅有调节温度的功能,但失去了调节速度的功能。可以用内部类来解决这一问题:

```
public class Sub extends Base {
   private int temperature;

   private void adjustTemperature(int temperature){
      this.temperature=temperature;
   }

   private class Closure implements Adjustable{
      public void adjust(int temperature){
         adjustTemperature(temperature);
      }
   }
   public Adjustable getCallBackReference(){
      return new Closure();
   }
}
```

为了使 Sub 类既不覆盖 Base 类的 adjust()方法,又能实现 Adjustable 接口的 adjust()方法,Sub 类采取了以下措施:

(1) 定义了一个 private 类型的 adjustTemperature()方法,该方法实现了调节温度的功能。为了避免覆盖 Base 类的 adjust()方法,故意取了不同的名字。

(2) 定义了一个 private 类型的实例内部类 Closure,这个类实现了 Adjustable 接口,在这个类的 adjust()方法中,调用 Sub 外部类的 adjustTemperature()方法。

(3) 定义了 getCallBackReference()方法,该方法返回 Closure 类的实例。

以下代码演示客户类使用 Sub 类的调节温度的功能:

```
Sub sub=new Sub();
Adjustable ad=sub.getCallBackReference();
ad.adjust(15);
```

客户类先调用 Sub 实例的 getCallBackReference()方法,获得内部类 Closure 的实例,然后再调用 Closure 实例的 adjust()方法,该方法又调用 Sub 实例的 adjustTemperature()方法。这种调用过程称为回调(CallBack)。

回调实质上是指一个类尽管实际上实现了某种功能，但是没有直接提供相应的接口，客户类可以通过这个类的内部类的接口来获得这种功能。而这个内部类本身并没有提供真正的实现，仅仅调用外部类的实现。可见，回调充分发挥了内部类具有访问外部类的实现细节的优势。

12.7 内部类的类文件

对于每个内部类，Java 编译器会生成独立的 .class 文件。这些类文件的命名规则如下：
- 成员内部类：外部类的名字$内部类的名字。
- 局部内部类：外部类的名字$数字和内部类的名字。
- 匿名类：外部类的名字$数字。

在以下程序中定义了各种类型的内部类：

```
class A{
    static class B{}      //成员内部类，对应 A$B.class
    class C{               //成员内部类，对应 A$C.class
        class D{}          //成员内部类，对应 A$C$D.class
    }

    public void method1(){
        class E{}          //局部内部类 1，对应 A$1E.class

        B b=new B(){};     //匿名类 1，对应 A$1.class
        C c=new C(){};     //匿名类 2，对应 A$2.class
    }

    public void method2(){
        class E{}          //局部内部类 2，对应 A$2E.class
    }
}
```

Java 编译器编译以上程序，会生成以下类文件：

```
A.class
A$B.class
A$C.class
A$C$D.class
A$1E.class
A$1.class
A$2.class
A$2E.class
```

12.8 小结

本章介绍了内部类的语法及用途。表 12-1 对实例内部类、静态内部类和局部内部类做了比较。

表 12-1 比较实例内部类、静态内部类和局部内部类

比较方面	实例内部类	静态内部类	局部内部类
主要特征	内部类的实例引用特定的外部类的实例	内部类的实例不与外部类的任何实例关联	可见范围是所在的方法
可用的修饰符	访问控制修饰符，abstract,final	访问控制修饰符，static,abstract,final	abstract,final
可以访问外部类的哪些成员	可以直接访问外部类的所有成员	只能直接访问外部类的静态成员	可以直接访问外部类的所有成员，并且能访问所在方法的最终或实际上的最终变量和参数
拥有成员的类型	只能拥有实例成员	可以拥有静态成员和实例成员	只能拥有实例成员
外部类如何访问内部类的成员	必须通过内部类的实例来访问	对于静态成员，可以通过内部类的完整类名来访问	必须通过内部类的实例来访问

12.9 思考题

1. 在类的方法内部定义的内部类可以访问外部类的所有成员变量。这句话对吗？
2. 内部类和外部类一样，可以实现接口，继承其他的类或被其他的类继承。这句话对吗？
3. 以下代码能否编译通过？假如能编译通过，运行"java Outer"时将得到什么打印结果？

```
public class Outer{
    public String name = "Outer";

    public static void main(String argv[]){
        Inner i = new Inner();
        showName();
    }

    private class Inner{
        String name =new String("Inner");

        void showName(){
            System.out.println(name);
```

```
      }
    }
}
```

4. 顶层类不能被 private、protected 修饰，有些内部类可以被 private、protected 修饰。这句话对吗？

5. 匿名类也需要声明构造方法。这句话对吗？

6. 以下哪些是合法的代码？

a)
```java
public class Outer {
    String a;
    public class Inner {
        String b;
        public void innerMethod() {
            System.out.println("Enclosing a is " + a);
            System.out.println("b is " + b);
        }
    }
    public void createInner() {
        Inner i=new Inner();
        i.innerMethod();
    }
}
```

b)
```java
public class Outer {
    String a;
    public class Inner {
        String b;
        public void innerMethod() {
            System.out.println("Enclosing a is " + a);
            System.out.println("b is " + b);
        }
    }
    public void createInner() {
        Outer.Inner i=new Outer.Inner();
        i.innerMethod();
    }
}
```

c)
```java
public class Outer {
    String a;
    int k=1;
    public static class Inner {
        String b;
        public void innerMethod() {
            System.out.println("Enclosing a is " + a);
            System.out.println("b is " + b);
        }
    }
    public void createInner() {
        Outer.Inner i=new Outer.Inner();
        i.innerMethod();
```

```
      System.out.println("This is the value of k: " + k);
    }
  }
```

d)
```
public class Outer {
  static String a;
  static int k;
  public Outer() {
    k++;
  }
  public class Inner {
    String b;
    public void innerMethod() {
      System.out.println("Enclosing a is " + a);
      System.out.println("b is " + b);
    }
    public void createInner() {
      Outer.Inner i=new Outer.Inner();
      i.innerMethod();
      System.out.println("This is the instance no: " + k);
    }
  }
}
```

7. 对于以下代码，method2()方法可否访问变量 *x*、*y* 或 *z*？

```
class A {
  public int x;
  private int y;
  class B {
    protected void method1() {}

    class C {
      private void method2() {}
    }
  }

  class D extends A {
    public float z;
  }
}
```

8. 对于以下类，在 Inner 类的 method() 方法中，哪些语句是合法的？

```
public class Outer {
  private int a;
  public static void main(String[] args){}

  public void go(int w,final int z) {
    int p=w-z;
    final int q=w+z;

    class Inner {
      public void method (){
        System.out.println("w=" +w);   //line1
```

```
            System.out.println("z=" +z);    //line2
            System.out.println("p=" +p);    //line3
            System.out.println("q=" +q);    //line4
            System.out.println("a=" +a);    //line5
        }
    }

    Inner that=new Inner();
    that.method();
  }
}
```

第 13 章 多 线 程

进程是指运行中的应用程序，每一个进程都有自己独立的内存空间，对一个应用程序可以同时启动多个进程。例如，对于 IE 浏览器程序，每打开一个 IE 浏览器窗口，就启动了一个新的浏览器进程。同样，每次执行 JDK 的 java.exe 程序，就启动了一个独立的 Java 虚拟机进程，该进程的任务是解析并执行 Java 程序代码。

线程是指进程中的一个执行流程，有时也称为执行情景。一个进程可以由多个线程组成，即在一个进程中可以同时运行多个不同的线程，它们分别执行不同的任务。当进程内的多个线程同时运行时，这种运行方式称为并发运行。许多服务器程序，如数据库服务器和 Web 服务器，都支持并发运行，这些服务器能同时响应来自不同客户的请求。

线程与进程的主要区别在于：每个进程都需要操作系统为其分配独立的内存地址空间，而同一进程中的所有线程在同一块地址空间中工作，这些线程可以共享同一块内存和系统资源，比如共享一个对象或者共享一个已经打开的文件。

本章首先介绍 Java 线程的运行机制，接着介绍线程的创建与启动方法，然后介绍如何对多个线程进行调度、同步和通信。接下来介绍线程的控制和异常处理。本章最后还介绍了 java.util.concurrent 并发包中的一些类和接口的用法。

13.1 Java 线程的运行机制

在 Java 虚拟机进程中，执行程序代码的任务是由线程来完成的。每个线程都有一个独立的程序计数器和方法调用栈（method invocation stack）：
- 程序计数器：也称为 PC 寄存器，当线程执行一个方法时，程序计数器指向方法区中下一条要执行的字节码指令。
- 方法调用栈：简称方法栈，用来跟踪线程运行中一系列的方法调用过程，栈中的元素称为栈桢。每当线程调用一个方法时，就会向方法栈压入一个新桢，桢用来存储方法的参数、局部变量和运算过程中的临时数据。

栈桢由 3 部分组成：
- 局部变量区：存放局部变量和方法参数。
- 操作数栈：是线程的工作区，用来存放运算过程中生成的临时数据。
- 栈数据区：为线程执行指令提供相关的信息，包括：如何定位到位于堆区和方法区的特定数据，如何正常退出方法或者异常中断方法。

每当用 java 命令启动一个 Java 虚拟机进程时，Java 虚拟机就会创建一个主线程，该线程从程序入口 main() 方法开始执行。下面以例程 13-1 的 Sample 为例，介绍线程的运行过程。

例程 13-1　Sample.java

```java
public class Sample{
    private int a;   //实例变量
    public int method(){
        int b=0;   //局部变量
        a++;
        b=a;
        return b;
    }

    public static void main(String args[]){
        Sample s=null;   //局部变量
        int a=0;   //局部变量

        s=new Sample();
        a=s.method();
        System.out.println(a);
    }
}
```

　　主线程从 main()方法的程序代码开始运行，当它开始执行 method()方法的"a++"操作时，运行时数据区的状态如图 13-1 所示。

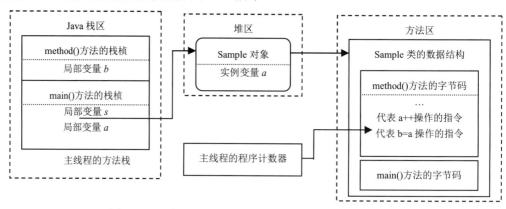

图 13-1　主线程执行"a++"操作时运行时数据区的状态

　　当主线程执行"a++"操作时，它能根据 method()方法的栈桢的栈数据区中的有关信息，正确地定位到堆区的 Sample 对象的实例变量 a，把它的值加 1。

　　当 method()方法执行完毕后，它的栈桢就会从方法栈中弹出，它的局部变量 b 结束生命周期。main()方法的栈桢成为当前桢，主线程继续执行 main()方法。

　　从图 13-1 可以看出，方法区存放了线程所执行的字节码指令，堆区存放了线程所操作的数据（以对象的形式存放），Java 栈区则是线程的工作区，保存线程的运行状态。

　　另外，计算机中机器指令的真正执行者是 CPU，线程必须获得 CPU 的使用权，才能执行一条指令。如图 13-2 显示了线程运行中需要使用的计算机 CPU 和内存资源。

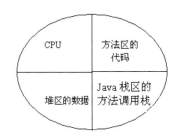

图 13-2　线程运行中需要使用的计算机 CPU 和内存资源

13.2　线程的创建和启动

上一节提到了 Java 虚拟机的主线程，它从启动类的 main()方法开始运行。此外，用户还可以创建自己的线程，它将和主线程并发运行。创建线程有两种方式：
- 扩展 java.lang.Thread 类。
- 实现 Runnable 接口。

13.2.1　扩展 java.lang.Thread 类

Thread 类代表线程类，它的最主要的两个方法是：
- run()：包含线程运行时所执行的代码。
- start()：用于启动线程。

用户的线程类只需继承 Thread 类，覆盖 Thread 类的 run()方法。在 Thread 类中，run()方法的定义如下：

```
public void run()
```

该方法没有声明抛出任何异常，根据方法覆盖的规则（参见第 6 章的 6.3 节（方法覆盖）），Thread 子类的 run()方法也不能声明抛出任何异常。例程 13-2 的 Machine 类是用户自己定义的线程类，在 run()方法中指定这个线程所执行的代码。

例程 13-2　Machine.java

```
package extendth;
public class Machine extends Thread{
    public void run(){
        for(int a=0;a<50;a++)
            System.out.println(a);
    }

    public static void main(String args[]){
        Machine machine=new Machine();
        machine.start();    //启动 machine 线程
    }
}
```

当运行 java extendth.Machine 命令时，Java 虚拟机首先创建并启动主线程，主线程的任务是执行 main()方法，main()方法创建了一个 Machine 对象，然后调用它的 start()方法启动 Machine 线程。Machine 线程的任务是执行它的 run()方法。

下面再结合具体实例介绍线程的运行过程，以及 Thread 类的 start()方法的用法。

1. 主线程与用户自定义的线程并发运行

例程 13-3 的 Machine 类的 main()方法创建并启动了两个 Machine 线程，main()方法接着调用第一个 Machine 对象的 run()方法。

例程 13-3　Machine.java

```
package allrun;
public class Machine extends Thread{
  public void run(){
    for(int a=0;a<50;a++){
      System.out.println(currentThread().getName()+":"+a);
      try{
        sleep(100);    //给其他线程运行的机会
      }catch(InterruptedException e){throw new RuntimeException(e);}
    }
  }
  public static void main(String args[]){
    Machine machine1=new Machine();   //创建第一个 Machine 对象
    Machine machine2=new Machine();   //创建第二个 Machine 对象
    machine1.start();   //启动第一个 Machine 线程
    machine2.start();   //启动第二个 Machine 线程
    machine1.run();   //主线程执行第一个 Machine 对象的 run()方法
  }
}
```

当主线程执行 main()方法时，会创建两个 Machine 对象，然后启动两个 Machine 线程，接着主线程开始执行第一个 Machine 对象的 run()方法。在 Java 虚拟机中，有 3 个线程并发执行 Machine 对象的 run()方法。在 3 个线程各自的方法栈中都有代表 run()方法的栈桢，在这个桢中存放了局部变量 a，可见每个线程都拥有自己的局部变量 a，它们都分别从 0 增加到 50。

Tips

在本章的有些例子中，主线程也会调用 Machine 对象的 run()方法，这只是为了帮助读者更好地理解线程的运行机制。从面向对象的角度看，Thread 类的 run()方法是专门被线程自动执行的，主线程调用 Thread 类的 run()方法，违背了 Thread 类提供 run()方法的初衷，因此在实际应用中不值得效法。

以上 Machine 类的 run()方法中的 currentThread().getName()相当于以下代码：

```
Thread thread=Thread.currentThread();   //返回当前正在执行这行代码的线程的引用
String name=thread.getName();   //获得线程的名字
```

Thread 类的 currentThread()静态方法返回当前线程的引用，Thread 类的 getName()实例方法则返回线程的名字。每个线程都有默认的名字，主线程默认的名字为"main"。

用户创建的第一个线程的默认名字为"Thread-0",第二个线程的默认名字为"Thread-1",以此类推。Thread 类的 setName()方法可以显式地设置线程的名字。

为了让每个线程能轮流获得 CPU,在 run()方法中还调用了 Thread 类的 sleep()静态方法,该方法让当前线程放弃 CPU 并且睡眠若干时间。

以上程序可能的一种运行结果如下:

```
main:0
Thread-0:0
Thread-1:0
main:1
Thread-0:1
Thread-1:1
…
Thread-0:49
main:49
Thread-1:49
```

2. 多个线程共享同一个对象的实例变量

在例程 13-4 的 Machine 类中,变量 *a* 是 Machine 类的实例变量,Machine 类的 run()方法使用这个实例变量 *a*。

例程 13-4 Machine.java

```
package sharevar;
public class Machine extends Thread{
    private int a=0;   //实例变量
    public void run(){
      for(a=0;a<50;a++){   //使用 Machine 对象的实例变量 a
        System.out.println(currentThread().getName()+":"+a);
        try{
           sleep(100);
        }catch(InterruptedException e){ throw new RuntimeException(e);}
      }
    }
    public static void main(String args[]){
      Machine machine=new Machine();
      machine.start();   //启动一个 Machine 线程
      machine.run();     //主线程执行 run()方法
    }
}
```

运行以上程序,主线程和 Machine 线程都会执行 Machine 对象的 run()方法,图 13-3 显示了主线程和 Machine 线程并发运行时的运行时数据区。

当主线程和 Machine 线程并发执行 Machine 对象的 run()方法时,都会操作同一个实例变量 *a*,这两个线程轮流地给变量 *a* 增加 1,以上程序可能的一种运行结果如下:

```
main:0
Thread-0:0
main:1
Thread-0:2
…
main:47
```

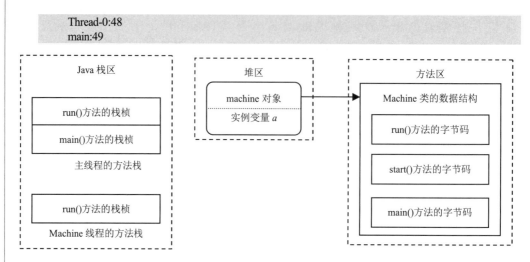

图 13-3 主线程和 Machine 线程并发运行时的运行时数据区

下面对例程 13-4 的 Machine 类的 main()方法做如下修改，使它创建并启动两个 Machine 线程：

```
public static void main(String args[]){
    Machine machine1=new Machine();
    Machine machine2=new Machine();
    machine1.start();
    machine2.start();
}
```

在本书第 7 章的 7.4.2 节（static 方法）曾经提到，实例方法和静态方法的字节码都位于方法区，被所有的线程共享。由于 machine1 线程和 machine2 线程分别执行 machine1 对象和 machine2 对象的 run()方法，意味着当 machine1 线程执行 run()方法时，会把 run()方法中的变量 a 解析为 machine1 对象的实例变量 a；同理，当 machine2 线程执行 run()方法时，会把 run()方法中的变量 a 解析为 machine2 对象的实例变量 a。可见，machine1 线程和 machine2 线程分别操作不同的实例变量 a。

以上程序可能的一种运行结果如下：

```
Thread-0:0
Thread-1:0
…
Thread-0:49
Thread-1:49
```

3. 不要随便覆盖 Thread 类的 start()方法

创建了一个线程对象后，线程并不自动开始运行，必须调用它的 start()方法才能启动线程。JDK 为 Thread 类的 start()方法提供了默认的实现。对于以下代码：

```
Machine machine=new Machine();
machine.start();
```

当用 new 语句创建 Machine 对象时，仅仅在堆区内出现一个包含实例变量 a 的 Machine 对象，此时 Machine 线程没有被启动。当主线程执行 Machine 对象的 start()方法时，该方法会启动 Machine 线程，在 Java 栈区为它创建相应的方法调用栈。

例程 13-5 的 Machine 类覆盖了 Thread 类的 start()方法。

例程 13-5   Machine.java

```
package wrongstart;
public class Machine extends Thread{
    private int a=0;
    public void start(){
        run();
    }
    public void run(){
        for(a=0;a<50;a++){    //使用 Machine 对象的实例变量 a
            System.out.println(currentThread().getName()+":"+a);
            try{
                sleep(100);
            }catch(InterruptedException e){ throw new RuntimeException(e);}
        }
    }
    public static void main(String args[]){
        Machine machine=new Machine();
        machine.start();
    }
}
```

当主线程执行 machine.start()方法时，start()方法并没有启动一个新的 Machine 线程，而是去调用 Machine 对象的 run()方法，这只是普通的方法调用。所有的方法调用都由主线程完成，当主线程执行 run()方法时，它的方法调用栈如图 13-4 所示。

| run()方法的栈桢 |
| start()方法的栈桢 |
| main()方法的栈桢 |

图 13-4   主线程的方法调用栈

以上程序的打印结果为：

```
main:0
main:1
main:2
main:3
…
main:49
```

以上打印结果表明，Machine 对象的 run()方法是由主线程执行的。

从这个例子可以看出，在 Thread 子类中不应该随意覆盖 start()方法，假如一定要覆盖 start()方法，那么应该先调用 super.start()方法。例如，例程 13-6 的 Machine 类的 start()方法首先调用 Thread 父类的 start()方法，确保 Machine 线程被启动，接着统计被启动的 Machine 线程的数目，并且打印该数目。

例程 13-6　Machine.java

```java
package correctstart;
public class Machine extends Thread{
    private int a=0;
    private static int count=0;   //统计被启动的 Machine 线程的数目
    public void start(){
        super.start();
        System.out.println(currentThread().getName()
            +":第"+(++count)+"个 Machine 线程启动");   //这行代码由主线程执行
    }
    public void run(){
        for(a=0;a<50;a++){   //使用 Machine 对象的实例变量 a
            System.out.println(currentThread().getName()+":"+a);
            try{
                sleep(100);
            }catch(InterruptedException e){
                throw new RuntimeException(e);
            }
        }
    }
    public static void main(String args[]){
        Machine machine1=new Machine();
        Machine machine2=new Machine();
        machine1.start();
        machine2.start();
    }
}
```

4．一个线程只能被启动一次

一个线程只能被启动一次，以下代码试图两次启动 machine 线程：

```java
Machine machine=new Machine();
machine.start();
machine.start();   //抛出 IllegalThreadStateException 异常
```

第二次调用 machine.start()方法时，会抛出 java.lang.IllegalThreadStateException 异常。

13.2.2　实现 Runnable 接口

Java 不允许一个类继承多个类，因此一旦一个类继承了 Thread 类，就不能再继承其他的类。为了解决这一问题，Java 提供了 java.lang.Runnable 接口，它有一个 run() 方法，它的定义如下：

```java
public void run();
```

例程 13-7 的 Machine 类实现了 Runnable 接口，run()方法表示线程所执行的代码。

例程 13-7　Machine.java

```java
package runimpl;
public class Machine implements Runnable{
    private int a=0;
```

```
    public void run(){
       for(a=0;a<50;a++){
          System.out.println(Thread.currentThread().getName()+":"+a);
          try{
             Thread.sleep(100);
          }catch(InterruptedException e){throw new RuntimeException(e);}
       }
    }
    public static void main(String args[]){
       Machine machine=new Machine();
       Thread t1=new Thread(machine);
       Thread t2=new Thread(machine);
       t1.start();
       t2.start();
    }
}
```

在 Thread 类中定义了如下形式的构造方法：

Thread(Runnable runnable)   //当线程启动时，会执行参数 runnable 所引用对象的 run()方法

Tips

Thread 类本身也实现了 Runnable 接口，因此也可以作为以上构造方法的参数。

在例程 13-7 中，主线程创建了 t1 和 t2 两个线程对象。当启动 t1 和 t2 线程时，都会执行 *machine* 变量所引用的 Machine 对象的 run()方法。t1 和 t2 共享同一个 machine 对象，因此在执行 run()方法时操纵同一个实例变量 *a*，以上程序的打印结果如下：

```
Thread-0:0
Thread-1:0
Thread-0:1
Thread-1:2
…
Thread-0:47
Thread-1:48
Thread-0:49
```

下面对例程 13-7 的 main()方法做如下修改：

```
public static void main(String args[]){
   Machine machine1=new Machine();
   Machine machine2=new Machine();
   Thread t1=new Thread(machine1);
   Thread t2=new Thread(machine2);
   t1.start();
   t2.start();
}
```

启动 *t*1 和 *t*2 线程后，将分别执行 *machine*1 和 *machine*2 变量各自引用的 Machine 对象的 run()方法，因此 *t*1 和 *t*2 线程操纵不同的 Machine 对象的实例变量 *a*。以上程序可能的一种运行结果如下：

```
Thread-0:0
Thread-1:0
```

```
...
Thread-0:49
Thread-1:49
```

13.3 线程的状态转换

线程在它的生命周期中会处于各种不同的状态,如图 13-5 所示是线程的状态转换图。

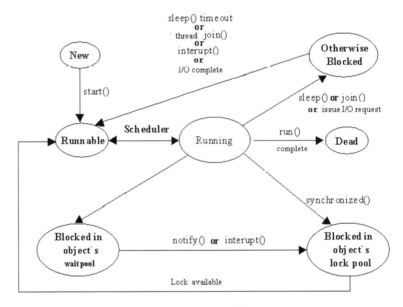

图 13-5 线程的状态转换图

13.3.1 新建状态

用 new 语句创建的线程对象处于新建状态（New），此时它和其他 Java 对象一样，仅仅在堆区中被分配了内存。

13.3.2 就绪状态

当一个线程对象创建后，其他线程调用它的 start()方法，该线程就进入就绪状态（Runnable），Java 虚拟机会为它创建方法调用栈和程序计数器。处于这个状态的线程位于可运行池中，等待 CPU 的使用权。

13.3.3 运行状态

处于运行状态（Running）的线程占用 CPU，执行程序代码。在并发运行环境中，如果计算机只有一个 CPU，那么任何时刻只会有一个线程处于这个状态。如果计算机有多个CPU，那么同一时刻可以让几个线程占用不同的CPU，使它们都处于运行状态。只有处于就绪状态的线程才有机会转到运行状态。

13.3.4 阻塞状态

阻塞状态（Blocked）是指线程因为某些原因放弃CPU，暂时停止运行。当线程处于阻塞状态时，Java虚拟机不会给线程分配CPU，直到线程重新进入就绪状态，它才有机会转到运行状态。

阻塞状态可分为3种：

- 位于对象等待池中的阻塞状态（Blocked in object's wait pool）：当线程处于运行状态时，如果执行了某个对象的wait()方法，Java虚拟机就会把线程放到这个对象的等待池中，参见本章第13.9节（线程通信）。
- 位于对象锁池中的阻塞状态（Blocked in object's lock pool）：当线程处于运行状态，试图获得某个对象的同步锁时，如果该对象的同步锁已经被其他线程占用，Java虚拟机就会把这个线程放到这个对象的锁池中，参见本章第13.8节（线程的同步）。
- 其他阻塞状态（Otherwise Blocked）：当前线程执行了sleep()方法，或者调用了其他线程的join()方法，或者发出了I/O请求时，就会进入这个状态。

Tips

> 本章13.15节介绍用Lock外部锁接口和Condition条件接口来进行线程的同步和通信，在特定情况下，它们也会导致线程的阻塞。

当一个线程执行System.out.println()或者System.in.read()方法后，就会发出一个I/O请求，该线程放弃CPU，进入阻塞状态，直到I/O处理完毕，该线程才会恢复运行。例如，在例程13-8的Machine类中，主线程启动一个Machine线程后，就等待用户的标准输入。主线程进入阻塞状态，Machine线程占用CPU，继续运行。直到用户输入数据，主线程才会恢复运行。

例程13-8　Machine.java

```
package waitio;
public class Machine extends Thread{
    private static StringBuffer log=new StringBuffer();
    private static int count=0;

    public void run(){
        for(int a=0;a<50;a++)
            System.out.println(currentThread().getName()+":"+a);
    }

    public static void main(String args[])throws Exception{
        Machine machine=new Machine();
        machine.start();
        //主线程进入阻塞状态，等待用户的输入，直到获得用户输入的数据，才退出阻塞
        int data=System.in.read();
```

```
      machine.run();
   }
}
```

13.3.5 死亡状态

当线程退出 run()方法以后，就进入死亡状态（Dead），该线程结束生命周期。线程有可能是正常执行完 run()方法而退出的，也有可能是遇到异常而退出的。不管线程是正常结束还是异常结束，都不会对其他线程造成影响。例如，在例程 13-9 中，machine 线程在运行时因为抛出 RuntimeException 异常而结束，此时主线程继续正常运行直至结束。

例程 13-9　Machine.java

```
package withex;
public class Machine extends Thread{
   public void run(){
      for(int a=0;a<3;a++){
         System.out.println(currentThread().getName()+":"+a);
         if(a==1 && currentThread().getName().equals("m1"))
            throw new RuntimeException("Wrong from Machine");
         try{
            sleep(100);
         }catch(InterruptedException e){throw new RuntimeException(e);}
      }
   }
   public static void main(String args[])throws Exception{
      Machine machine=new Machine();
      machine.setName("m1");

      machine.start();
      machine.run();
      System.out.println("Is machine alive:"+**machine.isAlive()**);
      System.out.println("main:end");
   }
}
```

Thread 类的 isAlive() 方法用于判断一个线程是否活着，当线程处于死亡状态或者新建状态时，该方法返回 false，在其余状态下，该方法返回 true。以上程序的打印结果如下：

```
main:0
m1:0
main:1
m1:1
Exception in thread "m1" java.lang.RuntimeException: Wrong from Machine
        at withex.Machine.run(Machine.java:7)
main:2
Is machine alive:false
main:end
```

13.4 线程调度

计算机通常只有一个 CPU，在任意时刻只能执行一条机器指令，每个线程只有获得 CPU 的使用权才能执行指令。所谓多线程的并发运行，其实是指从宏观上看，各个线程轮流获得 CPU 的使用权，分别执行各自的任务。在可运行池中，会有多个处于就绪状态的线程在等待 CPU，Java 虚拟机的一项任务就是负责线程的调度。线程的调度是指按照特定的机制为多个线程分配 CPU 的使用权，有两种调度模型：分时调度模型和抢占式调度模型。

分时调度模型是指让所有线程轮流获得 CPU 的使用权，并且平均分配每个线程占用 CPU 的时间片。

Java 虚拟机采用抢占式调度模型，它是指优先让可运行池中优先级高的线程占用 CPU，如果可运行池中线程的优先级相同，那么就随机地选择一个线程，使其占用 CPU。处于运行状态的线程会一直运行，直至它不得不放弃 CPU。一个线程会因为以下原因而放弃 CPU：

- Java 虚拟机让当前线程暂时放弃 CPU，转到就绪状态，使其他线程获得运行机会。
- 当前线程因为某些原因而进入阻塞状态。
- 线程运行结束。

值得注意的是，线程的调度不是跨平台的，它不仅取决于 Java 虚拟机，还依赖于操作系统。在某些操作系统中，只要运行中的线程没有遇到阻塞，就不会放弃 CPU；在某些操作系统中，即使运行中的线程没有遇到阻塞，也会在运行一段时间后放弃 CPU，给其他线程运行的机会。

Java 线程的调度不是分时的，同时启动多个线程后，不能保证各个线程轮流获得均等的 CPU 时间片，例程 13-10（Machine.java）可以证明这一点。

例程 13-10　Machine.java

```
package occupycpu;
public class Machine extends Thread{
  private static StringBuffer log=new StringBuffer();
  private static int count=0;

  public void run(){
    for(int a=0;a<20;a++){
      log.append(currentThread().getName()+":"+a+" ");
      if(++count %10==0)log.append("\n");
    }
  }
  public static void main(String args[])throws Exception{
    Machine machine1=new Machine();
    Machine machine2=new Machine();
    machine1.setName("m1");
```

```
            machine2.setName("m2");
            machine1.start();
            machine2.start();
            while(machine1.isAlive() || machine2.isAlive())
                Thread.sleep(500);   //主线程睡眠500毫秒，等待machine1和machine2线程运行结束
            System.out.println(log);
        }
    }
```

当 machine1 线程或者 machine2 线程每次执行 for 循环时，都会向一个 StringBuffer 对象中添加一些信息。主线程等到 machine1 线程和 machine2 线程都运行结束后，打印这个 StringBuffer 对象。通过这种办法，可以跟踪 machine1 线程和 machine2 线程的执行顺序。以上程序可能的一种打印结果如下：

```
m1:0 m1:1 m1:2 m1:3 m1:4 m1:5 m1:6 m1:7 m1:8 m1:9
m1:10 m1:11 m1:12 m1:13 m1:14 m1:15 m1:16 m1:17 m1:18 m1:19
m2:0 m2:1 m2:2 m2:3 m2:4 m2:5 m2:6 m2:7 m2:8 m2:9
m2:10 m2:11 m2:12 m2:13 m2:14 m2:15 m2:16 m2:17 m2:18 m2:19
```

从以上打印结果可以看出，machine1 和 machine2 线程启动后，machine1 线程先获得 CPU，进入运行状态，直到 machine1 线程结束生命周期，machine2 线程才从就绪状态转到运行状态。

如果希望明确地让一个线程给另外一个线程运行的机会，可以采取以下办法之一：
- 调整各个线程的优先级。
- 让处于运行状态的线程调用 Thread.sleep()方法。
- 让处于运行状态的线程调用 Thread.yield()方法。
- 让处于运行状态的线程调用另一个线程的 join()方法。

13.4.1 调整各个线程的优先级

所有处于就序状态的线程根据优先级存放在可运行池中，优先级低的线程获得较少的运行机会，优先级高的线程获得较多的运行机会。Thread 类的 setPriority(int)和 getPriority()方法分别用来设置优先级和读取优先级。优先级用整数表示，取值范围是 1~10，Thread 类有 3 个静态常量：
- MAX_PRIORITY：取值为 10，表示最高优先级。
- MIN_PRIORITY：取值为 1，表示最低优先级。
- NORM_PRIORITY：取值为 5，表示默认的优先级。

下面对 13.4 节开头的例程 13-10 的 Machine 类的 main()方法做一些修改，分别设置 machine1 和 machine2 线程的优先级：

```
public static void main(String args[])throws Exception{
    Machine m1=new Machine();
    Machine m2=new Machine();
    m1.setName("m1");
    m2.setName("m2");

    Thread main=Thread.currentThread();   //获得主线程
```

```java
        /* 察看和设置线程的优先级 */
        //打印主线程默认优先级
        System.out.println("default priority of main:"+main.getPriority());
        //打印 machine1 线程默认优先级
        System.out.println("default priority of m1:"+m1.getPriority());
        //打印 machine2 线程默认优先级
        System.out.println("default priority of m2:"+m2.getPriority());

        m2.setPriority(Thread.MAX_PRIORITY);
        m1.setPriority(Thread.MIN_PRIORITY);

        m1.start();
        m2.start();
        Thread.sleep(2000);
        System.out.println(log);
    }
```

由于 machine2 线程的优先级高于 machine1 线程，因此前者优先获得 CPU 的使用权，以上程序的一种可能的打印结果如下：

```
default priority of main:5
default priority of m1:5
default priority of m2:5
m2:0 m2:1 m2:2 m2:3 m2:4 m2:5 m2:6 m2:7 m2:8 m2:9
m2:10 m2:11 m2:12 m2:13 m2:14 m2:15 m2:16 m2:17 m2:18 m2:19
m1:0 m1:1 m1:2 m1:3 m1:4 m1:5 m1:6 m1:7 m1:8 m1:9
m1:10 m1:11 m1:12 m1:13 m1:14 m1:15 m1:16 m1:17 m1:18 m1:19
```

每个线程都有默认优先级。主线程的默认优先级为 Thread.NORM_PRIORITY。如果线程 A 创建了线程 B，那么线程 B 将和线程 A 具有同样的优先级。当然，对于任意一个线程，都可以通过 setPriority()方法来重新设置它的优先级。

以下程序代码首先将主线程的优先级设为 4，然后创建 machine1 和 machine2 线程，它们默认的优先级也为 4，程序接着再修改 machine1 和 machine2 线程的优先级：

```java
public static void main(String args[])throws Exception{
    Thread main=Thread.currentThread();         //获得主线程
    main.setPriority(4);                         //修改主线程的优先级

    Machine m1=new Machine();
    Machine m2=new Machine();
    m1.setName("m1");
    m2.setName("m2");

    System.out.println("priority of main:"+main.getPriority());
    System.out.println("default priority of m1:"+m1.getPriority());
    System.out.println("default priority of m2:"+m2.getPriority());

    m2.setPriority(Thread.MAX_PRIORITY);
    m1.setPriority(Thread.MIN_PRIORITY);

    System.out.println("priority of m1:"+m1.getPriority());
    System.out.println("priority of m2:"+m2.getPriority());
}
```

由于 machine1 和 machine2 线程是由主线程创建的，因此它们的默认优先级和主线程的当前优先级相同，以上程序的打印结果如下：

```
priority of main:4
default priority of m1:4
default priority of m2:4
priority of m1:1
priority of m2:10
```

值的注意的是，尽管 Java 提供了 10 个优先级，但它与多数操作系统都不能很好地进行线程优先级的映射。比如 Windows 有 7 个优先级，并且不是固定的，而 Solaris 操作系统有 2^{31} 个优先级。如果希望程序能移植到各个操作系统中，应该确保在设置线程的优先级时，只使用 MAX_PRIORITY、NORM_PRIORITY 和 MIN_PRIORITY 这 3 个优先级。这样才能保证在不同的操作系统中，对同样优先级的线程采用同样的调度方式。

13.4.2　线程睡眠：Thread.sleep()方法

当一个线程在运行中执行了 sleep()方法，它就会放弃 CPU，转到阻塞状态。下面对 13.4 节开头的例程 13-10 的 Machine 类的 run()方法做如下修改，使线程执行完一次循环时，就睡眠 100 毫秒：

```java
public void run(){
    for(int a=0;a<20;a++){
        log.append(currentThread().getName()+":"+a+" ");
        if(++count %10==0)log.append("\n");
        try{
            sleep(100);
        }catch(InterruptedException e){throw new RuntimeException(e);}
    }
}
```

Thread 类的 sleep(long millis)方法是静态的，millis 参数设定睡眠的时间，以毫秒为单位。假定某一时刻 machine1 线程获得 CPU，开始执行一次 for 循环，当它执行 sleep()方法时，就会放弃 CPU 并开始睡眠。接着 machine2 线程获得 CPU，开始执行一次 for 循环，当它执行 sleep()方法时，就会放弃 CPU 并开始睡眠。假设此时 machine1 线程已经结束睡眠，就会获得 CPU，继续执行下一次 for 循环。

以上程序可能的打印结果如下：

```
m2:0 m1:0 m2:1 m1:1 m2:2 m1:2 m2:3 m1:3 m2:4 m1:4
m2:5 m1:5 m2:6 m1:6 m2:7 m1:7 m2:8 m1:8 m2:9 m1:9
m2:10 m1:10 m2:11 m1:11 m2:12 m1:12 m2:13 m1:13 m2:14 m1:14
m2:15 m1:15 m2:16 m1:16 m2:17 m1:17 m2:18 m1:18 m2:19 m1:19
```

值得注意的是，当 machine1 线程结束睡眠时，首先转到就绪状态，假如 machine2 线程正在运行，machine1 线程不一定会立即运行，而是在可运行池中等待获得 CPU。

线程在睡眠时如果被中断，就会收到一个 InterrupedException 异常，线程跳到异常处理代码块。在以上代码中，把 InterrupedException 异常包装成为一个

RuntimeException，然后继续将它抛出。

在例程 13-11 的 Sleeper 类的 main()方法中，主线程启动 Sleeper 线程，Sleeper 线程睡眠 1 分钟，主线程睡眠 10 毫秒后中断 Sleeper 线程的睡眠。

例程 13-11　Sleeper.java

```java
public class Sleeper extends Thread{
    public void run(){
        try{
            sleep(60000);  //睡眠 1 分钟
            System.out.println("sleep over");
        }catch(InterruptedException e){
            System.out.println("sleep interrupted");
        }
        System.out.println("end");
    }

    public static void main(String[] args)throws Exception{
        Sleeper sleeper = new Sleeper();
        sleeper.start();
        Thread.sleep(10);
        sleeper.interrupt();   //中断 Sleeper 线程的睡眠
    }
}
```

13.4.3　线程让步：Thead.yield()方法

当线程在运行中执行了 Thread 类的 yield()静态方法时，如果此时具有相同或更高优先级的其他线程处于就绪状态，yield()方法将把当前运行的线程放到可运行池中并使另一个线程运行。如果没有相同优先级的可运行线程，yield()方法什么都不做。

下面对 13.4 节开头的例程 13-10 的 run()方法做如下修改，使线程执行完一次循环时，就执行 yield()方法：

```java
public void run(){
    for(int a=0;a<20;a++){
        log.append(currentThread().getName()+":"+a+" ");
        if(++count %10==0)log.append("\n");
        yield();
    }
}
```

以上程序可能的打印结果如下：

m1:0 m2:0 m1:1 m2:1 m1:2 m2:2 m1:3 m2:3 m1:4 m2:4
m1:5 m2:5 m1:6 m2:6 m1:7 m2:7 m1:8 m2:8 m1:9 m2:9
m1:10 m2:10 m1:11 m2:11 m1:12 m2:12 m1:13 m2:13 m1:14 m2:14
m1:15 m2:15 m1:16 m2:16 m1:17 m2:17 m1:18 m2:18 m1:19 m2:19

sleep()方法和 yield()方法都是 Thread 类的静态方法，都会使当前处于运行状态的线程放弃 CPU，把运行机会让给别的线程。两者的区别在于：
- sleep()方法会给其他线程运行的机会，不考虑其他线程的优先级，因此会给较低优先级线程一个运行的机会；yield()方法只会给相同优先级或者更高优先级的线程一个运行的机会。
- 当线程执行了 sleep(long millis)方法以后，将转到阻塞状态，参数 millis 指定睡眠时间；当线程执行了 yield()方法以后，将转到就绪状态。
- sleep()方法声明抛出 InterruptedException 异常，而 yield()方法没有声明抛出任何异常。
- sleep()方法比 yield()方法具有更好的可移植性。不能依靠 yield()方法来提高程序的并发行能。对于大多数程序员来说，yield()方法的唯一用途是在测试期间人为地提高程序的并发性能，以帮助发现一些隐藏的错误。本章为了使得程序能增加出现预期运行效果的可能性，在不少例子中使用了 yield()方法，这只是出于演示的需要，但在实际应用中不值得效法。

13.4.4 等待其他线程结束：join()

当前运行的线程可以调用另一个线程的 join()方法，当前运行的线程将转到阻塞状态，直至另一个线程运行结束，它才会恢复运行。

Tips
本章所说的线程恢复运行，确切的意思是指线程从阻塞状态转到就绪状态，在这个状态就能获得运行机会。

例如，在例程 13-12 的 Machine 类的 main()方法中，主线程调用了 machine 线程的 join()方法，主线程将等到 machine 线程运行结束以后，才会恢复运行。

例程 13-12 Machine.java

```
package join;
public class Machine extends Thread{
  public void run(){
    for(int a=0;a<50;a++)
      System.out.println(getName()+":"+a);
  }
  public static void main(String args[])throws Exception{
    Machine machine=new Machine();
    machine.setName("m1");

    machine.start();
    System.out.println("main:join machine");
    machine.join();    //主线程等待 machine 线程运行结束
    System.out.println("main:end");
  }
}
```

以上程序的打印结果如下：

```
main:join machine
m1:0
m1:1
m1:2
m1:3
```

```
...
m1:49
main:end
```

join()方法有两种重载形式：

```
public void join()
public void join(long timeout)
```

以上 timeout 参数设定当前线程被阻塞的时间，以毫秒为单位。如果把例程 13-12 的 main()方法中的"machine.join()"改为：

```
machine.join(10);
```

那么当主线程被阻塞的时间超过了 10 毫秒时，或者 machine 线程运行结束时，主线程就恢复运行。

13.5 获得当前线程对象的引用

Thread 类的 currentThread()静态方法返回当前线程对象的引用。在例程 13-13 的 Machine 类中，当主线程执行 currentThread()方法，就返回主线程对象的引用；当 machine 线程执行 currentThread()方法时，就返回 machine 线程对象的引用。

例程 13-13 Machine.java

```
package threadref;
public class Machine extends Thread{
  public void run(){
    for(int a=0;a<3;a++){
      System.out.println(currentThread().getName()+":"+a);
      yield();
    }
  }
  public static void main(String args[])throws Exception{
    Machine machine=new Machine();
    machine.setName("m1");

    machine.start();
    machine.run();
  }
}
```

以上程序的打印结果如下：

```
main:0   m1:0   main:1   m1:1   main:2   m1:2
```

如果把以上 run()方法中的"currentThread()"改为"this"：

```
for(int a=0;a<3;a++){
  System.out.println(this.getName()+":"+a);
  yield();
}
```

那么程序的打印结果为：

m1:0　m1:0　m1:1　m1:1　m1:2　m1:2

不管是主线程还是 machine 线程，都执行 machine 对象的 run()方法，run()方法中的 this 关键字引用当前的 machine 对象，因此 this.getName()方法总是返回 machine 对象的 name 属性。

13.6　后台线程

演员在前台演戏，许多工作人员在后台为演员提供服务，例如准备演出服装和道具。后台线程是指为其他线程提供服务的线程，也称为守护线程。如果说演员是前台线程，那么其他工作人员就是后台线程。Java 虚拟机的垃圾回收线程是典型的后台线程，它负责回收其他线程不再使用的内存。

后台线程的特点是：后台线程与前台线程相伴相随，只有当所有前台线程结束生命周期后，后台线程才会结束生命周期。只要有一个前台线程还没有运行结束，后台线程就不会结束生命周期。

主线程默认情况下是前台线程，由前台线程创建的线程默认情况下也是前台线程。调用 Thread 类的 setDaemon(true)方法，就能把一个线程设置为后台线程。Thread 类的 isDaemon()方法用来判断一个线程是否是后台线程。在例程 13-14 中，Machine 线程是前台线程，负责把它的实例变量 *a* 的值不断地加 1。在 Machine 线程的 start()方法中，创建了一个匿名线程类，它的实例作为后台线程，定期（每隔 50 毫秒）把 Machine 对象的实例变量 *a* 的值设为 0。

例程 13-14　Machine.java

```
package withdaemon;
public class Machine extends Thread{
   private int a;
   private static int count;

   public void start(){
     super.start();

     Thread deamon=new Thread(){    //匿名线程类
       public void run(){
         while(true){    //无限循环
           //每隔 1 秒把实例变量 a 设为 0
           reset();
           try{
             sleep(50);
           }catch(InterruptedException e){throw new RuntimeException(e);}
         }
       }
     };
```

```
            deamon.setDaemon(true);
            deamon.start();
        }

        public void reset(){a=0;}
        public void run(){
            while(true){
                System.out.println(getName()+":"+a++);
                if(count++==100)break;
                yield();
            }
        }
        public static void main(String args[])throws Exception{
            Machine machine=new Machine();
            machine.start();
        }
    }
```

尽管以上匿名的后台线程的 run()方法执行的是无限循环，但只要其他前台线程都运行结束，Java 虚拟机就会终止这个后台线程。

在使用后台线程时，有以下注意点：

（1）Java 虚拟机所能保证的是：当所有前台线程运行结束，假如后台线程还在运行，Java 虚拟机会终止后台线程。此外，后台线程是否一定在前台线程的后面结束生命周期，还取决于程序的实现。在本例中，匿名线程执行没有终止条件的无限循环，因此不会自动结束生命周期。

（2）只有在线程启动前（即调用 start()方法以前），才能把它设置为后台线程。如果线程启动后，再调用这个线程的 setDaemon()方法，会导致 IllegalThreadStateException 异常。

（3）由前台线程创建的线程默认情况下仍然是前台线程，由后台线程创建的线程默认情况下仍然是后台线程。

13.7 定时器

在 JDK 的 java.util 包中提供了一个实用类定时器 Timer，它能够定时执行特定的任务。TimerTask 类表示定时器执行的一项任务。例程 13-15（Machine.java）演示了定时器的用法。

例程 13-15 Machine.java

```
package usetimer;
import java.util.Timer;
import java.util.TimerTask;
public class Machine extends Thread{
    private int a;

    public void start(){
        super.start();
```

```java
            Timer timer=new Timer(true);    //把与Timer关联的线程设为后台线程

            TimerTask task=new TimerTask(){    //匿名类
              public void run(){
                reset();
              }
            };

            timer.schedule(task,10,50);    //设置定时任务
        }
        public void reset(){a=0;}
        public void run(){
          for(int i=0;i<1000;i++){
            System.out.println(getName()+":"+a++);
            yield();
          }
        }
        public static void main(String args[])throws Exception{
          Machine machine=new Machine();
          machine.start();
        }
    }
```

java.util.TimerTask 类是一个抽象类，它实现了 Runnable 接口。在 Machine 类的 start() 方法中定义的匿名类继承 TimerTask 类，它的 run()方法表示定时器需要定时完成的任务。

java.util.Timer 类的构造方法有几种重载形式，有一种构造方法 Timer(boolean isDaemon)允许把与 Timer 关联的线程设为后台线程。Timer 类本身并不是线程类，但是在它的实现中，利用线程来执行定时任务。

Timer 类的 schedule(TimerTask task, long delay, long period)方法用来设置定时器需要定时执行的任务。task 参数表示任务，delay 参数表示延迟执行的时间，以毫秒为单位，period 参数表示每次执行任务的间隔时间，以毫秒为单位。例如：

```
timer.schedule(task,10,50);
```

以上代码表明定时器将在 10 毫秒以后开始执行 task 任务（即执行 TimerTask 实例的 run()方法），以后每隔 50 毫秒重复执行一次 task 任务。

Timer 类的 schedule 方法还有一种重载形式：schedule(TimerTask task, long delay)。如果使用这个方法，那就表明仅仅执行一次任务，例如：

```
timer.schedule(task,10);
```

以上代码表明定时器将在 10 毫秒以后开始执行 task 任务，以后不再重复执行。

同一个定时器对象可以执行多个定时任务，例如：

```
timer.schedule(task1,0,1000);
timer.schedule(task2,0,500);
```

以上代码表明定时器会执行两个定时任务，第一个任务每隔 1 秒执行一次，第二个任务每隔 500 毫秒执行一次。

13.8 线程的同步

线程的职责就是执行一些操作,而多数操作都涉及处理数据。例程13-16的Machine线程的操作主要是处理实例变量 a:

```
a+=i;
a-=i;
System.out.println(a);
```

Machine 线程先把变量 a 加上 i,再把变量 a 减去 i,最后打印 a。这段操作实际上是完成一道非常简单的算术题:树上本来有 a 只鸟,飞来 i 只鸟,后来又飞走 i 只鸟,树上还剩下多少只鸟?按理说,变量 a 的最后取值应该和初始值一样。

例程 13-16 Machine.java

```java
package countbirds;
public class Machine implements Runnable {
    private int a=1;   //共享数据
    public void run() {
        for(int i=1;i<=1000;i++){
            a+=i;
            Thread.yield();   //给其他线程运行的机会
            a-=i;
            System.out.println(a);
        }
    }
    public static void main(String args[]) throws InterruptedException{
        Machine machine=new Machine();
        Thread t1=new Thread(machine);
        Thread t2=new Thread(machine);
        t1.start();
        // t2.start();
    }
}
```

对于以上程序,如果仅仅启动 t1 线程,打印结果显示变量 a 的值始终为 1。如果同时启动 t1 和 t2 线程,打印结果显示变量 a 的值会不断增加:

1 2 2 3 3 ...

表 13-1 显示了两个线程分别执行第一次 for 循环时的时间序列。

表 13-1 t1 和 t2 线程执行第一次 for 循环的时间序列

时间序列	变量 a	t1 线程	t2 线程
0	1(初始值)		
1	2	a+=1	
2	3		a+=1
3	2	a-=1	
4	2	打印 a	

从表 13-1 可以看出，由于 t1 线程和 t2 线程共享 Machine 对象的实例变量 a，因此在 t1 线程修改变量 a 的过程中，t2 线程也会修改变量 a，导致变量 a 的取值是不稳定的。

对于 t1 线程而言，执行完"a+=1"操作后，此时变量 a 的值仅仅代表运算过程中的临时结果，接下来会在这临时结果的基础上进一步执行"a-=1"操作。为了保证 t1 线程的操作能获得正确的运算结果，必须保证当 t1 线程执行以下几个操作时，没有其他线程修改变量 a 的值：

```
a+=1
a-=1
打印 a
```

以上操作被称为原子操作。原子操作由业务逻辑上相关的一组操作完成，这些操作可能会操作与其他线程共享的资源。为了保证得到正确的运算结果，一个线程在执行原子操作的期间，应该采取措施使得其他线程不能操作共享资源，这里的共享资源是指 Machine 对象的实例变量 a。

下面再以生产者/消费者的例子来演示多个线程对共享资源的竞争。例程 13-17 是这个例子的源程序，共定义了 4 个类：

- SyncTest 类：提供程序入口 main() 方法，负责创建生产者和消费者线程，并且启动这些线程。
- Producer 类：生产者线程，不断向堆栈中加入产品。
- Consumer 类：消费者线程，不断向堆栈中取出产品。
- Stack 类：堆栈，允许从堆栈中取出或加入产品。

例程 13-17　SyncTest.java

```java
package problem;
public class SyncTest {
    public static void main(String args[]) {
        Stack stack = new Stack("stack1");
        Producer producer1 = new Producer(stack,"producer1");
        Consumer consumer1 = new Consumer(stack,"consumer1");
    }
}

/**  生产者线程   */
class Producer extends Thread {
    private Stack theStack;

    public Producer (Stack s,String name) {
        super(name);
        theStack = s;
        start();            //启动自身生产者线程
    }

    public void run() {
        String goods;
        for (int i = 0; i < 200; i++) {
            goods="goods"+(theStack.getPoint()+1);
```

```java
            theStack.push(goods);
            System.out.println(getName()+ ": push " + goods +" to "+theStack.getName());
            yield();
         }
      }
   }

   /**  消费者线程  */
   class Consumer extends Thread {
      private Stack theStack;

      public Consumer (Stack s,String name) {
         super(name);
         theStack = s;
         start();            //启动自身消费者线程
      }

      public void run() {
         String goods;
         for (int i=0; i < 200; i++) {
            goods = theStack.pop();
            System.out.println(getName() + ": pop " + goods +" from "+theStack.getName());
            yield();
         }
      }
   }

   /**  堆栈  */
   class Stack {
      private String name;
      private String[] buffer=new String[100];
      int point=-1;

      public Stack(String name){this.name=name;}
      public String getName(){return name;}

      public int getPoint(){return point;}

      public String pop() {
         String goods = buffer[point];
         buffer[point]=null;
         Thread.yield();
         point--;
         return goods;
      }

      public void push(String goods) {
         point++;
         Thread.yield();
         buffer[point]=goods;
      }
   }
```

如果 SyncTest 类的 main()方法仅仅创建并启动 Producer 线程，打印结果如下：

```
producer1: push goods0 to stack1
producer1: push goods1 to stack1
producer1: push goods2 to stack1
…
```

此时生产者线程不断向堆栈中加入产品，在 Stack 类中用 buffer 数组来存放产品，产品用字符串表示，buffer[0]存放的产品为"goods0"，buffer[1]存放的产品为"goods1"，以此类推。

如果 SyncTest 类的 main()方法同时启动 Producer 和 Consumer 线程，那么这两个线程共享同一个堆栈对象，一种可能的打印结果如下：

```
producer1: push goods0 to stack1
consumer1: pop null from stack1
producer1: push goods0 to stack1
…
```

从以上打印结果可以看出，生产者线程先向堆栈加入产品 goods0，接着消费者线程从堆栈中取出的却是 null，这显然是不合理的。表 13-2 列出了导致这种不合理结果的两个线程的时间序列。

表 13-2　生产者线程和消费者线程并发运行的部分时间序列

时间序列	point	buffer	生产者线程	消费者线程
0	-1	所有元素为 null		
1	0	所有元素为 null	point++	
2	0	所有元素为 null	yield()	
3	0	所有元素为 null		goods=buffer[0]（goods 的值为 null）
4	0	所有元素为 null		buffer[0]=null
5	0	所有元素为 null		yield()
6	0	buffer[0]="goods0"	buffer[0]="goods0"	
7	0	buffer[0]="goods0"	打印 goods0	
8	0	buffer[0]="goods0"	yield()	
9	-1	buffer[0]="goods0"		point--
10	-1	buffer[0]="goods0"		打印 null

由此可见，生产者向堆栈加入产品，以及消费者从堆栈取出产品的操作都是原子操作。在一个线程执行原子操作期间，如果有其他线程访问堆栈的共享数据 point 和 buffer 数组，就会导致原子操作无法正常执行。

13.8.1　同步代码块

为了保证每个线程能正常执行原子操作，Java 引入了同步机制，具体作法是在代表原子操作的程序代码前加上 synchronized 标记，这样的代码被称为同步代码块：

```java
public String pop() {
    synchronized(this){
        String goods = buffer[point];
        buffer[point]=null;
```

```
            Thread.yield();
            point--;
            return goods;
        }
    }
```

每个 Java 对象都有且只有一个同步锁，在任何时刻，最多只允许一个线程拥有这把锁。当消费者线程试图执行以上带有 synchronized(this)标记的代码块时，消费者线程必须首先获得 this 关键字引用的 Stack 对象的锁。在以下两种情况，消费者线程有着不同的命运：

- 假如这个锁已经被其他线程占用，Java 虚拟机就会把这个消费者线程放到 Stack 对象的锁池中，消费者线程进入阻塞状态。在 Stack 对象的锁池中可能会有许多等待锁的线程。等到其他线程释放了锁，Java 虚拟机会从锁池中随机地取出一个线程，使这个线程拥有锁，并且转到就绪状态。
- 假如这个锁没有被其他线程占用，消费者线程就会获得这把锁，开始执行同步代码块。一般情况下，消费者线程只有执行完同步代码块，才会释放锁，使得其他线程能够获得锁，当然也有一些例外情况，参见本章 13.8.5 节（释放对象的锁）。

Tips
> 对象的同步锁只是概念上的一种锁，也可以称为以一个对象为标记的锁。

如果一个方法中的所有代码都属于同步代码，那么可以直接在方法前用 synchronized 修饰。下面两种方式是等价的：

```
public synchronized String pop() {…}
```

等价于：

```
public String pop() {
    synchronized(this){…}
}
```

下面对例程 13-17 中的 Stack 类做如下修改，使得 getPoint()、pop()和 push()方法都变成同步方法：

```
class Stack {
    …
    public synchronized int getPoint(){return point;}
    public synchronized String pop() {…}
    public synchronized void push(String goods) {…}
}
```

再次运行修改后的例程 13-17，打印结果如下：

```
producer1: push goods0 to stack1
consumer1: pop goods0 from stack1
producer1: push goods0 to stack1
consumer1: pop goods0 from stack1
```

当生产者线程开始执行 push()方法以后，或者消费者线程开始执行 pop()方法时，都必须先获得 Stack 对象的锁,如果这把锁已经被其他线程占用,那么另一个线程就只能在锁池中等待。这种锁机制使得在生产者线程执行 push()方法的整个过程中,消费者线程不会执行 pop()方法。同样,在消费者线程执行 pop()方法的整个过程中,生产者线程不会执行 push()方法。

下面再对例程 13-17 中的 SyncTest 类的 main()方法作些修改,使它创建并启动两个生产者线程和一个消费者线程,它们都共享同一个 Stack 对象:

```java
public class SyncTest {
    public static void main(String args[]) {
        Stack stack = new Stack("stack1");
        //创建并启动两个生产者线程和一个消费者线程
        Producer producer1 = new Producer(stack,"producer1");
        Producer producer2 = new Producer(stack,"producer2");
        Consumer consumer1 = new Consumer(stack,"consumer1");
    }
}
```

以上程序的部分打印结果为:

```
…
consumer1: pop goods7 from stack1
producer2: push goods7 to stack1
producer1: push goods7 to stack1
consumer1: pop goods7 from stack1
producer2: push goods8 to stack1
…
```

从以上打印结果可以看出,生产者向堆栈中加入产品,仍然有不合理之处。当 producer2 向堆栈加入 goods7 以后,按理说接下来 produce1 应该向堆栈加入 goods8,但实际上 produce1 仍然向堆栈加入 goods7。表 13-3 列举了导致这种不合理结果的两个线程的执行序列。

表 13-3 produce1 线程和 producer2 线程的并发运行的时间序列

时间序列	point	produce2 线程	produce1 线程
1	6	获得同步锁,执行 getPoint()方法,返回 6,释放同步锁,计算出下一个产品的名字为"googs7"	
2	6		获得同步锁,执行 getPoint()方法,返回 6,释放同步锁,计算出下一个产品的名字为"googs7"
3	7	获得同步锁,执行 push()方法(buffer[7]="googs7"),释放同步锁	
4	8		获得同步锁,执行 push()方法(buffer[8]="googs7"),释放同步锁

由此可见,对于生产者线程而言,getPoint()和 push()方法必须作为一个原子操作,当 produce1 线程执行这个原子操作时,其他线程不允许修改 Stack 对象的 point 属性。例程 13-18(SyncTest.java)在例程 13-17 的基础上做了进一步的完善。

例程 13-18   SyncTest.java

```java
package syn;
public class SyncTest {
    public static void main(String args[]) {
        Stack stack = new Stack("stack1");
        Producer producer1 = new Producer(stack,"producer1");
        Producer producer2 = new Producer(stack,"producer2");
        Consumer consumer1 = new Consumer(stack,"consumer1");
    }
}

/**   生产者线程   */
class Producer extends Thread {
    private Stack theStack;

    public Producer (Stack s,String name) {
        super(name);
        theStack = s;
        start();   //启动自身生产者线程
    }

    public void run() {
        String goods;
        for (int i = 0; i < 200; i++) {
            synchronized(theStack){
                goods="goods"+(theStack.getPoint()+1);
                if(theStack.push(goods))
                    System.out.println(getName()+ ": push " + goods +" to "+theStack.getName());
            }
            yield();
        }
    }
}

/**   消费者线程  */
class Consumer extends Thread {
    private Stack theStack;

    public Consumer (Stack s,String name) {
        super(name);
        theStack = s;
        start();   //启动自身消费者线程
    }

    public void run() {
        String goods;
        for (int i=0; i < 200; i++) {
            goods = theStack.pop();
            System.out.println(getName() + ": pop " + goods +" from "+theStack.getName());
            yield();
        }
    }
}
```

```java
/** 堆栈 */
class Stack {
    private String name;
    private final int SIZE=100;
    private String[] buffer=new String[SIZE];
    int point=-1;

    public Stack(String name){this.name=name;}
    public String getName(){return name;}

    public synchronized int getPoint(){return point;}

    public synchronized String pop() {
        if(point==-1)return null;   //如果堆栈为空，返回 null
        String goods = buffer[point];
        buffer[point]=null;
        Thread.yield();
        point--;
        return goods;
    }

    public synchronized boolean push(String goods) {
        if(point==SIZE-1)return false;   //如果堆栈已满，返回 false
        point++;
        Thread.yield();
        buffer[point]=goods;
        return true;
    }
}
```

以上代码在 Producer 类的 run()方法内也使用了同步代码块：

```
synchronized(theStack){
    goods="goods"+(theStack.getPoint()+1);
    theStack.push(goods);
}
```

当一个生产者线程试图执行以上代码时，必须先获得 theStack 变量所引用的 Stack 对象的锁。

在以上 Stack 类时，pop()方法先判断堆栈是否为空（即 *point* 变量的值是否为-1），如果堆栈为空，就返回 null。push()方法先判断堆栈是否已满（即 *point* 变量的值是否为 *SIZE*-1），如果堆栈已满，就返回 false。本章 13.9 节还会介绍利用线程通信来协调生产者线程和消费者线程访问堆栈的操作。

13.8.2 线程同步的特征

线程同步具有以下特征：

（1）如果一个同步代码块和非同步代码块操作共享资源，这仍然会造成对共享资源的竞争。因为当一个线程执行一个对象的同步代码块时，其他线程仍然可以执行对象的非同步代码块。假如把 13.8.1 节的例程 13-18 的 Stack 类的 pop()方法前的 synchronized 修饰符去掉，那么消费者线程不会与两个生产者线程保持同步。不管是否有生产者线程正在执行 push()方法,消费者线程都可以执行 pop()方法。而两个生产者线程仍然保持同步,因为它们执行的代码块是同步代码块。

> **Tips**
> 所谓线程之间保持同步,是指不同的线程在执行同一个对象的同步代码块时,因为要获得这个对象的锁而相互牵制。

(2)每个对象都有唯一的同步锁。假如把 13.8.1 节的例程 13-18 的 SyncTest 类的 main()方法做如下修改:

```java
public class SyncTest {
    public static void main(String args[]) {
        Stack stack1 = new Stack("stack1");
        Stack stack2 = new Stack("stack2");
        Producer producer1 = new Producer(stack1,"producer1");
        Consumer consumer1 = new Consumer(stack2,"consumer1");
    }
}
```

生产者线程与消费者线程分别操作不同的 Stack 对象,当生产者线程试图执行 stack1 对象的 push()方法时,只需获得 stack1 对象的锁,当消费者线程试图执行 stack2 对象的 pop()方法时,只需获得 stack2 对象的锁。因此这两个线程之间不会同步。

(3)在静态方法前面也可以使用 synchronized 修饰符。在例程 13-19 的 Machine 类中,t1 和 t2 线程都执行 Machine 对象的 run()方法,而 run()方法调用 Machine 类的静态方法 go(),go()方法操纵静态变量 a。

例程 13-19 Machine.java

```java
package synstatic;
public class Machine implements Runnable {
    private static int a=1;    //静态变量
    public synchronized static void go(int i){
        a+=i;
        Thread.yield();
        a-=i;
        System.out.println(a);
    }
    public void run() {
        for(int i=0;i<1000;i++){
            go(i);
        }
    }
    public static void main(String args[]) throws InterruptedException{
        Machine machine=new Machine();
        Thread t1=new Thread(machine);
        Thread t2=new Thread(machine);
        t1.start();
        t2.start();
    }
}
```

每个被加载到 Java 虚拟机的方法区的类也有唯一的同步锁。当 t1 线程试图执行

Machine 类的 go()静态方法时，必须获得 Machine 类的锁，假如这把锁已经被 t2 线程占用，那么 Java 虚拟机会把 t1 线程放到 Machine 类的锁池中，t1 线程进入阻塞状态。

（4）当一个线程开始执行同步代码块，并不意味着必须以不中断的方式运行。进入同步代码块的线程也可以执行 Thread.sleep()或者 Thread.yield()方法，此时它并没有释放锁，只是把运行机会（即 CPU）让给了其他的线程。在例程 13-20 的 Machine 类中，t1 和 t2 线程都执行 Machine 对象的 run()方法，而主线程执行 Machine 对象的 go()方法。

例程 13-20 Machine.java

```
package synsleep;
public class Machine implements Runnable {
  private int a=1;   //共享数据
  public void run() {
    for(int i=0;i<1000;i++){
      synchronized(this){
        a+=i;
        try{
          Thread.sleep(500); //给其他线程运行的机会
        }catch(InterruptedException e){throw new RuntimeException(e);}
        a-=i;
        System.out.println(Thread.currentThread().getName()+":"+a);
      }
    }
  }

  public void go(){
    for(int i=0;i<1000;i++){
      System.out.println(Thread.currentThread().getName()+":"+i);
      Thread.yield();
    }
  }
  public static void main(String args[]) throws InterruptedException{
    Machine machine=new Machine();
    Thread t1=new Thread(machine);
    Thread t2=new Thread(machine);
    t1.start();
    t2.start();
    machine.go();
  }
}
```

在 Machine 类的 run()方法中包含操作实例变量 *a* 的原子操作，因此把它声明为同步代码块。Machine 类的 go()方法仅仅操纵局部变量 *i*，无须同步。在某一时刻，当 t1 线程执行 run()方法的同步代码块时，t2 线程如果也试图执行它，那么 t2 线程只能进入阻塞状态，此时主线程处于就绪状态。当 t1 线程执行同步代码块中的 Thread.sleep(500)方法时，就开始睡眠，此时 t1 线程放弃 CPU，但是仍然持有 Machine 对象的锁。主线程有机会获得 CPU，进入运行状态，而 t2 线程因为没有得到 Machine 对象的锁，依然在锁池中等待。

（5）synchronized 声明不会被继承。如果一个用 synchronized 修饰的方法被子类覆盖,那么子类中这个方法不再保持同步,除非也用 synchronized 修饰。

13.8.3 同步与并发

　　同步是解决共享资源竞争的有效手段,当一个线程已经在操作共享资源时,其他线程只能等待,只有当已经在操作共享资源的线程执行完同步代码块时,其他线程才有机会操作共享资源。

　　但是,多线程的同步与并发是一对此消彼长的矛盾。设想有 10 个人到同一口井里打水,每个人都要打 10 桶水,人代表线程,井代表共享资源。一种同步的方式是:所有的人依次打水,只有当前一个人打完 10 桶水后,其他人才有机会打水。其中一个人在打水期间,其他人必须等待。轮到最后一个打水的人肯定怨声载道,因为他必须等到前面 9 个人打完 90 桶水后才能打水。

　　例程 13-21 演示了以上的同步方式。Person 类的 run()方法中的整个 for 循环作为同步代码块,因此只有当一个 Person 线程执行完整个 for 循环后,其他 Person 线程才有机会执行 for 循环。尽管在 for 循环中调用了 yield()方法,但是执行该方法的 Person 线程仅仅试图把 CPU 让给其他线程,但是不会释放 Well 对象的锁,其他 Person 线程由于不能获得锁,只能依然在 Well 对象的锁池中等待。

例程 13-21　Person.java

```java
public class Person extends Thread{
    private Well well;
    public Person(Well well){
        this.well=well;
        start();    //启动自身线程
    }

    public void run(){
        synchronized(well){
            for(int i=0;i<10;i++){   //打 10 桶水
                well.withdraw();
                yield();
            }
        }
    }
    public static void main(String args[]){
        Well well=new Well();
        Person persons[]=new Person[10];
        for(int i=0;i<10;i++)   //创建 10 个 Person 线程
            persons[i]=new Person(well);
    }
}

class Well{
    private int water=1000;  //共享数据
    public void withdraw(){  //打一桶水
        water--;
        System.out.println(Thread.currentThread().getName()+": water left:"+water);
    }
}
```

        }

为了提高并发性能,应该使得同步代码块中包含尽可能少的操作,使得一个线程能尽快释放锁,减少其他线程等待锁的时间。在本例中,可以改为一个人打完一桶水后,就让其他人打水,大家轮流打水,直到每个人都打完 10 桶水。在程序中,需要取消对 Person 类的 run()方法的 for 循环的同步,改为对 Well 类的 withdraw()方法同步:

```
public class Person extends Thread{
    …
    public void run(){
        for(int i=0;i<10;i++){   //取消同步
            well.withdraw();
            yield();
        }
    }
}

class Well{
    private int water=1000;
    public synchronized void withdraw(){   //同步
        water--;
        System.out.println(Thread.currentThread().getName()+": water left:"+water);
    }
}
```

13.8.4 线程安全的类

一个线程安全的类满足以下条件:
- 这个类的对象可以同时被多个线程安全地访问。
- 每个线程都能正常执行原子操作,得到正确的结果。
- 每个线程的原子操作完成后,对象处于逻辑上合理的状态。

第 11 章的 11.3.3 节介绍了不可变类与可变类。其中不可变类总是线程安全的,因为它的对象的状态始终不会变化,任何线程只能读取对象的状态,而不能改变它的状态。对于可变类,如果要保证它线程安全,必须根据实际情况,对某些原子操作进行同步。

本章介绍的 Stack 类就是可变类,它的 point 和 buffer 属性都会发生变化。13.8.1 节的例程 13-17 所实现的 Stack 类是线程不安全的,当生产者和消费者线程同时操作 Stack 对象,就会造成共享资源的竞争。而 13.8.1 节的例程 13-18 所实现的 Stack 类则是线程安全的,允许生产者和消费者线程同步操作 Stack 对象。

可变类的线程安全往往以降低并发性能为代价,为了减小这一负面影响,可以采取以下措施:

(1)只对可能导致资源竞争的代码进行同步。例如 Stack 类仅仅提供了读取 name 属性的 getName()方法,而没有提供修改 name 属性的方法,Stack 对象的 name 属性永远不会改变,当多个线程同时执行 getName()方法时,不会导致资源竞争,所以无须用 synchronized 来修饰 getName()方法。

(2)如果一个可变类有两种运行环境:单线程运行环境和多线程运行环境,那么可以为这个类提供两种实现，在单线程运行环境中使用未采取同步的类的实现，在多线程运行环境中使用采取同步的类的实现。所谓单线程运行环境，是指类的对象只会被一个线程访问。所谓多线程运行环境，是指类的同一个对象会被多个线程同时访问。例如 Java 集合类 HashSet 是线程不安全的，java.util.Collections 类的 synchronizedSet(Set s)方法能够返回原始 HashSet 集合的同步版本，在多线程环境中，可以访问这个同步版本。

例程 13-22 的 Stack 类具有两种实现：未采取同步的实现和采取同步的实现。默认的 Stack 类未采取同步，适合单线程环境。Stack 类有一个静态内部类 SynStack，它包装了一个原始的 Stack 对象，并且采取了同步手段。Stack 类的静态方法 synchronizedStack(Stack stack)返回一个 Stack 对象的同步版本。Stack.SynStack 类适合多线程环境。

例程 13-22　Stack.java

```
package twoversion;
class Stack {
  …
  public   int getPoint(){return point;}
  public   String pop() {…}
  public   boolean push(String goods) {…}

  /**  采用了同步机制的 SynStack 内部类 */
  public static class SynStack extends Stack{
    private Stack stack;
    public SynStack(Stack stack) {super(stack.getName());this.stack=stack;}
    public synchronized int getPoint(){return stack.getPoint();}
    public synchronized String pop() {return stack.pop();}
    public synchronized boolean push(String goods) {return stack.push(goods);}
  }

  /** 返回一个 Stack 对象的同步版本 */
  public static Stack synchronizedStack(Stack stack){
    return new SynStack(stack);
  }
}
```

13.8.5　释放对象的锁

由于等待一个锁的线程只有获得这把锁之后，才能恢复运行，所以让持有锁的线程在不再需要锁的时候及时释放锁是很重要的。在以下情况，持有锁的线程会释放锁：

- 执行完同步代码块，就会释放锁。
- 在执行同步代码块的过程中，遇到异常而导致线程终止，锁也会被释放。
- 在执行同步代码块的过程中，执行了锁所属对象的 wait()方法，这个线程会释放锁，进入对象的等待池，参见本章第 13.9 节（线程的通信）。

除了以上情况，只要持有锁的线程还没有执行完同步代码块，就不会释放锁。因此在以下情况，线程不会释放锁：

- 在执行同步代码块的过程中，执行了 Thread.sleep()方法，当前线程放弃 CPU，开始睡眠，在睡眠中不会释放锁。
- 在执行同步代码块的过程中，执行了 Thread.yield()方法，当前线程放弃 CPU，但不会释放锁。
- 在执行同步代码块的过程中，其他线程执行了当前线程对象的 suspend()方法，当前线程被暂停，但不会释放锁。Thread 类的 suspend()方法已经被废弃，参见本章第 13.11.1 节（被废弃的 suspend()和 resume()方法）。

在例程 13-23 中，Machine 线程在同步代码块中先睡眠两秒，然后执行"1/0"的操作，该操作会导致 ArithmeticException 异常。

例程 13-23　Machine.java

```java
package releaselock;
public class Machine extends Thread {
  private int a=1;
  public synchronized void print(){
      System.out.println("a="+a);
  }
  public void run() {
    synchronized(this){
     try{
        Thread.sleep(2000);
     }catch(InterruptedException e){
        throw new RuntimeException(e);
     }
     a=1/0;   //抛出 ArithmeticException
     a++;
    }
  }
  public static void main(String args[]){
    Machine machine=new Machine();
    machine.start();
    Thread.yield();
    machine.print();
  }
}
```

当主线程把 machine 线程启动后，主线程和 machine 线程的执行流程如下：

（1）主线程执行 Thread.yield()方法，把 CPU 让给 machine 线程。

（2）machine 线程获得 machine 对象的锁，开始执行 run()方法中的同步代码块。

（3）machine 线程执行 Thread.sleep(2000)，machine 线程放弃 CPU，开始睡眠，但不会释放 machine 对象的锁。

（4）主线程获得 CPU，试图执行 machine.print()方法，由于主线程无法获得 machine 对象的锁，因此进入 machine 对象的锁池，等待 machine 线程释放锁。

（5）machine 线程睡眠结束，执行"1/0"操作，导致 ArithmeticException 异常，machine 线程释放锁，并且异常终止。

（6）主线程获得锁及 CPU，执行 machine.print()方法。

13.8.6 死锁

当一个线程等待由另一个线程持有的锁，而后者正在等待已被第一个线程持有的锁时，就会发生死锁。Java 虚拟机不监测也不试图避免这种情况，因此保证不发生死锁就成了程序员的责任。如例程 13-24（Machine.java）就会导致死锁。

例程 13-24 Machine.java

```java
package deadlock;
public class Machine extends Thread{
    private Counter counter;              //共享数据
    public Machine(Counter counter){
        this.counter=counter;
        start();   //启动自身线程
    }

    public void run(){
        for(int i=0;i<1000;i++){
            counter.add();
        }
    }

    public static void main(String args[]) throws InterruptedException{
        Counter counter1=new Counter();
        Counter counter2=new Counter();
        counter1.setFriend(counter2);
        counter2.setFriend(counter1);

        Machine machine1=new Machine(counter1);
        Machine machine2=new Machine(counter2);
    }
}

class Counter{
    private int a;
    private Counter friend;
    public void setFriend(Counter friend){
        this.friend=friend;
    }

    public synchronized void add(){
        a++;
        Thread.yield();
        friend.delete();
        System.out.println(Thread.currentThread().getName()+": add");
    }
    public synchronized void delete(){
        a--;
        System.out.println(Thread.currentThread().getName()+": delete");
    }
}
```

在 Machine 类的 main()方法中创建了 machine1 和 machine2 线程,这两个线程分别执行 counter1 和 counter2 对象的 add()方法。而 counter1 对象的 add()方法会调用 counter2 对象的 delete()方法,counter2 对象的 add()方法会调用 counter1 对象的 delete()方法。

当 machine1 和 machine2 线程启动后,以下是导致死锁的流程:

（1）machine1 线程获得 CPU 和 counter1 对象的锁,开始执行 counter1.add()方法。

（2）machine1 线程执行完 "a++" 操作,然后执行 Thread.yield()方法,machine1 线程放弃 CPU,但是不会释放 counter1 对象的锁。

（3）machine2 线程获得 CPU 和 counter2 对象的锁,开始执行 counter2.add()方法。

（4）machine2 线程执行完 "a++" 操作,然后执行 Thread.yield()方法,machine2 线程放弃 CPU,但是不会释放 counter2 对象的锁。

（5）machine1 线程获得 CPU,试图执行执行 counter2.delete()方法。由于 counter2 对象的锁已经被占用,machine1 线程放弃 CPU,进入 counter2 对象的锁池,等待 machine2 线程释放 counter2 对象的锁。

（6）machine2 线程获得 CPU,试图执行 counter1.delete()方法。由于 counter1 对象的锁已经被占用,machine2 线程放弃 CPU,进入 counter1 对象的锁池,等待 machine1 线程释放 counter1 对象的锁。

mahine1 线程和 machine2 线程分别持有 counter1 对象和 counter2 对象的锁,都在等待对方的锁,死锁就这样产生了,这两个线程都被阻塞,谁都无法恢复运行。

从上面的例子可以看出,之所以导致死锁,是由于两个线程都要访问 counter1 和 counter2 这两个共享资源,但是它们分别按不同的顺序去访问它们。machine1 线程先执行 counter1 的同步代码块,再执行 counter2 的同步代码块,而 machine2 线程则相反。

因此,避免死锁的一个通用的经验法则是:当几个线程都要访问共享资源 A、B 和 C 时,保证每个线程都按照同样的顺序去访问它们,比如都先访问 A,再访问 B 和 C。

此外,Thread 类的 suspend()方法也很容易导致死锁,因此这个方法已经被废弃,参见本章第 13.11.1 节（被废弃的 suspend()和 resume()方法）。

13.9 线程通信

不同的线程执行不同的任务,如果这些任务有某种联系,线程之间必须能够通信,协调完成工作。例如生产者和消费者共同操作堆栈,当堆栈为空时,消费者无法取出产品,应该先通知生产者向堆栈中加入产品。当堆栈已满时,生产者无法继续加入产品,应该先通知消费者从堆栈中取出产品。

java.lang.Object 类中提供了两个用于线程通信的方法:

- wait()：执行该方法的线程释放对象的锁,Java 虚拟机把该线程放到该对象的等待池中，该线程等待其他线程将它唤醒。
- notify()：执行该方法的线程唤醒在对象的等待池中等待的一个线程。Java 虚拟机从对象的等待池中随机地选择一个线程，把它转到对象的锁池中。

假定线程 t1 和线程 t2 共同操纵一个对象 s，这两个线程可以通过对象 s 的 wait() 和 notify()方法来进行的通信。通信流程如下：

（1）当线程 t1 执行对象 s 的一个同步代码块时，线程 t1 持有对象 s 的锁，线程 t2 在对象 s 的锁池中等待。

（2）线程 t1 在同步代码块中执行 s.wait()方法，线程 t1 释放对象 s 的锁，进入对象 s 的等待池。

（3）在对象 s 的锁池中等待锁的 t2 线程获得了对象 s 的锁，执行对象 s 的另一个同步代码块。

（4）线程 t2 在同步代码块中执行 s.notify()方法，Java 虚拟机把线程 t1 从对象 s 的等待池中移到对象 s 的锁池中，在那里等待获得锁。

（5）线程 t2 执行完同步代码块后，释放锁。线程 t1 获得锁，继续执行同步代码块。

如图 13-6 显示了 t1 线程的状态转换过程。

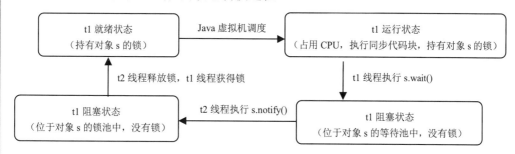

图 13-6 t1 线程的状态转换图

当一个线程执行了 s.notify()方法后，如果在对象 s 的等待池中有许多线程，那么 Java 虚拟机随机地取出一个线程，把它放到对象 s 的锁池中；如果对象 s 的等待池中没有任何线程，那么 notify()方法什么也不做。

Object 类还有一个 notifyAll()方法，该方法会把对象等待池中的所有线程都转到对象的锁池中。

例程 13-25 在 13.8.1 节的例程 13-18 的基础上做了进一步修改，使得生产者线程与消费者线程能够相互通信。

例程 13-25 SyncTest.java

```
package commu;
public class SyncTest {
    public static void main(String args[]) {
        Stack stack1 = new Stack("stack1");
```

```
        Producer producer1 = new Producer(stack1,"producer1");
        Consumer consumer1 = new Consumer(stack1,"consumer1");
        Consumer consumer2 = new Consumer(stack1,"consumer2");

        Stack stack2 = new Stack("stack2");
        Producer producer2 = new Producer(stack2,"producer2");
        Producer producer3 = new Producer(stack2,"producer3");
        Consumer consumer3= new Consumer(stack2,"consumer3");
    }
}
class Producer extends Thread {…}
class Consumer extends Thread {…}

class Stack {
    …
    public synchronized int getPoint(){return point;}
    public synchronized String pop() {
        this.notifyAll();

        while(point==-1){
            System.out.println(Thread.currentThread().getName()+": wait");
            try{
                this.wait();
            }catch(InterruptedException e){throw new RuntimeException(e);}
        }

        String goods = buffer[point];
        buffer[point]=null;
        Thread.yield();
        point--;
        return goods;
    }

    public synchronized void push(String goods) {
        this.notifyAll();

        while(point==buffer.length-1){
            System.out.println(Thread.currentThread().getName()+": wait");
            try{
                this.wait();
            }catch(InterruptedException e){throw new RuntimeException(e);}
        }

        point++;
        Thread.yield();
        buffer[point]=goods;
    }
}
```

在 SyncTest 类的 main()方法中创建了 3 个生产者线程、3 个消费者线程和两个堆栈，如图 13-7 显示了它们的关系。

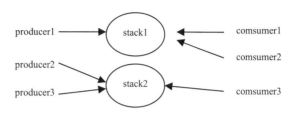

图 13-7　生产者、消费者和堆栈的关系

对于 stack1，同时有两个消费者取出产品，只有一个生产者加入产品，因此有可能导致消费者取产品时堆栈为空的情况。以下是 consumer2 线程取产品时可能出现的流程：

（1）执行 this.notifyAll()方法，此时 this 引用的 stack1 对象的等待池中没有任何线程，因此该方法什么也不做。

（2）由于 point 为-1，因此执行 this.wait()方法，consumer2 线程释放 stack1 对象的锁，并且进入 stack1 对象的等待池。

（3）producer1 线程获得 stack1 对象的锁，开始执行 push()方法。

（4）producer1 线程首先执行 this.notifyAll()方法，此时 this 引用的 stack1 对象的等待池中有一个 consumer2 线程，因此把这个线程转到 stack1 对象的锁池。

（5）producer1 线程判断 point 不为 buffer.length-1，无须执行 this.wait()方法，producer1 线程向堆栈中加入一个产品，然后退出 push()方法，并且释放锁。

（6）在 stack1 对象的锁池中的 consumer2 线程获得了锁，转到就绪状态，只要获得了 CPU，就能继续执行 push()方法。

对于 stack2 对象，同时有两个生产者加入产品，只有一个消费者取出产品，因此有可能导致生产者加入产品时堆栈已满的情况。以下是 producer2 线程加入产品时可能出现的流程：

（1）执行 this.notifyAll()方法，此时 this 引用的 stack2 对象的等待池中没有任何线程，因此该方法什么也不做。

（2）由于 point 为 buffer.length-1，因此执行 this.wait()方法，producer2 线程释放 stack2 对象的锁，并且进入 stack2 对象的等待池。

（3）consumer3 线程获得 stack2 对象的锁，开始执行 push()方法。

（4）consumer3 线程首先执行 this.notifyAll()方法，此时 this 引用的 stack2 对象的等待池中有一个 producer2 线程，因此把这个线程转到 stack2 对象的锁池。

（5）consumer3 线程判断 point 不为-1，无须执行 this.wait()方法，consumer3 线程从堆栈中取出一个产品，然后退出 pop()方法，并且释放锁。

（6）在 stack2 对象的锁池中的 producer2 线程获得了锁，转到就绪状态，只要获得了 CPU，就能继续执行 push()方法。

> **Tips**
>
> 当 producer1、consumer1 或 consumer2 线程执行 this.notifyAll()方法后，只会唤醒 this 引用的 stack1 对象的等待池中的线程，而不会唤醒 stack2 对象的等待池中的线程。同样，当 producer2、producer3 或 consumer3 线程执行 this.notifyAll()方法后，只会唤醒 this 引用的 stack2 对象的等待池中的线程，而不会唤醒 stack1 对象的等待池中的线程。

以上程序的部分打印结果如下：

```
producer1: push goods0 to stack1
producer2: push goods0 to stack2
consumer2: wait
consumer1: pop goods0 from stack1
producer3: push goods1 to stack2
...
producer2: push goods100 to stack2
consumer3: pop goods100 from stack2
producer3: push goods100 to stack2
producer2: wait
consumer3: pop goods100 from stack2
```

值得注意的是，wait()方法必须放在一个循环中，因为在多线程环境中，共享对象的状态随时可能被改变。当一个在对象等待池中的线程被唤醒后，并不一定立即恢复运行，等到这个线程获得了锁及 CPU 以后才能继续运行，有可能此时对象的状态已经发生了变换。以下代码把 wait()方法放在一个 if 语句中：

```java
public synchronized String pop() {
    this.notifyAll();

    if(point==-1){
        System.out.println(Thread.currentThread().getName()+": wait");
        try{
            this.wait();
        }catch(InterruptedException e){throw new RuntimeException(e);}
    }

    String goods = buffer[point];
    …
}
```

当 consumer2 线程执行了 this.wait()方法后，就进入 stack1 对象的等待池中。假设 producer1 线程执行了 this.notifyAll()方法，consumer2 线程转到 stack1 对象的锁池中。producer1 线程执行完 push()方法并释放锁后，consumer1 线程获得了锁，consumer1 线程从堆栈中取出一个产品，point 的值又变为-1。consumer1 线程释放锁后，接着 consumer2 线程获得了锁，继续执行后续代码。

如果 wait()方法放在一个循环中，那么当 consumer2 线程恢复运行时，还会再次判断 point 的值是否为-1，如果是，就再次执行 wait()方法。如果 wait()方法放在一个 if

语句中，那么当 consumer2 线程恢复运行时，不会再判断 point 的值是否为-1，因此会导致访问空的堆栈的错误。

此外，对一个对象的 wait()和 notify()的调用应该放在同步代码块中，并且同步代码块采用这个对象的锁。如果违反了这一规则，尽管在编译时不会检查这种错误，但在运行时会抛出 IllegalMonitorStateException 异常。

13.10　中断阻塞

当线程 A 处于阻塞状态时，如果线程 B 调用线程 A 的 interrupt()方法，那么线程 A 会接收到一个 InterruptedException，线程 A 退出阻塞状态，开始进行异常处理。

在例程 13-26 中，Machine 线程不断把变量 a 的值加 1，如果变量 a 的值大于 3，就会进入 Machine 对象的等待池，定时器从 Machine 线程转到阻塞状态开始计时，如果 Machine 线程在等待池中的时间超过了 3 秒，那么定时器就会调用 Machine 线程的 interrupt()方法，使 Machine 线程中断阻塞，Machine 线程开始执行异常处理代码块。

例程 13-26　Machine.java

```java
package interrupt;
import java.util.*;
public class Machine extends Thread{
    private int a=0;
    private Timer timer=new Timer(true);

    public synchronized void reset(){a=0;}

    public void run(){
        final Thread thread=Thread.currentThread();
        TimerTask timerTask=new TimerTask(){   //定义一个继承 TimerTask 的匿名类
            public void run(){
                System.out.println(thread.getName()+" has waited for 3 seconds");
                thread.interrupt();   //中断 Machine 线程的阻塞
            }
        };

        while(true){
            synchronized(this){
                while(a>3){
                    timer.schedule(timerTask,3000);   //3 秒后执行定时任务

                    try{
                        this.wait();   //如果等待时间超过 3 秒，会收到 InterruptedException
                    }catch(InterruptedException e){
                        System.out.println(thread.getName()+ " is interrupted");
                        return;
                    }
                }

                a++;
```

```
                System.out.println("a="+a);
            }
        }
    }
    public static void main(String args[])throws Exception{
        Machine machine=new Machine();
        machine.start();
    }
}
```

以上程序的打印结果如下：

```
a=1
a=2
a=3
a=4
Thread-0 has waited for 3 seconds
Thread-0 is interrupted
```

Tips

当一个阻塞的线程抛出 InterruptedException 异常时，应该根据实际情况来决定如何处理它。如果是由于潜在的程序错误导致这种异常，那么可以在 catch 代码块中把它包装为运行时异常再将其抛出；如果是像例程 13-26 那样，是由于受到预期的干预而抛出该异常，那么可以在 catch 代码块中提供相应的处理逻辑。

13.11 线程控制

当线程执行完 run()方法后，它将自然终止运行。在本章前面的例子中，许多线程的 run()方法都是由一个 for 循环组成的，线程执行的循环次数是固定的，这主要是为了简化范例。但在实际应用中，线程执行的循环次数往往是不确定的，到底何时结束线程，由外部程序决定。许多家用电器有开始按钮、暂停按钮、继续按钮和结束按钮，用户可以通过这些按钮控制电器的启动、暂停或结束，与此类似，Thread 类中也提供了一些控制线程的方法：

- start()：启动线程。
- suspend()：使线程暂停。
- resume()：使暂停的线程恢复运行。
- stop()：终止线程。

不过，从 JDK1.2 开始，除了 start()方法，其他 3 个控制线程的方法都被废弃（Deprecated），本章 13.11.1 和 13.11.2 节介绍了废弃它们的原因。可以用编程的手段来控制线程的暂停与结束，13.11.3 节介绍了一种控制模式。

13.11.1 被废弃的 suspend()和 resume()方法

Thread 类有两个方法：suspend()和 resume()，可以直接控制线程的暂停与恢复运行。suspend()方法使一个运行中的线程放弃 CPU，暂停运行，而 resume()方法使暂停的线程恢复运行。但从 JDK1.2 开始，这两个方法被废弃，因为它们会导致以下危险：

- 容易导致死锁。
- 一个线程强制中断另一个线程的运行，会造成另一个线程操作的数据停留在逻辑上不合理的状态。

假设线程 A 获得了某个对象的锁，正在执行一个同步代码块，如果线程 B 调用线程 A 的 suspend()方法，使线程 A 暂停，那么线程 A 会放弃 CPU，但是不会放弃占用的锁，这是导致死锁的根源所在。在例程 13-27 的 Machine 类中，主线程负责控制 machine 线程的启动、暂停与恢复。

例程 13-27 Machine.java

```
package suspend;
public class Machine extends Thread{
    private int a;   //共享数据

    public void run(){
        for(int i=0;i<1000;i++){
            synchronized(this){
                a+=i;
                yield();   //给其他线程运行的机会
                a-=i;
            }
        }
    }

    public synchronized void reset(){ a=0;}

    public static void main(String args[]) throws InterruptedException{
        Machine machine=new Machine();
        machine.start();
        yield();   //给 machine 线程运行的机会
        machine.suspend();   //让 machine 线程暂停
        machine.reset();   //调用 machine 对象的同步代码块
        machine.resume();   //使 machine 线程恢复运行
    }
}
```

运行以上例子，会造成死锁，下面是 machine 线程和主线程相互死锁的流程：

（1）machine 线程获得了 machine 对象的锁，执行 run()方法中的同步代码块。

（2）machine 线程执行 yield()方法，给主线程运行的机会。

（3）主线程执行 machine.suspend()方法，machine 线程转到阻塞状态，但是不会释放 machine 对象的锁。

（4）主线程试图执行 machine.reset()方法，由于不能获得 machine 对象的锁，因此转到阻塞状态。

machine 线程和主线程都处于阻塞状态，machine 线程等待主线程将其恢复运行，而主线程等待 machine 线程释放 machine 对象的锁，死锁就这样产生了。

此外，当主线程调用 machine.suspend()时，此时 machine 线程正在执行一个原子操作，会操作共享数据 a，machine 线程被迫中断运行，使共享数据停留在不稳定的中间状态。为了安全起见，只有 machine 线程本身才可以决定何时暂停运行。

应该使用 wait()和 notify()机制来代替 suspend()和 resume()。前者由线程自身执行一个对象的 wait()方法，从而进入阻塞状态。线程可以确保处理的数据稳定后，再使自己进入阻塞状态。此外，当线程执行 wait()方法时，这个线程会自动释放锁，给予其他线程获得锁的机会，从而避免了死锁。

13.11.2 被废弃的 stop()方法

Thread 类的 stop()方法可以强制终止一个线程。但是从 JDK1.2 开始，废弃了 stop()方法。假设线程 A 获得了某个对象的锁，正在执行一个同步代码块，如果线程 B 调用线程 A 的 stop()方法，线程 A 就会终止，线程 A 在终止之前释放它持有的锁，这避免了 suspend()和 resume()方法引起的死锁问题。但是，当线程 B 调用线程 A 的 stop()方法时，如果线程 A 正在执行一个原子操作，会操作共享数据，那么会使共享数据停留在不稳定的中间状态。为了安全起见，只有线程 A 本身才可以决定何时终止运行。

13.11.3 以编程的方式控制线程

在实际编程中，一般是在受控制的线程中定义一个标志变量，其他线程通过改变标志变量的值，来控制线程的暂停、恢复运行及自然终止。例如，例程 13-28 的 ControlledThread 类就是一个可以被控制的线程。它的 state 属性有 3 种取值：

- SUSP：暂停状态，线程进入当前线程对象的等待池。
- STOP：终止状态，线程会自然退出 run()方法。
- RUN：运行状态，线程可以继续运行。

例程 13-29 的 Machine 类继承于 ControlledThread 类，因此 Machine 类是受控制的线程。在 Machine 类的 run()方法的 while 循环中，每次循环结束前都会调用 checkState()方法，判断接下来到底是继续运行，还是暂停或者终止运行。

主线程通过调用 Machine 对象的 setState()方法来控制 Machine 线程。当 Machine 对象的实例变量 count 的值大于 5 时，就让 Machine 线程暂停，把 Machine 对象的实例变量 count 设为 0，然后再使 Machine 线程恢复运行。主线程最后终止 Machine 线程的运行。

例程 13-28　ControlledThread.java

```
package control;
public class ControlledThread extends Thread {
    public static final int SUSP=1;
```

```java
    public static final int STOP=2;
    public static final int RUN=0;

    private int state = RUN;

    public synchronized void setState( int state){
       this.state = state;
       if (state == RUN)
          notify();
    }

    public synchronized boolean checkState() {
       while(state == SUSP){
          try{
             System.out.println(Thread.currentThread().getName()+":wait");
             wait();
          }catch (InterruptedException e){
             throw new RuntimeException(e.getMessage());
          }
       }
       if (state == STOP){
          return false;
       }
       return true;
    }
}
```

例程 13-29　Machine.java

```java
package control;
public class Machine extends ControlledThread{
   private int count;    //共享数据

   public void run(){
      while(true){
        synchronized(this){
           count++;
           System.out.println(Thread.currentThread().getName()
              +":run "+count+" times");
        }
        if(!checkState()){
           System.out.println(Thread.currentThread().getName()+":stop");
           break;
        }
      }
   }

   public synchronized int getCount(){return count;}

   public synchronized void reset(){
      count=0;
      System.out.println(Thread.currentThread().getName()+":reset");
   }

   public static void main(String args[]){
```

```
        Machine machine=new Machine();
        machine.start();
        for(int i=0;i<200;i++){
          if(machine.getCount()>5){
            //让 machine 线程暂停
            machine.setState(ControlledThread.SUSP);
            yield();
            machine.reset();
            //让 machine 线程恢复运行
            machine.setState(ControlledThread.RUN);
          }
          yield();
        }
        //让 machine 线程终止运行
        machine.setState(ControlledThread.STOP);
      }
    }
```

值得注意的是，以上线程控制方式不是实时的，当主线程在某个时刻执行了 machine.setState(ControlledThread.SUSP)方法时，machine 线程并不会立即进入暂停状态。machine 线程必须先获得 CPU，开始执行 checkState()方法，才会进入暂停状态。

13.12 线程组

Java 中的 ThreadGroup 类表示线程组，它能够对一组线程进行集中管理。用户创建的每个线程均属于某线程组。在创建一个线程对象时，可以通过以下构造方法指定它所属的线程组：

Thread(**ThreadGroup group**, String name)

假设线程 A 创建了线程 B，如果创建线程 B 时没有在构造方法中指定线程组，那么线程 B 会加入到线程 A 所属的线程组中。一旦线程加入某线程组，该线程就一直存在于该线程组中，直至线程死亡，不能在中途改变线程所属的线程组。

当 Java 应用程序运行时，Java 虚拟机会创建名为 main 的线程组，默认情况下，所有线程都属于这个线程组。

用户创建的线程组都有一个父亲线程组，默认情况下，如果线程 A 创建了一个新的线程组，那么这个线程组以线程 A 所属的线程组作为父亲线程组。此外，在构造线程组实例时，也可以显式地指定父亲线程组：

ThreadGroup(ThreadGroup parent, String name)

在下面的例程 13-30 中，创建了 5 个 Machine 线程，它们都属于同一个线程组。ThreadGroup 类的 activeCount()方法返回当前活着的线程，enumerate(Thread[] tarray)方法把当前活着的线程的引用复制到参数 tarray 中。

例程 13-30 Machine.java

```
package group;
```

```java
public class Machine extends Thread{
  public Machine(ThreadGroup group, String name){super(group,name);}
  public void run(){
    for(int a=0;a<1000;a++){
      System.out.println(Thread.currentThread().getName()+":"+a);
      yield();
    }
  }
  public static void main(String args[])throws Exception{
    ThreadGroup group=new ThreadGroup("machines");
    for(int i=1;i<=5;i++){
      Machine machine=new Machine(group,"machine"+i);
      machine.start();
    }
    int activeCount=group.activeCount();
    Thread[] machines=new Thread[activeCount];
    group.enumerate(machines);
    for(int i=0;i<activeCount;i++)
      System.out.println(machines[i].getName()+" is alive");
  }
}
```

为了获得当前所有活着的线程的引用，需要先调用 ThreadGroup 类的 activeCount() 方法，获得当前活着的线程的数目 *activeCount*，接着创建一个长度为 *activeCount* 的线程数组 machines，然后调用 ThreadGroup 类的 enumerate(machines) 方法，该方法把当前活着的线程的引用存放到 machines 参数中。

假如在执行 group.activeCount() 方法时有 5 个活着的线程，那么 *activeCount* 的值为 5，但是当执行 group.enumerate(machines) 方法时，已经有 6 个活着的线程，那么 enumerate() 方法只会向 machines 数组中存放 5 个线程的引用，还有一个线程被忽略：

```java
int activeCount=group.activeCount();
Thread[] machines=new Thread[activeCount];

//再启动一个 Machine 线程
Machine machine=new Machine(group,"machine"+6);
machine.start();

group.enumerate(machines);
```

由此可见，JDK 提供的 ThreadGroup API 不是很健壮，因此不推荐使用 ThreadGroup 类。ThreadGroup 类的唯一比较有用的功能是它的 uncaughtException() 方法，参见本章第 13.13 节（处理线程未捕获的异常）。

13.13 处理线程未捕获的异常

从 JDK5 版本开始，加强了对线程的异常处理。如果线程没有捕获异常，那么 Java 虚拟机会寻找相关的 UncaughtExceptionHandler 实例，如果找到，就调用它的 uncaughtException(Thread t, Throwable e) 方法。

在 Thread 类中提供了一个公共的静态的 UncaughtExceptionHandler 内部接口,它负责处理线程未捕获的异常,这个接口的完整名字为 Thread.UncaughtExceptionHandler,它的唯一的方法是 uncaughtException(Thread t, Throwable e),参数 t 表示抛出异常的线程,参数 e 表示具体的异常。

Thread 类中提供了两个设置异常处理类的方法:

(1) setDefaultUncaughtExceptionHandler(Thread.UncaughtExceptionHandler eh)
(2) setUncaughtExceptionHandler(Thread.UncaughtExceptionHandler eh)

第一个方法是静态方法,设置线程类的默认异常处理器,第二个方法是实例方法,设置线程实例的当前异常处理器。

每个线程实例都属于一个 ThreadGroup 线程组。ThreadGroup 类实现了 Thread.UncaughtExceptionHandler 接口。当一个线程实例抛出未捕获的异常时,Java 虚拟机首先寻找线程实例的当前异常处理器,如果找到就调用它的 uncaughtException()方法。否则,把线程实例所属的线程组作为异常处理器,调用它的 uncaughtException()方法。ThreadGroup 类的 uncaughtException()方法的处理流程如下:

(1)如果这个线程组有一个父亲线程组,那么就调用它的 uncaughtException()方法。

(2)否则,如果线程实例所属的线程类具有默认异常处理器,那么就调用这个默认异常处理器的 uncaughtException()方法。

(3)否则,就把来自方法调用堆栈的异常信息打印到标准输出流 System.err 中。

在下面的例程 13-31 中定义了一个继承 ThreadGroup 的 MachineGroup 类,还定义了一个实现了 Thread.UncaughtExceptionHandler 接口的 MachineHandler 类。在 Machine 类的 main()方法中创建了 m1 和 m2 两个 Machine 线程对象,它们都加入到 MachineGroup 线程组。Machine 类设置了默认异常处理器,m2 设置了当前异常处理器。

例程 13-31　Machine.java

```
package exhandler;
class MachineGroup extends ThreadGroup{
  public MachineGroup(){super("MachineGroup");}

  public void uncaughtException(Thread t, Throwable e){
    System.out.println(getName()+" catches an exception from "+t.getName());
    super.uncaughtException(t,e);
  }
}

class MachineHandler implements Thread.UncaughtExceptionHandler{
  private String name;
  public MachineHandler(String name){this.name=name;}

  public void uncaughtException(Thread t, Throwable e){
    System.out.println(name+" catches an exception from "+t.getName());
  }
```

```java
}
public class Machine extends Thread{
    public Machine(ThreadGroup group, String name){
        super(group,name);
    }
    public void run(){
        int a=1/0;   //throw ArithmeticException 运行时异常
    }
    public static void main(String args[])throws Exception{
        ThreadGroup group=new MachineGroup();
        //设置 Machine 类的默认异常处理器
        UncaughtExceptionHandler defaultHandler=
                    new MachineHandler("DefaultHandler");
        Machine.setDefaultUncaughtExceptionHandler(defaultHandler);

        Machine m1=new Machine(group,"machine1");
        Machine m2=new Machine(group,"machine2");

        //设置 m2 的当前异常处理器
        UncaughtExceptionHandler currHandler=
                    new MachineHandler("Machine2'handler");
        m2.setUncaughtExceptionHandler(currHandler);

        m1.start();
        m2.start();
    }
}
```

当 m1 和 m2 线程运行时，由于执行了整数除以零的操作，因此会分别抛出 ArithmeticException 异常。对于 m2 抛出的异常，直接由当前异常处理器 currHandler 处理，对于 m1 抛出的异常，由于没有设置当前异常处理器，因此由 MachineGroup 处理，MachineGroup 向控制台打印一些信息后接着再转手由 Machine 类的默认异常处理器 defaultHander 处理。以上程序的打印结果如下：

```
MachineGroup catches an exception from machine1
DefaultHandler catches an exception from machine1
Machine2'handler catches an exception from machine2
```

13.14 ThreadLocal 类

java.lang.ThreadLocal 可用来存放线程的局部变量,每个线程都有单独的局部变量，彼此之间不会共享。ThreadLocal<T>类主要包括以下 3 个方法：
- public T get()：返回当前线程的局部变量。
- protected T initialValue()：返回当前线程的局部变量的初始值。
- public void set(T value)：设置当前线程的局部变量。

以上<T>为范型标记，指定局部变量的类型，这是在 JDK5 中出现的新特征，第 16 章（泛型）对此做了介绍。在 ThreadLocal 的 3 个方法中，initialValue()方法为 protected

类型，它是为了被子类覆盖而特意提供的，该方法返回当前线程的局部变量的初始值，这个方法是一个延迟调用方法，当线程第一次调用 ThreadLocal 对象的 get()或者 set()方法时才执行，并且仅执行一次。在 ThreadLocal 类本身的实现中，initialValue()方法直接返回一个 null：

```
protected T initialValue() { return null; }
```

ThreadLocal 是如何做到为每一个线程提供一个单独的局部变量的呢？其实很简单，在 ThreadLocal 类中有一个 Map 缓存，用于存储每一个线程的局部变量。下面的例程 13-32 展示了 ThreadLocal 的实现方式。

例程 13-32 ThreadLocal.java

```java
package mypack;
import java.util.*;
public class ThreadLocal<T>{    //<T>为范型标记

    private Map<Runnable,T> values=Collections.synchronizedMap(
                                        new HashMap<Runnable,T>());
    public T get(){
      Thread curThread=Thread.currentThread();
      T o=values.get(curThread);
      if(o==null && !values.containsKey(curThread)){
         o=initialValue();
         values.put(curThread,o);
      }
      return o;
    }

    public void set(T newValue){
      values.put(Thread.currentThread(),newValue);
    }
    protected T initialValue(){
      return null;
    }
}
```

以上例子仅仅体现了 ThreadLocal 的实现的总体思路，JDK 中的 ThreadLocal 类在实现上采用了这一思路，但是在实现细节上要更加健壮和完善，它还会保证当一个线程运行结束后，从 Map 缓存中删除对这个线程的局部变量的引用。在 JDK 的 ThreadLocal 及 Thread 的实现中，当线程处于活动状态时，它会持有该线程的局部变量的引用，当该线程运行结束后，该线程拥有的所有线程局部变量都会结束生命周期。

下面的例程 13-33 演示了 java.lang.ThreadLocal 类的用法，在这个例子中，Counter 类用来为每个线程分配一个序列号 *serialCount*，这个 *serialCount* 变量被声明为 ThreadLocal 类型，它引用一个 ThreadLocal 的匿名子类的实例。LocalTester 是一个线程类，在它的 run()方法中打印自己的序列号，然后把序列号加 2。

例程 13-33 LocalTester.java

```java
class Counter {
  private static int count;
```

```java
        private static ThreadLocal<Integer> serialCount=new ThreadLocal<Integer>(){
            protected synchronized Integer initialValue(){
                return new Integer(count++);
            }
        };
        public static int get(){
            return serialCount.get();
        }
        public static void set(int i){
            serialCount.set(i);
        }
    }

    public class LocalTester extends Thread{
        public void run(){
            for(int i=0;i<3;i++){
                int c=Counter.get();
                System.out.println(getName()+":"+c);
                Counter.set(c+=2);
            }
        }

        public static void main(String args[]){
            Thread t1=new LocalTester();
            Thread t2=new LocalTester();
            t1.start();
            t2.start();
        }
    }
```

以上程序的打印结果为：

Thread-0:0 Thread-1:1 Thread-0:2 Thread-0:4 Thread-1:3 Thread-1:5

除了以上例子，本书第 11 章的 11.3.1 节的例程 11-7 的 GlobalConfig 类展示了 ThreadLocal 类的用法。

13.15　concurrent 并发包

编写多线程的程序代码时，既要保证线程的同步，又要避免死锁，还要考虑并发性能，因此对开发人员的要求很高。为了帮助开发人员编写出高效安全的多线程代码，从 JDK5 开始，增加了 java.util.concurrent 并发包，它提供了许多实用的处理多线程的接口和类，主要包括：

（1）用于线程同步的 Lock 外部锁接口。
（2）用于线程通信的 Condition 条件接口。
（3）支持异步运算的 Callable 接口和 Future 接口。所谓异步运算，简单地理解，是指线程 A 负责运算，线程 B 等待获取线程 A 的运算结果。

（4）利用线程池来高效管理多个线程的 Executors 类和 Executor 接口。
（5）支持线程同步的 BlockingQueue 阻塞队列接口。
（6）线程安全的集合，参见第 15 章的 15.9 节（线程安全的集合）。

13.15.1 用于线程同步的 Lock 外部锁

本章 13.8.1 节已经介绍过，每个 Java 对象都有一个用于同步的锁，但这实际上是概念上的锁。而在 java.util.cuncurrent.locks 包中，Lock 接口及它的实现类专门表示用于同步的锁。为了叙述方便，本章把 Lock 锁称为外部锁，前文所讲的 Java 对象的锁称为 Java 对象内部锁。

Lock 锁的优势在于它提供了更灵活地获得同步代码块的锁的方式：

- lock()：当前线程获得同步代码块的锁，如果锁被其他线程占用，那就进入阻塞状态。这种处理机制和 Java 对象内部锁是一样的。
- tryLock()：当前线程试图获得同步代码块的锁，如果锁被其他线程占用，那就立即返回 false，否则返回 true。
- tryLock(long time,TimeUnit unit)：该方法和上面的不带参数的 tryLock()方法的作用相似。区别在于本方法设定了时间限制。如果锁被其他线程占用，当前线程会先进入阻塞状态。如果在时间限定范围内获得了锁，那就返回 true；如果超过时间限定范围还没有获得锁，那就返回 false。例如"lock.tryLock(50L, TimeUnit.SECONDS)"表示设定的时间限制为 50 秒。

和以上 lock()方法及 tryLock()方法对应，Lock 接口的 unlock()方法用于释放线程所占用的同步代码块的锁。

Lock 接口有一个实现类 ReentrantLock，它有以下构造方法：

- ReentrantLock()：默认构造方法，创建一个常规的锁。
- ReentrantLock(boolean fair)：如果 fair 参数为 true，会创建一个带有公平策略的锁。否则就创建一个常规的锁。所谓公平策略，是指会保证让阻塞较长时间的线程有机会获得锁。使用公平锁时，有两个注意事项：一是公平锁的公平机制是以降低运行性能为代价的。二是公平锁依赖于底层线程调度的实现，不能完全保证公平。

在利用外部锁来对线程同步时，一般采用以下编程模式：

```
public class Sample {
    private final ReentrantLock lock = new ReentrantLock();  //创建锁
    // ...

    public void method() {
        lock.lock();  //获得锁
        try {
            // ... 需要同步的原子操作
        } finally {
            lock.unlock();  //释放锁
        }
    }
}
```

使用外部锁时，需要同步的操作放在 try 代码块中。为了保证出现异常的情况下，也会执行释放锁的操作，特意把"lock.unlock();"语句放在 finally 代码块中。下面的例程 13-34 的 Machine 类演示了用外部锁来对线程进行同步的过程。

例程 13-34　Machine.java

```java
package lock;
import java.util.concurrent.*;
import java.util.concurrent.locks.*;
public class Machine implements Runnable{
  private final Lock machineLock=new ReentrantLock();   //创建外部锁
  int data=100;   //共享数据
  public void run(){
    machineLock.lock();   //用外部锁来同步
    try{   //try 代码块中的语句为原子操作
      data++;
      Thread.currentThread().sleep(1000);
      data--;
      System.out.println(Thread.currentThread().getName()+": data="+data);
    }catch(Exception e){
       e.printStackTrace();
    }finally{
      machineLock.unlock();   //在 finally 代码块中释放锁
    }
  }

  public static void main(String args[])throws Exception{
    Machine machine=new Machine();
    for(int i=0;i<10;i++){   //创建 10 个线程，都执行同一个 Machine 对象的 run()方法
      Thread thread=new Thread(machine);
      thread.start();
    }
  }
}
```

以上 Machine 类的 run()方法使用了 Lock 外部锁。在 main()方法中创建了 10 个 Machine 线程，每个线程在执行 machineLock.lock()方法时，都必须先获得外部锁，才能继续后面的操作，否则就进入阻塞状态。

13.15.2　用于线程通信的 Condition 条件接口

java.lang.concurrent.locks.Condition 条件接口用于线程之间的通信。Lock 接口的 newCondition()方法返回实现了 Condition 接口的实例。

Condition 接口中有以下方法：

- await()：作用和 Object 类的 wait()方法相似。当前线程释放外部锁，进入等待池中，等待其他线程将它唤醒。
- await(long time, TimeUnit unit)：当前线程释放外部锁，进入等待池中，等待其他线程将它唤醒。如果在参数设定的时间范围内没有被唤醒，就不再等待，直接返回 false，否则返回 true。

- signal()：作用和 Object 类的 notify()方法相似。当前线程唤醒等待池中的一个线程。
- signalAll()：作用和 Object 类的 notifyAll()方法相似。当前线程唤醒等待池中的所有线程。

> **Tips**
> 由于 Object 类中已经定义了 final 类型的 wait()和 notify()方法，为了避免与这两个方法发生冲突，可以将 Condition 接口中的用于通信的方法命名为 await()和 signal()。

例程 13-35 的 SyncTest 类重新改写了本章 13.9 节的例程 13-25 的 SyncTest 类，前者利用 Condition 接口来进行线程之间的通信。

例程 13-35　SyncTest.java

```java
package lockcommu;
import java.util.concurrent.*;
import java.util.concurrent.locks.*;

public class SyncTest {
  public static void main(String args[]) {
    Stack stack1 = new Stack("stack1");
    Producer producer1 = new Producer(stack1,"producer1");
    Consumer consumer1 = new Consumer(stack1,"consumer1");
    Consumer consumer2 = new Consumer(stack1,"consumer2");
  }
}

/**  生产者线程  */
class Producer extends Thread {
  private Stack theStack;

  public Producer (Stack s,String name) {
    super(name);
    theStack = s;
    start();    //启动自身生产者线程
  }

  public void run() {
    String goods;
    Lock stackLock=theStack.getLock();
    for (int i = 0; i < 200; i++) {
      stackLock.lock();
      try{
        goods="goods"+(theStack.getPoint()+1);
        theStack.push(goods);
      }finally{stackLock.unlock();}

      System.out.println(getName()+ ": push "
        + goods +" to "+theStack.getName());
      sleep(100);
    }
```

```java
    }
    public void sleep(int m){
       try{super.sleep(m);}catch(Exception e){e.printStackTrace();}
    }
}

/**  消费者线程  */
class Consumer extends Thread {
   private Stack theStack;

   public Consumer (Stack s,String name) {
      super(name);
      theStack = s;
      start();    //启动自身消费者线程
   }

   public void run() {
      String goods;
      for (int i=0; i < 200; i++) {
         goods = theStack.pop();
         System.out.println(getName() + ": pop "
            + goods +" from "+theStack.getName());
         yield();
      }
   }
}

/**  堆栈  */
class Stack {
   private String name;
   private String[] buffer=new String[100];
   int point=-1;
   private final Lock stackLock;
   private Condition condition;

   public Stack(String name){
      this.name=name;
      **stackLock=new ReentrantLock();**
      **condition=stackLock.newCondition();**
   }
   public String getName(){return name;}
   public Lock getLock(){return stackLock;}

   public int getPoint(){
      **stackLock.lock();**
      try{
         return point;
      }finally{
         **stackLock.unlock();**
      }
   }

   public String pop() {
      **stackLock.lock();**
```

```java
      try{
        condition.signalAll();

        while(point==-1){
          System.out.println(Thread.currentThread().getName()+": wait");
          condition.await();
        }

        String goods = buffer[point];
        buffer[point]=null;
        Thread.yield();
        point--;

        return goods;
      }catch(InterruptedException e){
        throw new RuntimeException(e);
      }finally{
        stackLock.unlock();
      }
    }

    public void push(String goods) {
      stackLock.lock();
      try{
        condition.signalAll();

        while(point==buffer.length-1){
          System.out.println(Thread.currentThread().getName()+": wait");
          condition.await();
        }
        point++;
        Thread.yield();
        buffer[point]=goods;
      }catch(InterruptedException e){
        throw new RuntimeException(e);
      }finally{
        stackLock.unlock();
      }
    }
  }
```

以上程序在 Stack 类的 push()和 pop()方法中通过 Conndition 对象的 await()方法和 signalAll()方法来进行生产者线程和消费者线程之间的通信。另外，在生产者 Producer 类的 run()方法中，也利用 Stack 对象的外部锁来对操作 Stack 对象的代码进行同步：

```java
stackLock.lock();
try{
  goods="goods"+(theStack.getPoint()+1);
  theStack.push(goods);
}finally{stackLock.unlock();}
```

13.15.3 支持异步计算的 Callable 接口和 Future 接口

Runnable 接口的 run()方法的返回类型为 void。假如线程 A 执行一个运算任务，线程 B 需要获取线程 A 的运算结果，这该如何实现呢？如果直接靠编程来实现，就需要定义一个存放运算结果的共享变量，线程 A 和线程 B 都可以访问这个共享变量，并且需要对操作共享变量的代码块进行同步。

在 JDK5 中，java.util.concurrent 包中的一些接口和类提供了更简单的支持异步运算的方法。如图 13-8 显示了这些类和接口，以及和 Runnable 接口的关系。

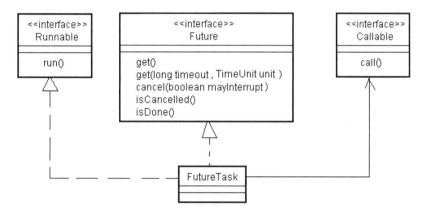

图 13-8 支持异步运算的类和接口之间的关系

图 13-8 涉及 java.util.concurrent 包中的以下类和接口：

（1）Callable 接口：它和 Runnable 接口有点类似，都指定了线程所要执行的操作。区别在于，Callable 接口是在 call()方法中指定线程所要执行的操作的，并且该方法有泛型的返回值"<V>"。此外，Callable 实例不能像 Runnable 实例那样，直接作为 Thread 类的构造方法的参数。

（2）Future 接口：能够保存异步运算的结果。它有以下方法：

- get()：返回异步运算的结果。如果运算结果还没有出来，当前线程就会被阻塞，直到获得运算结果，才结束阻塞。
- get(long timeout,TimeUnit unit)：和第一个不带参数的 get()方法的作用相似，区别在于本方法为阻塞设了限定时间。如果超过参数设置的限定时间，还没有获得运算结果，就会抛出 TimeoutException。例如"future.get(50L, TimeUnit.SECONDS)"表示限定时间为 50 秒。
- cancel(boolean mayInterrupt)：取消该运算。如果运算还没开始，那就立即取消。如果运算已经开始，并且 mayInterrupt 参数为 true，那么会取消该运算。否则，如果运算已经开始，并且 mayInterrupt 参数为 false，那么不会取消该运算，而是让其继续执行下去。
- isCancelled()：判断运算是否已经被取消，如果取消，就返回 true。
- isDone()：判断运算是否已经完成，如果已经完成，就返回 true。

（3）FutureTask 类：它是一个适配器，同时实现了 Runnable 接口和 Future 接口，又会关联一个 Callable 实例。它实际上把 Callable 接口转换成了 Runnable 接口。FutureTask 实例可以作为 Thread 类的构造方法的参数。例如，以下代码把一个 Callable 实例传给 FutureTask 类的构造方法，接着把 FutureTask 实例传给 Thread 类的构造方法：

```
Callable myComputation=…
FutureTask<Integer>task=new FutureTask<Integer>( myComputation);
Thread thread=new Thread(task);
thread.start();
```

当以上线程启动后，会执行 Callable 实例中的 call()方法，并且运算结果保存在 FutureTask 实例中。

下面的例程 13-36 的 Machine 类演示了两个线程之间进行异步运算的过程。

例程 13-36　Machine.java

```java
package future;
import java.util.concurrent.*;
public class Machine implements Callable<Integer>{
  public Integer call(){
    int sum=0;
    for(int a=1;a<=100;a++){ //计算从 1 加到 100 的和
      sum=sum+a;
      try{
        Thread.currentThread().sleep(20);
      }catch(Exception e){e.printStackTrace();}
    }
    return sum;
  }

  public static void main(String args[])throws Exception{
    FutureTask<Integer>task=new FutureTask<Integer>(new Machine());
    Thread threadMachine=new Thread(task);
    threadMachine.start(); // threadMachine 执行 Machine 类的 call()方法

    System.out.println("等待计算结果...");
    //主线程调用 task.get()方法，获得运算结果
    System.out.println("从 1 加到 100 的和："+task.get());
    System.out.println("计算完毕");
  }
}
```

在以上程序中，Machine 类实现了 Callable 接口，threadMachine 线程负责执行 Machine 类的 call()方法，该方法会计算从 1 加到 100 的和，并且返回运算的结果。主线程调用 task.get()方法，当 threadMachine 线程还没有运算完毕时，主线程就会阻塞，直到 threadMachine 线程执行完 call()方法，主线程才会获得运算结果，并从 task.get()方法中退出。

13.15.4　通过线程池来高效管理多个线程

到目前为止，在本章介绍的范例中，每个线程执行完一个 Runnable 实例的 run()方法，就会结束生命周期。在多线程环境中，不断地创建和销毁线程既费时又消耗系统资源。为了提高程序的性能，java.util.concurrent 并发包提供了用线程池来管理多线程的机制。它的基本原理是仅仅创建数量有限的线程，每个线程都会持续不断地执行各种任务。如图 13-9 显示了 java.util.concurrrent 并发包中与线程池有关的类和接口。

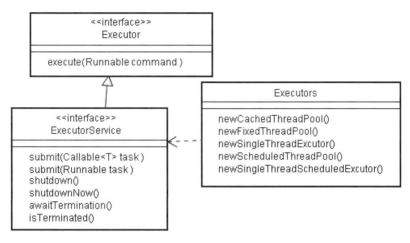

图 13-9　java.util.concurrent 并发包中与线程池有关的类和接口

在图 13-9 中，Executor 接口表示线程池，它的 execute(Runnable command)方法用来提交 Runnable 类型参数 command 的 run()方法所指定的任务，线程池会调度空闲的线程来执行该任务。至于到底何时执行该任务，这是由线程池在运行时动态决定的。它的 ExecutorService 子接口具有管理线程池的一些方法：

- shutdown()：预备关闭线程池。如果已经有任务开始执行，那么要等这些任务执行完毕后，才会真正地关闭线程池。那些还没有开始执行的任务则会被忽略不再执行。
- shutdownNow()：终止已经开始执行的任务，立即关闭线程池。
- awaitTermination()：等待线程池关闭。
- isTerminated()：判断线程池是否关闭，如果关闭，就返回 true，否则返回 false。

ExecutorService 接口的 submit(Callable<T> task)和 submit(Runnable task)方法的作用与 Executor 接口的 execute(Runnable command)方法相似，都用于向线程池提交任务。区别在于前两个 submit()方法支持异步运算，它们都会返回表示异步运算结果的 Future 对象。

Excutors 类包含一些静态方法，负责生成各种类型的 ExecutorService 线程池实例：

- newCachedThreadPool()：创建拥有缓存的线程池。有任务时才创建新线程，空闲的线程在缓存中被保留 60 秒。
- newFixedThreadPool(int nThreads)：创建拥有固定数目线程的线程池。空闲线程会一直保留。参数 nThreads 用于设定线程池中线程的数目。
- newSingleThreadExecutor()：创建只有一个线程的线程池。这一单个线程会依次执行每个任务。如果这个线程因为异常而终止，不会重新创建替代它的线程，这是与 newFixedThreadPool(1)方法的不同之处。newFixedThreadPool(1)方法尽管也只创建一个线程，但是如果这个线程意外终止，线程池会重新创建一个新的线程来替代它继续执行任务。
- newScheduledThreadPool(int corePoolSize)：线程池会按时间计划来执行任务，允许用户设定计划执行任务的时间。参数 corePoolSize 设定线程池中线程的最小数目。当任务较多时，线程池可能会创建更多的线程来执行任务。
- newSingleThreadScheduledExecutor()：创建只有一个线程的线程池。这一单个线程能按照时间计划来执行任务。

例程 13-37 的 Machine 类利用线程池来执行多个 Machine 对象的 run()方法指定的任务。

例程 13-37　Machine.java

```java
package pool;
import java.util.concurrent.*;
public class Machine implements Runnable{
    private int id;
    public Machine(int id){this.id=id;}
    public void run(){
       for(int a=0;a<10;a++){
         System.out.println("当前线程："+Thread.currentThread().getName()
                              +"  当前 Machine"+id+":a="+a);
         Thread.currentThread().yield();
       }
    }

    public static void main(String args[])throws Exception{
      ExecutorService service=Executors.newFixedThreadPool(2); //线程池中有两个线程
      for(int i=0;i<5;i++){
       service.execute(new Machine(i));  //向线程池提交 5 个 Machine 任务
        //或者：service.submit(new Machine(i));
      }
      System.out.println("任务提交结束");
      service.shutdown();
      System.out.println("等已经提交的任务完成后，服务会关闭");
    }
}
```

在以上 Machine 类的 main()方法中，Executors.newFixedThreadPool(2)创建的线程池中共有两个线程。main()方法接着创建了 5 个 Machine 对象，线程池负责执行这 5 个 Machine 对象的 run()方法指定的任务。线程池会调度池中的两个线程来执行这些任务。当程序执行"service.shutdown()"方法时，该方法不会立即关闭线程池，只有当已经开始执行的任务全部执行完毕后，才会关闭线程池。

以上程序中的 service.execute(new Machine(i))也可以改写为：

```
service.submit(new Machine(i));          //向线程池提交任务
```

13.15.5　BlockingQueue 阻塞队列

阅读本节内容，要求读者已经熟悉队列这种集合类型的特点，如果读者对此还不了解，可以先阅读本书第 15 章的 15.5 节（Queue 队列）。普通的队列没有考虑线程之间的同步，当多个线程操作同一个队列时，会导致并发问题。

java.util.concurrent.BlockingQueue 接口继承了 java.util.Queue 接口，BlockingQueue 接口为多个线程同时操作同一个队列提供了 4 种处理方案，参见表 13-4。其中处理方案一和处理方案二来自 Queue 接口，处理方案三和处理方案四是在 BlockingQueue 接口中新增的。

表 13-4 BlockingQueue 接口的操纵队列的方法

操作	处理方案一：抛出异常	处理方案二：返回特定值	处理方案三：线程阻塞	处理方案四：超时
添加元素	add(e)	offer(e)	put(e)	offer(e,time,unit)
删除元素	remove()	poll()	take()	poll(time,unit)
读取元素	element()	peek()	无	无

从表 13-4 可以看出，BlockingQueue 接口为多线程操作同一个队列提供的 4 种处理方案为：

（1）抛出异常。在通过 add(e)方法向队列尾部添加元素时，如果队列已满，则抛出 IllegalStateException。在通过 remove()和 element()方法，分别从队列头部删除或读取元素时，如果队列为空，则抛出 NoSuchElementException。

（2）返回特定值。在通过 offer(e)方法向队列尾部添加元素时，如果队列已满，则返回 false。在通过 poll()和 peek()方法，分别从队列头部删除或读取元素时，如果队列为空，则返回 null。

（3）线程阻塞。在通过 put(e)方法向队列尾部添加元素时，如果队列已满，则当前线程进入阻塞状态，直到队列有剩余的容量来添加元素，才退出阻塞。在通过 take()方法从队列头部删除并返回元素时，如果队列为空，则当前线程进入阻塞状态，直到从队列中成功删除并返回元素为止。

（4）超时。超时和以上线程阻塞有一些共同之处。两者的区别在于当线程在特定条件下进入阻塞状态后，如果超过了 offer(e,time,unit)和 poll(time,unit)方法的参数所设置的时间限制，那么也会退出阻塞状态，分别返回 false 和 null。例如 poll(100, TimeUnit.MILLISECONDS)表示设置的时间限制为 100 毫秒。

Tips

本章 13.8.1 节的例程 13-18 的范例中的 Stack 类采用了第二种处理方案，13.9 节的例程 13-25 的范例中的 Stack 类采用了第三种处理方案。

在 java.util.concurrent 包中，BlockingQueue 接口主要有以下实现类：
- LinkedBlockingQueue 类：默认情况下，LinkedBlockingQueue 的容量是没有上限的（确切地说，默认的容量为 Integer.MAX_VALUE），但是也可以选择指定其最大容量。它是基于链表的队列，此队列按 FIFO（先进先出）的原则存取元素。
- ArrayBlockingQueue 类：它的 ArrayBlockingQueue(int capacity, boolean fair)构造方法允许指定队列的容量，并可以选择是否采用公平策略。如果参数 fair 被设置为 true，那么等待时间最长的线程会优先访问队列（其底层实现是通过将 ReentrantLock 设置为使用公平策略来达到这种公平性的）。通常，公平性以降低运行性能为代价，所以只有在确实非常需要的时候才使用这种公平机制。ArrayBlockingQueue 是基于数组的队列，此队列按 FIFO（先进先出）

的原则存取元素。
- PriorityBlockingQueue 是一个带优先级的队列，而不是先进先出队列。元素按优先级顺序来删除，该队列的容量没有上限。
- DelayQueue：在这个队列中存放的是延期元素，也就是说这些元素必须实现 java.util.concurrent.Delayed 接口。只有延迟期满的元素才能被取出或删除。当一个元素的 getDelay(TimeUnit unit)方法返回一个小于或等于零的值时，则表示延迟期满。DelayQueue 队列的容量没有上限。

以下例程 13-38 的 SyncTest 类中，生产者和消费者线程同时操作同一个 ArrayBlockingQueue 队列，分别向队列中存放和取出产品。

例程13-38 SyncTest.java

```java
package blockque;
import java.util.concurrent.*;
import java.util.concurrent.locks.*;

public class SyncTest {
  public static void main(String args[]) {
    BlockingQueue<String> queue=new ArrayBlockingQueue<String>(100);
    Producer producer1 = new Producer(queue,"producer1");
    Consumer consumer1 = new Consumer(queue,"consumer1");
    Consumer consumer2 = new Consumer(queue,"consumer2");
  }
}

/** 生产者线程 */
class Producer extends Thread {
  private BlockingQueue<String> queue;

  public Producer (BlockingQueue<String> queue,String name) {
    super(name);
    this.queue = queue;
    start();   //启动自身生产者线程
  }

  public void run() {
    String goods;
    for (int i = 0; i < 200; i++) {
      try{
        goods="goods"+i;
        queue.put(goods);
        System.out.println(getName()+ ": put " + goods +" to the queue");
      }catch(Exception e){e.printStackTrace();}
    }
  }
}

/** 消费者线程 */
class Consumer extends Thread {
  private BlockingQueue<String> queue;

  public Consumer (BlockingQueue<String> queue,String name) {
```

```
        super(name);
        this.queue = queue;
        start();    //启动自身消费者线程
    }

    public void run() {
        String goods;
        for (int i=0; i < 200; i++) {
            try{
                goods = queue.take();
                yield();
                System.out.println(getName() + ": take " + goods +" from the queue");
            }catch(Exception e){e.printStackTrace();}
        }
    }
}
```

在 Producer 类的 run()方法中，通过 queue.put(goods)方法向队列中加入产品，如果队列已满，该生产者线程会进入阻塞状态，直到消费者线程取出了产品，生产者线程才会退出阻塞。在 Consumer 类的 run()方法中，通过 queue.take()方法从队列中取出元素，如果队列为空，消费者线程会进入阻塞状态，直到生产者线程加入了产品，消费者线程才会退出阻塞。

13.16 小结

本章对线程的运行机制、同步、通信与控制进行了详细的探讨。在面向对象的 Java 语言中，线程对象是线程向程序提供的接口，程序通过调用线程对象的各种方法来操作线程。所有的线程对象都是 Thread 类或者子类的实例。在 Thread 类中主要提供了以下方法：

- currentThread()：静态方法，返回当前运行的线程对象的引用。
- start()：启动一个线程。
- run()：提供线程的执行代码。当 run()方法返回时，线程运行结束。
- stop()：使线程立即停止执行，该方法已经被废弃。
- sleep(int n)：静态方法，使当前运行的线程睡眠 n 毫秒，n 毫秒后，线程恢复运行。
- suspend()：使线程暂停运行，该方法已经被废弃。
- resume()：使暂停的线程恢复运行，该方法已经被废弃。
- yield()：静态方法，使当前运行的线程主动把 CPU 移交给其他处于就绪状态的线程。
- setPriority()：设置线程优先级。
- getPriority()：返回线程优先级。
- setName()：设置线程的名字。
- getName()：返回线程的名字。

- isAlive()：判断线程是否活着，如果线程已被启动并且未被终止，那么 isAlive( ) 返回 true。如果返回 false，则该线程处于新建或死亡状态。

当多个线程并发运行时，需要采取同步机制来解决共享资源的竞争问题，以及利用对象的 wait()和 notify()方法来进行线程之间的通信。

java.util.concurrent 并发包提供了许多实用的处理线程的接口和方法，在编写多线程代码时，可以用 Lock 外部锁和 Conndition 条件来实现线程的同步和通信，以及利用线程池来提高并发执行多个任务的效率。Callable 接口和 Future 接口支持异步运算，一个线程把运算的结果存放在 Future 实例中，其他线程从这个 Future 实例中读取运算结果。

13.17 思考题

1. 以下代码能否编译通过？假如能编译通过，运行时将得到什么打印结果？

```java
public class WhatHappens implements Runnable {
  public static void main(String[] args) {
    Thread t = new Thread(this);
    t.start();
  }
  public void run() {
    System.out.println("hi");
  }
}
```

2. 以下代码能否编译通过？假如能编译通过，运行时将得到什么打印结果？

```java
public class Bground extends Thread{
  public static void main(String argv[]){
    Bground b = new Bground();
    b.run();
  }
  public void start(){
    for (int i = 0; i <10; i++){
      System.out.println("Value of i = " + i);
    }
  }
}
```

3. 以下哪些属于 java.lang.Thread 类的方法？

a) yield()　　b) sleep(long msec)　　c) go()　　d) stop()　　e) suspend()

4. 在哪些情况下线程会被阻塞？

5. 有哪些原因会导致线程死亡？

6. 对于以下代码：

```java
public class RunTest implements Runnable {
  public static void main(String[] args) {
    RunTest rt = new RunTest();
    Thread t =new Thread(rt);
```

```
        //此处插入一行
    }
    public void run() {
        System.out.println("running");
    }
    void go() {
        start(1);
    }
    void start(int i) {}
}
```

下面哪些语句放到以上插入行，将使程序打印"running"？

a) System.out.println("running");   b) t.start();   c) rt.go();   d) rt.start(1);

7．以下代码能否编译通过？假如能编译通过，运行"java Test"时将得到什么打印结果？

```
class RunHandler{
    public void run(){
        System.out.println("run");
    }
}
public class Test {
    public static void main(String[] args) {
        Thread t = new Thread(new RunHandler());
        t.start();
    }
}
```

8．以下哪个接口具有 await()和 signal()方法？

a) Lock   b) Condition   c)Executor   d)Callable

读书笔记

第 14 章　数　　组

数组是指一组数据的集合，数组中的每个数据称为元素。在 Java 中，数组也是 Java 对象。数组中的元素可以是任意类型（包括基本类型和引用类型），但同一个数组里只能存放类型相同的元素。创建数组大致包括如下步骤：

（1）声明一个数组类型的引用变量，简称为数组变量。

（2）用 new 语句构造数组的实例。new 语句为数组分配内存，并且为数组中的每个元素赋予默认值。

（3）初始化，即为数组的每个元素设置合适的初始值。

本章主要围绕以下内容展开：

- 数组的创建和初始化。
- 访问数组的元素和长度属性。
- 为数组排序，查找数组中的特定元素。

14.1　数组变量的声明

以下代码声明了两个引用变量 *scores* 和 *names*，它们分别为 int 数组类型和 String 数组类型：

```
int[] scores;    //scores 数组存放 int 类型的数据
String[] names;  //names 数组存放 String 类型的数据
```

以下数组变量的声明方式也是合法的：

```
int scores[];
String names[];
```

两维或者两维以上的数组变量的声明方式如下：

```
int [][]x; 或者 int x[][]; 或者 int []x[]
```

声明数组变量的时候，不能指定数组的长度，以下声明方式是非法的：

```
int x[1];       //编译出错
int y[1][2];    //编译出错
```

14.2 创建数组对象

数组对象和其他 Java 对象一样，也用 new 语句创建，例如：

```
int[] scores=new int[100];   //创建一个 int 数组，存放 100 个 int 数据
```

new 语句执行以下步骤：

步骤

（1）在堆区中为数组分配内存空间，以上代码创建了一个包含 100 个元素的 int 数组。每个元素都是 int 类型，占 4 个字节，因此整个数组对象在内存中占用 400 个字节。

（2）为数组中的每个元素赋予其数据类型的默认值。以上 int 数组中的每个元素都是 int 类型，因此它们的默认值都为 0。在以下程序中，scores[0]表示 scores 数组中的第一个元素，它是 int 类型，默认值为 0；switches[0]是 boolean 类型，默认值为 false；names[0]是 String 类型，默认值为 null；data[0]是 int[]数组类型，默认值为 null：

```
int[] scores=new int[100];
System.out.println(scores[0]);   //打印 0，scores[0]为 int 基本类型

boolean[] switches=new boolean[100];
System.out.println(switches[0]);   //打印 false，switches[0]为 boolean 基本类型

String[] names=new String[100];
System.out.println(names[0]);   //打印 null，names[0]为引用类型

int[][] data=new int[100][];
System.out.println(data[0]);   //打印 null，data[0]为引用类型
```

（3）返回数组对象的引用。

在用 new 语句创建数组对象时，需要指定数组长度，数组长度表示数组中包含的元素数目。数组长度可以用直接数表示，也可以用变量表示。例如：

```
int[] x = new int[10];
或者：
int size=10;
int[] x=new int[size];   //数组长度用变量表示
```

数组的长度可以为 0，此时数组中一个元素也没有。例如：

```
int[] x=new int[0];
```

对于 Java 类的程序入口方法 main(String args[])，如果运行这个类时没有输入参数，那么 main()方法的参数 args 并不是 null，而是一个长度为 0 的数组，例如：

```
public class Sample{
  public static void main(String args[]){
    System.out.println(args.length);   //打印 0
```

       }
   }
```

运行命令"java Sample",将打印数组 args 的长度为 0。

数组对象创建后,它的长度是固定的。数组对象的长度是无法改变的,但是数组变量可以改变所引用的数组对象。在以下程序中,数组变量 x 先引用一个长度为 3 的 int 数组对象,后来又改为引用一个长度为 4 的 int 数组对象:

```
int[] x=new int[3];
int[] y=x;
x=new int[4];
```

以上程序用 new 语句创建了两个数组对象,每个数组对象的长度都是无法改变的,图 14-1 显示了执行完以上代码后数组变量和数组对象在内存中的关系。

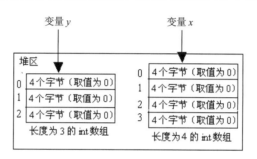

图 14-1 数组变量和数组对象在内存中的关系

14.3　访问数组的元素和长度

数组中的每个元素都有一个索引,或者称为下标。数组中的第一个元素的索引为 0,第二个为 1,以此类推。以下程序创建了一个长度为 2 的字符串数组,names[0]表示第一个元素,names[1]表示第二个元素:

```
String[] names=new String[2];
names[0]="Tom";              //把 names 数组的第一个元素设为"Tom"
System.out.println(names[0]); //打印 Tom
System.out.println(names[1]); //打印 null
System.out.println(names[2]); //抛出 ArrayIndexOutOfBoundsException 异常
```

在以上 names 数组中,最后一个元素为 names[1],如果访问 names[2],由于索引超出了 names 数组的边界,运行时会抛出 ArrayIndexOutOfBoundsException 运行时异常。这种异常是由于程序代码中的错误引起的,应该在程序调试阶段消除它们。

所有 Java 数组都有一个 length 属性,表示数组的长度,它的声明形式为:

```
public final length;
```

length 属性被 public 和 final 修饰,因此在程序中可以读取数组的 length 属性,但不能修改这一属性。
```

```
int[] x=new int[4];
System.out.println(x.length);   //打印 4
for(int i=0; i<x.length;i++) x[i]=i;
```

以下代码试图修改 x 数组的 length 属性，这是非法的：

```
int[] x=new int[4];
x.length=10;  //编译出错，length 属性为 final 类型，不能被修改
```

数组变量必须引用一个数组对象后，才能访问其元素。以下数组变量 x 作为 Sample 类的静态变量，没有引用任何数组对象，其默认值为 null：

```
public class Sample{
  static int[] x;
  public static void main(String args[]){
    System.out.println(x);    //打印 null
    System.out.println(x[0]);   //抛出 NullPointerException
  }
}
```

当数组的元素为引用类型，数组中存放的是对象的引用，而不是对象本身。在以下程序中，先创建了一个 StringBuffer 对象，然后把它的引用加入到一个 StringBuffer 数组中：

```
StringBuffer sb=new StringBuffer("a");   //①
StringBuffer[] sbs=new StringBuffer[]{sb,null};   //②
sb.append("b");  //③
sb=null;  //④
sbs[0].append("c");   //⑤
System.out.println(sbs[0]);   //⑥   打印 abc
sbs[0]=null;  //⑦  StringBuffer 对象结束生命周期
sbs=null;   //⑧   StringBuffer 数组对象结束生命周期
```

执行完第②行后，StringBuffer 对象被变量 sb 引用，并且被 StringBuffer 数组中的第一个元素引用，如图 14-2 所示。

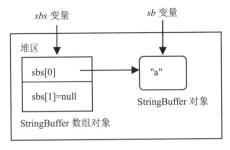

图 14-2 StringBuffer 对象被变量 sb 和 StringBuffer 数组中的第一个元素引用

程序的第③行和第⑤行都向同一个 StringBuffer 对象中添加字符，执行完第⑤行后，StringBuffer 对象包含的字符串为"abc"。执行完第⑦行，StringBuffer 对象不被任何引用变量引用，此时 StringBuffer 对象结束生命周期。

14.4 数组的初始化

数组被创建后,每个元素被自动赋予其数据类型的默认值。另外,还可以在程序中将数组元素显式地初始化。例如:

```
//创建数组
int[] x= new int[5];
//初始化数组 x
for(int i=0; i<x.length;i++)
    x[i]=x.length-i;
```

为了简化编程,也可以按如下方式创建并初始化数组:

```
//创建并初始化数组
int[] a ={4,5,6};                          //创建长度为 3 的 int 数组,并且对它初始化
int[] b= new int[]{5, 4, 3, 2, 1};         //创建长度为 5 的 int 数组,并且对它初始化
char[] c= new char[] {'a','b','c','d'};    //创建长度为 4 的 char 数组,并且对它初始化
String[] d={"Monday","Tuesday"};           //创建长度为 2 的 String 数组,并且对它初始化
```

以下是非法的数组初始化方式:

```
int[] x= new int[5]{5, 4, 3, 2, 1};    //编译出错,不能在[]中指定数组的长度
```

以下也是非法的数组初始化方式,因为{5, 4, 3, 2, 1}必须在声明数组变量的语句中使用,不能单独使用:

```
int[] x;
x= {5, 4, 3, 2, 1};    //编译出错
```

14.5 多维数组以及不规则数组

Java 支持多维数组,并且支持不规则数组,即多维数组中两维以上的子数组的长度不一样。下面举例说明多维不规则的数组。假定某个宾馆有 3 层楼,第 1 层有 4 个房间,第 2 层有 3 个房间,第 3 层有 5 个房间。某一天客人的住宿情况如图 14-3 所示。

第三层		Jane			Rose
第二层	Mary		Linda		
第一层	Tom	Mike	Jack		

图 14-3 宾馆的住宿情况

可以用两维不规则数组来存储各个房间的客人信息:

```
String[][] rooms=new String[3][];
rooms[0]=new String[]{"Tom","Mike","Jack",null};           //第一层楼的客人
rooms[1]=new String[]{"Mary",null,"Linda"};                //第二层楼的客人
rooms[2]=new String[]{null,"Jane",null,null,"Rose"};       //第三层楼的客人
```

以上代码等价于:

```
String[][] rooms={
                {"Tom","Mike","Jack",null},
                {"Mary",null,"Linda"},
                {null,"Jane",null,null,"Rose"}
              };
```

以下程序打印各个房间的客人信息:

```
for(int i=0;i<rooms.length;i++)
    for(int j=0;j<rooms[i].length;j++){
        int roomNumber=(i+1)*100+j;    //计算房间编号
        System.out.println(roomNumber+"房间:"+rooms[i][j]);
    }
```

以上程序的打印结果为:

```
100 房间:Tom
101 房间:Mike
102 房间:Jack
103 房间:null
200 房间:Mary
201 房间:null
202 房间:Linda
…
```

如果宾馆有3层楼,并且每一层都有4个房间,那么可以按如下方式创建rooms数组:

```
String[][] rooms=new String[3][4];
```

以下程序创建了一个三维不规则数组,第一维数组的长度为2,第二维数组的长度为3,第三维数组的长度各不相同:

```
String[][][] ss=new String[2][3][];
ss[0][2]=new String[3];
ss[1][2]=new String[]{"Tom","Mike"};

System.out.println(ss[1].length);        //打印3
System.out.println(ss[1][2].length);     //打印2
System.out.println(ss[0][0]);            //打印null
System.out.println(ss[0][2][1]);         //打印null
System.out.println(ss[1][2][1]);         //打印Mike
```

如图14-4显示了ss数组中各个元素的内容。

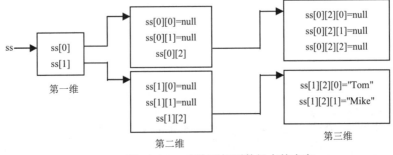

图14-4 ss多维不规则数组中的内容

创建多维数组时，必须按照从低纬度到高纬度的顺序创建每一维数组，以下代码是非法的：

```
int[][][] b=new int[2][][3];   //编译出错，必须先创建第二维数组，再创建第三维数组
```

14.6 调用数组对象的方法

Java 数组继承了 Object 类，因此继承了 Object 类的所有方法。以下程序调用数组对象的 equals()方法，并且用 instanceof 操作符来判断数组的类型：

```java
public static void main(String args[]){
    int[] a=new int[4];
    int[] b=new int[4];
    int[] c=a;
    int[][][] d=new int[2][3][4];
    System.out.println(a instanceof Object);        //打印 true
    System.out.println(a instanceof int[]);         //打印 true
    System.out.println(d[0] instanceof int[][]);    //打印 true
    System.out.println(d[0][2] instanceof int[]);   //打印 true

    System.out.println(a.equals(b));                //打印 false
    System.out.println(a.equals(c));                //打印 true
}
```

14.7 把数组作为方法参数或返回值

在下面的例程 14-1 的 Swaper 类中，第一个 change()方法具有数组类型的参数，getChars()方法的返回类型为数组类型。

例程 14-1 Swaper.java

```java
public class Swaper {
    /** 交换 array1 数组与 array2 数组的内容 */
    public static void change(int[] array1, int[] array2){
        for(int i=0;i<array1.length;i++){
            int temp=array1[i];
            array1[i]=array2[i];
            array2[i]=temp;
        }
    }

    /** 交换变量 a 与变量 b 的内容 */
    public static void change(int a,int b){
        int temp=a;
        a=b;
        b=temp;
    }
```

```java
    /** 获得字符串中的所有字符  */
    public static char[] getChars(String str){
      if(str==null)
        return new char[0];     //返回长度为0 的数组

      char[] result=new char[str.length()];
      for(int i=0;i<str.length();i++)
        result[i]=str.charAt(i);

      return result;
    }

    public static void main(String args[]){
      int[] array1={1,3,5,7},array2={2,4,6,8};

      change(array1,array2);   //把数组 array1 的内容与数组 array2 交换
      for(int i=0;i<array2.length;i++)
        System.out.println("array2["+i+"]="+array2[i]);

      change(array2[1],array2[2]);
      System.out.println("array2[1]="+array2[1]);
      System.out.println("array2[2]="+array2[2]);

      char[] chars=getChars("Hello"); //获得字符串"Hello"中的所有字符
      for(char c:chars)
        System.out.print(c);
    }
}
```

change()方法有两种重载形式：

```
public static void change(int[] array1, int[] array2)
public static void change(int a,int b)
```

第一个 change()方法的参数为数组类型，第二个 change()方法的参数为基本类型。在 main()方法中分别调用了这两个 change()方法：

```
int[] array1={1,3,5,7},array2={2,4,6,8};
change(array1,array2);   //把数组 array1 的内容与数组 array2 交换
change(array1[0],array2[0]);
```

第一个 change()方法的参数传递两个数组对象的引用，执行这个 change()方法后，array1 和 array2 数组的内容被相互交换，如图 14-5 所示。

第二个 change()方法的参数传递 array1[0]和 array2[0]元素的值，执行这个 change()方法时，在主线程的方法栈中压入 change()方法的栈桢，在这个栈桢中有两个参数变量 a 和 b，它们的初始值分别为 1 和 2，change()方法交换参数变量 a 和 b 的值。当 change()方法执行结束后，它的栈桢就从方法栈中弹出，变量 a 和 b 结束生命周期。由此可见，第二个 change()方法并不会改变 array1[0]和 array2[0]元素的值。

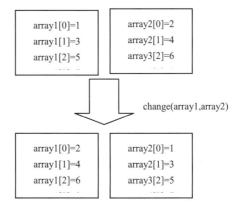

图 14-5　交换 array1 和 array2 数组的内容

Swaper 类的 getChars(String str)方法返回一个字符数组，它存放了参数 str 字符串中的所有字符。当一个方法的返回类型为数组类型时，在某些情况下，返回的数组可能不包含任何内容，此时可以返回一个长度为 0 的数组或者返回 null：

```
//方式一
if(str==null)return new char[0];      //返回长度为 0 的数组

//方式二
if(str==null) return null;            //返回 null
```

如果 getChars()方法在某些情况下有可能返回 null，那么 getChars()方法的调用者必须先判断返回值是否为 null，然后才能遍历返回的数组：

```
//获得字符串 "Hello" 中的所有字符
char[] chars=getChars("Hello");

//先判断 chars 数组是否为 null，以避免 NullPointerException
if(chars!=null){
  for(char c:chars)
    System.out.println(c);
}
```

如果 getChars()方法总是返回一个非 null 的数组，在调用者的程序中可以直接遍历返回的数组：

```
char[] chars=getChars("Hello"); //获得字符串 "Hello" 中的所有字符
for(char c:chars)
  System.out.println(c);
```

由此可见，在返回数组的内容为空的场合，返回长度为 0 的数组比返回 null 更能简化方法调用者的代码。

Tips

String 类的 toCharArray()方法能够返回包含字符串中所有字符的数组，因此 Swaper.getChars("Hello")和"Hello". toCharArray()是等价的。

14.8 数组排序

数组排序是指把一组数据按照特定的顺序排列。在实际应用中，经常需要对数据排序。比如教师对学生的分数排序，操作系统的资源管理器按照文件的大小或文件的名字对文件排序。数据排序有多种算法，本节介绍一种简单的排序算法：冒泡排序，也称为下沉排序。在这种算法中，值较小的数据逐渐向数组的顶部（即朝第一个元素）冒上来，就像水中的气泡上升一样，同时，值较大的数据逐渐向数组的底部（即朝最后一个元素）沉下去。这种算法用嵌套的循环对整个数组进行数次遍历，每次遍历都要比较数组中相邻的一对元素，如果这对元素以升序（或者值相等）的顺序排列，那么保持它们的位置不变；如果这对元素以降序的顺序排列，那么交换它们的值。

例程 14-2 的 ArraySorter 类的 bubbleSort()方法实现了冒泡排序算法。

例程 14-2　ArraySorter.java

```
public class ArraySorter{
  /** 冒泡排序 */
  public static void bubbleSort(int[] array){
    for(int i=0;i<array.length-1;i++){            //外层循环
      for(int j=0;j<array.length-i-1;j++){        //内层循环
        if(array[j]>array[j+1]){
          int temp=array[j];
          array[j]=array[j+1];
          array[j+1]=temp;
        }
      }
      print(i+1,array);
    }
  }

  public static void print(int time,int[] array){
    System.out.print("第"+time+"趟排序： ");
    for(int i:array)
      System.out.print(i+"  ");

    System.out.println();                         //换行
  }

  public static void main(String args[]){
    int[] array={4,7,5,3,9,0};
    bubbleSort(array);
  }
}
```

为了便于跟踪冒泡排序的过程，在 bubbleSort()方法的外层 for 循环中，在每次循环结束前都会打印数组中各个元素的当前取值。以上程序的打印结果如下：

```
第1趟排序： 4 5 3 7 0 9
第2趟排序： 4 3 5 0 7 9
```

```
第3趟排序: 3 4 0 5 7 9
第4趟排序: 3 0 4 5 7 9
第5趟排序: 0 3 4 5 7 9
```

从以上打印结果可以看出，第 1 趟排序把最大数据 9 下沉到最后一位，第 2 趟排序把第二大数据 7 下沉到最后第二位，第 3 趟排序把第三大数据 5 下沉到最后第三位，以此类推。

假定被排序的数据的数目为 n，在冒泡排序中，外层循环的次数为 $n-1$，内层循环的次数为 $n-i-1$，总的循环次数为 $n(n-1)/2$，推导过程如下：

$$\sum_{i=0}^{n-2} n-1-i \Longrightarrow n(n-1)/2$$

可以用程序执行的循环次数来估计一种算法的时间复杂度，冒泡算法的循环次数为 $n(n-1)/2$，时间复杂度为 $O(n^2)$。

14.9 数组的二分查找算法

从数组中查找特定数据的最简单办法是遍历数组中的所有元素，这种查找方式也称为线性查找。以下 indexOf() 方法用于查找 array 数组中取值为 value 的元素的索引位置，该方法采用了线性查找方式：

```java
public int indexOf(int[] array,int value){
    for(int i=0;i<array.length;i++)
        if(array[i]==value)return i;
    return -1;   //如果数组中不存在该元素，就返回-1
}
```

线性查找的时间复杂度为 $O(n)$，它适用于小型数组或未排序的数组。对于大型数组，线性查找的效率比较低。对于已经排序的数组，可以采用高效的二分查找算法。该算法找到数组中位于中间位置的元素，并将其与查找值比较，如果两者相等，就返回该元素的索引。否则将问题简化为查找已排序数组的一半元素：如果查找值小于数组的中间元素，就查找数组的前半部分，否则就查找数组的后半部分（本例假设数组按升序排列）。二分查找的时间复杂度为 $O(\log_2 n)$，即 n 的以 2 为底数的对数。

例程 14-3 的 ArrayFinder 类的 indexOf() 方法实现了二分查找算法。

例程 14-3 ArrayFinder.java

```java
public class ArrayFinder{
    public static void print(int[] array,int middle){
        for(int i=0;i<array.length;i++){
            System.out.print(array[i]);
            if(i==middle)System.out.print("*");
            System.out.print(" ");
        }
```

```java
        System.out.println();
    }

    /** 采用二分查找算法 */
    public static int indexOf(int[] array, int value){
       int low=0;
        int high=array.length-1;
        int middle;

        while(low<=high){
          middle=(low+high)/2;    //计算中间元素的索引
          print(array,middle);    //打印数组，用于跟踪查找过程
          if(array[middle]==value)return middle;

           if(value<array[middle])
              high=middle-1;
           else
              low=middle+1;
        }
        return -1;   //没有找到该元素，返回-1
    }

    public static void main(String args[]){
       int[] array={4,5,6,7,9,13,17};
       System.out.println("location of 13: "+indexOf(array,13));    //查找 13 在数组中的位置
    }
}
```

以上程序的打印结果如下，其中以"*"标注的元素表示每一趟查找过程中的中间元素：

```
4   5   6   7*  9   13   17
4   5   6   7   9   13*  17
location of 13: 5
```

为了从数组中找到值为 13 的元素，先从整个数组中获得中间元素 7，把 13 和 7 进行比较。由于 13 大于 7，因此再从后半部分数组{9,13,17}中获得中间元素 13，从而找到了值为 13 的元素。

14.10 哈希表

在一般的数组中，元素在数组中的索引位置是随机的，元素的取值和元素的位置之间不存在确定的关系，因此，在数组中查找特定值时，需要把查找值和一系列的元素进行比较。这类查找方法建立在"比较"的基础上，查找的效率依赖于查找过程中所进行的比较次数。

如果元素的值 value 和它在数组中的索引位置 index 有一个确定的对应关系 hash()：

```
index=hash(value)
```

那么对于给定的值，只要调用以上 hash (value)方法，就能找到数组中取值为 value 的元素的位置。如果数组中元素的值和位置存在确定的对应关系，这样的数组称为哈希表，这种数组的优点是能够提高查找数据的效率。表 14-1 就是一个哈希表。

表 14-1 一个哈希表的例子

元素值	11	22	33	44	55	66	77	88	99
元素的位置	0	1	2	3	4	5	6	7	8

在表 14-1 显示的哈希表中，元素值 value 和元素位置 index 的关系为：

    index=value%10-1;

这种对应关系用 hash()方法表示为：

```
/** 返回数组中值为 value 的元素的位置 */
public int hash(int value){
   return value%10-1;
}
```

以上 hash()方法建立了元素值和元素位置之间的一一映射关系，如图 14-6 所示。

图 14-6 把元素的值映射到元素的位置

hash()方法的返回值也称为元素的哈希码，在一些简单的例子（比如表 14-1 显示的哈希表）中，可以把哈希码直接作为元素的位置。但在以下情况，不能把哈希码直接作为元素的位置：

- 哈希码很大，比如元素用某种 hash()方法算出的哈希码为 34567，而数组的长度为 10，把 34567 作为元素的索引显然不合理。
- 多个元素具有相同的哈希码，这种情况称为哈希冲突。为了保证每个元素有不同的位置，不能把哈希码直接作为元素的位置。

在图 14-7 中，从哈希码到元素位置还进行了某种映射。

图 14-7 元素值、哈希码和元素位置之间的映射

例程 14-4 的 MyHashSet 类代表能够存放 Java 对象的集合，它在实现中包装了一个哈希表，并且还利用链表结构来解决哈希冲突。在 MyHashSet 集合中不能存放重复的 Java 对象。判断两个 Java 对象重复的条件是：object1.equals(object2)的结果为 true。MyHashSet 类提供了以下操作集合的方法：

- add(Object value)：向集合中加入一个对象，如果集合中已经存在相同的对象，则什么也不做。
- remove(Object value)：从集合中删除一个对象，如果删除成功，则返回 true。

如果集合中不存在这个对象，就返回 false。
- contains(Object value)：判断在集合中是否存在参数指定的对象，如果存在，则返回 true。
- getAll()：返回集合中的所有对象，以对象数组的形式返回。

例程 14-4　MyHashSet.java

```java
class Node{   //节点
  private Object value;
  private Node next;

  public Node(Object value){this.value=value;}
  public Object getValue(){return value;}
  public Node getNext(){return next;}
  public void setNext(Node next){this.next=next;}
}

public class MyHashSet {
  private Node[] array;
  private int size=0; //表示集合中存放的对象的数目
  public MyHashSet(int length){
    array=new Node[length];
  }

  public int size(){return size;}

  /** 获得一个对象的改善的哈希码，参考了java.util.HashMap 类的hash()方法 */
  private static int hash(Object o){
    int h = o.hashCode();
    h += ~(h << 9);
    h ^=  (h >>> 14);
    h +=  (h << 4);
    h ^=  (h >>> 10);
    return h;
  }

  /** 根据对象的哈希码获得它的索引位置，参考了java.util.HashMap 类的indexFor()方法*/
  private int indexFor(int hashCode) {
    return hashCode & (array.length-1);
  }

  /** 把对象加入到集合中，不允许加入重复元素 */
  public void add(Object value){
    int index=indexFor(hash(value));
    System.out.println("index:"+index+" value:"+value);

    Node newNode=new Node(value);

    Node node=array[index];
    if(node==null){
      array[index]=newNode;
      size++;
    }else{   //解决哈希冲突
      Node nextNode;
```

```java
            while(!node.getValue().equals(value)
                && (nextNode=node.getNext())!=null){
                node=nextNode;
            }
            //不允许加入重复元素
            if(!node.getValue().equals(value)){
                node.setNext(newNode);
                size++;
            }
        }
    }

    /** 测试集合中是否存在参数指定的对象 */
    public boolean contains(Object value){
        int index=indexFor(hash(value));
        Node node=array[index];
        while(node!=null && !node.getValue().equals(value)){
            node=node.getNext();
        }
        if(node!=null && node.getValue().equals(value))
            return true;
        else
            return false;
    }

    /** 删除集合中的一个对象 */
    public boolean remove(Object value){
        int index=indexFor(hash(value));
        Node node=array[index];
        if(node!=null && node.getValue().equals(value)){
            array[index]=node.getNext();
            size--;
            return true;
        }

        Node lastNode=null;
        while(node!=null && !node.getValue().equals(value)){
            lastNode=node;
            node=node.getNext();
        }
        if(node!=null && node.getValue().equals(value)){
            lastNode.setNext(node.getNext());
            size--;
            return true;
        }else
            return false;
    }

    /** 返回集合中的所有对象 */
    public Object[] getAll(){
        Object[] values=new Object[size];
        int index=0;
        for(Node node:array){
            while(node!=null){
                values[index++]=node.getValue();
```

```java
            node=node.getNext();
          }
        }
        return values;
    }

    public static void main(String[] args) {
      MyHashSet set = new MyHashSet(6);
      Object[] values={"Tom","Mike","Mike","Jack","Mary","Linda","Rose","Jone"};

      for(Object value:values)
        set.add(value);   //向集合中加入对象

      set.remove("Mary");   //从集合中删除一个对象
      System.out.println("size="+set.size());

      values=set.getAll();   //获得集合中的所有对象
      for(Object value:values)
        System.out.println(value);

      System.out.println(set.contains("Jack"));   //打印 true
      System.out.println(set.contains("Linda"));  //打印 true
      System.out.println(set.contains("Jane"));   //打印 false
    }
}
```

在 java.lang.Object 类中定义了 hashCode()方法，它返回对象的哈希码。在 Object 类本身的 hashCode()方法实现中，把对象的内存地址转换为整数类型的哈希码。由于每个对象都有唯一的内存地址，因此每个对象有唯一的哈希码。用户定义的 Java 类也可以覆盖 Object 类的 hashCode()方法，第 15 章的 15.14 节（小结）对覆盖 hashCode()方法的规则做了归纳。

当通过 MyHashSet 类的 add(Object value)方法向集合中加入一个对象时，add()方法执行以下步骤：

步骤

（1）调用 value.hashCode()方法获得对象的哈希码。

（2）调用 MyHashSet 类的 hash()方法获得改善的哈希码，它能够减少哈希冲突，提高集合的性能。

（3）调用 MyHashSet 类的 indexFor()方法获得对象在数组中的位置。如果该位置没有被占用，就在该位置加入包含该对象的 Node 节点，否则，在处于该位置的链表的末尾加上包含该对象的 Node 节点。

在 MyHashSet 类的 main()方法中，首先向集合中加入若干字符串对象：

```java
MyHashSet set = new MyHashSet(6);
Object[] values={"Tom","Mike","Mike","Jack","Mary","Linda","Rose","Jone"};

for(int i=0;i<values.length;i++)
  set.add(values[i]);   //向集合中加入对象
```

以上代码的打印结果为：

```
index:4 value:Tom
index:1 value:Mike
index:1 value:Mike
index:5 value:Jack
index:5 value:Mary
index:0 value:Linda
index:0 value:Rose
index:0 value:Jone
```

以上代码两次向集合中加入"Mike"对象，实际上只有一次加入成功。执行完以上代码后，集合中数据的结构如图 14-8 所示。

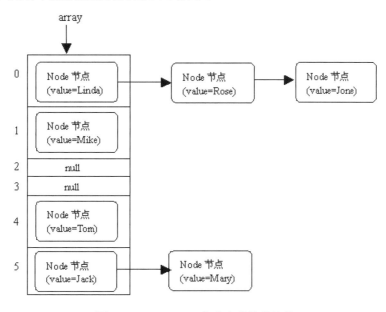

图 14-8　MyHashSet 集合中的数据结构

14.11　数组实用类：Arrays

在 java.util 包中，有一个用于操纵数组的实用类：java.util.Arrays。它提供了一系列静态方法：

- equals()：比较两个数组是否相同。只有当两个数组中的元素数目相同，并且对应位置的元素都相同时，才表明数组相同。
- fill()：向数组中填充数据。
- sort()：把数组中的元素按升序排列。如果数组中的元素为引用类型，会采用自然排序方式，关于自然排序的概念参见第 15 章的 15.3.3 节（TreeSet 类）。
- parallelSort()：开启多个线程，以并发的方式对数组中的元素进行排序，提高排序的效率。

- binarySearch()：按照二分查找算法，查找数组中值与给定数据相同的元素。在调用该方法时，必须保证数组中的元素已经按照升序排列，这样才能得到正确的结果。
- asList()：把数组转换成一个 List 对象，将其返回。参见本书第 15 章的 15.10 节（集合与数组的互换）。
- toString()：返回包含数组中所有元素信息的字符串。

以上每个方法都有多种重载形式，例如 fill()方法有以下重载形式：

- fill(boolean[] a,boolean var)：把 boolean 数组中所有元素的值设为 var。
- fill(char[] a,char var)：把 char 数组中所有元素的值设为 var。
- fill(int[] a,int var)：把 int 数组中所有元素的值设为 var。
- fille(float[] a,float var)：把 float 数组中所有元素的值设为 var。
- fill(Object[] a,Object var)：把对象数组中所有元素的值设为 var。

例程 14-5 的 ArraysTester 类演示了 Arrays 类的用法。

例程 14-5　ArraysTester.java

```java
import java.util.Arrays;
public class ArraysTester{
  /** 用 Arrays 类操纵字符串数组 */
  public void testStringArray(){
    String[] s1={"Tom1","Jack","Mike","Mary","Tom2"};
    String[] s2={"Tom1","Jack","Mike","Mary","Tom2"};
    System.out.println("s1 是否和 s2 相等: "+Arrays.equals(s1,s2));

    Arrays.sort(s1);         //为数组 s1 排序
    System.out.println("s1 排序后，s1 是否和 s2 相等: "+Arrays.equals(s1,s2));

    System.out.println("Jack 在 s1 数组中的位置: "+Arrays.binarySearch(s1,"Jack"));
    System.out.println("Jack 在 s2 数组中的位置: "+Arrays.binarySearch(s2,"Jack"));
    System.out.println("s1:"+Arrays.toString(s1));
    System.out.println("s2:"+Arrays.toString(s2));
  }

  /** 用 Arrays 类操纵 int 数组 */
  public void testIntArray(){
    int[] a1=new int[5],a2=new int[5],a3={4,5,6,3,9,4};
    Arrays.fill(a1,100);
    //把 a1 数组中的内容复制到 a2 数组中
    System.arraycopy(a1,0,a2,0,a1.length);
    System.out.println("a1 是否和 a2 相等: "+Arrays.equals(a1,a2));

    Arrays.sort(a3);
    System.out.println("5 在 a3 数组中的位置: "+Arrays.binarySearch(a3,5));

    System.out.println("a1:"+Arrays.toString(a1));
    System.out.println("a2:"+Arrays.toString(a2));
    System.out.println("a3:"+Arrays.toString(a3));
  }

  public static void main(String args[]){
```

```
        ArraysTester s=new ArraysTester();
        s.testStringArray();
        s.testIntArray();
    }
}
```

在 ArraysTester 类的 testStringArray()方法中，首先创建了两个内容相同的字符串数组 s1 和 s2，此时 Arrays.equals(s1,s2)方法返回 true。接着调用 Arrays.sort(s1)方法对 s1 数组排序，排序后 s1 数组中的内容为{Jack, Mary, Mike, Tom1, Tom2}，此时 Arrays.equals(s1,s2)方法返回 false。字符串"Jack"在 s1 数组中的索引位置为 0。由于 s2 数组没有排序，因此 Arrays.binarySearch(s2,"Jack")方法不能返回正确的结果。

在 ArraysTester 类的 testIntArray()方法中，首先用 new 语句创建了 3 个 int 数组。Arrays.fill(a1,100)把 a1 数组中所有元素的值设为 100。System.arraycopy(a1,0,a2,0,a1.length)方法把 a1 数组中的内容复制到 a2 数组中。System 类的 arraycopy()静态方法的定义如下：

> arraycopy(Object src,int src_position,Object dst,int dst_position,int length)

以上代码中，参数 src 指定源数组，参数 src_postion 指定从源数组中开始复制的位置，参数 dst 指定目标数组，参数 dst_postion 指定向目标数组中复制的起始位置，参数 length 指定需要复制的元素的数目。

在 ArraysTester 类的 testIntArray()方法中，接着调用 Arrays.sort(a3)方法对 a3 数组排序，排序后 a3 数组中的内容为{3, 4, 4, 5, 6, 9}。

以上程序的打印结果如下：

```
s1 是否和 s2 相等：true
s1 排序后，s1 是否和 s2 相等：false
Jack 在 s1 数组中的位置: 0
Jack 在 s2 数组中的位置: -1
s1:[Jack, Mary, Mike, Tom1, Tom2]
s2:[Tom1, Jack, Mike, Mary, Tom2]
a1 是否和 a2 相等：true
5 在 a3 数组中的位置: 3
a1:[100, 100, 100, 100, 100]
a2:[100, 100, 100, 100, 100]
a3:[3, 4, 4, 5, 6, 9]
```

从 JDK8 开始，Arrays 类还增加了静态的 parallelSort()方法，它和 sort()方法一样，都能对数组进行排序。区别在于前者适用于对数组中的大批量数据排序。如果数组中的数据量很大，排序是一项非常耗时的任务。parallelSort()方法把数组中的元素分成若干单元，再开启多个线程来对这些单元分别利用 sort()方法排序，最后再把排序后的单元整合到一起。这种并发处理的方式可以提高排序的效率。

14.12 用符号"…"声明数目可变参数

假设 max()方法要从一组 int 类型的数据中找出最大值。这组数据的数目不固定,数目范围为 2~6。一种很呆板的实现方式是定义多个 max()方法的重载方法:

```
int max(int a,int b)
int max(int a,int b,int c)
…
int max(int a,int b,int c,int d,int e,int f)
```

比较灵活的实现方式是用一个 int 类型的数组来作为 max()方法的参数:

```
int max(int[] a)
```

为了进一步简化编程,JDK5 增加了一个新特性——用符号"…."来声明数目可变参数(简称为可变参数)。可变参数适用于参数的数目不确定,而类型确定的情况。例如以上 max()方法可以定义为:

```
int max(int…  a)
```

可变参数具有以下特点:

(1) 只能出现在参数列表的最后,作为最后一个参数。相对于数组类型参数,这是可变参数的局限性。例如,以下代码定义了一些合法的可变参数和非法的可变参数:

```
void method(int p1, float p2, String… p3)    //合法
void method(int p1, String… p2, float p3)    //非法,可变参数必须作为最后一个参数
```

假设有一个方法 method(int p1,int…p2),如果调用该方法的代码为 "method(3,2,4)",那么参数 *p1* 的值为 2,可变参数 *p2* 的值为{2,4}。

(2) 符号"…"位于参数类型和参数名之间,前后有无空格都可以。

(3) Java 虚拟机在运行时为可变参数隐含创建一个数组,因此在方法体内允许以数组的形式访问可变参数。

例程 14-6 的 Varable 类演示了可变参数的用法。

例程 14-6 Varable.java

```java
public class Varable {
  public static int max(int... datas) {    //datas 为可变参数
    if(datas.length==0)
      return -1;

    int result=0;
    for(int a: datas)
      if(result<a)result=a;

    return result;
  }

  public static void main(String[] args) {
```

```
            System.out.print(max(5)+",");
            System.out.print(max(5,8,2,4,5)+",");
            System.out.print(max(new int[]{4,10,6,5})+",");   //传入数组
            System.out.print(max());   //调用 max()方法时未传入任何参数
        }
    }
```

在以上范例中，max()方法不仅接受变长数目的 int 类型参数，而且接受 int[]数组类型参数。如果调用 max()方法时未传入任何参数，那么 Java 虚拟机在运行时会创建一个 length 为 0 的 int 类型数组，因此，在 max()方法中访问 datas 参数不会抛出 NullPointerException。以上程序的运行结果为：

```
5, 8, 10, -1
```

14.13 小结

  Java 数组也是一种对象，必须通过 new 语句来创建。数组可以存放基本类型或引用类型的数据。同一个数组中只能存放类型相同的数据。用 new 语句创建了一个数组后，数组中的每个元素都会被自动赋予其数据类型的默认值。例如 int 类型的数组中所有元素的默认值为 0，boolean 类型的数组中所有元素的默认值为 false，String 类型的数组中所有元素的默认值为 null。

  数组有一个 length 属性，表示数组中元素的数目，该属性可以被读取，但是不能被修改。数组中的每个元素都有唯一的索引，它表示元素在数组中的位置。第一个元素的索引为 0，最后一个元素的索引为 length-1。

  针对数组的常见操作包括排序和查找等。本章介绍了冒泡排序和二分查找算法。为了提高查找的效率，本章最后还介绍了哈希表，它的元素的值和元素的位置存在固定的对应关系。可以按照特定的算法由元素的值推导出一个哈希码，在一般情况下，可以直接把哈希码作为元素的位置，如果该位置已经存放了其他元素，则需要采取必要的措施来解决哈希冲突。本章介绍的 MyHashSet 类利用链表来解决这种冲突。

  java.util.Arrays 类提供了一系列操纵数组的实用方法，比如为数组填充数据的 fill() 方法、比较两个数组是否相等的 equals()方法、为数组排序的 sort()方法和查找数据的 binarySearch()方法等。

14.14 思考题

  1. 以下哪段代码能显示最后一个命令行参数，并且当不存在命令行参数时，不会抛出异常？

  a)
```
public static void main(String args[]) {
    if(args.length != 0)
```

```
            System.out.println(args[args.length-1]);
        }
```

b)
```
    public static void main(String args[]) {
      try{
        System.out.println(args[args.length]);
      }catch (ArrayIndexOutOfBoundsException e) {}
    }
```

c)
```
    public static void main(String args[]) {
      int ix = args.length;
      String last = args[ix];
      if (ix != 0) System.out.println(last);
    }
```

d)
```
    public static void main(String args[]) {
      int ix = args.length-1;
      if(ix > 0) System.out.println(args[ix]);
    }
```

e)
```
    public static void main(String args[]) {
      try {
        System.out.println(args[args.length-1]);
      }catch (NullPointerException e) {}
    }
```

2．执行完以下代码后，数组 arr 的各个元素的取值是什么？

```
int[] arr = {1, 2, 3};
for (int i=0; i < 2; i++)
    arr[i] = 0;
```

3．以下代码能否编译通过，假如能编译通过，运行时会出现什么情况？

```
public class MyAr{
    public static void main(String argv[]){
        int[] i = new int[5];
        System.out.println(i[5]);
    }
}
```

4．如何获得数组 myarray 的长度？

a) myarray.length()   b) myarray.length   c) myarray.size   d) myarray.size()

5．以下哪些是合法的数组声明和初始化？

a) int x[] = {1,2,3};

b) int []x[] = {{1,2,3},{1,2,3}};

c) int x[3] = {1,2,3};

d) int []x = {0,0,0};

e) char c[] = {'a', 'b'};

f) int x[]=new int[]{1,2,3};

g) int x[]=new int[3]{1,2,3};
h) int x[][]=new int[][2];
i) int x[]=new int[-4];
j) int x[]=new int[0];

6. 以下代码能否编译通过，假如能编译通过，运行时会出现什么情况？

```
public class Abs{
    static int[] a=new int[4];
    static Object[] o=new Object[4];
    static String s[];

    public static void main(String args[]){
        System.out.println(a[0]);
        System.out.println(o[3]);
        System.out.println(s);
    }
}
```

7. 以下代码能否编译通过，假如能编译通过，运行时会出现什么情况？

```
public class Q {
    public static void main(String argv[]){
        int anar[]=new int[]{1,2,3};
        System.out.println(anar[1]);
    }
}
```

8. 以下哪些是合法的二维数组的声明和初始化？

a) int a[][] = new int[10,10];
b) int a[][] = new int [10][10];
c) int a[10][10] = new int [10][10];
d) int [][]a = new int [10][10];
e) int []a[] = new int [10][10];

9. 编译或运行以下程序，会出现什么情况？

```
public class Test{
    public static int sum(int... datas){
        int result=0;
        for(int a: datas)
            result+=a;

        return result;
    }

    public static void main(String[] args){
        System.out.println(sum(1,2));
        System.out.println(sum(new int[]{4,5}));
        System.out.println(sum());
    }
}
```

读书笔记

第 15 章 Java 集合

第 14 章（数组）介绍了 Java 数组，Java 数组的长度是固定的，在同一个数组中只能存放相同类型的数据。数组可以存放基本类型的数据，也可以存放引用类型的数据。

在创建 Java 数组时，必须明确指定数组的长度，数组一旦被创建，其长度就不能被改变。在许多应用场合，一组数据的数目是不固定的，比如一个单位的员工数目是变化的，有老的员工跳槽，也有新的员工进来。

为了使程序能方便地存储和操纵数目不固定的一组数据，JDK 类库提供了 Java 集合，所有 Java 集合类都位于 java.util 包中。与 Java 数组不同，Java 集合中不能存放基本类型数据，而只能存放对象的引用。出于表达上的便利，下文把"集合中的对象的引用"简称为"集合中的对象"。如图 15-1 所示，Java 集合主要分为 4 种类型：

- Set（集）：集合中的对象不按特定方式排序，并且没有重复的对象。它的有些实现类能对集合中的对象按特定方式排序。
- List（列表）：集合中的对象按照索引位置排序，可以有重复的对象，允许按照对象在集合中的索引位置检索对象。List 与数组有些相似。
- Queue（队列）：集合中的对象按照先进先出的规则来排列。在队列的末尾添加元素，在队列的头部删除元素。可以有重复的对象。双向队列则允许在队列的末尾和头部添加和删除元素。
- Map（映射）：集合中的每一个元素包含一对键（Key）对象和值（Value）对象，集合中没有重复的键对象，值对象可以重复。它的有些实现类能对集合中的键对象进行排序。

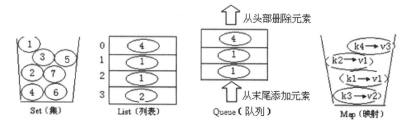

图 15-1 Java 集合的 4 种类型

Tips

> 本书把 Set、List、Queue 和 Map 统称为 Java 集合，其中 Set 与数学中的集合最接近，两者都不允许包含重复的元素。在 Java API 中，Collection 接口表示集合，Set、List 和 Queue 都是 Collection 接口的子接口。而 Map 接口没有继承 Collection 接口。

图 15-2 显示了 Java 的主要集合类的类框图。

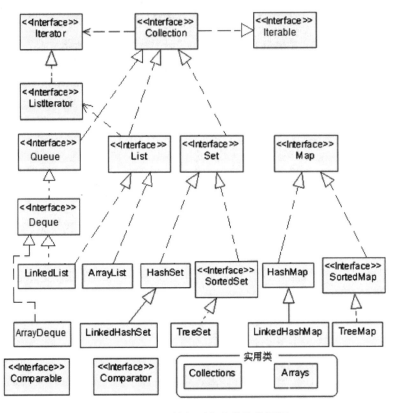

图 15-2　Java 的主要集合类的类框图

15.1　Collection 和 Iterator 接口

在 Collection 接口中声明了适用于 Java 集合（只包括 Set、List 和 Queue）的通用方法，参见表 15-1。

表 15-1　Collection 接口的方法

方　法	描　述
boolean add(Object o)	向集合中加入一个对象的引用
void clear()	删除集合中的所有对象，即不再持有这些对象的引用
boolean contains(Object o)	判断在集合中是否持有特定对象的引用
boolean isEmpty()	判断集合是否为空
Iterator iterator()	返回一个 Iterator 对象，可用它来遍历集合中的元素
boolean remove(Object o)	从集合中删除一个对象的引用
int size()	返回集合中元素的数目
Object[] toArray() <T> T[] toArray(T[] a)	返回一个数组，该数组包含集合中的所有元素

Set 接口、List 接口和 Queue 接口都继承了 Collection 接口,而 Map 接口没有继承 Collection 接口,因此可以对 Set 对象、List 对象和 Queue 调用以上方法,但是不能对 Map 对象调用以上方法。

Collection 接口的 iterator()和 toArray()方法都用于获得集合中的所有元素,前者返回一个 Iterator 对象,后者返回一个包含集合中所有元素的数组。

Iterator 接口隐藏底层集合的数据结构,向客户程序提供了遍历各种类型的集合的统一接口。Iterator 接口中声明了如下方法:

- hasNext():判断集合中的元素是否遍历完毕,如果没有,就返回 true。
- next():返回下一个元素。
- remove():从集合中删除由 next()方法返回的当前元素。

在以下例程 15-1 的 Visitor 类的 print()方法中,利用 Iterator 来遍历集合。

例程 15-1　Visitor.java

```java
import java.util.*;
public class Visitor{
  public static void print(Collection<? extends Object> c){
    Iterator<? extends Object> it=c.iterator();
    //遍历集合中的所有元素
    while(it.hasNext()){
      Object element=it.next();   //取出集合中的一个元素
      System.out.println(element);
    }
  }

  public static void printWithForEach(Collection<? extends Object> c){
    for(Object element: c) //用 foreach 语句来遍历集合
      System.out.println(element);
  }

  public static void main(String args[]){
    Set<String> set=new HashSet<String>();   //创建 Set
    set.add("Tom");
    set.add("Mary");
    set.add("Jack");
    print(set);

    List<String> list=new ArrayList<String>();   //创建 List
    list.add("Linda");
    list.add("Mary");
    list.add("Rose");
    print(list);

    Queue<String> queue=new ArrayDeque<String>();   //创建 Queue
    queue.add("Tom");
    queue.add("Mike");
    queue.add("Jack");
    print(queue);

    //创建 Map
    Map<String,String> map=new HashMap<String,String>();
```

```
            map.put("M","男");
            map.put("F","女");
            // map.entrySet()方法返回一个集合，该集合中存放了 Map.Entry 元素，
            //每个 Map.Entry 元素表示一对键/值。
            print(map.entrySet());

            printWithForEach(set);
            printWithForEach(list);
            printWithForEach(queue);
            printWithForEach(map.entrySet());
        }
    }
```

以上 main()方法在定义 Set 集合变量时，语法如下：

```
Set<String> set=new HashSet<String>();
```

"<String>"用来指定集合中元素的类型，这是在 JDK5 中才出现的语法，本书第 16 章的 16.1 节（Java 集合的泛型）对此做了进一步介绍。

main()方法先后创建了 Set、List、Queue 和 Map 实例，然后分别调用 print()方法打印集合中的内容：

```
print(set);                  //遍历集
print(list);                 //遍历列表
print(queue);                //编列队列
print(map.entrySet());       //遍历映射中的每一对键与值。
```

Tips

> 如果集合中的元素没有排序，Iterator 遍历集合中元素的顺序是任意的，并不一定与向集合中加入元素的顺序一致。

当通过 Collection 集合的 iterator()方法得到一个 Iterator 对象后，如果当前线程或其他线程接着又通过 Collection 集合的一些方法对集合进行了修改操作（调用当前 Iterator 对象的 remove()方法来修改集合除外），接下来访问这个 Iterator 对象的 next() 方法会导致 java.util.ConcurrentModificationException 运行时异常。例如，在例程 15-2 的 ConcurrentTester 类中定义了两个匿名线程类，一个线程遍历 Set 集合，一个线程删除 Set 集合中的元素，当这两个线程并发运行时，就有可能导致 ConcurrentModificationException 运行时异常。

例程 15-2 ConcurrentTester.java

```
import java.util.*;
public class ConcurrentTester{
    public static void main(String args[]){
        final int size=1000;
        final Set<Integer> set=new HashSet<Integer>();
        for(int i=0;i<size;i++)   //向集合中加入多个元素
            set.add(new Integer(i));

        Thread reader=new Thread(){   //负责遍历集合的线程
            public void run(){
                for(Integer i: set){
```

```
                System.out.println(i);    //抛出 ConcurrentModificationException
                yield();    //把 CPU 让给别的线程
            }
        }
    };

    Thread remover=new Thread(){    //负责删除集合中的元素的线程
        public void run(){
            for(int i=0;i<size;i++){
                set.remove(new Integer(i));    //删除集合中的元素
                yield();    //把 CPU 让给别的线程
            }
        }
    };

    reader.start();
    remover.start();
}
```

Iterator 对象运用了快速失败机制（fail-fast），一旦监测到集合已被修改（有可能是被其他线程修改的），就抛出 ConcurrentModificationException 运行时异常，而不是显示修改后的集合的当前内容，这可以避免潜在的由于共享资源竞争而导致的并发问题。

在例程 15-1 的 Visitor 类中，还有一个 printWithForEach()方法，它和 print()方法一样，都用来遍历集合。区别在于前者使用 foreach 语句，简化了程序代码。本书第 5 章的 5.2.4 节（foreach 语句）已经介绍了 foreach 语句的用法。另外要补充的是，只有实现了 java.lang.Iterable 接口的对象，才允许通过 foreach 语句来遍历，由于 java.util.Collection 接口继承了 java.lang.Iterable 接口，因此 Java 集合都适用于 foreach 语句。

15.2 集合中直接加入基本类型数据

集合中只能存放对象，但本章有一些程序代码会直接把基本类型的数据加入到集合中，例如：

```
List<Integer> list=new ArrayList<Integer>();
list.add(new Integer(3));    //常规代码，向 List 中加入 Integer 对象
list.add(3);                 //自动装箱，把 3 转换为相应的 Integer 对象，再把它加入到 List 中

Integer i1=list.get(0);    //常规代码，把 List 中的 Integer 对象赋值给 Integer 类型的引用变量 i1
int i2=list.get(0);        //自动拆箱，把 Integer 对象转换为 int 类型数据，再把它赋值给 i2 变量
```

这看上去是非法的。由于从 JDK5 开始，为了简化程序代码，JDK 会对基本类型和相应的包装类型进行隐式的自动转换，因此以上是合法的代码。在执行代码"list.add(3)"时，Java 虚拟机会自动把"3"转换为 Integer 对象，这一过程称为装箱。在执行代码"int i2=list.get(0)"时，Java 虚拟机会自动把 Integer 对象还原为基本类型

数据，这一过程称为拆箱。本书第 21 章的 21.3.3 节（包装类的自动装箱和拆箱）对此做了进一步介绍。

15.3　Set（集）

Set 是最简单的一种集合，集合中的对象不按特定方式排序，并且没有重复对象。Set 接口主要有两个实现类：HashSet 和 TreeSet。HashSet 类按照哈希算法来存取集合中的对象，存取速度比较快。HashSet 类还有一个子类 LinkedHashSet 类，它不仅实现了哈希算法，而且实现了链表数据结构，链表数据结构能提高插入和删除元素的性能。TreeSet 类实现了 SortedSet 接口，具有排序功能。

15.3.1　Set 的一般用法

Set 集合中存放的是对象的引用，并且没有重复对象。以下代码创建了 3 个引用变量 s1、s2 和 s3，s1 和 s2 变量引用同一个字符串对象"hello"，s3 变量引用另一个字符串对象"world"，Set 集合依次把这 3 个引用变量加入到集合中：

```
Set<String> set=new HashSet<String>();
String s1=new String("hello");
String s2=s1;                         //s2 和 s1 引用同一个字符串对象
String s3=new String("world");
set.add(s1);
set.add(s2);
set.add(s3);
System.out.println(set.size()); //打印集合中对象的数目 2
```

以上程序的打印结果为 2，实际上只向 set 集合加入了两个对象，如图 15-3 所示。

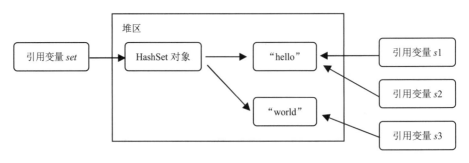

图 15-3　Set 集合中包含两个字符串对象

Tips

本节程序选用 HashSet 作为 Set 实现类，但是本节只涉及 Set 集合的基本特性，这些特性不仅适用于 HashSet，也适用于 TreeSet。

当一个新的对象加入到 Set 集合中时，Set 的 add() 方法是如何判断这个对象是否已经存在于集合中的呢？下面这段代码演示了 add() 方法的判断流程，其中 newStr 表示待

加入的新对象:

```
boolean isExists=false;
Iterator<String> it=set.iterator();
while(it.hasNext()){
    String oldStr=it.next();
    if(newStr.equals(oldStr)){      //用对象的 equals()方法进行比较
        isExists=true;
        break;
    }
}
```

可见,Set 采用对象的 equals()方法比较两个对象是否相等,而不是采用比较运算符"=="。以下程序代码尽管两次调用了 Set 的 add()方法,实际上只向集合加入了一个对象:

```
Set<String> set=new HashSet<String>();
String s1=new String("hello");
String s2=new String("hello");
set.add(s1);
set.add(s2);                        //该操作实际上不会向集合加入元素
System.out.println(set.size());     //打印集合中对象的数目 1
```

虽然变量 *s1* 和 *s2* 实际上引用的是两个内存地址不同的 String 对象,但是由于 s2.equals(s1)的比较结果为 true,因此 Set 认为它们是相等的对象。当第二次调用 Set 的 add()方法时,add()方法不会把 *s2* 引用的 String 对象加入到集合中,以上程序的打印结果为 1。

> **Tips**
> 本书第 4 章的 4.7 节(操作符"=="与对象的 equals()方法)介绍了比较运算符"=="和 Object 类的 equals()方法的区别。

以下程序代码演示用 Set 集合来存放某单位的员工名单(假定不存在同姓名的员工),Set 集合中的元素的数目是不固定的:

```
Set<String> employees=new HashSet<String>();
employees.add("Tom");         //加入新进的员工 Tom
employees.add("Mike");        //加入新进的员工 Mike
employees.add("Jack");        //加入新进的员工 Jack
employees.remove("Tom");      //Tom 跳槽
employees.remove("Jack");     //Jack 跳槽
employees.add("Linda");       //加入新进的员工 Linda
```

15.3.2 HashSet 类

HashSet 类按照哈希算法来存取集合中的对象,具有很好的存取和查找性能。当向集合中加入一个对象时,HashSet 会调用对象的 hashCode()方法获得哈希码,然后根据这个哈希码进一步计算出对象在集合中的存放位置。

在 Object 类中定义了 hashCode()和 equals()方法,Object 类的 equals()方法按照内存地址比较对象是否相等,因此如果 object1. equals(object2)为 true,表明 *object*1 变量

和 *object*2 变量实际上引用同一个对象，那么 *object*1 和 *object*2 的哈希码也肯定相同。

为了保证 HashSet 能正常工作，要求当两个对象用 equals()方法比较的结果为 true 时，它们的哈希码也相等。也就是说，如果 customer1.equals(customer2)为 true，那么以下表达式的结果也为 true：

```
customer1.hashCode()==customer2.hashCode()
```

如果用户定义的 Customer 类覆盖了 Object 类的 equals()方法，但是没有覆盖 Object 类的 hashCode()方法，就会导致当 customer1.equals(customer2)为 true 时，而 customer1 和 customer2 的哈希码不一定一样，这会使 HashSet 无法正常工作。

例程 15-3 的 Customer 类的 equals()方法的比较规则为：如果两个 Customer 对象的 name 属性和 age 属性相同，那么这两个 Customer 对象相等。

例程 15-3   Customer 类

```java
public class Customer {
  private String name;
  private int age;

  public Customer(String name, int age) {
    this.name = name;
    this.age = age;
  }

  public String getName() {
    return this.name;
  }

  public void setName(String name) {
    this.name = name;
  }

  public int getAge() {
    return this.age;
  }

  public void setAge(int age) {
    this.age = age;
  }

  public boolean equals(Object o){
    if(this==o)return true;
    if(! (o instanceof Customer)) return false;
    final Customer other=(Customer)o;

    if(this.name.equals(other.getName()) && this.age==other.getAge())
      return true;
    else
      return false;
  }
}
```

以下程序向 HashSet 中加入两个 Customer 对象：

```
Set<Customer> set=new HashSet<Customer>();
Customer customer1=new Customer("Tom",15);
Customer customer2=new Customer("Tom",15);
set.add(customer1);
set.add(customer2);
System.out.println(set.size());   //打印 2
```

由于 customer1.equals(customer2)的比较结果为 true，按理说 HashSet 只应该把 customer1 加入集合中，但实际上以上程序的打印结果为 2，表明集合中加入了两个对象。出现这一非正常现象的原因在于 customer1 和 customer2 的哈希码不一样，因此 HashSet 为 customer1 和 customer2 计算出不同的存放位置，于是把它们存放在集合中的不同地方。

可见，为了保证 HashSet 正常工作，如果 Customer 类覆盖了 equals()方法，也应该覆盖 hashCode()方法，并且保证两个相等的 Customer 对象的哈希码也一样，与例程 15-3 的 Customer 类的 equals()方法对应，可按以下方式定义 Customer 类的 hashCode()方法：

```
public int hashCode(){
    int result;
    result= (name==null ? 0 : name.hashCode());
    result = 29 * result + age;
    return result;
}
```

以上程序假定 name 属性有可能为 null，因此为了保证程序代码的健壮性，先判断 name 是否为 null。

> **Tips**
> 如果两个对象用 equals()方法比较不相等，HashSet 或 HashMap 并不要求这两个对象的哈希码也必须不相等。但是尽量保证用 equals()方法比较不相等的两个对象有不同的哈希码，可以减少哈希冲突，提高 HashSet 和 HashMap 的性能。

15.3.3　TreeSet 类

TreeSet 类实现了 SortedSet 接口，能够对集合中的对象进行排序。以下程序创建了一个 TreeSet 对象，然后向集合中加入 4 个 Integer 对象：

```
Set<Integer> set=new TreeSet<Integer>();
set.add(8);   //自动装箱，把 8 转换为相应的 Integer 对象，再加入到 Set 中
set.add(7);
set.add(6);
set.add(9);

for(int i:set) //自动拆箱，把集合中的 Integer 对象转换为 int 基本类型的数据
    System.out.print(i+" ");
```

以上程序的打印结果为：

```
6 7 8 9
```

当 TreeSet 向集合中加入一个对象时，会把它插入到有序的对象序列中。那么

TreeSet 是如何对对象进行排序的呢？TreeSet 支持两种排序方式：自然排序和客户化排序，默认情况下 TreeSet 采用自然排序方式。

1. 自然排序

在 JDK 类库中，有一部分类实现了 Comparable 接口，如 Integer、Double 和 String 等。Comparable 接口有一个 compareTo(Object o)方法，它返回整数类型。对于表达式 x.compareTo(y)，如果返回值为 0，表示 x 和 y 相等；如果返回值大于 0，表示 x 大于 y；如果返回值小于 0，表示 x<y。

TreeSet 调用对象的 compareTo()方法比较集合中对象的大小，然后进行升序排列，这种排序方式称为自然排序。表 15-2 显示了 JDK 类库中实现了 Comparable 接口的一些类的排序方式。

表 15-2 JDK 类库中实现了 Comparable 接口的一些类的排序方式

类	排 序
BigDecimal、BigInteger、Byte、Double、Float、Integer、Long、Short	按数字大小排序
Character	按字符的 Unicode 值的数字大小排序
String	按字符串中字符的 Unicode 值的数字大小排序

使用自然排序时，只能向 TreeSet 集合中加入同类型的对象，并且这些对象的类必须实现了 Comparable 接口。以下程序先后向 TreeSet 集合加入一个 Integer 对象和 String 对象：

```
Set<Object> set=new TreeSet<Object>();
set.add(new Integer(8));
set.add(new String("9"));   //抛出 ClassCastException
```

当第二次调用 TreeSet 的 add()方法时会抛出 ClassCastException：

```
Exception in thread "main" java.lang.ClassCastException: java.lang.Integer
        at java.lang.String.compareTo(String.java:90)
        at java.util.TreeMap.compare(TreeMap.java:1093)
        at java.util.TreeMap.put(TreeMap.java:465)
        at java.util.TreeSet.add(TreeSet.java:210)
```

在 String 类的 compareTo(Object o)方法中，首先对参数 o 进行类型转换：

```
String s=(String)o;
```

如果参数 o 实际上引用的不是 String 类型的对象，以上代码就会抛出 ClassCastException。下面的例程 15-4 的 CustomerTester 类的 main()方法向 TreeSet 集合加入了 3 个 Customer 对象，但是 Customer 类没有实现 Comparable 接口。

例程 15-4 CustomerTester 类

```
import java.util.*;
public class CustomerTester{
  public static void main(String args[]){
    Set<Customer> set=new TreeSet<Customer>();
```

```
        set.add(new Customer("Tom",15));
        //如果 Customer 类没有实现 Comparable 接口，add()方法会抛出 ClassCastException
        set.add(new Customer("Tom",20));
        set.add(new Customer("Tom",15));
        set.add(new Customer("Mike",15));

        for(Customer customer: set)
          System.out.println(customer.getName()+" "+customer.getAge());
    }
}
```

当第二次调用 TreeSet 的 add()方法时，也会抛出 ClassCastException 异常。如果希望避免这种异常，应该使 Customer 类实现 Comparable 接口，相应地，在 Customer 类中应该实现 compareTo()方法。例程 15-5 的 Customer 类实现了 Comparable 接口。

例程 15-5 Customer.java

```
public class Customer implements Comparable{
    private String name;
    private int age;
    …
    public int compareTo(Object o){
        Customer other=(Customer)o;

        //先按照 name 属性排序
        if(this.name.compareTo(other.getName())>0)return 1;
        if(this.name.compareTo(other.getName())<0)return -1;

        //再按照 age 属性排序
        if(this.age>other.getAge())return 1;
        if(this.age<other.getAge())return -1;
        return 0;
    }

    public boolean equals(Object o){
        if(this==o)return true;
        if(! (o instanceof Customer)) return false;
        final Customer other=(Customer)o;

        if(this.name.equals(other.getName()) && this.age==other.getAge())
          return true;
        else
          return false;
    }

    public int hashCode(){
        int result;
        result= (name==null?0:name.hashCode());
        result = 29 * result + age;
        return result;
    }
}
```

为了保证 TreeSet 能正确地排序，要求 Customer 类的 compareTo()方法与 equals()

方法按相同的规则比较两个 Customer 对象是否相等。也就是说，如果 customer1.equals(customer2)为 true，那么 customer1.compareTo(customer2)为 0。

以上 compareTo()方法判断两个 Customer 对象相等的条件为 name 属性和 age 属性都相等，因此在 Customer 类的 equals()方法中应该采用相同的比较规则。

在本章 15.3.2 节（HashSet 类）已经指出，如果一个类重新实现了 equals()方法，那么也应该重新实现 hashCode()方法，并且保证当两个对象相等时，它们的哈希码相同，所以在 Customer 类中还应该实现 hashCode()方法。

如果在 Customer 类中实现了 compareTo()、equals()和 hashCode()方法，例程 15-4 的 CustomerTester 类的打印结果为：

```
Mike 15
Tom 15
Tom 20
```

值得注意得是，对于 TreeSet 中已经存在的 Customer 对象，如果修改了它们的 name 属性或 age 属性，TreeSet 不会对集合进行重新排序，例如以下程序先后把 customer1 和 customer2 对象加入到 TreeSet 集合中，然后修改 customer1 的 age 属性：

```
Set<Customer> set=new TreeSet<Customer>();
Customer customer1=new Customer("Tom",15);
Customer customer2=new Customer("Tom",16);
set.add(customer1);
set.add(customer2);
customer1.setAge(20);   //customer1 已经加入到集合中后，再修改 customer1 的 age 属性

for(Customer customer: set)
  System.out.println(customer.getName()+" "+customer.getAge());
```

以上程序的打印结果为：

```
Tom 20
Tom 16
```

可见，当程序修改了 customer1 对象的 age 属性后，TreeSet 不会重新排序。在实际应用中，Customer 对象的 name 属性和 age 属性可以被更新，因此不适合通过 TreeSet 来排序。最适合用 TreeSet 排序的是不可变类，本书第 11 章的 11.3.3 节（可变类与不可变类）介绍了不可变类的概念，不可变类的主要特征是它的对象的属性不能被修改。

2．客户化排序

除了自然排序外，TreeSet 还支持客户化排序。java.util.Comparator<T>接口提供具体的排序方式，<T>指定被比较的对象的类型，Comparator 有个 compare(T x, T y)方法，用于比较两个对象的大小。当 compare(x,y)的返回值大于 0，表示 x 大于 y；当 compare(x,y)的返回值小于 0，表示 x 小于 y；当 compare(x,y)的返回值等于 0，表示 x 等于 y。

如果希望 TreeSet 按照 Customer 对象的 name 属性进行降序排列，可以先创建一个实现 Comparator 接口的 CustomerComparator 类，参见例程 15-6。

例程 15-6　CustomerComparator.java

```java
import java.util.*;
public class CustomerComparator implements Comparator<Customer>{
  public int compare(Customer c1,Customer c2){
    if(c1.getName().compareTo(c2.getName())>0) return -1;
    if(c1.getName().compareTo(c2.getName())<0) return 1;

    return 0;
  }
  public static void main(String args[]){
    //创建 TreeSet 对象时,在构造方法中指定采用 CustomerComparator 来比较 Customer 对象
    Set<Customer> set=new TreeSet<Customer>(new CustomerComparator());

    Customer customer1=new Customer("Tom",15);
    Customer customer3=new Customer("Jack",16);
    Customer customer2=new Customer("Mike",26);
    set.add(customer1);
    set.add(customer2);
    set.add(customer3);

    for(Customer customer: set)
      System.out.println(customer.getName()+" "+customer.getAge());
  }
}
```

以上 main()方法在构造 TreeSet 的实例时,调用它的 TreeSet(Comparator comparator) 构造方法:

```
Set<Customer> set=new TreeSet<Customer>(new CustomerComparator());
```

当 TreeSet 向集合中加入 Customer 对象时,会调用 CustomerComparator 类的 compare()方法进行排序,以上 TreeSet 按照 Customer 对象的 name 属性进行降序排列,最后打印结果为:

```
Tom 15
Mike 26
Jack 16
```

15.4　List（列表）

List 的主要特征是其元素以线性方式存储,集合中允许存放重复对象。List 接口主要的实现类包括:

- ArrayList:ArrayList 代表长度可变的数组。允许对元素进行快速的随机访问,但是向 ArrayList 中插入与删除元素的速度较慢。
- LinkedList:在实现中采用链表数据结构。对顺序访问进行了优化,向 List 中插入和删除元素的速度较快,随机访问则相对较慢。随机访问是指检索位于特定索引位置的元素。LinkedList 单独具有 addFirst()、addLast()、getFirst()、

getLast()、removeFirst()和 removeLast()方法，这些方法使得 LinkedList 可以作为堆栈、队列和双向队列使用。

ArrayList 类还实现了 RandomAccess 接口。RandomAccess 接口仅仅是个标识类型的接口，不包含任何方法。凡是实现 RandomAccess 接口的类意味着具有良好的快速随机访问的性能。

15.4.1 访问列表的元素

List 中的对象按照索引位置排序，客户程序可以按照对象在集合中的索引位置来检索对象。以下程序向 List 中加入 4 个 Integer 对象：

```
List<Integer> list=new ArrayList<Integer>();
list.add(3);     //自动装箱，把 3 转换为相应的 Integer 对象，再把它加入到 List 中
list.add(4);
list.add(3);
list.add(2);
```

List 的 get(int index)方法返回集合中由参数 index 指定不同索引位置的对象，第一个加入到集合中的对象的索引位置为 0。以下程序依次检索出集合中的所有对象：

```
for(int i=0;i<list.size();i++)
    System.out.print(list.get(i)+" ");
```

以上程序的打印结果为：

```
3 4 3 2
```

List 的 iterator()方法和 Set 的 iterator()方法一样，也能返回 Iterator 对象，可以用 Iterator 来遍历集合中的所有对象，例如：

```
Iterator<Integer> it=list.iterator();
while(it.hasNext()){
    System.out.print(it.next()+" ");
}
```

此外，也可以用 foreach 语句来遍历 List，例如：

```
for(Integer i:list)
    System.out.print(i+" ");
```

15.4.2 为列表排序

List 只能对集合中的对象按索引位置排序，如果希望对 List 中的对象按其他特定的方式排序，可以借助 Comparator 接口和 Collections 类。Collections 类是 Java 集合类库中的辅助类，它提供了操纵集合的各种静态方法，其中 sort()方法用于对 List 中的对象进行排序：

- sort(List list)：对 List 中的对象进行自然排序。
- sort(List list,Comparator comparator)：对 List 中的对象进行客户化排序，comparator 参数指定排序方式。

以下程序对 List 中的 Integer 对象进行自然排序：

```java
List<Integer> list=new ArrayList<Integer>();
list.add(new Integer(3));
list.add(new Integer(4));
list.add(new Integer(3));
list.add(new Integer(2));

Collections.sort(list);   //为列表中的元素进行排序
for(Integer i:list)
   System.out.print(i+" ");
```

以上程序的打印结果为：

```
2 3 3 4
```

15.4.3 ListIterator 接口

List 的 listIterator()方法返回一个 ListIterator 对象，ListIterator 接口继承了 Iterator 接口，此外还提供了专门操纵列表的方法：
- add()：向列表中插入一个元素。
- hasNext()：判断列表中是否还有下一个元素。
- hasPrevious()：判断列表中是否还有上一个元素。
- next()：返回列表中的下一个元素。
- previous()：返回列表中的上一个元素。

例程 15-7 的 ListInserter 类的 insert()方法向一个排序的 List 列表中按顺序插入数据。

例程 15-7　ListInserter.java

```java
import java.util.*;
public class ListInserter {
  /**  向 List 列表中按顺序插入数据  */
  public static void insert(List<Integer> list,int data){
    ListIterator<Integer> it=list.listIterator();
    while(it.hasNext()){
      Integer in=it.next();
      if(data<=in.intValue()){
        it.previous();
        it.add(data);   //插入元素
        break;
      }
    }
  }
  public static void main(String args[]){
    List<Integer> list=new LinkedList<Integer>();   //创建一个链接列表
    list.add(3);
    list.add(2);
    list.add(5);
    list.add(9);

    Collections.sort(list);   //为列表排序
```

```
        insert(list,6);    //向列表中插入一个元素
        System.out.println(Arrays.toString(list.toArray()));
    }
}
```

以上程序的打印结果如下:

[2, 3, 5, 6, 9]

15.4.4 获得固定长度的 List 对象

java.util.Arrays 类的 asList()方法能够把一个 Java 数组包装为一个 List 对象,这个 List 对象代表固定长度的数组。所有对 List 对象的操作都会被作用到底层的 Java 数组。由于数组的长度不能改变,因此不能调用这种 List 对象的 add()和 remove()方法,否则会抛出 java.lang.UnsupportedOperationException 运行时异常:

```
String[] ss={"Tom","Mike","Jack"};
List<String> list=Arrays.asList(ss);
list.set(0,"Jane");   //合法,可以修改某个位置的元素
System.out.println(Arrays.toString(ss));    //打印[Jane, Mike, Jack]

//list.remove("Mike");   运行时会抛出 java.lang.UnsupportedOperationException
//list.add("Mary");   运行时会抛出 java.lang.UnsupportedOperationException
```

15.4.5 比较 Java 数组和各种 List 的性能

List 的两个实现类 ArrayList 和 LinkedList 都表示列表,在 JDK1.0 版本中有一个 Vector 类,也表示列表,在 JDK1.2 版本中把 Vector 类改为实现了 List 接口。例程 15-8 的 PerformanceTester 类分别对 Java 数组、ArrayList、LinkedList 和 Vector 进行了随机访问和遍历等操作,从而比较这几种集合的性能。

例程 15-8 PerformanceTester.java

```
import java.util.*;
public class PerformanceTester{
    private static final int TIMES=100000;

    public static abstract class Tester{
        private String operation;
        public Tester(String operation){this.operation=operation;}
        public abstract void test(List<String> list);
        public String getOperation(){return operation;}
    }

    static Tester iterateTester=new Tester("iterate"){    //执行遍历操作的匿名类
        public void test(List<String> list){
            for(int i=0;i<10;i++){
                Iterator<String> it=list.iterator();
                while(it.hasNext()){
                    it.next();
                }
```

```java
      }
    }
};

static Tester getTester=new Tester("get"){   //执行随机访问操作的匿名类
  public void test(List<String> list){
    for(int i=0;i<list.size();i++)
      for(int j=0;j<10;j++)
        list.get(j);
  }
};

static Tester insertTester=new Tester("insert"){   //执行插入操作的匿名类
  public void test(List<String> list){
    ListIterator<String> it=list.listIterator(list.size()/2);   //从列表的中间开始
    for(int i=0;i<TIMES/2;i++)
      it.add("hello");
  }
};

static Tester removeTester=new Tester("remove"){   //执行删除操作的匿名类
  public void test(List<String> list){
    ListIterator<String> it=list.listIterator();
    while(it.hasNext()){
      it.next();
      it.remove();
    }
  }
};

static public void testJavaArray(List<String> list){
   Tester[] testers={iterateTester,getTester};
   test(testers,list);
}
static public void testList(List<String> list){
   Tester[] testers={insertTester,iterateTester,getTester,removeTester};
   test(testers,list);
}
static public void test(Tester[] testers,List<String> list){
   for(int i=0;i<testers.length;i++){
     System.out.print(testers[i].getOperation()+"操作: ");
     long t1=System.currentTimeMillis();
     testers[i].test(list);
     long t2=System.currentTimeMillis();
     System.out.print(t2-t1+" ms");
     System.out.println();
   }
}
public static void main(String args[]){
   List<String> list=null;

   //测试 Java 数组
   System.out.println("----测试 Java 数组----");
   String[] ss=new String[TIMES];
   Arrays.fill(ss,"hello");
```

```
            list=Arrays.asList(ss);
            testJavaArray(list);

            ss=new String[TIMES/2];
            Collection<String> col=Arrays.asList(ss);

            //测试 Vector
            System.out.println("----测试 Vector----");
            list=new Vector<String>();
            list.addAll(col);
            testList(list);

            //测试 LinkedList
            System.out.println("----测试 LinkedList----");
            list=new LinkedList<String>();
            list.addAll(col);
            testList(list);

            //测试 ArrayList
            System.out.println("----测试 ArrayList----");
            list=new ArrayList<String>();
            list.addAll(col);
            testList(list);
        }
    }
```

以上程序定义了 4 个匿名类，分别对集合执行遍历、随机访问、插入和删除操作。以上程序的打印结果如下：

```
    ----测试 Java 数组----
    iterate 操作：31ms
    get 操作：16 ms
    ----测试 Vector----
    insert 操作：1625 ms
    iterate 操作：48 ms
    get 操作：31 ms
    remove 操作：6750 ms
    ----测试 LinkedList----
    insert 操作：31 ms
    iterate 操作：33ms
    get 操作：63 ms
    remove 操作：16 ms
    ----测试 ArrayList----
    insert 操作：1610 ms
    iterate 操作：47 ms
    get 操作：23 ms
    remove 操作：6625 ms
```

表 15-3 归纳了对 Java 数组、ArrayList、LinkedList 和 Vector 执行不同的操作所花费的时间。

表 15-3　比较 Java 数组、ArrayList、LinkedList 和 Vector 的性能

类　型	Java 数组	ArrayList	LinkedList	Vector
随机访问操作（get）	16	23	63	31
遍历操作（iterate）	31	47	33	48
插入操作（insert）	不适用	1610	31	1625
删除操作（remove）	不适用	6625	16	6750

从表 15-3 可以看出，对 Java 数组进行随机访问和遍历操作具有最快的速度；对 LinkedList 进行插入和删除操作具有最快的速度；对 ArrayList 进行随机访问也具有较快的速度。Vector 类在各方面都没有突出的性能，属于历史集合类，目前已经不提倡使用。

15.5　Queue（队列）

多数人都有过在火车站售票大厅排队等待购票的经历。后加入的人排在队列的末尾，排在队列头部的人优先购票后离开队列。从 JDK5 开始，用 java.util.Queue 接口来表示队列。队列的特点是向末尾添加元素，从队列头部删除元素，队列中允许有重复元素。

（1）Queue 接口具有以下加入元素的方法：

```
boolean add(E element)
boolean offer(E element)
```

以上两个方法都向队列的末尾添加元素，如果操作成功就返回 true。参数的类型"E"为泛型类型。这两个方法的区别在于，如果队列已满，add()方法会抛出 IllegalStateException，而 offer()方法返回 false。

Tips
> 大多数队列的容量都不受限制，允许无限扩充，因此向队列中添加元素不会发生异常。对于某些限制容量的队列实现类，当容量已满时，用 add()方法添加元素会抛出 IllegalStateException。

（2）Queue 接口具有以下删除元素的方法：

```
E remove()
E poll()
```

以上两个方法都会删除队列头部的元素。这两个方法的区别在于，如果队列为空，remove()方法抛出 NoSuchElementException，而 poll()方法则返回 null。

（3）Queue 接口具有以下获取元素的方法：

```
E element()
E peek()
```

以上两个方法都会返回队列头部的元素，但不删除它。这两个方法的区别在于，

如果队列为空，element()方法抛出 NoSuchElementException，而 peek()方法则返回 null。

15.5.1 Deque（双向队列）

Queue 接口是单向队列，它有一个子接口 Deque，表示双向队列。双向队列的特点是在队列的头部和末尾都可以添加或删除元素。

（1）Deque 接口具有以下向队列头部或末尾添加元素的方法：

```
void addFirst(E element)
void addLast(E element)
boolean offerFirst(E element)
boolean offerLast(E element)
```

如果队列已满，前两个方法抛出 IllegalStateException，而后两个方法则返回 false。

（2）Deque 接口具有以下从队列头部或末尾删除元素的方法：

```
E removeFirst()
E removeLast()
E pollFirst()
E pollLast()
```

如果队列为空，前两个方法抛出 NoSuchElementException，而后两个方法则返回 null。

（3）Deque 接口具有以下从队列头部或末尾获取元素（不会删除该元素）的方法：

```
E getFirst()
E getLast()
E peekFirst()
E peekLast()
```

如果队列为空，前两个方法抛出 NoSuchElementException，而后两个方法则返回 null。

LinkedList 类和 ArrayDeque 类都实现了 Deque 接口。本章 15.4 节（List 列表）已经对 LinkedList 类做了介绍。例程 15-9 的 DequeTester 类演示了对双向队列的操作方法。

例程 15-9　DequeTester.java

```java
import java.util.*;
public class DequeTester{
  public static void main(String args[]){
    Deque<String> queue=new ArrayDeque<String>();
    queue.add("老二");            //向队列末尾添加元素
    queue.addFirst("老大");       //向队列头部添加元素
    queue.addLast("老三");        //向队列末尾添加元素
    queue.add("老四");            //向队列末尾添加元素

    System.out.print("遍历双向队列：");
    for(String e:queue )
       System.out.print(e+" ");

    System.out.println("\n 删除双向队列的最后一个元素："+queue.removeLast());
  }
```

以上程序向队列的头部和末尾都添加了元素,然后再遍历队列,最后删除队列末尾的元素。运行以上 DequeTester 类,打印结果如下:

```
遍历双向队列: 老大 老二 老三 老四
删除双向队列的最后一个元素: 老四
```

15.5.2 PriorityQueue(优先级队列)

PriorityQueue(优先级队列)会按照排序的方式对队列中的元素进行排序和检索。因此加入到 PriorityQueue 中的对象必须实现 Comparable 接口,提供对元素排序时两个元素之间的比较规则。关于 Comparable 接口的用法可参见本章第 15.3.3 节(TreeSet 类)。例程 15-10 的 PriorityTester 类演示了优先级队列的用法。

例程 15-10　PriorityTester.java

```java
import java.util.*;
public class PriorityTester{
  public static void main(String args[]){
    Queue<Integer> queue=new PriorityQueue<Integer>();
    queue.add(67);
    queue.add(12);
    queue.add(33);

    System.out.print("遍历优先级队列: ");
    for(Integer e:queue )
       System.out.print(e+"   ");

    System.out.printb("\n 依次删除优先级队列中的元素: ");
    while(!queue.isEmpty())
       System.out.print(queue.remove()+"   ");
  }
}
```

值得注意的是,当通过 foreach 语句遍历优先级队列时,获得的元素并没有进行排序,而在通过 remove()方法删除元素时,该方法总是会删除当前队列中的最小元素。因此以上程序的打印结果如下:

```
遍历优先级队列: 12   67   33
依次删除优先级队列中的元素: 12   33   67
```

15.6　Map(映射)

Map(映射)是一种把键对象和值对象进行映射的集合,它的每一个元素都包含一对键对象和值对象,而值对象仍可以是 Map 类型,以此类推,这样就形成了多级映射。向 Map 集合中加入元素时,必须提供一对键对象和值对象,从 Map 集合中检索元素时,只要给出键对象,就会返回对应的值对象。以下程序通过 Map 的 put(Object key,Object value)方法向集合中加入元素,通过 Map 的 get(Object key)方法来检索与键对象对应的值对象:

```
Map<String,String> map=new HashMap<String,String>();
map.put("1","Monday");
map.put("2","Tuesday");
map.put("3","Wendsday");
map.put("4","Thursday");

String day=map.get("2");   //day 的值为"Tuesday"
```

Map 集合中的键对象不允许重复,也就是说,任意两个键对象通过 equals()方法比较的结果都是 false。对于值对象则没有唯一性的要求,可以将任意多个键对象映射到同一个值对象上。例如以下 Map 集合中的键对象"1"和"one"都和同一个值对象"Monday"对应:

```
Map<String,String> map=new HashMap<String,String>();
map.put("1","Mon.");
map.put("1","Monday");
map.put("one","Monday");

Set<Map.Entry<String,String>> set=map.entrySet();
for(Map.Entry entry : set)   //entry 表示 Map 中的一对键与值
   System.out.println(entry.getKey()+":"+entry.getValue());
```

由于第一次和第二次加入 Map 中的键对象都为"1",因此第一次加入的值对象将被覆盖,Map 集合中最后只有两个元素,分别为:

"1"对应"Monday"
"one"对应"Monday"

Map 的 entrySet()方法返回一个 Set 集合,在这个集合中存放了 Map.Entry 类型的元素,每个 Map.Entry 对象代表 Map 中的一对键与值。Map.Entry 对象的 getKey()方法返回键,getValue()方法返回值。

Map 有两种比较常用的实现:HashMap 和 TreeMap。HashMap 按照哈希算法来存取键对象,有很好的存取性能,为了保证 HashMap 能正常工作,和 HashSet 一样,要求当两个键对象通过 equals()方法比较为 true 时,这两个键对象的 hashCode()方法返回的哈希码也一样。

TreeMap 实现了 SortedMap 接口,能对键对象进行排序。和 TreeSet 一样,TreeMap 也支持自然排序和客户化排序两种方式。以下程序中的 TreeMap 会对 4 个 String 类型的键对象"1"、"3"、"4"和"2"进行自然排序:

```
Map<String,String> map=new TreeMap<String,String>();
map.put("1","Monday");
map.put("3","Wednesday");
map.put("4","Thursday");
map.put("2","Tuesday");

Set<String> keys=map.keySet();
for(String key:keys){
    String value=map.get(key);
```

```
            System.out.println(key+" "+value);
        }
```

Map 的 keySet()方法返回集合中所有键对象的集合,以上程序的打印结果为:

```
1 Monday
2 Tuesday
3 Wednesday
4 Thursday
```

如果希望 TreeMap 对键对象进行客户化排序,可调用它的另一个构造方法 TreeMap(Comparator comparator),参数 comparator 指定具体的排序方式。

Tips
Map 接口还有一个 WeakHashMap 实现类,它能有效地节省存储空间,本书第 11 章的 11.6 节(对象的强、软、弱和虚引用)对这个类做了介绍。

15.7 HashSet 和 HashMap 的负载因子

HashSet 和 HashMap 都运用哈希算法来存取元素。哈希表中的每个位置也称为桶(bucket),在发生哈希冲突的时候,在桶中以链表的形式存放多个元素。如图 15-4 显示了 HashSet 和 HashMap 存放数据时采用的数据结构。

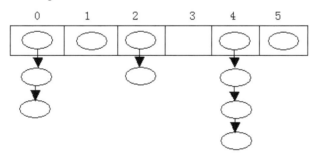

图 15-4 HashSet 和 HashMap 存放数据时采用的数据结构

HashSet 和 HashMap 都有以下属性:
- 容量(capacity):哈希表中桶的数量。例如在图 15-4 中,共有 6 个桶,因此容量为 6。
- 初始容量(initial capacity):创建 HashSet 和 HashMap 对象时桶的数量。在 HashSet 和 HashMap 的构造方法中允许设置初始容量。
- 大小(size):元素的数目。例如在图 15-4 中,共有 11 个元素,因此 size 为 11。
- 负载因子(load factor):等于 size/capacity。负载因子为 0,表示空的哈希表;负载因子为 0.5,表示半满的哈希表,以此类推。轻负载的哈希表具有冲突少、适合插入和查找的优点(但是用 Iterator 遍历元素的速度较慢)。HashSet 和

HashMap 的构造方法允许指定负载因子，当哈希表的当前负载达到用户设定的负载因子时，HashSet 和 HashMap 会自动成倍地增加容量（即桶的数量），并且重新分配原有的元素的位置。

HashSet 和 HashMap 的默认负载因子为 0.75，它表示除非哈希表的 3/4 已经被填满，否则不会自动成倍地增加哈希表的容量。这个默认值很好地权衡了时间与空间的成本。如果负载因子较高，虽然会降低对内存空间的需求，但会提高查找数据的时间开销，而查找是最频繁的操作，在 HashMap 的 get()和 put()方法中都涉及查找操作，因此负载因子不宜设得很高。图 15-5 显示了负载因子与时间和空间的关系。

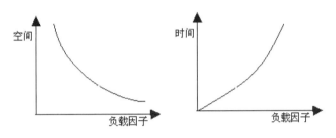

图 15-5　负载因子与时间和空间的关系

15.8　集合实用类：Collections

本书第 14 章的 14.11 节（数组实用类：Arrays）介绍了 java.util.Arrays 类，它提供了一系列操纵 Java 数组的静态方法。对于 Java 集合，也有一个实用类：java.util.Collections，它的一部分静态方法专门用于操纵 List 类型集合，还有一部分静态方法可用于操纵所有的 Collection 类型或 Map 类型集合。

List 代表长度可变的数组，Collections 的以下方法适用于 List：
- copy(List dest, List src)：把一个 List 中的元素复制到另一个 List 中。
- fill(List list,Object o)：向列表中填充元素。
- sort(List list)：把 List 中的元素进行自然排序。
- binarySearch(List list, Object key)：查找 List 中与给定对象 key 相同的元素。在调用该方法时，必须保证 List 中的元素已经自然排序，这样才能得到正确的结果。
- binarySearch(List list, Object key, Comparator c)：查找 List 中与给定对象 key 相同的元素，Comparator 类型的参数指定比较规则。在调用该方法时，必须保证 List 中的元素已经按照 Comparator 类型的参数的比较规则排序，这样才能得到正确的结果。
- shuffle(List list)：对 List 中的元素进行随机排列。

Collections 的以下方法适用于 Collection 类型或 Map 类型：
- Object max(Collection coll)：返回集合中的最大元素，采用自然排序的比较规则。
- Object max(Collection coll, Comparator comp)：返回集合中的最大元素，Comparator 类型的参数指定比较规则。
- Object min(Collection coll)：返回集合中的最小元素，采用自然排序的比较规则。
- Object min(Collection coll, Comparator comp)：返回集合中的最小元素，Comparator 类型的参数指定比较规则。
- Set singleton(Object o)：返回一个不可改变的 Set 集合，它只包含一个参数指定的对象。
- List singletonList(Object o)：返回一个不可改变的 List 集合，它只包含一个参数指定的对象。
- Map singletonMap(Object key, Object value)：返回一个不可改变的 Map 集合，它只包含参数指定的一对键与值。
- Collection synchronizedCollection(Collection c)：在原来集合的基础上，返回支持同步的（即线程安全的）集合。
- List synchronizedList(List list)：在原来 List 集合的基础上，返回支持同步的（即线程安全的）List 集合。
- Map synchronizedMap(Map m)：在原来 Map 集合的基础上，返回支持同步的（即线程安全的）Map 集合。
- Set synchronizedSet(Set s)：在原来 Set 集合的基础上，返回支持同步的（即线程安全的）Set 集合。
- Collection unmodifiableCollection(Collection c)：在原来集合的基础上，返回不允许修改的集合视图。
- List unmodifiableList(List list)：在原来 List 集合的基础上，返回不允许修改的 List 集合视图。
- Map unmodifiableMap(Map m)：在原来 Map 集合的基础上，返回不允许修改的 Map 集合视图。
- Set unmodifiableSet(Set s)：在原来 Set 集合的基础上，返回不允许修改的 Set 集合视图。

例程 15-11 的 CollectionsTester 类利用 Collections 类来对 List 进行排序、查找，以及随机调整元素的位置。

例程 15-11　CollectionsTester.java

```
import java.util.*;
public class CollectionsTester{
  public static void main(String args[]){
    List<String> list=Arrays.asList(new String[]{"Tom","Jack","Linda","Rose"});
    Collections.sort(list); //把 List 中的元素自然排序
    System.out.println(Collections.max(list));   //打印 Tom
    System.out.println(Collections.min(list));   //打印 Jack
```

```
            System.out.println(Collections.binarySearch(list,"Tom"));  //打印 3
            System.out.println(Arrays.toString(list.toArray()));  //打印[Jack,Linda,Rose,Tom]
            Collections.shuffle(list);  //重新随机调整 List 中元素的位置
            System.out.println(Arrays.toString(list.toArray()));  //打印[Linda,Tom,Jack,Rose]
        }
    }
```

如果集合中仅仅包含一个元素，并且不允许修改这个集合，那么可以用 Collections 的 singletonXXX()方法来构造这样的集合。程序不允许对这个集合进行添加或删除操作，否则会导致 java.lang.UnsupportedOperationException 运行时异常：

```
    Set<String> singleSet=Collections.singleton("Tom");  //集合中只有一个元素"Tom"
    singleSet.add("Mike");  //抛出 UnsupportedOperationException
```

再例如以下代码也会导致 UnsupportedOperationException 异常：

```
    //Map 中只有一个元素"name:Tom"
    Map<String,String> singleMap=Collections.singletonMap("name","Tom");
    singleMap.remove("name");  //抛出 UnsupportedOperationException
```

如果集合中的元素不允许修改，可以用 Collections 的 unmodifiableXXX()方法来获得原始集合的一个集合视图。程序可以读取集合视图中的内容，但不允许修改它。如果直接对原始集合做了修改，集合视图会反映修改后的集合的内容：

```
    Set<String> originalSet=new HashSet<String>();
    originalSet.add("Tom");
    originalSet.add("Mike");

    Set<String> setView=Collections.unmodifiableSet(originalSet);  //获得集合视图
    originalSet.add("Linda");  //向原始集合中加入一个元素
    System.out.println(Arrays.toString(setView.toArray()));  //打印[Mike,Tom,Linda]
    setView.add("Mary");  //抛出 UnsupportedOperationException
```

15.9 线程安全的集合

在 Java 集合框架中，Set、List、Queue 和 Map 的实现类（比如 HashSet、ArrayList、ArrayDeque 和 HashMap 等）都没有采取同步机制。在单线程环境中，这种实现方式会提高操纵集合的效率，Java 虚拟机不必因为管理同步锁而产生额外的开销。在多线程环境中，可能会有多个线程同时操纵同一个集合，比如一个线程在为集合排序，而另一个线程在不断向集合中加入新的元素。为了避免并发问题，可以采取以下几种解决措施：

（1）在程序中对可能导致并发问题的代码块进行同步。

（2）利用 Collections 的 synchronizedXXX()方法获得原始集合的同步版本：

```
        Collection synchronizedCollection=Collections.synchronizedCollection(originalCollection);
```

所有线程只对这个采取了同步措施的集合对象操作。第 13 章的 13.8.4 节的例程 13-22（Stack.java）展示了实现集合的同步版本的原理。

（3）如果集合只包含单个元素并且不允许被修改，可以用 Collections 的 singletonXXX()方法来构造这样的集合，这可以避免集合被线程错误地修改，而且由于不必采取同步措施，可以提高并发性能。

（4）如果集合的元素不允许被修改，可以用 Collections 的 unmodifiableXXX()方法来生成原始的集合视图，让线程只访问这个集合视图，这可以避免集合被线程错误地修改，而且由于不必采取同步措施，可以提高并发性能。

（5）利用 Collections 的 synchronizedXXX()方法获得原始集合的同步版本后，如果一个线程操纵集合的同步版本，而另一个线程操纵原始的集合，那么仍然会导致并发问题。为了避免这种情况，可以直接采用 java.util.concurrent 并发包提供的线程安全的集合，例如：ConcurrentHashMap、ConcurrentSkipListMap、ConcurrentSkipListSet 和 ConcurrentLinkedQueue。这些集合的底层实现采用了复杂的算法，保证多线程访问集合时，既能保证线程之间的同步，又具有高效的并发性能。

15.10　集合与数组的互换

集合和数组都用来存放多个元素，它们之间可以通过特定的方式互相转换。
（1）把数组转换为集合。

java.util.Arrays 类是一个数组实用类，它的 asList() 静态方法能够把数组转换成一个 List 对象，例如：

```
Integer[] array={11,22,33};
List<Integer> list=Arrays.asList(array);   //把数组转换为 List
```

大多数集合都有以下形式的构造方法，该构造方法在创建新集合的时候，会把参数 c 指定的集合中的元素复制到新集合中：

```
HashSet(Collection<? extends E> c)
TreeSet(Collection<? extends E> c)
ArrayList(Collection<? extends E> c)
LinkedList(Collection<? extends E> c)
```

因此，在通过 Arrays.asList()方法得到了一个 List 对象后，还可以把它转换为其他类型的集合。例如：

```
Integer[] array={11,22,33};
List<Integer> list=Arrays.asList(array);   //把数组转换为 List

List<Integer> arrayList=new ArrayList<Integer>(list);   //转换为 ArrayList
Set<Integer> hashSet=new HashSet<Integer>(list);   //转换为 HashSet
```

（2）把集合转换为数组。

java.util.Collection 接口中定义了 toArray()方法，能把集合转换为数组，它有两种重载形式：

- Object[] toArray()：返回 Oject[]类型的数组。

- `<T> T[] toArray(T[] a)`：返回泛型标记<T>指定类型的数组。

以下代码分别通过两种 toArray() 方法来返回数组：

```
List<Integer> list=new ArrayList<Integer>();
list.add(11);
list.add(22);
list.add(33);

Object[] array1=list.toArray();                    //返回 Object[]类型数组
Integer[] array2=list.toArray(new Integer[0]);     //返回 Integer[]类型数组
```

对于"list.toArray(new Integer[0])"，参数"new Integer[0]"仅仅用来指定返回数组的类型，在这里表明 toArray() 方法将返回一个 Integer[] 类型的数组。

15.11 集合的批量操作

本章前面介绍的范例在遍历集合时，每次都仅仅处理一个元素。如果需要一次处理大批量数据，可以调用集合的支持批量操作的方法。在 Collection 接口中定义了以下方法：

（1）boolean retainAll(Collection<?> c)。

修改当前集合，在当前集合中保留那些同时位于参数 c 集合中的元素，删除其余的元素。如果当前集合最终做了改动，就返回 true。

（2）boolean removeAll(Collection<?> c)。

删除当前集合中的那些同时位于参数 c 集合中的元素。

（3）boolean addAll(Collection<? extends E> c)。

把参数 c 集合中的元素加入到当前集合中。

（4）boolean containsAll(Collection<?> c)。

判断当前集合中是否存在参数 c 集合中的元素。

此外，在 List 接口中还有一个用于获得子列表视图的方法：

```
List<E> subList(int fromIndex,int toIndex)
```

以上方法中的 fromIndex 参数和 toIndex 参数分别指定元素的起始索引和结束索引。起始索引对应的元素会加入到子列表中，而结束索引对应的元素不会加入到子列表中。例如 list.subList(0,7)将把当前列表中索引从 0 到 6 的元素加入到子列表中。

例程 15-12 的 BulkTester 类演示了对集合的种种批量操作。

例程 15-12　BulkTester.java

```
import java.util.*;
public class BulkTester {
  final static Integer[] DATA1={11,22,33,44,55,66};
  final static Integer[] DATA2={11,22,77,88};

  static Set<Integer>  getOriginalSet(Integer[] data){
    Set<Integer> set=new HashSet<Integer>(Arrays.asList(data));
```

```java
        return set;
    }

    static void  print(Collection<Integer> col){
        for(Integer i:col)
            System.out.print(i+" ");
    }

    public static void main(String[] args) {
      Set<Integer> set1=getOriginalSet(DATA1);
      Set<Integer> set2=getOriginalSet(DATA2);
      set1.retainAll(set2);
      System.out.println("打印两个集合的交集");
      print(set1);

      set1=getOriginalSet(DATA1);
      set2=getOriginalSet(DATA2);
      set1.removeAll(set2);   //批量删除元素
      System.out.println("\n 打印删除 SET2 中元素后的 SET1 集合");
      print(set1);

      set1=getOriginalSet(DATA1);
      set2=getOriginalSet(DATA2);
      set1.addAll(set2);    //批量添加元素
      System.out.println("\n 打印加入 SET2 中元素后的 SET1 集合");
      print(set1);

      List<Integer> list1=new ArrayList<Integer>(Arrays.asList(DATA1));
      List<Integer> list2=list1.subList(0,3); //获取索引从 0 到 2 的子列表
      list2.clear();   //删除子列表视图
      System.out.println("\n 打印删除子列表视图后的 LIST1 列表");
      print(list1);
    }
}
```

在以上程序中，通过 list2.clear()方法删除子列表视图时，原始的 list1 列表中的相应元素会被删除。运行以上程序，打印结果如下：

```
打印两个集合的交集
22 11
打印删除 SET2 中元素后的 SET1 集合
33 66 55 44
打印加入 SET2 中元素后的 SET1 集合
33 66 22 55 88 11 44 77
打印删除子列表后的 LIST1 列表
44 55 66
```

15.12 历史集合类

在早期的 JDK1.0 版本中，代表集合的类只有 Vector、Stack 、Enumeration、Hashtable、Properties 和 BitSet 类。直到 JDK1.2 版本开始，才出现了 Collection、Set、

List 和 Map 接口，以及各种实现类，它们构成了比较完整的 Java 集合框架，在 JDK5 版本中，又增加了 Queue 接口及各种实现类。JDK1.0 版本中的集合类也称为历史集合类，表 15-4 对这些类做了介绍。

表 15-4 历史集合类

历史集合类	描述	缺点	新 Java 集合框架中的替代类
Vector	集合中的元素有索引位置，在新的集合框架中把它改为实现了 List 接口	采用了同步机制，影响操纵集合的性能	ArrayList 和 LinkedList
Stack	表示堆栈，支持后进先出的操作	采用了同步机制，影响操纵集合的性能；Stack 继承了 Vector 类，使得 Stack 不能作为严格的堆栈，还允许随机访问	LinkedList
Hashtable	集合中的每个元素包含一对键与值。在新的集合框架中把它改为实现了 Map 接口	采用了同步机制，影响操纵集合的性能	HashMap
Properties	集合中的每个元素包含一对键与值，继承了 Hashtable	采用了同步机制，影响操纵集合的性能	无
Enumeration	用于遍历集合中的元素	只能与 Vector 和 Hashtable 等历史集合配套使用；Enumeration 类的名字较长，没有 Iterator 类的名字简短	Iterator
BitSet	存放一组 boolean 类型的数据，支持与、或和异或操作	无	无

从 JDK1.2 版本开始，对 Vector 和 Hashtable 做了修改，使它们分别实现了 List 和 Map 接口。尽管如此，由于 Vector、Stack、Hashtable 和 Enumeration 在实现中都使用了同步机制，并发性能差，因此不提倡使用它们。表 15-4 列出了它们在新的 Java 集合框架中相应的替代类。Properties 类和 BitSet 类有着特殊用途，在某些场合仍然可以使用它们。

Properties 类是一种特殊的 Map 类，它继承了 Hashtable<Object,Object>类。Properties 类的 load()方法可用来从输入流中读取键与值。例程 15-13 的 PropertiesTester 类演示了 Properties 类的用法。

例程 15-13　PropertiesTester.java

```
import java.util.*;
import java.io.*;
public class PropertiesTester{
  public static void print(Properties ps){
    Set<Object> keys=ps.keySet();
    Iterator<Object> it=keys.iterator();
    while(it.hasNext()){
      String key=(String)it.next();
      String value=ps.getProperty(key);
```

```
            System.out.println(key+"="+value);
        }
    }
    public static void main(String args[])throws IOException{
        Properties ps=new Properties();
        //myapp.properties 文件与 PropertiesTester 类的.class 文件位于同一个目录下
        InputStream in=PropertiesTester.class.getResourceAsStream("myapp.properties");
        ps.load(in);
        in.close();
        print(ps);

        ps=System.getProperties();
        print(ps);
    }
}
```

Properties 类的 load(InputStream in)方法能够把输入流中的数据加载到 Properties 对象中。假设在 myapp.properties 文件中存放了以下基于"属性名/属性值"形式的数据：

```
color=red
shape=circle
user=Tom
```

以上程序的 ps.load(in)方法把 myapp.properties 文件中的数据加载到 Properties 对象中。调用 ps.getProperty("color")方法就会返回"red"，调用 ps.getProperty("user")方法就会返回"Tom"。

System.getProperties()方法返回一个 Properties 对象，在这个对象中包含了一系列的系统属性。以上程序的打印结果如下：

```
shape=circle
color=red
user=Tom
java.runtime.name=Java(TM) SE Runtime Environment
sun.boot.library.path=C:\jdk8\jre\bin
java.vm.version=25.102-b14
java.vm.vendor=Oracle Corporation
java.vendor.url=http://java.oracle.com/
path.separator=;
java.vm.name=Java HotSpot(TM) Client VM
…
```

BitSet 类表示一组 boolean 类型数据的集合，有点类似于 boolean[]数组。BitSet 集合中的每个元素为 boolean 类型，默认值为 false。BitSet 集合的最小初始容量为 64 位，也可以通过 BitSet(int nbits)形式的构造方法来设置初始容量。如果 BitSet 集合中的元素数目达到了初始容量，BitSet 会自动增加容量。BitSet 类具有以下方法：

- set(int index)：把参数 index 指定的索引位置的元素设为 true。
- clear(int index)：把参数 index 指定的索引位置的元素设为 false。
- get(int index)：获得 index 指定的索引位置的元素值。
- and(BitSet bs)：与参数指定的 BitSet 进行与运算，运算结果保存在当前 BitSet 对象中。

- or(BitSet bs)：与参数指定的 BitSet 进行或运算，运算结果保存在当前 BitSet 对象中。
- xor(BitSet bs)：与参数指定的 BitSet 进行异或运算，运算结果保存在当前 BitSet 对象中。

在下面的例程 15-14 的 BitSetTester 类中，byteToBitSet()方法计算出 byte 类型数据的二进制位，把它们存放在一个 BitSet 对象中，printBitSet()方法打印出 BitSet 对象中的二进制位信息。除了 byteToBitSet() 方法，BitSetTester 类还提供了 shortToBitSet()、intToBitSet()和 longToBitSet()方法，它们分别计算出 short、int 和 long 类型数据的二进制位。

例程 15-14　BitSetTester.java

```java
import java.util.*;
public class BitSetTester {
  static final int BYTE_SIZE=8;
  static final int SHORT_SIZE=16;
  static final int INT_SIZE=32;
  static final int LONG_SIZE=64;

  private static BitSet toBitSet(long data,int size){
    BitSet bs=new BitSet();
    for(int i=size-1;i>=0;i--)
      if((((long)1<<i)&data)!=0)   //获得每个二进制位
        bs.set(i);
      else
        bs.clear(i);
    return bs;
  }
  public static BitSet byteToBitSet(byte data){
    return toBitSet(data,BYTE_SIZE);
  }
  public static BitSet shortToBitSet(short data){
      return toBitSet(data,SHORT_SIZE);
  }
  public static BitSet intToBitSet(int data){
      return toBitSet(data,INT_SIZE);
  }
  public static BitSet longToBitSet(long data){
      return toBitSet(data,LONG_SIZE);
  }
  public static void printBitSet(BitSet bs){
   printBitSet(bs,bs.size());
  }
  public static void printBitSet(BitSet bs,int size){
    String bits=new String();
    for(int i=0;i<size;i++){
      bits=(bs.get(i)?1:0)+bits;
      if((i+1)%8==0)bits=" "+bits;
    }
    System.out.println("bits:"+bits);
  }
}
```

```java
    public static void main(String args[]){
        byte a=-125;
        short b=-125;
        int c=-125;
        long d=-125;
        printBitSet(byteToBitSet(a),BYTE_SIZE);
        printBitSet(shortToBitSet(b),SHORT_SIZE);
        printBitSet(intToBitSet(c),INT_SIZE);
        printBitSet(longToBitSet(d),LONG_SIZE);

        a=125;
        b=125;
        c=125;
        d=125;
        printBitSet(byteToBitSet(a));
        printBitSet(shortToBitSet(b));
        printBitSet(intToBitSet(c));
        printBitSet(longToBitSet(d));
    }
}
```

以上程序的打印结果如下：

```
bits: 10000011
bits: 11111111 10000011
bits: 11111111 11111111 11111111 10000011
bits: 11111111 11111111 11111111 11111111 11111111 11111111 11111111 10000011
bits: 00000000 00000000 00000000 00000000 00000000 00000000 00000000 01111101
bits: 00000000 00000000 00000000 00000000 00000000 00000000 00000000 01111101
bits: 00000000 00000000 00000000 00000000 00000000 00000000 00000000 01111101
bits: 00000000 00000000 00000000 00000000 00000000 00000000 00000000 01111101
```

15.13 枚举类型

本书第 11 章的 11.3.2 节（枚举类）已经介绍了自定义枚举类的设计模式。以 11.3.2 节的例程 11-8 的表示性别的 Gender 类为例，枚举类的主要特点是它的实例的个数是有限的，这些实例是枚举类的静态常量，枚举类提供了获取这些实例的静态工厂方法。

为了提高代码的可重用性，从 JDK5 开始，提供了抽象的 java.lang.Enum 枚举类，它的声明如下：

```java
public abstract class Enum<E extends Enum<E>>
```

Enum 类是抽象类，"<E extends Enum<E>>" 为泛型标记，表示 Enum 类拥有的静态常量实例也是 Enum 类型或者其子类型。

用户自定义的枚举类只需继承 Enum 类就行了。例如 Gender 枚举类可以继承 Enum 类：

```java
public class Gender extends Enum{
    public static final Gender FEMALE;
```

```
        public static final Gender MALE;
        …
    }
```

为了进一步简化编程，JDK5 提供了专门用于声明枚举类型的关键字"enum"，以上程序代码等价于：

```
    public enum Gender{FEMALE,MALE}
```

以上代码定义了一个 Gender 枚举类，它有两个静态枚举常量 Gender.FEMALE 和 Gender.MALE。

Enum 类具有以下非抽象的方法：

（1）int compareTo(E o)。

比较当前枚举常量与指定对象的顺序。

（2）Class<E> getDeclaringClass()。

返回表示当前枚举常量的枚举类型的 Class 对象。

（3）String name()。

返回当前枚举常量的名称。例如，调用 Gender.FEMALE 的 name()方法，其返回值为"FEMALE"。

（4）int ordinal()。

返回当前枚举常量的序数，即它在枚举声明中的位置，其中初始枚举常量的序数为零。例如，Gender.FEMAILE 常量的序数为 0，而 Gender.MALE 常量的序数为 1。

（5）String toString()。

返回枚举常量的名称。

（6）static <T extends Enum<T>> T valueOf(Class<T> enumType, String name)。

根据指定的枚举类型和名称返回相应的枚举常量实例。

（7）staic Enum[] values()。

以数组的形式返回该枚举类型的所有枚举常量实例。

例程 15-15 的 GenderTest 类演示了枚举类的定义和访问枚举类的方式。

例程 15-15 GenderTest.java

```
public class GenderTest{
    enum Gender{FEMALE,MALE}//定义了一个 Gender 内部类

    public static void main(String[] args){
        //遍历 Gender 类的所有常量
        for( Gender g:Gender.values())
            System.out.println(g.ordinal()+" "+g.name());

        Gender g=Gender.FEMALE;
        switch(g){
            case FEMALE:
                System.out.println("女性");
                break;
            case MALE:
                System.out.println("男性");
                break;
```

```
            default:
                System.out.println("未知的性别");
        }
    }
}
```

在以上程序中，编译器根据"switch(g)"能推断出 case 表达式应该是 Gender 类型，因此在 case 表达式中直接指定"FEMALE"和"MALE"这两个 Gender 类的常量是合法的。以下语句反而会引起编译错误，错误信息为"case 标签必须为枚举常量的非限定名称"：

```
switch(g){
    case Gender.FEMALE:    //编译错误
        System.out.println("女性");
    …
}
```

运行 GenderTester 类，打印结果如下：

```
0 FEMALE
1 MALE
女性
```

15.13.1 枚举类型的构造方法

在自定义的枚举类中也可以定义构造方法和属性。这个构造方法必须是 private 类型的。在例程 15-16 的 GenderNewTest 类中，Gender 类有一个 description 属性，在构造方法中为 description 属性赋值。

例程 15-16 GenderNewTest.java

```
public class GenderNewTest{
    enum Gender{    //定义了一个 Gender 内部类
        FEMALE("女性"),
        MALE("男性");

        private String description;    //Gender 类的一个属性

        private Gender(String description){    //Gender 类的构造方法
            this.description=description;
        }

        public String getDescription(){
            return description;
        }
    }

    public static void main(String[] args){
        //遍历 Gender 类的所有常量
        for( Gender g:Gender.values())
            System.out.println(g.name()+" "+g.getDescription());

        Gender g=Gender.valueOf("FEMALE");
```

```
            System.out.println(g.getDescription());
        }
    }
```

以上 Gender 类有两个枚举常量 FEMALE 和 MALE,这两个常量通过 Gender(String description)构造方法来创建:

```
FEMALE("女性"),
MALE("男性");
```

在枚举类中声明多个枚举常量时,常量之间以逗号","隔开,最后一个常量以分号";"结尾。

15.13.2　EnumSet 类和 EnumMap 类

在 Java API 中,还为 Enum 类提供了两个适配器:
- java.util.EnumSet 类:把枚举类型转换为集合类型。它的静态的 allOf()方法能把枚举类的所有常量实例存放到一个 EnumSet 类型的集合中,然后返回这个集合。
- Java.util.EnumMap 类:把枚举类型转换为映射类型。它的 EnumMap (Class<K> keyType)构造方法用来指定具体的枚举类型。枚举常量以 Key 的形式存放在 Map 中。

例程 15-17 的 ColourTester 类演示了 EnumSet 类和 EnumMap 类的用法。

例程 15-17　ColourTester.java

```java
import java.util.*;
public class ColourTester {
    enum Colour{RED,BLUE,YELLOW,GREEN} //表示颜色的枚举类

    public static void main(String[] args) {
        // EnumSet 的使用
        EnumSet<Colour> colourSet = EnumSet.allOf(Colour.class);
        for (Colour c : colourSet)
            System.out.println(c);

        // EnumMap 的使用
        EnumMap<Colour, String> colourMap = new EnumMap<Colour, String> (Colour.class);
        colourMap.put(Colour.RED, "红色");
        colourMap.put(Colour.BLUE, "蓝色");
        colourMap.put(Colour.YELLOW, "黄色");
        colourMap.put(Colour.GREEN, "绿色");

        Set<Map.Entry<Colour,String>> set=colourMap.entrySet();
        for(Map.Entry entry : set)    //entry 表示 Map 中的一对键与值
            System.out.println(entry.getKey()+":"+entry.getValue());
    }
}
```

以上程序定义了一个 Colour 枚举类,然后在 main()方法中把所有的 Colour 枚举常量存放到一个 EnumSet 集合中,接下来又把它们作为 Key 存放到一个 EnumMap 映射中。

15.14 小结

本章介绍了几种常用 Java 集合类的特性和使用方法。为了保证集合正常工作，有些集合类对存放的对象有特殊的要求，归纳如下：

- HashSet：如果集合中对象所属的类重新定义了 equals() 方法，那么这个类也必须重新定义 hashCode()方法，并且保证当两个对象用 equals()方法比较的结果为 true 时，这两个对象的 hashCode()方法的返回值相等。
- TreeSet：如果对集合中的对象进行自然排序，要求对象所属的类实现 Comparable 接口，并且保证这个类的 compareTo() 和 equals() 方法采用相同的比较规则来比较两个对象是否相等。
- HashMap：如果集合中键对象所属的类重新定义了 equals()方法，那么这个类也必须重新定义 hashCode()方法，并且保证当两个键对象用 equals()方法比较的结果为 true 时，这两个键对象的 hashCode()方法的返回值相等。
- TreeMap：如果对集合中的键对象进行自然排序，要求键对象所属的类实现 Comparable 接口，并且保证这个类的 compareTo()和 equals()方法采用相同的比较规则来比较两个键对象是否相等。

由此可见，为了使应用程序更加健壮，在编写 Java 类时不妨养成这样的编程习惯：

- 如果 Java 类重新定义了 equals()方法，那么这个类也必须重新定义 hashCode()方法，并且保证当两个对象用 equals()方法比较的结果为 true 时，这两个对象的 hashCode()方法的返回值相等。
- 如果 Java 类实现了 Comparable 接口,那么应该重新定义 compareTo()、equals()和 hashCode()方法,保证 compareTo()和 equals()方法采用相同的比较规则来比较两个对象是否相等，并且保证当两个对象用 equals()方法比较的结果为 true 时，这两个对象的 hashCode()方法的返回值相等。

HashSet 和 HashMap 具有较好的性能，是 Set 和 Map 首选实现类，只有在需要排序的场合，才考虑用 TreeSet 和 TreeMap。LinkedList 和 ArrayList 各有优缺点，如果经常对元素执行插入和删除操作，那么可以用 LinkedList，如果经常随机访问元素，那么可以用 ArrayList。

队列（Queue）不支持随机访问元素，只能在队列的末尾添加元素，在头部删除元素。双向队列（Deque）支持在队列的两端添加或删除元素。

15.15 思考题

1. Set 和 List 有哪些区别？
2. Collection 与 Collections 有什么区别？

3．利用 LinkedList 编写一个用于存取字符串的堆栈类 MyStringStack，它实现了以下 MyStringStackIFC 接口：

```java
public interface MyStringStackIFC{
  /** 取出堆栈尾部的一个字符串 */
  public String pop();
  /** 向堆栈尾部加入一个字符串   */
  public void push(String str);
}
```

4．比较 Java 数组、ArrayList 和 LinkedList 在查询和存取元素方面的性能。

5．以下哪些集合类提供了直接删除集合头部元素的方法？

a) HashSet　　　　b)LinkedList　　　　c)ArrayDeque　　　　d)TreeSet

6．什么是 HashSet 和 HashMap 的负载因子？

7．Color 枚举类的定义如下：

```java
public enum Color{RED,BLUE,YELLOW,WHITE}
```

以下哪些代码是合法的？

a) System.out.println(Color.RED);　　　　b) Color[0]= "red";
c) Color.add("red");　　　　　　　　　　d) int index=Color.YELLOW.ordinal();

第 16 章 泛 型

本书第 6 章的 6.6 节（多态）曾经介绍过，在程序中进行 Java 类型转换时，可能会出现 ClassCastException 类型转换异常。例如以下变量 *f* 被声明为 Float 类型，实际上试图引用一个 Object 对象，由于采用了强制类型转换，因此可以通过编译，但运行时会抛出 ClassCastException：

```
Float f=(Float)new Object(); //抛出 ClassCastException
```

如何避免这种 ClassCastException 运行时异常，从而提高程序的健壮性呢？从 JDK5 开始，引入了泛型机制。本章将先以 Java 集合为例，介绍泛型的作用与使用方法。接下来再介绍如何创建自定义的泛型类、泛型接口和泛型方法。

16.1 Java 集合的泛型

在 JDK5 以前的版本中，集合中的元素都是 Object 类型，从集合中获取元素时，常常需要进行强制类型的转换。

以下代码向 ArrayList 中加入了一个 String 对象，接下来取出这个 String 对象，并试图把它强制转换为 Integer 类型：

```
List list=new ArrayList();
list.add("hello");
Integer i=(Integer)list.get(0); //抛出 ClassCastException
```

以上代码可以通过编译，但运行时会抛出 ClassCastException 运行时异常。

按照错误被发现的时间，程序中的错误可分为两种：

- 编译时错误：在编译阶段由 Java 编译器发现的错误。编程人员遇到这种错误后，必须修改相应的程序代码，保证编译通过。
- 运行时错误：编译时未报错，在运行时抛出运行时异常。编程人员遇到这种错误后，必须调试程序，修改相应的程序代码，避免再出现这样的异常。

试想当一个软件公司把软件产品交给客户后，客户在运行时遇到了运行时异常，然后再通知软件公司修改这一错误，这种修改过程要花费很多周折。因此错误发现得越早，越能提高软件调试的效率，提高软件的健壮性，降低软件的开发和维护的成本。为了做到这一点，在 JDK 版本升级的过程中，致力于把一些运行时异常转变为编译时错误。在 JDK5 版本中，引入了泛型的概念，它有助于把 ClassCastException 运行时异常转变为编译时的类型不兼容错误。

从 JDK5 开始，所有 Java 集合都采用了泛型机制。在声明集合变量和创建集合对象时，可以用"< >"标记指定集合中元素的类型：

```
List<String> list=new ArrayList<String>();   //列表中元素必须为 String 类型
```

```
list.add("hello");                //合法
list.add(new Integer(11));        //编译出错，不允许把 Integer 对象加入到列表中

Integer i=list.get(0);            //编译出错，列表中元素为 String 类型，无法转换为 Integer 类型
String s=list.get(0);             //合法，无须进行强制类型转换
Object o=list.get(0);             //合法，允许向上转型，无须进行强制类型转换
```

以上代码中的"List<String>"声明 List 列表中只能存放 String 类型的元素，如果向列表中加入其他类型的元素，例如"list.add(new Integer(11))"，在编译阶段就会发现这种类型不兼容的错误。list.get(0)方法返回的元素为 String 类型，可以直接把它赋值给 String 类型的变量 *s*，或者 Object 类型（向上转型）的变量 *o*，但是不能把它赋值给 Integer 类型的变量 *i*。

以下代码声明 Set 中元素的类型为 Object，因此可以把任意一种 Java 对象存放到集合中：

```
Set<Object> set = new HashSet<Object>();   //集合中的元素为 Object 类型
set.add("Tom");                             //合法
set.add(new StringBuffer("Mike"));          //合法
set.add(new Object());                      //合法
set.add(new Integer(1));                    //合法
```

以下代码声明 Map 类型的键对象为 Integer 类型，值对象为 String 类型：

```
Map<Integer,String> map=new HashMap<Integer,String>();
map.put(1,"Monday");
map.put(2,"Tuesday");

Set<Integer> keys=map.keySet();
for(Integer key: keys){
  String value=map.get(key);
  System.out.println(key+" "+value);
}
```

16.2 定义泛型类和泛型接口

Java 集合的泛型机制到底是如何实现的呢？本节将介绍一个范例，把一个用户自定义的 OldBag 类改进为运用了泛型机制的 Bag 类，由此读者能触类旁通，了解 Java 集合实现泛型的机制。例程 16-1 的 OldBag 类中定义了一个 Object 类型的 *content* 实例变量。

例程 16-1 OldBag.java

```
public class OldBag{
  private Object content;
  public OldBag(Object content) {
    this.content = content;
  }

  public Object get() {
```

```java
        return this.content;
    }

    public void set(Object content) {
        this.content = content;
    }

    public static void main(String[] args){
        OldBag bag=new OldBag("mybook");
        //运行时抛出 ClassCastException
        Object content=(Integer)bag.get();
    }
}
```

在 OldBag 类的 main()方法中，*bag* 变量实际引用 OldBag 对象，如果把它强制转换成 Integer 类型，那么在运行时就会抛出 ClassCastException。例程 16-2 的 Bag 类运用泛型机制，对 OldBag 类做了改进。

例程 16-2　Bag.java

```java
public class Bag<T>{
    private T content;

    public Bag(T content) {
        this.content = content;
    }

    public T get() {
        return this.content;
    }

    public void set(T content) {
        this.content = content;
    }

    public static void main(String[] args){
        Bag<String> bag=new Bag<String>("mybook");
        Integer content1=bag.get();           //编译出错
        String content2=bag.get();            //合法，无须进行强制类型转换
    }
}
```

就像在定义方法时可以声明一些方法参数，同样，在定义类时，也可以通过"<T>"的形式来声明类型参数。在类的主体中可以直接引用"T"这样的类型参数。这种带有类型参数的类被称作泛型类。

以上 Bag 类就是泛型类，它有一个类型参数"T"，这个"T"用来泛指 content 实例变量的类型。在 Bag 类的 main()方法中，"Bag<String>"表示 Bag 类的类型参数为"String"，这意味着 Bag 类的 *content* 实例变量为 String 类型。由于 *bag* 变量被声明为"Bag<String>"类型，因此编译器会判断出 bag.get()方法的返回值也是 String 类型，所以下面的赋值是合法的，无须进行强制类型转换：

    String content2=bag.get();

以下代码在编译阶段就会出现错误，这样就能避免运行时抛出 ClassCastException：

```
Integer content1=bag.get();   //编译出错，编译器能判断出类型不兼容
```

一个泛型类可以有多个类型参数，语法为：
类名<T1,T2,T3…TN>{…}
例如，例程 16-3 的 MyMap 类具有两个类型参数"K"和"V"。

例程 16-3　MyMap.java

```java
import java.util.*;
public class MyMap<K,V>{
  private Map<K,V> map=new HashMap<K,V>();

  public void put(K k,V v) {
    map.put(k,v);
  }

  public V get(K k){
    return map.get(k);
  }

  public int size(){
    return map.size();
  }

  public static void main(String[] args){
    MyMap<Integer,String> map=new MyMap<Integer,String>();
    map.put(1,"book1");
    map.put(2,"book2");
    System.out.println(map.get(2));
  }
}
```

在 MyMap 类的 main()方法中，"MyMap<Integer,String>"表示 MyMap 泛型类的第一个类型参数"K"的值为 Integer，第二个类型参数"V"的值为 String。

接口也可以被定义为泛型接口，例如：

```
public interface MyIFC<T1,T2,T3>{…}
```

16.3　用 extends 关键字限定类型参数

在定义泛型类时，可以用 extends 关键字来限定类型参数，语法形式为：

```
<T extends 类名>           //T 必须是指定类或者其子类
或者： <T extends 接口名>   //T 必须是指定接口的实现类
```

例如，在例程 16-4 的 LimitBag 类中，<T extends Number>表示类型参数"T"的取值只能是 Number 类或者是 Number 类的子类。

例程 16-4　LimitBag.java

```java
import java.util.*;
public class LimitBag<T extends Number>{
  private T content;

  public LimitBag(T content) {
    this.content = content;
  }

  public T get() {
    return this.content;
  }

  public void set(T content) {
    this.content = content;
  }

  public static void main(String[] args){
    LimitBag<List> bag1=new LimitBag<List>(new ArrayList());    //编译出错
    LimitBag<Integer> bag2=new LimitBag<Integer>(12);           //合法
  }
}
```

由于对 LimitBag 类的类型参数"T"做了限定"<T extends Number>",因此在 main()方法中,"LimitBag<List>"是非法的,因为 List 不是 Number 类的子类,不允许把它赋值给 LimitBag 类的类型参数"T"。而"LimitBag<Integer>"是合法的,因为 Integer 是 Number 类的子类,可以把它赋值给 LimitBag 类的类型参数"T"。

16.4　定义泛型数组

在例程 16-5 的 ArrayBag 类中,content 实例变量被声明为"T[]"类型,它表示泛型数组类型。

例程 16-5　ArrayBag.java

```java
public class ArrayBag<T>{
  //private T[] content=new T[10];  //编译出错,不能用泛型来创建数组实例
  private T[] content;

  public ArrayBag(T[] content) {
    this.content = content;
  }

  public T[] get() {
    return this.content;
  }

  public void set(T[] content) {
    this.content = content;
```

```java
    }
    public static void main(String[] args){
        String[] content={"book1","book2","book3"};
        ArrayBag<String> bag=new ArrayBag<String>(content);

        for(String c:bag.get())
            System.out.println(c);
    }
}
```

以上 ArrayBag 类的 main()方法先创建了一个 String 类型的数组，再把它传给 ArrayBag 类的构造方法，这是合法的。值得注意的是，在泛型类中不允许通过以下形式直接创建一个泛型数组：

```java
T[] content=new T[10];         //编译出错，不能用泛型来创建数组实例
```

16.5 定义泛型方法

在一个方法中，如果方法的参数或返回值的类型带有"<T>"形式的类型参数，那么这个方法称为泛型方法。在普通的类或者泛型类中都可以定义泛型方法。例程 16-6 的 MethodTest 类本身不是泛型类，但是它含有两个泛型方法 printArray()和 max()。

例程 16-6　MethodTest.java

```java
public class MethodTest{
    // 泛型方法 printArray()
    public static <E> void printArray( E[] array ){
        for( E element : array )
            System.out.println( element );
    }

    //泛型方法 max()
    public static <T extends Comparable<T>> T max(T x, T y){
        return   x.compareTo(y)>0 ? x:y;
    }

    public static void main( String args[] ){
        Integer[] intArray = { 1, 2, 3, 4, 5 };
        printArray( intArray );            // 传递一个整型数组

        System.out.println(max(12,24));
    }
}
```

MethodTest 类的 printArray()方法有一个类型参数"E"，printArray()方法的 array 参数为"E[]"类型。MethodTest 类的 max()方法有一个类型参数"T"，它被限定为是 Comparable 接口的实现类。max()方法的参数 x 和参数 y 均为"T"类型。

16.6 使用"?"通配符

在泛型机制中,编译器认为HashSet<String>和Set<String>之间存在继承关系,因此以下赋值是合法的:

```
Set<String>   s1=new HashSet<String>();        //合法,允许向上转型
```

但编译器认为HashSet<Object>和HashSet<String>之间不存在继承关系,因此以下赋值是非法的:

```
HashSet<Object>   s2=new HashSet<String>();    //编译出错,不兼容的类型
```

例程16-7的WildCastTest类中有一个负责打印集合中所有元素的print()方法。这个方法的collection参数声明为Collection<Object>类型,而在main()方法中,把ArrayList<Integer>类型的参数传给print()方法,会导致编译错误,编译器认为类型不兼容。

例程16-7 WildCastTest.java

```
import java.util.*;
public class WildCastTest {
  public static void main(String[] args) throws Exception{
    List<Integer> listInteger =new ArrayList<Integer>();
    listInteger.add(11);

    print (listInteger);              //编译出错,不兼容的类型
    printNew (listInteger);           //合法
  }

  public static void print(Collection<Object> collection){
    for(Object obj:collection)
      System.out.println(obj);
  }

  public static void printNew(Collection<?> collection){      //使用通配符
    for(Object obj:collection)
      System.out.println(obj);
  }
}
```

为了避免以上编译错误,可以使用通配符"?",例如WildCastTest类的printNew()方法的定义就采用了通配符:

```
public static void printNew(Collection<?> collection)
```

Collection<?>表示集合中可以存放任意类型的元素,因此把ArrayList<Integer>类型的参数传给printNew()方法是合法的。

通配符"?"还可以与extends关键字连用,用来限定类型参数的上限,例如:

```
TreeSet<? extends 类型1> x = new TreeSet<类型2>();
```

以上类型 1 表示特定的类型，类型 2 只能是类型 1 或者是类型 1 的子类。例如：

```
//合法，Integer 类是 Number 类的子类
TreeSet<? extends Number> x = new TreeSet<Integer>();

//编译出错，String 类不是 Number 类的子类
TreeSet<? extends Number> x = new TreeSet<String>();
```

通配符"?"还可以与 super 关键字连用，用来限定类型参数的下限，例如：

```
TreeSet<? super 类型 1> x = new TreeSet<类型 2>();
```

以上类型 1 表示特定的类型，类型 2 只能是类型 1 或者是类型 1 的父类，例如：

```
//合法，Number 类是 Integer 类的父类
TreeSet<? super Integer> x = new TreeSet<Number>();

//编译出错，Byte 类不是 Integer 类的父类
TreeSet<? super Integer> x = new TreeSet<Byte>();
```

16.7 使用泛型的注意事项

在使用泛型时，还有以下注意事项：

（1）在程序运行时，泛型类是被所有这种类的实例共享的。例如，尽管 ArrayList<String>和 ArrayList<Integer>类型在编译时被看作不同的类型，实际上在编译后的字节码类中，泛型会被擦除，ArrayList<String>和 ArrayList<Integer>类型均被看作是 ArrayList 类型。因此所有泛型类的实例都共享同一个运行时类，ArrayList<String>和 ArrayList<Integer>在运行时共享同一个 ArrayList 类的 Class 实例，这可以通过以下代码来测试：

```
List<String>l1 = new ArrayList<String>();
List<Integer>l2 = new ArrayList<Integer>();
System.out.println(l1.getClass() == l2.getClass());   //打印 true
```

（2）编译器不允许在一个类中定义两个同名的方法，分别以 List<String>和 List<Integer>作为方法参数。例如以下是非法的方法重载：

```
public class OverloadTest{
  public void test(List<String> ls){
    System.out.println("Sting");
  }

  public int test(List<Integer> li){
    System.out.println("Integer");
  }
}
```

（3）不能对确切的泛型类型使用 instanceof 操作。例如下面的操作是非法的，编译时会出错：

```
Collection cs = new ArrayList<String>();
```

```
if(cs instanceof Collection<String>){...}   //编译出错
```

如果使用通配符就会通过编译：

```
Collection cs = new ArrayList<String>();
if (cs instanceof Collection<?>){...}
```

（4）不能用泛型类型来进行强制类型转换，这样会存在安全隐患。例如下面的代码虽然编译能通过，但编译时会产生警告信息，并且运行时会抛出 ClassCastException：

```
Collection cs = new ArrayList<Integer>();
cs.add(1);
//编译产生警告：使用了未经检查或不安全的操作
ArrayList<String> list=( ArrayList<String>) cs ;
list.add("hello");
for(String s:list)   //运行时抛出 ClassCastException
System.out.println(s);
```

16.8 小结

泛型允许在定义类或方法时声明类型参数（例如<T>），当程序访问类或方法时，可以提供明确的类型参数（例如<String>）。泛型主要有两大作用：①编译器在编译时就能根据类型参数来检查各种赋值操作是否类型兼容，从而避免 ClassCastException 运行时异常。②简化程序代码，不必使用强制类型转换。

在声明类型参数时，可以通过 extends 关键字来设定上限，例如<T extends Number>，表示 T 必须是 Number 类或者其子类；也可以通过 super 关键来设定下限，例如<T super ArrayList>，表示 T 必须是 ArrayList 类或者是其父类。

如果定义了一个 Set 类型的变量 s，它有可能引用 TreeSet<String>类型的实例，也可能引用 TreeSet<Integer>类型的实例，在这种情况下，可以使用通配符"？"：

```
Set<?> s=new TreeSet<String>();
s=new TreeSet<Integer>();
```

16.9 思考题

1．泛型有什么作用？
2．以下哪些赋值语句会编译出错？
a）Set<String> s1=new HashSet<String>();
b）Set<Object> s2=new HashSet<String>();
c）Set<?> s3=new HashSet<String>();
d）HashSet<String> s4=new TreeSet<String>();
3．对于本章 16.3 节的例程 16-4 的 LimitBag 类，如果定义 LimitBag 类的代码如下：

```
public class LimitBag<T extends Set>{...}
```

以下哪些是合法的赋值语句？

a）
```
LimitBag<TreeSet<String>> b1=new LimitBag<TreeSet<String>>(new TreeSet<String>());
```
b）
```
LimitBag<Set<Integer>> b2=new LimitBag<Set<Integer>>(new TreeSet<Integer>());
```
c）
```
LimitBag<List<String>> b3=new LimitBag<List<String>>(new ArrayList<String>());
```
d）
```
LimitBag<Set<String>> b4=new LimitBag<Set<String>>(new TreeSet<String>());
```

第 17 章 Lambda 表达式

视频课程

JDK 在不断升级的过程中，要致力解决的问题之一就是让程序代码变得更加简洁。JDK8 引入的 Lambda 表达式在简化程序代码方面大显身手，它用简明扼要的语法来表达某种功能所包含的操作。在程序遍历访问集合中元素的场合，运用 Lambda 表达式可以大大简化操纵集合的程序代码。

17.1 Lambda 表达式的基本用法

本书第 15 章的 15.1 节的例程 15-1 的 Visitor 类演示了用 foreach 语句遍历集合的方式，本节将介绍更加简单的方式。下面的例程 17-1 的 SimpleTester 类分别通过 3 种方式遍历访问 List 列表，其中第二和第三种方式使用了 Lambda 表达式。

例程 17-1　SimpleTester.java

```java
import java.util.*;
public class SimpleTester {
  public static void main(String[] args) {
    String[] data = {"Tom","Mike","Mary","Linda","Jack"};
    List<String> names =   Arrays.asList(data);

    // 方式一：传统的遍历集合的方式
    for(String name : names) {
      System.out.println(name);
    }

    //方式二：使用 Lambda 表达式
    names.forEach((name) -> System.out.println(name));

    //方式三：使用 Lambda 表达式
    names.forEach(System.out::println);
  }
}
```

比较 3 种遍历集合的代码，不难发现，使用 Lambda 表达式可以简化程序代码。Lambda 表达式的基本语法为：

```
(Type1 param1, Type2 param2, ..., TypeN paramN) -> {
  statment1;
  statment2;
  //...
  return statmentM;
}
```

从 Lambda 表达式的基本语法可以看出，Lambda 表达式可以理解为一段带有输入参数的可执行语句块，这种语法表达方式也可称为函数式表达。

例程 17-1 的 SimpleTester 类中的方式二的 Lambda 表达式的完整语法应该是：

```
(String name) ->{
                System.out.println(name);
                return;
               }
```

Lambda 表达式还有各种简化版：

（1）参数类型可以省略。在绝大多数情况下，编译器都可以从上下文环境中聪明地推断出 Lambda 表达式的参数类型，例如，对于以上 Lambda 表达式，编译器能推断出 *name* 变量的类型为 String，因此 Lambda 表达式可以简化为：

```
(name) -> {
           System.out.println(name + ",");
           return;
          }
```

（2）当 Lambda 表达式的参数个数只有一个时，可以省略小括号。以上 Lambda 表达式可以简化为：

```
name -> {
         System.out.println(name + ",");
         return;
        }
```

（3）当 Lambda 表达式只包含一条语句时，可以省略大括号、语句结尾的分号。此外，当 return 语句没有返回值时也可以省略。以上 Lambda 表达式可以简化为：

```
name -> System.out.println(name + ",")
```

（4）Lambda 表达式中符号"->"后面也可以仅包含一个普通的表达式，语法为：

```
(Type1 param1, Type2 param2, ..., TypeN paramN) -> (expression)
```

例如：

```
(int a,int b)->(a*b+2)
```

例程 17-1 的 SimpleTester 类中的方式三还通过符号"::"来直接调用 println()方法，本章第 17.7 节详细介绍了 Lambda 表达式引用方法的语法。

```
names.forEach(System.out::println);
```

17.2 用 Lambda 表达式代替内部类

Lambda 表达式的一个重要用武之地是代替内部类。例如，在下面的例程 17-2 的 InnerTester 类中，用 3 种方式创建了线程。其中方式二和方式三使用了 Lambda 表达式。

例程 17-2 InnerTester.java

```
import java.util.*;
```

```java
public class InnerTester {
  public static void main(String[] args) {

    //方式一：使用匿名内部类
    new Thread(new Runnable() {
       public void run() {
          System.out.println("Hello world !");
       }
    }).start();

    //方式二：使用 Lambda 表达式
    new Thread(()-> System.out.println("Hello world !")).start();

    //方式三：使用 Lambda 表达式
    Runnable race = () -> System.out.println("Hello world !");
    new Thread(race).start();
  }
}
```

方式二和方式三的 Lambda 表达式相当于创建了实现 Runnable 接口的匿名对象，由于 Runnable 接口的 run()方法不带参数，因此，Lambda 表达式的参数列表也相应为空"()"，Lambda 表达式中符号"->"后面的可执行语句块相当于 run()方法的方法体。

17.3 Lambda 表达式和集合的 forEach()方法

从 JDK5 开始，Java 集合都实现了 java.util.Iterable 接口，它的 forEach()方法能够遍历集合中的每个元素。forEach()方法的完整定义如下：

```
default void forEach(Consumer<? super T> action)
```

forEach()方法有一个 Consumer 接口类型的 action 参数，它包含了对集合中每个元素的具体操作行为。action 参数所引用的 Consumer 实例必须实现 Consumer 接口的 accept(T t)方法，在该方法中指定对参数 t 所执行的具体操作。

例如以下 forEach()方法中的 Lambda 表达式相当于 Consumer 类型的匿名对象，它指定对每个元素的操作为打印这个元素：

```
names.forEach((name) -> System.out.println(name + ","));
```

假定有一个 Person 类具有 name 属性和 age 属性，并且提供了相应的 getName()、getAge()、setName()和 setAge()方法，参见例程 17-3。

例程 17-3 Person.java

```java
public class Person{
  private String name; //姓名
  private int age; //年龄

  public Person(String name,int age){
    this.name=name;
    this.age=age;
```

```
        }
    public void setName(String name){
       this.name=name;
    }
    public String getName(){
       return name;
    }
    …   //setAge(int age)和 getAge()方法
}
```

例程 17-4 的 EachTester 类创建了一个存放 Person 对象的 List 列表，并且在遍历这个列表时，指定了更加复杂的操作行为：先把每个 Person 对象的 age 属性加 1，然后打印这个 Person 对象的信息。

例程 17-4 EachTester.java

```java
import java.util.*;
public class EachTester {
  public static void main(String[] args) {

    List<Person> persons = new ArrayList<Person>(){
      {  //匿名类初始化代码
        add(new Person("Tom",21));
        add(new Person("Mike",32));
        add(new Person("Linda",19));
      }
    };

    persons.forEach( (Person p) ->{   //Lambda 表达式,相当于是 Consumer 类型的匿名对象
                    //指定对每个元素的具体操作
                    p.setAge(p.getAge()+1);
                    System.out.println(p.getName()+":"+p.getAge());
                 }
    );
  }
}
```

以上 Lambda 表达式相当于创建了一个 Consumer 类型的匿名对象，并实现了 Consumer 接口的 accept(T t)方法，此处传给 accept(T t)方法的参数为 Person 对象。在 Lambda 表达式中符号 "->" 后的可执行语句块相当于 accept(T t)方法的方法体。

17.4 用 Lambda 表达式对集合进行排序

本书第 15 章的 15.4.2 节(为列表排序)介绍了为列表排序的方式,本节将用 Lambda 表达式对此做进一步简化。下面的例程 17-5 的 SortTester 类提供了 3 种为集合排序的方式。其中方式二和方式三都采用了 Lambda 表达式。

例程 17-5　SortTester.java

```java
import java.util.*;
public class SortTester {
  public static void main(String[] args) {
    String[] data = {"Tom", "Mike", "Mary","Linda","Jack"};
    List<String> names =  Arrays.asList(data);

    //方式一：通过创建匿名的 Comparator 实例来排序
    Comparator<String> cp=new Comparator<String>() {
      public int compare(String s1, String s2) {
        return (s1.compareTo(s2));
      }
    };
    Collections.sort(names,cp);

    //方式二：用 Lambda 表达式来排序
    Comparator<String> sortByName=(String s1,String s2)->(s1.compareTo(s2));
    Collections.sort(names, sortByName);

    //方式三：用 Lambda 表达式来排序
    Collections.sort(names,(String s1,String s2)->(s1.compareTo(s2)));

    names.forEach(System.out::println);
  }
}
```

以上方式二和方式三的 Lambda 表达式相当于创建了 Comparator 类型的匿名对象。由于 Comparator 接口的 compare(T o1,T o2)方法有两个参数，所以 Lambda 表达式也有两个相应的参数(String s1,String s2)，Lambda 表达式中符号"->"后面的表达式"s1.compareTo(s2)"相当于 compare(T o1,T o2)方法的方法体。

17.5　Lambda 表达式与 Stream API 联合使用

本书第 18 章（输入与输出）会介绍输入流和输出流，如果读者对流比较陌生，可以先阅读第 18 章的内容，再来阅读本节。第 18 章的 18.2.1 节（字节数组输入流）介绍了 ByteArrayInputStream 类，它采用了适配器模式，它为字节数组提供了流接口，使得程序可以按照操纵流的方式来访问字节数组。从 JDK8 开始，专门抽象出了 java.util.stream.Stream 流接口，它可以充当 Java 集合的适配器，使得程序能按照操纵流的方式来访问集合中的元素。

Stream 接口提供了一组功能强大的操纵集合的方法：
- filter(Predicate<? super T> predicate)：对集合中的元素进行过滤，返回包含符合条件的元素的流。
- forEach(Consumer<? super T> action)：遍历集合中的元素。
- limit(long maxSize)：返回参数 maxSize 所指定个数的元素。
- max(Comparator<? super T> comparator)：根据参数指定的比较规则，返回集

合中最大的的元素。
- min(Comparator<? super T> comparator): 根据参数指定的比较规则, 返回集合中最小的元素。
- sorted(): 对集合中的元素自然排序。
- sorted(Comparator<? super T> comparator): 根据参数指定的比较规则, 对集合中的元素排序。
- mapToInt(ToIntFunction<? super T> mapper): 把当前的流映射为 int 类型的流, 返回一个 IntStream 对象。ToIntFunction 接口类型的参数指定映射方式。ToIntFunction 接口有一个返回值为 int 类型的 applyAsInt(T value)方法, 该方法指定把参数 value 映射为 int 类型的方式。
- mapToLong(ToLongFunction<? super T> mapper): 把当前的流映射为 long 类型的流, 返回一个 LongStream 对象。ToLongFunction 接口类型的参数指定映射方式。ToLongFunction 接口有一个返回值为 long 类型的 applyAsLong(T value)方法, 该方法指定把参数 value 映射为 long 类型的方式。
- toArray(): 返回包含集合中所有元素的对象数组。

Collection 接口的 stream()方法返回一个 Stream 对象, 程序可以通过这个 Stream 对象操纵集合中的元素。

例程 17-6 的 ColTester 类先创建了包含 Person 对象的 ArrayList 列表, 接着调用它的 stream()方法得到一个流, 接着再对流中的元素进行过滤和排序等操作。

例程 17-6　ColTester.java

```java
import java.util.*;
public class ColTester {
  public static void main(String[] args) {

    List<Person> persons = new ArrayList<Person>(){
      {   //匿名类初始化代码
        add(new Person("Tom",21));
        add(new Person("Mike",32));
        add(new Person("Linda",19));
        add(new Person("Mary",29));
      }
    };

    persons.stream()
           .filter(p -> p.getAge()>20)       //过滤条件为年龄大于 20
           .forEach(p -> System.out.println(p.getName()+":"+p.getAge()));

    persons.stream()
           .sorted( (p1, p2) -> (p1.getAge() - p2.getAge()) ) //按照年龄排序
           .limit(3)         //取出 3 个元素
           .forEach(p -> System.out.println(p.getName()+":"+p.getAge()));

    int maxAge = persons.parallelStream()   //获得并行流
                       //把包含 Person 对象的流映射为保存其 age 属性的 int 类型流
                       .mapToInt(p -> p.getAge())
```

```
                          .max()
                          .getAsInt();
            System.out.println("Max Age:"+maxAge);
       }
   }
```

在 ColTester 类的 main()方法中，persons.stream()方法返回一个 Stream 对象，接下来调用 Stream 对象的 filter()、sorted()和 forEach()方法时，传入的都是 Lambda 表达式。

Stream 接口的 filter()方法的完整声明为：

```
Stream<T> filter(Predicate<? super T> predicate)
```

以上 filter()方法有一个 Predicate 类型的参数，用来指明过滤数据的条件。Predicate 接口的 test(T t)方法判断参数 t 是否符合过滤条件，如果符合就返回 true，否则返回 false。以上程序代码"filter(p -> p.getAge()>20)"通过 Lambda 表达式创建了一个 Predicate 匿名对象，把它传给 filter()方法。Lambda 表达式中符号"->"后面的表达式"p.getAge()>20"相当于是 test(T t)方法的方法体。

Collection 接口的 parallelStream()方法返回一个采用并行处理机制的 Stream 对象。当集合中有大批量数据时，为了提高处理集合中元素的效率，可以调用此方法来得到 Stream 对象，它的内部实现会开启多个线程来并发处理数据。

在 ColTester 类的 main()方法中，还调用 persons.parallelStream()方法得到一个并行流，接下来再调用该流的 mapToInt()方法，把当前存放 Person 对象的流映射为存放其 age 属性的 int 类型的流（即 IntStream 类型对象），然后再调用 IntStream 流的 max()方法返回最大值，该返回值是空指针安全的 OptionalInt 类型的对象，再调用 OptionalInt 对象的 getAsInt()方法得到 OptionalInt 对象所包装的 int 基本类型的值。关于空指针安全的概念可参考本书第 21 章的 21.10 节（用 Optional 类避免空指针异常）。

17.6 Lambda 表达式可操纵的变量作用域

Lambda 表达式可以访问它所属的外部类的变量，包括外部类的实例变量、静态变量和局部变量。此外，Lambda 表达式还可以引用 this 关键字，this 关键字实际上引用的是外部类的实例。例程 17-7 的 ScopeTester.java 演示了 Lambda 表达式对各种变量及 this 关键字的引用。

例程 17-7　ScopeTester.java

```java
import java.util.*;
public class ScopeTester {
  int var1=0;          //实例变量

  public void test() {
    String[] data = {"Tom", "Mike","Mary"};
    List<String> names =  Arrays.asList(data);

    char var2=',';
```

```
            //以下这行代码编译出错,不允许改变 var2 最终变量的值
            //var2=' ';

            //使用 Lambda 表达式
            names.forEach((name) -> {
                            var1++;   //访问并修改实例变量 var1

                            //通过 this 访问实例变量 var1,访问局部变量 var2
                            System.out.println(this.var1+":"+name + var2);
                         }
                  );
    }
    public static void main(String[] args) {
        new ScopeTester().test();
    }
}
```

在以上范例中,var1 变量是 SopeTester 类的实例变量,var2 变量是 test()方法的局部变量,在 Lambda 表达式中可以直接访问这两个变量,还可以通过 "this.var1" 的方式来访问 var1 实例变量。

值得注意的是,在 Lambda 表达式中访问的局部变量必须符合以下两个条件之一:
- 条件一:最终局部变量,即用 final 修饰的局部变量。
- 条件二:实际上的最终局部变量,即虽然没有被 final 修饰,但在程序中不会改变局部变量的值。

例如以上 ScopeTester 类中的 "var2=' ';" 语句试图修改 var2 局部变量的值,这会导致编译错误。因为 Lambda 表达式会访问 var2 局部变量,所以编译器不允许修改 var2 变量的值。

17.7 Lambda 表达式中的方法引用

在本章 17.1 节的例程 17-1 的 SimpleTester 类中,以下两种 Lambda 表达式是等价的:

```
names.forEach((name) -> System.out.println(name));
或者:
names.forEach(System.out::println);
```

在编译器能根据上下文来推断 Lambda 表达式的参数的场合,可以在 Lambda 表达式中省略参数,直接通过 "::" 符号来引用方法。方法引用的语法格式有以下 3 种:

```
第一种方式:    objectName::instanceMethod    //引用实例方法
第二种方式:    ClassName::staticMethod       //引用静态方法
第三种方式:    ClassName::instanceMethod     //引用实例方法
```

下面举例说明:

```
x->System.out.println(x)     等同于:    System.out::println       //引用实例方法
(x, y)->Math.max(x,y)        等同于:    Math::max                 //引用静态方法
x->x.toLowerCase()           等同于:    String::toLowerCase       //引用实例方法
```

对于第三种方式,为什么可以通过类名来访问实例方法呢?这是因为聪明的编译器会根据上下文来推断到底引用哪个对象的实例方法。

在 Lambda 表达式中,对构造方法的引用的语法如下:

```
ClassName::new
```

例如,以下两种 Lambda 表达式等价:

```
x->new BigDecimal(x)     等同于:    BigDecimal::new
```

17.8 函数式接口(FunctionalInterface)

本书第 22 章(Annotation 标注)介绍了 Annotation 类型的用途。在 JDK8 中,定义了一个 Annotation 类型的函数式接口 FunctionalInterface:

```
public @interface FunctionalInterface
```

Lambda 表达式只能赋值给声明为函数式接口的 Java 类型的变量。本章范例中涉及的 Consumer、Runnable、Comparator、Predicate 接口都标注为函数式接口,因此可以接受 Lambda 表达式,例如,以下代码把 Lambda 表达式赋值给一个 Runnable 类型的变量,这是合法的:

```
Runnable race = () -> System.out.println("Hello world !");
```

String 类没有标注为函数式接口。以下代码试图把 Lambda 表达式赋值给一个 String 类型的变量,这是非法的,会导致编译错误:

```
String str=()->{return "hello".toUpperCase();};
```

只要查阅 Java API 文档,就能了解一个 Java 类是否被标注为函数式接口。例如,在 Java API 文档中,Runnable 接口的声明如下,由此可以看出它被标注为函数式接口:

```
@FunctionalInterface
public interface Runnable
```

17.9 总结 Java 语法糖

语法糖(Syntactic Sugar)也称糖衣语法,指在计算机语言中添加的某种语法,这种语法虽然没有显著地增加语言的功能,但是能方便程序员编程,提高程序的可读性,简化程序,减少程序出错的机会。

Java 语言在不断发展的过程中,也陆陆续续地加入了一些语法糖。Lambda 表达式就是一颗典型的语法糖。除了 Lambda 表达式,Java 语言中常用的语法糖还包括以下

几种：

（1）泛型与类型擦除：本书第 16 章（泛型）对泛型做了介绍。Java 语言中的泛型只在 Java 源代码中存在，在编译后的字节码中，会被替换成原生类型，并且在相应的地方自动加入强制类型转换代码。对于运行中的 Java 程序来说，ArrayList<Integer> 和 ArrayList<String> 是同一个类。这种在编译时去除泛型的过程称作类型擦除。所以说泛型技术实际上是 Java 语言的一颗语法糖。

（2）自动装箱和拆箱：自动装箱和拆箱实现了基本数据类型与包装数据类型之间的隐式转换。参见本书第 21 章的 21.3.3 节（包装类的自动装箱和拆箱）。

（3）foreach 循环语句：foreach 语句是从 JDK5 开始引入的，可以简化遍历数组和集合的代码，参见本书第 5 章的 5.2.4 节（foreach 语句）。

（4）方法的数目可变参数：可变参数可以简化对方法的定义和调用，参见本书第 14 章的 14.12 节（用符号"…"声明数目可变参数）。

（5）枚举类型：有助于更方便地访问类型相同的一组常量，参见本书第 15 章 15.13 节（枚举类型）。

（6）断言语句：方便对程序的调试，参见本书第 9 章的 9.7 节（使用断言）。

（7）switch 表达式支持枚举类型和字符串，参见本书第 5 章的 5.1.2 节（switch 语句）。

（8）自动释放 try 语句中打开的资源，参见本书第 18 章的 18.13 节（自动释放资源）。

17.10　小结

本章介绍了 JDK8 引入的 Lambda 表达式，它本质只是一颗让编程人员更加得心应手的"语法糖"，它只存在于 Java 源代码中，由编译器把它转换为常规的 Java 类代码。Lambda 表达式有点类似于方法，由参数列表和一个使用这些参数的主体（可以是一个表达式或一个代码块）组成。

Lambda 表达式与 Stream API 联合使用，可以方便地操纵集合，完成对集合中元素的排序和过滤等操作。

17.11　思考题

1．仿照本章 17.5 节的例程 17-6 的 ColTester 类，对 persons 集合过滤，过滤条件为姓名字符串的长度大于 3，接着按照姓名排序，再把集合中前 3 个 Person 对象的信息打印出来。

2．以下程序代码是否能编译通过？

Integer inte=()->(new Integer(var));

3. 把以下程序代码改为使用 Lambda 表达式：

```java
new Thread(new Runnable() {
    int var=0;
    public void run() {
        for(int i=0;i<10;i++)
            System.out.println(i);
    }
}).start();
```

读书笔记

第 18 章　输入与输出（I/O）

程序的主要任务是操纵数据。在运行时，这些数据都必须位于内存中，并且属于特定的类型，程序才能操纵它们。本章介绍如何从数据源中读取数据，以供程序处理，以及如何把程序处理后的数据写到数据目的地中。数据目的地也称为数据汇。

在 Java 中，把一组有序的数据序列称为流。根据操作的类型，可以把流分为输入流和输出流两种。程序从输入流读取数据，向输出流写入数据，如图 18-1 所示。

图 18-1　输入流和输出流

Java I/O 类库负责处理程序的输入和输出，I/O 类库位于 java.io 包中，它对各种常见的输入流和输出流进行了抽象。对于第一次接触这个类库的新手，会因为它的庞杂而不知道如何使用它们。本章在介绍这些类库中各种类的用法的同时，还会介绍 I/O 类库本身运用的设计模式，这有助于使读者更好地理解这个类库的组织结构。

如果数据流中最小的数据单元是字节，那么称这种流为字节流；如果数据流中最小的数据单元是字符，那么称这种流为字符流。在 I/O 类库中，java.io.InputStream 和 java.io.OutputStream 分别表示字节输入流和字节输出流，java.io.Reader 和 java.io.Writer 分别表示字符输入流和字符输出流。本章在叙述上为了和流的英文类名保持一致，把 InputStream 和 OutputStream 直接称为输入流和输出流，而对 Reader 和 Writer，则直接使用它们的英文类名。

从 JDK1.4 版本开始引入了新 I/O 类库，它位于 java.nio 包中，新 I/O 类库利用通道和缓冲区等来提高 I/O 操作的效率。

Java I/O 类库非常庞大，种类繁多。如果初学者面对众多的输入流类和输出流类，无从下手，那么可以先看本章提供的一些实用的范例，这些范例有助于帮助读者逐步体会 Java I/O 类的用法，例如：

- 18.2.2 节的例程 18-3 的 UseBuffer 类，演示把一个文件中的二进制数据原封不动地复制到另一个文件中。
- 18.8.2 节的例程 18-14 的 FileUtil 类，演示根据特定的字符编码来读写文件。
- 18.14 节的例程 18-30 的 DirUtil 类，演示用老的 I/O 类库来遍历访问目录树。
- 18.15.1 节的例程 18-31 的 FilesTool 类，演示用新的 I/O 类库遍历目录树，过滤文件和目录，以及复制和移动文件。

18.1 输入流和输出流概述

在 java.io 包中，java.io.InputStream 表示字节输入流，java.io.OutputStream 表示字节输出流，它们都是抽象类，不能被实例化。InputStream 类提供了一系列和读取数据有关的方法：

（1）int read()。

从输入流读取数据。它有 3 种重载形式：

- int read()：从输入流读取一个 8 位的字节，把它转换为 0~255 的整数，返回这一整数。例如：如果读到的字节为 9，则返回 9，如果读到的字节为-9，则返回 247，本章第 18.2.1 节（字节数组输入流）介绍了这一转换过程。如果遇到输入流的结尾，则返回-1。
- int read(byte[] b)：从输入流读取若干个字节，把它们保存到参数 b 指定的字节数组中。返回的整数表示读取的字节数。如果遇到输入流的结尾，则返回-1。
- int read(byte[] b, int off,int len)：从输入流读取若干个字节，把它们保存到参数 b 指定的字节数组中。参数 off 指定在字节数组中开始保存数据的起始下标，参数 len 指定读取的字节数目。返回的整数表示实际读取的字节数。如果遇到输入流的结尾，则返回-1。

以上第一个 read 方法从输入流读取一个字节，而其余两个 read 方法从输入流批量读取若干字节。在从文件或键盘读数据时，采用后面两个 read 方法可以减少进行物理读文件或键盘的次数，因此能提高 I/O 操作的效率。

（2）void close()。

关闭输入流。当完成所有的读操作后，应该关闭输入流。InputStream 类本身的 close()方法不执行任何操作。它的一些子类覆盖了 close()方法，在 close()方法中释放和流有关的系统资源。

（3）int available()。

返回可以从输入流中读取的字节数目。

（4）skip(long n)。

从输入流中跳过参数 n 指定数目的字节。

（5）boolean markSupported()，void mark(int readLimit)，void reset()。

如果要从流中重复读入数据，可以通过以下方式来实现。先用 markSupported()方法来判断这个流是否支持重复读入数据，如果返回 true，表明可以在流上设置标记。接下来调用 mark(int readLimit)方法从流的当前位置开始设置标记，readLimit 参数指定在流上作了标记的字节数。然后用 read()方法读取在标记范围内的字节。最后调用 reset()方法，该方法使输入流重新定位到刚才做了标记的起始位置。这样就可以重复读取作过标记的数据了。

java.io.OutputStream 类提供了一系列和写数据有关的方法：

（1）void write(int b)。

向输出流写入数据，有 3 种重载形式：

- void write(int b)：向输出流写入一个字节。
- void write(byte [] b)：把参数 b 指定的字节数组中的所有字节写到输出流。
- void write(byte [] b, int off, int len)：把参数 b 指定的字节数组中的若干字节写到输出流，参数 off 指定字节数组的起始下标，从这个位置开始输出由参数 len 指定数目的字节。

以上第一个 write 方法向输出流写入一个字节，而其余两个 write 方法向输出流批量写入若干字节。在向文件或控制台写数据时，采用后面两个 write 方法可以减少进行物理写文件或控制台的次数，因此可以提高 I/O 操作的效率。

（2）void close()。

关闭输出流，当完成所有的写操作后，应该及时关闭输出流，释放输出流所占用的系统资源。

（3）void flush()。

OutputStream 类本身的 flush()方法不执行任何操作，它的一些带有缓冲区的子类（比如 BufferedOutputStream 和 PrintStream 类）覆盖了 flush()方法。通过带缓冲区的输出流写数据时，数据先保存在缓冲区中，积累到一定程度才会真正写到输出流中。缓冲区通常用字节数组实现，实际上是指一块内存空间。flush()方法强制把缓冲区内的数据写到输出流中。

可以把程序向输出流写数据比作从北京运送书到上海。如果没有缓冲区，那么每执行一次 write(int b)方法，仅仅是把一本书从北京运到上海。如果有一万本书，就必须运送一万次，这样的运送效率显然很低。为了减少运送次数，可以先把一批书装在卡车的车厢中，这样就能成批地运送书，卡车的车箱就是缓冲区。默认情况下，只有当车箱装满书后，才会把这批书运到上海，而 flush() 方法表示不管车厢是否装满，都立即执行一次运货操作。

18.2 输入流

所有字节输入流都是 InputStream 类的直接或者间接子类。输入流的类层次结构如图 18-2 所示。

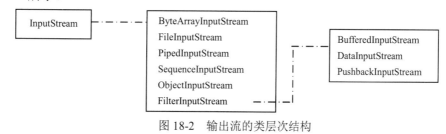

图 18-2 输出流的类层次结构

从图18-2可以看出，输入流的种类繁多，表18-1对常见输入流做了简要的介绍。

表18-1 输入流的类型

输入流	描述
ByteArrayInputStream	把字节数组转换为输入流
FileInputStream	从文件中读取数据
PipedInputStream	连接一个PipedOutputStream
SequenceInputStream	把几个输入流转换为一个输入流
ObjectInputStream	对象输入流，参见本章18.12节（对象的序列化与反序列化）
FilterInputStream	装饰器，扩展其他输入流的功能

18.2.1 字节数组输入流：ByteArrayInputStream 类

ByteArrayInputStream从内存中的字节数组中读取数据，因此它的数据源是一个字节数组。这个类的构造方法包括：

- ByteArrayInputStream(byte[] buf)：参数buf指定字节数组类型的数据源。
- ByteArrayInputStream(byte[] buf, int offset, int length)：参数buf指定字节数组类型的数据源，参数offset指定从数组中开始读数据的起始下标位置，length指定从数组中读取的字节数。

ByteArrayInputStream类本身采用了适配器设计模式，关于适配器设计模式的概念参见本书第8章的8.3.2节（适配器模式）。ByteArrayInputStream类把字节数组类型转换为输入流类型，使得程序能够对字节数组进行读操作，如图18-3所示。

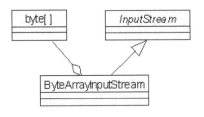

图18-3 ByteArrayInputStream 适配器

例程18-1的ByteArrayTester类演示了ByteArrayInputStream的用法。

例程18-1 ByteArrayTester.java

```
import java.io.*;
public class ByteArrayTester {
  public static void main(String agrs[])throws IOException{
    byte[] buff=new byte[]{2,15,67,-1,-9,9};
    ByteArrayInputStream in=new ByteArrayInputStream(buff,1,4);
    int data=in.read();
    while(data!=-1){
      System.out.print(data +" ");
      data=in.read();
    }
```

```
            in.close();  //ByteArrayInputStream 的 close()方法实际上不执行任何操作
        }
    }
```

以上字节数组输入流从字节数组 buff 的下标为 1 的元素开始读,一共读取 4 个元素。对于读到的每一个字节类型的元素,都会转换为 int 类型。例如,对于字节类型的 15,二进制数形式为:

00001111

转换为 int 类型的二进制数形式为:

00000000 00000000 00000000 **00001111**

因此字节类型的 15 转换为 int 类型仍然是 15。对于字节类型的-1,二进制数形式为:

11111111

转换为 int 类型的二进制数形式为:

00000000 00000000 00000000 **11111111**

因此字节类型的-1 转换为 int 类型是 255。对于字节类型的-9,二进制数形式为:

11110111

转换为 int 类型的二进制数形式为:

00000000 00000000 00000000 **11110111**

因此字节类型的-9 转换为 int 类型是 247。

以上字节数组输入流读取了 4 个字节后,就到达了输入流的末尾,再执行 read()方法,就会返回-1。以上程序的打印结果为:

15 67 255 247

需要指出的是,这里所说的把 byte 类型转换为 int 类型,与赋值运算中的类型转换是两回事。在赋值运算中,把 byte 类型赋值给 int 类型,取值不变,例如:

```
    byte b1=15,b2=-1,b3=-9;
    int a1=b1,a2=b2,a3=b3;   //a1,a2,a3 的取值分别为 15,-1 和-9
```

18.2.2 文件输入流:FileInputStream 类

FileInputStream 类从文件中读取数据。它有以下构造方法:

- FileInputStream(File file):参数 file 指定文件数据源。
- FileInputStream(String name):参数 name 指定文件数据源。在参数 name 中包含文件路径信息。

例程 18-2 的 FileInputStreamTester 类读取 test.txt 文件中的内容。

例程 18-2　FileInputStreamTester.java

```
import java.io.*;
public class FileInputStreamTester{
    public static void main(String agrs[])throws IOException{
```

```java
    FileInputStream in=new FileInputStream("D:\\test.txt");
    int data;
    while((data=in.read())!=-1)
      System.out.print(data +" ");
    in.close();
  }
}
```

假设在 test.txt 文件中包含的字符内容为"abc1 好",并且假设文件所在的操作系统的默认字符编码为 GBK,那么在文件中实际存放的是这 5 个字符的 GBK 编码,字符"a""b""c"和"1"的 GBK 编码各占一个字节,分别是 97、98、99 和 49。"好"的 GBK 编码占两个字节,为 186 和 195。文件输入流的 read()方法每次读取一个字节,因此以上程序的打印结果为:

```
97 98 99 49 186 195
```

如果文件很大,为了提高读文件的效率,叫以使用 read(byte[] buff)方法,它能减少物理读文件的次数。例程 18-3 的 UseBuffer 类的 main()方法把 test.txt 中的数据复制到 out.txt 中。在进行读写操作时,都使用了字节数组缓冲区,每次最多读写 1 024 个字节。

例程 18-3　UseBuffer.java

```java
import java.io.*;
public class UseBuffer{
  public static void main(String agrs[])throws IOException{
    final int SIZE=1024;
    FileInputStream in=new FileInputStream("D:\\test.txt");
    FileOutputStream out=new FileOutputStream("D:\\out.txt");

    byte[] buff=new byte[SIZE];    //创建字节数组缓冲区

    int len=in.read(buff);   //把 test.txt 文件中的数据读入到 buff 中
    while(len!=-1){
      out.write(buff,0,len);   //把 buff 中的数据写到 out.txt 文件中
      len=in.read(buff);
    }
    in.close();
    out.close();
  }
}
```

如果 test.txt 文件与 UseBuffer 类的.class 文件位于同一个目录下,也可以通过 Class 类的 getResourceAsStream()方法来获得输入流,例如:

```
InputStream in=UseBuffer.class.getResourceAsStream("test.txt");   //适用于静态方法或实例方法
//或者:  InputStream in=this.getClass().getResourceAsStream("test.txt");   //适用于实例方法
```

以上方式的好处在于只需要提供 test.txt 文件的相对路径。

18.2.3 管道输入流：PipedInputStream

管道输入流从一个管道输出流中读取数据。通常由一个线程向管道输出流写数据，由另一个线程从管道输入流中读取数据，两个线程可以用管道来通信。当线程 A 执行管道输入流的 read() 方法时，如果暂时还没有数据，那么这个线程就会被阻塞，只有当线程 B 向管道输出流写了新的数据时，线程 A 才会恢复运行。例程 18-4（Receiver.java）演示了管道输入流和管道输出流的用法。

例程 18-4 Receiver.java

```java
import java.io.*;
import java.util.*;

/** 向管道输出流写数据的线程 */
class Sender extends Thread{
  private PipedOutputStream out=new PipedOutputStream();
  public PipedOutputStream getPipedOutputStream(){return out;}

  public void run(){
    try{
      for(int i=-127;i<=128;i++){
        out.write(i);
        yield();
      }
      out.close();
    }catch(Exception e){throw new RuntimeException(e);}
  }
}

/** 从管道输入流读数据的线程 */
public class Receiver extends Thread{
  private PipedInputStream in;
  public Receiver(Sender sender)throws IOException{
    in=new PipedInputStream(sender.getPipedOutputStream());
  }

  public void run(){
    try{
      int data;
      while((data=in.read())!=-1)
        System.out.println(data);
      in.close();
    }catch(Exception e){throw new RuntimeException(e);}
  }

  public static void main(String args[])throws Exception{
    Sender sender=new Sender();
    Receiver receiver=new Receiver(sender);
    sender.start();
    receiver.start();
  }
}
```

线程 Sender 向管道输出流中写字节，线程 Receiver 从管道输入流中读取字节。线程 Sender 输出的字节序列和线程 Receiver 读入的字节序列相同。

18.2.4　顺序输入流：SequenceInputStream 类

SequenceInputStream 类可以将几个输入流串联在一起，合并为一个输入流。当通过这个类来读取数据时，它会依次从所有被串联的输入流中读取数据。对程序来说，就好像是对同一个流操作。SequenceInputStream 类的构造方法为：

- SequenceInputStream(Enumeration e)：在枚举类型的参数 e 中包含若干需要被串联的输入流。
- SequenceInputStream(InputStream s1, InputStream s2)：参数 s1 和 s2 代表两个需要被串联的输入流。顺序输入流先读取 s1 中的数据，再读取 s2 中的数据。

例程 18-5（SequenceTester.java）演示了 SequenceInputStream 的用法。

例程 18-5　SequenceTester.java

```
import java.io.*;
public class SequenceTester {
  public static void main(String[] args)throws IOException {
    InputStream s1=new ByteArrayInputStream("你".getBytes());
    InputStream s2=new ByteArrayInputStream("好".getBytes());
    InputStream in=new SequenceInputStream(s1,s2);
    int data;
    while((data=in.read())!=-1)
      System.out.print(data+" ");
    in.close();  //关闭所有被串联的输入流
  }
}
```

以上 main() 方法先创建了两个字节的数组输入流，假定本地操作系统的默认字符编码为 GBK，"你".getBytes() 方法返回字符"你"的 GBK 编码，"好".getBytes() 方法返回字符"好"的 GBK 编码。main() 方法接着创建了一个顺序输入流，它把前面两个输入流串联起来。以上程序的打印结果为：

196 227 186 195

在以上打印结果中，196 和 227 为字符"你"的 GBK 编码，186 和 195 为字符"好"的 GBK 编码。

程序只要关闭顺序输入流，它的 close() 方法就会依次关闭所有被串连的输入流。

18.3　过滤输入流：FilterInputStream

InputStream 类声明的 read() 方法按照流中字节的先后顺序读取字节，FileInputStream 和 ByteArrayInputStream 等具体的输入流都按照这种方式读数据。假如希望进一步扩展读数据的功能，一种方式是创建 FileInputStream 等输入流的子类，但是这会大大增加输入流类的数目,使输入流的层次结构更加复杂;还有一种方式是创建输入流的装饰器,它本身继承了 InputStream 类,还可以用来装饰其他的输入流类。I/O 类库中的 FilterInputStream 类就是一种装饰器。为了帮助读者更好地理解 FilterInputStream 的作用,本节首先介绍装饰器设计模式,然后再介绍各种过滤输入流的用法。

18.3.1 装饰器设计模式

假设已经有 3 个类 A、B 和 C,它们存在如图 18-4 所示的继承关系。

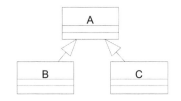

图 18-4 类 A、B 和 C 的继承关系

接下来要进一步扩展类 B 和类 C 的功能,新增的 3 种功能分别用 method1()、method2()和 method3()表示。类 B 和类 C 的有些子类只新增了一种功能,有些子类新增了两种功能,有些子类新增了 3 种功能。因此类 B 的子类数目为 2^3-1,即 7 个子类,如图 18-5 所示。同样,类 C 也有 7 个子类。

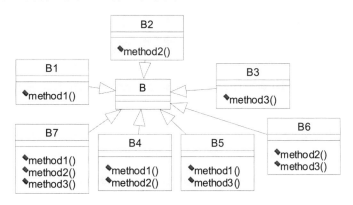

图 18-5 类 B 的子类

由此可见,采用继承的方式来扩展类 B 和类 C 的功能,会导致子类的数目急剧增多,而且存在重复代码。

为了减少类的数目,并且提高代码的可重性,可以采用装饰器设计模式。在这种模式中,把需要扩展的功能放在装饰器类中,装饰器类继承类 A,因此拥有类 A 的接口,在装饰器类中还包装了一个类 A 的实例,因此装饰器既拥有类 A 的实例的功能,并且还能扩展类 A 的实例的功能。在本例中,可以创建 3 个装饰器类:Decorator1、Decorator2 和 Decorator3,它们分别提供一种新增的功能,如图 18-6 所示。

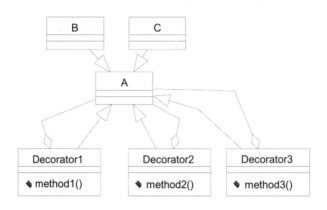

图 18-6 装饰器设计模式

每个装饰器类都有如下形式的构造方法：

Decorator(A a)：参数 a 指定需要被装饰的实例

在以下程序中，对类 B 和类 C 的实例进行了装饰，使它们分别具有 method1()和 method2()的功能：

```
B b=new B();
Decorator1 d1=new Decorator1(b);   //用 Decorator1 装饰实例 B
d1.method1();

C c=new C();
Decorator2 d2=new Decorator2(c);   //用 Decorator2 装饰实例 C
d2.method2();
```

由此可见，装饰器设计模式可以简化类的继承关系，并且提高代码的可重用性。程序可以根据需要，灵活地决定到底使用哪种装饰器。

18.3.2 过滤输入流的种类

FilterInputStream 是一种用于扩展输入流功能的装饰器，它有好几个子类，分别用来扩展输入流的某一种功能，参见表 18-2。

表 18-2 过滤输入流的类型

过滤输入流	描 述
DataInputStream	与 DataOuputStream 搭配使用，可以按照与平台无关的方式从流中读取基本类型（int、char 和 long 等）的数据
BufferedInputStream	利用缓冲区来提高读效率
PushbackInputStream	能够把读到的一个字节压回到缓冲区中。通常用作编译器的扫描器，在程序中一般很少使用它

FilterInputStream 的构造方法为 protected 访问级别，因此外部程序不能创建这个类本身的实例。FilterInputStream 以及它的子类的构造方法都有一个 InputStream 类型的参数，该参数指定需要被装饰的输入流。

当用过滤输入流来装饰其他输入流时，最后只需关闭过滤输入流，它的 close()方法会调用被装饰的输入流的 close()方法。

18.3.3　DataInputStream 类

DataInputStream 实现了 DataInput 接口，用于读取基本类型数据，如 int、float、long、double 和 boolean 等。此外，DataInputStream 的 readUTF()方法还能读取采用 UTF-8 编码的字符串。DataInputStream 类的所有读方法都都以 "read" 开头，比如：
- readByte()：从输入流中读取 1 个字节，把它转换为 byte 类型的数据。
- readLong()：从输入流中读取 8 个字节，把它转换为 long 类型的数据。
- readFloat()：从输入流中读取 4 个字节，把它转换为 float 类型的数据。
- readUTF()：从输入流中读取若干个字节，把它转换为采用 UTF-8 编码的字符串。

DataInputStream 的 readUTF()方法能够从输入流中读取采用 UTF-8 编码的字符串。UTF-8 编码是 Unicode 编码的变体。Unicode 编码把所有字符都存储为两个字节的形式。如果实际上要存储的字符都是 ASCII 字符（只占 7 位），采用 Unicode 编码极其浪费存储空间。UTF-8 编码能够更加有效地利用存储空间，它对 ASCII 字符采用一个字节形式的编码，对非 ASCII 字符则采用两个或两个以上字节形式的编码。

DataOutputStream 的 writeUTF()方法向输出流中写入采用 UTF-8 编码的字符串。实际上，writeUTF()方法和 readUTF()方法使用的是适合 Java 语言的 UTF-8 变体，在 JDK 的 JavaDoc 文档中介绍了它与标准的 UTF-8 编码的区别。

DataInputStream 应该和 DataOutputStream 类配套使用。也就是说，用 DataInputStream 读取由 DataOutputStream 写出的数据，这样才能保证获得正确的数据。例如，在图 18-7 中，由 DataOutputStream 的 writeUTF()方法输出的字符串可以由 DataInputStream 的 readUTF()方法来读取。

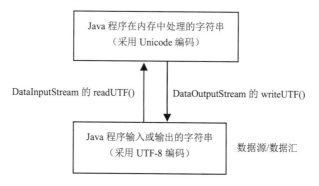

图 18-7　DataInputStream 和 DataOutputStream 类配套使用

在例程 18-6 的 FormatDataIO 类中，先通过 DataOutputStream 写出 byte、long、char 和 UTF 格式的数据，再通过 DataInputStream 读取这几种格式的数据，读取数据的顺序与 DataOutputStream 写出数据的顺序相同。

例程 18-6　FormatDataIO.java

```java
import java.io.*;
public class FormatDataIO{
  public static void main(String[] args)throws IOException {
    FileOutputStream out1=new FileOutputStream("D:\\test.txt");
    BufferedOutputStream out2=new BufferedOutputStream(out1); //装饰文件输出流
    DataOutputStream out=new DataOutputStream(out2); //装饰带缓冲输出流
    out.writeByte(-12);
    out.writeLong(12);
    out.writeChar('1');
    out.writeUTF("好");
    out.close();

    InputStream in1=new FileInputStream("D:\\test.txt");
    BufferedInputStream in2=new BufferedInputStream(in1); //装饰文件输入流
    DataInputStream in=new DataInputStream(in2); //装饰缓冲输入流
    System.out.print(in.readByte()+" ");
    System.out.print(in.readLong()+" ");
    System.out.print(in.readChar()+" ");
    System.out.print(in.readUTF()+" ");
    in.close();
  }
}
```

对于以上文件输入流，先用 BufferedInputStream 装饰，使它在读数据时利用缓冲来提高效率，接着再用 DataInputStream 来装饰，从而具备读取格式化数据的功能。以上程序的打印结果为：

-12 12 1 好

在关闭输入流和输出流时，只需调用最外层的过滤流的 close()方法，该方法会调用被装饰的流的 close()方法。例如，调用 in.close()方法时，该方法会调用 in2.close()方法，而 in2.close()方法会调用 in1.close()方法。

18.3.4　BufferedInputStream 类

BufferedInputStream 类覆盖了被装饰的输入流的读数据行为,利用缓冲区来提高读数据的效率。BufferedInputStream 类先把一批数据读入到缓冲区，接下来 read()方法只需从缓冲区内获取数据，这样就能减少物理性读取数据的次数。该类的构造方法为：

- BufferedInputStream(InputStream in)：参数 in 指定需要被装饰的输入流。
- BufferedInputStream(InputStream in, int size)：参数 in 指定需要被装饰的输入流，参数 size 指定缓冲区的大小，以字节为单位。

当数据源为文件时，可以用 BufferedInputStream 类来装饰输入流，从而提高 I/O 操作的效率。例如，在以下程序代码中，文件输入流先被 BufferedInputStream 装饰，再被 DataInputStream 装饰：

```java
InputStream in1=new FileInputStream("D:\\test.txt");
BufferedInputStream in2=new BufferedInputStream(in1); //装饰文件输入流
DataInputStream in=new DataInputStream(in2); //装饰缓冲输入流
```

18.3.5 PushbackInputStream 类

PushbackInputStream 类有一个后推缓冲区，用于存放已经读入的当前字节。在需要根据当前读入的字节来判断该对下一个字节做什么操作的时候，这个类非常有用。某些分析器（比如编译器中的语法分析器）就需要用这个类来扫描源文件。在程序中一般很少使用这个类。

18.4 输出流

所有字节输出流都是 OutputStream 类的直接或者间接子类。输出流的种类和输入流的种类是大致对应的，如图 18-8 显示了输出流的类层次结构。

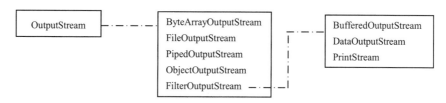

图 18-8　输出流的类层次结构

从图 18-8 可以看出，输出流的种类繁多，表 18-3 对常见输出流作了简要的介绍。

表 18-3　输出流的类型

输 出 流	描 述
ByteArrayOutputStream	向字节数组（即内存的缓冲区）中写数据
FileOutputStream	向文件中写数据
PipedOutputStream	向管道中输出数据，与 PipedInputStream 搭配使用
ObjectOutputStream	对象输出流，参见本章第 18.12 节（对象的序列化与反序列化）
FilterOutputStream	装饰器，扩展其他输出流的功能

18.4.1 字节数组输出流：ByteArrayOutputStream 类

ByteArrayOutputStream 向内存中的字节数组写数据，它的数据汇是一个字节数组。ByteArrayOutputStream 类本身采用了适配器设计模式，它把字节数组类型转换为输出流类型，使得程序能够对字节数组进行写操作，如图 18-9 所示。

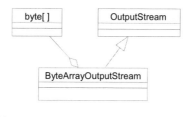

图 18-9　ByteArrayOutputStream 适配器

例程18-7的ByteArrayOutputStreamTester类演示了ByteArrayOutputStream的用法。

例程18-7 ByteArrayOutputStreamTester.java

```java
import java.io.*;
public class ByteArrayOutputStreamTester{
  public static void main(String agrs[])throws IOException{
    ByteArrayOutputStream out=new ByteArrayOutputStream();
    out.write("你好".getBytes("UTF-8"));  //把"你好"的UTF-8编码写到字节数组中

    byte[] buff=out.toByteArray(); //获得字节数组
    out.close();  //ByteArrayOutputStream的close()方法不执行任何操作

    ByteArrayInputStream in=new ByteArrayInputStream(buff);
    int len=in.available();
    byte[] buffIn=new byte[len];
    in.read(buffIn);  //把buff字节数组中的数据读入到buffIn中
    in.close();   //ByteArrayInputStream的close()方法不执行任何操作

    System.out.println(new String(buffIn, "UTF-8"));   //由字符编码创建字符串
  }
}
```

String类的getBytes(String encode)方法返回字符串中所有字符的编码，参数encode指定字符编码类型。"你好".getBytes("UTF-8")方法返回字符串"你好"的UTF-8编码。

以上程序把字符串"你好"的UTF-8编码写到了一个字节数组中，而ByteArrayOutputStream的toByteArray()方法返回这个字节数组。以上程序接着再通过ByteArrayInputStream从字节数组中读取UTF-8字符编码，再由字符编码创建一个String对象。

18.4.2 文件输出流：FileOutputStream

FileOutputStream向文件写数据，它有以下构造方法：
- FileOutputStream(File file)。
- FileOutputStream(String name)。
- FileOutputStream(String name, boolean append)。

在创建FileOutputStream实例时，如果相应的文件并不存在，会自动创建一个空的文件。如果参数file或name表示的文件路径存在，但是代表一个文件目录，那么会抛出FileNotFoundException异常。

在默认情况下，FileOutputStream向文件写数据时，将覆盖文件中原有的内容。以上第3个构造方法提供了一个布尔类型的参数append，如果append参数为true，将在文件末尾添加数据。本章18.3.3节的例程18-6（FormatDataIO.java）演示了FileOutputStream类的用法。

18.5 过滤输出流：FilterOutputStream

OutputStream 类声明的 write()方法向输出流写入一个或若干字节，FileOutputStream 和 ByteArrayOutputStream 等具体的输出流都按照这种方式写数据。假如还希望进一步扩展写数据的功能，可以使用输出流的装饰器：FilterOutputStream 类。过滤输出流的种类大致与过滤输入流的种类对应，参见表 18-4。

表 18-4 过滤输入流的类型

过滤输入流	描 述
DataOutputStream	与 DataInputStream 搭配使用，可以按照与平台无关的方式向流中写基本类型（int、char 和 long 等）的数据
BufferedOutputStream	利用缓冲区来提高写效率
PrintStream	用于产生格式化输出

FilterOutputStream 的构造方法为 protected 访问级别，因此外部程序不能创建这个类本身的实例。FilterOutputStream 及它的子类的构造方法都有一个 OutputStream 类型的参数，该参数指定需要被装饰的输出流。

当用过滤输出流来装饰其他输出流时，只需关闭过滤输出流，它的 close()方法会调用被装饰的输出流的 close()方法。此外，过滤输出流的 close()方法还会调用自身，以及被装饰流的 flush()方法，确保在关闭输出流以前，假如缓冲区内还有数据，这些数据会被写到数据汇中。

18.5.1 DataOutputStream

DataOutputStream 实现了 DataOutput 接口，用于向输出流写基本类型数据，如 int、float、long、double 和 boolean。DataOutputStream 的 writeUTF()方法还能写采用 UTF-8 编码的字符串。DataOutputStream 类的所有读方法都以"write"开头，比如：

- writeByte(byte b)：向输出流写入一个 byte 类型的数据。
- writeLong(long l)：向输出流写入一个 long 类型的数据。
- writeFloat(float f)：向输出流写入一个 float 类型的数据。
- writeUTF(String s)：向输出流写入采用 UTF-8 编码的字符串。该方法先计算出字符串中所有字符的 UTF-8 编码，再把这些编码对应的字节写到输出流。

18.5.2 BufferedOutputStream

BufferedOutputStream 类覆盖了被装饰的输出流的写数据行为，利用缓冲区来提高写数据的效率。BufferedOutputStream 类先把数据写到缓冲区，默认情况下，只有当缓冲区满的时候，才会把缓冲区的数据真正写到数据汇，这样就能减少物理写数据的次数。该类的构造方法为：

- BufferedOutputStream(OutputStream out)：参数 out 指定需要被装饰的输出流。
- BufferedOutputStream(OutputStream out, int size)：参数 out 指定需要被装饰的输出流，参数 size 指定缓冲区的大小，以字节为单位。

在例程 18-8 的 FilterOutputTester 类中，文件输出流先被 BufferedOutputStream 装饰，再被 DataOutputStream 装饰。

例程 18-8　FilterOutputTester.java

```java
import java.io.*;
public class FilterOutputTester{
  public static void main(String[] args)throws IOException {
    FileOutputStream out1=new FileOutputStream("D:\\test.txt");
    BufferedOutputStream out2=new BufferedOutputStream(out1,2);   //装饰一个文件输出流
    DataOutputStream out=new DataOutputStream(out2);   //装饰一个缓冲输出流
    out.writeUTF("你好啊");

    InputStream in1=new FileInputStream("D:\\test.txt");
    BufferedInputStream in2=new BufferedInputStream(in1); //装饰一个文件输入流
    DataInputStream in=new DataInputStream(in2); //装饰一个缓冲输入流
    System.out.println(in.readUTF());
    in.close();
  }
}
```

以上 BufferedOutputStream 的缓冲区的大小为两个字节，在执行 out.writeUTF("你好啊")方法时，先把字符串的 UTF-8 编码写到缓冲区中，当超过两个字节时，再把缓冲区的数据写到 test.txt 文件中。

为了演示 BufferedOutputStream 的运行时行为，以上输出流写数据结束后，没有关闭输出流。由于字符串"你好啊"的 UTF-8 编码超过了缓冲区的容量，BufferedOutputStream 会自动把缓冲区中的所有数据写到 test.txt 文件中。以上程序接着通过输入流读取 test.txt 文件，把读到的字符串"你好啊"打印到控制台。

假如把缓冲区的大小改为 256 个字节：

```java
BufferedOutputStream out2=new BufferedOutputStream(out1,256);
```

由于字符串"你好啊"的 UTF-8 编码没有超过缓冲区的容量，BufferedOutputStream 不会自动把缓冲区中的数据写到 test.txt 文件中。因此执行完 out.writeUTF("你好啊")方法后，test.txt 文件中没有任何数据。当输入流执行 in.readUTF()方法时，会抛出以下异常：

```
java.io.EOFException
    at java.io.DataInputStream.readUnsignedShort(DataInputStream.java:293)
    at java.io.DataInputStream.readUTF(DataInputStream.java:519)
    at java.io.DataInputStream.readUTF(DataInputStream.java:496)
    at FilterOutputTester.main(FilterOutputTester.java:14)
```

为了保证 BufferedOutputStream 会把缓冲区中的数据写到文件中，一种办法是调用 flush()方法，该方法会立即执行一次把缓冲区中的数据写到输出流中的操作：

```java
out.writeUTF("你好啊");
```

```
    out.flush();
```

还有一种办法是在执行完输出流的所有 write()方法之后，关闭输出流。过滤输出流的 close()方法会先调用本身，以及被装饰的输出流的 flush()方法，这样就会保证假如过滤流本身或者被装饰的流带有缓冲区，那么缓冲区的数据会被写到数据汇中：

```
    out.writeUTF("你好啊");
    out.writeUTF("再见");
    out.close();  //确保缓冲区的数据被写到数据汇
```

18.5.3 PrintStream 类

PrintStream 输出流和 DataOutputStream 一样，也能输出格式化的数据。PrintStream 的写数据方法都以"print"开头，比如：

- print(int i)：向输出流写入一个 int 类型的数据。
- print(float f)：向输出流写入一个 float 类型的数据。
- print(String s)：向输出流写入一个 String 类型的数据，采用本地操作系统的默认字符编码。
- println(int i)：向输出流写入一个 int 类型的数据和换行符。
- println(float f)：向输出流写入一个 float 类型的数据和换行符。
- println(String s)：向输出流写入一个 String 类型的数据和换行符，采用本地操作系统默认的字符编码。

在使用 PrintStream 类时，有以下注意事项：

（1）每个 print()方法都和一个 println()方法对应。例如，以下 3 段程序代码是等价的：

```
//第一段代码
printStream.println("你好啊");

//第二段代码
printStream.print("你好啊");
printStream.println(); //打印一个换行符

//第三段代码
printStream.print("你好啊\n");    // "\n"表示换行符
```

（2）PrintStream 的 println(String s)和 DataOutputStream 的 writeUTF(String s)一样，都能输出字符串。两者的区别在于：前者采用本地操作系统默认的字符编码，而后者采用适用于 Java 语言的 UTF-8 编码。用 DataOutputStream 的 writeUTF()方法输出的字符串，只能用 DataInputStream 的 readUTF()方法读取，这样才能得到正确的数据。

在例程 18-9 的 PrintStreamTester 类中，分别通过 PrintStream 和 DataOutputStream 向一个字节数组中写字符串"好"，由于两者采用不同的字符编码，因此写出的数据是不一样的。

例程 18-9 PrintStreamTester.java

```
import java.io.*;
```

```java
public class PrintStreamTester{
  private static void readBuff(byte[] buff)throws IOException{
    ByteArrayInputStream in=new ByteArrayInputStream(buff);
    int data;
    while((data=in.read())!=-1)
      System.out.print(data+" ");
    System.out.println();
    in.close();
  }

  public static void main(String agrs[])throws IOException{
    //通过 PrintStream 写字符串 "好"
    ByteArrayOutputStream out=new ByteArrayOutputStream();
    PrintStream ps=new PrintStream(out,true);
    ps.print("好");
    ps.close();

    byte[] buff=out.toByteArray(); //获得字节数组
    System.out.println("采用本地操作系统的默认字符编码: ");
    readBuff(buff);

    //通过 DataOutputStream 写字符串 "好"
    out=new ByteArrayOutputStream();
    DataOutputStream ds=new DataOutputStream(out);
    ds.writeUTF("好");
    ds.close();

    buff=out.toByteArray(); //获得字节数组
    System.out.println("采用适用于 Java 语言的 UTF-8 字符编码: ");
    readBuff(buff);
  }
}
```

以上程序的打印结果为：

```
采用本地操作系统的默认字符编码:
186 195
采用适用于 Java 语言的 UTF-8 字符编码:
0 3 229 165 189
```

（3）PrintStream 的所有 print()和 println()方法没有声明抛出 IOException，客户程序可以通过 PrintStream 的 checkError()方法来判断写数据是否成功，如果返回 true，就表示遇到了错误。

（4）PrintStream 和 BufferedOutputStream 类一样，也带有缓冲区。两者的区别在于：后者只有在缓冲区满的时候，才会自动执行物理写数据的操作，而前者可以让用户来决定缓冲区的行为。默认情况下，PrintStream 也只有在缓冲区满的时候，才会自动执行物理写数据的操作，此外，PrintStream 的一个构造方法带有 autoFlush 参数：

```
PrintStream(OutputStream out, boolean autoFlush)
```

如果 autoFlush 参数为 true，表示 PrintStream 在以下情况也会自动把缓冲区的数据写到数据汇：

- 输出一个字节数组。

- 输出一个换行符，即执行 print("\n ")方法。
- 执行了 println()方法。

18.6　Reader/Writer 概述

　　InputStream 和 OutputStream 类处理的是字节流，也就是说，数据流中的最小单元为一个字节，它包括 8 个二进制位。在许多应用场合，Java 程序需要读写文本文件。在文件文件中存放了采用特定字符编码的字符。为了便于读写采用各种字符编码的字符，java.io 包中提供了 Reader/Writer 类，它们分别表示字符输入流和字符输出流。

　　在处理字符流时，最主要的问题是进行字符编码的转换。Java 语言采用 Unicode 字符编码。对于每一个字符，Java 虚拟机会为其分配两个字节的内存。而在文本文件中，字符有可能采用其他类型的编码，比如 GBK 和 UTF-8 编码等。例程 18-10 中的 EncodeTester 类演示了字符"好"的各种编码。

例程 18-10　EncodeTester.java

```java
import java.io.*;
public class EncodeTester {
  private static void readBuff(byte[] buff)throws IOException{
    ByteArrayInputStream in=new ByteArrayInputStream(buff);
    int data;
    while((data=in.read())!=-1)
      System.out.print(data+" ");
    System.out.println();
    in.close();
  }

  public static void main(String agrs[])throws IOException{
    System.out.println("在内存中采用 Unicode 字符编码：");
    char c='好';
    int lowBit=c & 0xFF; //获得二进制数的低 8 位
    int highBit=(c & 0xFF00) >>8; //获得二进制数的高 8 位
    System.out.println (highBit+" "+lowBit);

    String s="好";
    System.out.println("采用本地操作系统的默认字符编码：");
    readBuff(s.getBytes());

    System.out.println("采用 GBK 字符编码：");
    readBuff(s.getBytes("GBK"));

    System.out.println("采用标准 UTF-8 字符编码：");
    readBuff(s.getBytes("UTF-8"));
  }
}
```

　　对于以上字符类型的变量 c，Java 虚拟机为它在内存中分配两个字节，用来存放字符"好"的 Unicode 编码。"好"的 Unicode 编码为 89 和 125，对应的二进制数序列为：

```
01011001 01111101
```

同样，对于 String 类型的变量 s，由于它仅仅包含一个字符"好"，Java 虚拟机也为它在内存中分配两个字节，用来存放字符"好"的 Unicode 编码。

String 类的 getBytes(String encode)方法返回字符串的特定类型的编码，encode 参数指定编码类型。String 类的不带参数的 getBytes()方法则使用本地操作系统的默认字符编码。出于叙述的方便，本书有时把 Java 虚拟机运行时所处的本地操作系统的默认字符编码简称为本地平台的字符编码。

在 Java 程序中，以下两种方式都能获得本地平台的字符编码类型：

```
System.out.println(System.getProperty("file.encoding"));   //在中文操作系统中打印 GBK
或者：
Charset cs=Charset.defaultCharset();
System.out.println(cs);   //在中文操作系统中打印 GBK
```

如果操作系统为中文操作系统，以上代码一般会打印"GBK"。Charset 类位于 java.nio.charset 包中，本章第 18.11.3 节（字符编码 Charset 类概述）对此做了介绍。

运行例程 18-10 的 EncodeTester 类，其打印结果如下：

```
在内存中采用 Unicode 字符编码：
89 125
采用本地操作系统的默认字符编码：
186 195
采用 GBK 字符编码：
186 195
采用标准 UTF-8 字符编码：
229 165 189
```

Reader 类能够将输入流中采用其他编码类型的字符转换为 Unicode 字符，然后在内存中为这些 Unicode 字符分配内存。Writer 类能够把内存中的 Unicode 字符转换为其他编码类型的字符，再写到输出流中。

默认情况下，Reader 和 Writer 会在本地平台的字符编码和 Unicode 编码之间进行编码转换，如图 18-10 所示。

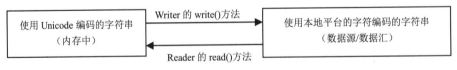

图 18-10　Unicode 编码与本地平台的字符编码之间的转换

如果要输入或输出采用特定类型编码的字符串，可以使用 InputStreamReader 类和 OutputStreamWriter 类，在它们的构造方法中，可以指定输入流或输出流的字符编码。如图 18-11 显示了此时的字符编码的转换过程。

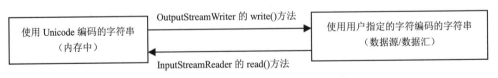

图 18-11　Unicode 编码与用户指定的字符编码之间的转换

由于 Reader 和 Writer 采用了字符编码转换技术，Java I/O 系统能够正确地访问采用各种字符编码的文本文件，另一方面，在为字符分配内存时，Java 虚拟机对字符统一采用 Unicode 编码，因此 Java 程序处理字符具有平台独立性。

> **Tips**
> PrintStream 输出流的 println(String s) 方面也能把 Unicode 编码转换为本地平台的字符编码，但是不能像 OutputStreamWriter 类那样，可以由用户指定任意类型的字符编码。

18.7 Reader 类

Reader 类的的层次结构和 InputStream 类的层次结构比较相似，参见图 18-12。不过，尽管 BufferedInputStream 和 BufferedReader 都提供读缓冲区，BufferedInputStream 是 FilterInputStream 的子类，而 BufferedReader 不是 FilterReader 的子类，这是 InputStream 与 Reader 在层次结构上的不同之处。

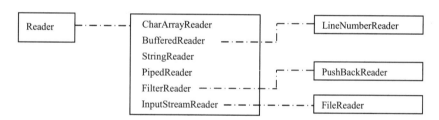

图 18-12　Reader 类的类层次结构

表 18-5 对常见的 Reader 类型做了简要的介绍。

表 18-5　Reader 的类型

Reader 类型	描　　述
CharArrayReader	适配器，把字符数组转换为 Reader，从字符数组中读取字符
BufferedReader	装饰器，为其他 Reader 提供读缓冲区，此外，它的 readLine() 方法能够读入一行字符串
LineNumberReader	装饰器，为其他 Reader 提供读缓冲区，并且可以跟踪字符输入流中的行号
StringReader	适配器，把字符串转换为 Reader，从字符串中读取字符
PipedReader	连接一个 PipedWriter
FilterReader	装饰器，扩展其他 Reader 的功能
PushBackReader	装饰器，能够把读到的一个字符压回到缓冲区中。通常用作编译器的扫描器，在程序中一般很少使用它
InputStreamReader	适配器，把 InputStream 转换为 Reader，可以指定数据源的字符编码
FileReader	从文件中读取字符

18.7.1　字符数组输入流：CharArrayReader 类

CharArrayReader 类从内存中的字符数组中读取字符，因此它的数据源是一个字符数组。这个类的构造方法为：

- CharArrayReader(char[] buf)：参数 buf 指定字符数组类型的数据源。
- CharArrayReader (char[] buf, int offset, int length)：参数 buf 指定字符数组类型的数据源，参数 offset 指定在数组中开始读数据的下标位置，length 指定从数组中读取的字符数。

CharArrayReader 类本身采用了适配器设计模式，它把字符数组类型转换为 Reader 类型，使得程序能够对字符数组进行读操作，如图 18-13 所示。

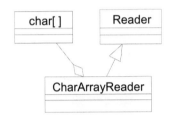

图 18-13　CharArrayReader 适配器

例程 18-11 的 CharArrayTester 类演示了 CharArrayReader 的用法。

例程 18-11　CharArrayTester.java

```
import java.io.*;
public class CharArrayTester {
  public static void main(String args[])throws IOException{
    char[] buff=new char[]{'a','你','好','1'};
    CharArrayReader reader=new CharArrayReader(buff);
    int data;
    while((data=reader.read())!=-1)
      System.out.print((char)data+" ");
    reader.close();   //CharArrayReader 的 close()方法不执行任何操作
  }
}
```

CharArrayReader 类的 read()方法每次读取一个字符，用整数表示，如果读到字符输入流的末尾，则返回-1。以上程序的打印结果为：

a 你 好 1

18.7.2　字符串输入流：StringReader 类

StringReader 类的数据源是一个字符串。这个类的构造方法为：

- StringReader(String s)：参数 s 指定字符串类型的数据源。

StringReader 类本身采用了适配器设计模式，它把字符串类型转换为 Reader 类型，使得程序能够对字符串进行读操作，如图 18-14 所示。

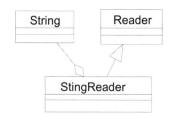

图 18-14 StringReader 适配器

例程 18-12 的 StringReaderTester 类演示了 StringReader 的用法。

例程 18-12 StringReaderTester.java

```
import java.io.*;
public class StringReaderTester {
  public static void main(String args[])throws IOException{
    StringReader reader=new StringReader("abcd1 好");
    int data;
    while((data=reader.read())!=-1)
      System.out.print((char)data+" ");
    reader.close();   //StringReader 的 close()方法不执行任何操作
  }
}
```

StringReader 类的 read()方法每次读取一个字符, 用整数表示, 如果读到字符输入流的末尾, 则返回-1。以上程序的打印结果为:

a b c d 1 好

18.7.3 InputStreamReader 类

InputStreamReader 类本身采用了适配器设计模式, 把 InputStream 类型转换为 Reader 类型, 如图 18-15 所示。

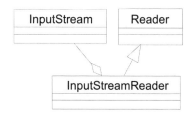

图 18-15 InputStreamReader 适配器

InputStreamReader 有以下构造方法, 这些构造方法的第一个参数都指定一个输入流:
- InputStreamReader(InputStream in): 按照本地平台的字符编码读取输入流中的字符。
- InputStreamReader(InputStream in, String charsetName): 按照参数 charsetName 指定的字符编码读取输入流中的字符。

假设 test.txt 文件采用了 UTF-8 字符编码，为了正确地从文件中读取字符，可以按以下方式构造 InputStreamReader 的实例：

```
InputStreamReader reader=new InputStreamReader(new FileInputStream("D:\\test.txt"), "UTF-8" );
char c=(char)reader.read();
```

以上代码指定输入流的字符编码为 UTF-8，InputStreamReader 的 read()方法从输入流中读取一个 UTF-8 字符，再把它转换为 Unicode 字符，以上代码中的变量 c 为 Unicode 字符，在内存中占两个字节。假设 InputStreamReader 的 read()方法从输入流中读取的字符为"好"，read()方法实际上执行了以下步骤：

步骤

（1）从输入流中读取 3 个字节：229、165 和 189，这 3 个字节代表字符"好"的 UTF-8 编码。

（2）计算出字符"好"的 Unicode 编码为 89 和 125。

（3）为字符"好"分配两个字节的内存空间，这两个字节的取值分别为 89 和 125。

为了提高读操作的效率，可以用 BufferedReader 来装饰 InputStreamReader。

18.7.4　FileReader 类

FileReader 是 InputStreamReader 的一个子类，用于从文件中读取字符数据，该类只能按照本地平台的字符编码来读取数据，用户不能指定其他字符编码类型。FileReader 类有以下构造方法：

- FileReader(File file)：参数 file 指定需要读取的文件。
- FileReader(String name)：参数 name 指定需要读取的文件的路径。

18.7.5　BufferedReader 类

Reader 类的 read()方法每次都从数据源读入一个字符，为了提高效率，可以采用 BufferedReader 来装饰其他 Reader。BufferedReader 带有缓冲区，它可以先把一批数据读到缓冲区内，接下来的读操作都是从缓冲区内获取数据，避免每次都从数据源读取数据并进行字符编码转换，从而提高读操作的效率。BufferedReader 的 readLine()方法可以一次读入一行字符，以字符串形式返回。BufferedReader 类有两个构造方法：

- BufferedReader(Reader in)：参数 in 指定被装饰的 Reader 类。
- BufferedReader(Reader in, int sz)：参数 in 指定被装饰的 Reader 类，参数 sz 指定缓冲区的大小，以字符为单位。

18.8　Writer 类

Writer 类的层次结构和 OutputStream 类的层次结构比较相似，如图 18-16 所示。

不过，尽管 BufferedOutputStream 和 BufferedWriter 都提供读缓冲区，但 BufferedOutputStream 是 FilterOutputStream 的子类，而 BufferedWriter 不是 FilterWriter 的子类，这是 OutputStream 与 Writer 在层次结构上的不同之处。

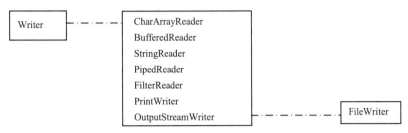

图 18-16 Writer 类的层次结构

表 18-6 对常见的 Writer 类型做了简要的介绍。

表 18-6 Writer 的类型

Writer 的类型	描　　述
CharArrayWriter	适配器，把字符数组转换为 Writer，向字符数组中写字符
BufferedWriter	装饰器，为其他 Writer 提供写缓冲区
StringWriter	适配器，把 StringBuffer 转换为 Writer，向 StringBuffer 中写字符
PipedWriter	连接一个 PipedReader
FilterWriter	装饰器，扩展其他 Writer 的功能
PrintWriter	装饰器，输出格式化数据
OutputStreamWriter	适配器，把 OutputStream 转换为 Writer，可以指定数据汇的字符编码
FileWriter	向文件中写字符

18.8.1　字符数组输出流：CharArrayWriter 类

CharArrayWriter 类把字符写到内存中的字符数组中，它的数据汇是一个字符数组。CharArrayWriter 类本身采用了适配器设计模式，它把字符数组类型转换为 Writer 类型，使得程序能够对字符数组进行写操作，如图 18-17 所示。

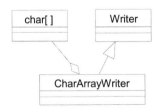

图 18-17　CharArrayWriter 适配器

例程 18-13 的 CharArrayWriterTester 类演示了 CharArrayWriter 的用法。

例程 18-13　CharArrayWriterTester.java

```
import java.io.*;
public class CharArrayWriterTester {
  public static void main(String args[])throws IOException{
```

```
        CharArrayWriter writer=new CharArrayWriter();
        writer.write('你');
        writer.write('好');

        char[] buff=writer.toCharArray();
        System.out.println(new String(buff));   //打印"你好"

        writer.close();   //CharArrayWriter 的 close()方法不执行任何操作
    }
}
```

CharArrayWriter 类的 write(char c)方法向字符输出流写入一个字符,它的 toCharArray()方法返回包含所有输出数据的字符数组。

18.8.2 OutputStreamWriter 类

OutputStreamWriter 类本身采用了适配器设计模式,把 OutputStream 类型转换为 Writer 类型,如图 18-18 所示。

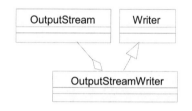

图 18-18 OutputStreamWriter 适配器

OutputStreamWriter 有以下构造方法,这些构造方法的第一个参数都指定一个输出流:

- OutputStreamWriter (OutputStream out):按照本地平台的字符编码向输出流写入字符。
- OutputStreamWriter (OutputStream out, String charsetName):按照参数 charsetName 指定的字符编码向输出流写入字符。

假设 test.txt 文件采用了 UTF-8 字符编码,为了正确地向文件中写字符,可以按以下方式构造 OutputStreamWriter 的实例:

```
OutputStreamWriter writer=
    new OutputStreamWriter (new FileOutputStream("D:\\test.txt"), "UTF-8" );
char c='好';
writer.write(c);
```

对于每一个写到 test.txt 文件中的字符,OutputStreamWriter 都会把它转换为 UTF-8 编码。在执行以上代码中的 writer.write(c)方法时,OutputStreamWriter 的 write()方法执行以下步骤:

(1)变量 c 在内存中占两个字节,取值分别为 89 和 125,它们代表字符"好"的

Unicode 编码。

（2）字符"好"的 UTF-8 编码为：229、165 和 189。

（3）向输出流写入 3 个字节：229、165 和 189。

为了提高写数据的效率，可以把 OutputStreamWriter 包装在 BufferedWriter 里面，然后再把 BufferedWriter 包装在 PrintWriter 中。

例程 18-14 的 FileUtil 类提供了两个实用方法：

- readFile(String fileName, String charsetName)：从一个文件中逐行读取字符串，并将它们打印到控制台。charsetName 参数指定文件的字符编码。
- copyFile(String from, String charsetFrom,String to,String charsetTo)：把源文件中的字符内容复制到目标文件中，并且会进行相关的字符编码转换。参数 from 指定源文件的路径，参数 charsetFrom 指定源文件的字符编码，参数 to 指定目标文件的路径，参数 charsetTo 指定目标文件的字符编码。如果参数 charsetFrom 为 null，表示源文件采用本地平台的字符编码。

例程 18-14　FileUtil.java

```java
import java.io.*;
public class FileUtil {
  /** 从一个文件中逐行读取字符串，采用本地平台的字符编码 */
  public void readFile(String fileName)throws IOException{
    readFile(fileName,null);
  }

  /** 从一个文件中逐行读取字符串，参数 charsetName 指定文件的字符编码 */
  public void readFile(String fileName, String charsetName)throws IOException{
    InputStream in=new FileInputStream(fileName);
    InputStreamReader reader;
    if(charsetName==null)
      reader=new InputStreamReader(in);
    else
      reader=new InputStreamReader(in,charsetName);
    BufferedReader br=new BufferedReader(reader);
    String data;
    while((data=br.readLine())!=null)  //逐行读取数据
      System.out.println(data);

    br.close();
  }

  /** 把一个文件中的字符内容复制到另一个文件中，并且进行了相关的字符编码转换 */
  public void copyFile(String from, String charsetFrom,String to,String charsetTo)
                                                          throws IOException{
    InputStream in=new FileInputStream(from);
    InputStreamReader reader;
    if(charsetFrom==null)
      reader=new InputStreamReader(in);
    else
      reader=new InputStreamReader(in,charsetFrom);
    BufferedReader br=new BufferedReader(reader);
```

```java
            OutputStream out=new FileOutputStream(to);
            OutputStreamWriter writer=new OutputStreamWriter(out,charsetTo);
            BufferedWriter bw=new BufferedWriter(writer);
            PrintWriter pw=new PrintWriter(bw,true);

            String data;
            while((data=br.readLine())!=null)
                pw.println(data);    //向目标文件逐行写数据

            br.close();
            pw.close();
        }
        public static void main(String args[])throws IOException{
            FileUtil util=new FileUtil ();

            //按照本地平台的字符编码读取字符
            util.readFile("D:\\test.txt");

            //把 test.txt 文件中的字符内容复制到 out.txt 中，out.txt 采用 UTF-8 编码
            util.copyFile("D:\\test.txt",null,"D:\\out.txt","UTF-8");

            //按照本地平台的字符编码读取字符，读到错误的数据
            util.readFile("D:\\out.txt");

            //按照 UTF-8 字符编码读取字符
            util.readFile("D:\\out.txt","UTF-8");
        }
    }
```

假设在 test.txt 文件中包含以下内容：

```
12345
你好啊
bye
```

假设本地平台的字符编码为 GBK。以上程序向 out.txt 文件写入采用 UTF-8 编码的字符。当程序执行 util.readFile("D:\\out.txt")方法时，会按照 GBK 编码来读取 out.txt 文件中的数据，因此无法正确地读取字符。而 util.readFile("D:\\out.txt","UTF-8")方法能够正确地读取 out.txt 文件中的字符。

18.8.3 FileWriter 类

FileWriter 是 OutputStreamWriter 的一个子类，用于向文件中写字符，该类只能按照本地平台的字符编码来写数据，用户不能指定其他字符编码类型。FileWriter 类有以下构造方法：

- FileWriter(File file)：参数 file 指定需要写入数据的文件。
- FileWriter(String name)：参数 name 指定需要写入数据的文件的路径。

18.8.4 BufferedWriter 类

BufferedWriter 带有缓冲区，它可以先把一批数据写到缓冲区内，当缓冲区满的时候，再把缓冲区的数据写到字符输出流中。这可以避免每次都执行物理写操作，从而提高 I/O 操作的效率。BufferedReader 有一个 readLine()方法，而 BufferedWriter 没有相应的 writeLine()方法。如果要输出一行字符串，应该再用 PrintWriter 来装饰 BufferedWriter，PrintWriter 的 println(String s)方法可以输出一行字符串。BufferedWriter 类有两个构造方法：

- BufferedWriter(Writer out)：参数 out 指定被装饰的 Writer 类。
- BufferedWriter(Writer out, int sz)：参数 out 指定被装饰的 Writer 类，参数 sz 指定缓冲区的大小，以字符为单位。

18.8.5 PrintWriter 类

PrintWriter 和 PrintStream 一样，也能输出格式化的数据，两者写数据的方法很相似。PrintWriter 写数据都以 print 开头，比如：

- print(int i)：向输出流写入一个 int 类型的数据。
- print(float f)：向输出流写入一个 float 类型的数据。
- print(String s)：向输出流写入一个 String 类型的数据。
- println(int i)：向输出流写入一个 int 类型的数据和换行符。
- println(float f)：向输出流写入一个 float 类型的数据和换行符。
- println(String s)：向输出流写入一个 String 类型的数据和换行符。

在使用 PrintWriter 类时，有以下注意事项：

（1）每一个 print()方法都和一个 println()方法对应。例如以下 3 段程序代码是等价的：

```
//第一段代码
printWriter.println("你好啊");

//第二段代码
printWriter.print("你好啊");
printWriter.println(); //打印一个换行符

//第三段代码
printWriter.print("你好啊\n");    //"\n"表示换行符
```

（2）PrintWriter 的所有 print()和 println()方法都不会抛出 IOException，客户程序可以通过 PrintWriter 的 checkError()方法来判断写数据是否成功，如果该方法返回 true，就表示遇到了错误。

（3）PrintWriter 和 BufferedWriter 类一样，也带有缓冲区。两者的区别在于：后者只有在缓冲区满的时候，才会执行物理写数据的操作，而前者可以让用户来决定缓冲区的行为。默认情况下，PrintWriter 也只有在缓冲区满的时候，才会执行物理写数据的操作，此外，PrintWriter 的一些构造方法中有一个 autoFlush 参数：

```
PrintWriter(Writer writer, boolean autoFlush)
PrintWriter(OutputStream out, boolean autoFlush)
```

如果 autoFlush 参数为 true，表示 PrintWriter 执行 println()方法时也会自动把缓冲区的数据写到输出流。从以上构造方法还可以看出，PrintWriter 不仅能装饰 Writer，还能把 OutputStream 转换为 Writer。

（4）PrintWriter 和 PrintStream 的 println(String s)方法都能写字符串，两者的区别在于，后者只能使用本地平台的字符编码，而前者使用的字符编码取决于被装饰的 Writer 类所用的字符编码。在输出字符数据的场合，应该优先考虑用 PrintWriter。

18.9 标准 I/O

当程序读写文件时，在读写操作完毕后，就会及时关闭输入流或输出流，这些输入流或输出流对象的生命周期是短暂的，不会存在于程序运行的整个生命周期中。对于某些应用程序，需要在程序运行的整个生命周期中，从同一个数据源读入数据，或者向同一个数据汇输出数据，最常见的是输出一些日志信息，以便用户能跟踪程序的运行状态。

在 JDK 的 java.lang.System 类中，提供了 3 个静态变量：

- System.in：为 InputStream 类型，代表标准输入流，默认的数据源为键盘。程序可以通过 System.in 读取标准输入流的数据。
- System.out：为 PrintStream 类型，代表标准输出流，默认的数据汇是控制台。程序可以通过 System.out 输出运行时的正常消息。
- System.err：为 PrintStream 类型，代表标准错误输出流，默认的数据汇是控制台。程序可以通过 System.err 输出运行时的错误消息。

以上 3 种流都是由 Java 虚拟机创建的，它们存在于程序运行的整个生命周期中。这些流始终处于打开状态，除非程序显式地关闭它们。只要程序没有关闭这些流，在程序运行的任何时候都可以通过它们来输入或输出数据。

18.9.1 重新包装标准输入和输出

System.in 是 InputStream 类型，为了能读到格式化的数据，以及提高读数据的效率，常常要对它进行包装。例如，在例程 18-15 的 StandardInTester 类中，为了能从标准输入流中按行读取字符串，先用 InputStreamReader 适配器把 System.in 转换为 Reader 类型，再用 BufferedReader 来装饰它。

例程 18-15   StandardInTester.java

```
import java.io.*;
public class StandardInTester {
  public static void main(String args[])throws IOException{
    InputStreamReader reader=new InputStreamReader(System.in);
    BufferedReader br=new BufferedReader(reader);
```

```
      String data;
      while((data=br.readLine())!=null && !data.equals("exit"))
        System.out.println("echo:"+data);
    }
}
```

以上程序读取从键盘输入的字符串，并将它打印到控制台，如图 18-19 所示。如果用户输入"exit"或者按下 Ctrl+C 组合键，就会结束程序。

图 18-19　程序读取从键盘输入的字符串，并将它打印到控制台

System.out 是 PrintStream 类型，可以通过以下方式把它转换为 PrintWriter 类型：

```
PrintWriter pw=new PrintWriter(System.out,true);
```

18.9.2　标准 I/O 重定向

默认情况下，标准输入流从键盘读取数据，标准输出流和标准错误输出流向控制台输出数据。System 类提供了一些用于重定向流的静态方法：

- setIn(InputStream in)：对标准输入流重定向。
- setOut(PrintStream out)：对标准输出流重定向。
- setErr(PrintStream out)：对标准错误输出流重定向。

有时候，当程序向控制台输出大量数据时，由于输出数据滚动太快，会影响阅读。此时可以把标准输出流重定向到一个文件。例程 18-16 的 Redirecter 类演示了为标准 I/O 重定向的过程。

例程 18-16　Redirecter.java

```
import java.io.*;
public class Redirecter{
  /** 为标准 I/O 重定向 */
  public static void redirect(InputStream in,PrintStream out,PrintStream err){
    System.setIn(in);
    System.setOut(out);
    System.setErr(err);
  }

  /** 把来自标准输入流的数据写到标准输出流和标准标准错误输出流 */
  public static void copy()throws IOException{
    InputStreamReader reader=new InputStreamReader(System.in);
    BufferedReader br=new BufferedReader(reader);
    String data;
    while((data=br.readLine())!=null){
      System.out.println(data);   //向标准输出流写数据
      System.err.println(data);   //向标准错误输出流写数据
```

```java
        }
    }
    public static void main(String args[])throws IOException{
        InputStream standardIn=System.in;
        PrintStream standardOut=System.out;
        PrintStream standardErr=System.err;

        InputStream in=new BufferedInputStream(new FileInputStream("D:\\test.txt"));
        PrintStream out=new PrintStream(
                    new BufferedOutputStream(new FileOutputStream("D:\\out.txt")));
        PrintStream err=new PrintStream(
                    new BufferedOutputStream(new FileOutputStream("D:\\err.txt")));
        redirect(in,out,err);    //把标准 I/O 重定向到文件
        copy();    //把 D:\test.txt 文件中的数据复制到 D:\out.txt 和 D:\err.txt 文件中

        //对于用户创建的流，不再使用它们时，应该关闭它们
        in.close();
        out.close();
        err.close();

        redirect(standardIn,standardOut,standardErr);    //使标准 I/O 采用默认的流
        copy();    //把从键盘输入的数据输出到控制台
    }
}
```

以上 Redirecter 类的 main()方法首先把标准输入流重定向到 D:\test.txt 文件，把标准输出流重定向到 D:\out.txt 文件，并且把标准错误输出流重定向到 D:\err.txt 文件。main()方法最后又使标准 I/O 重定向到原来默认的流。

18.10 随机访问文件类：RandomAccessFile

InputStream 和 OutputStream 代表字节流，而 Reader 和 Writer 代表字符流，它们的共同特点是：只能按照数据的先后顺序读取数据源的数据，以及按照数据的先后顺序向数据汇写数据。

RandomAccessFile 类不属于流，它具有随机读写文件的功能，能够从文件的任意位置开始执行读写操作。RandomAccessFile 类提供了用于定位文件位置的方法：

- getFilePointer()：返回当前读写指针所处的位置。
- seek(long pos)：设定读写指针的位置，与文件开头相隔 pos 个字节数。
- skipBytes(int n)：使读写指针从当前位置开始，跳过 n 个字节。
- length()：返回文件包含的字节数。

RandomAccessFile 类实现了 DataInput 和 DataOutput 接口，因此能够读写格式化的数据。RandomAccessFile 类具有以下构造方法：

- RandomAccessFile(File file, String mode)：参数 file 指定被访问的文件。
- RandomAccessFile(String name, String mode)：参数 name 指定被访问的文件的路径。

以上构造方法的 mode 参数指定访问模式,可选值包括 "r" 和 "rw"。"r" 表示随机读模式。"rw" 表示随机读写模式。如果程序仅仅读文件,那么选择 "r",如果程序需要同时读和写文件,那么选择 "rw"。值得注意的是,RandomAccessFile 不支持只写文件模式,因此把 mode 参数设为 "w" 是非法的。

例程 18-17 的 RandomTester 类演示了 RandomAccessFile 类的用法。

例程 18-17　RandomTester.java

```java
import java.io.*;
public class RandomTester {
  public static void main(String args[])throws IOException{
    RandomAccessFile rf=new RandomAccessFile("D:\\test.dat","rw");
    for(int i=0;i<10;i++)
       rf.writeLong(i*1000);

    rf.seek(5*8);   //从文件开头开始,跳过第 5 个 long 数据,接下来写第 6 个 long 数据
    rf.writeLong(1234);

    rf.seek(0);   //把读写指针定位到文件开头
    for(int i=0;i<10;i++)
       System.out.println("Value"+i+":"+rf.readLong());

    rf.close();
  }
}
```

在以上 main()方法中,先按照 "rw" 访问模式打开 D:\test.dat 文件,如果这个文件还不存在,RandomAccessFile 的构造方法会创建该文件。接下来向该文件中写入 10 个 long 数据,每个 long 数据占用 8 个字节。接着 rf.seek(5*8)方法使得读写指针从文件开头开始,跳过第 5 个 long 数据,接下来的 rf.writeLong(1234)方法将覆盖原来的第 6 个 long 数据,把它改写为 1234。rf.seek(0)方法把读写指针定位到文件开头,接着读取文件中的所有 long 数据。

以上程序的打印结果如下:

```
Value0:0 Value1:1000 Value2:2000 Value3:3000 Value4:4000
Value5:1234 Value6:6000 Value7:7000 Value8:8000 Value9:9000
```

18.11　新 I/O 类库

从 JDK1.4 开始,引入了新的 I/O 类库,它们位于 java.nio 包中,其目的在于提高 I/O 操作的效率。nio 是 new io 的缩写。java.nio 包引入了 4 个关键的数据类型:
- Buffer:缓冲区,临时存放输入或输出数据。
- Charset:具有把 Unicode 字符编码转换为其他字符编码,以及把其他字符编码转换为 Unicode 编码的功能。
- Channel:数据传输通道。能够把 Buffer 中的数据写到数据汇,或者把数据源

的数据读入到 Buffer。
- Selector：支持异步 I/O 操作，也称为非阻塞 I/O 操作，它可以被看成是 UNIX 中 select()函数或 Win32 中 WaitForSingleEvent()函数的面向对象版本，一般在编写服务器程序时需要用到它。

新 I/O 类库主要从两个方面提高 I/O 操作的效率：
- 利用 Buffer 缓冲器和 Channel 通道来提高 I/O 操作的速度。这是本章介绍的主要内容。
- 利用 Selector 来支持非阻塞 I/O 操作，本书没有对此做介绍。

18.11.1 缓冲器 Buffer 概述

数据输入和输出往往是比较耗时的操作。缓冲区从两个方面提高 I/O 操作的效率：
- 减少实际的物理读写次数。
- 缓冲区在创建时被分配内存，这块内存区域一直被重用，这可以减少动态分配和回收内存区域的次数。

旧 I/O 类库中的 BufferedInputStream、BufferedOutputStream、BufferedReader 和 BufferedWriter 在实现中都运用了缓冲区。新 I/O 包公开了 Buffer API，使得程序可以直接控制和运用缓冲区。如图 18-20 显示了 Buffer 类的层次结构。

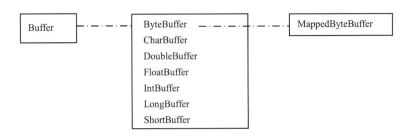

图 18-20　Buffer 类的层次结构

所有的缓冲区都有以下属性：
- 容量（capacity）：表示该缓冲区可以保存多少数据。
- 极限（limit）：表示缓冲区的当前终点，不能对缓冲区中超过极限的数据进行读写操作。极限值是可以修改的，这有利于缓冲区的重用。例如，假定容量为 100 的缓冲区已经填满了数据，接着程序在重用缓冲区时，仅仅将 10 个新的数据写入缓冲区，这时可以将极限值设为 10，这样就不能访问先前的数据。极限值是一个非负整数值，不应该大于容量值。
- 位置（position）：表示缓冲区中下一个读写单元的位置，每次读写缓冲区的数据时，都会改变该值，为下一次读写数据做准备。位置是一个非负整数值，不应该大于极限值。

如图 18-21 所示，以上 3 个属性的关系为：容量≥极限≥位置≥0。

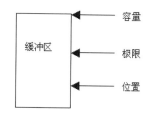

图 18-21 缓冲区的 3 个属性

缓冲区提供了用于改变以上 3 个属性的方法：
- clear()：把极限设为容量值，再把位置设为 0。
- flip()：把极限设为位置值，再把位置设为 0。
- rewind()：不改变极限，把位置设为 0。

java.nio.Buffer 类是一个抽象类，不能被实例化。共有 8 个具体的缓冲区类，其中最基本的缓冲区是 ByteBuffer，它存放的数据单元是字节。ByteBuffer 类并没有提供公开的构造方法，但是提供了两个获得 ByteBuffer 实例的静态工厂方法：
- allocate(int capacity)：返回一个 ByteBuffer 对象，参数 capacity 指定缓冲区的容量。
- directAllocate(int capacity)：返回一个 ByteBuffer 对象，参数 capacity 指定缓冲区的容量。该方法返回的缓冲区称为直接缓冲区，它与当前操作系统能够更好地耦合，因此能进一步提高 I/O 操作的速度。但是分配直接缓冲区的代价高昂，因此只有在缓冲区较大并且长期存在，或者需要经常重用时，才使用这种缓冲区。

除 boolean 类型以外，每种基本类型都有对应的缓冲区类，包括 CharBuffer、DoubleBuffer、FloatBuffer、IntBuffer、LongBuffer 和 ShortBuffer。这几个缓冲区类都有一个能够返回自身实例的静态工厂方法 allocate(int capacity)。在 CharBuffer 中存放的数据单元为字符，在 DoubleBuffer 中存放的数据单元为 double 数据，以此类推。还有一种缓冲区是 MappedByteBuffer，它是 ByteBuffer 的子类。MappedByteBuffer 能够把缓冲区和文件的某个区域直接映射。

所有具体缓冲区类都提供了读写缓冲区的方法：
- get()：相对读。从缓冲区的当前位置读取一个单元的数据，读完后把位置值加 1。
- get(int index)：绝对读。从参数 index 指定的位置读取一个单元的数据。
- put()：相对写。向缓冲区的当前位置写入一个单元的数据，写完后把位置值加 1。
- put(int index)：绝对写。向参数 index 指定的位置写入一个单元的数据。

18.11.2 通道 Channel 概述

通道 Channel 用来连接缓冲区与数据源或数据汇。数据源的数据经过通道到达缓冲区，缓冲区的数据经过通道到达数据汇。如图 18-22 显示了 Channel 的主要层次结构。

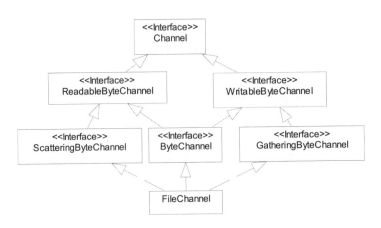

图 18-22　Channel 的主要层次结构

java.nio.channels.Channel 接口只声明了两个方法：

- close()：关闭通道。
- isOpen()：判断通道是否打开。

通道在创建时被打开，一旦关闭通道，就不能重新打开它。

Channel 接口的两个最重要的子接口是 ReadableByteChannel 和 WritableByteChannel。ReadableByteChannel 接口声明了 read(ByteBuffer dst)方法，该方法把数据源的数据读入到参数指定的 ByteBuffer 缓冲区中。WritableByteChannel 接口声明了 write(ByteBuffer src)方法，该方法把参数指定的 ByteBuffer 缓冲区中的数据写到数据汇中。如图 18-23 显示了 Channel 与 Buffer 的关系。ByteChannel 接口是一个便利接口，它扩展了 ReadableByteChannel 和 WritableByteChannel 接口，因而同时支持读写操作。

图 18-23　Channel 与 Buffer 的关系

ScatteringByteChannel 接口扩展了 ReadableByteChannel 接口，允许分散地读取数据。分散读取数据是指单个读取操作能填充多个缓冲区。ScatteringByteChannel 接口声明了 read(ByteBuffer[] dsts)方法，该方法把从数据源读取的数据依次填充到参数指定的 ByteBuffer 数组的各个 ByteBuffer 中。GatheringByteChannel 接口扩展了 WritableByteChannel 接口，允许集中地写入数据。集中写入数据是指单个写操作能把多个缓冲区的数据写到数据汇。GatheringByteChannel 接口声明了 write(ByteBuffer[] srcs)方法，该方法依次把参数指定的 ByteBuffer 数组的每个 ByteBuffer 中的数据写到数据汇。分散读取和集中写数据能够进一步提高输入和输出操作的速度。

FileChannel 类是 Channel 接口的实现类，代表一个与文件相连的通道。该类实现了 ByteChannel、ScatteringByteChannel 和 GatheringByteChannel 接口，支持读操作、写操作、分散读操作和集中写操作。FileChannel 类没有提供公开的构造方法，因此客户程序不能用 new 语句来构造它的实例。不过，在 FileInputStream、FileOutputStream 和 RandomAccessFile 类中提供了 getChannel()方法，该方法返回相应的 FileChannel 对象。

18.11.3 字符编码 Charset 类概述

java.nio.Charset 类的每个实例代表特定的字符编码类型。下文出于叙述的方便，把当前 Charset 对象表示的字符编码简称为当前字符编码。Charset 类提供了以下用于编码转换的方法：

- ByteBuffer encode(String str)：把参数 str 指定的字符串转换为当前字符编码，把转换后的当前字符编码存放在一个 ByteBuffer 对象中，并将其返回。
- ByteBuffer encode(CharBuffer cb)：把参数 cb 指定的字符缓冲区中的字符转换为当前字符编码，把转换后的当前字符编码存放在一个 ByteBuffer 对象中，并将其返回。原先在参数 cb 缓冲区内的字符使用 Unicode 编码。
- CharBuffer decode(ByteBuffer bb)：把参数 bb 指定的 ByteBuffer 中的当前字符编码转换为 Unicode 编码，把转换后的 Unicode 字符编码存放在一个 CharBuffer 对象中，将其返回。

Charset 类还有一个静态方法 defaultCharset()，它返回代表本地平台的字符编码的 Charset 对象。

18.11.4 用 FileChannel 读写文件

例程 18-18 的 FileChannelTester 类演示了 FileChannel 类的用法。

例程 18-18 FileChannelTester.java

```
import java.io.*;
import java.nio.*;
import java.nio.channels.*;
import java.nio.charset.*;
public class FileChannelTester{
  public static void main(String args[])throws IOException{
    final int BSIZE=1024;

    //向文件中写数据
    FileChannel fc=new FileOutputStream("D:\\test.txt").getChannel();
    fc.write(ByteBuffer.wrap("你好,".getBytes()));
    fc.close();

    //向文件末尾添加数据
    fc=new RandomAccessFile("D:\\test.txt","rw").getChannel();
    fc.position(fc.size());   //定位到文件末尾
    fc.write(ByteBuffer.wrap("朋友!".getBytes()));
    fc.close();

    //读数据
```

```java
        fc=new FileInputStream("D:\\test.txt").getChannel();
        ByteBuffer buff=ByteBuffer.allocate(BSIZE);
        fc.read(buff);   //把文件中的数据读入到 ByteBuffer 中
        buff.flip();
        Charset cs=Charset.defaultCharset(); //获得本地平台的字符编码
        System.out.println(cs.decode(buff)); //转换为 Unicode 编码

        fc.close();
    }
}
```

在以上 FileChannel 类的 main()方法中，先从文件输出流中得到一个 FileChannel 对象，然后通过它把 ByteBuffer 对象中的数据写到文件中。"你好,".getBytes()方法返回字符串"你好"，在本地平台的字符编码。ByteBuffer 类的静态方法 wrap(byte[])把一个字节数组包装为一个 ByteBuffer 对象。

main()方法接着从 RandomAccessFile 对象中的得到一个 FileChannel 对象，定位到文件末尾，然后向文件中写入字符串"朋友"，该字符串仍然采用本地平台的字符编码。

main()方法接着从文件输入流中得到一个 FileChannel 对象，然后调用 ByteBuffer.allocate()方法创建了一个 ByteBuffer 对象，它的容量为 1024 个字节，即 1KB。fc.read(buff)方法把文件中的数据读入到 ByteBuffer 中。接下来 buff.flip()方法把缓冲区的极限 limit 设为当前位置，再把位置 position 设为 0，这使得接下来的 cs.decode(buff)方法仅仅操作刚刚写入缓冲区的数据。cs.decode(buff)方法把缓冲区的数据转换为 Unicode 编码，然后打印该编码所代表的字符串。以上程序的打印结果为"你好,朋友!"

18.11.5 控制缓冲区

缓冲区是一块可重用的内存空间。下面例程 18-19 的 BufferTester 类演示如何利用 ByteBuffer 类的 flip()和 clear()方法来控制缓冲区。

例程 18-19 BufferTester.java

```java
import java.io.*;
import java.nio.*;
import java.nio.channels.*;
public class BufferTester{
  public static void main(String args[])throws IOException{
    final int BSIZE=1024;
    //把 test.txt 文件中的数据复制到 out.txt 中
    FileChannel in=new FileInputStream("D:\\test.txt").getChannel();
    FileChannel out=new FileOutputStream("D:\\out.txt").getChannel();

    ByteBuffer buff=ByteBuffer.allocate(BSIZE);
    while(in.read(buff)!=-1){
      buff.flip();
      out.write(buff);
      buff.clear();
    }
    in.close();
    out.close();
}
```

}

在以上程序中，每次执行 in.read(buff)方法，就会从文件中读入一些数据，把它们填充到 buff 缓冲区中，只要文件中还有足够多的数据，该方法就会把数据填满 buff 缓冲区。如果文件中已经没有足够多的数据，那么该方法无法填满 buff 缓冲区。buff.flip()方法确保 out.write(buff)方法仅仅操作 buff 缓冲区中的当前数据。buff.clear()方法把缓冲区的极限设为容量，为下一次 in.read(buff)方法向缓冲区内填充尽可能多的数据做准备。

以上例子主要用于演示 ByteBuffer 类的 flip()和 clear()方法的用途。另一方面，对于单纯的复制文件操作，可以用 FileChannel 类的静态方法 transferTo()或者 transferFrom()来实现。以下 3 段代码是等价的：

```
//代码 1
ByteBuffer buff=ByteBuffer.allocate(BSIZE);
while(in.read(buff)!=-1){
  buff.flip();
  out.write(buff);
  buff.clear();
}

//代码 2
in.transferTo(0,in.size(),out);

//代码 3
out.transferFrom(in,0,in.size());
```

18.11.6　字符编码转换

CharBuffer缓冲区内存放的数据单元为Unicode字符。ByteBuffer类的asCharBuffer()方法把 ByteBuffer 内的数据转换为 Unicode 字符，把它们存放在一个 CharBuffer 对象中，并将其返回。

如果 ByteBuffer 中存放了表示 Unicode 编码的字节，那么 asCharBuffer()方法会返回包含正确字符的 CharBuffer；否则，asCharBuffer()方法返回的 CharBuffer 会包含乱码，在这种情况下，应该利用 Charset 类来进行 Unicode 编码与其他类型编码的转换。

例程 18-20 的 CharsetConverter 类演示了用 Charset 类来进行字符编码转换的过程。

例程 18-20　CharsetConverter.java

```
import java.io.*;
import java.nio.*;
import java.nio.charset.*;
public class CharsetConverter {
  public static void main(String args[])throws IOException{
    final int BSIZE=1024;
    //代码 1
    ByteBuffer bb=ByteBuffer.wrap("你好".getBytes("UTF-8"));
    CharBuffer cb=bb.asCharBuffer();
    System.out.println(cb);   //打印??
```

```
//代码2
bb=ByteBuffer.wrap("你好".getBytes("UTF-16BE"));
cb=bb.asCharBuffer();
System.out.println(cb);   //打印"你好"

//代码3
bb=ByteBuffer.wrap("你好".getBytes("UTF-8"));
Charset cs=Charset.forName("UTF-8");
cb=cs.decode(bb);
System.out.println(cb);   //打印"你好"

//代码4
cs=Charset.forName("GBK");
bb=cs.encode("你好");
cb=cs.decode(bb);
for(int i=0;i<cb.limit();i++)   //打印"你好"
    System.out.print(cb.get());
  }
}
```

在以上 main()方法的第一段代码中，ByteBuffer 中存放的是 UTF-8 编码，asCharBuffer()方法返回的 CharBuffer 包含错误的字符串。

在第二段代码中，ByteBuffer 中存放的是 UTF-16BE 编码，即 Unicode 编码，asCharBuffer()方法返回的 CharBuffer 包含正确的字符串。

在第三段代码中，ByteBuffer 中存放的是 UTF-8 编码，Charset.forName("UTF-8")方法返回代表 UTF-8 编码的 Charset 对象，该 Charset 对象的 decode()方法把 ByteBuffer 参数中的 UTF-8 编码转换为 CharBuffer 中的 Unicode 编码，因此 CharBuffer 包含正确的字符串。

在第四段代码中，Charset.forName("GBK")返回代表 GBK 编码的 Charset 对象，该 Charset 对象的 encode()方法把字符串"你好"转换为 GBK 编码，把它存放在 ByteBuffer 中。

18.11.7 缓冲区视图

ByteBuffer 类提供了 asCharBuffer()、asIntBuffer()和 asFloatBuffer()等用来生成缓冲区视图的方法。通过视图，程序可以向底层的 ByteBuffer 中读取各种基本类型的数据，或者向底层的 ByteBuffer 写入各种基本类型的数据。

在例程 18-21（ViewTester）中，先创建了一个容量为 4 个字节的 ByteBuffer，接着调用 asCharBuffer()方法得到一个 CharBuffer 视图。

例程 18-21 ViewTester.java

```
import java.io.*;
import java.nio.*;
public class ViewTester{
  public static void main(String args[])throws IOException{
    ByteBuffer bb=ByteBuffer.allocate(4);
    while(bb.hasRemaining())   //打印4个0
      System.out.println(bb.get());
```

```
            bb.rewind();

            CharBuffer cb=bb.asCharBuffer();    //获得 ByteBuffer 的 CharBuffer 视图
            cb.put("你好");
            while(bb.hasRemaining())    //依次打印 79,96,89,125
                System.out.println(bb.get());
        }
    }
```

当 ByteBuffer 被创建后，它的缓冲区内的 4 个 byte 数据都为 0。程序执行 cb.put("你好")方法时，该方法把字符串"你好"的 Unicode 编码填充到 ByteBuffer 中，此时在 ByteBuffer 缓冲区内的 4 个 byte 数据为：79、96、89 和 125。

ByteBuffer 类提供了 getChar()、getInt()和 getFloat()等方法，它们能够读取由 CharBuffer、IntBuffer 和 FloatBuffer 等视图填充到缓冲区内的数据。在下面的例程 18-22 的 UseView 类中，先创建了一个 ByteBuffer，然后通过它的 CharBuffer、IntBuffer 和 FloatBuffer 视图写入字符"好"、int 类型的数据 123，以及 float 类型的数据 123.45F。每次向缓冲区内写了一个基本类型的数据后，就调用 ByteBuffer 的 getChar()、getInt()或 getFloat()方法来读取该数据。

例程 18-22　UseView.java

```java
import java.io.*;
import java.nio.*;
public class UseView {
    public static void main(String args[])throws IOException{
        ByteBuffer bb=ByteBuffer.allocate(1024);

        bb.asCharBuffer().put("好");
        System.out.println(bb.getChar());    //打印"好"

        bb.rewind();
        bb.asIntBuffer().put(123);
        System.out.println(bb.getInt());    //打印 123

        bb.rewind();
        bb.asFloatBuffer().put(123.45F);
        System.out.println(bb.getFloat());    //打印 123.45
    }
}
```

缓冲区视图还允许向缓冲区内成批地写入基本类型的数据。在下面的例程 18-23 的 BatchWriter 类中，先创建了一个 ByteBuffer，然后再调用 asIntBuffer()方法得到了一个 IntBuffer 视图。接下来通过 IntBuffer 视图向缓冲区写入一批 int 类型的数据。

例程 18-23　BatchWriter.java

```java
import java.io.*;
import java.nio.*;
public class BatchWriter{
    public static void main(String args[])throws IOException{
        ByteBuffer bb=ByteBuffer.allocate(1024);
```

```
        IntBuffer ib=bb.asIntBuffer();
        ib.put(new int[]{10,20,30,40,50});  //向缓冲区写入一批 int 类型的数据
        System.out.println(ib.get(3));   //打印 40

        ib.put(3,400);
        System.out.println(ib.get(3));   //打印 400

        ib.rewind();
        while(ib.hasRemaining()){   //依次打印 10,20,30,400,50
          int i=ib.get();
          if(i==0)break;
          System.out.println(i);
        }
      }
    }
```

在以上程序中，ib.get(3)方法返回缓冲区内位置为 3 的 int 类型的数据，缓冲区的起始位置为 0。ib.put(3,400)方法在位置为 3 之处写入 int 类型的数据 400，把原先该位置的数据覆盖。

18.11.8　文件映射缓冲区：MappedByteBuffer

MappedByteBuffer 用于创建和修改那些因为太大而不能放入内存的文件。MappedByteBuffer 可用来映射文件中的一块区域，所有对 MappedByteBuffer 的读写操作都会被映射到对文件的物理读写操作。

FileChannel 类提供了获得 MappedByteBuffer 对象的 map()方法：

> MappedByteBuffer map(FileChannel.MapMode mode, long position, long size)

参数 position 指定文件映射区域的起始位置，参数 size 指定映射区域的大小，参数 mode 指定映射模式，有 3 个可选值：

- MapMode.READ_ONLY：只能对映射区域进行读操作。
- Read/write：可以对映射区域进行读和写操作。
- MapMode.PRIVATE：对 MappedByteBuffer 缓冲区中数据的修改不会被保存到文件中，并且这种修改对其他程序不可见。

例程 18-24 的 BigFileTester 类通过 MappedByteBuffer 创建了一个大小为 128MB 的 test.txt 文件，然后向文件中写入采用 GBK 编码的字符串"你好啊"。

例程 18-24　BigFileTester.java

```
import java.io.*;
import java.nio.*;
import java.nio.channels.*;
import java.nio.charset.*;

public class BigFileTester {
  public static void main(String args[])throws IOException{
    int capacity=0x8000000; //128M
    MappedByteBuffer mb=new RandomAccessFile("D:\\test.txt","rw")
                          .getChannel()
```

```
                    .map(FileChannel.MapMode.READ_WRITE,0,capacity);
            mb.put("你好啊".getBytes("GBK"));    //向文件中写入采用 GBK 编码的字符串"你好啊"
            mb.flip();
            System.out.println(Charset.forName("GBK").decode(mb));
        }
    }
```

MappedByteBuffer 继承了 ByteBuffer 类，因此可以调用 MappedByteBuffer 的 asCharBuffer()或 asIntBuffer()等方法，来获得 CharBuffer 或 IntBuffer 视图。

18.11.9 文件加锁

新 Java I/O 类库引入了文件加锁机制，允许程序同步访问某个作为共享资源的文件。不过，竞争同一个文件的两个线程有可能在同一个 Java 虚拟机进程中，也有可能在不同的 Java 虚拟机进程中，还有可能一个线程在 Java 虚拟机进程中，而另一个线程在本地操作系统的其他进程中。Java 使用的文件锁对操作系统的其他线程是可见的，因为这种文件锁直接映射到本地操作系统的加锁工具。

例程 18-25 的 LockTester 类演示了对文件加锁的过程。

例程 18-25   LockTester.java

```
import java.io.*;
import java.nio.channels.*;
public class LockTester{
    public static void main(String args[])throws Exception{
        FileOutputStream fos=new FileOutputStream("D:\\test.txt");
        FileLock fl=fos.getChannel().tryLock();
        if(fl!=null){
            System.out.println("Locked File");
            System.out.println(fl.isShared());
            Thread.sleep(60000);   //锁定文件 60 秒
            fl.release();
            System.out.println("Released Lock");
        }
    }
}
```

在 Windows 操作系统中运行以上程序，在 test.txt 文件被锁定期间，如果用操作系统的记事本程序打开 test.txt 文件，修改文件内容，然后再保存该文件，操作系统会禁止保存文件，弹出如图 18-24 所示的警告窗口。

图 18-24   提示文件被锁定

FileChannel 的 tryLock()或 lock()方法用于锁定文件，如果操作成功，会返回一个

FileLock 对象。tryLock()方法是非阻塞式的,它设法获取锁,如果不能获得锁,就立即返回 null。lock()方法是阻塞式的,它设法获取锁,如果不能获得锁,那么会使执行该 lock()方法的线程,进入阻塞状态,只有等到获得了锁,线程才能恢复运行。

也可以使用以下方法对文件的部分区域加锁:

> tryLock(long position,long size,boolean shared)
> 或者:
> lock(long position,long size,boolean shared)

以上方法的 postion 参数指定文件中开始加锁的位置,参数 size 指定文件中加锁区域的大小,参数 shared 指定锁的类型,如果取值为 true,表示共享锁,否则表示排他锁。有些操作系统不支持共享锁,在这种情况下,如果程序通过以上方法请求获得共享锁,那么以上方法实际上会改为请求获得文件的排他锁。

文件锁可以分为两种类型:
- 共享锁:如果一个线程已经获得了文件的共享锁,其他线程还可以获得该文件的共享锁,但是不能获得该文件的排他锁。
- 排它锁:如果一个线程已经获得了文件的排它锁,其他线程不允许获得该文件的共享锁或排他锁。

FileLock 类的 isShared()方法可用来判断锁的类型,如果返回 true,表示共享锁,否则表示排他锁。

FileLock 类的 release()方法用于释放文件锁。如果程序没有调用该方法,那么当 Java 虚拟机结束进程以前,也会自动释放进程占用的所有文件锁。

有些巨大的文件,如数据库的存储文件,可能会有多个用户同时访问它们。为了提高并发性能,可以对巨大文件进行部分加锁,使得其他线程或进程可以同时访问文件中未被加锁的部分。

在例程 18-26 的 SynAccesser 类的 main()方法中,创建了两个 Modifier 线程,它们分别对 test.txt 文件的不同区域加锁,并且修改该区域的数据。

例程 18-26 SynAccesser.java

```java
import java.io.*;
import java.nio.*;
import java.nio.channels.*;
public class SynAccesser {
    static FileChannel fc;
    public static void main(String args[])throws Exception{
        final int capacity=0x800;   //2K
        fc=new RandomAccessFile("D:\\test.txt","rw")
                            .getChannel();
        MappedByteBuffer mbb=fc.map(FileChannel.MapMode.READ_WRITE,0,capacity);
        for(int i=0;i<capacity/2;i++)
            mbb.put((byte)'a');
        for(int i=capacity/2;i<capacity;i++)
            mbb.put((byte)'c');

        new Modifier(mbb,0,capacity/2);
        new Modifier(mbb,capacity/2,capacity);
```

```java
        }
        //对文件部分区域加锁并且修改文件
        static class Modifier extends Thread{
            private ByteBuffer buff;
            private int start,end;

            Modifier(ByteBuffer mbb,int start,int end){
                this.start=start;
                this.end=end;
                mbb.limit(end);
                mbb.position(start);
                buff=mbb.slice();   //获得需要处理的缓冲区域,它和相应的文件区域映射
                start();
            }

            public void run(){
                try{
                    FileLock fl=fc.lock(start,end,false);
                    System.out.println("Locked: "+start+" to "+end);

                    //修改数据
                    while(buff.position()<buff.limit()-1)
                        buff.put((byte)(buff.get()+1)); //buff.put()和 buff.get()方法都会改变 buff 的 position

                    fl.release();
                }catch(IOException e){throw new RuntimeException(e);}
            }
        }
    }
```

以上程序运行结束后,test.txt 文件中的数据形式为:

ababab...abababcdcdcd...cdcdcd

18.12 对象的序列化与反序列化

对象的序列化是指把对象写到一个输出流中,对象的反序列化是指从一个输入流中读取一个对象。Java 语言要求只有实现了 java.io.Serializable 接口的类的对象才能被序列化及反序列化。JDK 类库中的有些类(如 String 类、包装类和 Date 类等)都实现了 Serializable 接口。

对象的序列化包括以下步骤:

(1)创建一个对象输出流,它可以包装一个其他类型的输出流,比如文件输出流:

```
ObjectOutputStream out=new ObjectOutputStream(
    new fileOutputStream("D:\\objectFile.obj"));
```

(2)通过对象输出流的 writeObject()方法写对象:

```
out.writeObject("hello");
out.writeObject(new Date());
```

以上代码把一个 String 对象和 Date 对象保存到了 objectFile.obj 文件中,在这个文件中保存了这两个对象的序列化形式的数据。这种文件无法用普通的文本编辑器(比如 Windows 的记事本)打开,这种文件里的数据只有 ObjectInputStream 类才能识别它,并且能对它进行反序列化。

对象的反序列化包括以下步骤:

(1)创建一个对象输入流,它可以包装一个其他类型的输入流,比如文件输入流:

```
ObjectInputStream out=new ObjectInputStream(new FileInputStream("D:\\objectFile.obj"));
```

(2)通过对象输入流的 readObject()方法读取对象:

```
String obj1=(String)out.readObject();
Date obj2=(Date)out.readObject();
```

为了能读出正确的数据,必须保证向对象输出流写对象的顺序与从对象输入流读对象的顺序一致。

例程 18-27 的 ObjectSaver 类的 main()方法先向 objectFile.obj 文件写入 3 个对象,然后再依次把它们读入到内存中。

例程 18-27 ObjectSaver.java

```
import java.io.*;
import java.util.*;

public class ObjectSaver{

    public static void main(String agrs[]) throws Exception {
        ObjectOutputStream out=new ObjectOutputStream(
                                new FileOutputStream("D:\\objectFile.obj"));
        String obj1="hello";
        Date obj2=new Date();
        Customer obj3=new Customer("Tom",20);
        //序列化对象
        out.writeObject(obj1);
        out.writeObject(obj2);
        out.writeObject(obj3);
        out.close();

        //反序列化对象
        ObjectInputStream in=new ObjectInputStream(
                                new FileInputStream("D:\\objectFile.obj"));
        String obj11 = (String)in.readObject();
        System.out.println("obj11:"+obj11);
        System.out.println("obj11==obj1:"+(obj11==obj1));
        System.out.println("obj11.equals(obj1):"+obj11.equals(obj1));

        Date obj22 = (Date)in.readObject();
```

```java
            System.out.println("obj22:"+obj22);
            System.out.println("obj22==obj2:"+(obj22==obj2));
            System.out.println("obj22.equals(obj2):"+obj22.equals(obj2));

            Customer obj33 = (Customer)in.readObject();
            System.out.println("obj33:"+obj33);
            System.out.println("obj33==obj3:"+(obj33==obj3));
            System.out.println("obj33.equals(obj3):"+obj33.equals(obj3));
            in.close();
        }
    }

    class Customer implements Serializable{
        private String name;
        private int age;

        public Customer(String name,int age){
            this.name=name;
            this.age=age;
            System.out.println("call second constructor");
        }

        public boolean equals(Object o){
            if(this==o)return true;
            if(! (o instanceof Customer)) return false;
            final Customer other=(Customer)o;

            if(this.name.equals(other.name) && this.age==other.age)
                return true;
            else
                return false;
        }

        public String toString(){return "name="+name+",age="+age;}
    }
```

ObjectSaver 类的 main()方法先在内存中创建了 3 个对象，分别为 String、Date 和 Customer 类型，这些类都实现了 Serializable 接口。main()方法接着通过 ObjectOutputStream 的 writeObject()方法把它们的序列化数据保存到 objectFile.obj 文件中，最后通过 ObjectInputStream 的 readObject()方法从 objectFile.obj 文件中读取序列化数据，把它们恢复为内存中的对象。如图 18-25 显示了这段序列化与反序列化的过程。ObjectInputStream 的 readObject()方法在进行反序列化时，不必调用类的构造方法，就会在内存中创建一个新的对象，这个对象的属性值来自于对象的序列化数据。

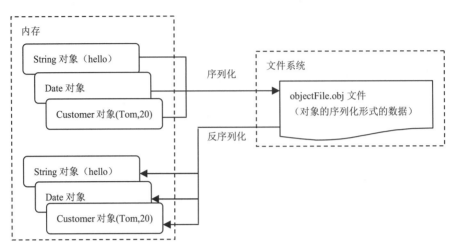

图 18-25 对象的序列化与反序列化过程

以上程序的打印结果如下：

```
call second constructor
obj11:hello
obj11==obj1:false
obj11.equals(obj1):true
obj22:Fri Mar 31 13:17:38 CST 2006
obj22==obj2:false
obj22.equals(obj2):true
obj33:name=Tom,age=20
obj33==obj3:false
obj33.equals(obj3):true
```

通常，对象中的所有属性都会被序列化。对于一些比较敏感的信息（比如用户的口令），一旦序列化后，人们就可以通过读取文件或者拦截网络传输数据的方式来偷窥这些信息。因此出于安全的原因，应该禁止对这种属性进行序列化。解决办法是把这种属性用 transient 修饰。例如，在例程 18-28 的 User 类中，password 属性用 transient 修饰，因此它不会参与序列化及反序列化过程。

例程 18-28 User.java

```
import java.io.*;
public class User implements Serializable {
  private String name;
  private transient String password;
  public User(String name, String password) {
    this.name=name;
    this.password=password;
  }
  public String toString() {
    return name + " " + password;
  }
  public static void main(String[] args) throws Exception{
    User user = new User("Tom", "123456");
```

```
        System.out.println("Before Serialization:" + user);
        ByteArrayOutputStream buf = new ByteArrayOutputStream();

        //把 User 对象序列化到一个字节缓存中
        ObjectOutputStream o =new ObjectOutputStream(buf);
        o.writeObject(user);

        //从字节缓存中反序列化 User 对象
        ObjectInputStream in =new ObjectInputStream(
             new ByteArrayInputStream(buf.toByteArray()));
        user= (User)in.readObject();
        System.out.println("After Serialization:" + user);
    }
}
```

以上对象输出流仅仅把 User 对象的 name 属性写到字节缓存中，对象输入流也仅仅从字节缓存中读取 name 属性，以上程序的打印结果为：

```
Before Serialization:Tom 123456
After Serialization:Tom null
```

如果希望进一步控制序列化及反序列化的方式，可以在 User 类中提供一个 readObject()和 writeObject()方法，当 ObjectOutputStream 对一个对象进行序列化时，如果该对象具有 writeObject()方法，那么就会执行这一方法，否则就按默认方式序列化。在 writeObject()方法中可以调用 ObjectOutputStream 的 defaultWriteObject()方法，使得对象输出流执行默认序列化操作。当 ObjectInputStream 对一个对象进行反序列化时，如果该对象具有 readObject()方法，那么就会执行这一方法，否则就按默认方式反序列化。在 readObject()方法中可以调用 ObjectInputStream 的 defaultReadObject()方法，使得对象输入流执行默认反序列化操作。

例程 18-29 的 User 类提供了 readObject()和 writeObject()方法，使得 transient 类型的 password 属性能够进行特殊的序列化。在 writeObject()方法中，先对 name 属性进行默认的序列化，接着把 password 属性加密后再序列化，具体办法为：获得 password 属性的字节数组，把数组中的每个字节的二进制位取反，再把取反后的字节数组写到对象输出流中。

例程 18-29 User.java

```
package safe;   //这个 User 类位于 safe 包内
import java.io.*;
public class User implements Serializable {
    private String name;
    private transient String password;
    public User(String name, String password) {
        this.name=name;
        this.password=password;
    }
    public String toString() {
        return name + " " + password;
    }
```

```java
/** 加密数组，将 buff 数组中的每个字节的每一位取反
 *  例如 13 的二进制位为 00001101，取反后为 11110010
 */
private byte[] change(byte[] buff){
  for(int i=0;i<buff.length;i++){
    int b=0;
    for(int j=0;j<8;j++){
      int bit=(buff[i]>>j & 1)==0 ? 1:0;
      b+=(1<<j)*bit;
    }
    buff[i]=(byte)b;
  }
  return buff;
}

private void writeObject(ObjectOutputStream stream)throws IOException {
  stream.defaultWriteObject();   //先按默认方式序列化
  stream.writeObject(change(password.getBytes()));
}
private void readObject(ObjectInputStream stream)
        throws IOException, ClassNotFoundException {
  stream.defaultReadObject();   //先按默认方式反序列化
  byte[] buff=(byte[])stream.readObject();
  password = new String(change(buff));
}
public static void main(String[] args) throws Exception{
  User user = new User("Tom", "123456");
  System.out.println("Before Serialization:" + user);
  ByteArrayOutputStream buf = new ByteArrayOutputStream();

  //把 User 对象序列化到一个字节缓存中
  ObjectOutputStream o =new ObjectOutputStream(buf);
  o.writeObject(user);

  //从字节缓存中反序列化 User 对象
  ObjectInputStream in =new ObjectInputStream(
        new ByteArrayInputStream(buf.toByteArray()));
  user=(User)in.readObject();
  System.out.println("After Serialization:" + user);
  }
}
```

在 User 对象的序列化数据中，保存了 password 属性的加密数据，在反序列化过程中，会把 password 的加密数据再恢复为 password 属性。运行"java safe.User"，以上程序的打印结果为：

```
Before Serialization:Tom 123456
After Serialization:Tom 123456
```

值得注意的是，readObject()方法和 writeObject()方法并不是在 java.io.Serializable 接口中定义的。如果用户希望进一步控制可序列化类的序列化方式，就可以实现这两个方法，并且这两个方法的签名必须和本例中 User 类的 readObject()方法和 writeObject() 方法的签名完全一致。

当一个软件系统希望扩展第三方提供的 Java 类库（比如 JDK 类库）的功能时，最常见的方式是实现第三方类库的一些接口，或创建类库中抽象类的子类。但是以上 User 类的 readObject()方法和 writeObject()方法并不是在 java.io.Serializable 接口中定义的。JDK 类库的设计人员没有把这两个方法放在 Serializable 接口中，这样做的优点在于：

（1）不必公开这两个方法的访问权限，以便封装序列化的细节。如果把这两个方法放在 Serializable 接口中，就必须定义为 public 类型。

（2）不必强迫用户定义的可序列化类实现这两个方法。如果把这两个方法放在 Serializable 接口中，它的实现类就必须实现这些方法，否则就只能声明为抽象类。

不过，由于在 Serializable 接口中没有定义这两个方法，因此用户单靠阅读 JavaDoc 文档就无法全面地了解和运用序列化功能。因此 JDK 必须提供额外的文档，让用户知道在一个可序列化类中加入 readObject()方法和 writeObject()方法，就能定制序列化的方式。这种文档称为序列化的规范。

当读者逐步深入涉足 Java 开发领域，就会发现这是一个充斥了规范与接口的世界。如果一个软件系统希望正确运用第三方提供的现成的框架或中间件产品，不仅要实现一些接口，通常还要遵守一些规范。在 JavaEE 架构中，两个最庞大的规范就是 Servlet 规范与 EJB 规范，在 Oracle 公司的网站上公布了这两个规范的文档。

18.13 自动释放资源

输入流和输出流打开后会占用系统资源，因此作为一种良好的编程习惯，在对流处理结束后，应该及时调用它们的 close()方法把流关闭。但是，总会有程序员因为粗心而忘记关闭流。为了提高程序的健壮性，从 JDK7 开始，提供了自动释放资源的机制。I/O 类库中的绝大多数的输入流和输出流都实现了 AutoCloseable 接口。

例如，在以下方法中，程序员忘记了调用输入流和输出流的 close()方法：

```
public void copy(File source, File target) {
  try{
    InputStream fis = new FileInputStream(source);
    OutputStream fos = new FileOutputStream(target);

    byte[] buf = new byte[8192];
    int data;
    while ((data = fis.read(buf)) != -1) {
      fos.write(buf, 0, data);
    }
  }catch (Exception e) {
    e.printStackTrace();
  }
}
```

由于 InputStream 和 OutputStream 都实现了 AutoCloseable 接口，因此，Java 虚拟机会在以下两种情况下自动调用所有实现 AutoCloseable 接口的对象的 close()方法：

（1）try 代码块中的内容正常执行结束，在退出 try 代码块前自动调用 close()方法。

（2）当 try 代码块产生异常时，在抛出异常前自动调用 close()方法。

值得注意的是，尽管 JDK 提供了自动释放资源的机制，程序员还是应该养成及时显式关闭资源的习惯，因为这可以更加灵活地控制关闭资源的时间，尤其是在有多个进程共享同一文件的场合，应该尽早释放不再需要访问的资源。

18.14 用 File 类来查看、创建和删除文件或目录

File 类提供了管理文件或目录的方法。File 实例表示真实文件系统中的一个文件或者目录。File 类有以下构造方法：

- File(String pathname)：参数 pathname 表示文件路径或者目录路径。
- File(String parent, String child)：参数 parent 表示根路径，参数 child 表示子路径。
- File(File parent, String child)：参数 parent 表示根路径，参数 child 表示子路径。

使用何种构造方法取决于程序所处理的文件系统。一般说来，如果程序只处理一个文件，那么使用第一个构造方法；如果程序处理一个公共目录中的若干子目录或文件，那么使用第二个或者第三个构造方法会更方便。

File 类主要提供了以下管理文件系统的方法：

（1）boolean canRead()。

测试程序是否能对该 File 对象所代表的文件进行读操作。

（2）boolean canWrite()。

测试程序是否能写该 File 对象所代表的文件。

（3）boolean delete()。

删除该 File 对象所代表的文件或者目录。如果 File 对象代表目录，并且目录下包含子目录或文件，则不允许删除 File 对象代表的目录。

（4）boolean exists()。

测试该 File 对象所代表的文件或者目录是否存在。

（5）String getAbsolutePath()。

获取该 File 对象所代表的文件或者目录的绝对路径。

（6）String getCanonicalPath()。

获取该 File 对象所代表的文件或者目录的正规路径，它会解析符号"."（当前目录）或者符号".."（上级目录），返回该 File 对象所代表的文件或者目录在文件系统中的唯一标识。例如：

```
String path=new File("c:\\winnt\\..\\autoexec.bat").getCanonicalPath();
```

以上 path 的取值为 C:\autoexec.bat。

（7）String getName()。

获取该 File 对象所代表的文件或者目录的名字。

（8）String getParent()。

获取该 File 对象所代表的文件或者目录的根路径。如果没有的话，返回 null。

（9）String getPath()。

获取该 File 对象所代表的文件或者目录的路径。File 类提供了 3 个方法来获得文件或者目录的路径：getCanonicalPath()、getAbsolutePath()和 getPath()。这 3 个方法返回的路径的表达方式不一样。假设有个文件 C:\mypath\test.txt，当前路径是 C:\mypath。以下程序创建了一个相对于当前路径的 File 对象：

```
File f=new File(new File(".\\test.txt"));
System.out.println(f.getCanonicalPath());
System.out.println(f.getAbsolutePath());
System.out.println(f.getPath());
if(!f.exists())f.createNewFile();   //如果在 C:\mypath 目录下不存在 test.txt 文件，就创建该文件
```

以上代码的打印结果为：

```
C:\mypath\test.txt
C:\mypath\.\test.txt
.\test.txt
```

当前路径是指在控制台中运行 Java 程序时的路径。例如图 18-26 显示的控制台的当前路径为 C:\mypath。

图 18-26　Java 程序运行时的当前路径

在 Java 中还提供了一个系统属性 "user.dir"，它表示用户路径。java 命令的 "-D" 参数可用来设置该系统属性，例如：

```
java –Duser.dir=C:\myimages –classpath C:\classes Sample
```

以上命令中的 "-D" 参数表明用户路径为 C:\myimages。此外，"-classpath" 参数表明 Java 虚拟机会从 C:\classes 目录下加载 Sample.class 文件。假设在某应用程序中，用户把所有的图片文件都存放在 C:\myimages 目录下。在程序中可以用 System 类的 getProperty()和 setProperty()方法来读取或修改系统属性：

```
String userdir= System.getProperty("user.dir");
System.out.println("用户路径为: "+userdir);
File file=new File(userdir,"image1.gif");   //file 对象代表 C:\myimages\image1.gif 文件
```

（10）boolean isDirectory()。

测试该 File 对象是否代表一个目录。

（11）boolean isFile()。

测试该 File 对象是否代表一个文件。

（12）String[] list()，String[] list(FilenameFilter)。

如果该 File 对象代表目录，则返回该目录下所有文件和目录的名字列表。如果给定 FilenameFilter 参数，则返回所有满足 FilenameFilter 过滤条件的文件和目录的名字列表。

（13）File[] listFiles()，File[] listFiles(FilenameFilter)。

如果该 File 对象代表目录，则返回该目录下所有文件和目录的 File 对象。如果给定 FilenameFilter 参数，则返回所有满足 FilenameFilter 过滤条件的文件和目录的 File 对象。

（14）boolean mkdir()。

在文件系统中创建由该 File 对象表示的目录。

（15）boolean createNewFile()。

如果该 File 对象代表文件，并且该文件在文件系统中不存在，就在文件系统中创建这个文件，内容为空。

File 类可用来查看文件或目录的信息，还可以创建或删除文件和目录。例如例程 18-30 的 DirUtil 类演示了 File 类的用法。

例程 18-30　DirUtil.java

```java
import java.io.*;
import java.io.Date;
public class DirUtil{
  public static void main(String args[])throws Exception{
    File dir1=new File("D:\\dir1");
    if(!dir1.exists())dir1.mkdir();

    File dir2=new File(dir1,"dir2");
    if(!dir2.exists())dir2.mkdirs();

    File dir4=new File(dir1,"dir3\\dir4");
    if(!dir4.exists())dir4.mkdirs();

    File file=new File(dir2,"test.txt");
    if(!file.exists())file.createNewFile();

    listDir(dir1);

    deleteDir(dir1);
  }

  /** 查看目录信息 */
  public static void listDir(File dir){
    File[] lists=dir.listFiles();

    //打印当前目录下包含的所有子目录和文件的名字
    String info="目录:"+dir.getName()+"(";
    for(int i=0;i<lists.length;i++)
       info+=lists[i].getName()+" ";
    info+=")";
    System.out.println(info);

    //打印当前目录下包含的所有子目录和文件的详细信息
```

```
            for(int i=0;i<lists.length;i++){
              File f=lists[i];
              if(f.isFile())
                System.out.println("文件:"+f.getName()
                        +" canRead:"+f.canRead()
                        +" lastModified:"+new Date(f.lastModified()));
              else    //如果为目录，就递归调用 listDir()方法
                listDir(f);
            }
        }

        /** 删除目录或文件，如果参数 file 代表目录，会删除当前目录及目录下的所有内容*/
        public static void deleteDir(File file){
            if(file.isFile()){    //如果 file 代表文件，就删除该文件
              file.delete();
              return;
            }

            //如果 file 代表目录，先删除目录下的所有子目录和文件
            File[] lists=file.listFiles();
            for(int i=0;i<lists.length;i++)
              deleteDir(lists[i]);    //递归删除当前目录下的所有子目录和文件

            file.delete();    //最后删除当前目录
        }
    }
```

以上 DirUtil 类的 main()方法首先创建了如图 18-27 所示的文件系统，接着调用 listDir(dir1)方法查看 dir1 目录及它包含的子目录和文件的信息，最后调用 deleteDir(dir1) 方法删除 dir1 目录及它包含的子目录和文件。

图 18-27　main()方法创建的文件系统结构

以上程序的打印结果如下：

```
目录:dir1(dir2 dir3 )
目录:dir2(test.txt )
文件:test.txt canRead:true lastModified:Wed Sep 21 09:59:00 CST 2016
目录:dir3(dir4 )
目录:dir4()
```

18.15　用 java.nio.file 类库来操作文件系统

从 JDK7 开始，引入了 java.nio.file 包，封装了一些操作文件和目录的细节，提供了一组功能强大的实用方法。最常用的类包括：

（1）Files 类：提供了一组操作文件和目录的静态方法，如移动文件的 move()方

法，复制文件的 copy()方法，按照指定条件搜索目录树的 find()方法等。此外，Files 类的 newDirectoryStream()方法会创建一个目录流，程序得到这个目录流之后，就能方便地遍历整棵目录树。Files 类的 walkFileTree()方法也可以遍历目录树，而且能在参数中指定遍历目录树中每个文件时的具体操作。

（2）Path 接口：表示文件系统中的一个路径。这个路径可以表示一棵包含多层子目录和文件的目录树。

（3）Paths 类：提供了创建 Path 对象的静态方法。它的 get(String first, String... more) 返回一个 Path 对象，这 Path 对象所代表的路径以 first 参数作为根路径，以 more 可变参数作为子路径。例如，调用 Paths.get ("/root","dir1","dir2") 方法，将返回一个 Path 对象，它表示的路径为"/root/dir1/dir2"。

（4）FileSystem 类：表示文件系统。

（5）FileSystems 类：提供了创建 FileSystem 对象的静态 newFileSystem()方法。

18.15.1 复制、移动文件以及遍历、过滤目录树

例程 18-31 的 FilesTool 类演示了 Files 类、Paths 类和 Path 类的用法。

例程 18-31　FilesTool.java

```java
import java.io.IOException;
import java.nio.file.*;
public class FilesTool {
  public void copyFile(String fromDir,String toDir,String file)throws IOException   {
    Path pathFrom = Paths.get(fromDir,new String[]{file});
    Path pathTo = Paths.get(toDir,new String[]{file});

    //调用文件复制方法，如果目标文件已经存在就将其覆盖
    Files.copy(pathFrom, pathTo, StandardCopyOption.REPLACE_EXISTING);
  }
  public void moveFile(String fromDir,String toDir,String file)throws IOException   {
    Path pathFrom = Paths.get(fromDir,new String[]{file});
    Path pathTo = Paths.get(toDir,new String[]{file});
    //文件的大小 bytes
    System.out.println(Files.size(pathFrom));
    //调用文件移动方法，如果目标文件已经存在就将其覆盖
    Files.move(pathFrom, pathTo, StandardCopyOption.REPLACE_EXISTING);
  }
  public void createAndShowDir(String dir)throws IOException{
    Path path = Paths.get(dir);
    //创建文件夹
    if(Files.notExists(path)){
      Files.createDirectories(path);
      System.out.println("create dir");
    }else{
      System.out.println("dir exists");
    }
    //遍历文件夹下面的文件
```

```java
        DirectoryStream<Path> paths = Files.newDirectoryStream(path);
        for(Path p : paths)
            System.out.println(p.getFileName());

        System.out.println("以下是以java、txt、bat 结尾的文件");
        //创建一个带有过滤器的目录流,过滤条件为文件名以 java txt bat 结尾
        DirectoryStream<Path> pathsStream = Files.newDirectoryStream(path, "*.{java,txt,bat}");
        for(Path p : pathsStream)
            System.out.println(p.getFileName());
    }

    public static void main(String[] args) throws IOException{
        FilesTool tool=new FilesTool();

        //把 D:目录下的 hello.txt 文件复制到 C:目录下
        tool.copyFile("D:\\","C:\\","hello.txt");

        //把 D:目录下的 test.txt 文件移动到 C:目录下
        tool.moveFile("D:\\","C:\\","test.txt");

        //遍历访问 C:\dollapp 目录下的内容
        tool.createAndShowDir("C:\\dollapp");
    }
}
```

以上 FilesTool 类的 copyFile()方法利用 Files 类的 copy()方法，把文件从一个目录复制到另一个目录下。FilesTool 类的 moveFile()方法利用 Files 类的 move()方法，把文件从一个目录移动到另一个目录下。FilesTool 类的 createAndShowDir()方法能创建目录及遍历目录树。本章 18.14 节的例程 18-30 的 DirUtil 类的 listDir()方法通过复杂的代码来实现对目录树的遍历。而借助于 Files 类的 newDirectoryStream()方法，这一操作变得轻而易举：

```java
DirectoryStream<Path> pathsStream = Files.newDirectoryStream(path, "*.{java,txt,bat}");
for(Path p : pathsStream)    //遍历目录树
    System.out.println(p.getFileName());
```

18.15.2　查看 ZIP 压缩文件

Java.nio.file.FileSystem 类不仅可以表示默认的本地磁盘文件系统，还可以表示 ZIP 压缩文件系统。例程 18-32 的 ZipVisitor 类通过 FileSystems 类的 newFileSystem()方法创建了一个表示 ZIP 压缩文件系统的 FileSystem 对象。接下来通过 Files 类的 walkFileTree()方法来遍历访问这个 ZIP 压缩文件中的所有文件。

例程 18-32　ZipVistor.java

```java
import java.io.*;
import java.nio.file.*;
import java.nio.file.attribute.*;

public class ZipVisitor {
    public void readZip(String zipFile)throws Exception{
        FileSystem fs=FileSystems.newFileSystem(Paths.get(zipFile),null);
```

```
        //遍历目录树
        Files.walkFileTree(fs.getPath("/"),new SimpleFileVisitor<Path>(){
            //在 visitFile()方法中指定遍历每个文件时的具体操作
            public FileVisitResult visitFile(Path file, BasicFileAttributes attrs)throws IOException{
                System.out.println(file);
                return FileVisitResult.CONTINUE;
            }
        });
    }

    public static void main(String[] args)throws Exception {
        ZipVisitor visitor=new ZipVisitor();
        visitor.readZip("C:\\jdk8\\javafx-src.zip");
    }
}
```

在以上范例中,调用了 Files 类的 walkFileTree()方法,它的定义如下:

```
public static Path walkFileTree(Path start, FileVisitor<? super Path> visitor)
```

参数 start 指定待遍历的目录树的根目录。visitor 参数指定遍历目录树中每个文件的操作行为。visitor 参数为 FileVisitor 类型,在本范例中,创建了 FileVisitor 类型的子类型 SimpleFileVisitor 的匿名对象,它的 visitFile()方法指定打印出每个文件的信息。

Tips

> JDK 的版本在不断升级的过程中,Java 类库变得越来越庞大,由于本书篇幅有限,无法把每个新类的功能都一一详细介绍。所以希望通过一些典型的例子,对读者起到抛砖引玉的作用,愿读者能逐步学会自己去探索新的 Java API 的本领。

18.16 小结

Java I/O 类库对各种常见的数据源、数据汇及处理过程进行了抽象处理。客户程序不必知道最终的数据源或数据汇是一个磁盘上的文件还是一个内存中的数组,都可以按照统一的接口来处理程序的输入和输出。

Java I/O 类库具有两个对称性,它们分别是:

(1) 输入—输出对称,例如:
- InputStream 和 OutputStream 对称。
- FilterInputStream 和 FilterOutputStream 对称。
- DataInputStream 和 DataOutputStream 对称。
- Reader 和 Writer 对称。
- InputStreamReader 和 OutputStreamWriter 对称。
- BufferedReader 和 BufferedWriter 对称。

(2) 字节流和字符流对称,例如 InputStream 和 Reader 分别表示字节输入流和字符输入流，OutputStream 和 Writer 分别表示字节输出流和字符输出流。

Java I/O 类库在设计中主要采用了装饰器和适配器设计模式：

（1）装饰器模式：在由 InputStream、OutputStream、Reader 和 Writer 代表的层次结构中，有一些过滤流可以对另一些流起到装饰作用，从而增加新的功能，或者增强原有的功能。比如，DataInputStream 过滤流提供了读取格式化数据的功能，BufferedInputStream 过滤流则提供了读缓冲区，能够提高读操作的效率。

（2）适配器模式：比如 ByteArrayInputStream 把字节数组类型转换为 InputStream 类型，使得客户程序可以通过 InputStream 接口从字节数组中读取字节。再比如 StringReader 把 String 类型转换为 Reader 类型，使得客户程序可以通过 Reader 接口从字符串中读取字符。再比如 InputStreamReader 把 InputStream 类型转换为 Reader 类型，使得客户程序可以通过 Reader 接口从底层的字节流中读取指定编码类型的字符。

从 JDK1.4 开始，提供了新的 I/O 类库，它并不是为了替代原有的 I/O 类库，而是为了扩展 I/O 系统的功能，以及提高 I/O 操作的效率。新 I/O 类库能够快速地读写巨型文件（比如大小为 128MB 的文件），而且具有对文件的整体或部分加锁的功能。

本章还介绍了 File 类的用法，它不是用于输入和输出，而是用于管理文件系统。File 类的名字容易让人误以为它仅仅代表文件，而实际上 File 对象既可以表示文件系统中的一个文件，也可以表示一个目录。

当一个 File 对象被创建后，它所代表的文件或目录有可能在文件系统中存在，也有可能不存在，可以用 File 类的 exists()方法来判断它是否存在。如果 File 对象代表文件，并且在文件系统中不存在，可以用 File 类的 createNewFile()方法来创建该文件。如果 File 对象代表目录，并且在文件系统中不存在，可以用 File 类的 mkdir()方法来创建该目录。

本章最后介绍了 java.nio.file 包中 Files、Paths 和 FileSystem 等类的用法，它们操作文件系统的功能比 File 类更加强大，可以方便地实现对文件的复制、移动和遍历等，还可以访问 ZIP 压缩文件。

18.17 思考题

1. 以下哪些属于 File 类的功能？
a) 改变当前目录　　　　　　b) 返回根目录的名字
c) 删除文件　　　　　　　　d) 读取文件中的数据

2. File 类可以表示以下哪些内容？
a) 文件　　b) 目录　　c) 输入流　　d) 输出流

3. 以下哪些是合法的构造 RandomAccessFile 对象的代码？

a) RandomAccessFile(new File("D:\\myex\\dir1\\..\\test.java"), "rw")

b) RandomAccessFile("D:\\myex\\test.java", "r")

c) RandomAccessFile("D:\\myex\\test.java")

d) RandomAccessFile("D:\\myex\\test.java", "wr")

4. 引用变量 *raf* 引用一个 RandomAccessFile 对象，如何从文件中读取 10 个字节？

a) raf.readLine();

b) raf.read(10);

c) byte [] tenb = new byte[10];   raf.read(tenb);

d) byte [] tenb = new byte[10];   raf.readFully(tenb);

5. 以下哪段代码能够向文件中写入 UTF-8 编码的数据？

a)
```
public void write(String msg) throws IOException {
    FileWriter fw = new FileWriter(new File("file"));
    fw.write(msg);
    fw.close();
}
```

b)
```
public void write(String msg) throws IOException {
    OutputStreamWriter osw =new OutputStreamWriter(new FileOutputStream("file"), "UTF-8");
    osw.write(msg);
    osw.close();
}
```

c)
```
public void write(String msg) throws IOException {
    FileWriter fw = new FileWriter(new File("file"));
    fw.setEncoding("UTF-8");
    fw.write(msg);
    fw.close();
}
```

d)
```
public void write(String msg) throws IOException {
    FilterWriter fw = FilterWriter(new FileWriter("file"), "UTF-8");
    fw.write(msg);
    fw.close();
}
```

e)
```
public void write(String msg) throws IOException {
    OutputStreamWriter osw = new OutputStreamWriter(
            new OutputStream(new File("file")), "UTF-8" );
    osw.write(msg);
    osw.close();
}
```

6. java.nio.file 包中的哪个类具有复制文件的 copy() 方法？

a) Path   b) Paths   c) Files   d) FileSystem

7. 以下哪些类的构造方法具有 InputStream 类型的参数？

a) BufferedInputStream   b) DataInputStream

c) SequenceInputStream   d) FileInputStream

第 19 章 图形用户界面

图形用户界面（Graphics User Interface，GUI）是用户与程序交互的窗口，它比基于命令行的界面更直观并且更友好。构建图形用户界面的机制包括：
- 提供一些容器组件（如 JFrame 和 JPanel），用来容纳其他的组件（如按钮 JButton、复选框 JCheckbox 和文本框 JTextField）。
- 用布局管理器来管理组件在容器上的布局。
- 组件委托监听器来响应各种事件，实现用户与图形界面的交互。一个组件如果注册了某种事件的监听器，由这个组件触发的特定事件就会被监听器接收和响应。
- 提供了一套绘图机制，来自动维护或刷新图形界面。

19.1 AWT 组件和 Swing 组件

GUI 的基本类库位于 java.awt 包中，这个包也被称为抽象窗口工具箱（Abstract Window Toolkit，AWT）。AWT 按照面向对象的思想来创建 GUI，它提供了容器类、众多的组件类和布局管理器类，如图 19-1 显示了 AWT 的类层次结构，其中用粗体字标识的类表示比较重要的类。

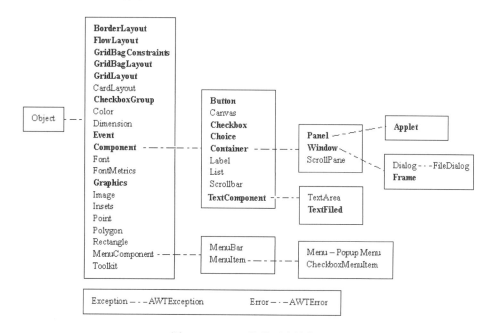

图 19-1　AWT 的类层次结构

java.awt 包中提供了一个抽象类 Component，它是所有除菜单类组件外的 AWT 组件的父类。Component 类中声明了所有组件都拥有的方法：

- getBackground()：返回组件的背景色。
- getGraphics()：返回组件使用的画笔。
- getHeight()：返回组件的高度。
- getLocation()：返回组件在容器中的位置。
- getSize()：返回组件的大小。
- getWidth()：返回组件的宽度。
- getX()：返回组件在容器中的 X 坐标值。
- getY()：返回组件在容器中的 Y 坐标值。
- isVisible()：判断组件是否可见。
- setBackground(Color c)：设置组件的背景色。
- setBounds(int x, int y, int width, int height)：设置组件的位置及大小。参数 x 和 y 分别表示组件在容器中的 X 坐标和 Y 坐标。参数 width 和 height 分别表示组件的宽和高。
- setEnabled(boolean b)：设置组件是否可用。
- setFont(Font f)：设置组件的字体。
- setForeground(Color c)：设置组件的前景色。
- setLocation(int x, int y)：设置组件在容器中的坐标位置。
- setSize(Dimension d)：设置组件的大小。
- setSize(int width, int height)：设置组件的宽和高。
- setVisible(boolean b)：设置组件是否可见。

Container 类表示容器，继承了 Component 类。容器用来存放别的组件，有两种类型的容器：

- Window（窗口）类：Window 是不依赖于其他容器而独立存在的容器。Window 有两个子类：Frame（窗体）类和 Dialog（对话框）类。Frame 带有标题，而且可以调整大小。Dialog 可以被移动，但是不能改变大小。
- Panel（面板）类：Panel 不能单独存在，只能存在于其他容器（Window 或其子类）中，它有一个子类 Applet，Applet 可以在 Web 浏览器的窗口中运行。一个 Panel 对象代表了一个长方形的区域，在这区域中可以容纳其他的组件。

在 java.awt 包中，还提供了可以加入到容器类组件中的各种具体组件，如按钮 Button、文本框 TextField 和文本区域 TextArea 等。AWT 组件的优点是简单、稳定，兼容于任何一个 JDK 版本，缺点是依赖于本地操作系统的 GUI，缺乏平台独立性。每个 AWT 组件都有一个同位体（peer），它们位于 java.awt.peer 包中，这些 peer 负责与本地操作系统的交互，而本地操作系统负责显示和操作组件。由于 AWT 组件与本地平台的 GUI 绑定，因此用 AWT 组件创建的图形界面在不同的操作系统中会有不同的外观。

为了使用 Java 语言创建的图形界面也能够跨平台，即在不同操作系统中保持相同的外观，从 JDK1.2 版本开始引入了 Swing 组件，这些 Swing 组件位于 javax.swing 包中，成为 JDK 基础类库的一部分。本书主要介绍用 Swing 组件来创建图形用户界面。

Swing 组件是用纯 Java 语言编写而成的，不依赖于本地操作系统的 GUI，Swing 组件可以跨平台运行。这种独立于本地平台的 Swing 组件也被称为轻量级组件，而依赖于本地平台的 AWT 组件则被称为重量级组件。

多数 Swing 组件的父类为 javax.swing.JComponent，图 19-2 显示了 JComponent 类在继承树中的层次。

```
java.lang.Object
  └ java.awt.Component
      └ java.awt.Container
          └ javax.swing.JComponent
```

图 19-2　JComponent 类在继承树中的层次

多数 Swing 组件类都以大写字母"J"开头，图 19-3 显示了 Swing 组件的类层次结构。从图中可以看出，除 JFrame 和 JDialog 以外，其余的 Swing 组件都继承了 JComponent 类。

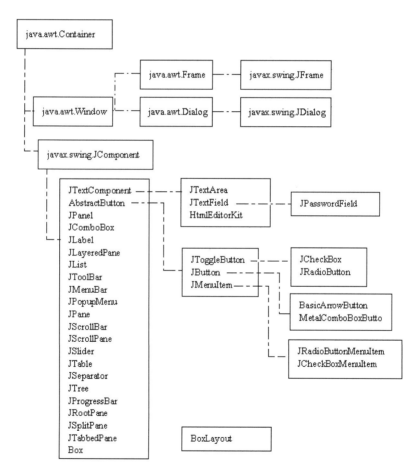

图 19-3　Swing 组件的类层次结构

19.2 创建图形用户界面的基本步骤

JFrame 窗体类有一个构造方法 JFrame(String title)，通过它可以创建一个以参数为标题的 JFrame 对象。当 JFrame 被创建后，它是不可见的，必须通过以下方式使 JFrame 成为可见的：

- 先调用 setSize(int width,int height) 显式地设置 JFrame 的大小，或者调用 pack() 方法自动确定 JFrame 的大小，pack() 方法会确保 JFrame 容器中的组件都有与布局相适应的合理大小。
- 然后调用 setVisible(true) 方法使 JFrame 成为可见的。

例程 19-1 的 SimpleFrame1 类的 main() 方法创建了一个 JFrame 对象。

例程 19-1　SimpleFrame1.java

```java
import javax.swing.*;
public class SimpleFrame1{
  public static void main(String args[]){
    JFrame jFrame=new JFrame("Hello");
    jFrame.setSize(200,100);    //设置 JFrame 的宽和高
    jFrame.setVisible(true);    //使 JFrame 变为可见
  }
}
```

运行以上 SimpleFrame1 类，将生成如图 19-4 所示的界面。

图 19-4　一个带"Hello"标题的 JFrame

例程 19-2 的 SimpleFrame2 类创建了包含一个 JButton 的 JFrame 窗体。

例程 19-2　SimpleFrame2.java

```java
import javax.swing.*;
public class SimpleFrame2{
  public static void main(String[] args) {
    JFrame jFrame=new JFrame("Hello");
    JButton jButton = new JButton("Swing Button");

    // 创建一个快捷键: 用户按下【Alt+I】组合键等价于单击该 Button
    jButton.setMnemonic('i');

    //设置鼠标移动到该 Button 时的提示信息
    jButton.setToolTipText("Press me");

    jFrame.add(jButton);
```

```
        //当用户单击 JFrame 窗体的关闭图标时，将结束程序
        jFrame.setDefaultCloseOperation(JFrame.EXIT_ON_CLOSE);

        jFrame.pack();
        jFrame.setVisible(true);
    }
}
```

以上程序创建的图形界面如图 19-5 所示。

图 19-5　一个带按钮的 JFrame

JButton 的 setMnemonic('i')方法为 JButton 设置了快捷键，当用户按下【Alt+I】组合键时，就相当于选择了该 JButton。JButton 的 setToolTipText("Press me")方法显示工具提示信息，在本例中，当用户把鼠标移动到 JButton 的区域时，就会自动显示"Press me"字符串。

每个 JFrame 都有一个与之关联的内容面板（contentPane），加入 JFrame 容器的组件实际上都是加入到这个 contentPane 中：

```
//获得与 JFrame 关联的 contentPane
Container contentPane =jFrame.getContentPane();
contentPane.add(jButton);   //向内容面板中加入组件
```

JFrame 的 add()方法直接向与之关联的内容面板（contentPane）加入组件，因此以下两段代码是等价的：

```
jFrame.add(jButton);    //本书范例都采用这种方式
或者：
jFrame.getContentPane().add(jButton);
```

JFrame 的 setContentPane(Container contentPane)用来重新设置内容面板，因此也可以按以下方式向 JFrame 容器中加入组件：

```
JPanel jPanel=new JPanel();
jPanel.add(jButton);    //把 JButton 组件加入到 JPanel 容器中
//把包含 JButton 的 JPanel 作为 JFrame 的内容面板
jFrame.setContentPane(jPanel);
```

JFrame 的 setDefaultCloseOperation(int operation)方法用来决定如何响应用户关闭窗体的操作，参数 operation 有以下可选值：

- JFrame.DO_NOTHING_ON_CLOSE：什么也不做。
- JFrame.HIDE_ON_CLOSE：隐藏窗体，这是 JFrame 的默认选项。
- JFrame.DISPOSE_ON_CLOSE：销毁窗体。
- JFrame.EXIT_ON_CLOSE：结束程序。

对于例程 19-1 的 SimpleFrame1 类所创建的界面，它的 JFrame 窗体采用默认选项 JFrame.HIDE_ON_CLOSE。因此当用户单击 JFrame 窗体的关闭图标时,该窗体被隐藏,

但程序不会结束，只有在命令行控制台按下【Ctrl+C】组合键才能结束程序。而对于例程 19-2 的 SimpleFrame2 类所创建的界面，它的 JFrame 窗体显式地设置为采用选项 JFrame.EXIT_ON_CLOSE。因此当用户单击 JFrame 窗体的关闭图标时，就会结束程序。

19.3 布局管理器

组件在容器中的位置和尺寸是由布局管理器来决定的。所有容器都会引用一个布局管理器实例，通过它来自动进行组件的布局管理。

1. 默认布局管理器

当一个容器被创建后，它们有相应的默认布局管理器。JFrame 的默认布局管理器是 BorderLayout，这意味着与它关联的内容面板的布局管理器也是 BorderLayout。JPanel 的默认布局管理器是 FlowLayout。

程序可以通过容器类的 setLayout(Layout layout)方法来重新设置容器的布局管理器。例如，以下代码把 JFrame 的布局管理器设为 FlowLayout：

```
JFrame jFrame=new JFrame("Hello");
jFrame.setLayout(new FlowLayout()) ;
```

JFrame 的 setLayout(Layout layout)方法会自动把与之关联的内容面板设为采用参数指定布局管理器。

> **Tips**
>
> 在早期的 JDK 版本中，程序不可以直接调用 JFrame 类的 add()和 setLayout()方法。因此，如果要在 JFrame 中加入组件或设定布局管理器，必须调用与之关联的内容面板的 add()方法或 setLayout()方法：
>
> ```
> jFrame.getContentPane().add(jButton);
> jFrame.getContentPane().setLayout(new FlowLayout());
> ```
>
> 在后来的 JDK 版本中，JFrame 类重现实现了 add()和 setLayout()方法，默认情况下，这两个方法会自动调用与之关联的内容面板的 add()和 setLayout()方法。

2. 取消布局管理器

如果不希望通过布局管理器来管理布局，可以调用容器类的 setLayout(null) 方法，这样布局管理器就被取消了。

接下来必须调用容器中每个组件的 setLocation()、setSize()或 setBounds()方法，为这些组件在容器中一一定位。

和布局管理器管理方式不同的是，这种手工布局将导致图形界面的布局不再是和平台无关的。相反，图形界面的布局将依赖于操作系统环境。

例如例程 19-3 的 ManualLayout 类取消了布局管理器，然后按照手工布局把一个 JButton 加入到容器中。

例程 19-3 ManualLayout.java

```java
import javax.swing.*;
public class ManualLayout {
  public static void main(String args[]){
    JFrame f=new JFrame("Hello");
    f.setLayout(null);    //取消布局管理器
    f.setSize(200,100);   //宽 200，高 100

    JButton b=new JButton("press me");
    b.setBounds(10,20,100,30); //x 坐标 10，y 坐标 20，宽 100，高 30
    f.add(b);

    f.setDefaultCloseOperation(JFrame.EXIT_ON_CLOSE);
    f.setVisible(true);
  }
}
```

以上程序显示的图形界面如图 19-6 所示。

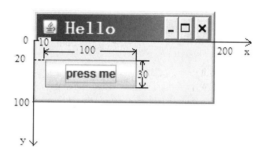

图 19-6 用手工布局的图形界面

3．布局管理器种类

java.awt 包提供了 5 种布局管理器：FlowLayout（流式布局管理器）、BorderLayout（边界布局管理器）、GridLayout（网格布局管理器）、CardLayout（卡片布局管理器）和 GridBagLayout（网格包布局管理器）。另外，javax.swing 包还提供了一种 BoxLayout 布局管理器，本书第 20 章的 20.15 节（BoxLayout 布局管理器）对此做了介绍。

19.3.1 FlowLayout（流式布局管理器）

FlowLayout 是最简单的布局管理器，按照组件的添加次序将它们从左到右地放置在容器中。当到达容器边界时，组件将放置在下一行中。FlowLayout 允许以左对齐、居中对齐（默认方式）或右对齐的方式排列组件。FlowLayout 的特性如下：
- 不限制它所管理的组件的大小，而是允许它们有自己的最佳大小。
- 当容器被缩放时，组件的位置可能会变化，但组件的大小不改变。

FlowLayout 的构造方法如下：
- FlowLayout()。
- FlowLayout(int align)。
- FlowLayout(int align,int hgap, int vgap)。

参数 align 用来决定组件在每行中相对于容器边界的对齐方式，可选值有：FlowLayout.LEFT（左对齐）、FlowLayout.RIGHT（右对齐）和 FlowLayout.CENTER（居中对齐）。参数 hgap 和参数 vgap 分别设置组件之间的水平和垂直间隙。

在例程 19-4 的 FlowLayoutDemo 类中，JFrame 以一个 JPanel 作为内容面板。JPanel 采用默认的 FlowLayout 布局管理器。在 JPanel 加入了 3 个 JButton，按下 leftButton 按钮，就会采用左对齐方式，按下 centerButton 按钮，就会采用居中对齐方式，按下 rightButton 按钮，就会采用右对齐方式。

例程 19-4　FlowLayoutDemo.java

```java
import java.awt.*;
import java.awt.event.*;
import javax.swing.*;
public class FlowLayoutDemo{
    public static void main(String args[]){
        final JFrame f=new JFrame("Hello");

        JPanel jPanel=new JPanel();
        final FlowLayout fl=(FlowLayout)jPanel.getLayout();
        f.setContentPane(jPanel);    //JFrame 以 JPanel 作为内容面板

        JButton leftButton=new JButton("left");
        leftButton.addActionListener(new ActionListener(){    //注册事件监听器
            public void actionPerformed(ActionEvent event){
                fl.setAlignment(FlowLayout.LEFT);    //左对齐
                fl.layoutContainer(jPanel);    //使面板重新布局
            }
        });

        JButton centerButton=new JButton("center");
        centerButton.addActionListener(new ActionListener(){    //注册事件监听器
            public void actionPerformed(ActionEvent event){
                fl.setAlignment(FlowLayout.CENTER);    //居中对齐
                fl.layoutContainer(jPanel);    //使面板重新布局
            }
        });

        JButton rightButton=new JButton("right");
        rightButton.addActionListener(new ActionListener(){    //注册事件监听器
            public void actionPerformed(ActionEvent event){
                fl.setAlignment(FlowLayout.RIGHT);    //右对齐
                fl.layoutContainer(jPanel);    //使面板重新布局
            }
        });

        jPanel.add(leftButton);
        jPanel.add(centerButton);
        jPanel.add(rightButton);

        f.setDefaultCloseOperation(JFrame.EXIT_ON_CLOSE);
        f.setSize(300,100);
        f.setVisible(true);
```

```
        }
    }
```

默认情况下，FlowLayout 采用居中对齐方式，如果改变 JFrame 的大小，每个 JButton 的尺寸保持不变，不过 JButton 与 JFrame 之间的相对位置会发生变化，如图 19-7 所示。

图 19-7　FlowLayout 的布局管理效果

19.3.2　BorderLayout（边界布局管理器）

BorderLayout 为在容器中放置组件提供了一个稍微复杂的布局方案。BorderLayout 把容器分为 5 个区域：东、南、西、北和中。北占据容器的上方，东占据容器的右侧，以此类推。中间区域是在东、南、西和北都填满后剩下的区域。

BorderLayout 的特性如下：
- 位于东和西区域的组件保持最佳宽度，高度被垂直拉伸至和所在区域一样高；位于南和北区域的组件保持最佳的高度，宽度被水平拉伸至和所在区域一样宽；位于中部区域的组件的宽度和高度都被拉伸至和所在区域一样大小。
- 当窗口垂直拉伸时，东、西和中区域也拉伸；而当窗口水平拉伸时，南、北和中区域也拉伸。
- 对于容器的东、南、西和北区域，如果某个区域没有组件，那么这个区域面积为零；对于中部区域，不管有没有组件，BorderLayout 都会为它分配空间，如果该区域没有组件，那么在中部区域显示容器的背景颜色。
- 当容器被缩放时，组件所在的相对位置不变化，但组件大小改变。
- 如果在某个区域添加的组件不止一个，只有最后添加的一个是可见的。

BorderLayout 的构造方法如下：
- BorderLayout()。
- BorderLayout(int hgap, int vgap)：参数 hgap 和参数 vgap 分别设置组件之间的水平和垂直间隙。

对于采用 BorderLayout 的容器，当它用 add() 方法添加一个组件时，可以同时为组件指定在容器中的区域：

```
void add(Component comp,Object constraints)
```

这里的 constraints 参数实际上是 String 类型，可选值为 BorderLayout 提供的 5 个

常量：
- BorderLayout.NORTH：北区域，值为"North"。
- BorderLayout.SOUTH：南区域，值为"South"。
- BorderLayout.EAST：东区域，值为"East"。
- BorderLayout.WEST：西区域，值为"West"。
- BorderLayout.CENTER：中区域，值为"Center"。

JFrame 的默认布局管理器就是 BorderLayout。以下代码把 JButton 放在 JFrame 的北区域：

```
JFrame f = new JFrame("Test");
f.add(new JButton("b1"),BorderLayout.NORTH);
//或者： f.add(new JButton("b1"),"North");
```

如果不指定 add()方法的 constraints 参数，默认情况下把组件放在中部区域。以下代码向 JFrame 的中部区域加入两个 JButton，但只有最后加入的 JButton 是可见的。

```
JFrame f= new JFrame("Test");
f.add(new JButton("b1"));
f.add(new JButton("b2"));
f.setSize(100,100);
f.setVisible(true);
```

图 19-8 显示了以上代码创建的图形界面，在 JFrame 中只有 b2 按钮是可见的，它占据了 JFrame 的中区域，由于其他区域没有组件，因此其他区域的面积都为零，b2 按钮自动向垂直和水平方向拉伸，占据了 JFrame 的整个空间。

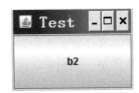

图 19-8 b2 按钮占据了 JFrame 的中区域

如果用字符串直接数来设置 constraints 参数，必须确保字符串的大小写是正确的（第一个字母大写，其他都是小写）。假如把 f.add(new JButton("b1"), "North")改为：

```
f.add(new JButton("b1") , "north"); //抛出 IllegalArgumentException
```

以上语句编译可以通过，但运行时将抛出 IllegalArgumentException 异常。

例程 19-5 的 BorderLayoutDemo 类继承了 JFrame 类，采用默认的 BorderLayout 布局管理器，在 BorderLayoutDemo 类中加入了 5 个 JButton，它们分别位于 5 个区域，单击某个 JButton，这个 JButton 就会被隐藏。

例程 19-5 BorderLayoutDemo.java

```
import java.awt.*;
import java.awt.event.*;
import javax.swing.*;
public class BorderLayoutDemo extends JFrame{
  private final String names[]={"Hide North","Hide South",
```

```java
                            "Hide East","Hide West","Hide Center"};
    private final String locations[]={BorderLayout.NORTH,BorderLayout.SOUTH,
            BorderLayout.EAST,BorderLayout.WEST,BorderLayout.CENTER};
    private JButton[] buttons=new JButton[5];

    public BorderLayoutDemo(String title){
        super(title);
        final BorderLayout layout=(BorderLayout)this.getLayout();
        ActionListener listener=new ActionListener(){    //事件监听器
            public void actionPerformed(ActionEvent event){
                for(int i=0;i<buttons.length;i++)
                    if(event.getSource()==buttons[i])
                        buttons[i].setVisible(false);    //隐藏用户选择的按钮
                    else
                        buttons[i].setVisible(true);
                layout.layoutContainer(BorderLayoutDemo.this);    //重新调整 JFrame 的布局
            }
        };

        for(int i=0;i<buttons.length;i++){
            buttons[i]=new JButton(names[i]);
            buttons[i].addActionListener(listener);
            add(buttons[i],locations[i]);    //在 JFrame 的各个区域加入 JButton
        }
        setDefaultCloseOperation(JFrame.EXIT_ON_CLOSE);
        setSize(250,250);
        setVisible(true);
    }

    public static void main(String args[]){
        new BorderLayoutDemo("Hello");
    }
}
```

如图 19-9 所示为所有按钮均可见，以及隐藏某个按钮后的图形界面。从图中可以看出，隐藏北区域或南区域的组件后，东、西和中区域的组件会自动垂直拉升，填充北区域或南区域；隐藏东区域或西区域的组件后，中区域的组件会自动水平拉升，填充东区域或西区域；而隐藏中区域的组件后，该区域不会被其他区域的组件填充。

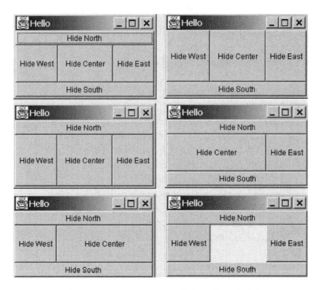

图 19-9　BorderLayout 的布局管理效果

19.3.3　GridLayout（网格布局管理器）

GridLayout 将容器分割成许多行和列，组件被填充到每个网格中。添加到容器中的组件首先放置在左上角的网格中，然后从左到右放置其他组件，直至占满该行的所有网格，接着继续在下一行中从左到右地放置组件。GridLayout 的特性如下：

- 组件的相对位置不随区域的缩放而改变，但组件的大小会随之改变。组件始终占据网格的整个区域。
- GridLayout 总是忽略组件的最佳大小，所有组件的宽度相同，高度也相同。
- 将组件用 add() 方法添加到容器中的先后顺序决定了它们占据哪个网格。GridLayout 从左到右、从上到下将组件填充到容器的网格中。

GridLayout 的构造方法如下：

- GridLayout()。
- GridLayout(int rows, int cols)。
- GridLayout(int rows, int cols,　int hgap, int vgap)。

参数 rows 代表行数，参数 cols 代表列数。参数 hgap 和 vgap 设定水平和垂直方向的间隙。水平间隙是指网格之间的水平距离，垂直间隙是指网格之间的垂直距离。

例程 19-6 的 GridLayoutDemo 继承了 JFrame 类，采用 GridLayout 布局管理器，GridLayoutDemo 包含 6 个 JButton，单击任意一个 JButton，网格的划分方式都会发生变化，两个 GridLayout 对象分别代表网格的两种划分方式。

例程 19-6　GridLayoutDemo.java

```
import java.awt.*;
import java.awt.event.*;
import javax.swing.*;
public class GridLayoutDemo extends JFrame{
  private final String names[]={"one","two","three","four","five","six"};
```

```java
    private JButton[] buttons=new JButton[6];
    private boolean flag=true;
    final GridLayout layout1=new GridLayout(2,3,5,10);
    final GridLayout layout2=new GridLayout(3,2);

    public GridLayoutDemo(String title){
        super(title);
        setLayout();
        ActionListener listener=new ActionListener(){
            public void actionPerformed(ActionEvent event){
                setLayout();    //切换网格布局
                GridLayoutDemo.this.validate();    //使新的布局生效
            }
        };

        for(int i=0;i<buttons.length;i++){
            buttons[i]=new JButton(names[i]);
            buttons[i].addActionListener(listener);
            add(buttons[i]);
        }

        setDefaultCloseOperation(JFrame.EXIT_ON_CLOSE);
        setSize(250,250);
        setVisible(true);
    }

    private void setLayout(){
        if(flag)
            setLayout(layout1);
        else
            setLayout(layout2);

        flag=!flag;
    }
    public static void main(String args[]){
        new GridLayoutDemo("Hello");
    }
}
```

以上程序创建的图形界面如图 19-10 所示。

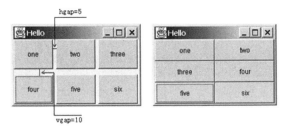

图 19-10　GridLayout 的布局管理效果

例程 19-7 的 CalculaterGUI 类创建了计算器的图形界面。

例程 19-7　CalculaterGUI.java

```java
import java.awt.*;
import javax.swing.*;
public class CalculaterGUI extends JFrame {
    private JPanel panel;
    private JLabel label;
    private String[] names={"7","8","9","+","4","5","6","-","1","2","3","*",
                            "0",".","=","/"};
    private JButton[] buttons=new JButton[16];

    public CalculaterGUI(String title) {
        super(title);

        label=new JLabel("     ");
        panel = new JPanel();
        panel.setLayout(new GridLayout(4,4));
        add(label,BorderLayout.NORTH );
        add(panel,BorderLayout.CENTER );

        for(int i=0;i<buttons.length;i++){
            buttons[i]=new JButton(names[i]);
            panel.add(buttons[i]);
        }

        setDefaultCloseOperation(JFrame.EXIT_ON_CLOSE);
        pack();
        setVisible(true);
    }
    public static void main(String args[]) {
        new CalculaterGUI("Calculater");
    }
}
```

以上程序创建的图形用户界面如图 19-11 所示。

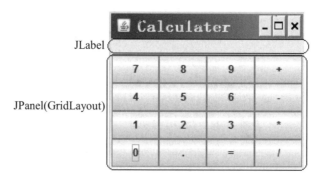

图 19-11　计算器的图形界面

　　以上最顶层的 CalculaterGUI 容器采用 BorderLayout 布局管理器，北区域为一个 JLabel 组件，中区域为一个 JPanel 组件，这个 JPanel 采用 GridLayout 布局管理器，它包含多个 JButton。从这个例子可以看出，对于复杂的界面，单靠一种布局管理器无法达到指定的效果，此时可以在父容器中添加一些子容器，对于各个子容器再采用不同的布局管理器。

19.3.4 CardLayout（卡片布局管理器）

CardLayout 将界面看作一系列的卡片，在任何时候只有其中一张卡片是可见的，这张卡片占据容器的整个区域。CardLayout 的构造方法如下：

- CardLayout()。
- CardLayout(int hgap, int vgap)：参数 hgap 设定卡片和容器左右边界之间的间隙，参数 vgap 设定卡片和容器上下边界的间隙。

对于采用 CardLayout 的容器，当用 add() 方法添加一个组件时，需要同时为组件指定所在卡片的名字：

> void add(Component comp,Object constraints)

以上 constraints 参数实际上是一个字符串，表示卡片的名字。默认情况下，容器显示第一个用 add() 方法加入到容器中的组件，也可以通过 CardLayout 的 show(Container parent,String name) 方法指定显示哪张卡片，参数 parent 指定容器，参数 name 指定卡片的名字。

例程 19-8 的 CardLayoutDemo 类继承了 JFrame 类，它包含 3 个 JButton，它们的标号分别为"white""red"和"yellow"，用户选择某个按钮，CardLayoutDemo 的中部区域就会显示相应颜色的 JPanel。

例程 19-8　CardLayoutDemo.java

```java
import java.awt.*;
import java.awt.event.*;
import javax.swing.*;
public class CardLayoutDemo extends JFrame{
    private final String names[]={"white","red","yellow"};
    private final Color colors[]={Color.WHITE,Color.RED,Color.YELLOW};
    private JButton[] buttons=new JButton[3];
    private JPanel northPanel=new JPanel();
    private JPanel centerPanel=new JPanel();
    private JPanel[] cardPanels=new JPanel[3];
    private GridLayout gridLayout=new GridLayout(1,3);
    private CardLayout cardLayout=new CardLayout();

    ActionListener listener=new ActionListener(){
        public void actionPerformed(ActionEvent event){
            JButton button=(JButton)event.getSource();
            cardLayout.show(centerPanel,button.getText());   //显示相应的卡
        }
    };

    public CardLayoutDemo (String title){
        super(title);

        northPanel.setLayout(gridLayout);
```

```
        centerPanel.setLayout(cardLayout);
        for(int i=0;i<buttons.length;i++){
          buttons[i]=new JButton(names[i]);
          buttons[i].addActionListener(listener);
          northPanel.add(buttons[i]);

          cardPanels[i]=new JPanel();
          cardPanels[i].setBackground(colors[i]);
          centerPanel.add(cardPanels[i],names[i]);    //向 centerPanel 加入 cardPanel
        }
        add(northPanel,BorderLayout.NORTH);
        add(centerPanel,BorderLayout.CENTER);

        setDefaultCloseOperation(JFrame.EXIT_ON_CLOSE);
        setSize(250,250);
        setVisible(true);
    }
    public static void main(String args[]){
       new CardLayoutDemo("Hello");
    }
}
```

以上程序创建的图形界面如图 19-12 所示。

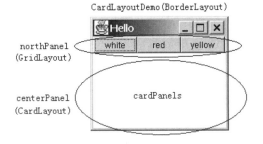

图 19-12 运用多种布局管理器的界面

以上最顶层的 CardLayoutDemo 容器采用 BorderLayout 布局管理器，北区域为 northPanel，中区域为 centerPanel，northPanel 采用 GridLayout 布局管理器，它包含 3 个 JButton。centerPanel 采用 CardLayout 布局管理器，它包含 3 个 JPanel，分别位于名字为"white""red"和"yellow"的 3 张卡上。当用户选择了标号为"red"的按钮时，它的事件监听器就会让 centerPanel 显示名字为"red"的卡。

19.3.5 GridBagLayout（网格包布局管理器）

GridBagLayout 在网格布局管理器 GridLayout 的基础上提供更为复杂的布局。和 GridLayout 不同，GridBagLayout 允许容器中各个组件的大小各不相同，还允许单个组件所在的显示区域占据多个网格。使用 GridBagLayout 布局管理器的步骤如下：

（1）创建 GridBagLayout 布局管理器，并使容器采用该布局管理器：

```
GridBagLayout layout=new GridBagLayout();
container.setLayout(layout);
```

（2）创建一个 GridBagConstraints 对象：

```
GridBagConstraints constraints=new GridBagConstraints();
```

（3）为第一个添加到容器中的组件设置 GridBagConstraints 的各种属性：

```
constraints.gridx=1;      //设置网格的左上角的 x 坐标
constraints.gridy=1;      //设置网格的左上角的 y 坐标
constraints.gridwidth=1;  //设置网格的宽度
constraints.gridheight=1; //设置网格的高度
```

（4）通知布局管理器放置第一个组件时的 GridBagConstraints 信息：

```
layout.setConstraints(component1,constraints);
```

（5）向容器中添加第一个组件：

```
container.add(component1);
```

（6）重复步骤（3）～步骤（5），将每个组件添加到容器中。

如图 19-13 所示，使用 GridBagLayout 时可以先在草稿纸上设计界面的外观。把界面上的组件划分到不同的行和列上，起始行和起始列的索引为 0。

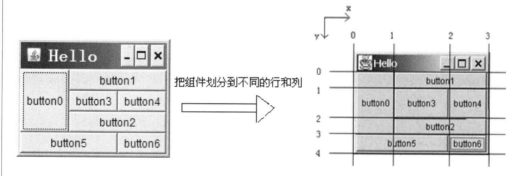

图 19-13　把组件划分到不同的行和列

GridBagConstraints 包含如何把一个组件添加到容器中的布局信息。只需创建一个 GridBagConstraints 对象，在每次向容器中加入组件时，先设置 GridBagConstraints 对象的属性，这个 GridBagConstraints 对象可以被多次重用。GridBagConstraints 具有以下属性：

（1）gridx 和 gridy。

这两个属性指定了组件的显示区域的左上角的列和行。例如在图 19-13 中，button0 的 gridx 为 0、gridy 为 0，button4 的 gridx 为 2、gridy 为 1。如果把 gridx 或 gridy 设为 GridBagConstraints.RELATIVE（默认值），表示当前组件紧跟在上一个组件的后面。

（2）gridwidth 和 gridheight。

这些属性指定了组件的显示区域占据的列数和行数，默认值为 1。例如在图 19-13

中，button0 的 gridwidth 为 1、gridheight 为 3，button4 的 gridwidth 为 1、gridheigth 为 1。如果把 gridwidth 或 gridheight 设为 GridBagConstraints.REMAINDER，表示当前组件在其行或列上为最后一个。如果把 gridwidth 或 gridheight 设为 GridBagConstraints.RELATIVE，表示当前组件在其行或列上为倒数第二个组件。

（3）fill。

该属性在某组件的显示区域大于它所要求的大小时被使用。fill 决定了是否以及如何改变组件的大小，有效值包括：

- GridBagConstraints.NONE：默认，不改变组件的大小。
- GridBagConstraints.HORIZONTAL：使组件足够大，以填充其显示区域的水平方向，但不改变其高度。
- GridBagConstraints.VERTICAL：使组件足够大，以填充其显示区域的垂直方向，但不改变其宽度。
- GridBagConstraints.BOTH：使组件足够大，以填充其整个显示区域。

（4）ipadx 和 ipady。

这两个属性指定了内部填充的大小，即在该组件最小尺寸的基础上还需增加多少。组件的宽度必须至少为其最小宽度加 ipadx*2 个像素（因为填充作用于组件的两边）。同样的，组件的高度必须至少为其最小高度加 ipady*2 个像素。

（5）insets。

该属性指定了组件的外部填充大小，即组件与其显示区域边界之间的最小空间大小。

（6）anchor。

该属性在组件小于其显示区域时使用，决定了组件放置在该区域中的位置。有效值包括：

- GridBagConstraints.CENTER（默认值）。
- GridBagConstraints.NORTH。
- GridBagConstraints.NORTHEAST。
- GridBagConstraints.EAST。
- GridBagConstraints.SOUTHEAST。
- GridBagConstraints.SOUTH。
- GridBagConstraints.SOUTHWEST。
- GridBagConstraints.WEST。
- GridBagConstraints.NORTHWEST。

（7）weightx 和 weighty。

weightx 属性称为水平重量，weighty 属性称为垂直重量，它们用来决定如何分布容器中多余的水平方向和垂直方向的空白区域。除非为一行（weightx）和一列（weighty）中的至少一个组件指定了重量，否则，所有组件都会集中在容器的中央，这是因为当重量为 0（默认值）时，GridBagLayout 把所有空白区域放在组件的显示区域和容器边界之间。

例程 19-9 的 GridBagLayoutDemo 类能够提供图 19-13 所示的图形界面。对于每一个加入到 GridBagLayoutDemo 中的 JButton，都会先设置 GridBagConstraints 的 gridx、gridy、gridwidth 和 gridheight 等属性。

例程 19-9　GridBagLayoutDemo.java

```java
import java.awt.*;
import javax.swing.*;
public class GridBagLayoutDemo extends JFrame {
    private GridBagLayout gridbag = new GridBagLayout();
    private GridBagConstraints c = new GridBagConstraints();
    private JButton[] buttons=new JButton[7];
    public GridBagLayoutDemo(String title) {
        super(title);
        setLayout(gridbag);

        for(int i=0;i<buttons.length;i++)
            buttons[i]=new JButton("button"+i);

        c.fill=GridBagConstraints.BOTH;
        addComponent(buttons[0],0,0,1,3);

        c.fill=GridBagConstraints.HORIZONTAL;
        addComponent(buttons[1], 0,1,2,1);

        addComponent(buttons[2], 2,1,2,1);

        c.weightx=1000;        //设定水平方向的重量
        c.weighty=1;           //设定垂直方向的重量
        c.fill=GridBagConstraints.BOTH;
        addComponent(buttons[3], 1,1,1,1);

        c.weightx=0;
        c.weighty=0;
        addComponent(buttons[4], 1,2,1,1);
        addComponent(buttons[5], 3,0,2,1);
        addComponent(buttons[6], 3,2,1,1);

        setDefaultCloseOperation(JFrame.EXIT_ON_CLOSE);
        pack();
        setVisible(true);
    }
    protected void addComponent(Component component,
                                int row,int column,
                                int width,int height) {
        c.gridx=column;
        c.gridy=row;
        c.gridwidth=width;
        c.gridheight=height;
        gridbag.setConstraints(component, c);
        add(component);
    }
    public static void main(String args[]) {
        new GridBagLayoutDemo ("Hello");
    }
}
```

以上程序创建的图形界面如图 19-14 所示。button3 在水平和垂直方向的重量都大于 0，其余 button 的重量都为 0。当水平拉伸 JFrame 时，button3 随之被拉伸，从而占据水平方向多余的空白区域，而 button0 和 button4 在水平方向保持最佳尺寸。当垂直拉伸 JFrame 时，button3 随之被拉伸，从而占据垂直方向多余的空白区域，button0 和 button4 受 button3 的影响，在垂直方向也被拉伸。

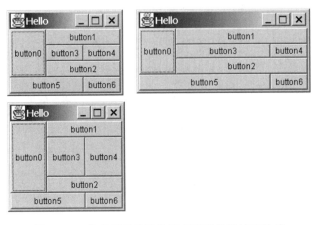

图 19-14　具有重量的组件随着容器的拉伸而拉伸

如果把程序中 button3 前的以下代码：

```
c.weightx=1000;
c.weighty=1;
```

改为：

```
c.weightx=0;
c.weighty=0;
```

那么容器中所有 JButton 的重量为 0，此时随意拉伸容器，所有的 JButton 都不会改变大小，全部挤在容器的中部区域，如图 19-15 所示。

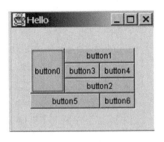

图 19-15　所有的 JButton 挤在容器的中部区域

下面的例程 19-10 的 RelativeDemo 类采用 GridBagLayout 布局管理器，并且利用 GridBagConstraints.REMAINDER 和 GridBagConstraints.RELATIVE 来决定放置组件时，GridBagConstraints 的 gridwidth 和 gridheight 属性。

例程 19-10　RelativeDemo.java

```java
import java.awt.*;
import java.util.*;
import javax.swing.*;
public class RelativeDemo extends JFrame {
  public RelativeDemo(String title) {
    super(title);

    GridBagLayout gridbag = new GridBagLayout();
    GridBagConstraints c = new GridBagConstraints();
    setLayout(gridbag);
    c.fill = GridBagConstraints.BOTH;
    c.weightx =1;
    addComponent("Button1", gridbag, c);
    addComponent("Button2", gridbag, c);
    addComponent("Button3", gridbag, c);
    c.gridwidth = GridBagConstraints.REMAINDER;   //最后一个组件
    addComponent("Button4", gridbag, c);
    c.weightx = 0.0; //恢复为默认值
    addComponent("Button5", gridbag, c);
    c.gridwidth = GridBagConstraints.RELATIVE;   //倒数第二个组件
    addComponent("Button6", gridbag, c);
    c.gridwidth = GridBagConstraints.REMAINDER;   //最后一个组件
    addComponent("Button7", gridbag, c);

    c.gridwidth = 1; //恢复为默认值
    c.gridheight = 2;
    c.weighty = 1.0;
    addComponent("Button8", gridbag, c);
    c.weighty = 0.0; //恢复为默认值
    c.gridwidth = GridBagConstraints.REMAINDER;   //最后一个组件
    c.gridheight = 1; //恢复为默认值
    addComponent("Button9", gridbag, c);
    addComponent("Button10", gridbag, c);

    setDefaultCloseOperation(JFrame.EXIT_ON_CLOSE);
    pack();
    setVisible(true);
  }
  protected void addComponent(String name,
                              GridBagLayout gridbag,
                              GridBagConstraints c) {
    JButton button = new JButton(name);
    gridbag.setConstraints(button, c);
    add(button);
  }
  public static void main(String args[]) {
    new RelativeDemo("Hello");
  }
}
```

以上程序创建的图形界面如图 19-16 所示。

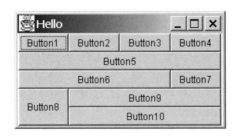

图 19-16　GridBagLayout 的布局管理效果

19.4　事件处理

当用户与 GUI 交互时，比如移动鼠标、按下鼠标按键、单击按钮、在文本框内输入文本、选择菜单项或者关闭窗口时，GUI 会接受到相应的事件。在 JDK1.0 中，事件处理采用层次模式，从 JDK1.1 开始，事件处理采用新的处理模式。在这种模式下，每一个可以触发事件的组件被当作事件源，每一种事件都对应专门的监听器。监听器负责接收和处理这种事件。一个事件源可以触发多种事件，如果它注册了某种事件的监听器，那么这种事件就会被接收和处理。由于事件源本身不处理事件，而是委托相应的事件监听器来处理，这种设计模式被称为委托模式。

在图 19-17 中，JPanel 是一个事件源，它可以触发键盘事件和鼠标事件等。键盘事件对应一个键盘监听器，它会在键被按下和键被释放时做出响应。JPanel 注册了键盘监听器，所以它触发的键盘事件将被处理。对于 JPanel 触发的鼠标事件，由于没有注册相应的鼠标监听器，所以这种事件不会被处理。

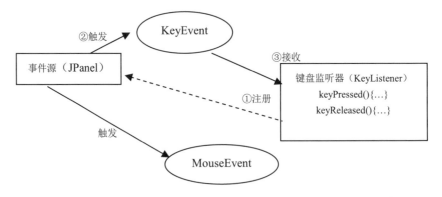

图 19-17　JPanel 委托键盘监听器 KeyListener 来处理键盘事件

19.4.1　事件处理的软件实现

每个具体的事件都是某种事件类的实例，事件类包括：ActionEvent、ItemEvent、MouseEvent、KeyEvent、FocusEvent 和 WindowEvent 等。每个事件类对应一个事件监听接口，例如 ActionEvent 对应 ActionListener、ItemEvent 对应 ItemListener、MouseEvent

对应 MouseListener、KeyEvent 对应 KeyListener。如果程序需要处理某种事件，就需要实现相应的事件监听接口。实现监听接口有以下几种实现方式：

1．用内部类实现监听接口

用内部类实现监听接口的好处是可以直接访问外部类的成员变量和方法。例程 19-11 的 ButtonCounter 类中定义了一个内部匿名类，它实现了 ActionListener 接口，JButton 的 addActionListener()方法负责把这个内部类的实例注册为 JButton 的监听器。当用户单击 JButton 后，就会触发一个 ActionEvent 事件，该事件被监听器接收，它的 actionPerformed()方法被执行，该方法负责把 JButton 的标号值加 1。

例程 19-11　ButtonCounter.java

```java
import java.awt.*;
import java.awt.event.*;
import javax.swing.*;
public class ButtonCounter extends JFrame{
  private JButton button=new JButton("1");

  public ButtonCounter(String title){
    super(title);
    //为 JButton 注册 ActionEvent 的监听器
    button.addActionListener(new ActionListener(){            //定义一个内部匿名类
        public void actionPerformed(ActionEvent evt){
          int count=Integer.parseInt(button.getText());
          button.setText(new Integer(++count).toString());    //把 JButton 的标号加 1
        }
      }
    );

    add(button);
    setSize(100,100);
    setVisible(true);
    setDefaultCloseOperation(JFrame.EXIT_ON_CLOSE);
  }
  public static void main(String args[]){
    new ButtonCounter("Hello");
  }
}
```

以上程序创建的图形界面如图 19-18 所示。当用户单击 JButton 时，JButton 上的标号就会加 1。

图 19-18　JButton 按钮注册了 ActionListener 监听器

2．用容器类实现监听接口

可以用容器类实现某个监听接口，由于 Java 支持一个类实现多个接口，因此容器类可以实现多个监听接口。容器中的组件将容器实例本身注册为监听器。例如例程 19-12 的 FrameCounter 类实现了 ActionListener 接口，JButton 组件把 FrameCounter 本身的实例注册为监听器。

例程 19-12　FrameCounter.java

```java
import java.awt.*;
import java.awt.event.*;
import javax.swing.*;
public class FrameCounter extends JFrame implements ActionListener{
  private JButton button=new JButton("1");

  public FrameCounter(String title){
    super(title);
    //把 FrameCounter 本身的实例注册为 JButton 的监听器
    button.addActionListener(this);
    add(button);

    setDefaultCloseOperation(JFrame.EXIT_ON_CLOSE);
    setSize(100,100);
    setVisible(true);
  }

  /** 实现 ActionListener 的 actionPerformed()方法 */
  public void actionPerformed(ActionEvent evt){
    int count=Integer.parseInt(button.getText());
    button.setText(new Integer(++count).toString());   //把 JButton 上的标号加 1
  }

  public static void main(String args[]){
    new FrameCounter("Hello");
  }
}
```

3. 定义专门的顶层类实现监听接口

用专门的顶层类来实现监听接口，优点是可以使处理事件的代码与创建 GUI 界面的代码分离，缺点是在监听类中无法直接访问组件。在监听类的事件处理方法中不能直接访问事件源，而必须通过事件类的 getSource()方法来获得事件源。在例程 19-13 中，OuterCounter 类负责创建 GUI 界面，MyListener 类负责监听 ActionEvent 事件，它们都是顶层类。

例程 19-13　OuterCounter.java

```java
import java.awt.event.*;
import javax.swing.*;
public class OuterCounter extends JFrame{
  private JButton button=new JButton("1");

  public OuterCounter(String title){
    super(title);
    //把 MyListener 的实例注册为 JButton 的监听器
    button.addActionListener(new MyListener(2));
```

```
            add(button);

            setDefaultCloseOperation(JFrame.EXIT_ON_CLOSE);
            setSize(100,100);
            setVisible(true);
        }

        public static void main(String args[]){
            new OuterCounter("Hello");
        }
    }

    class MyListener implements ActionListener{
        private int step;    //决定 JButton 上的标号每次增加的步长
        public MyListener(int step){this.step=step;}

        /** 实现 ActionListener 的 actionPerformed()方法 */
        public void actionPerformed(ActionEvent evt){
            JButton button=(JButton)evt.getSource();   //获得事件源
            int count=Integer.parseInt(button.getText());
            button.setText(new Integer(step+count).toString());   //把 JButton 上的标号加 step
        }
    }
```

4. 采用事件适配器

如果实现一个监听接口，必须实现接口中所有的方法，否则这个类必须声明为抽象类。接口 MouseListener 一共定义了 5 个方法：mousePressed()、mouseReleased()、mouseEntered()、mouseExited()和 mouseClicked()。而在实际应用中，往往不需要实现接口中所有的方法。为了编程方便，AWT 为部分方法比较多的监听接口提供了适配器类，这些类尽管实现了监听接口的所有方法，但实际上方法体都为空。比如 MouseListener 的适配器类为 MouseAdapter，它的定义如下：

```
public abstract class MouseAdapter implements MouseListener {
    public void mouseClicked(MouseEvent e) {}
    public void mousePressed(MouseEvent e) {}
    public void mouseReleased(MouseEvent e) {}
    public void mouseEntered(MouseEvent e) {}
    public void mouseExited(MouseEvent e) {}
}
```

在程序中可以定义一个继承适配器的类来作为监听器，在这个类中，只需根据实际需要来实现个别事件处理方法。

在例程 19-14 中，AdapterCounter 类负责创建 GUI 界面，MyMouseListener 类负责监听 ActionEvent 事件，MyMouseListener 继承了 MouseAdapter，它的 mousePressed()方法负责处理按下鼠标的动作。

例程 19-14   AdapterCounter.java

```
import java.awt.event.*;
import javax.swing.*;
public class AdapterCounter extends JFrame{
    private JButton button=new JButton("1");
```

```java
    public AdapterCounter(String title){
        super(title);
        //把 MyMouseListener 的实例注册为 JButton 的监听器
        button.addMouseListener(new MyMouseListener(2));

        add(button);

        setDefaultCloseOperation(JFrame.EXIT_ON_CLOSE);
        setSize(100,100);
        setVisible(true);
    }
    public static void main(String args[]){
        new AdapterCounter("hello");
    }
}

class MyMouseListener extends MouseAdapter{
    private int step;    //决定 JButton 上的标号每次增加的步长
    public MyMouseListener(int step){this.step=step;}
    public void mousePressed(MouseEvent evt){
        JButton button=(JButton)evt.getSource();
        int count=Integer.parseInt(button.getText());
        button.setText(new Integer(step+count).toString());    //把 JButton 上的标号加 step
    }
}
```

5．一个组件注册多个监听器

一个组件可以注册多个不同的监听器。在例程 19-15 的 ManyEars 类中，JButton 注册了一个 MouseListener 监听器和 5 个 ActionListener 监听器。

例程 19-15　ManyEars.java

```java
import java.awt.*;
import java.awt.event.*;
import javax.swing.*;
public class ManyEars extends JFrame{
    private JButton button;
    private JTextArea textArea;
    private JScrollPane panel;

    public ManyEars (String title){
        super(title);

        button=new JButton("test");
        textArea=new JTextArea(20,20);
        //在垂直方向总是显示滚动条，在水平方向只有当需要的时候才显示滚动条
        panel=new JScrollPane(textArea, JScrollPane.VERTICAL_SCROLLBAR_ALWAYS,
                            JScrollPane.HORIZONTAL_SCROLLBAR_AS_NEEDED);

        // JButton 注册 5 个 ActionListener 监听器
        for(int i=0;i<5;i++)
            button.addActionListener(new ListenerA());
```

```java
        //JButton 注册一个 MouseListener 监听器
        button.addMouseListener(new ListenerB());

        add(button,BorderLayout.NORTH);
        add(panel,BorderLayout.CENTER);

        setDefaultCloseOperation(JFrame.EXIT_ON_CLOSE);
        pack();
        setVisible(true);
    }

    private void print(String str){
        textArea.setText(textArea.getText()+str+"\n");
    }

    private static int count;   //统计 ListenerA 的实例的数目
    class ListenerA implements ActionListener{
        private int serialNumber;
        public ListenerA(){count++;serialNumber=count;}
        public void actionPerformed(ActionEvent evt){
            print("ListenerA"+serialNumber+" receives ActionEvent.");
        }
    }

    class ListenerB extends MouseAdapter{
        public void mousePressed(MouseEvent evt){
            //获得所有的向 JButton 注册的 ActionListener
            ActionListener[] listeners=(ActionListener[])button.getListeners(ActionListener.class);
            print("ListenerB receives MouseEvent.");
            //从 JButton 中注销一个 ActionListener
            if(listeners.length>0)button.removeActionListener(listeners[0]);
            print("There are "+(listeners.length>0?listeners.length-1:0)+" ListenerA.");
        }
    }

    public static void main(String args[]){
        new ManyEars("Hello");
    }
}
```

当用户单击 JButton 按钮后,所有向 JButton 注册的监听器都会接收到相应的事件,如图 19-19 所示。ListenerB 在 mousePressed()方法中先打印当前向 JButton 注册的所有 ActionListener 监听器的数目,然后删除其中的一个 ActionListener 监听器。

Tips

当一个组件注册了多个监听器,这些监听器到底按何种次序响应事件是不确定的,与它们被注册到组件中的次序没有关系。

图 19-19　所有向 JButton 注册的监听器都会接收到相应的事件

19.4.2　事件源、事件和监听器的类层次和关系

在 java.util 包中定义了一个事件类 EventObject。所有的具体 AWT 事件类都位于 java.awt.event 包中，并且继承 java.awt.event.AWTEvent，AWTEvent 则继承 EventObject 类。事件类的层次结构如表 19-1 所示。

表 19-1　事件类的类层次结构

EventObject	AWTEvent	ActionEvent		
		AdjustmentEvent		
		ItemEvent		
		TextEvent		
		ComponentEvent	ContainerEvent	
			FocusEvent	
			WindowEvent	
			PaintEvent	
			InputEvent	KeyEvent
				MouseEvent

EventObject 类有一个 getSource()方法，它用来返回触发事件的对象。ComponentEvent 类还提供了一个 getComponent()方法用来返回触发事件的组件，这两个方法返回同一个事件源对象的引用。

1．事件类和监听接口的对应关系

每类事件都有一个监听接口。监听接口中定义了一个或多个处理事件的方法。当发生特定的事件时，AWT 会决定调用哪个方法。表 19-2 列出了事件类型及对应的监听接口。监听接口所包含的方法的名称是便于记忆的，从方法名中可以看出这个方法被调用的源或条件。

表 19-2 事件类型和监听接口的对应关系

事件类型	监听接口名称	抽象方法
ActionEvent	ActionListener	actionPerformed(ActionEvent)
ItemEvent	ItemListener	itemStateChanged(ItemEvent)
MouseEvent	MouseMotionListener	mouseDragged(MouseEvent)
		mouseMoved(MouseEvent)
MouseEvent	MouseListener	mousePressed(MouseEvent)
		mouseReleased(MouseEvent)
		mouseEntered(MouseEvent)
		mouseExited(MouseEvent)
		mouseClicked(MouseEvent)
KeyEvent	KeyListener	keyPressed(KeyEvent)
		keyReleased(KeyEvent)
		keyTyped(KeyEvent)
FocusEvent	FocusListener	focusGained(FocusEvent)
		focusLost(FocusEvent)
AdjustmentEvent	AdjustmentListener	adjustmentValueChanged(AdjustmentEvent)
ComponentEvent	ComponentListener	componentMoved(ComponentEvent)
		componentHidden(ComponentEvent)
		componentResized(ComponentEvent)
		componentShown(ComponentEvent)
WindowEvent	WindowListener	windowClosing(WindowEvent)
		windowOpened(WindowEvent)
		windowIconified(WindowEvent)
		windowDeiconified(WndowEvent)
		windowClosed(WindowEvent)
		windowActivated(WindowEvent)
		windowDeactivated(WindowEvent)
ContainerEvent	ContainerListener	componentAdded(ContainerEvent)
		componentRemoved(ContainerEvent)
TextEvent	TextListener	textValueChanged(TextEvent)

MouseMotionListener 和 MouseListener 都监听 MouseEvent 事件。MouseMotionListener 主要处理和鼠标移动有关的事件，它包括以下方法：

- mouseMoved()：用户未按下鼠标，直接移动鼠标时调用此方法。
- mouseDragged()：用户按下鼠标，然后拖动鼠标时调用此方法。

MouseListener 主要处理和鼠标被单击有关的事件，它包括以下方法：

- mouseClicked()：当用户单击鼠标时调用此方法。
- mousePressed()：当用户按下鼠标时调用此方法。
- mouseReleased()：当用户释放鼠标时调用此方法。

- mouseExited(): 鼠标退出组件的显示区域时调用此方法。
- mouseEntered(): 鼠标进入组件的显示区域时调用此方法。

例程 19-16 的 LineDrawer 类注册了 MouseMotionListener 和 MouseListener 监听器。当用户按下并且拖动鼠标时，就会根据鼠标拖动的路径绘制一条新的线条，MouseEvent 的 getX() 和 getY() 方法返回鼠标的当前 X 坐标和 Y 坐标。

例程 19-16　LineDrawer.java

```java
import java.awt.*;
import java.awt.event.*;
import java.util.List;
import java.util.ArrayList;
import javax.swing.*;
public class LineDrawer extends JPanel {
  private List<List<Point>> lines=new ArrayList<List<Point>>();   //存放所有的线条
  private List<Point> currLine; //当前线条

  public LineDrawer(){
    setBackground(Color.white);
    addMouseListener(new MouseAdapter(){
      //当用户按下鼠标时，就开始绘制一条新的线条
      public void mousePressed(MouseEvent event){
        currLine=new ArrayList<Point>();
        lines.add(currLine);
        currLine.add(new Point(event.getX(),event.getY()));
      }
    });

    addMouseMotionListener(new MouseMotionAdapter(){
      //拖动鼠标时，随之画线条
      public void mouseDragged(MouseEvent event){
        currLine.add(new Point(event.getX(),event.getY()));
        repaint();
      }
    });

  }

  public void paintComponent(Graphics g){
    super.paintComponent(g);

    for( List<Point>points:lines){
      int x1=-1,y1=-1,x2=-1,y2=-1;
      for(Point point:points){
        x2=(int)point.getX();
        y2=(int)point.getY();
        if(x1!=-1)
          g.drawLine(x1,y1,x2,y2);
        x1=x2;
        y1=y2;
      }
    }
  }
}
```

```
public static void main(String args[]){
    JPanel panel=new LineDrawer();
    JFrame frame=new JFrame("Hello");
    frame.setContentPane(panel);

    frame.setDefaultCloseOperation(JFrame.EXIT_ON_CLOSE);
    frame.setSize(300,300);
    frame.setVisible(true);
  }
}
```

LineDrawer 类的 lines 和 currLine 集合变量分别存放所有的线条及当前线条。paintComponent()方法从 lines 集合中获得所有线条，将它画到界面上。如图 19-20 显示了一幅通过拖动鼠标所作的画。

图 19-20　在 LineDrawer 容器上绘画

2．组件和对应的监听接口

一个组件作为事件源，可以触发多种事件。组件可以通过 addXXXListener 方法（XXX 表示某种事件）注册监听器。表 19-3 列出了在各个组件类中常用的注册监听器的方法。

表 19-3　在各个组件类中定义的注册监听器的方法

组　件	注册监听器的方法
Component	addComponentListener、addFocusListener、addHierarchyListener、addHierarchyBoundsListener、addKeyListener、addMouseListener、addMouseMotionListener、addInputMethodListener
Container	addContainerListener
Window	addWindowListener
JComponent	addAncestorListener
JCheckbox JComboBox JButton	addItemListener、addActionListener
JList	addListSelectionListener
JScrollBar	addAdjustmentListener
JMenu	addMenuListener
JMenuItem	addActionListener、addChangeListener、addItemListener、addMenuKeyListener
JTextFiled	addActionListener

3. 适配器和监听接口

并不是所有的监听接口都有适配器，如果监听接口中只有一个方法，就没有必要提供示配器。表 19-4 列出了监听接口和适配器的对应关系。

表 19-4 监听接口和适配器的对应关系

监听接口	适 配 器
ComponentListener	ComponentAdapter
FocusListener	FocusAdapter
KeyListener	KeyAdapter
MouseListener	MouseAdapter
MouseMotionListener	MouseMotionAdapter
ContainerListener	ContainerAdapter
WindowListener	WindowAdapter
ItemListener	没有适配器
ActionListener	没有适配器
InputMethodListener	没有适配器

例程 19-17 的 AdapterDemo 类注册了 WindowListener 和 KeyListener 监听器，用户按下任意一个键，就会显示一个 JDialog，这个 JDialog 注册了 WindowListener 监听器。本程序中的监听器类都是匿名类，它们继承了 WindowAdapter 或 KeyAdapter 适配器。

例程 19-17 AdapterDemo.java

```
import java.awt.*;
import java.awt.event.*;
import javax.swing.*;
public class AdapterDemo extends JFrame{
  private JDialog dialog;
  private JLabel label;

  public AdapterDemo(String title){
    super(title);

    dialog=new JDialog(this,"Note",true);
    label=new JLabel();
    dialog.add(label);
    dialog.setSize(100,100);

    dialog.addWindowListener(new WindowAdapter(){
    public void windowClosing(WindowEvent evt){
      dialog.setVisible(false);    //隐藏会话框
    }
    });

    requestFocus();    //使 JFrame 能够接收用户的键盘输入

    addKeyListener(new KeyAdapter(){
      public void keyTyped(KeyEvent ev){
        char key=ev.getKeyChar();
```

```
              label.setText("用户选择的键为: " +key);
              System.out.println("Key adapter");
              dialog.setVisible(true);   //显示会话框
            }
         });
         addWindowListener(new WindowAdapter(){
            public void windowClosing(WindowEvent evt){
              System.exit(0);   //结束程序
            }
         });
         setSize(300,300);
         setVisible(true);
     }
       public static void main(String args[]){
         new AdapterDemo("Hello");
     }
  }
```

AdapterDemo 类作为 JFrame 类的子类，注册了 WindowListener 监听器：

```
addWindowListener(new WindowAdapter(){
   public void windowClosing(WindowEvent evt){
      System.exit(0);   //结束程序
   }
});
```

以上代码等价于调用 AdapterDemo 类的以下方法：

```
setDefaultCloseOperation(JFrame.EXIT_ON_CLOSE);
```

以上程序创建的图形界面如图 19-21 所示。用户在键盘上按下任意一个键，就会显示一个 JDialog，当用户单击 JDialog 的关闭图标时，这个对话框就会被隐藏，当用户单击 AdapterDemo 的关闭图标时，就会结束程序。

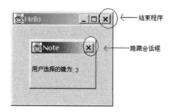

图 19-21　AdapterDemo 和 JDialog 容器都注册了 WindowListener 监听器

19.5　AWT 绘图

AWT 重量级组件与 Swing 轻量级组件的绘图机制稍微有一些区别。本章主要介绍 Swing 轻量级组件的绘图机制。在 Component 类中提供了以下与绘图有关的方法：

- paint (Graphics g)：绘制组件的外观。
- repaint()：调用 paint()方法，刷新组件的外观。

> **Tips**
> Component 类还有一个 update()方法。对于 AWT 重量级组件，repaint()方法会先调用 update()方法，update()方法再调用 paint()方法。而对于 Swing 轻量级组件，repaint()方法直接调用 paint()方法。

在以下几种情况，AWT 线程会执行组件的 paint()方法：
- 当组件第一次在屏幕上显示时，AWT 线程会自动调用 paint()方法来绘制组件。
- 用户在屏幕上伸缩组件，使组件的大小发生变化，此时 AWT 线程会自动调用组件的 paint()方法，刷新组件的外观。
- 用户在屏幕上最小化界面，然后又恢复界面，此时 AWT 线程会自动调用组件的 paint()方法，重新显示组件的外观。
- 程序中调用 repaint()方法，该方法会促使 AWT 线程尽可能快地执行组件的 paint()方法。

JComponent 类覆盖了 Component 类的 paint()方法。JComponent 类的 paint()方法把绘图任务委派给 3 个 protected 类型的方法来完成：
- paintComponent()：画当前组件。
- paintBorder()：画组件的边界。
- paintChildren()：如果组件为容器，则画容器所包含的组件。

对于用户自定义的 Swing 组件，如果需要绘制图形，只需要覆盖 paintComponent()方法。JComponent 类的 paintComponent()方法会以组件的背景色来覆盖整个组件区域。当用户重新实现 paintComponent()方法时，如果希望先清空组件上遗留的图形，那么可以先调用 super.paintComponent()方法。

例程 19-18 的 ColorChanger 类继承 JFrame 类，覆盖了 paintComponent()方法，该方法负责在容器中画一个矩形。当用户单击按钮时，这个矩形的颜色就会发生变化。

例程 19-18 ColorChanger.java

```java
import java.awt.*;
import java.awt.event.*;
import javax.swing.*;

public class ColorChanger extends JPanel {
  private Color color=Color.RED;
  private int times; //跟踪调用 paintComponent()方法的次数
  public ColorChanger(){
    JButton button=new JButton("change color");
    button.addActionListener(new ActionListener(){
      public void actionPerformed(ActionEvent event){
        color=(color==Color.RED)?Color.GREEN:Color.RED;   //更换画笔的颜色
        repaint();   //刷新组件
      }
    });
    add(button);
```

```java
    }
    public void paintComponent(Graphics g){
        super.paintComponent(g);
        g.setColor(color);    //设置画笔的颜色
        g.fillRect(0,0,300,300);    //画一个矩形
        //跟踪该方法被调用的次数
        System.out.println("call paintComponent "+(++times)+" times");
    }
    public static void main(String args[]){
        JFrame frame=new JFrame("Hello");
        frame.setContentPane(new ColorChanger());

        frame.setDefaultCloseOperation(JFrame.EXIT_ON_CLOSE);
        frame.setSize(300,300);
        frame.setVisible(true);
    }
}
```

以上程序创建的图形界面如图 19-22 所示。

图 19-22　paintComponent()方法绘制的矩形

在 ColorChanger 类的 paintComponent()方法中，会向控制台打印本方法被调用的次数：

```
//跟踪该方法被调用的次数
System.out.println("call paintComponent "+(++times)+" times");
```

运行 ColorChanger 类，观察控制台的输出结果，会推断出 paintComponent()方法在以下情况被 AWT 线程调用：

- 当用户界面第一次在屏幕上呈现时。
- 当用户单击"change color"按钮，ActionListener 监听器的 actionPerformed()方法被调用，该方法调用 ColorChanger 类的 repaint()方法，而 repaint()方法会调用 paintComponent()方法。
- 当用户改变界面的大小时，或者对界面进行先最小化再最大化操作时，AWT 线程也会自动调用 paintComponent()方法。

19.5.1　Graphics 类

Component 类的 paint(Graphics g)方法有一个 java.awt.Graphics 类型的参数。Graphics 类代表画笔，提供了绘制各种图形的方法，常见的有：

- drawLine(int x1,int y1,int x2, int y2)：画一条直线。参数（$x1,y1$）和（$x2,y2$）设置直线的起始和终止坐标。

- drawString(String string，int left，int bottom)：写一个字符串。
- drawImage(Image image,int left, int top, ImageObserver observer)：画一个图片。
- drawRect(int left,int top,int width,int height)：画一个矩形。
- drawOval(int x, int y, int width, int height)：画一个椭圆。
- fillRect(int left,int top,int width,int height)：填充一个矩形。
- fillOval(int x, int y, int width, int height)：填充一个椭圆。

以上 drawRect()和 fillRect()方法的（left,top）参数设置矩形左上角的坐标。drawOval()和 fillOval()方法的（x,y）参数设置椭圆的起始坐标，即椭圆所在的矩形框架左上角的坐标。

可以为 Graphics 对象设置绘图颜色和字体属性，方法为：
- setColor(Color color)：设置画笔的颜色。
- setFont(Font font)：设置画笔的字体。

如果程序没有显示调用 Graphics 对象的 setColor()方法，Graphics 对象将以组件的前景色作为默认的绘图颜色。

drawString(String str, int x, int y)方法使用当前画笔的颜色和字体，将参数 str 的内容显示出来，并且最左边的字符的基线从坐标（x,y）开始。例如 g.drawString("hello"，20, 30)将显示如图 19-23 的效果：

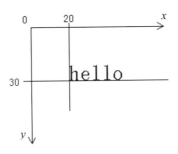

图 19-23　g.drawString("hello", 20, 30)显示的字符串

下面的例程 19-19 的 OvalDrawer 类的 paintComponent()方法负责画一个椭圆，OvalDrawer 类还实现了 Runnable 接口，在 run()方法中，每隔 400 毫秒就会随机地设置椭圆的起始坐标(x,y)、椭圆的宽 width 和高 height，然后调用 OvalDrawer 的 repaint()方法刷新界面。

例程 19-19　OvalDrawer.java

```
import java.awt.*;
import java.awt.event.*;
import javax.swing.*;
public class OvalDrawer extends JPanel implements Runnable{
  private Color[] colors={Color.RED,Color.BLACK,Color.BLUE,
            Color.GREEN,Color.DARK_GRAY};
  private Color color;
  private int x=10,y=10,width=10,height=10;
```

第 19 章 图形用户界面

```java
public OvalDrawer(){
    new Thread(this).start();
}

public void run(){
    while(true){
        x=(int)(Math.random()*300);
        y=(int)(Math.random()*300);
        width=(int)(Math.random()*100);
        height=(int)(Math.random()*100);
        color=colors[(int)(Math.random()*(colors.length-1))];
        repaint();
        try{Thread.sleep(400);}catch(InterruptedException e){throw new RuntimeException(e);}
    }
}

public void paintComponent(Graphics g){
    //调用父类的 paintComponent(g)方法会导致先清空面板，使得上次所画的椭圆被删除。
    super.paintComponent(g);
    g.setColor(color);
    g.fillOval(x,y,width,height);    //画椭圆
}
public static void main(String args[]){
    JPanel panel=new OvalDrawer();
    JFrame frame=new JFrame("Hello");
    frame.setContentPane(panel);

    frame.setDefaultCloseOperation(JFrame.EXIT_ON_CLOSE);
    frame.setSize(300,300);
    frame.setVisible(true);
}
}
```

　　OvalDrawer 类作为容器类，它的 paintComponent() 方法先调用 super.paintComponent(g)，该方法以容器的背景色（本程序中为默认的灰色）覆盖整个 JPanel 区域，然后再画一个大小、位置及颜色都随机的椭圆。运行以上程序，在界面上只会看到一个位置、大小和颜色在不断变化的椭圆。如果不希望每次调用 paintComponent() 方法时先清空界面，可以在 OvalDrawer 类的 paintComponent(Graphics g)方法中，去除调用 super.paintComponent(g)：

```java
public void paintComponent(Graphics g){
    //super.paintComponent(g);    //去除调用 super.paintComponent(g)
    g.setColor(color);
    g.fillOval(x,y,width,height);    //画椭圆
}
```

　　此时再运行程序，会看到界面上的椭圆不断积累，如图 19-24 所示。

图 19-24　界面上的椭圆不断积累

下面的例程 19-20 的 ChessPlayer 类提供了一个棋盘，可以让用户下围棋或下五子棋。ChessPanel 表示棋盘，它的 paintComponent()方法负责绘制网格及棋子。数组 chesses 中存放了棋子信息。

例程 19-20　ChessPlayer.java

```java
import javax.swing.*;
import java.awt.*;
import java.awt.event.*;

class ChessPanel extends JPanel{
    private int space=20; //网格间的距离
    private int grids=30; //棋盘的网格数
    private int radius=space/2; //棋的半径

    //当chesses[i][j]=0,表示网格节点(i,j)上无棋
    //当chesses[i][j]=1,表示网格节点(i,j)上放白棋
    //当chesses[i][j]=2,表示网格节点(i,j)上放黑棋
    private int[][] chesses=new int[grids+1][grids+1];
    private int currColor=1; //当前棋的颜色

    private JMenuBar chessMenuBar=new JMenuBar();
    private JMenu optMenu=new JMenu("操作");
    private JMenuItem startMenuItem=new JMenuItem("开始");
    private JMenuItem exitMenuItem=new JMenuItem("退出");

    private ActionListener startHandler=new ActionListener(){
      public void actionPerformed(ActionEvent e){
         clearGrids();   //清空棋盘
         currColor=1;
         repaint(); //刷新图形
      }
    };
    private ActionListener exitHandler=new ActionListener(){
      public void actionPerformed(ActionEvent e){
         System.exit(0);
      }
    };
    private MouseListener playChessHandler=new MouseAdapter(){
      public void mouseClicked(MouseEvent e){
         int x=e.getX();
```

```java
          int y=e.getY();
          //放一颗棋子
          if(x<=grids*space && x>=0 && y<=grids*space && y>=0)
            if(chesses[round(x)][round(y)]==0){
              chesses[round(x)][round(y)]=currColor;
              currColor=currColor==1?2:1;   //切换棋子的颜色
              repaint();   //刷新图形
            }
        }
    };

    public int round(float a){   //获得接近 a 的网格节点坐标
      float f=a/space;
      return Math.round(f);
    }
    public ChessPanel(int space,int grids){
      this.space=space;
      this.grids=grids;
      this.radius=space/2;

      setBackground(Color.YELLOW);
      setSize(space*grids,space*grids);
      startMenuItem.addActionListener(startHandler);
      exitMenuItem.addActionListener(exitHandler);
      addMouseListener(playChessHandler);

      chessMenuBar.add(optMenu);
      optMenu.add(startMenuItem);
      optMenu.add(exitMenuItem);
    }

    public JMenuBar getMenuBar(){
      return chessMenuBar;
    }
    /** 画一颗棋子 */
    private void drawChess(Graphics g,int x,int y,int color){
      g.setColor(color==1?Color.WHITE:Color.BLACK);
      g.fillOval(x*space-radius,y*space-radius,radius*2,radius*2);
    }
    /** 画网格 */
    private void drawGrids(Graphics g){
      g.setColor(Color.DARK_GRAY);
      for(int i=0;i<=grids;i++){
        g.drawLine(0,i*space,grids*space,i*space);
        g.drawLine(i*space,0,i*space,grids*space);
      }
    }

    /** 清空棋盘 */
    private void clearGrids(){
      for(int i=0;i<=grids;i++)
        for(int j=0;j<=grids;j++)
          chesses[i][j]=0;
    }
```

```
public void paintComponent(Graphics g){     //覆盖 paintComponent()方法
    super.paintComponent(g);  //必须先调用父类的方法

    drawGrids(g);   //画网格
    for(int i=0;i<=grids;i++)
        for(int j=0;j<=grids;j++)
            if(chesses[i][j]!=0)
                drawChess(g,i,j,chesses[i][j]);   //画棋子
    }
}

public class ChessPlayer extends JFrame {
    private ChessPanel chessPanel=new ChessPanel(20,30);

    public ChessPlayer(String title) {
        super(title);

        add(chessPanel);
        setJMenuBar(chessPanel.getMenuBar());

        setDefaultCloseOperation( JFrame.EXIT_ON_CLOSE );
        setSize(600,600);
        setVisible( true );
    }

    public static void main( String args[] ){
        new ChessPlayer("五子棋/围棋");
    }
}
```

以上程序创建的图形界面如图 19-25 所示。当用户在棋盘上单击鼠标时，在相应的位置就会出现一颗棋子。棋子的颜色在白色与黑色之间切换。当用户选择"开始"菜单命令时，棋盘就被清空，用户可以重新开局。

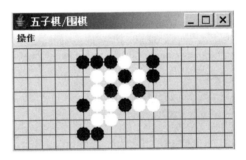

图 19-25　五子棋/围棋的棋盘

图 19-25 的界面中包含菜单，关于菜单的用法可参考本书第 20 章的 20.9 节（菜单 JMenu）。

19.5.2　Graphics2D 类

java.awt.Graphics2D 类继承了 Graphics 类。Graphics2D 类具有更强大的绘图功能，

它通过以下方法来绘制图形：
- draw(Shape shape)：画参数指定的图形。
- fill(Shape shape)：填充参数指定的图形区域。

java.awt.Shape 接口表示形状，它有一些抽象的实现类，例如：
- java.awt.geom.Line2D：表示直线。
- java.awt.geom.Ellipse2D：表示椭圆。
- java.awt.geom.Rectangle2D：表示矩形。

以上图形类都有两个具体子类：Double 和 Float。例如：Line2D.Double 和 Line2D.Float 是 Line2D 类的两个具体子类。Double 类和 Float 类以不同的精度来构建图形。Double 类的精度要高于 Float 类。在程序中经常用 Double 类来绘制图形。如果程序中要涉及成千上万的图形，为了节省内存空间，可以考虑使用 Float 类。

例程 19-21 的 Draw2D 类演示了用 Graphics2D 类，及相关的图形类来绘制图形的过程。

例程 19-21　Draw2D.java

```java
import java.awt.*;
import java.awt.geom.*;
import java.awt.event.*;
import javax.swing.*;

public class Draw2D extends JPanel{
  public void paintComponent(Graphics g){
    Graphics2D g2 = (Graphics2D)g;

    double leftX = 50;
    double topY = 35;
    double width = 100;
    double height = 75;

    //定义一个矩形，它的左上角的坐标为（leftX,topY），长和宽分别为 width 和 height
    Rectangle2D rect = new Rectangle2D.Double(leftX,topY,width,height);
    g2.draw(rect);   //画一个矩形

    //定义一个椭圆
    Ellipse2D ellipse = new Ellipse2D.Double();
    ellipse.setFrame(rect);   //以矩形作为椭圆的框架
    g2.setColor(Color.red);
    g2.fill(ellipse);   //填充一个红色的椭圆

    //定义一条线，线的两端的坐标分别为（leftX,topY）和（leftX+width,topY+height）
    Line2D line=new Line2D.Double(leftX,topY,leftX+width,topY+height);
    g2.setColor(Color.black);
    //在矩形中画一条黑色的对角线
    g2.draw(line);   //画一条线

    double radius = 70;   //圆的半径
    double centerX = rect.getCenterX();   //矩形的中心的 X 坐标
    double centerY = rect.getCenterY();   //矩形的中心的 Y 坐标
    double cornerX = centerX - radius;
```

```java
        double cornerY = centerY - radius;

        //定义一个矩形，它的左上角的坐标为（cornerX,cornerY），长和宽为 2*radius
        rect = new Rectangle2D.Double(cornerX,cornerY,2*radius,2*radius);
        g2.draw(rect);   //画一个矩形

        //定义一个圆，它所在的矩形框架的左上角的坐标为（cornerX,cornerY），
        //矩形框架的长和宽为 2*radius
        Ellipse2D circle = new Ellipse2D.Double(cornerX,cornerY,2*radius,2*radius);
        g2.draw(circle);   //画一个圆
    }

    public static void main(String[] args){
        Toolkit t = Toolkit.getDefaultToolkit();
        Dimension d = t.getScreenSize();   //获得屏幕的大小

        int screenWidth = (int)d.getWidth(); //获得屏幕的宽
        int screenHeight = (int)d.getHeight();   //获得屏幕的高

        JFrame frame=new JFrame("Hello");
        Draw2D panel =new Draw2D();
        frame.add(panel);

        frame.setDefaultCloseOperation(JFrame.EXIT_ON_CLOSE);
        frame.setSize(screenWidth/4,screenHeight/4);
        frame.setLocation(screenWidth/4,screenHeight/4);
        frame.setVisible(true);
    }
}
```

运行以上程序，将得到如图 19-26 所示的图形界面。

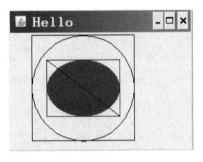

图 19-26　Draw2D 类绘制的图形

在使用 Ellipse2D.Double 类构建椭圆时，需要指定椭圆所在的矩形框架。Ellipse2D.Double 类和 Rectangle2D.Double 类都有以下形式的构造方法：

Double(double x, double y, double w, double h)

参数（x,y）指定矩形的左上角的坐标，参数 w 和 h 分别指定矩形的宽和高。

此外，Ellipse2D.Double 类的 setFrame(Rectangle2D r)方法也用来设定椭圆所在的矩形框架。

在 Draw2D 类的 main()方法中，还利用 java.awt.Toolkit 类的 getScreenSize()来获得

屏幕的大小，接下来依据屏幕的大小来设定 JFrame 容器在屏幕中的相对大小和位置：

```
frame.setSize(screenWidth/4,screenHeight/4);
frame.setLocation(screenWidth/4,screenHeight/4);
```

19.6 AWT 线程（事件分派线程）

在本章前面介绍的图形程序中，都是由 main 主线程来构建各种组件的，那么在屏幕上绘制图形界面及响应各种事件，到底是由哪个线程来执行的呢？

下面对本章 19.4 节的例程 19-18 的 ColorChanger 类做一些修改，在 actionPerformed() 方法和 paintComponent() 方法中打印出执行该方法的线程的名字：

```
public class ColorChanger extends JPanel {
  private Color color=Color.RED;
  private int times; //跟踪调用 paintComponent()方法的次数
  public ColorChanger(){
    JButton button=new JButton("change color");
    button.addActionListener(new ActionListener(){
      public void actionPerformed(ActionEvent event){
        color=(color==Color.RED)?Color.GREEN:Color.RED;   //更换画笔的颜色
        repaint();   //刷新组件
        //打印执行该方法的线程
        System.out.println(Thread.currentThread().getName()+":actionPerformed()");
      }
    });
    add(button);
  }
  public void paintComponent(Graphics g){
    …
    //打印执行该方法的线程
    System.out.println(Thread.currentThread().getName()+":paintComponent()");
  }
  public static void main(String args[]){…}
}
```

运行 ColorChanger 类，不断单击图形界面上的按钮，会看到 DOS 控制台打印以下信息：

```
call paintComponent 1 times
AWT-EventQueue-0:paintComponent()
AWT-EventQueue-0:actionPerformed()
call paintComponent 2 times
AWT-EventQueue-0:paintComponent()
AWT-EventQueue-0:actionPerformed()
call paintComponent 3 times
AWT-EventQueue-0:paintComponent()
AWT-EventQueue-0:actionPerformed()
```

从以上打印结果可以看出：paintComponent() 和 actionPerformed() 方法都是由名为"AWT-EventQueue-0"的线程执行的。由此可以看出，Java 虚拟机提供专门的线程来负责绘制图形用户界面，以及响应各种事件，执行相应的处理事件的方法。这个专门的线程称作 AWT 线程。由于 AWT 线程的一个重要任务就是处理事件，因此也把 AWT 线程称作事件分派线程（Event Dispatch Thread）。当一个事件发生时，该事件被加入到事件队列中。AWT 线程会按照先进先出的原则，依次处理事件队列中的事件。

为了提高图形用户程序的运行性能，大多数 Swing 组件都没有考虑线程的同步，因此它们不是线程安全的。假如有两个线程同时操作一个 JPanel 容器，都向容器中添加或删除一些组件并修改它的布局，那么会导致 JPanel 容器无法正常地显示。

为了避免这种潜在的并发问题，建议所有与图形界面有关的操作都由单个线程来执行。本章前面的范例由主线程负责构建图形用户界面，不妨把这些操作也交给 AWT 线程来完成。java.awt.EventQueue 类的 invokeLater(Runnable runnable)方法会把参数 runnable 指定的任务提交给 AWT 线程来执行。

javax.swing.SwingUtilities 类对 java.awt.EventQueue 类做了轻量级封装。SwingUtilities 类的 invokeLater()方法会调用 EventQueue 类的 invokeLater()方法。

Tips

> 由单线程来操作图形界面只是一个建议，而不是必需的。例如本章 19.4.1 节的例程 19-19 的 OvalDrawer 类为了实现动画效果，专门创建了一个负责改变图形界面的线程。

下面对 ColorChanger 类做一些修改，main 主线程仅仅负责通过 SwingUtilities 类的 invokeLater()方法来提交一个构建图形界面的任务。修改后的程序参见例程 19-22 的 ColorChanger2 类。

例程 19-22　ColorChanger2.java

```
import java.awt.*;
import java.awt.event.*;
import javax.swing.*;
public class ColorChanger2 extends JPanel {
  private Color color=Color.RED;
  private int times; //跟踪调用 paintComponent()方法的次数
  public ColorChanger2(){…}
  public void paintComponent(Graphics g){…}

  public static void createAndShowGUI(){
    JFrame frame=new JFrame("Hello");
    frame.setContentPane(new ColorChanger2());

    frame.setDefaultCloseOperation(JFrame.EXIT_ON_CLOSE);
    frame.setSize(300,300);
    frame.setVisible(true);

    //打印执行该方法的线程
    System.out.println(Thread.currentThread().getName()+":createAndShowGUI()");
  }

  public static void main(String args[]){
    javax.swing.SwingUtilities.invokeLater(new Runnable() {
```

```
            public void run() {
               createAndShowGUI();
            }
         });
      }
   }
```

运行以上 ColorChanger2 类，不断单击图形界面上的按钮，从 DOS 控制台的打印结果可以看出，AWT 线程不仅会执行 actionPerformed()方法和 paintComponent()方法，还会执行 createAndShowGUI()方法。

19.7 小结

本章介绍了创建 GUI 的基本方法，对于事件处理机制和绘图机制，归纳如下：

- Component 组件类可分为 Container 容器类与其他非容器类。Container 容器类分为两种：Window 和 Panel。Window 是可以不依赖于其他容器而独立存在的容器，Window 有两个子类：Frame 和 Dialog。Panel 只能存在于其他的容器（Window 或其子类）中。
- java.awt 包中的 AWT 组件依赖于本地操作系统的 GUI，缺乏平台独立性。而 Swing 组件可以跨平台运行，是一种轻量级组件。Swing 组件位于 javax.swing 包中，多数 Swing 组件类都以大写字母"J"开头。除 JFrame 和 JDialog 以外，其余的 Swing 组件都继承了 JComponent 类。
- 如果不希望通过布局管理器来管理布局，可以调用容器类的 setLayout(null)方法，这样布局管理器就被取消了。接下来必须调用容器中每个组件类的 setLocation()、setSize()或 setBounds()方法，为这些组件在容器中一一定位。
- Window、Frame 和 Dialog、JFrame 和 JDialog 的默认布局管理器是 BorderLayout，Panel 和 JPanel 的默认布局管理器是 FlowLayout。可以通过容器类的 setLayout(Layout)方法来改变容器的布局管理器。
- FlowLayout 布局管理器会始终保证每个组件的最佳尺寸，BorderLayout 把容器分为 5 个区域，如果在同一个区域加入多个组件，只有最后一个组件是可见的。
- AWT 处理事件采用委托模式。组件本身不处理事件，而是委托监听器来处理。
- 在 Component 类中提供了与绘图有关的方法：负责绘制组件外观的 paint()方法和刷新组件外观的 repaint()方法。JComponent 类覆盖了 Component 类的 paint()方法。JComponent 类的 paint()方法把绘图任务委派给 3 个 protected 类型的方法来完成：负责画当前组件的 paintComponent()方法、负责画组件边界的 paintBorder()方法，以及负责画容器所包含组件的 paintChildren()方法。对于用户自定义的 Swing 组件，如果需要绘制特定的图形，只需要覆盖 paintComponent()方法。

19.8 思考题

1. 以下代码能否编译通过？假如能编译通过，运行时将出现什么情况？

```
import javax.swing.*;
public class FlowApp extends JFrame{
  public static void main(String argv[]){
    FlowApp fa=new FlowApp();
    fa.setSize(400,300);
    fa.setVisible(true);
  }

  FlowApp(){
    add(new JButton("One"));
    add(new JButton("Two"));
    add(new JButton("Three"));
    add(new JButton("Four"));
  }
}
```

2. 如果采用流式布局管理器（FlowLayout），在加入组件时不用指定组件在容器中的位置，管理器会自动按照既定方式来安排组件。这句话对吗？

3. 运行以下程序，会出现什么样的图形界面？

```
import javax.swing.*;
import java.awt.Color;
import java.awt.FlowLayout;
public class CompLay extends JFrame{
  public static void main(String argv[]){
    CompLay cl = new CompLay();
  }

  CompLay(){
    JPanel p = new JPanel();
    p.setBackground(Color.BLUE);
    p.add(new JButton("One"));
    p.add(new JButton("Two"));
    p.add(new JButton("Three"));
    add("South",p);
    setLayout(new FlowLayout());
    setSize(300,300);
    setVisible(true);
  }
}
```

4. 如何改变当前容器的布局管理器？
5. 以下哪些是 GridBagConstraints 类的属性？
   a) ipadx   b) fill   c) insets   d) width
6. 以下哪些布局管理器会保持组件的最佳宽度和高度？

a)GridLayout   b)GridBagLayout   c)BoxLayout   d)FlowLayout   e)BorderLayout

7．采用 GridLayout，所有网格的大小相同。这句话对吗？

8．以下哪个容器的默认布局管理器为 FlowLayout？

a) JPanel   b) JApplet   c) JFrame   d) Window   e) JDialog

9．以下代码能否编译通过？假如能编译通过，运行时将出现什么情况？

```
//MyWindow.java
import java.awt.event.*;
import java.awt.*;
import javax.swing.*;
public class MyWindow extends JFrame implements WindowListener{
    public static void main(String argv[]){
        MyWindow mwinc = new MyWindow ();
    }
    public void windowClosing(WindowEvent we){
        System.out.println("exit");
        System.exit(0);
    }
    public MyWindow (){
        setSize(300,300);
        setVisible(true);
    }
}
```

10．在 AWT 的事件处理模型中，一个组件只能注册一个监听者。这句话对吗？

11．以下哪些属于在 MouseListener 监听接口中定义的事件处理方法？

a) actionPerformed(ActionEvent e){}

b) mousePressed(MouseEvent e){}

c) functionKey(KeyPress k){}

d) componentAdded(ContainerEvent e){}

12．Swing 组件与普通的 AWT 组件有什么区别？

13．编写一个具有图形用户界面的程序，每隔 1 秒就在界面的任意位置显示一个具有随机大小和填充颜色的矩形。

读书笔记

第 20 章　常用 Swing 组件

第 19 章介绍了创建图形用户界面的基本原理，图形用户界面由各种组件构成，普通组件被添加到容器类组件中，布局管理器决定如何在容器中放置组件。组件委托事件监听器来响应事件，从而完成与用户的交互。

本章将介绍一些常用的 Swing 组件的用法，对于每个 Swing 组件主要从以下方面进行介绍：

- 该组件有什么用途？
- 如何创建该组件？
- 如何把该组件加入到容器中？
- 该组件会触发哪些事件，以及如何处理这些事件？

20.1　边框（Border）

JComponent 类有一个 setBorder(Border border)方法，用来为组件设置边框。所有的边框类都实现了 javax.swing.border.Border 接口，如图 20-1 所示为边框类的层次结构。

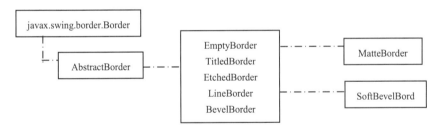

图 20-1　边框类的层次结构

例程 20-1 的 BordersDemo 类包含若干 JPanel，它们分别使用不同的边框。

例程 20-1　BordersDemo.java

```
import javax.swing.*;
import java.awt.*;
import javax.swing.border.*;

public class BordersDemo extends JFrame{

    /** 按照参数指定的边框创建一个 JPanel 对象 */
    public static JPanel getPanelWithBorder(Border b) {
        JPanel jp = new JPanel();
        jp.setLayout(new BorderLayout());
        String nm = b.getClass().toString();
        nm = nm.substring(nm.lastIndexOf('.') + 1);
```

```java
        //在 JPanel 中央有一个 JLabel，它显示边框类的名字
        jp.add(new JLabel(nm, JLabel.CENTER),BorderLayout.CENTER);
        jp.setBorder(b);    //设置 JPanel 的边框
        return jp;
    }

    public BordersDemo(String title) {
        super(title);
        setLayout(new GridLayout(2,4));
        add(getPanelWithBorder (new TitledBorder("Title")));
        add(getPanelWithBorder (new EtchedBorder()));
        add(getPanelWithBorder (new LineBorder(Color.BLUE)));
        add(getPanelWithBorder(
            new MatteBorder(5,5,30,30,Color.PINK)));
        add(getPanelWithBorder (
            new BevelBorder(BevelBorder.RAISED)));
        add(getPanelWithBorder (
            new SoftBevelBorder(BevelBorder.LOWERED)));
        add(getPanelWithBorder(new CompoundBorder(
            new EtchedBorder(),
            new LineBorder(Color.BLUE))));

        setDefaultCloseOperation(JFrame.EXIT_ON_CLOSE);
        pack();
        setVisible(true);
    }
    public static void main(String[] args) {
        new BordersDemo("Hello");
    }
}
```

以上程序创建的图形界面如图 20-2 所示。

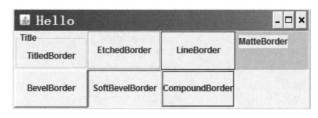

图 20-2　具有各种边框的 JPanel

20.2　按钮组件（AbstractButton）及子类

所有的按钮都继承自 AbstractButton 类，如图 20-3 显示了按钮类的层次结构。从图 20-3 可以看出，按钮包括：普通按钮（JButton）、触发器按钮（JToggleButton）、复选框（JCheckBox）、单选按钮（JRadioButton）、箭头按钮（BasicArrowButton）和菜单项（JMenuItem）等。

第20章 常用 Swing 组件

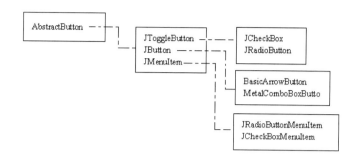

图 20-3　按钮类的层次结构

例程 20-2 的 ButtonsDemo 类在 JFrame 容器中加入了各种按钮。

例程 20-2　ButtonsDemo.java

```java
import java.awt.*;
import javax.swing.*;
import javax.swing.border.*;
import javax.swing.plaf.basic.BasicArrowButton;
public class ButtonsDemo extends JFrame {
    private JButton jb=new JButton("JButton");
    private BasicArrowButton
       up = new BasicArrowButton(BasicArrowButton.NORTH),
       down = new BasicArrowButton(BasicArrowButton.SOUTH),
       right = new BasicArrowButton(BasicArrowButton.EAST),
       left = new BasicArrowButton(BasicArrowButton.WEST);

    public ButtonsDemo(String title){
       super(title);
       setLayout(new FlowLayout());
       add(jb);
       add(new JToggleButton("JToggleButton"));
       add(new JCheckBox("JCheckBox"));
       add(new JRadioButton("JRadioButton"));
       JPanel jp = new JPanel();
       jp.setBorder(new TitledBorder("Directions"));
       jp.add(up);
       jp.add(down);
       jp.add(left);
       jp.add(right);
       add(jp);

       setDefaultCloseOperation(JFrame.EXIT_ON_CLOSE);
       pack();
       setVisible(true);
    }
    public static void main(String[] args) {
       new ButtonsDemo("Hello");
    }
}
```

以上程序创建的图形界面如图 20-4 所示。JToggleButton 与 JButton 的区别在于前者能在两个状态之间切换：按下状态和弹出状态。JToggleButton 有两个子类：JCheckBox 和 JRadioButton，它们也能在两个状态之间切换：选择状态和未被选择状态。

图 20-4 各种按钮的外观

在按钮中可以显示图标，ImageIcon 类表示图标。在 AbstractButton 中提供了以下和设置图标有关的方法：

- setIcon(Icon icon)：设置按钮有效状态下的图标。
- setRolloverIcon(Icon icon)：设置鼠标移动到按钮区域的图标。
- setPressedIcon(Icon icon)：设置按下按钮时的图标。
- setDisabledIcon(Icon icon)：设置按钮无效状态下的图标。

例程 20-3 的 IconsDemo 类中的一个 JButton 在各个状态下使用不同的图标。

例程 20-3　IconsDemo.java

```java
import java.awt.*;
import java.awt.event.*;
import javax.swing.*;
public class IconsDemo extends JFrame {
    private static Icon[] icons;
    private JButton jb1, jb2 = new JButton("Disable");
    private boolean flag = false;
    public IconsDemo(String title) {
        super(title);
        setLayout(new FlowLayout());

        icons = new Icon[] {
            new ImageIcon(getClass().getResource("image0.jpg")),
            new ImageIcon(getClass().getResource("image1.jpg")),
            new ImageIcon(getClass().getResource("image2.jpg")),
            new ImageIcon(getClass().getResource("image3.jpg")),
            new ImageIcon(getClass().getResource("image4.jpg")),
        };

        jb1 = new JButton("Pet", icons[0]);
        jb1.addActionListener(new ActionListener() {
            public void actionPerformed(ActionEvent e) {
                if(flag) {
                    jb1.setIcon(icons[0]);
                    flag = false;
                } else {
                    jb1.setIcon(icons[1]);
                    flag = true;
                }
            }
        });

        jb1.setVerticalAlignment(JButton.TOP);
```

```
            jb1.setHorizontalAlignment(JButton.LEFT);

            jb1.setRolloverEnabled(true);
            jb1.setRolloverIcon(icons[2]); //设置鼠标移动到按钮区域的图标
            jb1.setPressedIcon(icons[3]);   //设置按下按钮时的图标
            jb1.setDisabledIcon(icons[4]); //设置按钮无效状态下的图标

            jb1.setToolTipText("Click Me!");
            add(jb1);

            jb2.addActionListener(new ActionListener() {
                public void actionPerformed(ActionEvent e) {
                    if(jb1.isEnabled()) {
                        jb1.setEnabled(false);   //使按钮失效
                        jb2.setText("Enable");
                    } else {
                        jb1.setEnabled(true);    //使按钮有效
                        jb2.setText("Disable");
                    }
                }
            });
            add(jb2);

            setDefaultCloseOperation(JFrame.EXIT_ON_CLOSE);
            pack();
            setVisible(true);
        }

        public static void main(String[] args) {
            new IconsDemo("Hello");
        }
    }
```

以上程序的 getClass().getResource("image0.jpg")方法从 IconsDemo.class 文件所在的路径下加载图片文件，因此运行本程序时，必须确保这些图片文件和 IconsDemo.class 文件位于同一个目录下。以上程序创建的图形界面如图 20-5 所示。在图中共有两个按钮：jb1 按钮显示图标，jb2 按钮能够控制 jb1 按钮是否有效。

图 20-5　带图标的按钮

20.3　文本框（JTextField）

JTextField 与一个 javax.swing.text.PlainDocument 关联，PlainDocument 保存了

JTextField 的文档。当用户向文本框输入文本时，AWT 线程会自动调用 PlainDocument 的 insertString()方法，把用户输入的文本存放到 PlainDocument 中。在例程 20-4 的 TextFieldDemo 类中，包含两个 JButton 和 3 个 JTextField。第一个 JTextField 与一个自定义的 UpperCaseDocument 类关联，UpperCaseDocument 类是 PlainDocument 的子类，能够把用户输入的字符全部变为大写。

第一个 JTextField 本身注册了一个 ActionListener 监听器。与它关联的 UpperCaseDocument 注册了 DocumentListenerT 监听器。

例程 20-4 TextFieldDemo.java

```java
import javax.swing.*;
import javax.swing.event.*;
import javax.swing.text.*;
import java.awt.*;
import java.awt.event.*;
public class TextFieldDemo extends JFrame {
  private JButton
    b1 = new JButton("输入文本"),
    b2 = new JButton("复制");
  private JTextField
    t1 = new JTextField(30),
    t2 = new JTextField(30),
    t3 = new JTextField(30);
  private String str = new String(); //存放用户当前选择的文本
  private UpperCaseDocument ucd = new UpperCaseDocument();

  public TextFieldDemo(String title) {
    super(title);
    b1.addActionListener(new ActionListenerB1());
    b2.addActionListener(new ActionListenerB2());

    t1.setDocument(ucd); //JTextField 与 UpperCaseDocument 关联
    //当文本框中的内容发生变化时触发 DocumentEvent 事件
    ucd.addDocumentListener(new DocumentListenerT());

    //当用户在文本框内按【Enter】键触发 ActionEvent 事件
    t1.addActionListener(new ActionListenerT());

    setLayout(new GridLayout(4,1));
    JPanel buttonPanel=new JPanel();
    buttonPanel.add(b1);
    buttonPanel.add(b2);
    add(buttonPanel);
    add(t1);
    add(t2);
    add(t3);

    setDefaultCloseOperation(JFrame.EXIT_ON_CLOSE);
    pack();
    setVisible(true);
  }
}
```

```java
class DocumentListenerT implements DocumentListener {   //监听第一个 JTextField 的文档事件
    public void changedUpdate(DocumentEvent e) {}
    public void insertUpdate(DocumentEvent e) {
        t2.setText(t1.getText());
        t3.setText("Text: "+ t1.getText());
    }
    public void removeUpdate(DocumentEvent e) {
        t2.setText(t1.getText());
    }
}
class ActionListenerT implements ActionListener {   //监听第一个 JTextField 的 ActionEvent 事件
    private int count = 0;
    public void actionPerformed(ActionEvent e) {
        t3.setText("t1 Action Event " + count++);
    }
}
class ActionListenerB1 implements ActionListener {   //监听第一个 JButton
    public void actionPerformed(ActionEvent e) {
        t1.setEditable(true);   //使 TextField 可以被编辑
    }
}
class ActionListenerB2 implements ActionListener {   //监听第二个 JButton
    public void actionPerformed(ActionEvent e) {
        if(t1.getSelectedText() == null)
            str = t1.getText();
        else
            str = t1.getSelectedText();

        ucd.setUpperCase(false);
        t1.setText("Inserted by Button 2: " + str);
        ucd.setUpperCase(true);
        t1.setEditable(false);   //使 TextField 不可以被编辑
    }
}
public static void main(String[] args) {
    new TextFieldDemo("Hello");
}
}

class UpperCaseDocument extends PlainDocument {
    private boolean upperCase = true;
    public void setUpperCase(boolean flag) {
        upperCase = flag;
    }
    public void insertString(int offset, String str, AttributeSet attSet)
                            throws BadLocationException {
        if(upperCase) str = str.toUpperCase();
        super.insertString(offset, str, attSet);
    }
}
```

以上程序创建的图形界面如图 20-6 所示。当用户在第一个 JTextField 中输入文本时，DocumentListenerT 监听器接收到 DocumentEvent 事件，执行 insertUpdate()方法；

当用户在第一个 JTextField 中删除文本时，DocumentListenerT 监听器接收到 DocumentEvent 事件，执行 removeUpdate()方法；当用户在第一个JTextField 中按【Enter】键时，ActionListenerT 接收到 ActionEvent 事件，执行 actionPerformed()方法。

图 20-6　包含文本框的图形界面

20.4　文本区域（JTextArea）与滚动面板（JScrollPane）

　　JTextField 表示文本框，只能输入一行文本，而 JTextArea 表示文本区域，可以输入多行文本。当用户在文本框内按【Enter】键时，将触发 ActionEvent 事件。当用户在文本区域内按【Enter】键时，仅仅意味着换行输入文本，并不会触发 ActionEvent 事件。如果希望对文本区域内的文本进行保存或复制等操作，应该使用另外的按钮或菜单来触发 ActionEvent 事件。

> **Tips**
> 　　就像 JTextField 能够与一个 Document 关联一样，JTextArea 也可以通过 setDocument(Document doc)方法与一个 Document 关联。

　　JScrollPane 表示带滚动条的面板，默认情况下，只有当面板中的内容超过了面板的面积时，才会显示滚动条。此外，在构造 JScrollPane 对象时，也可以在构造方法中指定在水平方向和垂直方向滚动条的显示方式。

　　在例程 20-5 的 TextAreaDemo 类中，创建了两个文本区域，它们都放在滚动面板中。第一个滚动面板在垂直方向总是显示滚动条，在水平方向只有当需要的时候才显示滚动条。第二个滚动面板在垂直和水平方向都只有当需要的时候才显示滚动条。在 TextAreaDemo 类中还有一个 JButton，它负责把第一个文本区域中被选中的文本复制到第二个文本区域中。JTextArea 的以下方法会返回文本框中的文本：

- getText()：返回文本框中的文本。
- getSelectedText()：返回文本框中选中的文本。

例程 20-5　TextAreaDemo.java

```
import javax.swing.*;
import java.awt.*;
import java.awt.event.*;
import javax.swing.border.*;
```

```java
public class TextAreaDemo extends JFrame {
    JTextArea area1=new JTextArea(5,10); //创建 5 行 10 列的文本区域
    JTextArea area2=new JTextArea(5,10); //创建 5 行 10 列的文本区域

    //在垂直方向总是显示滚动条，在水平方向只有当需要的时候才显示滚动条
    JScrollPane pane1=new JScrollPane(area1,
                JScrollPane.VERTICAL_SCROLLBAR_ALWAYS,
                JScrollPane.HORIZONTAL_SCROLLBAR_AS_NEEDED);

    //panel2 按默认方式创建，在垂直和水平方向都只有当需要的时候才显示滚动条
    JScrollPane pane2=new JScrollPane(area2);
    JButton copyButton=new JButton("Copy");
    public TextAreaDemo(String title) {
        super(title);
        copyButton.addActionListener(new ActionListener(){
            public void actionPerformed(ActionEvent event){
                //把第一个文本区域中被选中的文本复制到第二个文本区域中
                area2.setText(area1.getSelectedText());
            }
        });

        setLayout(new FlowLayout());
        add(pane1);
        add(copyButton);
        add(pane2);

        setDefaultCloseOperation(JFrame.EXIT_ON_CLOSE);
        pack();
        setVisible(true);
    }
    public static void main(String[] args) {
        new TextAreaDemo("Hello");
    }
}
```

以上程序创建的图形界面如图 20-7 所示。从图中可以看出，第一个文本区域在垂直方向总是显示滚动条。

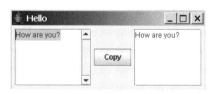

图 20-7　位于滚动面板中的文本区域

20.5　复选框（JCheckBox）与单选按钮（JRadioButton）

JCheckBox 表示复选框，用户可以同时选择多个复选框。当用户选择或者取消选

择一个复选框时,将触发一个 ActionEvent 事件,可以用 ActionListener 来响应该事件。

JRadioButton 表示单选按钮,可以把一组单选按钮加入到一个按钮组(ButtonGroup)中,在任何时候,用户只能选择按钮组中的一个按钮。当用户选择了一个单选按钮时,将触发一个 ActionEvent 事件,可以用 ActionListener 来响应该事件。

在例程 20-6 的 ToggleDemo 类中,共创建了 3 个 JCheckBox 和两个 JRadioButton,且将 JRadioButton 加入到一个 ButtonGroup 中。

例程 20-6　ToggleDemo.java

```java
import javax.swing.*;
import java.awt.*;
import java.awt.event.*;
import java.util.*;
public class ToggleDemo extends JFrame {
  private JTextArea area = new JTextArea(6, 15);
  private JScrollPane paneWithTextArea=new JScrollPane(area);
  private JPanel paneWithButtons=new JPanel();
  private JLabel label1=new JLabel("兴趣: ");
  private JCheckBox
     cb1 = new JCheckBox("游泳"),
     cb2 = new JCheckBox("唱歌"),
     cb3 = new JCheckBox("旅游");

  private JLabel label2=new JLabel("性别: ");
  private JRadioButton
     rb1 = new JRadioButton("男",true), //默认为选中状态
     rb2 = new JRadioButton("女");
  private ButtonGroup group=new ButtonGroup();

  private String sex="男";   //性别
  private Set<String> hobbies=new HashSet<String>();   //兴趣爱好

  //监听 JCheckBox 触发的 ActionEvent
  private ActionListener listener1 =new ActionListener(){
    public void actionPerformed(ActionEvent event){
       JCheckBox cb=(JCheckBox)event.getSource();
       if(cb.isSelected())
          hobbies.add(cb.getText());
       else
          hobbies.remove(cb.getText());
       printStatus();
    }
  };

  private ActionListener listener2 =new ActionListener(){
    public void actionPerformed(ActionEvent event){ //监听 JRadioButton 触发的 ActionEvent
       JRadioButton rb=(JRadioButton)event.getSource();
       sex=rb.getText();
       printStatus();
    }
  };

  public ToggleDemo(String title){
```

```java
        super(title);
        area.setEditable(false);
        cb1.addActionListener(listener1);
        cb2.addActionListener(listener1);
        cb3.addActionListener(listener1);
        rb1.addActionListener(listener2);
        rb2.addActionListener(listener2);
        //把 JRadioButton 加入到一个 ButtonGroup 中
        group.add(rb1);
        group.add(rb2);

        paneWithButtons.setLayout(new FlowLayout());
        paneWithButtons.add(label1);
        paneWithButtons.add(cb1);
        paneWithButtons.add(cb2);
        paneWithButtons.add(cb3);
        paneWithButtons.add(label2);
        paneWithButtons.add(rb1);
        paneWithButtons.add(rb2);

        add(paneWithButtons,BorderLayout.NORTH);
        add(paneWithTextArea,BorderLayout.CENTER);

        setDefaultCloseOperation(JFrame.EXIT_ON_CLOSE);
        pack();
        setVisible(true);
    }
    private void printStatus(){
        area.append("您的兴趣爱好包括：");
        for(String hobby:hobbies)
            area.append(hobby+" ");

        area.append("   您的性别为："+sex+"\n" );
    }
    public static void main(String[] args) {
        new ToggleDemo("Hello");
    }
}
```

以上程序创建的图形界面如图 20-8 所示，当用户选择或取消选择一个复选框，以及选择了一个单选按钮时，在文本区域内都会显示用户当前的兴趣爱好和性别信息。

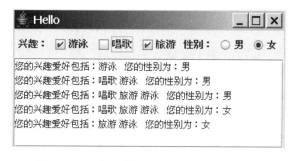

图 20-8 包含复选框和单选按钮的图形界面

20.6 下拉列表（JComboBox）

JComboBox 表示下拉列表，下拉列表和单选按钮组一样，也可以提供多个选项，并且只允许用户选择一项。下拉列表的优点在于能节省空间，使界面更加紧凑。只有当用户打开下拉列表时，才会显示列表中的所有选项。

默认情况下，JComboBox 是不可编辑的，可以调用 setEditable(true) 使它可以被编辑。在例程 20-7 的 ComboBoxDemo 类中包含一个 JComboBox，当用户选择了列表中的一项以后，就会触发 ActionEvent 事件，相应的，ActionListener 在 JTextField 中显示用户的选择项。ComboBoxDemo 类还包含一个 JButton，它负责向 JComboBox 中添加新项。用户添加的城市必须在 moreCities 集合中，并且不允许重复添加同一个城市。

例程 20-7　ComboBoxDemo.java

```java
import javax.swing.*;
import java.awt.*;
import java.awt.event.*;
import java.util.Set;
import java.util.HashSet;
import java.util.Arrays;
public class ComboBoxDemo extends JFrame {
  private Set<String> initCities =new HashSet<String>(Arrays.asList(
        new String[]{"北京","上海","南京","杭州","深圳"}));
  private Set<String> moreCities =new HashSet<String>(Arrays.asList(
        new String[]{"济南","沈阳","合肥","拉萨","重庆","兰州"}));
  private JTextField textField = new JTextField(20);
  private JComboBox<String> comboBox = new JComboBox<String>();
  private JButton button = new JButton("添加城市");

  public ComboBoxDemo(String title) {
    super(title);
    for(String city: initCities)
      comboBox.addItem(city);

    button.addActionListener(new ActionListener() {
      public void actionPerformed(ActionEvent e) {
        String city=(String)comboBox.getSelectedItem();
        if(moreCities.contains(city)){  //判断用户输入的城市是否在 moreCities 列表中
          **comboBox.addItem(city);**    //向下拉列表中加入新的城市
          textField.setText("添加 "+city+" 成功");
          moreCities.remove(city);
        }else{
          textField.setText("添加 "+city+" 失败。不在可选值范围内。");
        }
      }
    });
    comboBox.addActionListener(new ActionListener() {
      public void actionPerformed(ActionEvent e) {
        textField.setText("index: "+ comboBox.getSelectedIndex() +"    " +
```

```
                    comboBox.getSelectedItem());
            }
        });

        comboBox.setEditable(true);    //使下拉列表可以被编辑
        textField .setEditable(false);

        setLayout(new FlowLayout());
        add(comboBox);
        add(button);
        add(textField);

        setDefaultCloseOperation(JFrame.EXIT_ON_CLOSE);
        pack();
        setVisible(true);
    }
    public static void main(String[] args) {
        new ComboBoxDemo("Hello");
    }
}
```

以上程序创建的图形界面如图 20-9 所示。从图中可以看出，由于程序调用了 comboBox.setEditable(true)方法，用户可以直接在列表框中输入新的城市名字。此外，下拉列表在界面上占据较少的空间，只有当用户单击下拉列表框右侧的向下箭头图标，才会显示列表中的所有选项。

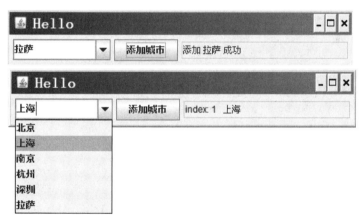

图 20-9　包含下拉列表的图形界面

20.7　列表框（JList）

JList 表示列表框，它和下拉列表有许多不同之处。前者在界面上占据固定行数的空间，并且既支持单项选择，也支持多项选择。JList 的 setSelectionMode(int selectionMode)方法用来设置列表框的选择模式，参数 selectionMode 有以下可选值：

- ListSelectionModel.SINGLE_SELECTION：一次只能选择一项。
- ListSelectionModel.SINGLE_INTERVAL_SELECTION：允许选择连续范围内的多个项。如果用户选中了某一项，接着按住【Shift】键，然后单击另一个项，那么这两个选项之间的所有选项都会被选中。
- ListSelectionModel.MULTIPLE_INTERVAL_SELECTION：这是列表框的默认选择模式。用户既可以选择连续范围内的多个选项，也可以选择不连续的多个选项。选择不连续的多个选项的操作方式为：用户按住【Ctrl】键，然后单击列表框的多个选项，这些选项都会被选中。

当用户在列表框中选择一些选项时，将触发 ListSelectionEvent 事件，ListSelectionListener 监听器负责处理该事件。

在例程 20-8 的 ListDemo 类中包含一个列表框，它采用的是默认的 MULTIPLE_INTERVAL_SELECTION 选择模式。在构造 JList 对象时，构造方法 JList(cities)中的 cities 参数传入所有选项。list.setVisibleRowCount(5)方法表示在界面上仅显示 5 个选项。

例程 20-8　ListDemo.java

```java
import javax.swing.*;
import java.awt.*;
import java.awt.event.*;
import javax.swing.event.*;
import java.util.List;

public class ListDemo extends JFrame {
  private String[] cities = {
     "北京","上海","南京","深圳",
     "济南","天津","成都","杭州","福州"
  };

  private JList<String> list = new JList<String>(cities);
  private JTextArea textArea =new JTextArea(5, 20);

  private ListSelectionListener listener =
    new ListSelectionListener() {
      public void valueChanged(ListSelectionEvent e) {
        if(e.getValueIsAdjusting()) return;
        textArea.setText("");
        List<String> items=list.getSelectedValuesList();   //返回选中的项
        for(String item:items)
           textArea.append(item + "\n");
      }
    };

  public ListDemo(String title) {
    super(title);
    textArea.setEditable(false);
    list.setVisibleRowCount(5);   //在界面上显示 5 个选项
    setLayout(new FlowLayout());

    add(textArea);
    add(new JScrollPane(list)); //带滚动条
```

```
            list.addListSelectionListener(listener);

            setDefaultCloseOperation(JFrame.EXIT_ON_CLOSE);
            pack();
            setVisible(true);
    }

    public static void main(String[] args) {
        new ListDemo("Hello");
    }
}
```

以上程序创建的图形界面如图 20-10 所示。当用户按住【Ctrl】键，单击列表框中的多个选项，这些选项都会被选中。此外，如果用户选中了某一项，接着按住【Shift】键，然后单击另一个选项，那么这两个选项之间的所有选项都会被选中。当用户按照上述方式在列表框中选择若干选项后，文本区域内会显示用户选择的选项。

图 20-10　包含列表框的图形界面

20.8　页签面板（JTabbedPane）

JTabbedPane 表示页签面板，它可以包含多个页面，每个页面和一个标签对应。当用户选择特定的标签，就会显示相应的页面，并且会触发一个 ChangeEvent 事件，该事件由 ChangeListener 监听器响应。

例程 20-9 的 TabbedPaneDemo 类中包含一个页签面板，它带有一系列表示颜色的标签，用户选择了某个标签以后，就会显示具有相应颜色的页面。

例程 20-9　TabbedPaneDemo.java

```java
import javax.swing.*;
import java.awt.*;
import java.awt.event.*;
import javax.swing.event.*;

public class TabbedPaneDemo extends JFrame {
    private String[] colorNames = {
        "red", "blue", "green", "black",
        "yellow", "pink", "white"};
    private Color[] colors = {
        Color.RED, Color.BLUE, Color.GREEN, Color.BLACK,
        Color.YELLOW, Color.PINK, Color.WHITE};
```

```java
private JTabbedPane tabs = new JTabbedPane();     //按默认方式创建页签面板
//private JTabbedPane tabs = new JTabbedPane(JTabbedPane.BOTTOM,
//                          JTabbedPane.SCROLL_TAB_LAYOUT );

private JTextField txt = new JTextField(20);

public TabbedPaneDemo(String title) {
  super(title);
  for(int i = 0; i < colors.length; i++){
    JPanel panel=new JPanel();
    panel.setBackground(colors[i]);
    tabs.addTab(colorNames[i],panel);  //加入一个页面
  }
  tabs.addChangeListener(new ChangeListener() {
    public void stateChanged(ChangeEvent e) {
      txt.setText("Tab selected: " +
        tabs.getSelectedIndex());
    }
  });

  add(BorderLayout.SOUTH, txt);
  add(tabs);

  setDefaultCloseOperation(JFrame.EXIT_ON_CLOSE);
  pack();
  setVisible(true);
}

public static void main(String[] args) {
  new TabbedPaneDemo("Hello");
}
}
```

以上程序创建的图形界面如图 20-11 所示。

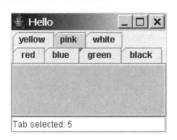

图 20-11　TabbedPaneDemo 的图形界面

以上程序用 JTabbedPane 类的默认构造方法创建 JTabbedPane 对象，此时所有的标签位于容器的上方，如果在一行内不能容纳所有标签，则把剩下的标签放到下一行。此外，JTabbedPane 类还有一个 JTabbedPane(int tabPlacement, int tabLayoutPolicy)构造方法，参数 tabPlacement 指定标签在容器上的位置，默认值为 JTabbedPane.TOP，此外还可以设置为 JTabbedPane.BOTTOM、JTabbedPane.LEFT 和 JTabbedPane.RIGHT 等；

参数 tabLayoutPolicy 设置标签的布局,有两个可选值:
- JTabbedPane.WRAP_TAB_LAYOUT:这是默认值,在容器内显示所有标签,如果在一排内不能容纳所有标签,则把剩下的标签放到下一排。
- JTabbedPane.SCROLL_TAB_LAYOUT:只显示一排标签,剩下的标签可通过滚动图标显示。

如果把以上程序的 JTabbedPane 对象的构造方法改为:

```
private JTabbedPane tabs = new JTabbedPane(JTabbedPane.BOTTOM,
                                           JTabbedPane.SCROLL_TAB_LAYOUT);
```

那么程序创建的图形界面如图 20-12 所示。

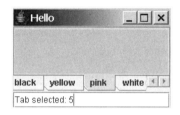

图 20-12　JTabbedPane 的标签采用 SCROLL_TAB_LAYOUT 布局

20.9　菜单(JMenu)

菜单的组织方式为:一个菜单条(JMenuBar)中可以包含多个菜单(JMenu),一个菜单(JMenu)中可以包含多个菜单项(JMenuItem)。有一些支持菜单的组件,如 JFrame、JDialog 和 JApplet 有一个 setMenuBar(JMenuBar bar)方法,可以用这个方法来设置菜单条。如图 20-13 显示了 JMenuBar、JMenu 和 JMenuItem 的关系。

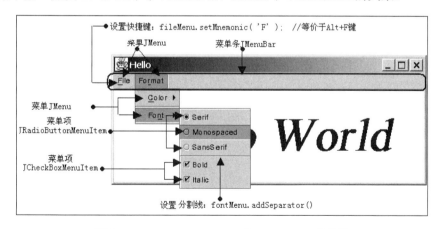

图 20-13　JMenuBar、JMenu 和 JMenuItem 的关系

JMenu 类继承了 JMenuItem 类,所以,一个菜单可以像菜单项一样,加入到另一个菜单中,这样就形成了多级菜单。

JMenuItem 有两个子类：JRadioButtonMenuItem 和 JCheckBoxMenuItem，它们分别表示单选菜单项和复选菜单项。当用户选择了某个菜单项以后，就会触发一个 ActionEvent 事件，该事件由 ActionListener 负责处理。

在例程 20-10 的 MenuDemo 类中，创建了图 20-13 所示的菜单条。菜单条中包含颜色和字体等菜单项，当用户选择某个菜单项后，JLabel 中的字符串"Hello World"的颜色或字体将发生相应的变化。

例程 20-10　MenuDemo.java

```java
import javax.swing.*;
import java.awt.*;
import java.awt.event.*;
import javax.swing.event.*;

public class MenuDemo extends JFrame {
    private final Color colorValues[]=
                { Color.BLACK, Color.BLUE,Color.RED, Color.GREEN };
    private JRadioButtonMenuItem colorItems[], fonts[];
    private JCheckBoxMenuItem styleItems[];
    private JLabel displayLabel;
    private ButtonGroup fontGroup, colorGroup;
    private int style;

    public MenuDemo(String title) {
        super(title);
        JMenu fileMenu = new JMenu("File");
        fileMenu.setMnemonic('F');   //设置快捷键

        JMenuItem aboutItem = new JMenuItem("About...");
        aboutItem.setMnemonic('A');    //设置快捷键
        fileMenu.add(aboutItem);
        aboutItem.addActionListener(
          new ActionListener() {
              // 显示一个消息对话框
              public void actionPerformed(ActionEvent event){
                  JOptionPane.showMessageDialog(MenuDemo.this,
                        "本例子用于演示菜单的用法",
                        "About", JOptionPane.PLAIN_MESSAGE);
              }
        });

        JMenuItem exitItem = new JMenuItem("Exit");
        exitItem.setMnemonic('x');
        fileMenu.add(exitItem);
        exitItem.addActionListener(
          new ActionListener() {
              public void actionPerformed(ActionEvent event){
                  System.exit(0);
              }
        });

        JMenuBar bar = new JMenuBar();
        setJMenuBar(bar);    //在 JFrame 中设置菜单条
```

```java
bar.add(fileMenu);

JMenu formatMenu = new JMenu("Format");
formatMenu.setMnemonic('r');

String colors[]= { "Black", "Blue", "Red", "Green" };
JMenu colorMenu = new JMenu("Color");
colorMenu.setMnemonic('C');

colorItems = new JRadioButtonMenuItem[colors.length ];
colorGroup = new ButtonGroup();
ItemHandler itemHandler = new ItemHandler();

for(int count = 0; count < colors.length; count++) {
   colorItems[count]=
       new JRadioButtonMenuItem(colors[count]);
   colorMenu.add(colorItems[count]);
   colorGroup.add(colorItems[count]);
   colorItems[count].addActionListener(itemHandler);
}

colorItems[0 ].setSelected(true);
formatMenu.add(colorMenu);
formatMenu.addSeparator();

String fontNames[]= { "Serif", "Monospaced", "SansSerif" };
JMenu fontMenu = new JMenu("Font");
fontMenu.setMnemonic('n');
fonts = new JRadioButtonMenuItem[fontNames.length ];
fontGroup = new ButtonGroup();

for (int count = 0; count < fonts.length; count++) {
   fonts[count ]= new JRadioButtonMenuItem(fontNames[count]);
   fontMenu.add(fonts[count]);
   fontGroup.add(fonts[count]);
   fonts[count].addActionListener(itemHandler);
}

fonts[0].setSelected(true);
fontMenu.addSeparator(); //设置分割线

String styleNames[]= { "Bold", "Italic" };
styleItems = new JCheckBoxMenuItem[styleNames.length ];
StyleHandler styleHandler = new StyleHandler();
for (int count = 0; count < styleNames.length; count++) {
   styleItems[count]=new JCheckBoxMenuItem(styleNames[count]);
   fontMenu.add(styleItems[count]);
   styleItems[count].addItemListener(styleHandler);
}

formatMenu.add(fontMenu);
bar.add(formatMenu);

displayLabel = new JLabel("Hello World", SwingConstants.CENTER);
displayLabel.setForeground(colorValues[0]);
```

```java
        displayLabel.setFont(new Font("Serif", Font.PLAIN, 72));

        setBackground(Color.WHITE);
        add(displayLabel, BorderLayout.CENTER);

        setSize(500, 200);
        setVisible(true);
        setDefaultCloseOperation(JFrame.EXIT_ON_CLOSE);
    }

    public static void main(String args[]){
        new MenuDemo("Hello");
    }

    /** 处理 MenuItem 的事件 */
    private class ItemHandler implements ActionListener {
        public void actionPerformed(ActionEvent event){
            // 处理颜色
            for(int count = 0; count < colorItems.length; count++)
                if(colorItems[count].isSelected()) {
                    displayLabel.setForeground(colorValues[count]);
                    break;
                }

            // 处理字体
            for(int count = 0; count < fonts.length; count++)
                if(event.getSource() == fonts[count]) {
                    displayLabel.setFont(new Font(fonts[count].getText(), style, 72));
                    break;
                }

            repaint();
        }
    }

    /** 处理复选菜单项的事件 */
    private class StyleHandler implements ItemListener {
        public void itemStateChanged(ItemEvent e){
            style = 0;

            if(styleItems[0].isSelected())style += Font.BOLD;
            if(styleItems[1].isSelected()) style += Font.ITALIC;
            displayLabel.setFont(new Font(displayLabel.getFont().getName(),style,72));

            repaint();
        }
    }
}
```

除了以上下拉式菜单，javax.swing 包还提供了弹出式菜单：JPopupMenu。当用户按下或松开鼠标右键时触发 MouseEvent 事件，此时 MouseEvent 的 isPopupTrigger()方法返回 true，如果希望显示弹出式菜单，只需要调用 JPopupMenu 的 show()方法。

在例程 20-11 的 PopupMenuDemo 类中有一个 JPopupMenu，它包含 3 个表示颜色

的 JRadioButtonMenuItem，当用户选择了某个菜单项后，PopupMenuDemo 就会以相应的颜色作为背景色。

例程 20-11　PopupMenuDemo.java

```java
import javax.swing.*;
import java.awt.*;
import java.awt.event.*;

public class PopupMenuDemo extends JFrame {
    private String[] colorNames = { "Blue", "Yellow", "Red" };
    private Color[] colors = { Color.BLUE, Color.YELLOW, Color.RED };
    private JRadioButtonMenuItem items[];
    private JPopupMenu popupMenu = new JPopupMenu();

    private ActionListener itemHandler=new ActionListener(){   //处理菜单项的事件
        public void actionPerformed( ActionEvent e ){
            for ( int i = 0; i < items.length; i++ )
                if ( e.getSource() == items[i] ) {   //判断用户选择了哪个菜单项
                    getContentPane().setBackground(colors[i] );
                    repaint();
                    return;
                }
        }
    };

    public PopupMenuDemo(String title) {
        super(title);

        ButtonGroup colorGroup = new ButtonGroup();
        items = new JRadioButtonMenuItem[3];

        for ( int i = 0; i < items.length; i++ ) {
            items[i] = new JRadioButtonMenuItem( colorNames[i] );
            popupMenu.add( items[i] );
            colorGroup.add( items[i] );
            items[i].addActionListener( itemHandler );
        }

        getContentPane().setBackground( Color.WHITE );

        addMouseListener( new MouseAdapter() {
            public void mousePressed( MouseEvent e){checkForTriggerEvent( e ); }
            public void mouseReleased( MouseEvent e){ checkForTriggerEvent( e ); }
            private void checkForTriggerEvent( MouseEvent e){
                if( e.isPopupTrigger() )   //弹出菜单
                    popupMenu.show( e.getComponent(),e.getX(), e.getY() );
            }
        });

        setDefaultCloseOperation( JFrame.EXIT_ON_CLOSE );
        setSize( 500, 200 );
        setVisible( true );
    }
}
```

```
    public static void main( String args[] ){
        new PopupMenuDemo("Hello");
    }
}
```

以上程序创建的图形界面如图 20-14 所示。

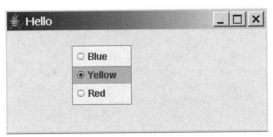

图 20-14　包含弹出式菜单的图形界面

20.10　对话框（JDialog）

JDialog 表示对话框。对话框是在现有窗口的基础上弹出的另一个窗口。对话框可用来处理个别细节问题，使得这些细节不与原先窗口的内容混在一起。JDialog 的默认布局管理器为 BorderLayout，它具有以下形式的构造方法：

```
public JDialog(Frame owner,String title,boolean modal)
```

以上参数 owner 表示对话框所属的 Frame，参数 title 表示对话框的标题，参数 modal 有两个可选值：

- 参数 modal 为 true：表示模式对话框，这是 JDialog 的默认值。如果对话框被显示，那么其他窗口都处于不活动状态，只有当用户关闭了对话框，才能操作其他窗口。
- 参数 modal 为 false：表示非模式对话框。当对话框被显示时，其他窗口照样处于活动状态。

当对话框被关闭时，通常不希望结束整个应用程序，因此只需调用 JDialog 的 dispose()方法销毁对话框，从而释放对话框所占用的资源。

例程 20-12 的 DialogDemo 类包含一个 MyDialog，MyDialog 继承了 JDialog，MyDialog 有一个文本框，接受用户输入的姓名。当用户单击 DialogDemo 上的按钮时，就会显示 MyDialog 对话框。

例程 20-12　DialogDemo.java

```
import javax.swing.*;
import java.awt.*;
import java.awt.event.*;

class MyDialog extends JDialog {
    private JLabel label=new JLabel("请输入姓名：");
```

```java
    private JTextField textField=new JTextField(10);
    private JButton button = new JButton("OK");

    public MyDialog(JFrame parent) {
      super(parent, "提示", true);
      setLayout(new FlowLayout());
      add(label);
      add(textField);

      button.addActionListener(new ActionListener() {
        public void actionPerformed(ActionEvent e) {
          dispose(); // 销毁对话框
        }
      });
      add(button);
      pack();
    }

    public String getText(){return textField.getText();}
}

public class DialogDemo extends JFrame {
  private JButton button = new JButton("提交");
  private MyDialog dialog = new MyDialog(this);
  private JTextField textField = new JTextField(10);

  public DialogDemo (String title) {
    super(title);
    textField.setEditable(false);
    button.addActionListener(new ActionListener() {
      public void actionPerformed(ActionEvent e) {
        dialog.setVisible(true);   //显示对话框
        textField.setText(dialog.getText());
      }
    });

    setLayout(new FlowLayout());
    add(textField);
    add(button);
    setDefaultCloseOperation( JFrame.EXIT_ON_CLOSE );
    setSize(500,300);
    setVisible( true );
  }

  public static void main( String args[] ){
    new DialogDemo("DialogDemo");
  }
}
```

以上程序创建的图形界面如图 20-15 所示。

图 20-15　包含对话框的图形界面

以上对话框为默认的模式对话框,当它被显示时,用户无法操作 DialogDemo 窗口。

20.11　文件对话框（JFileChoose）

JFileChoose 类表示文件对话框,它有两个静态方法:
- showOpenDialog():显示用于打开文件的对话框,如图 20-16 所示。
- showSaveDialog():显示用于保存文件的对话框,如图 20-17 所示。

图 20-16　用于打开文件的对话框

图 20-17　用于保存文件的对话框

例程 20-13 的 MyNotePad 类具有编辑文本文件的功能，它利用以上两种文件对话框来分别打开文件及保存文件。

例程 20-13　MyNotePad.java

```java
import javax.swing.*;
import java.awt.*;
import java.awt.event.*;
import java.io.*;

public class MyNotePad extends JFrame {
    private JTextField
        filenameTf = new JTextField(),
        dirTf = new JTextField();
    private JButton
        openBt = new JButton("打开"),
        saveBt = new JButton("另存为");
    private JPanel optPane=new JPanel();
    private JPanel navigatePane=new JPanel();
    private JTextArea contentTa=new JTextArea(5,20);

    public MyNotePad(String title) {
        super(title);

        openBt.addActionListener(new OpenHandler());
        saveBt.addActionListener(new SaveHandler());
        optPane.add(openBt);
        optPane.add(saveBt);

        dirTf.setEditable(false);
        filenameTf.setEditable(false);
        navigatePane.setLayout(new GridLayout(2,1));
        navigatePane.add(filenameTf);
        navigatePane.add(dirTf);

        add(optPane, BorderLayout.SOUTH);
        add(navigatePane, BorderLayout.NORTH);
        add(new JScrollPane(contentTa),BorderLayout.CENTER);

        setDefaultCloseOperation( JFrame.EXIT_ON_CLOSE );
        setSize(500,300);
        setVisible( true );
    }

    class OpenHandler implements ActionListener {
        public void actionPerformed(ActionEvent e) {
            JFileChooser jc = new JFileChooser();
            int rVal = jc.showOpenDialog(MyNotePad.this); //显示打开文件的对话框
            if(rVal == JFileChooser.APPROVE_OPTION) {
                File dir=jc.getCurrentDirectory();
                File file=jc.getSelectedFile();

                filenameTf.setText(file.getName());
                dirTf.setText(dir.toString());
```

```java
            //在文本区域内显示文本文件的内容
            contentTa.setText(read(new File(dir,file.getName())));
        }
        if(rVal == JFileChooser.CANCEL_OPTION) {
            filenameTf.setText("You pressed cancel");
            dirTf.setText("");
        }
    }
}

class SaveHandler implements ActionListener {
    public void actionPerformed(ActionEvent e) {
        JFileChooser jc = new JFileChooser();
        int rVal = jc.showSaveDialog(MyNotePad.this); //显示保存文件的对话框
        if(rVal == JFileChooser.APPROVE_OPTION) {
            File dir=jc.getCurrentDirectory();
            File file=jc.getSelectedFile();

            filenameTf.setText(file.getName());
            dirTf.setText(dir.toString());
            write(new File(dir,file.getName()),contentTa.getText());
        }
        if(rVal == JFileChooser.CANCEL_OPTION) {
            filenameTf.setText("You pressed cancel");
            dirTf.setText("");
        }
    }
}

private String read(File file){    //读文本文件
    try{
        BufferedReader reader=new BufferedReader(
                   new InputStreamReader(new FileInputStream(file),"GBK"));
        String data=null;
        StringBuffer buffer=new StringBuffer();
        while((data=reader.readLine())!=null)
            buffer.append(data+"\n");
        reader.close();
        return buffer.toString();
    }catch(IOException e){ throw new RuntimeException(e);}
}

private void write(File file,String str){    //写文本文件
    try{
        PrintWriter writer=new PrintWriter(
              new OutputStreamWriter(new FileOutputStream(file),"GBK"));
        writer.println(str);
        writer.close();
    }catch(IOException e){throw new RuntimeException(e);}
}

public static void main( String args[] ){
    new MyNotePad("记事本");
}
}
```

以上程序创建的图形界面如图 20-18 所示。当用户单击"打开"按钮时，就会显示用于打开文件的对话框，用户选择了指定的文本文件后，在文本区域内会显示文件的内容，此时用户可以对文件进行编辑。当用户单击"另存为"按钮时，就会显示用于保存文件的对话框，用户输入文件名，文本区域内的内容就会保存到用户指定的文件中。

图 20-18　编辑文本文件的记事本

Tips

在 MyNotePad 类中，定义了两个 JTextField，它们的变量名为 dirTf 和 filenameTf，还定义了两个 JButton，它们的变量名为 openBt 和 saveBt。这些变量的名字符合流行的 GUI 组件命名规范，在变量名字中包含组件的内容信息及类型信息，能提高程序的可读性。

20.12　消息框

JOptionPane 类有一系列静态的 showXXXDialog()方法，可用来生成各种类型的消息框：

- showMessageDialog()：显示包含提示信息的对话框。
- showOptionDialog()：显示让用户选择一个可选项的对话框。
- showInputDialog：显示接收用户输入文本的对话框。
- showConfirmDialog：显示让用户选择 Yes/No 的对话框。

例程 20-14 的 MsgDialogDemo 类中有若干按钮，当用户单击一个按钮时，就会显示特定的对话框。

例程 20-14　MsgDialogDemo.java

```
import javax.swing.*;
import java.awt.*;
import java.awt.event.*;
```

```java
import javax.swing.event.*;

public class MsgDialogDemo extends JFrame {
    private JButton[] buttons = {
        new JButton("Alert"), new JButton("Yes/No"),
        new JButton("Color"), new JButton("Input"),
        new JButton("Fruit")
    };
    private JTextField textField = new JTextField(15);

    private ActionListener al = new ActionListener() {
        public void actionPerformed(ActionEvent e) {
            String id = ((JButton)e.getSource()).getText();
            if(id.equals("Alert"))
                JOptionPane.showMessageDialog(null,
                    "你的文件中可能有病毒!","警告",
                    JOptionPane.ERROR_MESSAGE);

            else if(id.equals("Yes/No")){
                int sel=JOptionPane.showConfirmDialog(null,
                    "需要保存文件吗", "提示",
                    JOptionPane.YES_NO_OPTION);

                textField.setText(sel==JOptionPane.YES_OPTION?"需要保存文件":"不需要保存文件");

            }else if(id.equals("Color")) {
                Object[] options = { "Red", "Green" ,"Blue"};
                int sel = JOptionPane.showOptionDialog(
                    null, "请选择你最喜欢的颜色!","选择颜色",
                    JOptionPane.DEFAULT_OPTION,
                    JOptionPane.WARNING_MESSAGE, null,
                    options, options[0]);
                if(sel != JOptionPane.CLOSED_OPTION)
                    textField.setText("你选择的颜色是: " + options[sel]);

            }else if(id.equals("Input")) {
                String val = JOptionPane.showInputDialog(
                    "你还有什么话要说?");
                textField.setText(val);

            }else if(id.equals("Fruit")) {
                Object[] selections = {"Apple", "Orange", "Banana"};
                Object val = JOptionPane.showInputDialog(
                    null, "请选择你最喜欢的水果!","选择水果",
                    JOptionPane.INFORMATION_MESSAGE,
                    null, selections, selections[0]);
                if(val != null)
                    textField.setText(val.toString());
            }
        }
    };

    public MsgDialogDemo(String title) {
        super(title);
        setLayout(new FlowLayout());
```

```
            for(int i = 0; i < buttons.length; i++) {
                buttons[i].addActionListener(al);
                add(buttons[i]);
            }
            add(textField);

            setDefaultCloseOperation(JFrame.EXIT_ON_CLOSE);
            pack();
            setVisible(true);
        }

        public static void main(String[] args) {
            new MsgDialogDemo("Hello");
        }
    }
```

以上程序创建的图形界面如图 20-19 所示。

图 20-19　能弹出各种对话的图形界面

20.13　制作动画

在图形界面中，运用 Java 多线程机制，可以制作动画。例程 20-15 的 LoveBox 能够动态地轮流显示几张图片，从而模拟向爱心箱献爱心的过程。

例程 20-15　LoveBox.java

```
import javax.swing.*;
import java.awt.*;
import java.awt.event.*;
import java.net.URL;

public class LoveBox extends JPanel implements Runnable {
    private int index=0; //图片的索引
    private Thread changer;    //动态改变图片的线程，形成动画效果
    private boolean stopFlag=true;    //控制线程启动与关闭的标志
    private Image[] images; //存放献爱心图片
    private JButton contrlButton=new JButton("开始献爱心！");

    public LoveBox() {

        images=new Image[5];
```

```java
//加载图片
Toolkit tk=getToolkit();
images[0]=tk.getImage(getClass().getResource("donate0.jpg"));
images[1]=tk.getImage(getClass().getResource("donate1.jpg"));
images[2]=tk.getImage(getClass().getResource("donate2.jpg"));
images[3]=tk.getImage(getClass().getResource("donate3.jpg"));
images[4]=tk.getImage(getClass().getResource("donate4.jpg"));

contrlButton.addActionListener(new ActionListener(){
   public void actionPerformed(ActionEvent e){
      if(stopFlag)start();
      else stop();
}});

    setBackground(Color.WHITE);
    setLayout(new BorderLayout());
    add(contrlButton, BorderLayout.NORTH);
}

public void start(){
    changer=new Thread(this);
    stopFlag=false;
    index=1;
    contrlButton.setText("献爱心活动结束！");
    changer.start();
}

public void paint(Graphics g) {
    super.paint(g);
    if(index>-1 && index<5){
       g.drawImage(images[index],20,40,this);
       g.drawString("爱洒人间，大爱无疆",90,250);
    }
}

public void stop(){
    stopFlag=true;
    contrlButton.setText("开始献爱心！");
}

public void run(){
    while(!stopFlag){
       repaint();
       try{
          if(index==0 || index==4)Thread.sleep(350);
          else Thread.sleep(200);
       }catch(InterruptedException e){throw new RuntimeException(e);}

       if(++index>4) index=0;     //显示下一张照片
    }

    index=0;
    repaint();   //刷新图形
}
```

```
    public static void main(String args[]){
        JFrame gui=new JFrame("献爱心箱");
        LoveBox loveBox=new LoveBox();

        gui.setContentPane(loveBox);
        gui.setDefaultCloseOperation( JFrame.EXIT_ON_CLOSE );
        gui.setSize(300,300);
        gui.setVisible( true );
    }
}
```

以上程序创建的图形界面如图 20-20 所示。

图 20-20　献爱心的图形界面

LoveBox 类不仅继承了 JPanel 类，而且还实现了 Runnable 接口。图形界面上的按钮负责启动或者关闭一个线程。该线程会不断切换要显示的图片，从而产生动画效果。

20.14　播放音频文件

在 java.applet 包中有一个 AudioClip 类，它可以用来播放音频文件。AudioClip 支持的音频文件格式包括：Sun Audio 文件格式（以.au 为扩展名）、Windows Wav 文件格式（以.wav 为扩展名）、Macintosh AIFF 文件格式（以.aif 为扩展名），以及 Musical Instrument Digital Interface（MIMD）文件格式（以.mid 或.rmi 为扩展名）。

AudioClip 类具有以下方法：
- play()：播放音频文件一次。
- loop()：重复播放音频文件。
- stop()：停止播放音频文件。

java.applet.Applet 类的 newAudioClip(URL url)方法创建一个 AudioClip 对象，参数 url 指定音频文件的 URL 路径。

JApplet 作为 Swing 组件，是 Applet 类的子类，它在继承树上的位置如图 20-21 所示。

```
java.lang.Object
  └java.awt.Component
      └java.awt.Container
          └java.awt.Panel
              └java.applet.Applet
                  └javax.swing.JApplet
```

图 20-21　JApplet 在继承树上的位置

从图 20-21 可以看出，JApplet 没有继承 JComponent，它是 Panel 和 Applet 的子类。JApplet 的默认布局管理器为 BorderLayout。JApplet 和 Panel 一样，不能单独存在，必须加入到其他容器中。

Tips
> JApplet 及它的父类 Applet 与其他组件的最大区别在于，它们可以作为小应用程序，在浏览器中运行。当浏览器访问 Web 服务器中的一个嵌入了 Applet 的网页时，这个 Applet 的.class 文件会从 Web 服务器端下载到浏览器端，浏览器启动一个 Java 虚拟机来运行 Applet。本章介绍的范例仅仅把 JApplet 作为普通的 Swing 组件来使用。

例程 20-16 的 AudioPlayer 类是一个简单的音乐播放器，用户可以从 JComboBox 下拉列表中选择要播放的歌曲。AudioPlayer 类继承了 JApplet 类，因此可以通过 newAudioClip(URL url)方法来创建 AudioClip 对象。

例程 20-16　AudioPlayer.java

```java
import java.applet.AudioClip;
import java.awt.*;
import java.awt.event.*;
import javax.swing.*;

public class AudioPlayer extends JApplet {
    private AudioClip[] sounds;
    private AudioClip currentSound;
    private JButton playSound, loopSound, stopSound;
    private JComboBox<String> chooseSound;

    public AudioPlayer(){
        String choices[] = { "happyface.wav","moonriver.wav","horse.mid","eagle.wav"};

        setLayout(new FlowLayout());
        chooseSound = new JComboBox<String>( choices );
        chooseSound.addItemListener(
        new ItemListener() {
            public void itemStateChanged( ItemEvent e ){
                currentSound.stop();
                currentSound=sounds[chooseSound.getSelectedIndex()];
            }
        });
        add( chooseSound );

        ButtonHandler handler = new ButtonHandler();
```

```java
            playSound = new JButton( "Play" );
            playSound.addActionListener( handler );
            add( playSound );
            loopSound = new JButton( "Loop" );
            loopSound.addActionListener( handler );
            add( loopSound );
            stopSound = new JButton( "Stop" );
            stopSound.addActionListener( handler );
            add( stopSound );

            sounds=new AudioClip[choices.length];
            for(int i=0;i<choices.length;i++)   //加载音频文件
                sounds[i]= newAudioClip(getClass().getResource(choices[i] ));

            currentSound=sounds[0];
        }
        private class ButtonHandler implements ActionListener {
            public void actionPerformed( ActionEvent e ){
                if ( e.getSource() == playSound )
                    currentSound.play();
                else if ( e.getSource() == loopSound )
                    currentSound.loop();
                else if ( e.getSource() == stopSound )
                    currentSound.stop();
            }
        }
        public static void main(String args[]){
            JFrame gui=new JFrame("音乐播放器");
            AudioPlayer player=new AudioPlayer();
            gui.setContentPane(player);
            gui.setDefaultCloseOperation( JFrame.EXIT_ON_CLOSE );
            gui.setSize(400,100);
            gui.setVisible( true );
        }
    }
```

以上程序创建的图形界面如图 20-22 所示。用户单击 Play 按钮，就会播放当前的歌曲；单击 Loop 按钮，就会重复播放当前的歌曲；单击 Stop 按钮，就会结束播放歌曲。

图 20-22　AudioPlayer 的图形界面

20.15 BoxLayout 布局管理器

第 19 章的 19.2.5 节介绍了 GridBagLayout 布局管理器，这种布局管理器尽管能够灵活地制定布局，但使用起来比较麻烦。为了简化布局管理器的使用方法，javax.swing 包提供了 BoxLayout 布局管理器。BoxLayout 通常和 Box 容器联合使用。Box 有两个静态工厂方法：

- createHorizontalBox()：返回一个 Box 对象，它采用水平 BoxLayout，即 BoxLayout 沿着水平方向放置组件。
- createVerticalBox()：返回一个 Box 对象，它采用垂直 BoxLayout，即 BoxLayout 沿着垂直方向放置组件。

Box 还提供了用于决定组件之间间隔的静态方法：

- createHorizontalGlue()：创建水平 Glue（胶水）。
- createVerticalGlue()：创建垂直 Glue（胶水）。
- createHorizontalStrut(int width)：创建水平 Strut（支柱），参数 width 指定支柱宽度。
- createVerticalStrut(int height)：创建垂直 Strut（支柱），参数 height 指定支柱高度。
- createRigidArea(Dimension d)：创建一个硬区域，参数 d 指定硬区域的尺寸。

以上方法都返回一个 Component 类型的实例，分别表示 Glue（胶水）、Strut（支柱）和 Rigid Area（硬区域）：

- Glue（胶水）：胶水是一种不可见的组件，用于占据其他大小固定的 GUI 组件之间的多余空间。在调整容器的大小时，由胶水组件分割的 GUI 组件保持原有的尺寸，但胶水组件本身将被拉伸或收缩，以占据其他组件之间的多余空间。
- Strut（支柱）：支柱是一种不可见的组件，水平支柱具有固定像素的宽度，垂直支柱具有固定像素的高度。支柱用于确保 GUI 组件之间保持固定的间隔。在调整容器的大小时，GUI 组件之间由支柱分开的距离保持不变。
- Rigid Area（硬区域）：硬区域是一种不可见的，具有固定像素高度和宽度的 GUI 组件。在调整容器的大小时，硬区域的大小保持不变。

以下代码创建了一个 Box 容器，它采用水平 BoxLayout，这个容器中包含两个 JButton，这两个 JButton 沿水平方向分布，并且保持像素为 5 的固定水平间隔。

```
Box horizontal = Box.createHorizontalBox();
horizontal.add(new JButton("Button1"));
horizontal.add( Box.createHorizontalStrut(5) );
horizontal.add(new JButton("Button2"));
```

以下代码创建了一个 JPanel 容器，它采用垂直 BoxLayout，这个容器中包含两个 JButton，这两个 JButton 沿垂直方向分布，并且保持像素为 5 的固定垂直间隔：

```java
JPanel panel=new JPanel();
panel.setLayout(new BoxLayout( panel, BoxLayout.Y_AXIS ));//沿垂直方向布置组件
panel.add(new JButton("Button1"));
panel.add( Box.createVerticalStrut(5) );
panel.add(new JButton("Button2"));
```

在例程 20-17 的 BoxLayoutDemo 类中，包含了一个 JTaddedPane 页签面板，在每一页上包含一个采用 BoxLayout 布局管理器的 Box 或者 JPanel 容器。

例程 20-17　BoxLayoutDemo.java

```java
import javax.swing.*;
import java.awt.*;
public class BoxLayoutDemo extends JFrame {
  public BoxLayoutDemo(String title){
    super(title);

    //创建使用 BoxLayout 的 Box
    Box horizontal1 = Box.createHorizontalBox();
    Box vertical1 = Box.createVerticalBox();
    Box horizontal2 = Box.createHorizontalBox();
    Box vertical2 = Box.createVerticalBox();

    final int SIZE = 3; // 每个 Box 中的 Button 数目

    // 向第一个水平 Box 中加入 Button
    for( int count = 0; count < SIZE; count++ )
      horizontal1.add( new JButton( "Button " + count ) );

    //向第一个垂直 Box 中加入 Button 和 Strut
    for( int count = 0; count < SIZE; count++ ) {
      vertical1.add( Box.createVerticalStrut( 25 ) );
      vertical1.add( new JButton( "Button " + count ) );
    }

    //向第二个水平 Box 中加入 Button 和 Glue
    for( int count = 0; count < SIZE; count++ ) {
      horizontal2.add( Box.createHorizontalGlue() );
      horizontal2.add( new JButton( "Button " + count ) );
    }

    //向第一个垂直 Box 中加入 Button 和 Rigid Area
    for( int count = 0; count < SIZE; count++ ) {
      vertical2.add( Box.createRigidArea( new Dimension( 12, 8 ) ) );
      vertical2.add( new JButton( "Button " + count ) );
    }

    //向一个 Panel 中沿垂直方向加入 Button 和 Glue
    JPanel panel = new JPanel();
    panel.setLayout( new BoxLayout( panel, BoxLayout.Y_AXIS ) );

    for( int count = 0; count < SIZE; count++ ) {
      panel.add( Box.createGlue() );
      panel.add( new JButton( "Button " + count ) );
    }
```

```
//使标签一栏带有滚动标签:
JTabbedPane tabs = new JTabbedPane(JTabbedPane.TOP,
        JTabbedPane.SCROLL_TAB_LAYOUT );

tabs.addTab( "Horizontal Box1", horizontal1 );
tabs.addTab( "Vertical Box1 with Struts", vertical1 );
tabs.addTab( "Horizontal Box2 with Glue", horizontal2 );
tabs.addTab( "Vertical Box2 with Rigid Areas", vertical2 );
tabs.addTab( "Vertical Box with Glue", panel );

add( tabs );

setDefaultCloseOperation( JFrame.EXIT_ON_CLOSE );
setSize( 400, 300 );
setVisible( true );
}
public static void main( String args[] ){
    new BoxLayoutDemo("BoxLayoutDemo");
}
}
```

如图 20-23 显示了采用水平 BoxLayout，并且在 JButton 之间加入了 Glue 的布局。从图中可以看出，当容器被拉伸时，Glue 也随之被拉伸。

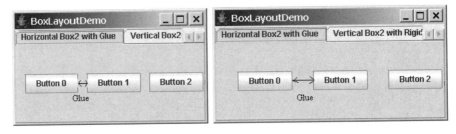

图 20-23 当容器被拉伸时，Glue 也随之被拉伸

如图 20-24 显示了采用垂直 BoxLayout，并且在 JButton 之间加入了 Strut 的布局。从图可以看出，当容器被拉伸时，Strut 保持不变。

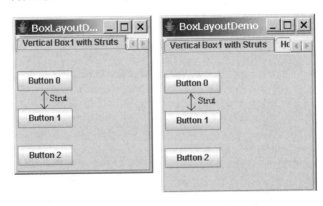

图 20-24 当容器被拉伸时，Strut 保持不变

20.16 设置 Swing 界面的外观和感觉

AWT 组件不是跨平台的，它的外观取决于程序运行时所在的操作系统，如果程序在 Windows 操作系统中运行，就会显示 Windows 操作系统的组件外观。如果程序在 Linux 操作系统中运行，就会显示 Linux 操作系统的组件外观。

Swing 采用 UIManager 类来管理 Swing 界面（包括界面中的所有 Swing 组件）的外观，它的 setLookAndFeel()静态方法用来设置界面的外观，该方法有两种重载形式：

- setLookAndFeel(LookAndFeel lookAndFeel)：参数 lookAndFeel 对象代表某种外观。
- setLookAndFeel(String className)：参数 className 指定代表某种外观的类的名字。

设置 Swing 界面的外观有以下几种策略：

（1）采用程序运行时所在操作系统的组件的外观，具体做法如下：

```
UIManager.setLookAndFeel(UIManager.getSystemLookAndFeelClassName());
```

在这种情况下，Swing 组件就像 AWT 组件那样，在不同的操作系统中显示时，采用本地操作系统的组件外观。

（2）在所有操作系统中保持同样的跨平台的金属（Metal）外观，这是 UIManager 采用的默认外观。本章前面介绍的例子都使用这种 Metal 外观。

（3）为界面显式地指定某种外观，例如以下代码指定界面采用 Motif 外观：

```
UIManager.setLookAndFeel("com.sun.java.swing.plaf.motif.MotifLookAndFeel");
```

在例程 20-18 的 LookAndFeelDemo 类中，有一组单选按钮 RadioButton，用户可以通过它们来改变界面的外观。

例程 20-18　LookAndFeelDemo.java

```java
import java.awt.*;
import java.awt.event.*;
import javax.swing.*;
public class LookAndFeelDemo extends JFrame {
  private UIManager.LookAndFeelInfo looks[];
  private String[] lookNames;   //各种外观的名字
  private String[] items={"Apple","Orange","Banana"};
  private JRadioButton radio[];
  private ButtonGroup group;
  private JButton button;
  private JLabel label;
  private JComboBox<String> comboBox;

  public LookAndFeelDemo(String title){
    super(title);

    // 获得 UIManager 所支持的所有外观信息
```

```java
    looks = UIManager.getInstalledLookAndFeels();
    lookNames=new String[looks.length];
    for(int i=0;i<looks.length;i++){
        System.out.println(looks[i].getName()+" :"+looks[i].getClassName());
        lookNames[i]=looks[i].getName();
    }

    JPanel northPanel = new JPanel();
    northPanel.setLayout(new GridLayout(3, 1, 0, 5 ));

    label = new JLabel("This is a Metal look-and-feel",SwingConstants.CENTER );
    northPanel.add(label);

    button = new JButton("JButton");
    northPanel.add(button);

    comboBox = new JComboBox<String>(items);
    northPanel.add(comboBox);

    radio = new JRadioButton[lookNames.length];
    JPanel southPanel = new JPanel();
    southPanel.setLayout(new GridLayout(1, radio.length));

    group = new ButtonGroup();
    ItemHandler handler = new ItemHandler();

    for(int count = 0; count < radio.length; count++ ){
        radio[count] = new JRadioButton(lookNames[count] );
        radio[count].addItemListener(handler);
        group.add(radio[count]);
        southPanel.add(radio[count]);
    }

    add(northPanel, BorderLayout.NORTH);
    add(southPanel, BorderLayout.SOUTH);

    setDefaultCloseOperation(JFrame.EXIT_ON_CLOSE);
    setSize(300, 200);
    setVisible(true);

    radio[0].setSelected(true);
}

private void changeTheLookAndFeel(int index ){
    try {    //改变界面外观
        UIManager.setLookAndFeel(looks[index].getClassName());
        SwingUtilities.updateComponentTreeUI(this);
    }catch (Exception e){ e.printStackTrace();}
}

public static void main(String args[] ){
    new LookAndFeelDemo("LookAndFeelSample");
}

//当用户选择了 RadioButton 以后，由这个监听器来处理
```

```
private class ItemHandler implements ItemListener {
    // 处理用户选择的外观
    public void itemStateChanged(ItemEvent event){
        for(int count = 0; count < radio.length; count++ )
            if(radio[count].isSelected()){
                label.setText("This is a " +lookNames[count] + " look-and-feel");
                changeTheLookAndFeel(count);
            }
    }
}
```

以上程序创建的用户界面如图 20-25 所示。

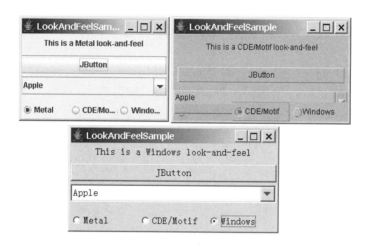

图 20-25　Metal、Motif 和 Windows 外观

20.17　小结

本章介绍了一些常见的 Swing 组件的用法，在使用 Swing 组件时，主要掌握以下内容：

（1）Swing 组件的构造方法。多数 Swing 组件都有默认构造方法，此外，还有带参数的构造方法，用来设置组件的显示方式或工作方式。比如，在构造页签面板 JTabbedPane 的实例时，可以指定标签在容器上的位置和布局；在构造列表框（JList）的实例时，可以指定列表框支持单项选择还是多项选择；在构造对话框（JDialog）实例时，可以指定是否为模式对话框。

（2）各种 Swing 组件的使用场合，比较功能相近的 Swing 组件的区别。JRadioButton 组、JCheckBox 组、JComboBox 和 JList 都提供一些选项，让用户进行选择。JCheckBox 组和 JList 支持多项或单项选择，而 JRadioButton 组和 JComboBox 仅支持单项选择。JRadioButton 组和 JCheckBox 组把所有选项都显示在界面上，占据较多的空间，而 JComboBox 只有在用户单击它的时候才会显示所有选项，JList 则允许显式地设定可以同时在界面上显示的选项数目。JTextField 和 JTextArea 都支持输入和显示文本，前者只能处理单行文本，而后者能够处理多行文本。

（3）各种 Swing 组件所能触发的事件及相应的事件监听器。各种按钮（包括菜单项）都会触发 ActionEvent 事件，JCombox 也会触发 ActionEvent 事件，而 JList 则触发 ListSelectionEvent 事件。当用户在 JTextField 中按【Enter】键时，会触发 ActionEvent 事件，而在 JTextArea 中按【Enter】键时，不会触发任何 ActionEvent 事件。ActionEvent 事件的监听器为 ActionListener，ListSelectionEvent 事件的监听器为 ListSelectionListener。

本章最后还介绍了 BoxLayout（布局管理器），以及 Swing 界面的外观的设置。BoxLayout 可以沿水平方向或垂直方向布置组件，并且能灵活地指定组件之间的间隔，如果组件之间用支柱或硬区域隔开，那么组件之间始终保持固定距离，如果用胶水隔开，组件之间的距离会随着容器大小的改变而变化。Swing 界面比较常见的几种外观为：

- Metal：这是 Swing 界面的默认外观。
- Windows：Windows 平台中组件的外观。
- Motif：Motif 图形库中组件的外观。Motif 是一个带有窗口管理器（Window-Manager）的图形界面库，被广泛运用于 Linux 平台。

20.18 思考题

1．JFrame 和 JDialog 具有相同的默认布局管理器。这句话对吗？

2．用各种 Swing 组件创建一个计算器界面，并且能进行加法、减法、乘法和除法运算。

3．setLookAndFeel()方法是在哪个类中定义的？

a) JComponent　b) JPanel　c) UIManager　d) WindowListener

4．JRadioButton、JCheckBox、JComboBox 和 JList 有什么区别？

5．以下哪些 Swing 组件能触发 ActionEvent 事件？

a) JCombox　b) JTextArea　c) JTextField　d) JMenuItem

第 21 章　Java 常用类

本书前面章节的许多例子都用到了 Object、String、StringBuffer、Integer 和 Math 等类。本章对一些常用类的用法做了归纳。由于 Java 类库非常庞大，而且在不断壮大，本书不可能一一介绍所有类的用法。读者应该养成查阅 JavaDoc 文档（也称为 Java API 文档）的习惯。在需要用到某个类的时候，可从 JavaDoc 文档中获得这个类的详细信息。JDK8 的 JavaDoc 文档的网址为：http://docs.oracle.com/javase/8/docs/api/index.html。

21.1　Object 类

Object 类是所有 Java 类的最终祖先，如果一个类在声明时没有包含 extends 关键词，那么这个类直接继承 Object 类。所有 Java 类都继承了 Object 类的方法，包括 wait()、notify()、notifyall()、equals()和 toString()等。

Object 类有一个默认构造方法，在构造子类实例时，都会先调用这个默认构造方法：

```
public Object(){}    //方法体为空
```

Object 类有以下主要成员方法：

（1）equals（Object obj）：比较两个对象是否相等。仅当被比较的两个引用变量指向同一对象时，equals()方法返回 true。许多 Java 类都覆盖了这个方法，这在第 4 章的 4.7.2 节（对象的 equals()方法）已做了详细讨论。

（2）notify()：从等待池中唤醒一个线程，把它转移到锁池。

（3）nofityAll()：从等待池中唤醒所有的线程，把它们转移到锁池。

（4）wait()：使当前线程进入等待状态，直到别的线程调用 notify()或 notifyAll() 方法唤醒它。

（5）hashCode()：返回对象的哈希码。HashTable 和 HashMap 会根据对象的哈希码来决定它的存放位置。第 15 章的 15.14（小结）总结了覆盖 hashCode()方法的规则。

（6）toString()：返回当前对象的字符串表示，格式为"类名@对象的十六进制哈希码"。许多类，如 String、StringBuffer 和包装类都覆盖了 toString()方法，返回具有实际意义的内容。例如：

```
System.out.println(new Object().toString());        //打印 java.lang.Object@273d3c
System.out.println(new Integer(100).toString());    //打印 100
System.out.println(new String("123").toString());   //打印 123
System.out.println(new StringBuffer("123456").toString());  //打印 123456
```

以上代码等价于：

```
System.out.println(new Object());
System.out.println(new Integer(100));
System.out.println(new String("123"));
System.out.println(new StringBuffer("123456"));
```

若 System.out.println()方法的参数为 Object 类型，println()方法会自动先调用 Object 对象的 toString()方法，然后打印 toString()方法返回的字符串。

（7）finalize()：对于一个已经不被任何引用变量引用的对象，当垃圾回收器准备回收该对象所占用的内存时，将自动调用该对象的 finalize()方法。

21.2 String 类和 StringBuffer 类

String 类和 StringBuffer 类主要用来处理字符串，这两个类提供了很多处理字符串的实用方法。String 类是不可变类，一个 String 对象所包含的字符串内容永远不会被改变；而 StringBuffer 类是可变类，一个 StringBuffer 对象所包含的字符串内容可以被添加或修改。

21.2.1 String 类

String 类有以下构造方法：
（1）String()：创建一个内容为空的字符串""。
（2）String(String value)：字符串参数 value 指定字符串的内容。
（3）String(char[] value)：字符数组参数 value 指定字符串的内容。
（4）String(byte[] bytes)：根据本地平台默认的字符编码，由字节数组构造一个字符串。
（5）String(byte[] bytes, String charsetName)：根据参数 charsetName 指定的字符编码，由字节数组构造一个字符串。

String 类有以下常用方法。
（1）length()：返回字符串的字符个数。
（2）char charAt(in index)：返回字符串中 index 位置上的字符，其中 index 的取值范围是"0～字符串长度-1"。
（3）getChars (int srcBegin,int srcEnd,char dst[],int dstbegin)：从当前字符串中复制若干字符到参数指定的字符数组 dst[]中。从 srcBegin 位置开始取字符，到 srcEnd-1 位置结束，dstbegin 为提取的字符存放到字符数组中的起始位置。如果参数 dst 为 null，则会抛出 NullPointerException。例如：

```
String s="0123456";
char[] chars=new char[3];
s.getChars(1,4,chars,0);    //数组 chars 的内容为{'1','2','3'}
```

（4）equals(object str)和 equalsIgnoreCase(object str)：判断两个字符串对象的内容是否相同。两个方法的区别在于：equalsIgnoreCase()方法不区分字母的大小写，而

equals()方法则需区分字母的大小写。例如：

```
String s1="hello";
String s2="h"+"ello";
String s3="Hello";

System.out.println(s1.equals(s2));          //打印 true
System.out.println(s1.equals(s3));          //打印 false
System.out.println(s1.equalsIgnoreCase(s3));  //打印 true
```

（5）int compareTo(String str)：按字典次序比较两个字符串的大小。如果源串较小，则返回一个小于 0 的值，如相等，则返回 0，否则返回一个大于 0 的值。String 类实现了 Comparable 接口，支持自然排序，所以提供这一方法。例如：

```
System.out.println("a".compareTo("b"));   //打印-1
System.out.println("a".compareTo("a"));   //打印 0
System.out.println("b".compareTo("a"));   //打印 1
```

（6）indexOf()和 lastIndexOf()：在字符串中检索特定字符或子字符串，indexOf()方法从字符串的首位开始查找，而 lastIndexOf()方法从字符串的末尾开始查找。如果找到，则返回匹配成功的位置，如果没有找到，则返回-1。例如：

```
String str="HelloHelloHello";

//查找字符'e'第一次在 str 中出现的位置
System.out.println(str.indexOf('e'));    //打印 1
//查找字符'e'从位置 2 开始第一次在 str 中出现的位置
System.out.println(str.indexOf('e',2));  //打印 6
//查找字符'e'在 str 中最后一次出现的位置
System.out.println(str.lastIndexOf('e')); //打印 11
//查找字符串"ello"从位置 2 开始第一次在 str 中出现的位置
System.out.println(str.indexOf("ello",2)); //打印 6
//查找字符串"Ello"第一次在 str 中出现的位置
System.out.println(str.indexOf("Ello"));  //打印-1
```

（7）concat(String str)：把字符串 str 附加在当前字符串的末尾。例如：

```
String str="Hello";
String newStr=str.concat("World");
System.out.println(str);     //打印 Hello
System.out.println(newStr);  //打印 HelloWorld
```

以上 concat()方法并不会改变字符串 str 本身的内容。

（8）substring()：返回字符串的一个子字符串，有以下两种重载形式：

```
public String substring(int beginIndex)
public String substring(int beginIndex, int endIndex)
```

子串在源串中的起始位置为 beginIndex，结束位置为 endIndex-1。如果没有提供 endIndex 参数，那么结束位置为：字符串长度-1。例如：

```
String str="0123456";
String sub1=str.substring(2);
String sub2=str.substring(2,5);
System.out.println(str);    //打印 0123456
```

```
System.out.println(sub1); //打印 23456
System.out.println(sub2); //打印 234
```

（9）String[] split(String regex)：根据参数 regex 把原来的字符串分割为几个子字符串。例程 21-1 的 Spliter 类演示了 split()的用法。

例程 21-1　Spliter.java

```java
public class Spliter{
  public static void print(String[] s){
    for(int i=0;i<s.length;i++)
      System.out.print(s[i]+" ");
    System.out.println();
  }
  public static void main(String[] args)throws Exception {
    String[] result;
    String str="user=Linda";
    result=str.split("=");   //result={"user","Linda"}
    print(result);

    str="11:23:14";
    result=str.split(":");   //result={"11","23","14"}
    print(result);

    str="11::14";
    result=str.split(":");   //result={"11","","14"}
    print(result);
  }
}
```

以上程序的打印结果如下：

```
user Linda
11 23 14
11   14
```

（10）replaceAll(String regex, String replacement)和 replaceFirst(String regex, String replacement)：把源字符串中的 regrex 替换为 replacement。replaceAll()方法替换源字符串所有的 regrex，而 replaceFirst()方法替换源字符串的第一个 regex。例如：

```java
String origin="11:23:14";
//把字符串中的所有 ":" 替换为 "-"
String dst=origin.replaceAll(":","-");
System.out.println(dst);   //打印 11-23-14

//把字符串中的第一个 ":" 替换为 "-"
dst=origin.replaceFirst(":","-");
System.out.println(dst); //打印 11-23:14
```

（11）trim()：把字符串首尾的空格删除，例如：

```
System.out.println("   hel   lo   ".trim());  //打印 "hel   lo"
```

（12）String valueOf()：把基本类型转换为 String 类型，有好几种重载形式，如 valueOf(int a)、valueOf(short a)和 valueOf(double a)等：

```
System.out.println(String.valueOf(-129));        //打印-129
System.out.println(String.valueOf(-129.12D));    //打印-129.12
```

（13）toUpperCase()和 toLowerCase()：toUpperCase()把字符串中的所有字母改为大写，toLowerCase()把字符串中的所有字母改为小写，例如：

```
System.out.println("Hello".toUpperCase());    //打印 HELLO
System.out.println("Hello".toLowerCase());    //打印 hello
```

21.2.2 "hello"与 new String("hello")的区别

以下两种方式都定义了两个内容为"hello"的字符串：
- 方式一：String s1= "hello", s2= "hello";
- 方式二：String s1=new String("hello"),s2=new String("hello");

在第一种方式中，"hello"为直接数，Java 虚拟机把它作为编译时常量，在内存中只会为它分配一次内存，然后就可以重复使用，因此 s1==s2 的比较结果为 true。在第二种方式中，每个 new 语句都会新建一个 String 对象，因此 s1==s2 的比较结果为 false。

以下 ThreeStrs 类有 3 个 String 类型的成员变量，它们都引用"hello"直接数。ThreeStrs 类的 main()方法创建了两个 ThreeStrs 对象，这两个对象都分别有 3 个 String 类型的成员变量，因此共有 6 个 String 类型的成员变量，这些变量都引用内存中的同一个"hello"对象。

```java
public class ThreeStrs{
    public String s1;
    public String s2;
    public String s3="hello";

    void init1(){s1="hello";}
    void init2(){s2="hello";}

    public static void main(String args[]){
        ThreeStrs t=new ThreeStrs();
        t.init1();
        t.init2();
        System.out.println(t.s1==t.s2);    //打印 true
        System.out.println(t.s1==t.s3);    //打印 true

        ThreeStrs tt=new ThreeStrs();
        tt.init1();
        tt.init2();
        System.out.println(t.s1==tt.s1);   //打印 true
    }
}
```

如果对 ThreeStrs 类做如下修改，改变字符串的创建方式，那么运行本程序时，Java 虚拟机必须先为作为 String 类的构造方法参数的"hello"直接数分配内存，接着再先后为 6 个内容为"hello"的 String 对象分配内存，使两个 ThreeStrs 对象的 String 类型的成员变量分别引用它们，因此 Java 虚拟机必须先后为 7 个内容一样的 String 对象分配内存。

```
public class ThreeStrs{
   public String s1;
   public String s2;
   public String s3=new String("hello");

   void init1(){s1=new String("hello");}
   void init2(){s2=new String("hello");}

   public static void main(String args[]){
      ThreeStrs t=new ThreeStrs();
      t.init1();
      t.init2();
      System.out.println(t.s1==t.s2);   //打印 false
      System.out.println(t.s1==t.s3);   //打印 false

      ThreeStrs tt=new ThreeStrs();
      tt.init1();
      tt.init2();
      System.out.println(t.s1==tt.s1);   //打印 false
   }
}
```

从提高程序性能的角度考虑，减少 Java 虚拟机为对象分配内存，以及回收内存的次数，可以减轻 Java 虚拟机的负担，从而提高程序性能。因此如果在编程时就明确地知道字符串的内容，应该用字符串直接数来为 String 类型变量赋值。

21.2.3 StringBuffer 类

StringBuffer 类表示字符串缓存，它有以下构造方法：

（1）StringBuffer()：建立一个空的缓冲区，初始容量为 16 个字符。

（2）StringBuffer(int length)：建立一个初始容量为 length 的空缓冲区。

（3）StringBuffer(String str)：缓冲区的初始内容为字符串 str，并另外提供 16 个字符的初始容量。

StringBuffer 类有以下常用方法：

（1）length()：返回字符串的字符个数，与 String 类的 length()用法相同。

（2）append()：向缓冲区内添加新的字符串，例如：

```
StringBuffer sb=new StringBuffer();
sb.append("Hello");
sb.append("World");
System.out.println(sb); //打印 HelloWorld
```

（3）toString()：返回缓冲区内的字符串。

（4）charAt(int index)和 setCharAt(int index,char ch)：charAt()用法与 String 类的 charAt()相同，都返回字符串中 index 位置的字符；setCharAt()则在字符串中 index 位置放置字符 ch。

（5）getChars(int srcBegin, int srcEnd, char[] dst, int dstBegin)：用法与 String 类的 getChars()方法相同。

（6）substring()：用法与 String 类的 substring()方法相同。

（7）insert(int offset, String str)：在字符串中的 offset 位置插入字符串 str，例如：

```
StringBuffer sb=new StringBuffer("0456");
sb.insert(1,"123");
System.out.println(sb); //打印 0123456
```

21.2.4 比较 String 类与 StringBuffer 类

String 类和 StringBuffer 类有以下相同点：

（1）String 类和 StringBuffer 类都用来处理字符串。

（2）String 类和 StringBuffer 类都提供了 length()、toString()、charAt()和 substring()方法，它们的用法在两个类中相同。

（3）对于 String 类和 StringBuffer 类，字符在字符串中的索引位置都从 0 开始。例如：

```
System.out.println("123".charAt(0) ); //打印 1
System.out.println(new StringBuffer("123").charAt(0)); //打印 1
```

（4）两个类中的 substring(int beginIndex,int endIndex)方法都用来截取子字符串，而且截取的范围都从 beginIndex 开始，一直到 endIndex-1 为止，截取的字符个数为 endIndex-beginIndex。

String 类和 StringBuffer 类有以下不同点：

（1）String 类是不可变类，而 StringBuffer 类是可变类。String 对象创建后，它的内容无法改变。一些看起来能够改变字符串的方法，实际上是创建一个带有方法所赋予特性的新字符串。例如 String 类的 substring()、concat()、toLowerCase()、toUpperCase()和 trim()等方法都不会改变字符串本身，而是创建并返回一个包含改变后内容的新字符串对象。

而 StringBuffer 的 append()、replaceAll()、replaceFirst()、insert()和 setCharAt()等方法都会改变字符缓冲区中的字符串内容。例如：

```
String s=new String("abc");
StringBuffer sb=new StringBuffer("abc");

s.concat("def");     //连接字符串"def"
s.replace('a','0');  //把字符串中的'a'全部替换为'0'
s.toUpperCase();     //把字符串中的所有字符改为大写

sb.append("def");    //添加字符串"def"
sb.replace(0,3,"A"); //把位置 0 到 2 的字符串(即"abc")替换为"A"

System.out.println(s);   //打印 abc
System.out.println(sb);  //打印 Adef
```

（2）String 类覆盖了 Object 类的 equals()方法，而 StringBuffer 类没有覆盖 Object 类的 equals()方法。例如：

```
String s1=new String("abc");
```

```
String s2=new String("abc");
System.out.println(s1.equals(s2));    //打印 true

StringBuffer sb1=new StringBuffer("abc");
StringBuffer sb2=new StringBuffer("abc");
System.out.println(sb1.equals(sb2));  //打印 false
```

（3）两个类都覆盖了 Object 类的 toString()方法，但各自的实现方式不一样：String 类的 toString()方法返回当前 String 实例本身的引用，而 StringBuffer 类的 toString()方法返回一个以当前 StringBuffer 的缓冲区中的所有字符为内容的新的 String 对象的引用。例如：

```
String s="abc";
StringBuffer sb=new StringBuffer("abc");
System.out.println(s==s.toString());      //打印 true
System.out.println("abc"==sb.toString()); //打印 false
```

（4）String 类对象可以用操作符 "+" 进行连接，而 StringBuffer 类对象之间不能通过操作符 "+" 进行连接，例如：

```
String s1="a";
String s2="b";
String s3=s1+s2;    //合法

StringBuffer sb1=new StringBuffer("a");
StringBuffer sb2=new StringBuffer("b");
StringBuffer sb3=sb1+sb2;  //编译出错
```

以下 read()方法从文件中读取文本内容，每次读出一行，把它添加到一个 StringBuffer 中，当文件读取完毕后，则返回 StringBuffer 中的所有字符串内容。假定文件中共有 *n* 行文本，Java 虚拟机执行 read()方法时，先创建一个 StringBuffer 对象，再陆续创建 *n* 个包含文件中一行文本的 String 对象，再把 String 对象的内容添加到 StringBuffer 对象中。

```
public String read(File file){  //读文本文件
  try{
    BufferedReader reader=new BufferedReader(
                new InputStreamReader(new FileInputStream(file),"GBK"));
    String data=null;
    StringBuffer buffer=new StringBuffer();
    while((data=reader.readLine())!=null)
      buffer.append(data+"\n");
    reader.close();
    return buffer.toString();
  }catch(IOException e){ throw new RuntimeException(e);}
}
```

如果把以上代码中的 StringBuffer 类改为 String 类，也能完成同样的功能：

```
public String read(File file){  //读文本文件
  try{
    BufferedReader reader=new BufferedReader(
                new InputStreamReader(new FileInputStream(file),"GBK"));
    String data=null;
```

```
    String buffer=new String();
    while((data=reader.readLine())!=null)
        buffer=buffer+data+"\n";
    reader.close();
    return buffer;
}catch(IOException e){ throw new RuntimeException(e);}
```

每次 Java 虚拟机执行 buffer+data+"\n"命令，该表达式都返回一个新建的 String 对象，假如文件中包含 n 行文本，Java 虚拟机将创建 2*n+1 个 String 对象。由此可见，在这种情况下，采用 StringBuffer 可以减少 Java 虚拟机创建 String 对象的次数，减少动态分配和回收内存的次数，提高程序的性能。

21.2.5　正则表达式

在 String 类中，有 3 个特殊的方法：split(String regex)、replaceAll(String regex,String replace)和 replaceFirst(String regex,String replace)，这 3 个方法都是在 JDK1.4 中才增加的，它们的特殊之处在于有一个参数为正则表达式（Regular Expression），而不是普通的字符串。

正则表达式用来描述特定的字符串模式，例如正则表达式"a{3}"表示由 3 个字符"a"构成的字符串，相当于普通字符串"aaa"，再例如正则表达式"\d"表示任意一个数字字符。在正则表达式中，有些字符具有特殊的含义，参见表 21-1。

表 21-1　在正则表达式中具有特殊含义的字符

特殊字符	描　　述
.	表示任意一个字符
[abc]	表示 a、b 或 c 中的任意一个字符
[^abc]	除 a、b 和 c 以外的任意一个字符
[a-zA-Z]	介于 a 到 z，或 A 到 Z 中的任意一个字符
\s	空白符（空格、tab、换行、换页、回车）
\S	非空白符
\d	任意一个数字[0~9]
\D	任意一个非数字[^0~9]
\w	词字符[a~zA~Z_0~9]
\W	非词字符

在正则表达式中，还可以通过一些特殊符号来表示字符的出现次数，表 21-2 对此做了归纳。

表 21-2 表示字符出现次数的符号

表示次数的符号	描 述
*	0 次或者多次
+	1 次或者多次
?	0 次或者 1 次
{n}	恰好 *n* 次
{n,m}	至少 *n* 次，不多于 *m* 次

例程 21-2 的 RegularExTester 程序演示了正则表达式的用法。

例程 21-2　RegularExTester.java

```java
public class RegularExTester {
  public static void main(String[] args) {
    //把字符串中的"aaa"全部替换为"z"
    //打印 zbzcz
    System.out.println("aaabaaacaaa".replaceAll("a{3}","z"));

    //把字符串中的"aaa"、"aa"或者"a"全部替换为"*"
    //打印*b*c*
    System.out.println("aaabaaca".replaceAll("a{1,3}","\\*"));

    //把字符串中的数字全部替换为"z"
    //打印 zzzazzbzzcc
    System.out.println("123a44b35cc".replaceAll("\\d","z"));

    //把字符串中的非数字全部替换为"z"
    //打印 1234000435000
    System.out.println("1234abc435def".replaceAll("\\D","0"));

    //把字符串中的"."全部替换为"\"
    //打印 com\abc\dollapp\Doll
    System.out.println("com.abc.dollapp.Doll".replaceAll("\\.","\\\\"));

    //把字符串中的"a.b"全部替换为"-"，
    // "a.b"表示长度为 3 的字符串，以"a"开头，以"b"结尾
    //打印-hello-all
    System.out.println("azbhelloahball".replaceAll("a.b","-"));

    //把字符串中的所有词字符替换为"#"
    //正则表达式"[a-zA-Z_0-9]"等价于是"\w"
    //打印#.#.#.#.#.#
    System.out.println("a.b.c.1.2.3.4".replaceAll("[a-zA-Z_0-9]","#"));
  }
}
```

值得注意的是，由于"."、"?"和"*"等在正则表达式中具有特殊的含义，如果要表示字面上的这些字符，必须以"\\"开头。例如为了把字符串"com.abc.dollapp.Doll"中的"."替换为"\"，应该调用 replaceAll("\\.","\\\\")方法。

21.2.6 格式化字符串

String 类的静态 format()方法用于创建格式化的字符串。它有两种重载形式：
- String format(String format,Object…args)：参数 format 用特定的转换符来指定转换格式，参数 args 指定待格式化的对象。该方法使用本地默认的语言环境。
- String format(Locale locale,String format,Object…args)：locale 参数指定格式化所使用的语言环境。

在以下程序代码中，3 次调用 String 类的静态 format()方法。在第一个 String.format("%tc",date)方法中，date 参数为待格式化的对象，"%tc"参数指定对 date 对象进行格式化的格式。在第二个和第三个 format()方法中，Locale.CHINESE 和 Locale.ENGLISH 用于显式地指定格式化所使用的语言环境。

```
Date date=new Date();
System.out.println(String.format("%tc",date));   //使用本地默认的语言环境
System.out.println(String.format(Locale.CHINESE,"%tc",date));   //使用中文语言环境
System.out.println(String.format(Locale.ENGLISH,"%tc",date));   //使用英文语言环境
```

以上程序的打印结果如下：

```
星期五  八月  19 09:59:09 CST 2016
星期五  八月  19 09:59:09 CST 2016
Fri Aug 19 09:59:09 CST 2016
```

1．日期格式化

表 21-3 显示了常用的日期格式化转换符。

表 21-3 常用的日期格式化转换符

转换符	描　　述	示例（假定为中文语言环境）	示例返回的结果
%tb	月份简称	String.format("%tb",date)	八月
%tB	月份全称	String.format("%tB",date)	八月
%ta	星期几简称。在英语语言环境中，例如星期五的简称为"Fri"	String.format("%ta",date)	星期五
%tA	星期几全称	String.format("%tA",date)	星期五
%ty	2 位年份	String.format("%ty",date)	16
%tY	4 位年份	String.format("%tY",date)	2016
%tm	月份	String.format("%tm",date)	08
%td	一个月中的某一天（01～31），如果为 2 号，格式化的结果为"02"	String.format("%td",date)	19
%te	一个月中的第几天（1～31），如果为第 2 天，格式化的结果为"2"	String.format("%te",date)	19
%tj	一年中的第几天（1～366）	String.format("%tj",date)	232
%tc	包括全部日期和时间信息	String.format("%tc",date)	星期五 八月 19 10:25:30 CST 2016
%tF	"年-月-日"格式，4 位年份	String.format("%tF",date)	2016-08-19
%tD	"月/日/年"格式，2 位年份	String.format("%tD",date)	08/19/16

例程 21-3 的 DateTest 类对日期进行了格式化，显示当前的年、月、日和星期几的信息。

例程 21-3　DateTest.java

```java
import java.util.*;
public class DateTest{
  public static void main(String[] args) {
    Date date=new Date();
    String year=String.format("%tY",date);
    String month=String.format("%tB",date);
    String day=String.format("%td",date);
    String weekday=String.format("%tA",date);
    System.out.println("今年是 "+year);    //打印：今年是 2016
    System.out.println("现在是 "+month);   //打印：现在是 八月
    System.out.println("今天是 "+day+"号, "+weekday);  //打印：今天是 19 号，星期五
  }
}
```

2．时间格式化

表 21-4 显示了常用的时间格式化转换符。

表 21-4　常用的时间格式化转换符

转换符	描述	示例（假定为中文语言环境）	示例的返回结果
%tH	2 位数字的 24 时制的小时（00～23）	String.format("%tH",date)	15
%tI	2 位数字的 12 时制的小时（01～12）	String.format("%tI",date)	03
%tk	2 位数字的 24 时制的小时（0～23）	String.format("%tk",date)	15
%tl	2 位数字的 12 时制的小时（1～12）	String.format("%tl",date)	3
%tM	2 位数字的分钟	String.format("%tM",date)	25
%tS	2 位数字的秒数	String.format("%tS",date)	15
%tL	3 位数字的毫秒数	String.format("%tL",date)	546
%tN	9 位数字的微秒数	String.format("%tN",date)	546000000
%tp	上午或下午标记。例如在英语语言环境中，下午标记为"pm"，在中文语言环境中，下午标记为"下午"	String.format("%tp",date)	下午
%tz	相对于 GMT RFC 82 格式的数字时区偏移量	String.format("%tz",date)	+0800
%tZ	时区的缩写形式	String.format("%tZ",date)	CST
%ts	从 1970-01-01 00:00:00 到现在经过的秒数	String.format("%ts",date)	1471591515
%tQ	从 1970-01-01 00:00:00 到现在经过的毫秒数	String.format("%tQ",date)	1471591515546
%tr	"时：分：秒 PM(AM)"格式（12 时制）	String.format("%tr",date)	03:25:15 下午
%tR	"时：分"格式（24 时制）	String.format("%tR",date)	15:25
%tT	"时：分：秒"格式（24 时制）	String.format("%tT ",date)	15:25:15

以下代码对时间进行了格式化，显示当前的时、分和秒的信息。

```
Date date=new Date();
System.out.print(String.format("%tH",date)+"时 ");
System.out.print(String.format("%tM",date)+"分 ");
System.out.println(String.format("%tS",date)+"秒 ");
```

以上程序的运行结果为：

15 时 31 分 19 秒

4．常规类型的格式化

表 21-5 显示了对常规类型数据进行格式化的转换符。

表 21-5 常规类型的格式化转换符

转换符	描 述	示 例	示例的返回结果
%b	格式化为布尔类型，布尔类型的值采用小写（true 和 false）	String.format("%b",12>1)	true
%B	格式化为布尔类型，布尔类型的值采用大写（TRUE 和 FALSE）	String.format("%B",4<5)	TRUE
%h、%H	格式化为散列码（又称哈希码）	String.format("%h",100)	64
%s	格式化为字符串	String.format("%s","HelloWorld")	HelloWorld
%S	格式化为大写的字符串	String.format("%S","HelloWorld")	HELLOWORLD
%c	格式化为字符	String.format("%c",'A')	A
%C	格式化为大写的字符	String.format("%C",'a')	A
%d	格式化为十进制整数	String.format("%d",0x11)	17
%o	格式化为八进制整数	String.format("%o",12)	14
%x、%X	格式化为十六进制整数	String.format("%x",66)	42
%f	格式化为十进制浮点数	String.format("%f", 99.45)	99.450000
%e	格式化为用科学计算表示的十进制整数	String.format("%e",1245.667)	1.245667e+03
%a	格式化为带有效位数和指数的十六进制浮点数	String.format("%a",1245.667)	0x1.376ab020c49bap10
%n	格式化为特定平台的行分隔符	String.format("%n")	行分隔符
%%	格式化为字面值"%"	Sstring.format("%%")	%

例程 21-4 的 FormatTest 类演示用常规转换符对数字和字符串等类型的数据进行格式化。

例程 21-4 FormatTest.java

```
public class FormatTest{
    public static void main(String[] args) {
        System.out.println(String.format("Hi,%s", "小红"));
        System.out.println(String.format("%s:%s.%s", "名单","张三","李四"));
        System.out.printf("字母 a 的大写是： %c %n", 'A');
        System.out.printf("3>7 的结果是： %b %n", 3>7);
```

```
        System.out.printf("100 的一半是：%d %n", 100/2);
        System.out.printf("100 的 16 进制数是：%x %n", 100);
        System.out.printf("100 的 8 进制数是：%o %n", 100);
        System.out.printf("80 元的书打 8.5 折扣是：%f 元%n", 80*0.85);
        System.out.printf("上面价格的 16 进制数是：%a %n", 80*0.85);
        System.out.printf("上面价格的指数表示：%e %n", 80*0.85);
        System.out.printf("上面的折扣是%d%% %n", 85);
        System.out.printf("字母 A 的散列码是：%h %n", 'A');
    }
}
```

以上程序的运行结果如下：

```
Hi,小红
名单:张三.李四
字母 a 的大写是：A
3>7 的结果是：false
100 的一半是：50
100 的 16 进制数是：64
100 的 8 进制数是：144
80 元的书打 8.5 折扣是：68.000000 元
上面价格的 16 进制数是：0x1.1p6
上面价格的指数表示：6.800000e+01
上面的折扣是85%
字母 A 的散列码是：41
```

表 21-6 显示了对常规类型数据进行格式化的转换标记。

表 21-6　格式转换标记

转换标记	描述	示例（假定为中文语言环境）	示例返回的结果
+	为数字添加符号	String.format("%+d",15)	+15
−	左对齐	String.format("%-5d%d",15,16)	15　　16
0	数字前面补 0	String.format("%04d", 99)	0099
空格	添加指定数量的空格	String.format("%d　%d", 99,88)	99　88
,	以 "," 对数字分组	String.format("%,f", 9999.99)	9,999.990000
(	使用括号	String.format("%(f", 99.99)	(99.990000)
#	如果是浮点数则包含小数点，如果是十六进制或八进制则添加 0x 或 0	String.format("%#x", 99)	0x63
<	格式化前一个转换符所对应的参数	String.format("%d 和%<04d", 0x123)	291 和 0291
$	待格式化的参数的索引	String.format("%1\$d,%2\$s", 99,"abc")	99,abc

在调用 String 类的 format()方法时，如果指定了多个待格式化的参数，那么，"1$" 表示第一个参数，"2$" 表示第二个参数。所以 String.format("%1$d,%2$s", 99,"abc")的返回值为 "99,abc"。

以下 3 个 String.format()方法都返回 4 位的数字，但是格式有一些差别：

- String.format("%4d", 99)：空余的位数用空格补齐，因此其返回值为 "　　99"。
- String.format("%04d", 99)：空余的位数用 0 补齐，因此其返回值为 "0099"。

- String.format("%-4d", 99：左对齐，空余的位数用 0 补齐，因此其返回值为"99　　"。

21.3 包装类

Java语言用包装类来把基本类型的数据转换为对象。每个Java基本类型在java.lang包中都有一个相应的包装类，参见表21-7。

表21-7 基本类型与包装类的对应

基 本 类 型	对应的包装类
boolean	Boolean
byte	Byte
char	Character
short	Short
int	Integer
long	Long
float	Float
double	Double

包装类有什么作用呢？包装类中提供了一系列实用的方法，比如 Integer 类的静态方法 parseInt(String s)能把字符串转换为整数，静态方法 toBinaryString(int i)返回包含整数 i 的二进制形式的字符串。

包装类具有以下特点：

（1）所有的包装类都是 final 类型，因此不能创建它们的子类。

（2）包装类是不可变类，一个包装类的对象自创建后，它所包含的基本类型数据就不能被改变。

21.3.1 包装类的构造方法

每个包装类的构造方法都有几种重载形式，归纳如下：

（1）所有的包装类都可以用和它对应的基本类型数据为参数，来构造它们的实例。例如：

```
Boolean bln=new Boolean(true);
Byte b=new Byte( (byte) 1);       //注意这里需要将 int 型的直接数强制转换为 byte 类型
Character c=new Character('c');
Short s=new Short( (short)1); //注意这里需要将 int 型的直接数强制转换为 short 类型
Integer i=new Integer(1);
Long l=new Long(1);
Float f=new Float( 1.0f);
Double d=new Double(1.0);
```

（2）除 Character 类以外，其他的包装类都可以以一个字符串为参数来构造它们的实例。例如：

```
Integer i=new Integer("123");
Double d=new Double("123.45D");
Float f=new Float("123.45F");
```

（3）Boolean 类的构造方法的参数为 String 类型时，如果该字符串内容为 true（不考虑大小写），则该 Boolean 对象表示 true，否则表示 false。例如：

```
System.out.println(new Boolean("FaLse")); //打印 false
System.out.println(new Boolean("TrUe")); //打印 true
System.out.println(new Boolean("AAAA")); //打印 false
System.out.println(new Boolean("1234")); //打印 false
System.out.println(new Boolean(true)); //打印 true
System.out.println(new Boolean(false)); //打印 false
```

（4）Byte、Short、Integer、Long、Float 和 Double 类的构造方法的参数为 String 类型时，字符串不能为 null，并且该字符串必须可以解析为相应的基本类型的数据，否则虽然编译通过，但运行时会抛出 NumberFormatException 运行时异常。例如在例程 21-5 的 Converter 类中，执行 new Byte("123D") 和 new Double("three")时会抛出 NumberFormatException 异常。

例程 21-5　Converter.java

```
public class Converter{
  public static void main(String[] args) {
    toByte("123");   //打印 123
    toDouble("123.11D");   //打印 123.11
    toByte("123D");   //抛出 NumberFormatException
    toDouble("three");   //抛出 NumberFormatException
  }

  public static void toByte(String s){
    try{
      System.out.println(new Byte(s));
    }catch(Exception e){e.printStackTrace();}
  }

  public static void toDouble(String s){
    try{
      System.out.println(new Double(s));
    }catch(Exception e){e.printStackTrace();}
  }
}
```

21.3.2　包装类的常用方法

Character 类和 Boolean 类直接继承 Object 类，除此以外，其他包装类都是 java.lang.Number 类的直接子类，因此都继承或者覆盖了 Number 类的方法。如图 21-1 所示为包装类的层次结构。

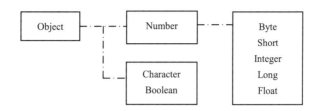

图 21-1　包装类的层次结构

Number 类的主要方法如下：
- byteValue()：返回 Number 对象所表示的数字的 byte 类型值。
- intValue()：返回 Number 对象所表示的数字的 int 类型值。
- longValue()：返回 Number 对象所表示的数字的 long 类型值。
- shortValue()：返回 Number 对象所表示的数字的 short 类型值。
- doubleValue()：返回 Number 对象所表示的数字的 double 类型值。
- floatValue()：返回 Number 对象所表示的数字的 float 类型值。

包装类的方法归纳如下：

（1）包装类都覆盖了 Object 类的 toString()方法，以字符串的形式返回包装对象所表示的基本类型的数据。

（2）除 Character 类和 Boolean 类以外，包装类都有 valueOf(String s)静态工厂方法，可以根据 String 类型的参数来创建包装类对象。参数字符串 s 不能为 null，而且该字符串必须可以解析为相应的基本类型的数据，否则虽然编译会通过，但运行时会抛出 NumberFormatException。例如：

```
Double d=Double.valueOf("123");          //合法
Integer i=Integer.valuesOf("12");        //合法
Integer i=Integer.valuesOf("abc");       //运行时抛出 NumberFormatException
```

（3）除 Character 类和 Boolean 类以外，包装类都有 parseXXX(String str)静态方法，把字符串转变为相应的基本类型的数据（XXX 表示基本类型的名称）。参数 str 不能为 null，而且该字符串必须可以解析为相应的基本类型的数据，否则虽然编译会通过，但运行时会抛出 NumberFormatException。例如：

```
int i=Integer.parseInt("123");           //合法，i=123
double d=Double.parseDouble("abc");      //抛出 NumberFormatException
```

21.3.3　包装类的自动装箱和拆箱

在 JDK5 以前的版本中，数学运算表达式中的操作元必须是基本类型，并且运算结果也是基本类型，例如：

```
int a=1,b;
b=a+1-2*4;                               //合法
Integer c=a+1-2*4;                       //编译出错，运算结果必须是基本类型
b=a+new Integer(1)-new Integer(2)*4;     //编译出错，操作元必须是基本类型
```

而在 JDK5 以上版本中，允许基本类型和包装类型进行混合数学运算，因此以上都是合法的表达式。为了简化编程，JDK5 允许基本类型和包装类型进行混合数学运算，JDK5 能够自动进行基本类型和包装类型之间的转换。把基本类型转换为包装类型的过程称为装箱，把包装类型还原成基本类型的过程称为拆箱。以下是两段合法的赋值语句：

```
Integer a=3;            //自动装箱，把 3 包装成 Integer 对象。
int b=new Integer(4);   //自动拆箱，把 Integer 对象还原成基本类型。
```

在 JDK5 以前的版本中，如果要把两个 Integer 类型相加，必须采用以下实现方式：

```
public static Integer add(Integer a, Integer b){
    //先把 Integer 类型转换为 int 类型，再相加
    int sum=a.intValue()+b.intValue();
    //把 int 类型的运算结果转换为 Integer 类型
    return new Integer(sum);
}
```

在 JDK5 以上的版本中，可以直接把两个 Integer 类型相加：

```
public static Integer add(Integer a, Integer b){
    return a+b;
}
```

此外，在 JDK5 以前的版本中，在 Java 集合中不能存放基本类型的数据，如果要存放或者读取数字类型元素，应该使用包装类型，例如：

```
List<Integer> list=new ArrayList<Integer>();
list.add(new Integer(3));    //向 List 中加入 Integer 对象
Integer i=list.get(0);       //把 List 中的 Integer 对象赋值给 Integer 类型的引用变量 i
```

从 JDK5 以后，允许直接向集合存放或读取基本类型的数据，实际上 JDK 会自动进行装箱和拆箱操作：

```
List<Integer> list=new ArrayList<Integer>();
list.add(3);            //自动装箱，把 3 转换为相应的 Integer 对象，再把它加入到 List 中
int i=list.get(0);      //自动拆箱，把 Integer 对象转换为 int 类型数据，再把它赋值给 i 变量
```

21.4　Math 类

java.lang.Math 类提供了许多用于数学运算的静态方法，包括指数运算、对数运算、平方根运算和三角运算等。Math 类还有两个静态常量：E（自然对数）和 PI（圆周率）。Math 类是 final 类型的，因此不能有子类。另外，Math 类的构造方法是 private 类型的，因此 Math 类不能够被实例化。

Math 类的主要方法包括：
- abs()：返回绝对值。
- ceil()：返回大于等于参数的最小整数。
- floor()：返回小于等于参数的最大整数。

- max()：返回两个参数的较大值。
- min()：返回两个参数的较小值。
- random()：返回 0.0 和 1.0 之间的 double 类型的随机数，包括 0.0，但不包括 1.0。
- round()：返回四舍五入的整数值。
- sin()：正弦函数。
- cos()：余弦函数。
- tan()：正切函数。
- exp()：返回自然对数的幂。
- sqrt()：平方根函数。
- pow()：幂运算。

如图 21-2 归纳了各种方法的参数类型和返回类型。从图中可以看出，min()、max() 和 abs() 方法均有 4 种重载形式，round() 有两种重载形式。

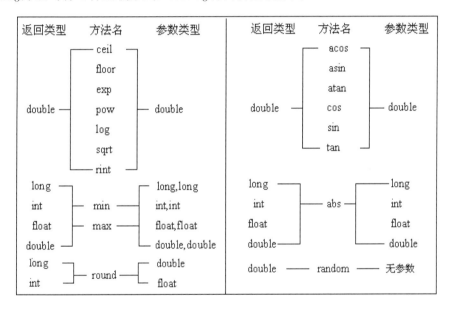

图 21-2　Math 类的常用方法的参数类型和返回类型

对于 Math 类的 round() 方法，当参数为 double 类型时，则返回 long 类型，当参数为 float 类型时，则返回 int，而 ceil() 和 floor() 方法的参数和返回类型都是 double，例如：

```
System.out.println(Math.round(3.3));      //打印 3
System.out.println(Math.round(-3.3));     //打印-3
System.out.println(Math.ceil(3.3));       //打印 4.0
System.out.println(Math.ceil(-3.3));      //打印-3.0
System.out.println(Math.floor(3.3));      //打印 3.0
System.out.println(Math.floor(-3.3));     //打印-4.0
```

21.5 Random 类

java.util.Random 类提供了一系列用于生成随机数的方法：
- nextInt()：返回下一个 int 类型的随机数，随机数的值大于等于 0。
- nextInt(int n)：返回下一个 int 类型的随机数，随机数的值大于等于 0，并且小于参数 *n*。
- nextLong()：返回下一个 long 类型的随机数，随机数的值位于 long 类型的取值范围内。
- nextFloat()：返回下一个 float 类型的随机数，随机数的值大于等于 0，并且小于 1.0。
- nextDouble()：返回下一个 double 类型的随机数，随机数的值大于等于 0，并且小于 1.0。
- nextBoolean()：返回下一个 boolean 类型的随机数，随机数的值为 true 或 false。

以下程序代码利用 Random 类来生成一系列的随机数：

```
Random r=new Random();
//生成 10 个 int 类型的随机数，取值在 0 到 100
for(int i=0;i<10;i++)System.out.print(r.nextInt(100)+"   ");

System.out.println();
//生成 3 个 long 类型的随机数
for(int i=0;i<3;i++)System.out.print(r.nextLong()+"   ");

System.out.println();
//生成 3 个 double 类型的随机数，取值在 0.0 到 100.0
for(int i=0;i<3;i++)System.out.print(r.nextDouble()*100+"   ");
```

以上程序可能的一种打印结果为：

```
66   67   85   88   65   5   95   42   79   51
2454576501313805712   -6341726607143935965   7761804206211267753
67.49468718557982   68.16581217522322   19.500876495874053
```

21.6 传统的处理日期/时间的类

在 JDK8 以前的版本中，Java 语言提供了以下 3 个类来处理日期和时间：
- java.util.Date：包装了一个 long 类型数据，表示与 GMT（格林尼治标准时间）的 1970 年 1 月 1 日 00:00:00 这一刻所相距的毫秒数。
- java.text.DateFormat：对日期进行格式化。
- java.util.Calendar：可以灵活地设置或读取日期中的年、月、日、时、分和秒等信息。

21.6.1 Date 类

Date 类以毫秒数来表示特定的日期。例如：

```
Date date = new Date(); //创建一个代表当前日期和时间的 Date 对象
System.out.println(date.getTime());   //getTime()方法返回 Date 对象包含的毫秒数
System.out.println(date);
```

以上程序的打印结果为：

```
1471771925984
Sun Aug 21 17:32:05 CST 2016
```

Date 类的默认构造方法调用 System.currentTimeMillis()方法获取当前时间，new Date()语句等价于：new Date(System.currentTimeMillis())。

21.6.2 DateFormat 类

java.text.DateFormat 抽象类用于定制日期的格式，它有一个具体子类为 java.text.SimpleDateFormat，用法如下：

```
Date date = new Date();

//设定日期格式
SimpleDateFormat f= new SimpleDateFormat("yyyy-MMMM-dd-EEEE");
System.out.println(f.format(date));   //打印 2016-八月-21-星期日
//设定日期格式
f= new SimpleDateFormat("yy/MM/dd hh:mm:ss");
System.out.println(f.format(date));   //打印 16/08/21 05:34:31
```

字符串"yyyy-MMMM-dd-EEEE"决定了日期的格式。"yyyy"表示 4 位长度的年，"MMMM"表示月，"dd"表示日，"EEEE"表示星期。"yy/MM/dd hh:mm:ss"表示另一种日期格式，"yy"表示两位长度的年，"MM"表示两位长度的月，"hh""mm"和"ss"分别表示时、分和秒。

DateFormat 类的 parse(String text)方法按照特定的格式把字符串解析为日期对象。例程 21-6 的 DateParser 类有一个 parseDate()方法，它利用 DateFormat 类把字符串解析为 Date 对象。

例程 21-6 DateParser.java

```
import java.util.*;
import java.text.*;
public class DateParser{
  public static Date parseDate(String text,String format){
    try{
      return new SimpleDateFormat(format).parse(text);
    }catch(ParseException e){throw new RuntimeException(e.getMessage());}
  }

  public static void main(String[] args) {
    Date d1=parseDate("04-23-2016","MM-dd-yyyy");
```

```
        System.out.println(d1);

        d1=parseDate("2016/11/25 10:53:54","yyyy/MM/dd hh:mm:ss");
        System.out.println(d1);
    }
}
```

DateFormat 有一个静态方法：getDateTimeInstance(int dateStyle, int timeStyle)，该方法能返回表示标准格式的 DateFormat 对象，参数 dataStyle 设定日期风格，参数 timeStyle 设定时间风格，这两个参数的可选值都包括：DateFormat.SHORT、DateFormat.MEDIUM、DateFormat.LONG 和 DateFormat.FULL。

例程 21-7 的 StandardFormat 类演示了 getDateTimeInstance()的用法。

例程 21-7　StandardFormat.java

```
import java.util.*;
import java.text.*;
public class StandardFormat{
  public static void main(String[] args) {
    Date date = new Date();

    DateFormat shortDateFormat =
      DateFormat.getDateTimeInstance(DateFormat.SHORT,DateFormat.SHORT);

    DateFormat mediumDateFormat =
      DateFormat.getDateTimeInstance(DateFormat.MEDIUM,DateFormat.MEDIUM);

    DateFormat longDateFormat =
      DateFormat.getDateTimeInstance(DateFormat.LONG,DateFormat.LONG);

    DateFormat fullDateFormat =
      DateFormat.getDateTimeInstance(DateFormat.FULL,DateFormat.FULL);

    System.out.println(shortDateFormat.format(date));
    System.out.println(mediumDateFormat.format(date));
    System.out.println(longDateFormat.format(date));
    System.out.println(fullDateFormat.format(date));
  }
}
```

以上程序的打印结果如下：

```
16-8-21 下午 5:37
2016-8-21 17:37:21
2016 年 8 月 21 日 下午 05 时 37 分 21 秒
2016 年 8 月 21 日 星期日 下午 05 时 37 分 21 秒 CST
```

例程 21-8 的 DateCounter 类提供了一个实用方法 getPeriod()，它能够计算两个日期之间相隔的天数。

例程 21-8　DateCounter.java

```
import java.util.*;
import java.text.*;
```

第 21 章 Java 常用类

```java
public class DateCounter{
  public static void main(String[] args)throws Exception {
    DateFormat dateFormat = new SimpleDateFormat("yyyy-MM-dd");

    Date d1=dateFormat.parse("2016-03-11");
    Date d2=dateFormat.parse("2016-04-21");
    System.out.println("相差的天数为: " +getPeriod(d2,d1));   //打印 "相差的天数为: 41"
  }

  //计算两个日期之间相差的天数
  public static long getPeriod(Date d1,Date d2){
    long p=d1.getTime()-d2.getTime();
    return p/(1000*60*60*24);
  }
}
```

21.6.3 Calendar 类

java.util.Calendar 类的 set()和 get()方法可用来设置和读取日期的特定部分，比如年、月、日、时、分和秒等。Calendar 类是抽象类，不能实例化，它有一个具体的子类 java.util.GregorianCalendar，GregorianCalendar 采用格林尼治标准时间，它的基本用法如下：

```java
GregorianCalendar cal = new GregorianCalendar();   //表示当前日期
System.out.println(new SimpleDateFormat("yyyy-MM-dd hh:mm:ss EEEE").format(cal.getTime()));

cal.clear();        //清除日期的各个部分
cal.set(Calendar.YEAR,2016);             //重新设置年
cal.set(Calendar.MONTH,Calendar.JULY);   //重新设置月
cal.set(Calendar.DAY_OF_MONTH,15);       //重新设置日
cal.set(Calendar.HOUR_OF_DAY,12);        //重新设置小时
cal.set(Calendar.MINUTE,33);             //重新设置分
cal.set(Calendar.SECOND,55);             //重新设置秒
System.out.println(new SimpleDateFormat("yyyy-MM-dd hh:mm:ss EEEE").format(cal.getTime()));
```

以上程序打印结果如下：

```
2016-08-21 05:45:10 星期日
2016-07-15 12:33:55 星期五
```

GregorianCalendar 类的 add()方法可用来在日期的特定部分加上一些值。在下面的例程 21-9 的 NextFriday 类中，首先获得当前日期，然后调用以下方法把日期改为离当前日期最近的星期五：

```java
//改为星期五
cal.set(GregorianCalendar.DAY_OF_WEEK,GregorianCalendar.FRIDAY);
```

执行以上方法后，GregorianCalendar 的其他部分的值，如 YEAR、MONTH 和 DAY_ON_MONTH 都有可能发生相应的变化。NextFriday 类接着不断执行以下方法，把日期改为离当前日期最近的下一个星期五：

```java
cal.add(GregorianCalendar.DAY_OF_MONTH, 7);
```

如果星期五刚好是某个月的 13 号,就把它打印出来。

例程 21-9　NextFriday.java

```java
import java.util.*;
import java.text.*;
public class NextFriday{
  public static void main(String[] args) {
    DateFormat dateFormat = new SimpleDateFormat("yyyy-MM-dd hh:mm:ss EEEE");
    GregorianCalendar cal=new GregorianCalendar();
    cal.setTime(new Date());   //cal 表示当前日期
    System.out.println("当前时间: " +dateFormat.format(cal.getTime()));

    //改为星期五
    cal.set(GregorianCalendar.DAY_OF_WEEK,GregorianCalendar.FRIDAY);
    System.out.println("改为星期五后的时间: " +dateFormat.format(cal.getTime()));

    int friday13Counter = 0;
    while (friday13Counter <4){
      // 获得下一个星期五
      cal.add(GregorianCalendar.DAY_OF_MONTH, 7);

      // 如果星期五刚好是某个月的 13 号
      if (cal.get(GregorianCalendar.DAY_OF_MONTH) == 13){
        friday13Counter++;
        System.out.println(dateFormat.format(cal.getTime()));
      }
    }
  }
}
```

以上程序的打印结果如下:

```
当前时间: 2016-08-21 05:47:55  星期日
改为星期五后的时间: 2016-08-26 05:47:55  星期五
2017-01-13 05:47:55  星期五
2017-10-13 05:47:55  星期五
2018-04-13 05:47:55  星期五
2018-07-13 05:47:55  星期五
```

21.7　新的处理日期/时间的类

JDK8 引入了新的处理日期和时间的 Date/Time API,它比传统的 Date/Time API 具有更强大的功能,而且使用起来也更加方便。新的 Date/Time API 主要位于 java.time 包中,常用的类包括:表示日期的 LocalDate 类、表示时间的 LocalTime 类,以及表示日期时间的 LocalDateTime 类。

> **Tips**
> 除了本节介绍的类，新的 Date/Time API 中还包括其他一些实用类。例如，java.time.format.DateTimeFormatter 类负责对日期和时间进行格式化；java.time.Clock 类表示依据特定时区的时钟；java.time.Duration 类能计算两个日期之间的时间间隔。读者可以参考这些类的 JavaDoc 文档，来了解它们的用法。

21.7.1 LocalDate 类

java.time.LocalDate 类表示日期，是一个不可变的类，它的默认格式为"yyyy-MM-dd"。LocalDate 类的一些静态工厂方法（例如 now()方法和 of()方法等）负责创建 LocalDate 对象。例程 21-10 的 LocalDateSample 类演示了 LocalDate 类的用法。

例程 21-10   LocalDateSample.java

```java
import java.time.*;
public class LocalDateSample{
  public static void main(String[] args) {
    //当前日期
    LocalDate today = LocalDate.now();
    System.out.println("当前日期: "+today);

    //根据特定的参数创建 LocalDate 对象
    LocalDate firstDay_2016 = LocalDate.of(2016, Month.JANUARY, 1);
    System.out.println("特定的日期: "+firstDay_2016);

    //获得欧洲巴黎的当前日期
    LocalDate todayParis = LocalDate.now(ZoneId.of("Europe/Paris"));
    System.out.println("巴黎的当前日期: "+todayParis);

    //根据基准日"1970/01/01"开始算起的日期
    LocalDate dateFromBase = LocalDate.ofEpochDay(365);
    System.out.println("从 1970/1/1 起相隔 365 天的日期: "+dateFromBase);

    //从特定年份开始算起的日期
    LocalDate hundredDay2016 = LocalDate.ofYearDay(2016, 100);
    System.out.println("2016 年的第一百天: "+hundredDay2016);
  }
}
```

以上程序的打印结果如下：

```
当前日期: 2016-09-07
特定的日期: 2016-01-01
巴黎的当前日期: 2016-09-07
从 1970/1/1 起相隔 365 天的日期: 1971-01-01
2016 年的第一百天: 2016-04-09
```

21.7.2 LocalTime 类

java.time.LocalTime 类表示时间，是一个不可变的类，它的默认格式为"hh:mm:ss.zzz"。LocalTime 类的一些静态工厂方法（例如 now()方法和 of()方法等）负责创建 LocalTime 对象。例程 21-11 的 LocalTimeSample 类演示了 LocalTime 类的用法。

例程 21-11　LocalTimeSample.java

```java
import java.time.*;
public class LocalTimeSample{
  public static void main(String[] args) {
    //当前时间
    LocalTime time = LocalTime.now();
    System.out.println("当前时间: "+time);

    //根据特定的参数创建 LocalTime 对象
    LocalTime specificTime = LocalTime.of(12,20,25,40);
    System.out.println("特定的时间: "+specificTime);

    //获得欧洲巴黎的当前时间
    LocalTime timeParis = LocalTime.now(ZoneId.of("Europe/Paris"));
    System.out.println("巴黎的当前时间: "+timeParis);

    //以"00:00:00"为基准，根据参数指定的秒数开始算时间
    LocalTime specificSecondTime = LocalTime.ofSecondOfDay(60*60*3+60*15+44);
    System.out.println("经过特定秒数后的时间: "+specificSecondTime);
  }
}
```

以上程序的打印结果如下：

```
当前时间: 12:05:05.250
特定的时间: 12:20:25.000000040
巴黎的当前时间: 06:05:05.265
经过特定秒数后的时间: 03:15:44
```

21.7.3 LocalDateTime 类

java.time.LocalDateTime 类表示日期时间，是一个不可变的类，它的默认格式为"yyyy-MM-dd T HH-mm-ss.zzz"。LocalDateTime 类的一些静态工厂方法（例如 now()方法和 of()方法等）负责创建 LocalDateTime 对象。例程 21-12 的 LocalDateTimeSample 类演示了 LocalDateTime 类的用法。

例程 21-12　LocalDateTimeSample.java

```java
import java.time.*;
public class LocalDateTimeSample{
  public static void main(String[] args) {
    //当前日期时间
    LocalDateTime today = LocalDateTime.now();
    System.out.println("当前日期时间: "+today);
```

```java
//当前日期时间,利用LocalDate.now()方法指定日期, 利用LocalTime.now()方法指定时间
today = LocalDateTime.of(LocalDate.now(), LocalTime.now());
System.out.println("当前日期时间: "+today);

//根据特定参数创建LocalDateTime对象
LocalDateTime specificDate = LocalDateTime.of(2016, Month.JANUARY, 1, 10, 20, 30);
System.out.println("特定日期时间: "+specificDate);

//获得欧洲巴黎的当前日期时间
LocalDateTime todayParis =   LocalDateTime.now(ZoneId.of("Europe/Paris"));
System.out.println("巴黎的当前日期时间: "+todayParis);


//以"1970/1/1 00:00:00"为基准,计算经过特定秒数后的日期时间
//第一个参数为秒数, 第二个参数为纳秒数, 第三个参数为时差
LocalDateTime dateFromBase =   LocalDateTime.ofEpochSecond(10000,0,ZoneOffset.UTC);
System.out.println("经过特定秒数后的日期时间: "+dateFromBase);
    }
}
```

以上程序的打印结果如下:

```
当前日期时间: 2016-09-07T12:26:21.671
当前日期时间: 2016-09-07T12:26:21.671
特定日期时间: 2016-01-01T10:20:30
巴黎的当前日期时间: 2016-09-07T06:26:21.687
经过特定秒数后的日期时间: 1970-01-01T02:46:40
```

21.8 BigInteger 类

Java 语言提供了 4 种整数类型: byte、short、int 和 long。它们的取值范围是有限的, 例如 long 型的取值范围是: $-2^{63} \sim 2^{63}-1$。如果一个整数的取值超出了 Java 整数类型的取值范围, 那么就无法正常进行数学运算。例如, 以下变量 b 的值本应该是 "Long.MAX_VALUE+1", 而实际上运行结果显示 b 的值变成了一个负数:

```java
long a=Long.MAX_VALUE;
long b=a+1;
System.out.println("b="+b);    //打印: b= -9223372036854775808
```

为了解决以上问题, Java 语言用 java.math.BigInteger 类来提供对超大整数的支持。以上代码可以改写为:

```java
BigInteger a=new BigInteger(new Long(Long.MAX_VALUE).toString());
BigInteger b=a.add(new BigInteger("1"));
System.out.println("a="+a);
System.out.println("b="+b);
```

以上代码利用 BigInteger 类的 add()方法来正确地运算出 "Long.MAX_VALUE+1" 的值, 打印结果如下:

```
a=9223372036854775807
b=9223372036854775808
```

BigInteger 类有一个 BigInteger(String val)形式的构造方法,它根据参数 val 指定的字符串来构造一个 BigInteger 实例。

BigInteger 类支持对任意大小的整数的精确运算。BigInteger 类包括以下方法,这些方法的返回值也是 BigInteger 类型:

- add(BigInteger b):进行精确的加法运算。
- subtract(BigInteger b):进行精确的减法运算。
- multiply(BigInteger b):进行精确的乘法运算。
- divide(BigInteger b):进行精确的除法运算

除了以上基本的运算,BigInteger 类还支持取反、左移位、右移位、取绝对值等运算。读者可以参考 BigInteger 类的 JavaDoc 文档,来进一步了解它的用法。

21.9　BigDecimal 类

Java 语言提供了两个浮点类型:float 和 double,它们都不适合进行精确的运算。假设某公司拿出 1 亿元购买机器,机器的单价为 0.1 亿元,以下程序代码计算公司购买了 9 台机器后还剩下多少钱:

```
double money=1;
double price=0.1;
System.out.println(money-price*9);   //打印 0.09999999999999998
```

以上程序的打印结果显示客户还剩下 0.09999999999999998 亿元,与实际的余额 0.1 亿元之间存在的误差为 0.00000000000000002 亿元。

如果实际应用程序允许存在适当的误差,那么可以使用 float 或 double 类型。如果需要进行精确运算,应该使用 java.math.BigDecimal 类。BigDecimal 类支持浮点数的精确加法、减法和乘法运算,对于浮点数的除法运算,可以满足用户指定的精度。BigDecimal 类包括以下方法:

- add(BigDecimal b):进行精确的加法运算。
- subtract(BigDecimal b):进行精确的减法运算。
- multiply(BigDecimal b):进行精确的乘法运算。
- divide(BigDecimal b, int scale,RoundingMode more):进行除法运算,参数 scale 指定需要精确到小数点以后几位。参数 mode 指定小数部分的舍入模式,如果取值为 BigDecimal.ROUND_HALF_UP,表示采用四舍五入模式。

例程 21-13 的 MathTool 类提供了一系列用于浮点数的精确运算的实用方法。在 MathTool 类的实现中利用了 BigDecimal 类。

例程 21-13　MathTool.java

```
import java.math.BigDecimal;
public class MathTool{
```

```java
//默认除法运算精度
private static final int DEF_DIV_SCALE = 10;

//这个类不能实例化
private MathTool(){}

/**
 * 提供精确的加法运算
 * @param v1  被加数
 * @param v2  加数
 * @return 两个参数的和
 */
public static double add(double v1,double v2){
    BigDecimal b1 = new BigDecimal(Double.toString(v1));
    BigDecimal b2 = new BigDecimal(Double.toString(v2));
    return b1.add(b2).doubleValue();
}

/**
 * 提供精确的减法运算
 * @param v1  被减数
 * @param v2  减数
 * @return 两个参数的差
 */
public static double sub(double v1,double v2){
    BigDecimal b1 = new BigDecimal(Double.toString(v1));
    BigDecimal b2 = new BigDecimal(Double.toString(v2));
    return b1.subtract(b2).doubleValue();
}

/**
 * 提供精确的乘法运算
 * @param v1  被乘数
 * @param v2  乘数
 * @return 两个参数的积
 */
public static double mul(double v1,double v2){
    BigDecimal b1 = new BigDecimal(Double.toString(v1));
    BigDecimal b2 = new BigDecimal(Double.toString(v2));
    return b1.multiply(b2).doubleValue();
}

/**
 * 提供（相对）精确的除法运算，当发生除不尽的情况时，精确到
 * 小数点以后 10 位，以后的数字四舍五入
 * @param v1  被除数
 * @param v2  除数
 * @return 两个参数的商
 */
public static double div(double v1,double v2){
    return div(v1,v2,DEF_DIV_SCALE);
}

/**
 * 提供（相对）精确的除法运算。当发生除不尽的情况时，由 scale 参数指
```

```
 * 定精度，以后的数字四舍五入
 * @param v1 被除数
 * @param v2 除数
 * @param scale 表示需要精确到小数点以后几位
 * @return 两个参数的商
 */
public static double div(double v1,double v2,int scale){
    if(scale<0){
        throw new IllegalArgumentException(
        "The scale must be a positive integer or zero");
    }
    BigDecimal b1 = new BigDecimal(Double.toString(v1));
    BigDecimal b2 = new BigDecimal(Double.toString(v2));
    return b1.divide(b2,scale,BigDecimal.ROUND_HALF_UP).doubleValue();
}

/**
 * 提供精确的小数位四舍五入处理
 * @param v 需要四舍五入的数字
 * @param scale 小数点后保留几位
 * @return 四舍五入后的结果
 */
public static double round(double v,int scale){
    if(scale<0){
        throw new IllegalArgumentException(
        "The scale must be a positive integer or zero");
    }
    BigDecimal b = new BigDecimal(Double.toString(v));
    BigDecimal one = new BigDecimal("1");
    return b.divide(one,scale,BigDecimal.ROUND_HALF_UP).doubleValue();
}

public static void main(String[] args)throws Exception {
    double money=1.0;
    double price=0.1;
    double remain=sub(money,mul(price,0));
    System.out.println(remain);    //打印 1.0
}
}
```

21.10 用 Optional 类避免空指针异常

在编程中经常遇到的运行时异常就是 NullPointerException。当引用变量为 null，而程序试图访问对象的属性或方法时，就会出现这种异常。例程 21-14 的 NullExTester 类将演示如何避免 NullPointerException。

例程 21-14 NullExTester.java

```
import java.util.Optional;
public class NullExTester {
```

```java
public String upper1(String str){
    return str.toUpperCase();   //当参数 str 为 null 时，就会抛出 NullPointerException
}

/* 避免抛出 NullPointerException 的传统实现方法 */
public String upper2(String str){
    if(str!=null)    //先判断 str 是否为 null
        return str.toUpperCase();   //确保 str 不为 null 的情况下调用它的方法
    else
        return null;
}

/* 用 Optional 类避免抛出 NullPointerException 的实现方法 */
public String upper3(String str){
    Optional <String> optional=Optional.ofNullable(str);
    if(optional.isPresent())
        return optional.get().toUpperCase();
    else
        return null;
}
```

以上 NullExTester 类的 upper1()方法不够健壮，它容易导致空指针异常，upper2()方法做了改进，先判断参数 str 是否为 null，只有当 str 参数不为 null 时，才访问它的有关方法，这样就避免了空指针异常。不过，程序员在编程中会经常忘记编写诸如"if(str!=null){…}"这样的代码。为了解决这一问题，在 JDK8 中引入了 java.util.Optional 类，它可以包装 null 或者对象，并提供判断包装的值是否为 null 的方法。.Optional 类主要有以下方法：

（1）of()静态方法：把非 null 的对象包装成一个 Optional 对象，并将其返回。需要注意的是，传入 of()方法的参数不能为 null，如果为 null，则抛出 NullPointerException。例如：

```
Optional<String> name = Optional.of("Tom");   //运行正常
Optional<String> someNull = Optional.of(null); //抛出 NullPointerException
```

（2）ofNullable()静态方法：与 of()方法相似，把对象包装成一个 Optional 对象，并将其返回。ofNullable()与 of()方法的区别是，前者可以接受参数为 null 的情况，如果参数为 null，则返回一个值为空的 Optional 对象。例如：

```
Optional<String> name = Optional.ofNullable("Tom");   //运行正常
Optional<String> someNull = Optional.ofNullable(null); //运行正常，创建值为空的 Optional 对象
```

（3）isPresent()方法：判断 Optional 对象包装的值是否为空，如果为空就返回 false，否则返回 true。

（4）get()方法：如果 Optional 对象包装的值不为空，就将其返回，否则就抛出 NoSuchElementException。

以上 NullExTester 类的 upper3()方法先调用 Optional.ofNullable(str)方法，把字符串类型的参数 str 包装成一个 Optional 对象，然后利用 Optional 对象的 isPresent()方法来判断所包装的值是否为空，只有在 Optional 对象包装的字符串不为空的情况下才会访

问它的方法，这样就能避免空指针异常。

> **Tips**
> 在 JDK8 中，除了 Optional 类，还有 IntOptional 类、LongOptional 类和 DoubleOptional 类，它们的作用与 Optional 类相似，只不过专门针对 int 类型、long 类型和 double 类型的数据做了包装。

21.11 小结

本章对一些常用类的用法做了归纳，有以下要点：
- Object 类是所有 Java 类的最终祖先，如果一个类在声明时没有包含 extends 关键词，则编译器创建一个从 Object 派生的类。
- String 类和包装类都是不可变类，而 StringBuffer 类是可变类。
- 对于 String 类和 StringBuffer 类，字符在字符串中的索引都从 0 开始计数。
- 所有的包装类都可以用和它对应的基本类型数据为参数，来构造它们的实例。
- Byte、Short、Integer、Long、Float 和 Double 类以一个字符串作为构造方法的参数时，字符串不能为 null，并且该字符串必须可以解析为相应的基本类型的数据，否则虽然编译通过，但运行时会抛出 NumberFormatException。
- String、StringBuffer 和包装类都重写了 toString()方法，返回对象包含内容的字符串表示。
- 除 Character 类和 Boolean 类以外，包装类都有 parseXXX(String str)静态方法，把 str 字符串转变为相应的基本类型的数据（XXX 表示基本数据类型的名称）。参数 str 不能为 null，而且必须可以解析为相应的基本类型的数据，否则虽然编译会通过，但运行时会抛出 NumberFormatException。
- 所有的包装类都是 final 的，因此没有子类。
- Math 类是 final 的，因此没有子类。
- Math 类的构造方法是 private 的，因此 Math 不能够被实例化。
- Math 类提供的方法都是静态的，可以通过类名直接调用。
- BigInteger 类能够对任意大小的整数进行精确的数学运算。BigDecimal 类能够进行浮点数的精确的加法、减法和乘法运算，对于浮点数的除法运算，可以满足用户指定的精度。
- Optional 类：能够包装 null 或者各种类型的对象，提供了安全地判断包装内容是否为空的方法。

21.12　思考题

1．以下哪些方法在 Object 类中定义？
a) toString()　b) equals(Object o)　c) public static void main(String [] args)
d) System.out.println()　e) wait()

2．wait()、notify()和 notifyAll()方法是在哪个类中定义的？
a)Thread　b)Runnable　c)Object　d)Event　e)Synchronize

3．Object 类的 finalize()方法是如何声明的？
a) public void finalize()
b) protected int finalize()
c) protected void finalize(int a)
d) protected void finalize() throws Throwable

4．运行以下代码，将得到什么打印结果？

```
String s = new String("amit");
System.out.println(s.substring(2));
```

5．运行以下代码，将得到什么打印结果？

```
String s1 = new String("amit");
String s2 = s1.replace('m','i');
s1.concat("Poddar");
System.out.println(s1);
System.out.println((s1+s2).charAt(5));
```

6．以下哪个类有 append()方法？
a) StringBuffer　b) String　c) Object　d) Date

7．以下代码能否编译通过？假如能编译通过，运行时将得到什么打印结果？

```
StringBuffer s = new StringBuffer("abcdefgh");
StringBuffer s1=s.replace(0, 1,"q");
System.out.println(s);
System.out.println(s1==s);
```

8．"System.out.println(Math.floor(-2.1));"的打印结果是什么？
a) -2　　b) 2.0　　c) -3　　d) -3.0

9．以下代码能否编译通过？假如能编译通过，运行时将得到什么打印结果？

```
int i = 3;
int j = 0;
float k = 3.2F;
long m = -3;
if (Math.ceil(i) < Math.floor(k))
    if (Math.abs(i) == m)
        System.out.println(i);
    else
        System.out.println(j);
```

```
    else
        System.out.println(Math.abs(m) + 1);
```

10. 以下哪些代码能否编译通过，并且运行时不抛出异常？
a) int a=100+new Integer(12);
b) Optional<String> someNull = Optional.of(null);
c) LocalDate todayParis = LocalDate.now("Europe/Paris");
d) StringBuffer sb="hello"+"world";

第 22 章　Annotation 注解

本书第 2 章的 2.3 节（使用和创建 JavaDoc 文档）介绍过 JavaDoc 文档。在 Java 源程序代码的注释语句中可以加入一些包含特殊标记的注释语句，比如@version、@param 和@return，利用 JDK 的 javadoc 命令，就能把这些语句整合到 HTML 格式的 JavaDoc 文档中。

那么，有没有办法让运行中的 Java 程序也能读取一个 Java 类的注解信息呢？从 JDK5 开始，提供了一种更灵活的注解机制，它允许 Java 程序在运行时读取类的注解信息。

运用注解机制主要包含以下步骤：

（1）自定义 Annotation 注解类型。
（2）在类的源代码中引用注解类型。
（3）在程序中运用反射机制读取类的注解信息。

22.1　自定义 Annotation 注解类型

到目前为止，本书已经介绍过好几种 Java 类型及它们的声明语法，例如：

```
public class MyClass{…}     //声明 Java 类
public interface MyIFC{…}   //声明接口
public enum Gender{…}       //声明枚举类
```

注解类型也属于一种 Java 类型，它用"@interface"关键字来声明。例如，以下代码定义了一个名为 MyAnnotation 的注解类型：

```
public @interface MyAnnotation{}
```

以上代码等价于定义了一个实现 java.lang.annotation.Annotation 接口的 MyAnnotation 类：

```
public class MyAnnotation implements java.lang.annotation.Annotation{}
```

当 MyAnnotation 注解类的类体为空"{}"时，不包含任何成员，这样的注解称为标识型注解（Marked Annotation）。此外，在通过"@interface"关键字来声明注解类型时，可以定义一些成员，例如，下面的 NyAnnotation 类有一个名为 value 的成员：

```
public @interface MyAnnotation{
    String value();
}
```

以上"String"为成员的类型，成员的可选类型包括：String（字符串类型）、Class（类类型）、primitive（基本类型）、enumerated（枚举类型）和 annotation（注解类型），以及这些类型的数组，比如"String[]"和"Class[]"等。

以上"value"是成员的名称。如果注解类中只有一个成员，通常都把它命名为"value"。

下面的代码定义了包含两个成员的 MyAnnotation 类：

```
public @interface MyAnnotation{
    String value() default "默认构造方法";
    Class type() default void.class;
}
```

以上"default"关键字用于为成员设置默认值。例如 type 成员的默认值为"void.class"。

在定义注解类型时，还可以引用 JDK 内置的一些注解类型来进行相关的限定。这些注解类型主要包括@Target 注解、@Rentention 汪解、@Documented 注解和@Inherited 注解。下面分别介绍这些内置注解的用法。

1．@Target 注解

@Target 注解用来指定当前注解所适用的目标，它有一个用于设定目标的成员，其可选值由 java.lang.annotation.ElementType 枚举类的枚举常量来表示，表 22-1 列出了这些枚举常量。

表 22-1 ElementType 枚举类的枚举常量

枚 举 常 量	描 述
ANNOTATION_TYPE	注解类型
TYPE	各种 Java 类型，包括类、接口、枚举类、注解类
CONSTRUCTOR	构造方法
FIELD	成员变量以及枚举常量
METHOD	成员方法
PARAMETER	方法参数
LOCAL_VARIABLE	局部变量
PACKAGE	包

2．@Retention 注解

用来指定当前注解的有效范围，它有一个用于设定有效范围的成员，其可选值由 java.lang.annotation.RetentionPolicy 枚举类的枚举常量来表示，表 22-2 列出了这些枚举常量。

表 22-2 RetentionPolicy 枚举类的枚举常量

枚 举 常 量	描 述
SOURCE	仅存在于源代码中，不会把程序中对注解类型的引用编译到类文件中。此范围最小
CLASS	会把程序中对注解类型的引用编译到类文件中
RUNTIME	包含以上 CLASS 的范围，并且还能在运行时把注解加载到 Java 虚拟机中。此范围最大

3. @Documented 注解

@Documented 注解是标识型注解，表示注解类型包含的信息会被加入到 JavaDoc 文档中。假设在 MyAnnotation 注解类中引用@Documented 注解，并且在 Sample 类中引用了@MyAnnotation 注解，那么用"javadoc"命令为 Sample 类生成 JavaDoc 文档时，@MyAnnotation 注解信息会被加入到 JavaDoc 文档中，本章 22.2 节会通过例子演示该注解的作用。

4. @Inherited 注解

@Inherited 注解是标识型注解，表示注解可以被继承。假设在 MyAnnotation 注解类中引用@Inherited 注解，并且在 Sample 类中引用了@MyAnnotation 注解，那么 Sample 类的子类也会继承@MyAnnotation 注解。

下面举例解释这些内置注解的用法。例程 22-1 定义了 AuthorAnnotation 注解类，它会被加入到 JavaDoc 文档中，适用于注解 Java 类型，有效范围是程序运行时。

例程 22-1 AuthorAnnotation.java

```java
import java.lang.annotation.*;
@Documented
@Target({ElementType.TYPE}) //适用于 Java 类型
@Retention(RetentionPolicy.RUNTIME)   //有效范围是运行时
public @interface AuthorAnnotation{
   String name();   //作者姓名
   String company(); //作者所在单位
}
```

例程 22-2 定义了 ConstructorAnnotation 注解类，它适用于注解构造方法，有效范围是程序运行时。

例程 22-2 ConstructorAnnotation.java

```java
import java.lang.annotation.*;
@Target(ElementType.CONSTRUCTOR)        //适用于构造方法
@Retention(RetentionPolicy.RUNTIME)     //有效范围是运行时
public @interface ConstructorAnnotation{
   String value() default "默认构造方法";
}
```

例程 22-3 定义了 CommonAnnotation 注解类，它适用于注解成员变量、成员方法和参数，有效范围是程序运行时。

例程 22-3 CommonAnnotation.java

```java
import java.lang.annotation.*;
//适用于成员变量、成员方法和参数
@Target({ElementType.FIELD,ElementType.METHOD,ElementType.PARAMETER})
@Retention(RetentionPolicy.RUNTIME)   //有效范围是运行时
public @interface CommonAnnotation{
   Class type() default void.class;
   String description();
}
```

在以上 CommonAnnotation 注解类中，@Target 注解的成员的值是一个数组，该数组包含 ElementType 枚举类的多个枚举常量。

22.2 在类的源代码中引用注解类型

本章 22.1 节已经创建了 3 个注解类型：AuthorAnnotation、ConstructorAnnotation 和 CommonAnnotation。接下来就可以在其他类中引用这 3 个注解类型。在例程 22-4 的 Person 类就利用这 3 个注解类型来对类、构造方法、成员变量、成员方法和参数做注解。

例程 22-4　Person.java

```
@AuthorAnnotation(name="Tom",company="ABC Company")
public class Person{
  @CommonAnnotation(type=String.class,description="姓名")
  private String name;

  @CommonAnnotation(type=int.class,description="年龄")
  private int age;

  @ConstructorAnnotation
  public Person(){
    this("unknown",0);
  }

  @ConstructorAnnotation("带参数的构造方法")
  public Person(
    //注解构造方法的参数
    @CommonAnnotation(type=String.class,description="姓名")String name,
    @CommonAnnotation(type=int.class,description="年龄")int age){
    this.name=name;
    this.age=age;
  }

  @CommonAnnotation(type=String.class,description="获得姓名")
  public String getName(){
    return name;
  }

  @CommonAnnotation(type=int.class,description="获得年龄")
  public int getAge(){
    return age;
  }

  @CommonAnnotation(description="设置姓名")
  public void setName(
    @CommonAnnotation(type=String.class,description="姓名")String name){
    this.name=name;
  }
```

```
        @CommonAnnotation(description="设置年龄")
        public void setAge(
            @CommonAnnotation(type=int.class,description="年龄")int age){
            this.age=age;
        }
    }
```

在 Person 类的源代码中，在类的前面引用了 @AuthorAnnotation 注解，在构造方法前引用了 @ConstructoAnnotation 注解，在成员变量、成员方法和参数前引用了 @CommonAnnotation 注解。

在为注解类型的成员赋值时，有以下几种方式：

（1）使用成员的默认值，例如：

```
@ConstructorAnnotation    //该注解的成员使用默认值
public Person(){
    this("unknown",0);
}
```

（2）以"成员名=成员值"的形式为成员赋值，例如：

```
@CommonAnnotation(type=String.class,description="姓名")
private String name;
```

（3）当注解类型只有一个成员，并且成员的名字为"value"时，可以直接以"成员值"的形式为成员赋值，例如：

```
@ConstructorAnnotation("带参数的构造方法")    //为该注解的 value 成员赋值
Person(…){…}
```

在编译 Person 类时，由于它所引用的 3 个自定义注解类型的有效范围都是 "RetentionPolicy.RUNTIME"，因此编译器会把这些注解信息编译到 Person 类的类文件中。

在本章 22.1 节的例程 22-1 的 AuthorAnnotation 注解类中引用了 JDK 内置的 @Documented 注解。因此在用"javadoc"命令为 Person 类生成的 JavaDoc 文档中，会看到如图 22-1 所示的 AuthorAnnotation 注解信息。在本书提供的源代码的 chapter22 目录的 build.bat 文件中，包含了"javadoc"命令。

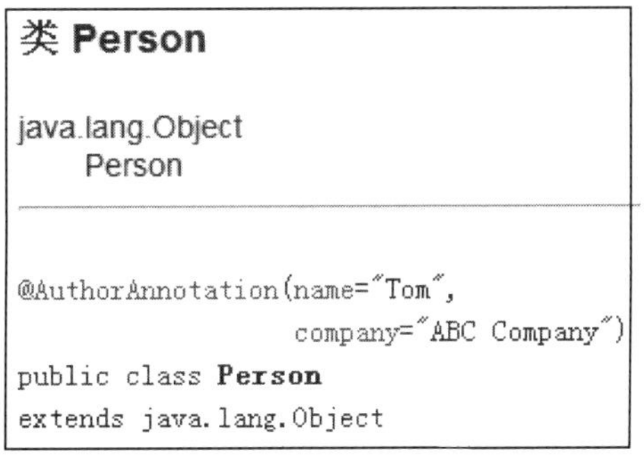

```
类 Person

java.lang.Object
    Person

@AuthorAnnotation(name="Tom",
                  company="ABC Company")
public class Person
extends java.lang.Object
```

图 22-1 Person 类的 JavaDoc 文档中的 AuthorAnnotation 注解信息

22.3 在程序中运用反射机制读取类的注解信息

Person 类中引用了注解,在程序中可以运用反射机制来读取 Person 类中的注解信息。这主要涉及 Java 反射包 java.lang.reflect 中的 AnnotatedElement 接口、Class 类、Constructor 类、Field 类和 Method 类。如图 22-2 显示了它们的关系。

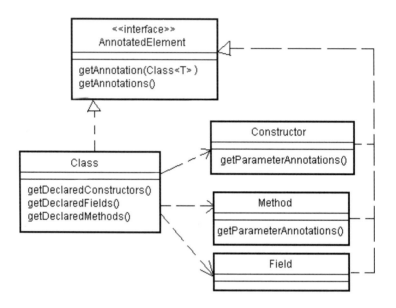

图 22-2 Java 反射包中主要接口和类的关系

从图 22-2 可以看出,AnnotatedElement 接口及相关的类有以下关系:

- AnnotatedElement 接口:表示可以被注解的元素。它的 getAnnotation(Class<T>) 方法返回参数指定的注解类型实例,getAnnotations()方法以数组形式返回所有的注解实例。Class 类、Constructor 类、Method 类和 Field 类都实现了该接口。
- Class 类:表示一个 Java 类型,它的 getDeclaredConstructors()、getDeclaredFileds() 和 getDeclaredMethods() 方法分别返回这个类的所有表示构造方法的 Constructor 实例、表示成员变量的 Filed 实例,以及表示成员方法的 Method 实例。
- Constructor 类:表示类的构造方法。
- Method 类:表示类的成员方法。
- Field 类:表示类的成员变量。

Constructor 类和 Method 类都有一个 getParameterAnnotations()方法,它返回方法的所有参数的注解,这些存放在一个二维数组中,这个数组的第一维对应所有的参数,第二维对应参数的所有注解。例如,假设有一个 method 变量引用一个 Method 实例,

第 22 章　Annotation 注解

这个 Method 实例表示的方法有两个参数，并且每个参数有 3 个注解。以下程序获得方法的所有参数的注解：

```
Method method=…    //method 变量引用一个 Method 实例
Annotation[][] as=method.getParameterAnnotations();
```

以上程序代码得到的 as 数组的第一维长度是 2，第二维长度是 3。as[0][0]表示方法的第一个参数的第一个注解。

例程 22-5 的 AnnotationAccess 类运用反射机制来获取 Person 类中的注解信息。

例程 22-5　AnnotationAccess.java

```java
import java.lang.annotation.*;
import java.lang.reflect.*;

public class AnnotationAccess{
  /* 打印类的注解 */
  public static void printClassAnnotations(Class cl){
    if (cl.isAnnotationPresent(AuthorAnnotation.class)) {
      // 获得 AuthorAnnotation 类型的注解
      AuthorAnnotation aa = (AuthorAnnotation)cl.getAnnotation(AuthorAnnotation.class);
      System.out.println("作者："+aa.name()+","+aa.company()); // 打印作者信息
    }
  }

  /* 打印类的构造方法的注解 */
  public static void printConstructorAnnotations(Class cl){
    System.out.println("------ 构造方法的描述如下 ------");

    // 获得所有构造方法
    Constructor[] declaredConstructors = cl.getDeclaredConstructors();
    for (int i = 0; i < declaredConstructors.length; i++) {
      Constructor constructor = declaredConstructors[i]; // 遍历构造方法
      // 查看是否具有指定类型的注解
      if (constructor.isAnnotationPresent(ConstructorAnnotation.class)) {
        // 获得 ConstructorAnnotation 类型的注解
        ConstructorAnnotation ca = (ConstructorAnnotation) constructor
                .getAnnotation(ConstructorAnnotation.class);
        System.out.println(constructor.getName()+":"+ca.value()); // 打印注解信息
      }

      Annotation[][] parameterAnnotations = constructor
                .getParameterAnnotations(); // 获得参数的注解
      printParameterAnnotations(parameterAnnotations); //打印参数的注解
    }
    System.out.println();
  }

  /* 打印类的成员变量的注解 */
  public static void printFieldAnnotations(Class cl){
    System.out.println("-------- 成员变量的描述如下 --------");
    Field[] declaredFields = cl.getDeclaredFields(); // 获得所有成员变量
    for (int i = 0; i < declaredFields.length; i++) {
```

```java
        Field field = declaredFields[i]; // 遍历成员变量
        // 查看是否具有 CommonAnnotation 类型的注解
        if(field.isAnnotationPresent(CommonAnnotation.class)) {
            // 获得 CommonAnnotation 类型的注解
            CommonAnnotation fa = field.getAnnotation(CommonAnnotation.class);
            // 获得成员变量的描述
            System.out.print("成员变量"+field.getName()+":       " + fa.description());
            System.out.println("      " + fa.type()); // 获得成员变量的类型
        }
    }
    System.out.println();
}

/* 打印类的成员方法的注解 */
public static void printMethodAnnotations(Class cl){
    System.out.println("-------- 方法的描述如下 --------");
    Method[] methods = cl.getDeclaredMethods(); // 获得所有方法
    for(int i = 0; i < methods.length; i++) {
        Method method = methods[i]; // 遍历方法
        // 查看是否具有 CommonAnnotation 类型的注解
        if(method.isAnnotationPresent(CommonAnnotation.class)) {
            // 获得 CommonAnnotation 类型的注解
            CommonAnnotation ma = method.getAnnotation(CommonAnnotation.class);
            // 获得方法的描述
            System.out.println("成员方法"+method.getName()+":   "+ma.description()); /
            System.out.println("返回类型："+ma.type()); // 获得方法的返回值类型
        }
        Annotation[][] parameterAnnotations = method.getParameterAnnotations(); //获得参数的注解
        //打印参数的注解
        printParameterAnnotations(parameterAnnotations );
    }
}

/* 打印方法的参数的注解*/
public static void printParameterAnnotations(Annotation[][] parameterAnnotations){
    for (int i = 0; i < parameterAnnotations.length; i++) {
        int length = parameterAnnotations[i].length; // 获得指定参数注解的长度
        if (length == 0) // 如果长度为 0 表示没有为该参数添加注解
            System.out.println("     未添加 Annotation 的参数");
        else
            for (int j = 0; j< length; j++){
                // 获得 CommonAnnotation 类型的注解
                CommonAnnotation pa = (CommonAnnotation) parameterAnnotations[i][j];
                // 打印参数的描述
                System.out.print("第"+(i+1)+"个参数：       " + pa.description());
                System.out.println("     " + pa.type()); // 获得参数的类型
            }
    }
    System.out.println();
}

public static void main(String[] args)throws Exception {
    Class personClass= Class.forName("Person"); //获得表示 Person 类的 Class 实例

    //打印类的注解
```

```
        printClassAnnotations(personClass);
        //打印类的构造方法的注解
        printConstructorAnnotations(personClass);
        //打印类的成员变量的注解
        printFieldAnnotations(personClass);
        //打印类的成员方法的注解
        printMethodAnnotations(personClass);
    }
}
```

以上 AnnotationAccess 类依次访问 Person 类的类注解，以及构造方法的注解、成员变量的注解和成员方法的注解。该程序的打印结果如下（忽略显示其中的空行）：

```
作者：Tom,ABC Company
------ 构造方法的描述如下 ------
Person:默认构造方法
Person:带参数的构造方法
第 1 个参数：      姓名      class java.lang.String
第 2 个参数：      年龄      int
-------- 成员变量的描述如下 --------
成员变量 name:     姓名      class java.lang.String
成员变量 age:      年龄      int
-------- 方法的描述如下 --------
成员方法 getAge:    获得年龄
返回类型：int
成员方法 setAge:    设置年龄
返回类型：void
第 1 个参数：      年龄      int
成员方法 getName:   获得姓名
返回类型：class java.lang.String
成员方法 setName:   设置姓名
返回类型：void
第 1 个参数：      姓名      class java.lang.String
```

如果把 AuthorAnnotation 注解类的有效范围改成 RetentionPolicy.CLASS：

```
@Retention(RetentionPolicy.CLASS)   //有效范围是类文件
```

那么运行 AnnotationAccess 类时，Java 虚拟机不会加载 AuthorAnnotation 注解，因此 AnnotationAccess 类不会获得该注解的信息。

22.4　基本内置注解

JDK 提供了一些内置的注解，供程序直接引用。本章 22.1 节已经介绍了可以在自定义注解类型中引用的内置注解：@Target、@Rentention、@Documented 和@Inherited。除此之外，JDK 还提供了以下可以在各种 Java 类型中引用的内置注解：

（1）@Override 注解：这是标识型注解。如果一个方法引用了该注解，表示该方法覆盖父类中的方法。编译器会检查该方法是否正确覆盖父类方法。假设父类中的方法为 toString()，而该方法却写成 tostring()，那么编译器会报错。

（2）@Deprecated 注解：这是标识型注解。用来表明被注解的类、成员变量或方法已经过时，不再提倡使用。

（3）@SuppressWarnings 注解：用于关闭编译时产生的特定警告信息。@SuppressWarnings 注解有一个成员，用于指定待关闭的警告类型，它的可选值包括：

- deprecation：使用了过时的类或方法的警告。
- unchecked：使用了未检查的类型转换的警告，例如，当使用集合时没有用泛型来指定集合中元素的类型，就会产生这样的警告。
- fallthrough： 在 switch 程序块中流程直接通往下一种情况而没有 Break 语句的警告。
- path：在类路径或源文件路径中有不存在的路径的警告。
- serial：在可序列化的类中缺少 serialVersionUID 定义的警告。
- finally：finally 子句不能正常完成的警告。
- all：包含以上所有警告。

例如，以下代码用于关闭编译 Person 类时产生的"unchecked"和"deprecation"类型的警告信息：

@SuppressWarnings({"unchecked","deprecation"})

22.5 小结

Java 注解机制允许程序员自定义注解（例如 AuthorAnnotation），然后在其他 Java 类中以"@AuthorAnnotaion"的形式来引用注解。程序运用反射机制，可以读取一个 Java 类的注解。

除了自定义的注解，JDK 还提供了内置的注解：

- 适用于自定义注解类型的注解：@Target、@Rentention、@Documented 和 @Inherited。
- 适用于所有 Java 类型的注解：@Override、@Deprecated 和@SuppressWarnings。

以上内置的注解会影响到编译器的编译行为，例如@SuppressWarnings 注解可以通知编译器关闭指定类型的警告信息。

22.6 思考题

1. 声明注解类型采用什么关键字？
a) class   b) interface   c) annotation   d) @interface
2. 以下哪些是 JDK 内置的标识型注解？
a) @Target   b) @Documented   c) @Override   d) @Rentention
3. 假设在一个自定义注解类型 MyAnnotation 中引用了@Retention 内置注解，它的成员值为 RetentionPolicy.RUNTIME。在 Sample 类中引用了@MyAnnotation。下面哪个说法正确？

  a) MyAnnotation 注解类型可以被所有的 Java 类型引用

  b) Java 虚拟机运行 Sample 类时，会把 MyAnnotation 注解信息加载到内存中

  c) 使用"javadoc"命令时，会把 MyAnnotation 注解信息包含到 Sample 类的 JavaDoc 文档中。

  d) 编译 Sample 类时，不会把 MyAnnotation 注解信息加入到 Sample 类的类文件中。

4．以下哪些类或接口具有 getAnnotation(Class<T> annotationClass)方法？

  a) java.lang.reflect.Class   b) java.lang.reflect.Method

  c) java.lang.String   d) java.lang.annotation.Annotation

反侵权盗版声明

电子工业出版社依法对本作品享有专有出版权。任何未经权利人书面许可，复制、销售或通过信息网络传播本作品的行为；歪曲、篡改、剽窃本作品的行为，均违反《中华人民共和国著作权法》，其行为人应承担相应的民事责任和行政责任，构成犯罪的，将被依法追究刑事责任。

为了维护市场秩序，保护权利人的合法权益，我社将依法查处和打击侵权盗版的单位和个人。欢迎社会各界人士积极举报侵权盗版行为，本社将奖励举报有功人员，并保证举报人的信息不被泄露。

举报电话：（010）88254396；（010）88258888
传　　真：（010）88254397
E-mail：dbqq@phei.com.cn
通信地址：北京市万寿路173信箱
　　　　　电子工业出版社总编办公室
邮　　编：100036